普通高等教育“十一五”国家级规划教材

数字电子技术基础简明教程

第四版

原著　余孟尝
修订　丁文霞　齐　明

高等教育出版社·北京

内容简介

本书第四版的修订工作，仍以“教育部高等学校电工电子基础课程教学指导委员会”最新制订的“电子技术基础课程教学基本要求”为主要依据，秉承了第三版教材的主体结构和内容，增加了 HDL 语言简介和高密度 PLD 及数字系统设计两章。

全书内容共 9 章，分别是逻辑代数基础、门电路、HDL 语言简介、组合逻辑电路、触发器、时序逻辑电路、555 定时器与脉冲产生整形电路、数模和模数转换电路、高密度 PLD 及数字系统设计。

全书简明扼要，深入浅出，便于自学。 结合新形态教材的特点，本书为主要知识点链接了“重难点视频”“思考提升”“拓展阅读”等数字化资源。 可作为高等学校电气类、电子信息类、自动化类、计算机类、机械类和仪器类及其他相近专业的教材，也可供从事电子技术工作的工程技术人员和科技人员参考。

图书在版编目(CIP)数据

数字电子技术基础简明教程 / 余孟尝原著;丁文霞，齐明修订.--4 版.--北京:高等教育出版社,2018.12(2024.12重印)
ISBN 978-7-04-050291-6

Ⅰ.①数… Ⅱ.①余… ②丁… ③齐… Ⅲ.①数字电路-电子技术-高等学校-教材 Ⅳ.①TN79

中国版本图书馆 CIP 数据核字(2018)第 171568 号

策划编辑 欧阳舟　责任编辑 平庆庆　封面设计 李卫青　版式设计 杜微言
插图绘制 于 博　责任校对 胡美萍　责任印制 高 峰

出版发行	高等教育出版社	网　　址	http://www.hep.edu.cn
社　　址	北京市西城区德外大街 4 号		http://www.hep.com.cn
邮政编码	100120	网上订购	http://www.hepmall.com.cn
印　　刷	固安县铭成印刷有限公司		http://www.hepmall.com
开　　本	889mm×1194mm 1/16		http://www.hepmall.cn
印　　张	26	版　　次	1985 年 9 月第 1 版
字　　数	670 千字		2018 年 12 月第 4 版
购书热线	010-58581118	印　　次	2024 年 12 月第 10 次印刷
咨询电话	400-810-0598	定　　价	52.00 元

物 料 号 50291-00

数字电子技术基础简明教程

第四版

原著 余孟尝
修订 丁文霞
齐 明

1 计算机访问http://abook.hep.com.cn/1255831，或手机扫描二维码、下载并安装Abook应用。

2 注册并登录，进入“我的课程”。

3 输入封底数字课程账号（20位密码，刮开涂层可见），或通过Abook应用扫描封底数字课程账号二维码，完成课程绑定。

4 单击“进入课程”按钮，开始本数字课程的学习。

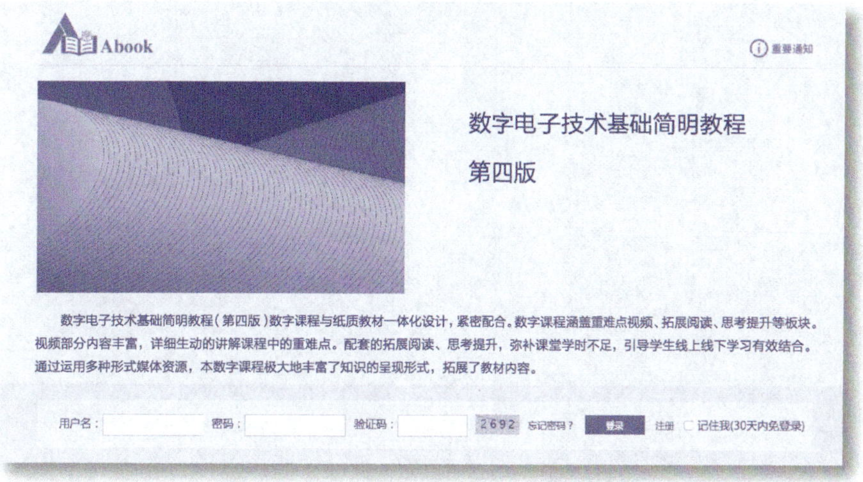

课程绑定后一年为数字课程使用有效期。受硬件限制，部分内容无法在手机端显示，请按提示通过计算机访问学习。

如有使用问题，请发邮件至abook@hep.com.cn。

http://abook.hep.com.cn/1255831

前言

本书第四版的修订工作，以“教育部高等学校电工电子基础课程教学指导委员会”最新制订的“电子技术基础课程教学基本要求”为主要依据和本书前三版一贯坚持的“保证基础，精选内容，加强概念，面向更新，联系实际，利于自学”为编写原则，在体系架构和具体内容上做了下列几方面的修订。

全书体系上略有调整，主要删除了书中部分内容，补充了目前主导的数字电路设计方法，以使教程具有更加完备、系统、科学的体系结构及更好的实用性。全书章节由 7 章改成 9 章，分成“体系基础”“体系主体”“体系延拓”三大模块，如图 0.1 所示。

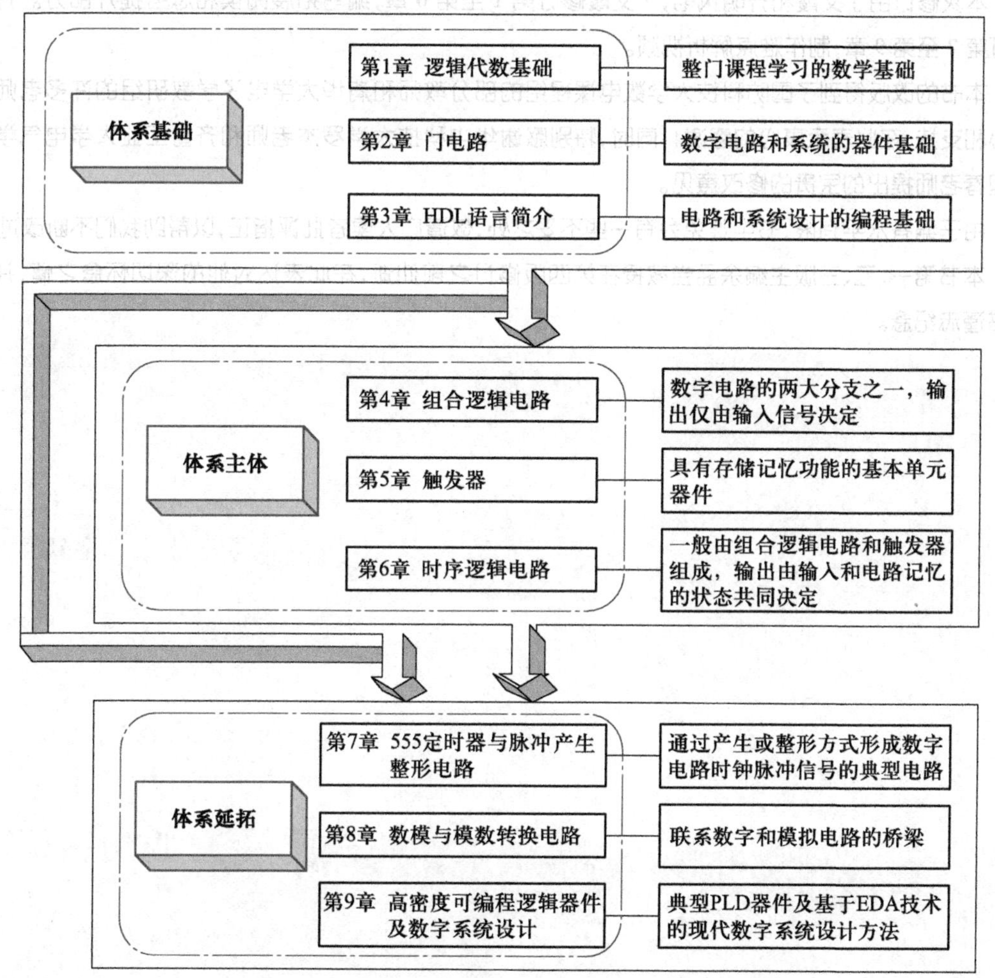

图 0.1 全书体系结构

其中，新增的两章：一是将 HDL 语言独立为一章（第 3 章）。因为 HDL 语言是目前 EDA 设计的主流输入模式，实用性很强，但此部分内容放在“逻辑代数基础”章节中不太合适，所以单列成章，构成数字系统设计的软件编程基础。同时 MUX+Plus Ⅱ 目前已基本被淘汰，所以书中该部分内容被删除，且由于更新发展较快，教程正文中不再介绍具体的某种 EDA 软件平台，学生可根据自己的兴趣自由选择学习；二是增加了高密度可编程逻辑器件及现代数字系统设计的内容（第 9 章），这是目前数字电路和系统流行设计模式，增加此部分内容可以为学生建立起与之相对应的基础知识结构和设计理念。

本书秉承了第三版教材的主体结构和内容，仅部分内容进行了调整和增删。全书结合新形态教材的特点，为主要知识点链接了“授课视频”“思考提升”“拓展阅读”“仿真演示”等数字化资源，登录配套网站或扫描二维码可观看相应的数字资源，形成“立体化”教材模式，从而依托现代数字化网络技术对课程理论和实践学习进行深度、广度拓展和延伸。

此外，为进一步增强教材的完备性和体系性，方便读者阅读，本书补充了以下参考资料：1.《GB/T 4728.12—2008 电气简图用图形符号　二进制逻辑元件》简介；2. 基本逻辑单元图形符号对照表。

本书可以作为高等院校理工科有关专业讲授“数字电子技术基础”课程的教材，也可供从事电子技术工作的工程技术人员学习参考。

本次修订由丁文霞和齐明执笔，丁文霞修订第 1 至第 6 章，编写拓展阅读和思考提升部分。齐明修订第 7 至第 9 章，制作难点解析视频。

本书的改版得到了国防科技大学数电课程组的部分教师和清华大学电子学教研组的许多老师的关心和支持，在此表示衷心的感谢！同时，特别感谢华中科技大学罗杰老师和齐鲁工业大学电气学院张迎春老师提出的宝贵的修改意见。

由于编者水平有限，书中难免会有一些不妥之处，敬请广大读者批评指正，以帮助我们不断改进。

本书第一、二、三版主编余孟尝教授在第四版修订之前仙逝，在此表达对他的深切怀念之情，并以此书谨志纪念。

编者

2018 年 5 月

第三版前言

在本书第三版修订工作中，主要依据"教育部高等学校电子信息与电气信息类基础课程教学指导分委员会"最新制订的"电子技术基础课程教学基本要求"，和本书第一、二版一贯坚持的编写原则——"保证基础，精选内容，加强概念，面向更新，联系实际，利于自学。"在具体内容和体系上，做了下列几方面的修订。

首先，引入了 EDA 技术的基础知识，并放在第 1 章。EDA 技术为分析和设计数字电路提供了一种全新的方法，编入教材，一可适应数字化和专用集成电路新时代对"数字电子技术"课程提出的新要求；二可使读者在微型计算机上，对各章典型电路进行功能验证；三可为后续数字系统设计课的学习打下必要的基础。

其次，对传统分析、设计方法，则突出了主要思路，而避免了一些细节阐述，删去了一些分析、设计实例。在讲述基本概念、典型电路工作原理时，仍从传统分析综合思路出发进行讲解，以坚持"保证基础，加强概念"的原则。

最后，对课程内容进行了精选，删去了许多次要内容，例如逻辑代数中的**异或**运算公式、展开定理、对偶规则以及公式化简法和图形化简法中许多举例等；集成门电路中内部电路的定量估算、OC 门负载电阻在各种情况下的定量计算等；第 4 章中的主从触发器、不同功能触发器之间的转换等；时序电路中异步计数器设计举例、三态逻辑和微机总线接口、可编程计数器等。对于第 1~5 章中的思考题与习题，也根据课程基本要求进行了较多删减。

本书可与《模拟电子技术基础简明教程》（第三版）一书配套使用，同时又有相对的独立性，可以作为高等院校理工科有关专业讲授"数字电子技术"课程的教材，也可供从事电子技术工作的工程技术人员学习参考。

参加本书修订工作的有袁海林（第 1、5 章）、李大义（第 6 章）、余孟尝（第 2、3、4、7 章）、阎捷、秦俭、陈莉平（仿真例题、习题与实验）。余孟尝担任主编，负责全书的策划、组织和定稿。安东凤、米琪玲参加了计算机输入及绘图工作。在修订过程中，华成英参加了大纲的讨论，并提出了许多宝贵意见，同时也得到了清华大学电子学教研组许多老师的关心和支持。

北京工业大学自动化系陆培新教授担任本书主审，他在百忙之中认真审阅了全部修订稿，提出了许多中肯的修改意见。对以上同志的关心、支持、指导和帮助表示衷心感谢。这里要特别感谢 ALTERA 国际有限公司中国区大学项目经理徐平波先生，他提供了 ALTERA 公司同意我们将该公司的 MAX+plus Ⅱ 软件制成光盘随本书发行的同意书。

由于编者水平有限，书中一定会有一些不妥之处，敬请广大读者批评指正，帮助我们不断改进。

编者

2006 年 1 月

第二版前言

《数字电子技术基础简明教程》一书，自 1985 年出版以来，被许多院校和培训部门选为教材，得到广大读者的关心。但是，由于电子技术的飞速发展及教改的进一步深入，原书中有些内容已显得比较陈旧，而且在课程体系和讲授方法方面，也需做必要调整和改进。因此，在初版基础上进行了修订，以便更好地适应当前电子技术课程教学的需要。

在本书第二版修订工作中，主要的依据是原国家教育委员会颁发的“电子技术基础课程教学基本要求（1995 年修订版）”，同时，继续遵循本书第一版的编写原则：“保证基础，精选内容，加强概念，面向更新，联系实际，利于自学”。在具体内容和体系上，做了下列几方面的修订。

首先，为了适应现代电子技术迅速发展的需要，能够较好地面向 21 世纪，面向数字化和专用集成电路的新时代，在保证基本概念、基本原理和基本方法的前提下，基本上删去了分立元件内容，压缩了集成电路电气特性的讨论和内部电路工作原理的分析，而突出了综合能力的培养训练以及集成电路逻辑特性和工作特点的介绍。

其次，在本书中，把逻辑代数基础作为第一章，以便于能更好地从逻辑分析和综合角度组织、讲解课程主要内容。而原书的第一章半导体器件的基本知识则被删去了（主要内容移到了《模拟电子技术基础简明教程》一书中），半导体二极管、三极管和 MOS 管的开关特性，只作为门电路中的一节，做简单介绍。

最后，在修订时，注意保持和发扬原书的风格和特点，力求简明扼要、深入浅出和便于自学。在内容的安排和介绍中不仅思路清晰，而且注意每一个问题提出及解决问题步骤的归纳，在每一章的末尾还专门安排了反映基本教学要求的自我检查题。

本书中注有“*”号者是选讲内容，可根据学时多少决定取舍。

本书可与《模拟电子技术基础简明教程》（第二版）一书配套使用，同时又有相对的独立性，可以作为高等院校工科有关专业讲授数字电子技术课程的教材，也可供从事电子技术工作的工程技术人员学习参考。

本书修订工作由余孟尝完成，并担任主编。在修订过程中，得到了清华大学电子学教研组阎石教授、华成英主任和其他许多老师的关心和支持。

北京工业大学自动化系陆培新教授担任本书的主审工作，他在百忙中认真审阅了全部修订稿，提出了中肯、详细的修改意见。虞光楣教授也十分关心本书的修订工作，提出了许多有益的意见。仅对以上同志的关心、支持、指导和帮助表示衷心感谢。

由于编者水平所限，书中一定仍会有许多不妥之处，敬请广大读者批评指正，帮助我们不断改进。

编者

1998 年 12 月

第一版前言

我们编写的《模拟电子技术基础》（童诗白主编）和《数字电子技术基础》（阎石主编）试用教材，自1980年和1981年分别出版以来，我校本科有关专业和中央广播电视大学“电子技术基础”课程曾经多次采用并得到了其他高等学校、企业部门有关同志的关心。在为84届中央广播电视大学准备教材时，由于学时大幅度削减，原书显得篇幅过于庞大，容易造成学生负担过重。同时考虑到我校各个专业对电子技术基础课的教学要求，也迫切需要有一套比较简明的教材。为此，我们在上述两套教材的基础上，按照总授课时间为120学时（不包括实验）的编写大纲，改编成目前这套简明教程。

我们编写的原则是：“保证基础，精选内容，加强概念，面向更新，联系实际，利于自学”。目的是在保证学生把基本内容学到手的前提下，培养学生处理实际问题和自学的能力。考虑到当前电子技术飞速发展、日益更新的趋势，适当地加强了新技术的内容。例如在数字电子技术部分，以小规模和中规模集成电路为主，适当介绍大规模集成电路，分立元件电路基本删去；在模拟电子技术部分，在保证基本概念、基本原理和基本分析方法的前提下，大幅度地压缩了各种分立元件电路的设计和其他次要内容，着重介绍以集成运算放大电路为主的模拟集成电路的功能和应用。从教学方法上，我们力图多用物理概念来阐明问题的实质，避免大量地推导公式。

关于模拟电路和数字电路的先后顺序问题，在国内外先模拟后数字、先数字后模拟两种安排都有。在编写本教程时，为了处理好电路原理、电子技术和计算机原理几门课程之间的衔接关系，便于安排教学计划，把数字电路安排在模拟电路前面。但是，只要把半导体器件的基本知识一章放在模拟电路之前介绍，也可以先讲模拟电路。

本书数字部分由余孟尝改编，模拟部分由杨素行改编。全部编写工作是在童诗白教授和阎石副教授的具体组织下进行的。童诗白教授不仅为改编提出了编写原则，指导制定了编写大纲，与执笔的同志多次进行讨论，而且详细审阅了模拟部分的全部初稿，阎石副教授审阅了数字部分的初稿。

参加本教程大纲讨论的还有孙家炘、孙梅生、高扬、华成英、唐竞新、徐振英、胡尔珊等同志。其中孙家炘和孙梅生同志为本书模拟部分提供了一些补充习题，唐竞新同志为数字部分提供了一些补充习题。李桂莲同志协助绘制了一部分插图。

在本教材的编写过程中，主审单位北京工业大学自动化系陆培新副教授和虞光楣副教授审阅了全稿，提出了详细修改意见。中央广播电视大学电子组的全体同志参加了教材大纲的讨论，提出了许多宝贵意见，在此一并致谢。

由于我们水平有限，加之时间过分仓促，书中一定存在不少错误和不妥之处，敬请各方面的读者予以批评指正，以便今后不断改进。

清华大学自动化系电子学教研组

1984年4月

目录

第1章 逻辑代数基础

内容提要

逻辑代数是按一定逻辑规律进行运算的代数，它是分析和设计数字电路的基本教学工具。本章主要讲解逻辑代数的基本概念、公式和定理，逻辑函数的公式化简法和图形化简法，逻辑函数的几种常用表示方法及其相互间的转换。在逻辑代数中变量的取值只有两种可能性，不是0就是1，因而在概述中介绍了二进制数的表示方法和编码特点。

概述

一、数字电路及其特点

在人类生存的自然环境中，存在着各种各样的信息，例如声音、温度、湿度、压力和流量等。这些信息可以通过相应的传感器（sensor）转换为电信号，被输入到电子系统中进行处理与传输。在电子电路中，将电信号分为模拟信号和数字信号两大类。模拟信号的特点是信号幅度随时间连续变化，即在时间和数值上均具有连续性，如图1.0.1(a)所示。处理模拟信号的电子电路称为模拟电路。与模拟信号不同，数字信号在幅度和时间上都是离散的、突变的信号，通常采用的数字信号具有双值性，如图1.0.1(b)所示，其低电平用**0**表示，高电平用**1**表示。数字电路就是用于传输和处理数字信号的电子电路，它主要研究输出与输入信号之间的因果关系，一般称为逻辑关系。因此，数字电路又称为数字逻辑电路。

视频：
难点解析1-1
模拟信号与数字信号

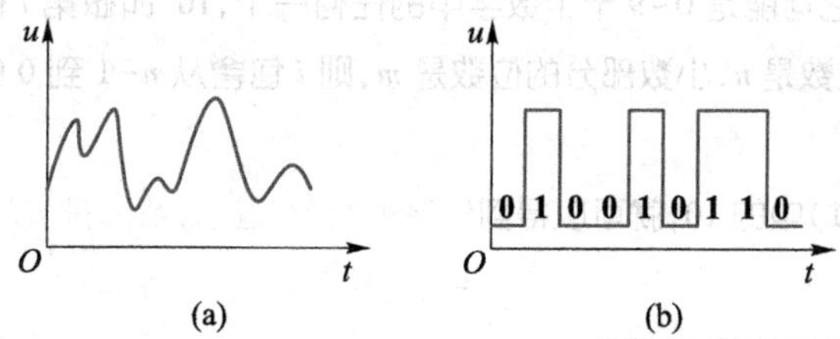

图1.0.1 模拟信号和数字信号

(a) 模拟信号 (b) 数字信号

模拟信号和数字信号可以通过模/数转换电路（ADC，analog to digital converter）或数/模转换电路（DAC，digital to analog converter）进行转换。与模拟电路相比，数字电路主要有如下特点：

(1) 电路结构简单，便于集成化。

(2) 在数字电路中晶体管均工作在饱和区或截止区，工作在开关状态，因而数字电路的抗干扰能力强，可靠性高。

（3）数字信息便于长期保存和加密。

（4）数字集成电路产品系列全，通用性强，成本低。

（5）数字电路不仅能完成数值运算，还能进行逻辑判断等。

二、逻辑代数

逻辑代数是英国数学家 George Boole 在 19 世纪中叶创立的，所以也叫做布尔代数，直到 20 世纪 30 年代，美国人 Claude E. Shannon 在开关电路中才找到它的用途，并且很快就成为分析和综合开关电路的重要数学工具，因此又常常称之为开关代数。在逻辑代数中，某些公式和定理与普通代数并无区别，有些则完全不同。

拓展阅读 1-1 数字系统基本概念及其示例

和普通代数相比，逻辑代数虽然也用英文字母表示变量，但情况要简单得多。在二值逻辑中，变量取值不是 **1** 就是 **0**，没有第三种可能。而且这里的 **0** 和 **1** 并不表示数值的大小，它们所代表的是两种不同的逻辑状态。例如，用 **1** 和 **0** 分别表示一件事的是与非、真与假、电压的高与低、电流的有与无，一个开关的通与断，一盏电灯的亮与灭等。

三、数制简介

数制是指多位数码中每一位的构成方法以及从低位到高位的进位规则。二进制数是数字电路中应用最广泛的一种数值表示方法，此外常用的还有八进制数和十六进制数等。在数字技术中，**0** 和 **1** 亦可以表示数量的大小，用 **0**、**1** 组成的多位二进制数码表示数量大小时，它们之间也可进行加、减、乘、除等算术运算。为了更好地理解有关概念，先简单分析一下最常见的十进制数表示方法。

1. 十进制数

十进制（decimal）是我们日常生活和工作中最常使用的计数进位制。在这种计数进位制中，每一位用 0~9 十个数字来表示，所以计数基数是十。超过 9 的数则需用多位数表示，其中低位数和相邻高位数之间的关系是“逢十进一”，故称为十进制。

例如：

$$(143.75)_{10}=1\times10^{2}+4\times10^{1}+3\times10^{0}+7\times10^{-1}+5\times10^{-2}$$

所以任意一个正的十进制数 D 都可以展开成

$$D=\sum k_i 10^i \qquad (1.0.1)$$

式中 k_i 是第 i 位的系数，它可能是 0~9 十个数字中的任何一个，10^i 叫做第 i 位的位权，k_i10^i 是第 i 位的数值。若整数部分的位数是 n，小数部分的位数是 m，则 i 包含从 $n-1$ 到 0 的所有正整数和从 -1 到 $-m$ 的所有负整数。

若以 N 代替式（1.0.1）中的 10，就可以得到任意进制（N 进制）数展开式的普遍形式

$$D=\sum k_i N^i \qquad (1.0.2)$$

式中 i 的取值与式（1.0.1）中的规定相同。

2. 二进制数

在数字电路中应用最广的是二进制数（binary）。在二进制数中，每一位仅有 **0** 和 **1** 两个可能的数字，所以计数的基数 $N=2$。低位和相邻的高位之间的进位关系是“逢二进一”。

根据式（1.0.2）可知，任何一个二进制数均可展开为

$$D=\sum k_i 2^i \qquad (1.0.3)$$

式中 k_i 的取值只有 **0** 或 **1** 两种可能。

例如:

$$(\mathbf{101.11})_2=\mathbf{1}\times2^2+\mathbf{0}\times2^1+\mathbf{1}\times2^0+\mathbf{1}\times2^{-1}+\mathbf{1}\times2^{-2}$$

3. 二进制数的缩写形式——八进制数和十六进制数

(1) 八进制数

在八进制数(octal)中,每一位用 0~7 八个数字表示,所以计数基数为 8。低位数和高一位数之间的关系是“逢八进一”。

任何一个八进制数都可以按照式(1.0.2)展开为

$$D=\sum k_i 8^i \tag{1.0.4}$$

式中的 k_i 可以是 0~7 这八个整数当中的任何一个。

例如:

$$(37.41)_8=3\times8^1+7\times8^0+4\times8^{-1}+1\times8^{-2}$$

(2) 十六进制数

十六进制数(hexadecimal)的每一位都有十六种可能出现的数字,分别用 0~9、A、B、C、D、E 及 F 表示。因此,任意一个十六进制数均可展开为

$$D=\sum k_i 16^i$$

式中 k_i 可以是 0~F 这十六个数字当中的任何一个。

例如:

$$\begin{aligned}(2A.7F)_{16}&=2\times16^1+A\times16^0+7\times16^{-1}+F\times16^{-2}\\&=2\times16+10\times1+\frac{7}{16}+\frac{15}{16^2}\\&=42.496\ 1\end{aligned}$$

4. 几种常用进制数之间的转换

(1) 二-十转换

把二进制数转换成等值的十进制数称为二-十转换。在进行转换时,只要将二进制数按式(1.0.3)展开,然后把所有各项的数值按十进制相加,就可以得到等值的十进制数了。

例如:

$$\begin{aligned}(\mathbf{1011.01})_2&=\mathbf{1}\times2^3+\mathbf{0}\times2^2+\mathbf{1}\times2^1+\mathbf{1}\times2^0+\mathbf{0}\times2^{-1}+\mathbf{1}\times2^{-2}\\&=8+0+2+1+0+0.25\\&=(11.25)_{10}\end{aligned}$$

用下脚注 2、8、10、16 分别表示这个数是二进制数、八进制数、十进制数、十六进制数。有时也在一个数后面加英文字母 B、O、D 和 H 分别表示二进制、八进制、十进制和十六进制。

(2) 十-二转换

所谓十-二转换,就是把十进制数转换为等值的二进制数。如果熟记 $2^0\sim2^{10}$ 的数值是 1~1024,那么用降幂比较法,便可很容易地获得一个十进制数的二进制数转换值。

例如:

$$(157)_{10}=(\mathbf{10011101})_2$$

降幂比较法

$$
\begin{array}{rll}
 & 157 & 2^8=256>157>2^7=128 \\
-) & 128 \quad 2^7 & \\
\hline
 & 29 & 2^5=32>29>2^4=16 \\
-) & 16 \quad 2^4 & \\
\hline
 & 13 & 2^4=16>13>2^3=8 \\
-) & 8 \quad 2^3 & \\
\hline
 & 5 & 2^3=8>5>2^2=4 \\
-) & 4 \quad 2^2 & \\
\hline
 & 1 & 2^1=2>1=2^0=1 \\
-) & 1 \quad 2^0 & \\
\hline
 & 0 & \text{转换完毕}
\end{array}
$$

思考提升 1-1
将十进制数转换为其他进制数时，对整数部分，可采用"除基取余，逆序排列"的方法，而对小数部分，可采用"乘基取整，顺序排列"的方法，试理解其含义。

把比较结果从左至右排列起来，所得到的便是十进制数$(157)_{10}$的二进制数转换值$(\mathbf{10011101})_2$。

(3) 二-八转换

把二进制数转换为等值的八进制数，称为二-八转换。

因为3位二进制数一共有八个状态，而且它的进位输出也是"逢八进一"，所以3位二进制数恰好相当于1位八进制数。这样一来，在把二进制整数转换为八进制数时，只要从2^0开始依次地把每3位二进制数划为一组，并且把每一组用一个八进制数代替就行了。

对于小数部分，则应从2^{-1}开始，将每3位二进制数划为一组，然后再分别代之以八进制数。

例如：将$(\mathbf{10110101.00111101})_2$转换为八进制数。

$$
\begin{array}{cccccccc}
(& \mathbf{010} & \mathbf{110} & \mathbf{101.} & \mathbf{001} & \mathbf{111} & \mathbf{010} &)_2 \\
 & \downarrow & \downarrow & \downarrow & \downarrow & \downarrow & \downarrow & \\
=(& 2 & 6 & 5. & 1 & 7 & 2 &)_8
\end{array}
$$

(4) 八-二转换

在将八进制数转换成二进制数时，只要按原来顺序把每1位八进制数用相应的3位二进制数代替就可以了。

例如：将$(512.304)_8$转换为二进制数。

$$
\begin{array}{cccccccc}
(& 5 & 1 & 2. & 3 & 0 & 4 &)_8 \\
=(& \mathbf{101} & \mathbf{001} & \mathbf{010.} & \mathbf{011} & \mathbf{000} & \mathbf{100} &)_2
\end{array}
$$

(5) 二-十六转换

转换的原理与二-八转换相仿。由于4位二进制数恰好有十六个状态，而且当把这4位二进制数看成一个数位时，它向高位的进位又正好是"逢十六进一"，所以可用4位二进制数代表1位十六进制数。在整数转换时，只要从2^0位开始依次将每4位二进制数划为一组，并分别代之以相应的十六进制数就可以了。

对于小数部分的转换，则应从2^{-1}位开始，把每4位二进制数划为一组，然后分别代之以相应的十六进制数。

例如：将$(\mathbf{01011110.10110010})_2$转换为十六进制数。

$$
\begin{array}{l}
(\;0101\;1110.\;1011\;0010\;)_2 \\
\quad\;\downarrow\quad\;\downarrow\quad\;\downarrow\quad\;\downarrow \\
=(\;\;5\quad\;\; E.\quad B\quad\;\; 2\;\;)_{16}
\end{array}
$$

(6) 十六-二转换

只需将原来的十六进制数逐位用相应的二进制数代替就可以得到所要求的二进制数。

例如：将$(8FA.C6)_{16}$转换为二进制数。

$$
\begin{array}{l}
(\;\;8\quad F\quad A.\quad C\quad 6\;\;)_{16} \\
\quad\downarrow\quad\downarrow\quad\downarrow\quad\downarrow\quad\downarrow \\
=(\;1000\;\;1111\;1010.\;\;1100\;\;0110\;)_2
\end{array}
$$

1.1 逻辑代数的基本概念、公式和定理

1.1.1 基本和常用逻辑运算

在逻辑代数中，基本逻辑运算有**与**、**或**、**非**三种，常用的逻辑运算是**与非**、**或非**、**与或非**、**异或**等。

一、三种基本逻辑运算

1. 基本逻辑关系举例

(1) 电路图

图 1.1.1 中所示电路，是反映**与**、**或**、**非**三种基本逻辑关系最简单的例子。

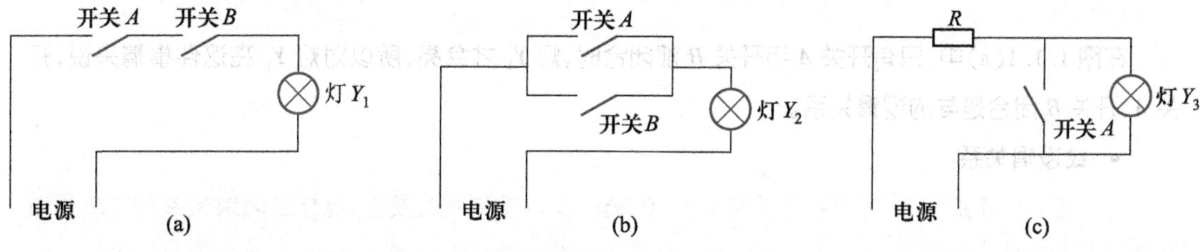

图 1.1.1 基本逻辑关系电路举例

(a) 与逻辑关系 (b) 或逻辑关系 (c) 非逻辑关系

根据电路中的有关定理，可以很容易地列出表 1.1.1 所示的功能表。

表 1.1.1 图 1.1.1 所示电路的功能表

开关 A	开关 B	灯 Y_1	灯 Y_2	灯 Y_3
断开	断开	灭	灭	亮
断开	闭合	灭	亮	亮
闭合	断开	灭	亮	灭
闭合	闭合	亮	亮	灭

(2) 真值表

在图 1.1.1 中，经过设定变量和状态赋值之后，便可以得到反映开关状态与电灯亮灭之间因果关系的数学表达形式——**逻辑真值表**，简称**真值表**。

- 设定变量

用英文字母表示开关和电灯的过程，称为设定变量。现用 A、B、Y_1、Y_2、Y_3 分别表示开关 A、B 和灯 Y_1、Y_2、Y_3。

- 状态赋值

用 **0** 和 **1** 分别表示开关和电灯有关状态的过程，称为**状态赋值**。现用 **0** 表示开关断开和灯灭，用 **1** 表示开关闭合和灯亮。这也称为**变量取值**。

- 列真值表

根据设定变量和状态赋值情况，由表 1.1.1 所示的功能表，可以很容易地列出如表 1.1.2 所示的表格，这种表一般称为真值表。

(3) 三种基本逻辑关系

- **与逻辑关系**

当决定一件事情的各个条件全部具备时，这件事情才会发生，这样的因果关系称为**与**逻辑关系。

表 1.1.2　反映基本逻辑关系的真值表

A	B	Y_1	Y_2	Y_3
0	0	0	0	1
0	1	0	1	1
1	0	0	1	0
1	1	1	1	0

在图 1.1.1(a)中，只有开关 A 与开关 B 都闭合时，灯 Y_1 才会亮，所以对灯 Y_1 亮这件事情来说，开关 A、开关 B 闭合是**与**的逻辑关系。

- **或逻辑关系**

当决定一件事情的各个条件中，只要有一个具备，这件事情就会发生，这样的因果关系称为**或**逻辑关系。

在图 1.1.1(b)中，只要开关 A 或者开关 B 闭合，灯 Y_2 就会亮，所以对灯 Y_2 亮这件事情来说，开关 A、开关 B 闭合是**或**的逻辑关系。

- **非逻辑关系**

非就是反，就是否定。

在图 1.1.1(c)中，当开关 A 断开时，灯 Y_3 亮，闭合时反而会灭，所以对灯 Y_3 亮来说，开关闭合是一种**非**的逻辑关系。

2. 基本逻辑运算

(1) **与**运算

在表 1.1.2 中，对 Y_1 来说，只有当 A 与 B 均为 **1** 时，其值才会为 **1**，这显然是一种**与**的逻辑关系，并记作

$$Y_1 = A \cdot B \tag{1.1.1}$$

读作 Y_1 等于 A **与** B，相应地将这种运算称为逻辑**与**运算，简称**与**运算。**与**运算和算术中的乘法运算是一样的，所以又称为逻辑乘法运算，相应地，式(1.1.1)又可读作 Y_1 等于 A 乘 B。书写时表示**与**或者乘的符号“·”常省略。

(2) **或**运算

在表 1.1.2 中，对 Y_2 来说，只要 A 或 B 为 **1** 时，其值就会为 **1**，这显然是一种**或**的逻辑关系，并记作

$$Y_2 = A + B \tag{1.1.2}$$

读作 Y_2 等于 A **或** B，相应地，将这种运算称为逻辑**或**运算，简称**或**运算。**或**运算和算术中的加法运算很相似，所以又称为逻辑加法运算，相应地，式(1.1.2)又常读作 Y_2 等于 A 加 B。

（3）**非运算**

在表 1.1.2 中，当 A 取值为 **0** 时 Y_3 为 **1**，A 取值为 **1** 时 Y_3 反而为 **0**，这显然是一种逻辑**非**关系，并记作

$$Y_3 = \overline{A} \tag{1.1.3}$$

读作 Y_3 等于 A **非**，或者 Y_3 等于 A 反。A 上面的一横就表示**非**或者反。相应地，将这种运算称为逻辑**非**运算或逻辑反运算，简称**非**或者反运算。

视频：
难点解析 1-2
基本逻辑运算

二、逻辑变量与逻辑函数及几种常用逻辑运算

1. 逻辑变量与逻辑函数

（1）逻辑变量

在逻辑代数中，和普通代数一样，也是用英文字母表示变量，称为逻辑变量。不过其取值十分简单，在二值逻辑中，不是 **1** 就是 **0**，没有第三种可能。而且，这里的 **0** 和 **1** 没有数值大小的含义，所表示的是事物相互对立而又联系着的两个方面，即两种状态。例如，图 1.1.1 中开关的断开与闭合、电灯的灭与亮等。

（2）逻辑函数

式(1.1.1)～(1.1.3)称为逻辑表达式，式中 A、B 称为输入逻辑变量，Y_1、Y_2、Y_3 称为输出逻辑变量，字母上面无反号的称为原变量，有反号的称为反变量。三个表达式准确地描述了**与**、**或**、**非**三种基本逻辑关系。在式(1.1.1)中，变量 A、B 之间是**与**的逻辑关系，Y_1 是 A 和 B 的**与**函数；在式(1.1.2)中，A、B 之间是**或**的逻辑关系，Y_2 是 A 和 B 的**或**函数；在式(1.1.3)中，Y_3 是 A 的反函数。

一般地说，如果输入逻辑变量 A、B、⋯的取值确定之后，输出逻辑变量 Y 的值也被唯一地确定了，那么就称 Y 是 A、B、⋯的逻辑函数，并写为

$$Y = F(A, B, \cdots)$$

一般情况下，常用真值表描述变量取值和函数值之间的对应关系。由于在二值逻辑中，变量和函数的取值都只有 **0**、**1** 两种可能，十分简单，所以可用穷举的方法，把变量的各种可能取值和相应的函数值，以表格形式全部列出来，来表示变量与函数之间的关系，这种表格就称为真值表。表 1.1.2 所示是最简单的例子。

2. 几种常用的逻辑运算

在逻辑代数中，除了**与**、**或**、**非**三种基本逻辑运算外，经常用到的还有由这三种基本运算构成的一些复合运算。

视频：
难点解析 1-3
组合逻辑运算

（1）**与非运算**

$$Y_4 = \overline{A \cdot B} \tag{1.1.4}$$

（2）**或非运算**

$$Y_5 = \overline{A + B} \tag{1.1.5}$$

（3）**与或非运算**

$$Y_6 = \overline{A \cdot B + C \cdot D} \tag{1.1.6}$$

（4）**异或运算**

$$Y_7=\overline{A}\cdot B+A\cdot\overline{B}=A\oplus B \tag{1.1.7}$$

三、基本和常用逻辑运算的逻辑符号

在数字电路中，基本和常用逻辑运算的应用十分广泛，它们是构成各种复杂逻辑运算的基础，因此都有实现这些运算的称之为门电路的逻辑电路存在，而它们也是组成各种数字电路的基本单元。图1.1.2给出的就是实现基本和常用逻辑运算的逻辑符号。

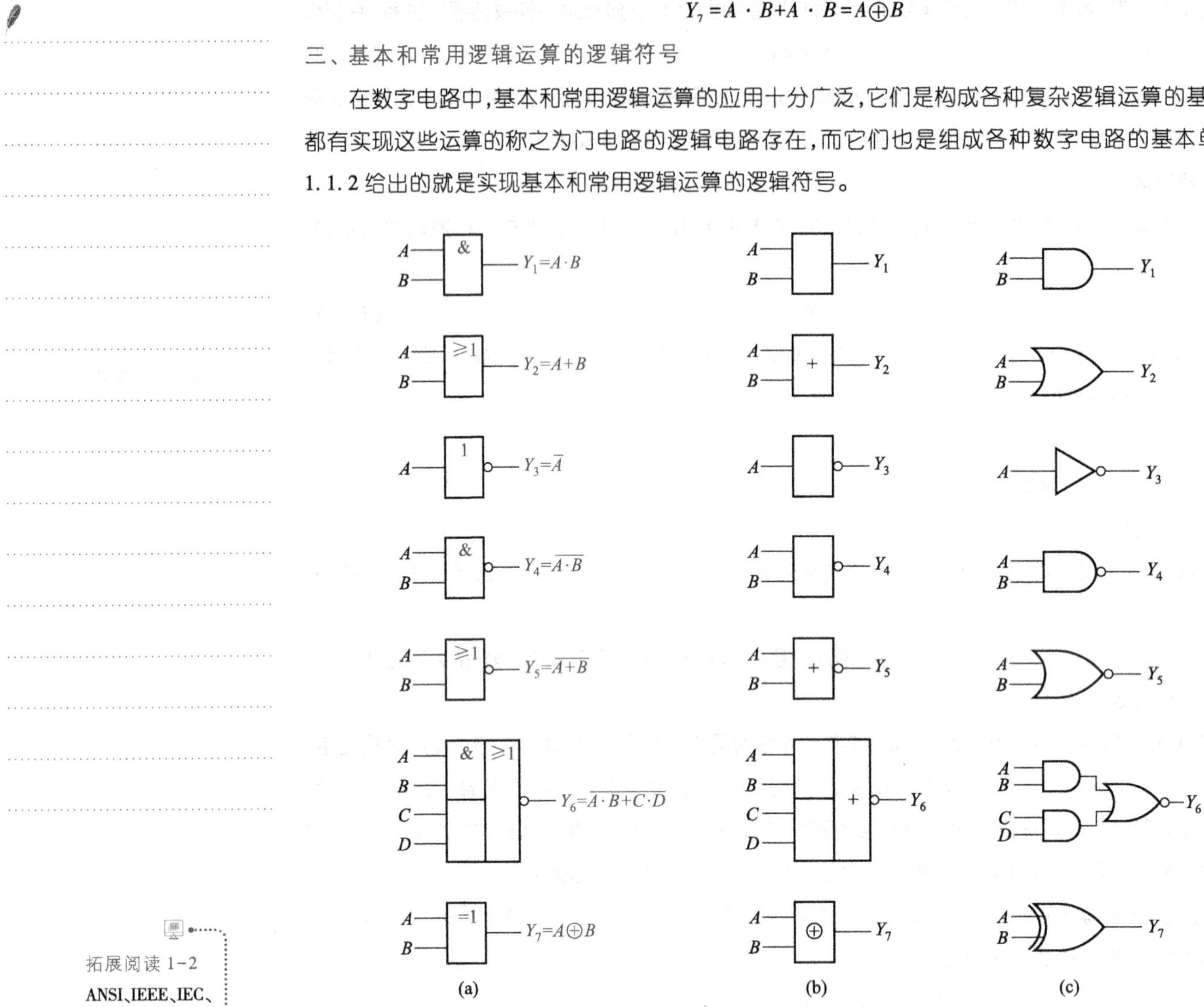

图1.1.2　七种运算的逻辑符号

(a) 矩形符号　(b) 曾用符号　(c) 特定外形符号

需要特别说明的是，逻辑符号不能主观臆造，它们是由美国国家标准学会（ANSI）和电气与电子工程师协会（IEEE）于1984年制定，并于1991年进行补充和修订的。

拓展阅读1-2
ANSI、IEEE、IEC、ISO简介

1.1.2　公式和定理

思考提升1-2
试解析多变量异或和同或运算的定义及其性质，并了解其具体应用。

一、常量之间的关系

因为二值逻辑中只有**0**、**1**两个常量，逻辑变量的取值不是**0**就是**1**，而最基本的逻辑运算又只有**与**、**或**、**非**三种，所以常量之间的关系也只有下列几种：

公式1　$\mathbf{0\cdot 0=0}$　(1.1.8)

公式1′　$\mathbf{1+1=1}$　(1.1.9)

公式2　$\mathbf{0\cdot 1=0}$　(1.1.10)

公式2′　$\mathbf{1+0=1}$　(1.1.11)

公式3　$\mathbf{1\cdot 1=1}$　(1.1.12)

公式 3′ $0+0=0$ (1.1.13)

公式 4 $\overline{0}=1$ (1.1.14)

公式 4′ $\overline{1}=0$ (1.1.15)

这些常量之间的关系,同时也体现了逻辑代数中的基本运算规则,也称为公理,它是人为规定的。这样规定,既与逻辑思维的推理一致,又与人们已经习惯了的普通代数的运算规则相似。

二、变量和常量的关系

公式 5 $A\cdot 1=A$ (1.1.16)

公式 5′ $A+0=A$ (1.1.17)

公式 6 $A\cdot 0=0$ (1.1.18)

公式 6′ $A+1=1$ (1.1.19)

公式 7 $A\cdot\overline{A}=0$ (1.1.20)

公式 7′ $A+\overline{A}=1$ (1.1.21)

三、与普通代数相似的定理

交换律

公式 8 $A\cdot B=B\cdot A$ (1.1.22)

公式 8′ $A+B=B+A$ (1.1.23)

结合律

公式 9 $(A\cdot B)\cdot C=A\cdot(B\cdot C)$ (1.1.24)

公式 9′ $(A+B)+C=A+(B+C)$ (1.1.25)

分配律

公式 10 $A\cdot(B+C)=A\cdot B+A\cdot C$ (1.1.26)

公式 10′ $A+B\cdot C=(A+B)\cdot(A+C)$ (1.1.27)

四、逻辑代数的一些特殊定理

同一律

公式 11 $A\cdot A=A$ (1.1.28)

公式 11′ $A+A=A$ (1.1.29)

德·摩根①定理

公式 12 $\overline{A\cdot B}=\overline{A}+\overline{B}$ (1.1.30)

公式 12′ $\overline{A+B}=\overline{A}\cdot\overline{B}$ (1.1.31)

还原律

公式 13 $\overline{\overline{A}}=A$ (1.1.32)

公式 5 到公式 13 的证明是极容易的,最直接的方法就是将变量的各种可能取值代入等式进行计算,列出真值表,如果等号两边的值相等,则等式成立,否则就不成立。下面仅以公式 10′和公式 12 的证明作为例子,说明一下这种证明方法,其余公式读者可以自己去证明。

[例 1.1.1] 证明公式 10′

$$A+B\cdot C=(A+B)\cdot(A+C)$$

视频:
难点解析 1-4
逻辑运算规律

① 德·摩根是 De Morgan 的音译。

［解］　将变量的各种取值代入等式，进行计算，结果见表 1.1.3。

表 1.1.3　例 1.1.1 的真值表

A	B	C	$B\cdot C$	$A+B\cdot C$	$A+B$	$A+C$	$(A+B)\cdot(A+C)$
0	0	0	0	0	0	0	0
0	0	1	0	0	0	1	0
0	1	0	0	0	1	0	0
0	1	1	1	1	1	1	1
1	0	0	0	1	1	1	1
1	0	1	0	1	1	1	1
1	1	0	0	1	1	1	1
1	1	1	1	1	1	1	1

由表 1.1.3 可以看出，等号两边的表达式在各种变量取值情况下都是相等的，所以公式成立。

［例 1.1.2］　证明公式 12

$$\overline{A\cdot B}=\overline{A}+\overline{B}$$

［解］　将变量的各种取值代入等式，进行计算，结果见表 1.1.4。

表 1.1.4　例 1.1.2 的真值表

A	B	$A\cdot B$	$\overline{A\cdot B}$	$\overline{A}$	$\overline{B}$	$\overline{A}+\overline{B}$
0	0	0	1	1	1	1
0	1	0	1	1	0	1
1	0	0	1	0	1	1
1	1	1	0	0	0	0

由表 1.1.4 可以看出，在变量的各种取值情况下，等号两边的表达式都是相等的，所以公式成立。

五、关于等式的三个重要规则

1. 代入规则

视频：
难点解析 1-5
逻辑代数规则

在任何逻辑等式中，如果等式两边所有出现某一变量的地方，都代之以一个函数，则等式仍然成立。这个规则称为**代入规则**。

代入规则在推导公式中用处很大，因为将已知等式中某一变量用任意一个函数代替后，就得到了新的等式，从而扩大了等式的应用范围。

例如，已知$\overline{A\cdot B}=\overline{A}+\overline{B}$。若用 $Y=A\cdot C$ 代替等式中的 A，根据代入规则，等式仍然成立，故

$$\overline{A\cdot C\cdot B}=\overline{A\cdot C}+\overline{B}=\overline{A}+\overline{C}+\overline{B}$$

2. 反演规则

对于任意一个函数表达式 Y，如果将 Y 中所有的“·”换成“+”，“+”换成“·”；“**0**”换成“**1**”，“**1**”换

成“**0**”;原变量换成反变量,反变量换成原变量,那么所得到的表达式就是 Y 的反函数 $\overline{Y}$,这个规则称为**反演规则**。

反演规则的意义在于,利用它可以比较容易地求出一个逻辑函数的反函数。

例如:

若 $$Y=\overline{A}\cdot\overline{B}+C\cdot D+\mathbf{0}$$

则 $$\overline{Y}=(A+B)\cdot(\overline{C}+\overline{D})\cdot\mathbf{1}$$

若 $$Y=A+\overline{B+\overline{C}+\overline{\overline{D+\overline{E}}}}$$

则 $$\overline{Y}=\overline{A}\cdot\overline{\overline{B}\cdot C\cdot\overline{\overline{\overline{D}\cdot E}}}$$

运用反演规则时,不是一个变量上的反号应保持不变。

在运用反演规则时,要特别注意运算符号的优先顺序——先算括号,再算乘积,最后算加法。例如,对于 $Y=\overline{A}\cdot\overline{B}+C\cdot D$,应先算 $\overline{A}\cdot\overline{B}$ 和 $C\cdot D$,然后再将两者相加。运用反演规则求 $\overline{Y}$ 时,应写成 $\overline{Y}=(A+B)\cdot(\overline{C}+\overline{D})$,不能写成 $\overline{Y}=A+B\cdot\overline{C}+\overline{D}$。

3. 对偶规则

若两逻辑式相等,则它们的对偶式也相等,这就是对偶规则。

所谓对偶式,即:对于任何一个逻辑式 Y,若将其中的“·”换成“+”,“+”换成“·”,“**0**”换成“**1**”,“**1**”换成“**0**”,则可得到一个新的逻辑式 Y^*(或 Y'),Y^*(或 Y')即为 Y 的对偶式,或称 Y 与 Y^*(或 Y')互为对偶式。

在前面所列公式 $n(n=1,2,\cdots,11)$ 和公式 n',即互为对偶式。因此,在证明这些公式时,根据对偶规则,若公式 n 成立,则公式 n' 必然成立,这是对偶规则的重要意义。

在运用对偶规则时,也需要注意运算符号的优先顺序——括号优先,先“·”后“+”。

六、若干常用公式

利用前面介绍的公式和规则,可以得到更多的公式,下面是一些比较常用的公式。

公式 14 $$A\cdot B+A\cdot\overline{B}=A \tag{1.1.33}$$

证明: $A\cdot B+A\cdot\overline{B}=A\cdot(B+\overline{B})=A$

可见,若两个乘积项中分别包含了 B、$\overline{B}$,而其他因子都相同时,则可利用公式 14 将这两项合并成一项,并消去变量 B。

公式 15 $$A+A\cdot B=A \tag{1.1.34}$$

证明: $A+A\cdot B=A\cdot(\mathbf{1}+B)=A$

公式 15 说明,在一个**与或**表达式中,如果一个乘积项是另外一个乘积项的因子,则这另外一个乘积项是多余的。

公式 16 $$A+\overline{A}\cdot B=A+B \tag{1.1.35}$$

证明:根据公式 10′可知

$$\begin{aligned}A+\overline{A}\cdot B&=(A+\overline{A})(A+B)\\&=\mathbf{1}\cdot(A+B)\\&=A+B\end{aligned}$$

公式 16 说明,在一个**与或**表达式中,如果一个乘积项的**反**是另一个乘积项的因子,则这个因子是多余的。

公式17　$$A\cdot B+\overline{A}\cdot C+B\cdot C=A\cdot B+\overline{A}\cdot C \tag{1.1.36}$$

证明：$A\cdot B+\overline{A}\cdot C+B\cdot C$

$=A\cdot B+\overline{A}\cdot C+B\cdot C\cdot(A+\overline{A})$

$=A\cdot B+\overline{A}\cdot C+A\cdot B\cdot C+\overline{A}\cdot B\cdot C$

$=A\cdot B+\overline{A}\cdot C$

推论：$A\cdot B+\overline{A}\cdot C+B\cdot C\cdot D$

$$=A\cdot B+\overline{A}\cdot C \tag{1.1.37}$$

证明：$A\cdot B+\overline{A}\cdot C+B\cdot C\cdot D$

$=A\cdot B+\overline{A}\cdot C+B\cdot C+B\cdot C\cdot D$

$=A\cdot B+\overline{A}\cdot C+B\cdot C$

$=A\cdot B+\overline{A}\cdot C$

公式17及其推论说明，在一个**与或**表达式中，如果两个乘积项中，一项包含了原变量A，另一项包含了反变量$\overline{A}$，而这两项其余的因子都是第三个乘积项的因子，则第三个乘积项是多余的，称之为冗余项。

公式18　$$\overline{A\cdot\overline{B}+\overline{A}\cdot B}=\overline{A}\cdot\overline{B}+A\cdot B \tag{1.1.38}$$

证明：$\overline{A\cdot\overline{B}+\overline{A}\cdot B}$

$=\overline{A\cdot\overline{B}}\cdot\overline{\overline{A}\cdot B}$

$=(\overline{A}+B)(A+\overline{B})$

$=\overline{A}\cdot A+\overline{A}\cdot\overline{B}+A\cdot B+B\cdot\overline{B}=\overline{A}\,\overline{B}+AB$

公式18说明，两个变量**异或**，其反就是它们的**同或**（两个变量取值相同时其值为**1**，故称**同或**），反之，两者**同或**的反就是它们的**异或**。

为了书写方便，在逻辑表达式中，括号和运算符号可按下述规则省略：

① 对一组变量进行**非**运算时，可以不加括号。例如$\overline{(A+B)}$，可以写成$\overline{A+B}$。

② 当表达式中既有乘法又有加法时，可按先乘后加的规则省去括号，而且乘号“·”一般不写出来。例如$(A\cdot B)+(C\cdot D)$，可写成$AB+CD$，但是$(A+B)\cdot(C+D)$不能写成$A+BC+D$。

1.2　逻辑函数的化简方法

化简逻辑函数，经常用到的方法有两种：一种称为公式化简法，就是用逻辑代数中的公式和定理进行化简；另一种称为图形化简法，用来进行化简的工具是卡诺图。一般地说，逻辑函数的表达式越简单，实现它的电路也越简单，因此不仅经济，而且可靠性也得到提高。

1.2.1　逻辑函数的标准与或式和最简式

在数字电路中，用集成电路实现逻辑函数时，有些情况下用的是标准**与或**式，但一般情况下多是函数的最简表达式，或某种简化形式。

一、标准与或表达式

［例1.2.1］

$$\begin{aligned}Y&=F(A,B,C)\\&=\overline{A}\,\overline{B}C+\overline{A}BC+AB\overline{C}+ABC\end{aligned} \tag{1.2.1}$$

式(1.2.1)给出的就是逻辑函数 Y 的标准**与或**表达式。之所以称之为标准**与或**表达式，是因为在表达式中，每一个乘积项都具有标准形式。而且，人们常把这种标准形式的乘积项称为**最小项**。

1. 最小项的概念

最小项是逻辑代数中一个重要的概念。式(1.2.1)中，Y 是变量 A、B、C 的函数。三个变量可以构成 8 个标准形式的乘积项：$\overline{A}\,\overline{B}\,\overline{C}$、$\overline{A}\,\overline{B}C$、$\overline{A}B\overline{C}$、$\overline{A}BC$、$A\overline{B}\,\overline{C}$、$A\overline{B}C$、$AB\overline{C}$、$ABC$。这 8 个乘积项共同的特点是：

① 每个乘积项都有三个因子。

② 每一个变量都以原变量或者反变量的形式，作为一个因子在乘积项中出现且仅出现一次。

这样的乘积项就称为最小项。

一个变量 A 有两个最小项：$\overline{A}$、A；

两个变量 A、B 有 4 个最小项：$\overline{A}\,\overline{B}$、$\overline{A}B$、$A\overline{B}$、$AB$；

三个变量 A、B、C 有 8 个最小项：$\overline{A}\,\overline{B}\,\overline{C}$、…、$ABC$。

一般地说，对于 n 个变量，如果 P 是一个含有 n 个因子的乘积项，而且每一个变量都以原变量或者反变量的形式，作为一个因子在 P 中出现且仅出现一次，那么就称 P 是这 n 个变量的一个最小项。n 个变量一共有 2^n 个最小项，因为每一个变量都有原变量、反变量两种形式，而变量个数是 n。

视频：难点解析 1-6 最小项与最大项

2. 最小项的性质

表 1.2.1 列出了三个变量 A、B、C 全部最小项的真值表，从表中不难看出，最小项有下列性质：

① 每一个最小项都有一组且只有一组使其值为 **1** 的对应变量取值。

② 任意两个不同的最小项之积，值恒为 **0**。

③ 变量全部最小项之和，值恒为 **1**。

表 1.2.1 变量 A、B、C 全部最小项的真值表

A	B	C	$\overline{A}\,\overline{B}\,\overline{C}$	$\overline{A}\,\overline{B}C$	$\overline{A}B\overline{C}$	$\overline{A}BC$	$A\overline{B}\,\overline{C}$	$A\overline{B}C$	$AB\overline{C}$	ABC
0	0	0	1	0	0	0	0	0	0	0
0	0	1	0	1	0	0	0	0	0	0
0	1	0	0	0	1	0	0	0	0	0
0	1	1	0	0	0	1	0	0	0	0
1	0	0	0	0	0	0	1	0	0	0
1	0	1	0	0	0	0	0	1	0	0
1	1	0	0	0	0	0	0	0	1	0
1	1	1	0	0	0	0	0	0	0	1

3. 最小项是组成逻辑函数的基本单元

任何逻辑函数都可以表示成为最小项之和的形式——标准**与或**表达式，也就是说，任何逻辑函数，都是由函数中变量的若干个最小项构成的。

［例 1.2.2］ 写出函数 $Y=AB+BC+CA$ 的标准**与或**式。

［解］

$$
\begin{aligned}
Y &= AB+BC+CA \\
&= AB(\overline{C}+C)+BC(\overline{A}+A)+CA(\overline{B}+B) \\
&= AB\overline{C}+ABC+\overline{A}BC+ABC+A\overline{B}C+ABC \\
&= \overline{A}BC+A\overline{B}C+AB\overline{C}+ABC
\end{aligned}
$$

思考提升 1-3 如何理解并得到逻辑函数的另外一种标准表达式——标准**或与**式？

逻辑函数最小项之和的形式——标准**与或**表达式是唯一的，也就是说，一个逻辑函数只有一个最小项之和的表达式。利用逻辑代数中的公式和定理，可以将任何逻辑函数展开或变换成标准**与或**表达式。

逻辑函数的标准**与或**表达式，也可以从真值表直接得到。只要在真值表中挑出那些使函数值为 **1** 的变量取值，变量取值为 **1** 的写成原变量，为 **0** 的写成反变量，这样对应于使函数值为 **1** 的每一种取值，都可以写出一个乘积项，只要把这些乘积项加起来，所得到的就是函数的标准**与或**表达式。

例如，从表 1.1.3 所示的真值表就可以直接写出

$$
\begin{aligned}
Y &= A+BC \\
&= (A+B)(A+C) \\
&= \overline{A}BC+A\,\overline{B}\,\overline{C}+A\,\overline{B}C+AB\,\overline{C}+ABC
\end{aligned}
$$

4. 最小项的编号

为了叙述和书写的方便，通常都要对最小项进行编号。

编号的方法是：把与最小项对应的变量取值当成二进制数，与之相应的十进制数，就是该最小项的编号。

例如，在表 1.2.1 中，A、B、C 的最小项 $\overline{A}\,\overline{B}\,\overline{C}$ 的对应取值是 **000**，相应的十进制数是 0，因此它的编号就是 0，并记作 m_0；$\overline{A}B\overline{C}$ 的对应取值是 **010**，相应的十进制数是 2，因此它的编号就是 2，并记作 m_2；依此类推，可得 $\overline{A}\,\overline{B}C=m_1$、$\overline{A}BC=m_3$、$A\,\overline{B}\,\overline{C}=m_4$、$A\,\overline{B}C=m_5$、$AB\,\overline{C}=m_6$、$ABC=m_7$。

一个最小项，只要把原变量当成 **1**、反变量当成 **0**，便可直接得到它的编号。

在书写逻辑函数标准**与或**表达式时，常常约定用注有下标的小写 m 表示有关的最小项，甚至只用相应编号表示。

例如，函数

$$
Y=\overline{A}BC+A\,\overline{B}C+AB\,\overline{C}+ABC
$$

常简化表示成

$$
\begin{aligned}
Y &= m_3+m_5+m_6+m_7 \\
&= \sum_i m_i \qquad (i=3,5,6,7) \\
&= \sum m(3,5,6,7) \\
&= \sum(3,5,6,7)
\end{aligned}
$$

式中 $\sum$ 表示逻辑加。

二、逻辑函数的最简表达式

一个逻辑函数的最简表达式，常按照式中变量之间运算关系的不同，分成最简**与或**式、最简**与非-与非**式、最简**或与**式、最简**或非-或非**式、最简**与或非**式五种。

1. 最简**与或**式

定义：乘积项的个数最少，每个乘积项中相乘的变量个数也最少的**与或**表达式，称为最简**与或**表达式。

例如：

$$
Y = AB+\overline{A}C+BC+BCD \tag{1.2.2a}
$$

$$
= AB+\overline{A}C+BC \tag{1.2.2b}
$$

$$=AB+\bar{A}C \tag{1.2.2c}$$

显然，在函数 Y 的各个**与或**表达式中，式(1.2.2c)是最简的，因为它符合最简**与或**表达式的定义。

2. 最简**与非-与非**式

定义：**非**号个数最少，每个**非**号下面相乘的变量个数也最少的**与非-与非**式，称为最简**与非-与非**表达式。注意，单个变量上面的**非**号不算，因为已将其当成反变量。

在最简**与或**表达式的基础上，两次取反，再用德·摩根定理去掉下面的反号，便可得到函数的最简**与非-与非**表达式。

［例 1.2.3］ 写出函数 $Y=AB+\bar{A}C$ 的最简**与非-与非**式。

［解］

$$\begin{aligned} Y &= \overline{\overline{AB+\bar{A}C}} \\ &= \overline{\overline{AB}\cdot\overline{\bar{A}C}} \end{aligned} \tag{1.2.3}$$

式(1.2.3)就是函数 Y 的最简**与非-与非**表达式。

3. 最简**或与**式

定义：括号个数最少，每个括号中相加的变量的个数也最少的**或与**式，称为最简**或与**表达式。

在反函数最简**与或**表达式的基础上，取反，再用德·摩根定理去掉反号，便可得到函数的最简**或与**表达式。当然，在反函数的最简**与或**表达式的基础上，也可用反演规则，直接写出函数的最简**或与**式。

［例 1.2.4］ 写出函数 $Y=AB+\bar{A}C$ 的最简**或与**式。

［解］

$$\bar{Y}=\bar{A}\,\bar{C}+A\bar{B}$$

$$\begin{aligned} Y &= \overline{\overline{Y}}=\overline{\bar{A}\,\bar{C}+A\bar{B}} \\ &= \overline{\bar{A}\,\bar{C}}\cdot\overline{A\bar{B}} \\ &= (A+C)\cdot(\bar{A}+B) \end{aligned} \tag{1.2.4}$$

式(1.2.4)就是函数 Y 的最简**或与**表达式。

4. 最简**或非-或非**式

定义：**非**号个数最少，每个**非**号下面相加的变量个数也最少的**或非-或非**式，称为最简**或非-或非**表达式。

在最简**或与**表达式的基础上，两次取反，再用德·摩根定理去掉下面的反号，所得到的便是函数的最简**或非-或非**表达式。

［例 1.2.5］ 写出函数 $Y=AB+\bar{A}C$ 的最简**或非-或非**式。

［解］

$$\begin{aligned} Y &= AB+\bar{A}C \\ &= (A+C)(\bar{A}+B) \\ &= \overline{\overline{(A+C)(\bar{A}+B)}} \\ &= \overline{\overline{A+C}+\overline{\bar{A}+B}} \end{aligned} \tag{1.2.5}$$

式(1.2.5)就是函数 Y 的最简**或非-或非**表达式。

5. 最简**与或非**式

定义：在**非**号下面相加的乘积项的个数最少，每个乘积项中相乘的变量个数也最少的**与或非**式，称为最简**与或非**表达式。

在最简**或非-或非**式的基础上，用德·摩根定理去掉大反号下面的小反号，便可得到函数的最简**与或非**表达式。当然，在反函数最简**与或**式基础上，直接取反亦可。

［例 1.2.6］　写出函数 $Y=AB+\overline{A}C$ 的最简**与或非**式。

［解］

$$Y=AB+\overline{A}C$$

$$=\overline{\overline{A+C}+\overline{\overline{A}+B}} \tag{1.2.6}$$

$$=\overline{\overline{A}\,\overline{C}+A\overline{B}}$$

式(1.2.6)就是函数 Y 的最简**与或非**表达式。

从上面各种最简式的介绍中，不难发现，只要得到了函数的最简**与或**式，再用德·摩根定理进行适当变换，就可以获得其他几种类型的最简式。因此，下面要讲解的公式化简法和图形化简法，所说明的都是如何在**与或**式的基础上，获得最简**与或**表达式的方法。至于给定函数的表达式不是**与或**式时，则只需要用公式和定理，便可将其展开、变换成**与或**式，而且在展开、变换过程中，能化简的理所当然地应顺便化简。

1.2.2　逻辑函数的公式化简法

公式化简法，就是在**与或**表达式的基础上，利用公式和定理，消去表达式中多余的乘积项和每个乘积项中多余的因子，求出函数的最简**与或**式。经常使用的方法可以归纳如下：

视频：
难点解析 1-7
逻辑表达式的
化简

一、并项法

利用公式 14　$AB+A\overline{B}=A$，把两个乘积项合并起来，消去一个变量。

［例 1.2.7］　化简函数 $Y=ABC+AB\overline{C}+\overline{A}B$，写出它的最简**与或**式。

［解］　利用并项法可得

$$Y=ABC+AB\overline{C}+\overline{A}B$$

$$=AB+\overline{A}B=B$$

二、吸收法

利用公式 15　$A+AB=A$，吸收掉多余的乘积项。

［例 1.2.8］　化简函数 $Y=\overline{AB}+\overline{A}D+\overline{B}E$。

［解］　用德·摩根定理先展开 $\overline{AB}=\overline{A}+\overline{B}$，再用吸收法，即可得

$$Y=\overline{AB}+\overline{A}D+\overline{B}E$$

$$=\overline{A}+\overline{B}+\overline{A}D+\overline{B}E=\overline{A}+\overline{B}$$

三、消去法

利用公式 16　$A+\overline{A}B=A+B$，消去乘积项中多余的因子。

［例 1.2.9］　化简函数 $Y=\overline{AB}+AC+BD$。

［解］　先用德·摩根定理展开 $\overline{AB}=\overline{A}+\overline{B}$，再用消去法化简。

$$Y=\overline{AB}+AC+BD$$

$$=\overline{A}+\overline{B}+AC+BD=\overline{A}+\overline{B}+C+D$$

四、配项消项法

利用公式 17　$AB+\overline{A}C+BC=AB+\overline{A}C$，在函数**与或**表达式中加上多余项——冗余项，以消去更多的乘积项，从而获得最简**与或**式。

［例 1.2.10］　化简函数 $Y=A\overline{C}+\overline{B}C+\overline{A}C+B\overline{C}$。

［解］　在函数式中，可根据 $\overline{A}C+B\overline{C}=\overline{A}C+B\overline{C}+\overline{A}B$，加上乘积项 $\overline{A}B$，便可消去 $\overline{A}C$ 和 $B\overline{C}$。

$$\begin{aligned}Y&=A\overline{C}+\overline{B}C+\overline{A}C+B\overline{C}+\overline{A}B\\&=A\overline{C}+\overline{A}B+\overline{B}C+\overline{A}C+B\overline{C}\\&=A\overline{C}+\overline{A}B+\overline{B}C\end{aligned}$$

由 $A\overline{C}+\overline{A}B+B\overline{C}=A\overline{C}+\overline{A}B$ 可消去式中 $B\overline{C}$，由 $\overline{A}B+\overline{B}C+\overline{A}C=\overline{A}B+\overline{B}C$ 可消去式中 $\overline{A}C$。

利用公式 17，有时并不需要配项，而是直接消去冗余项，便可获得最简**与或**式。

［例 1.2.11］　化简函数 $Y=\overline{A}B+AC+\overline{B}\,\overline{C}+A\overline{B}+\overline{A}\,\overline{C}+BC$。

［解］　由 $\overline{A}B+AC$ 配合可消去 BC，由 $\overline{A}B+\overline{B}\,\overline{C}$ 可消去 $\overline{A}\,\overline{C}$，由 $AC+\overline{B}\,\overline{C}$ 可消去 $A\overline{B}$，从而得到 Y 的最简**与或**式：

$$\begin{aligned}Y&=\overline{A}B+AC+\overline{B}\,\overline{C}+A\overline{B}+\overline{A}\,\overline{C}+BC\\&=\overline{A}B+AC+\overline{B}\,\overline{C}\end{aligned}$$

也可用式中后三项配合起来消去前三项，从而得到

$$Y=A\overline{B}+\overline{A}\,\overline{C}+BC$$

由于利用公式 17，有时可以方便地消去多余乘积项，即冗余项，所以常称之为**冗余定理**。

实际解题时，常常需要综合应用上述各种方法，才能得到函数的最简**与或**式。而且，能否较快地获得满意结果，与对逻辑代数公式、定理的熟悉程度和运算技巧有关。

1.2.3　逻辑函数的图形化简法

用卡诺图化简逻辑函数，求最简**与或**表达式的方法，称为图形化简法。图形化简法有比较明确的步骤可以遵循，结果是否最简，判断起来也比较容易。但是，当变量超过六个以上时，就没有什么实用价值了。

一、逻辑变量的卡诺图

1. 二变量的卡诺图

图 1.2.1 给出的是变量 A、B 的卡诺图。两个变量有 4 个最小项，用 4 个小方块表示，如图 1.2.1(a)所示；在图 1.2.1(b)中，m 表示最小项，下标是相应最小项的编号；在图 1.2.1(c)中，只标出了最小项的编号；在图 1.2.1(d)中，连最小项的编号也省去不写了。人们经常使用的是图 1.2.1(d)中给出的形式。变量卡诺图实际上是一种最小项方块图。

视频：
难点解析 1-8
变量卡诺图

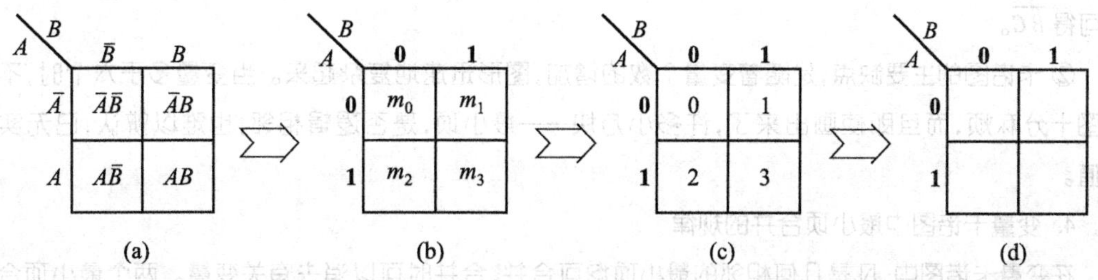

图 1.2.1　变量 A、B 的卡诺图

2. 变量卡诺图的画法

① 变量卡诺图一般都画成正方形或矩形。对于 n 个变量，图中分割出的小方块应有 2^n 个，因为 n 个变量有 2^n 个最小项，而每一个最小项，都需要用一个小方块表示。

拓展阅读 1-3
循环码的构成及特点

② 按循环码排列变量取值顺序。循环码的特点是相邻编码之间只有 1 位码元不同，这是关键，只有这样排列，所得到的最小项方块图才称为卡诺图。循环码可以很容易地由自然二进制码推导出来。如果 $B=B_2B_1B_0$ 是一组 3 位二进制码，那么用公式 $G_i=B_{i+1}\oplus B_i$，便可以求出 3 位循环码 $G=G_2G_1G_0$。因为 $G_0=B_1\oplus B_0$、$G_1=B_2\oplus B_1$、$G_2=B_3\oplus B_2$，由于无 B_3，即 $B_3=\mathbf{0}$，故 $G_2=B_3\oplus B_2=\mathbf{0}\oplus B_2=B_2$。

在图 1.2.2 中，分别画出了三变量和四变量的卡诺图。

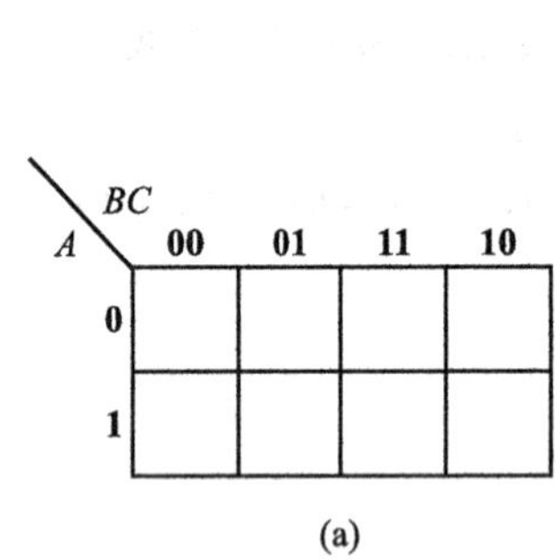

(a)

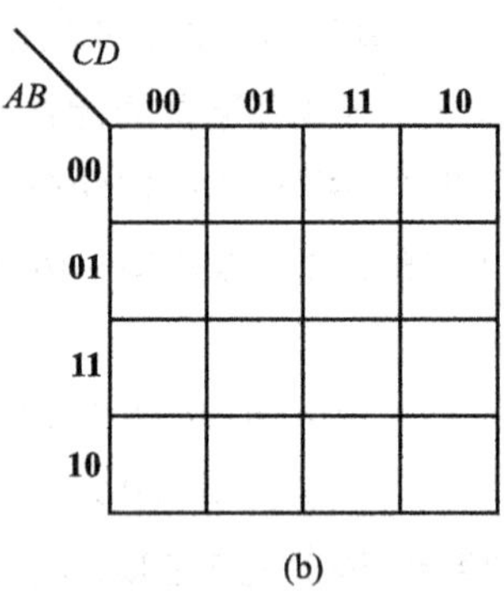

(b)

图 1.2.2 三变量和四变量的卡诺图

(a) 三变量卡诺图 (b) 四变量卡诺图

3. 变量卡诺图的特点

① 用几何相邻形象地表示变量各个最小项在逻辑上的相邻性。

在卡诺图中，凡是几何相邻的最小项，在逻辑上都是相邻的。变量取值之所以要按照循环码排列，就是为了保证画出来的方块图具有这一重要特点。

- 几何相邻

包括三种情况：一是相接——紧挨着；二是相对——任一行或一列的两头；三是相重——对折起来后位置重合。当然，对折起来时，相对的最小项肯定是相重的，分开说的目的，只是为了便于识别和记忆而已。

- 逻辑相邻

如果两个最小项，除了一个变量的形式不同以外，其余的都相同，那么这两个最小项就称为在逻辑上是相邻的。而在逻辑上相邻的最小项，是可以合并的。例如，AB 和 $A\overline{B}$ 两个最小项中，只有 B 的形式不同；在 AB 中以原变量形式出现，在 $A\overline{B}$ 中出现的是其反变量形式，所以两者逻辑相邻，显然，可以把它们合并起来，$AB+A\overline{B}=A$。又如，$A\overline{B}\,\overline{C}$、$\overline{A}\,\overline{B}\,\overline{C}$ 两个最小项中，只有 A 的形式不同，因此两者逻辑相邻，合并起来可得 $\overline{B}\,\overline{C}$。

② 卡诺图的主要缺点，是随着变量个数的增加，图形迅速地复杂起来。当变量多于六个时，不仅画图十分麻烦，而且即使画出来了，许多小方块——最小项，是否逻辑相邻，也难以辨认，已无实用价值。

4. 变量卡诺图中最小项合并的规律

在变量卡诺图中，凡是几何相邻的最小项均可合并，合并时可以消去有关变量。两个最小项合并成一项时可以消去一个变量，4 个最小项合并成一项时可以消去两个变量，8 个最小项合并成一项时可以消去三个变量。一般地说，2^n 个最小项合并时可以消去 n 个变量，因为 2^n 个最小项（可以合并成一项时）相加，提出公因子后，剩下的 2^n 个乘积项，恰好是要被消去的 n 个变量的全部最小项，由最小项的性质知道，它们的和恒等于 **1**，所以可被消去。

在图 1.2.3、图 1.2.4、图 1.2.5 中，分别画出了两个最小项、4 个最小项、8 个最小项合并成一项的一些情况。

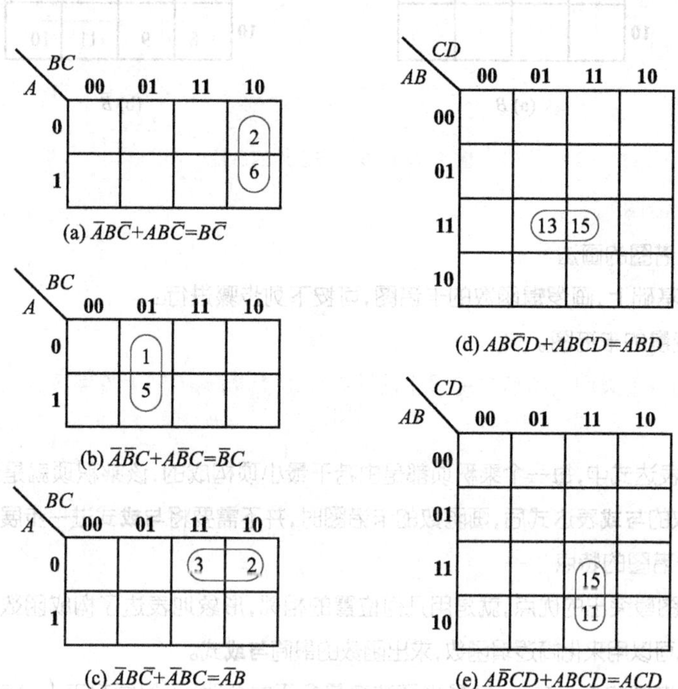

图 1.2.3 两个最小项的合并

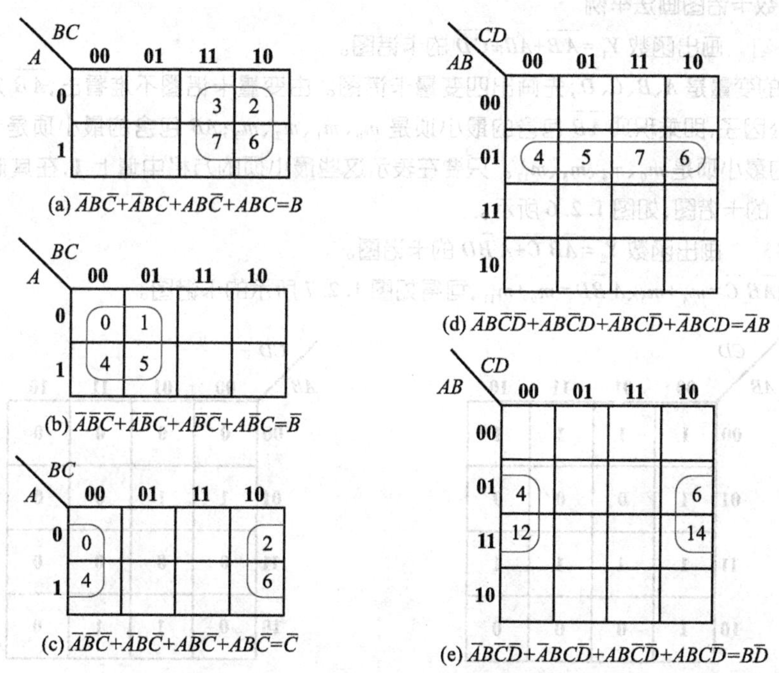

图 1.2.4 4 个最小项的合并

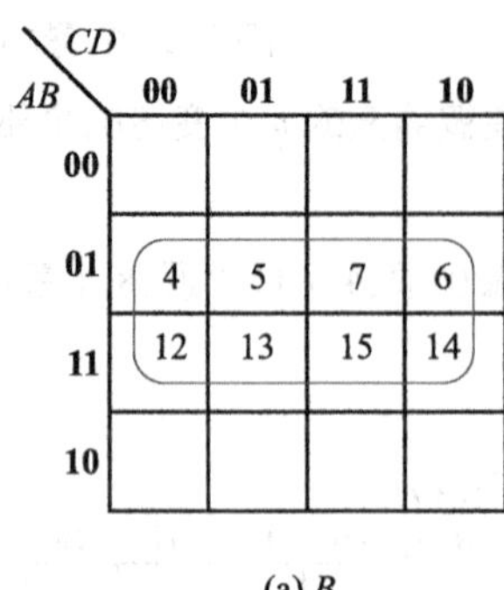

(a) B

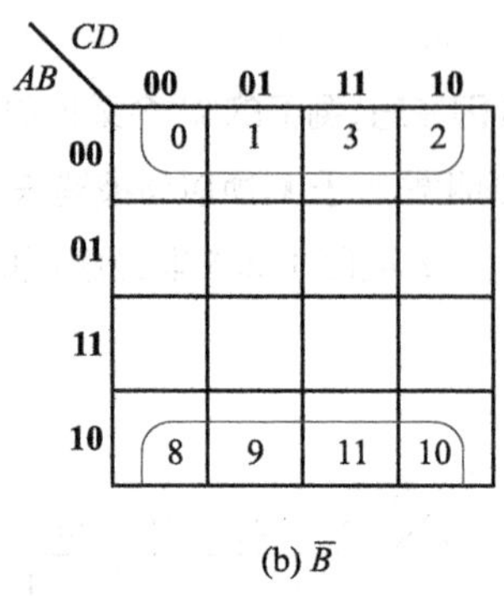

(b) $\overline{B}$

图 1.2.5 8 个最小项的合并

二、逻辑函数的卡诺图

1. 逻辑函数卡诺图的画法

在**与或**表达式基础上，画逻辑函数的卡诺图，可按下列步骤进行：

① 画出函数变量的卡诺图。

② 在函数的每一个乘积项所包含的最小项处都填上 **1**，剩下的填上 **0** 或不填，所得到的就是函数的卡诺图。

视频：
难点解析 1-9
函数卡诺图

在函数的**与或**表达式中，每一个乘积项都是由若干最小项构成的，该乘积项就是这些最小项的公因子。所以，有了函数的**与或**表达式后，画函数的卡诺图时，并不需要将**与或**式进一步展开成标准**与或**式。

2. 逻辑函数卡诺图的特点

逻辑函数卡诺图最突出的优点，就是用几何位置的相邻，形象地表达了构成函数的各个最小项在逻辑上的相邻性，因此可以用来化简逻辑函数，求出函数的最简**与或**式。

逻辑函数的卡诺图的最大缺点，就是当函数变量多于六个时，不仅画起来十分麻烦，而且其优点也不复存在，再无实用价值。

3. 逻辑函数卡诺图画法举例

［例 1.2.12］ 画出函数 $Y_1=\overline{A}\,\overline{B}+AB+\overline{C}\,\overline{D}$ 的卡诺图。

［解］ Y 的变量是 A、B、C、D，先画出四变量卡诺图。由变量卡诺图不难看出，$\overline{A}\,\overline{B}$ 是最小项 m_0、m_1、m_2、m_3 的公因子，即乘积项 $\overline{A}\,\overline{B}$ 包含的最小项是 m_0、m_1、m_2、m_3；AB 包含的最小项是 m_{12}、m_{13}、m_{14}、m_{15}；$\overline{C}\,\overline{D}$ 包含的最小项是 m_0、m_4、m_8、m_{12}。只要在表示这些最小项的方格中填上 **1**，在其他方格中填上 **0**，便可得到 Y_1 的卡诺图，如图 1.2.6 所示。

视频：
难点解析 1-10
函数卡诺图化简方法

［例 1.2.13］ 画出函数 $Y_2=\overline{A}B\overline{C}+A\overline{B}D$ 的卡诺图。

［解］ 由 $\overline{A}B\overline{C}=m_4+m_5$、$A\overline{B}D=m_9+m_{11}$，可得如图 1.2.7 所示的卡诺图。

思考提升 1-4
如何用卡诺图进行 5～6 阶逻辑函数的化简？

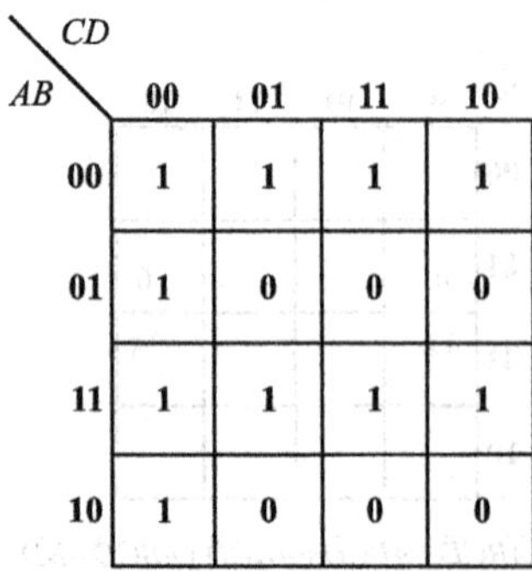

图 1.2.6 例 1.2.12 中 Y_1 的卡诺图

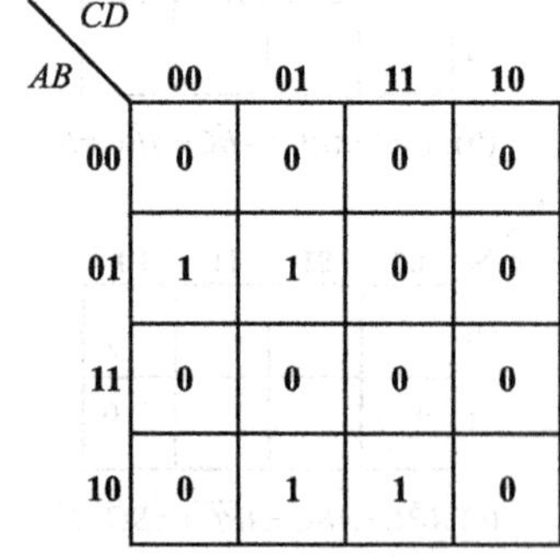

图 1.2.7 例 1.2.13 中 Y_2 的卡诺图

一个函数 Y 的卡诺图，同时由填 **0** 的那些最小项构成了该函数的反，即 $\overline{Y}$。

三、用卡诺图化简逻辑函数

1. 基本步骤

① 画出逻辑函数的卡诺图。

② 合并逻辑函数的最小项。

③ 选择乘积项写出最简**与或**式。

2. 应用举例

［例 1.2.14］ 用图形法化简函数

$$Y=\overline{B}CD+B\overline{C}+\overline{A}\,\overline{C}D+A\overline{B}C$$

［解］ ① 画出函数的卡诺图

画出四变量卡诺图，在图中标出 Y 所包含的全部最小项，如图 1.2.8 所示。

② 合并最小项

合并的原则是：必须包含函数的所有最小项，并且保证合并后乘积项的总数最少；相邻的最小项合并时，蕴含函数的最小项数量越多，则合并后乘积项的因子最少，注意 $2^i(i=0,1,2,\cdots n-1)$ 个相邻的最小项相或，可以消去 i 个变量；每次合并时，为了消去更多变量，可以重复使用函数的最小项，但是必须保证至少包含 1 个新的最小项（未被重复使用过），以避免冗余项的出现。

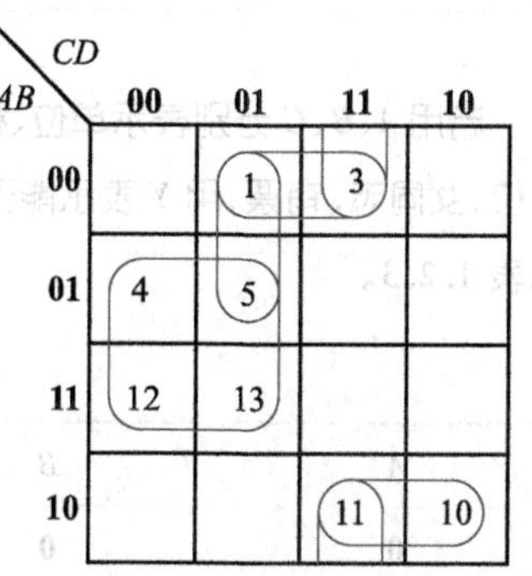

图 1.2.8 例 1.2.14 中 Y 的卡诺图

按照前面介绍的方法，把可以合并的最小项分别圈出来。由图 1.2.8 可知

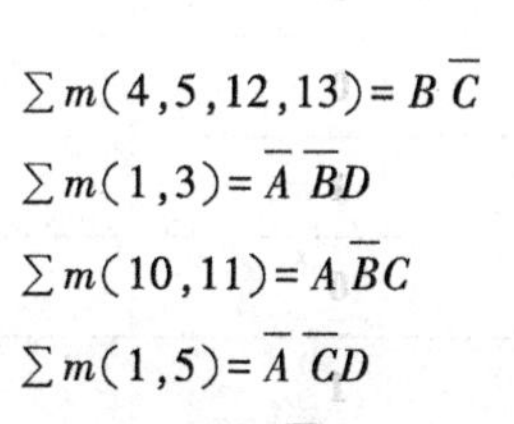

$$\sum m(4,5,12,13)=B\overline{C}$$
$$\sum m(1,3)=\overline{A}\,\overline{B}D$$
$$\sum m(10,11)=A\overline{B}C$$
$$\sum m(1,5)=\overline{A}\,\overline{C}D$$
$$\sum m(3,11)=\overline{B}CD$$

③ 选择乘积项写出最简**与或**表达式

本例中乘积项 $\overline{A}\,\overline{C}D$、$\overline{B}CD$ 包含的最小项都被其他的合并项重复使用过，因而最终的化简结果是

$$Y=B\overline{C}+\overline{A}\,\overline{B}D+A\overline{B}C$$

1.2.4 具有约束的逻辑函数的化简

一、约束的概念和约束条件

1. 约束、约束项、约束条件

(1) 约束

约束是用来说明逻辑函数中各个变量之间互相制约关系的一个重要概念。

［例 1.2.15］ 三八妇女节，某单位包了一场演出，票只发给在本单位工作的女同志，以示庆贺。试分析该逻辑问题。

［解］ 根据题意可列出功能表，如表 1.2.2 所示。

思考提升 1-5
两个逻辑函数间的**与**、**或**、**异或**等运算是否可以通过将它们的卡诺图中对应的最小项做**与**、**或**、**异或**等运算来实现？

视频：
难点解析 1-11
具有约束的卡诺图化简

表 1.2.2　例 1.2.15 的功能表

单位	性别	演出票	能否进场	说明
非	男	无	否	
非	男	有		不会出现这种情况
非	女	无	否	
非	女	有		不会出现这种情况
是	男	无	否	
是	男	有		不会出现这种情况
是	女	无	否	
是	女	有	能	

若用 A、B、C 分别表示单位、性别、演出票，且为 **0** 时表示非本单位、男同志、无票，为 **1** 时表示是本单位、女同志、有票，用 Y 表示能否进场，且为 **0** 时表示不能进场，为 **1** 时表示能进场，则可列出真值表见表 1.2.3。

表 1.2.3　例 1.2.15 的真值表

A	B	C	Y	说明
0	**0**	**0**	**0**	
0	**0**	**1**		不会出现
0	**1**	**0**	**0**	
0	**1**	**1**		不会出现
1	**0**	**0**	**0**	
1	**0**	**1**		不会出现
1	**1**	**0**	**0**	
1	**1**	**1**	**1**	

由表 1.2.3 知，A、B、C 的取值只可能出现 **000**、**010**、**100**、**110**、**111**，而不会出现 **001**、**011**、**101**，因为演出票只发给在本单位工作的女同志。这说明 A、B、C 之间有着一定的制约关系，因此称这三个变量是一组**有约束的变量**。

由有约束的变量所决定的逻辑函数，称为**有约束的逻辑函数**。

（2）约束项

不会出现的变量取值所对应的最小项称为**约束项**。在例 1.2.15 中，就是$\bar{A}\bar{B}C$、$\bar{A}BC$、$A\bar{B}C$。

由最小项的性质可知，只有对应变量取值出现时，其值才会为 **1**。而约束项对应的是不出现的变量取值，所以其值总等于 **0**。

（3）约束条件

由约束项加起来所构成的值为 **0** 的逻辑表达式，称为**约束条件**。因为约束项的值恒为 **0**，而无论多少个 **0** 加起来还是 **0**，所以约束条件是一个值等于 **0** 的条件等式。

2. 约束条件的表示方法

① 在真值表中，用叉号(×)表示。表 1. 2. 3 所示的逻辑函数一般表示成表 1. 2. 4所示的形式，即在对应于约束项的变量取值所决定的函数值处，记上“×”，以区别于其他取值。

② 在逻辑表达式中，用等于 **0** 的条件等式表示。例如，表 1. 2. 4 所示逻辑函数，其约束条件可表示为

$$\left.\begin{array}{l}\bar{A}\bar{B}C+\bar{A}BC+A\bar{B}C=\mathbf{0}\\ \text{或}\quad \sum d(1,3,5)=\mathbf{0}\end{array}\right\}\quad \begin{array}{l}\text{最小项之和表达式}\\ \text{即标准与或表达式}\end{array}$$

或 $\bar{A}C+\bar{B}C=\mathbf{0}$ 最简**与或**表达式

表 1. 2. 4 例 1. 2. 15 的真值表

A	B	C	Y
0	0	0	0
0	0	1	×
0	1	0	0
0	1	1	×
1	0	0	0
1	0	1	×
1	1	0	0
1	1	1	1

③ 在卡诺图中，用叉号(×)表示，即在约束项处记上“×”，以区别于其他最小项。表 1. 2. 4 所示逻辑函数的卡诺图如图 1. 2. 9 所示。

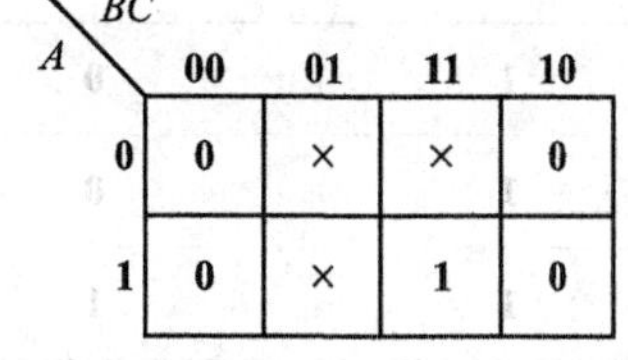

图 1. 2. 9 例 1. 2. 15 中 Y 的卡诺图

二、具有约束的逻辑函数的化简

关键是怎样利用约束条件。一般地说，在化简具有约束的逻辑函数时，如果充分地利用约束条件，常常可使表达式大大简化。

1. 约束条件在化简中的应用

(1) 在公式法中的应用

在公式法中，可以根据化简的需要加上或去掉约束条件。因为在逻辑表达式中，加上或去掉 **0**，函数是不会受影响的，而约束条件的值总是为 **0** 的。

例如，在表 1. 2. 4 所示逻辑函数中，如果加上约束条件后再用公式法进行化简，则可以得到极为简单的结果。

$$\begin{aligned}Y&=ABC+\bar{A}C+\bar{B}C\\&=C(AB+\bar{A}+\bar{B})\\&=C(AB+\overline{AB})\\&=C\end{aligned}$$

(2) 在图形法中的应用

在利用函数的卡诺图合并最小项时，可根据化简的需要包含或去掉约束项。因为合并最小项时，如

果圈中包含了约束项，则相当于在相应的乘积项中加上了该约束项——其值为 **0**，显然函数不会受影响。

例如，在图 1.2.9 所示逻辑函数中，充分利用约束条件，根据图形法亦可得到

$$Y = m_1 + m_3 + m_5 + m_7 \\ = C$$

联系表 1.2.2、表 1.2.3 来理解利用约束条件化简的实际意义是比较容易的。要做到只有在本单位工作的有票的女同志才能进场看演出这件事，$Y=ABC$ 的意思就是，派到剧场的守门人不仅要查票，而且要辨认持票人的单位和性别，很麻烦；$Y=C$ 的意思是只要查票就行，很简单。但是，事先只能把票发给本单位工作的女同志，即必须遵守约束条件，否则就可能出现外单位的人，或者本单位的男同志因有票而进场的情况。如果真的出了这种问题，则不能怪守门人，而只能追究发票人的责任。一般地说，凡是利用约束条件化简了逻辑函数，就必须遵守约束条件，否则就可能出现错误。

2. 变量互相排斥的逻辑函数的化简

在一组变量中，只要有一个变量取值为 **1**，则其他变量的值就一定是 **0**，有这种约束的变量，称为**互相排斥**的变量。

［例 1.2.16］ 函数 Y 的变量 A、B、C 是互相排斥的，表 1.2.5 所示是其真值表，试用图形法求出 Y 的最简**与或**表达式。

表 1.2.5 例 1.2.16 的真值表

A	B	C	Y	说明
0	0	0	0	
0	0	1	1	
0	1	0	1	
0	1	1	×	不会出现
1	0	0	1	
1	0	1	×	不会出现
1	1	0	×	不会出现
1	1	1	×	不会出现

［解］ ① 画出函数 Y 的卡诺图，如图 1.2.10 所示。

② 合并最小项。约束项均当作 **1** 处理。

$$m_4 + m_5 + m_6 + m_7 = A$$

$$m_2 + m_3 + m_6 + m_7 = B$$

$$m_1 + m_3 + m_5 + m_7 = C$$

③ 写出最简**与或**表达式

$$Y = A + B + C$$

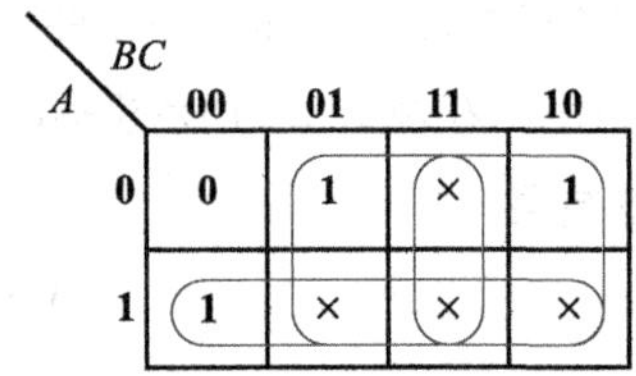

图 1.2.10 例 1.2.16 中 Y 的卡诺图

对于变量互相排斥的逻辑函数，真值表常采用简化形式。例如，表 1.2.5 可简化成表 1.2.6 的样子。而且逻辑表达式可直接写成为各个变量之和，例如，根据表 1.2.6 可直接写出

$$Y = A + B + C$$

表 1.2.6 例 1.2.16 的真值表

	Y
A	**1**
B	**1**
C	**1**

三、化简举例

[例 **1.2.17**] 化简下列函数

$$\begin{cases} Y=AC+\overline{A}\,\overline{B}C \\ \overline{B}\,\overline{C}=\mathbf{0} \quad \text{约束条件} \end{cases}$$

[解] Y 的卡诺图如图 1.2.11 所示。

约束条件 $\overline{B}\,\overline{C}=\mathbf{0}$,$\overline{B}\,\overline{C}$ 包含的约束项是 $\overline{A}\,\overline{B}\,\overline{C}$、$A\,\overline{B}\,\overline{C}$,在相应小方块中记上“×”号。

合并最小项,求函数的最简**与或**表达式。

m_0、m_4 当成 **1** 处理,可以与 m_1、m_5 合并,得 $\overline{B}$;m_5、m_7 合并得 AC。所以

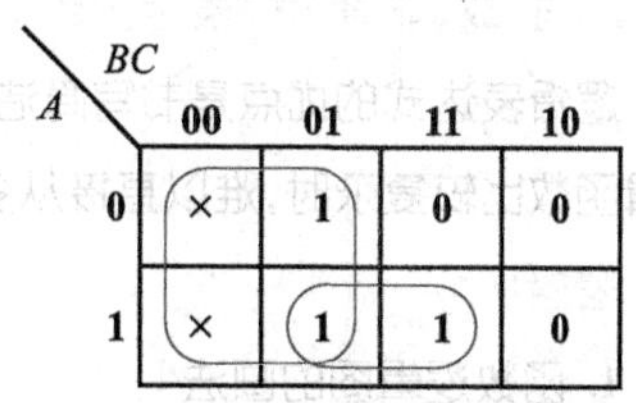

图 1.2.11 例 1.2.17 中 Y 的卡诺图

$$\begin{cases} Y=\overline{B}+AC \\ \overline{B}\,\overline{C}=\mathbf{0} \end{cases}$$

思考提升 1-6
对于多变量(6 个以上)、复杂的逻辑函数,有无利用计算机辅助设计手段对其进行化简的方法?

1.3 逻辑函数的表示方法及其相互之间的转换

1.3.1 几种表示逻辑函数的方法

一般用来表示逻辑函数的方法,归纳起来有真值表、卡诺图、表达式、逻辑图、波形图和 HDL 语言(硬件语言)描述六种,前四种在 1.1 节和 1.2 节中都已见到,在这里仍做简要说明,而 HDL 语言描述则将在第 3 章专门介绍。

一、真值表

把变量的各种可能取值与相应的函数值,以表格形式一一列举出来,这种表格就称为真值表。

1. 列写方法

0、**1** 两种取值,n 个变量共有 2^n 种不同取值,将它们按顺序(一般按二进制数递增规律)排列起来,同时在相应位置写上函数的值,便可得到逻辑函数的真值表。

2. 主要特点

真值表以表格形式表示逻辑函数,其优点是:

① 直观明了。输入变量取值一旦确定,即可以从表中查出相应的函数值。所以,在许多数字集成电路手册中,常常都以不同形式的真值表,给出器件的逻辑功能。

② 在把一个实际逻辑问题抽象成为数学表达形式时,使用真值表是最方便的。一般地说,在数字电路逻辑设计过程中,第一步就是要列出真值表;在分析数字电路逻辑功能时,最后也要列出真值表。

视频:
难点解析 1-12
逻辑函数的表示方法

真值表的主要缺点是:

① 难以用逻辑代数的公式和定理进行运算和变换。

② 当变量比较多时，列真值表会十分繁琐。因此，在许多情况下，为了简单起见，在真值表中只列出使函数值为 **1** 的输入变量取值。

二、卡诺图

卡诺图可以说是真值表的一种方块图表达形式，只不过是变量取值必须按照循环码的顺序排列而已，与真值表有严格的一一对应关系，因此也可以称为真值方格图。

卡诺图的优点是用几何相邻形象直观地表示了函数各个最小项在逻辑上的相邻性，便于用来求逻辑函数的最简**与或**表达式。

卡诺图的缺点是只适用于表示和化简变量个数比较少的逻辑函数，也不便于用公式和定理进行运算和变换。

三、逻辑表达式

用**与**、**或**、**非**等运算表示函数中各个变量之间逻辑关系的代数式子，称为逻辑表达式。

逻辑表达式的优点是书写简洁、方便，可以用公式和定理十分灵活地进行运算、变换。其缺点是在逻辑函数比较复杂时，难以直接从变量取值看出函数的值，不如真值表和卡诺图直观。

四、逻辑图

1. 函数逻辑图的画法

用基本和常用的逻辑符号表示函数表达式中各个变量之间的运算关系，便能够画出函数的逻辑图。

[例 1.3.1]　画出函数 $Y=AB+BC+CA$ 的逻辑图。

[解]　A 和 B、B 和 C、C 和 A 之间都是**与**的运算关系，可分别用**与**运算的逻辑符号表示。AB、BC、CA 三个乘积项之间是**或**的运算关系，可用**或**运算的逻辑符号表示。A、B、C 是输入变量，Y 是输出函数，用三个**与**运算和一个**或**运算的逻辑符号便可以表示 Y，从而画出逻辑图，如图 1.3.1 所示。

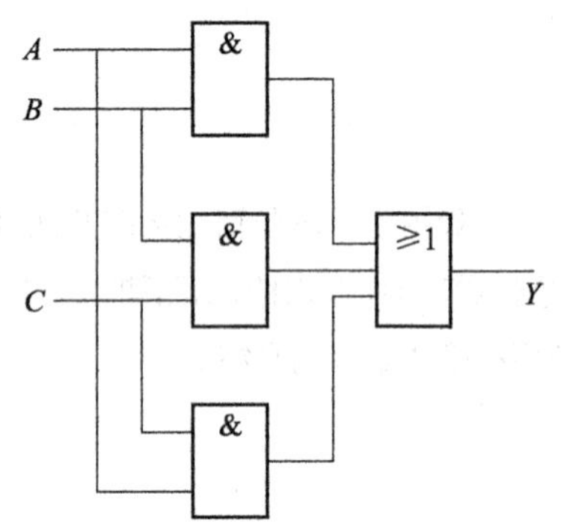

图 1.3.1　例 1.3.1 中 Y 的逻辑图

逻辑图与表达式有着十分简单而准确的对应关系。有什么样的表达式，就可以画出什么样的逻辑图；同样，有什么样的逻辑图，就可以写出什么样的表达式。两者是一一对应的。

2. 逻辑图的特点

逻辑图中的逻辑符号，都有称之为门电路的实际电路器件存在，所以它比较接近工程实际。在工作中，要了解某个数字系统或者数控装置的逻辑功能时，都要用到逻辑图，因为它可以把许多繁杂的实际电路的逻辑功能，层次分明地表示出来。另外，在制作数字设备时，常常也要通过逻辑设计，画出逻辑图，然后再把逻辑图变成实际电路。

逻辑图的缺点是不能用公式和定理进行运算和变换，所表示的逻辑关系不如真值表和卡诺图直观。

五、波形图

在给出输入变量取值随时间变化的波形后，根据函数中变量之间的运算关系、真值表或者卡诺图中变量取值和函数值的对应关系，都可以对应画出输出变量（函数）随时间变化的波形。这种反映输入和输出变量对应取值随时间按照一定规律变化的图形，就称为波形图，也称为时间图。

［例 1.3.2］ $Y=\overline{A}\,\overline{B}+AB$，$A$、$B$ 的波形如图 1.3.2 所示，对应画出 Y 的波形。

［解］ 由表达式可知，A、B 是**同或**关系，即 A、B 取值相同时 $Y=\mathbf{1}$，相异时 $Y=\mathbf{0}$，据此可以很容易地画出 Y 的波形，如图 1.3.2 所示。

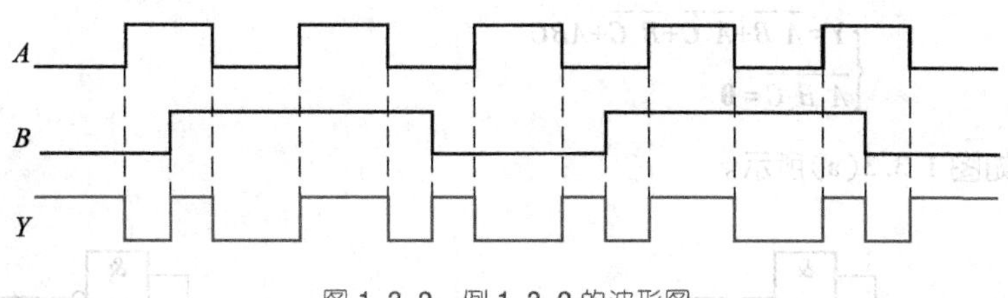

图 1.3.2 例 1.3.2 的波形图

画波形图时要特别注意，横坐标是时间轴，纵坐标是变量取值，由于时间轴相同，变量取值又十分简单，只有 **0**（低）和 **1**（高）两种可能，所以在图中都不标出坐标轴，这是一种约定。因此具体画波形时，一定要对应起来画。

1.3.2 几种表示方法之间的转换

六种表示方法在本质上是相通的，可以互相转换。其中最基本的是真值表与逻辑图之间的转换。

一、由真值表到逻辑图的转换

1. 一般步骤

① 根据真值表写出函数的**与或**表达式或者画出函数的卡诺图。

② 用公式法或者图形法进行化简，求出函数的最简**与或**表达式。

③ 根据表达式画逻辑图，有时还要对**与或**表达式做适当变换，才能画出所需要的逻辑图。

2. 转换举例

［例 1.3.3］ 输出变量 Y 是输入变量 A、B、C 的函数，当 A、B、C 取值中有奇数个 **1** 时 $Y=\mathbf{1}$，否则 $Y=\mathbf{0}$，而且输入变量取值不会出现全为 **0** 的情况。

［解］ 根据题意可以列出真值表，如表 1.3.1 所示。

表 1.3.1 例 1.3.3 的真值表

A	B	C	Y
0	0	0	×
0	0	1	1
0	1	0	1
0	1	1	0
1	0	0	1
1	0	1	0
1	1	0	0
1	1	1	1

写表达式：

$$\begin{cases} Y=\overline{A}\,\overline{B}C+\overline{A}B\overline{C}+A\overline{B}\,\overline{C}+ABC \\ \overline{A}\,\overline{B}\,\overline{C}=\mathbf{0} \quad \text{约束条件} \end{cases}$$

用公式法进行化简：

$$Y=\bar A\bar B C+\bar A B\bar C+A\bar B\bar C+ABC+\bar A\bar B\bar C$$
$$=\bar A\bar B+\bar A\bar C+\bar B\bar C+ABC$$

得

$$\begin{cases}Y=\bar A\bar B+\bar A\bar C+\bar B\bar C+ABC\\ \bar A\bar B\bar C=0\end{cases}\tag{1.3.1}$$

画逻辑图，如图 1.3.3(a)所示。

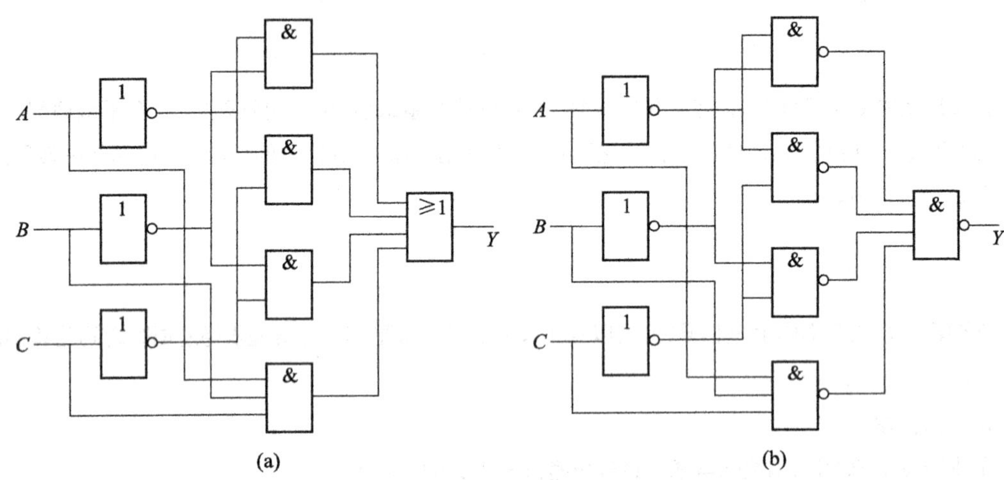

图 1.3.3　例 1.3.3 中 Y 的逻辑图

(a) 用**与**、**或**、**非**运算逻辑符号　(b) 用**非**和**与非**运算逻辑符号

如果要用**与非**运算逻辑符号画逻辑图，则应先将最简**与或**式转换成最简**与非**-**与非**式，如下

$$Y=\overline{\overline{\bar A\bar B+\bar A\bar C+\bar B\bar C+ABC}}$$
$$=\overline{\overline{\bar A\bar B}\cdot\overline{\bar A\bar C}\cdot\overline{\bar B\bar C}\cdot\overline{ABC}}\tag{1.3.2}$$
$$\bar A\bar B\bar C=0$$

根据式(1.3.2)即可画出如图 1.3.3(b)所示的逻辑图。

二、由逻辑图到真值表的转换

1. 一般步骤

① 从输入到输出或从输出到输入，用逐级推导的方法，写出输出变量(函数)的逻辑表达式。

② 进行化简，求出函数的最简**与或**式。

③ 将变量各种可能取值代入**与或**式中进行运算，列出函数的真值表。

2. 转换举例

[例 1.3.4]　逻辑图如图 1.3.4 所示，列出输出信号 Y 的真值表。

[解]　设中间变量为 P，由图 1.3.4 可得

$$P=\overline{\overline{A\overline{AB}}\quad\overline{\overline{AB}B}}=A\overline{AB}+\overline{AB}B=A\bar B+\bar A B$$
$$Y=\overline{\overline{P\overline{PC}}\quad\overline{\overline{PC}C}}=P\overline{PC}+\overline{PC}C=P\bar C+\bar P C\tag{1.3.3}$$

将 $P=A\bar B+\bar A B$ 代入式(1.3.3)，得

$$
\begin{aligned}
Y &= (A\overline{B}+\overline{A}B)\overline{C}+\overline{A\overline{B}+\overline{A}B}\cdot C \\
&= A\overline{B}\,\overline{C}+\overline{A}B\overline{C}+(\overline{A}\,\overline{B}+AB)C \\
&= A\overline{B}\,\overline{C}+\overline{A}B\overline{C}+\overline{A}\,\overline{B}C+ABC
\end{aligned}
\qquad (1.3.4)
$$

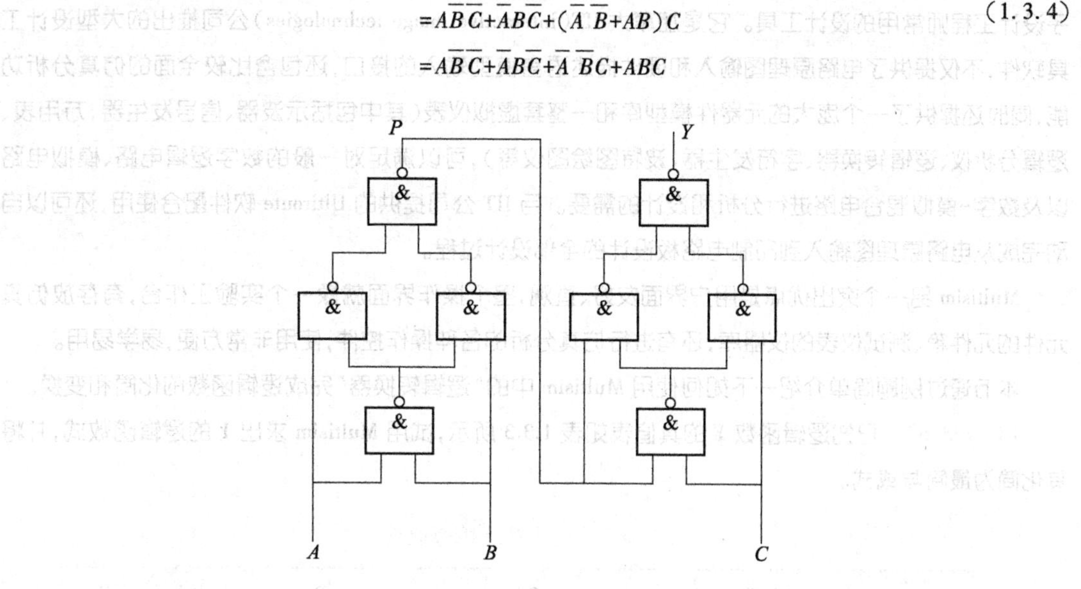

图 1.3.4 例 1.3.4 中 Y 的逻辑图

式(1.3.4)是 Y 的标准**与或**式，与真值表有简单而直接的对应关系。Y 的真值表如表 1.3.2 所示。

表 1.3.2 例 1.3.4 的真值表

A	B	C	Y
0	0	0	0
0	0	1	1
0	1	0	1
0	1	1	0
1	0	0	1
1	0	1	0
1	1	0	0
1	1	1	1

1.3.3 用 Multisim 进行逻辑函数的化简与变换

随着半导体技术、集成技术的飞速发展，电子器件的更新速度越来越快，电子电路的复杂程度也日益提高，因而对电子系统设计工作的自动化提出了更高的要求。以计算机为工作平台，融合应用电子技术、计算机技术、智能化技术的最新成果，研制而成的各种计算机辅助设计（computer aided design，CAD）软件，为电子设计自动化（electronic design automation，EDA）技术的发展和普及插上了腾飞的翅膀。这些 CAD 软件可应用于电路性能和参数的分析、运行状态的仿真分析、集成电路芯片的设计、可编程器件的设计以及印制电路板的设计等。综合运用这些软件，就可以在设计的全过程实现电子设计自动化。

在各类 CAD 软件中，Multisim 是常用的 EDA 仿真软件，不仅在教育领域得到广泛的应用，也是电子设计工程师常用的设计工具。它是加拿大 IIT(interactive image technologies)公司推出的大型设计工具软件，不仅提供了电路原理图输入和硬件描述语言模型输入的接口，还包含比较全面的仿真分析功能，同时还提供了一个庞大的元器件模型库和一整套虚拟仪表(其中包括示波器、信号发生器、万用表、逻辑分析仪、逻辑转换器、字符发生器、波特图绘图仪等)，可以满足对一般的数字逻辑电路、模拟电路以及数字-模拟混合电路进行分析和设计的需要。与 IIT 公司提供的 Ultiroute 软件配合使用，还可以自动完成从电路原理图输入到印制电路板设计的全部设计过程。

Multisim 另一个突出优点是用户界面友好、直观，整个操作界面就像一个实验工作台，有存放仿真元件的元件箱、测试仪表的仪器库，还有进行仿真分析的各种操作控件，使用非常方便，易学易用。

本节通过例题简单介绍一下如何使用 Multisim 中的“逻辑转换器”完成逻辑函数的化简和变换。

[例 1.3.5]　已知逻辑函数 Y 的真值表如表 1.3.3 所示，试用 Multisim 求出 Y 的逻辑函数式，并将其化简为最简**与或**式。

表 1.3.3　例 1.3.5 的真值表

A	B	C	D	Y
0	0	0	0	0
0	0	0	1	1
0	0	1	0	0
0	0	1	1	×
0	1	0	0	0
0	1	0	1	1
0	1	1	0	1
0	1	1	1	1
1	0	0	0	0
1	0	0	1	0
1	0	1	0	0
1	0	1	1	×
1	1	0	0	×
1	1	0	1	0
1	1	1	0	×
1	1	1	1	1

[解]　启动 Multisim，计算机屏幕上将出现如图 1.3.5 所示的用户界面，此时界面的窗口是空白的。在用户界面右侧的仪表工具栏中可以找到“Logic Converter”(逻辑转换器)按钮。点击该按钮，在显示窗口中放置逻辑转换器图标“XLC1”，如图1.3.5 所示。双击这个图标，屏幕弹出逻辑转换器操作窗口“Logic Converter-XLC1”。

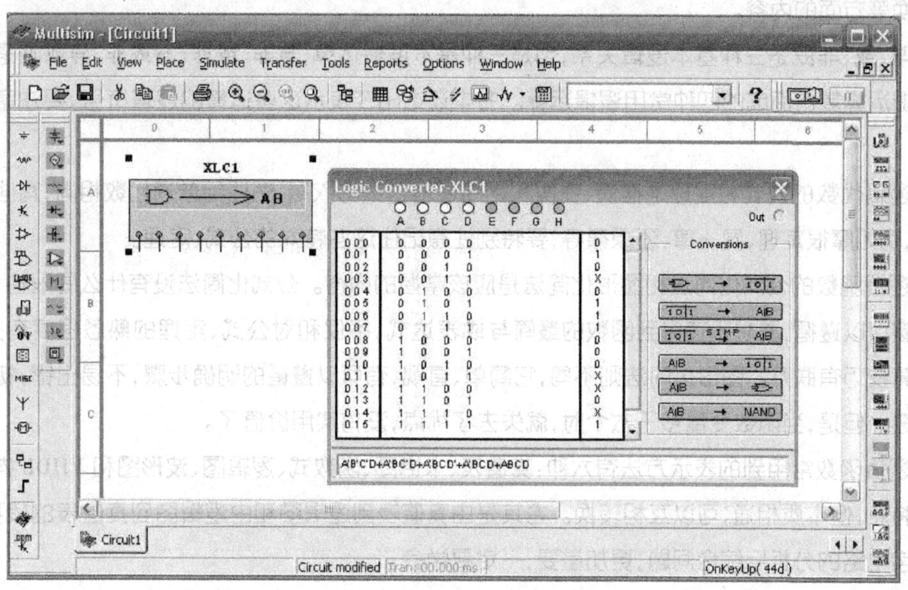

图 1.3.5 用 Multisim 的逻辑转换器实现真值表到逻辑式的转换

将表 1.3.3 所示的真值表键入到逻辑转换器操作窗口左半部分的表格中，然后点击操作窗口右侧的第二个按钮，即可完成从真值表到逻辑式的转换。转换结果显示在操作窗口底部一栏中，得到

$$Y(A,B,C,D)=\bar{A}\bar{B}\bar{C}D+\bar{A}B\bar{C}D+\bar{A}BC\bar{D}+\bar{A}BCD+ABCD \tag{1.3.5}$$

Multisim 的操作窗口中用 A'表示 $\bar{A}$。

由本例可知，从真值表转换来的逻辑式是以最小项之和形式给出的。

为了将式(1.3.5)化简为最简**与或**式，只需再点击逻辑转换器操作窗口右侧的第三个按钮，化简结果便立刻出现在操作窗口底部一栏中，如图 1.3.6 所示。

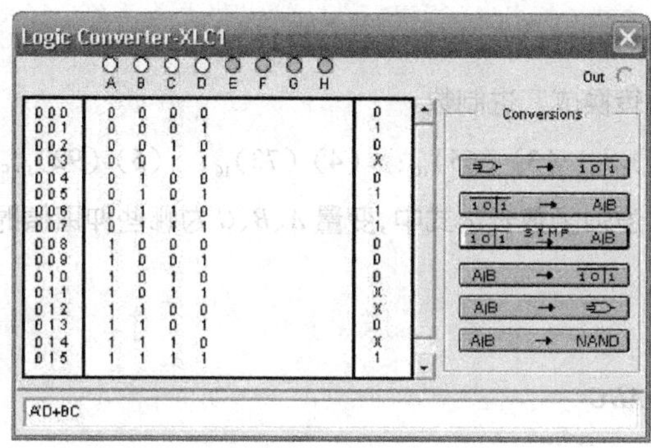

图 1.3.6 用逻辑转换器化简式(1.3.5)的函数

最终化简结果为

$$Y(A,B,C,D)=\bar{A}D+BC$$

利用逻辑转换器操作窗口中右侧设置的六个按钮，可以在逻辑函数的真值表、标准与或式、最简与或式以及逻辑图之间任意进行转换。

本章小结

本章主要介绍了逻辑代数的基本公式和定理；逻辑函数的化简方法；逻辑函数的常用表示方法及

相互转换等方面的内容。

1. **与**、**或**、**非**既是三种基本逻辑关系，也是三种基本逻辑运算，**与非**、**或非**、**与或非**、**异或**则是由三种基本逻辑运算复合而成的四种常用逻辑运算。书中还给出了表示这些运算的逻辑符号，要注意理解和记忆。

2. 逻辑代数的公式和定理是推演、变换和化简逻辑函数的依据，有些与普通代数相同，有些则完全不一样，例如摩根定理、同一律、还原律等，要特别注意记住这些特殊的公式、定理。

3. 逻辑函数的公式化简法和图形化简法是应该掌握的内容。公式化简法没有什么局限性，但也无一定步骤可以遵循，要想迅速得到函数的最简**与或**表达式，不仅和对公式、定理的熟悉程度有关，而且还和运算技巧有联系。图形化简法则不同，它简单、直观，有可以遵循的明确步骤，不易出错，初学者也易于掌握。但是，当函数变量多于六个时，就失去了优点，没有实用价值了。

4. 逻辑函数常用到的表示方法有六种：真值表、卡诺图、函数式、逻辑图、波形图和 VHDL 描述。它们各有特点，但本质相通，可以互相转换。尤其是由真值表到逻辑图和由逻辑图到真值表的转换，直接涉及数字电路的分析与综合问题，更加重要，一定要学会。

逻辑代数是分析和设计数字电路的基本数学工具，其基本和常用运算也是数字电路要实现的重要内容。可以说，学好了逻辑代数，就有了扎实的数学基础，对于数字电路，入门并不难，掌握也是做得到的。

习题

[题 1.1]　比较下列各数，找出最大数和最小数：

(1) $(302)_8$；　(2) $(F8)_{16}$；　(3) $(\mathbf{1001001})_2$；　(4) $(105)_{10}$。

[题 1.2]　将下列各数转换成十进制数：

(1) $(\mathbf{10000001})_2$；(2) $(\mathbf{10011001})_2$；(3) $(\mathbf{01100110})_2$；(4) $(\mathbf{01000100})_2$；(5) $(\mathbf{11001100})_2$；(6) $(\mathbf{11100111})_2$；(7) $(\mathbf{11111111})_2$。

[题 1.3]　将下列各数转换成二进制数：

(1) $(37)_{10}$；(2) $(51)_{10}$；(3) $(65)_{10}$；(4) $(73)_{10}$；(5) $(92)_{10}$。

[题 1.4]　在下列各个逻辑函数表达式中，变量 A、B、C 为哪些种取值时，函数值为 **1**？

(1) $Y_1=AB+BC+\overline{A}C$

(2) $Y_2=\overline{A}\,\overline{B}+\overline{B}\,\overline{C}+A\overline{C}$

(3) $Y_3=A\overline{B}+\overline{A}\,\overline{B}\,\overline{C}+\overline{A}B+AB\overline{C}$

(4) $Y_4=\overline{AB+B\overline{C}}(A+B)$

[题 1.5]　利用公式和定理证明下列等式：

(1) $\overline{A+BC+D}=\overline{A}\cdot(\overline{B}+\overline{C})\cdot\overline{D}$

(2) $\overline{AB+\overline{A}\ \overline{B}+\overline{\overline{C}}}=(A\oplus B)C$

(3) $A+\overline{\overline{A}(B+C)}=A+\overline{B}\,\overline{C}$

(4) $\overline{A}\,\overline{B}+\overline{A}B+A\overline{B}+AB=\mathbf{1}$

[题 1.6]　列出下列各函数的真值表，说明 Y_1 和 Y_2 有何关系：

(1) $\begin{cases}Y_1=A\overline{B}+B\overline{C}+C\overline{A}\\ Y_2=\overline{A}B+\overline{B}C+\overline{C}A\end{cases}$

(2) $\begin{cases} Y_1 = ABC+\bar{A}\,\bar{B}\,\bar{C} \\ Y_2 = \overline{A\bar{B}+B\bar{C}+C\bar{A}} \end{cases}$

(3) $\begin{cases} Y_1 = \overline{A \oplus B \oplus C} \\ Y_2 = ABC+A\,\bar{B}\,\bar{C}+\bar{A}B\bar{C}+\bar{A}\,\bar{B}C \end{cases}$

(4) $\begin{cases} Y_1 = A\bar{C}D+\bar{A}\,\bar{B}+BC \\ Y_2 = A\bar{B}C+\bar{A}B\bar{C}+A\bar{C}\,\bar{D} \end{cases}$

[**题 1.7**] 逻辑函数 $Y_1 \sim Y_5$ 的真值表如表 P1.7 所示，试分别写出它们各自的标准**与或**式。

表 P1.7

A	B	C	Y_1	Y_2	Y_3	Y_4	Y_5
0	0	0	0	0	0	0	1
0	0	1	1	0	1	1	0
0	1	0	1	0	1	1	0
0	1	1	0	1	0	1	1
1	0	0	1	0	1	0	0
1	0	1	0	1	0	0	0
1	1	0	0	1	0	0	1
1	1	1	1	1	0	1	0

[**题 1.8**] 将下列函数展开成最小项表达式：

(1) $Y_1 = AB+BC+CA$

(2) $Y_2 = S+\bar{R}Q$

(3) $Y_3 = J\bar{Q}+\bar{K}Q$

(4) $Y_4 = \overline{AB+AD+\bar{B}C}$

(5) $Y_5 = \overline{A\,\bar{B}\,\bar{C}\,\bar{D}+\overline{ABC}}$

[**题 1.9**] 用公式法将下列函数化简成为最简**与或**式：

(1) $A(\bar{A}+B)+B(B+C)+B$

(2) $(\bar{A}+\bar{B}+\bar{C})(B+\bar{B}+C)(C+\bar{B}+\bar{C})$

(3) $AB+A\,\bar{B}+\bar{A}B+\bar{A}\,\bar{B}$

(4) $(A+AB+ABC)(A+B+C)$

(5) $(A\,\bar{B}+\bar{A}B)(AB+\bar{A}\,\bar{B})$

(6) $ABC+\bar{A}B+AB\,\bar{C}$

(7) $(AB+A\,\bar{B}+\bar{A}B)(A+B+D+\bar{A}\,\bar{B}\,\bar{D})$

(8) $(A\,\bar{B}+D)(A+\bar{B})D$

(9) $\bar{A}\,\bar{C}+\bar{A}\,\bar{B}+BC+\bar{A}\,\bar{C}\,\bar{D}$

(10) $A\,\bar{B}+C+\bar{A}\,\bar{C}D+B\,\bar{C}D$

[**题 1.10**] 求下列函数的反函数(用德 · 摩根定理)，并将求出的反函数化简成为最简**与或**式：

(1) $(A+\bar{B})\overline{C+\bar{D}}$

(2) $(\bar{A}\,\bar{B}+\bar{B}\,\bar{D})(AC+BD)$

(3) $A \cdot \overline{B+\bar{C}}+\bar{A}D$

(4) $AB+B\bar{D}+\bar{B}C+\bar{C}D$

(5) $D[\bar{C}+(AD+B)E]$

(6) $A\oplus B\oplus C$

(7) $(A\oplus B)C+\overline{B\oplus C}\cdot D$

(8) $\overline{\overline{A+B}+CD}+\overline{\overline{C+D}+AB}$

[题 1.11]　写出图 P1.11(a)~(f)所示各函数的最简**与或**表达式。

A \ BC	00	01	11	10
0	1	0	0	1
1	1	0	1	1

(a)

A \ BC	00	01	11	10
0	1	1	1	1
1	0	1	1	0

(b)

A \ BC	00	01	11	10
0	0	0	0	0
1	1	1	1	0

(c)

AB \ CD	00	01	11	10
00	1	1	1	1
01	1	1	0	0
11	0	0	0	0
10	1	0	1	1

(d)

AB \ CD	00	01	11	10
00	1	0	0	1
01	1	1	1	1
11	1	0	0	1
10	1	0	1	1

(e)

AB \ CD	00	01	11	10
00	0	0	0	1
01	0	0	1	1
11	0	1	1	1
10	1	1	1	1

(f)

图 P1.11

[题 1.12]　用图形法将下列函数化简成为最简**与或**式：

(1) $Y_1=\bar{A}\bar{B}\bar{C}D+\bar{A}\bar{B}CD+\bar{A}\bar{B}C\bar{D}+A\bar{B}\bar{C}\bar{D}+A\bar{B}CD+A\bar{B}C\bar{D}$

(2) $Y_2=\bar{A}\bar{C}D+\bar{A}B\bar{D}+ABD+A\bar{C}\bar{D}$

(3) $Y_3=A\bar{B}+B\bar{C}\bar{D}+ABD+\bar{A}B\bar{C}D$

(4) $Y_4=\bar{A}\bar{B}C+AD+\overline{BD}+\overline{CD}+\overline{AC}+\bar{A}\bar{D}$

(5) $Y_5=A\bar{B}\bar{C}\bar{D}+\bar{A}B+\bar{A}\bar{B}\bar{D}+B\bar{C}+BCD$

(6) $Y_6=\bar{A}\bar{B}D+\bar{A}B\bar{C}+BCD+A\bar{B}\bar{C}D+\bar{A}\bar{B}C\bar{D}$

[题 1.13]　用图形法将下列函数化简成为最简**与或**式：

(1) $F(A,B,C,D)=\sum m(0,1,4,6,8,9,10,12,13,14,15)$

(2) $F(A,B,C,D)=\sum m(0,2,3,4,5,6,8,9,10,11,12,13,14,15)$

(3) $F(A,B,C,D)=\sum m(2,4,5,6,7,11,12,14,15)$

[题 1.14]　用图形法将下列具有约束条件的函数化简成为最简**与或**式。约束条件：$AB+AC=0$。

(1) $F(A,B,C,D)=\sum m(0,1,2,3,4,5,6,8,9)$

(2) $F(A,B,C,D)=\sum m(0,2,4,5,7,8)$

(3) $F(A,B,C,D)=\sum m(0,1,3,5,8,9)$

(4) $F(A,B,C,D)=\sum m(0,1,2,3,4,5,6)$

[题 1.15]　用图形法将下列具有约束条件 $\sum d$ 的函数化简成为最简**与或**式（$\sum d$ 为约束项之和）：

(1) $F(A,B,C,D)=\sum m(0,1,2,3,6,8)+\sum d(10,11,12,13,14,15)$

(2) $F(A,B,C,D)=\sum m(3,6,8,9,11,12)+\sum d(0,1,2,13,14,15)$

(3) $F(A,B,C,D)=\sum m(0,1,4,9,12,13)+\sum d(2,3,6,10,11,14)$

(4) $F(A,B,C,D)=\sum m(0,1,2,3,4,7,15)+\sum d(8,9,10,11,12,13)$

(5) $F(A,B,C,D)=\sum m(0,2,4,5,7,13)+\sum d(8,9,10,11,14,15)$

(6) $F(A,B,C,D)=\sum m(2,4,6,7,12,15)+\sum d(0,1,3,8,9,11)$

(7) $F(A,B,C,D)=\sum m(1,2,4,12,14)+\sum d(5,6,7,8,9,10)$

(8) $F(A,B,C,D)=\sum m(0,2,3,4,5,6,11,12)+\sum d(8,9,10,13,14,15)$

[题 1.16] 写出图 P1.16 所示逻辑图的输出函数表达式，列出它们的真值表。

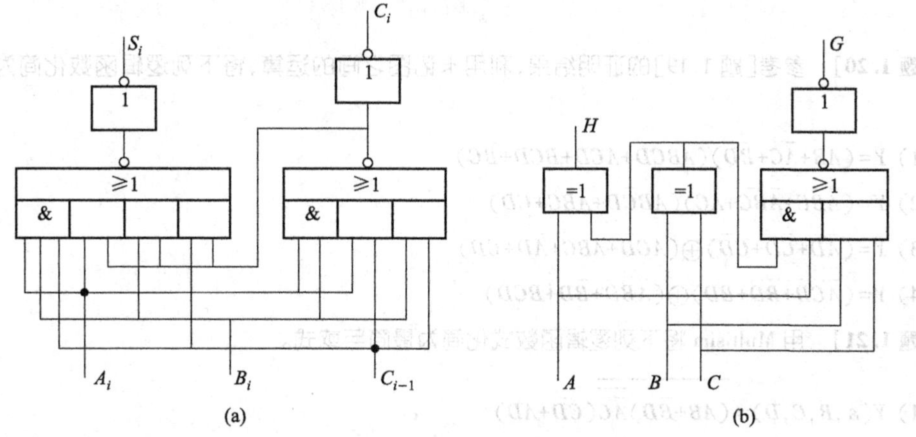

图 P1.16

[题 1.17] 画出[题 1.4]中各函数的逻辑图。

[题 1.18] 写出[题 1.9]中各函数的最简**与非-与非**表达式，并画出相应的逻辑图。

[题 1.19] 试证明两个逻辑函数之间的**与**、**或**、**异或**运算可以通过将它们的卡诺图中对应的最小项做**与**、**或**、**异或**运算来实现，如图 P1.19 所示。

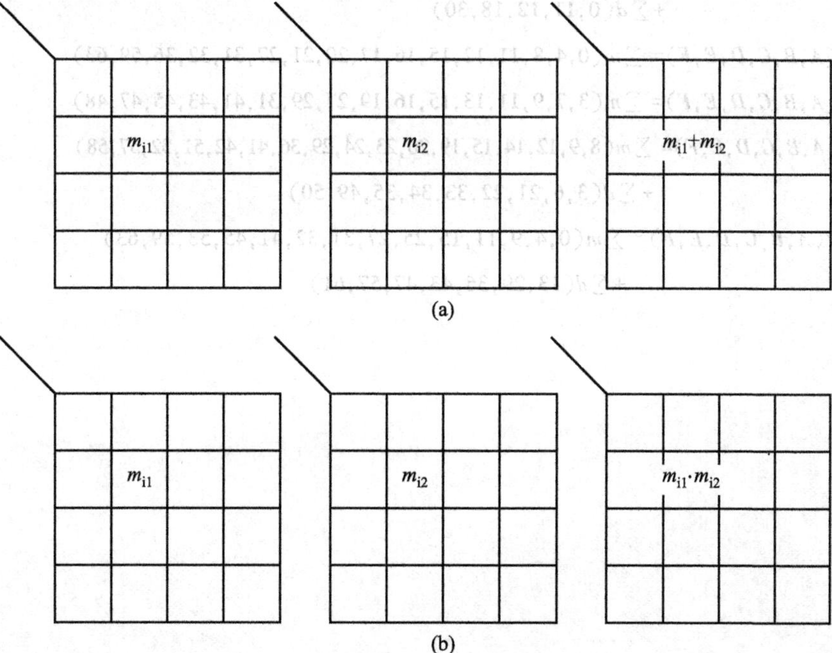

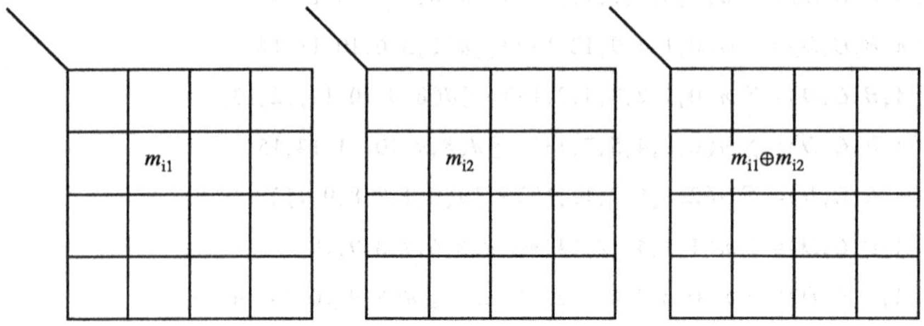

m_{i1}　　m_{i2}　　$m_{i1} \oplus m_{i2}$

(c)

图 P1.19

[题 1.20]　参考[题 1.19]的证明结果，利用卡诺图之间的运算，将下列逻辑函数化简为最简与或式。

(1) $Y=(AB+\bar{A}C+\bar{B}D)(\bar{A}B\bar{C}D+\bar{A}CD+BCD+\bar{B}C)$

(2) $Y=(\bar{A}\bar{B}C+\bar{A}B\bar{C}+AC)(A\bar{B}\bar{C}D+\bar{A}BC+CD)$

(3) $Y=(\bar{A}\bar{D}+\bar{C}D+C\bar{D})\oplus(A\bar{C}\bar{D}+ABC+\bar{A}D+CD)$

(4) $Y=(\bar{A}\bar{C}\bar{D}+\bar{B}\bar{D}+BD)\oplus(\bar{A}B\bar{D}+\bar{B}D+BC\bar{D})$

[题 1.21]　用 Multisim 将下列逻辑函数式化简为最简与或式。

(1) $Y(A,B,C,D)=\overline{(AB+\bar{B}D)\overline{\bar{A}\bar{C}}}(C\bar{D}+AD)$

(2) $Y(A,B,C,D,E)=ABC\bar{D}\bar{E}+\bar{A}\bar{B}\bar{D}E+A\bar{C}DE+\bar{A}C\,\overline{(BE+\overline{\bar{C}D})}$

(3) $Y(A,B,C,D,E)=\sum m(0,4,11,15,16,19,20,23,27,31)$

(4) $Y(A,B,C,D,E)=\sum m(1,3,5,8,9,12,13,18,19,22,23,24,25,28,29)$

(5) $Y(A,B,C,D,E)=\sum m(2,9,15,19,20,23,24,25,27,28)+\sum d(5,6,16,31)$

(6) $Y(A,B,C,D,E)=\sum m(1,4,5,8,9,10,13,14,19,20,22,23,26,28)$
$+\sum d(0,11,12,18,30)$

(7) $Y(A,B,C,D,E,F)=\sum m(0,4,8,11,12,15,16,17,20,21,27,31,32,36,59,63)$

(8) $Y(A,B,C,D,E,F)=\sum m(3,7,9,11,13,15,16,19,27,29,31,41,43,45,47,48)$

(9) $Y(A,B,C,D,E,F)=\sum m(8,9,12,14,15,19,20,23,24,29,36,41,42,51,52,57,58)$
$+\sum d(3,6,21,22,33,34,35,49,50)$

(10) $Y(A,B,C,D,E,F)=\sum m(0,4,9,11,15,25,27,31,32,41,45,53,59,63)$
$+\sum d(13,29,36,43,47,57,61)$

第2章 门电路

内容提要

本章将介绍四个方面的内容：一是半导体二极管、三极管和 MOS 管的开关特性，它们是构成各种门电路的基本开关元件；二是分立元件门电路，做为认识台阶处理；三是 CMOS 集成门电路；四是 TTL 集成门电路。集成门电路是重点，其中反相器是典型，有关器件电气特性方面的知识，主要通过反相器进行具体说明。

思考提升 2-1

数字电路中高、低电平的范围对提高数字电路的精度有何益处？

概述

一、门电路的概念

实现基本和常用逻辑运算的电子电路，称为逻辑门电路，简称门电路。例如，实现**与**运算的称为**与**门，实现**或**运算的称为**或**门，实现**非**运算的称为**非**门，也称为反相器。类似地，实现**与非**、**或非**、**与或非**、**异或**等运算的，分别称为**与非**门、**或非**门、**与或非**门、**异或**门等。

二、逻辑变量与两状态开关

在二值逻辑中，逻辑变量的取值不是 **0** 就是 **1**，是一种二值量。在数字电路中，与之对应的是电子开关的两种状态。二值量与数字电路的结合点，就是这种两状态的电子开关。而半导体二极管、三极管和 MOS 管，则是构成这种电子开关的基本开关元件。

三、高、低电平与正、负逻辑

① 高电平和低电平：高电平和低电平是两种状态，是两个不同的可以截然区别开来的电压范围。例如，在图 2.0.1 中，2.4~5 V 范围内的电压，都称为高电平，用 U_H 表示；而 0~0.8 V 范围内的电压，都称为低电平，用 U_L 表示。

② 正逻辑和负逻辑：在数字电路中，用 **1** 表示高电平，用 **0** 表示低电平，称为正逻辑赋值，简称正逻辑。如果用 **1** 表示低电平，用 **0** 表示高电平，则称为负逻辑赋值，简称负逻辑。在后面各章中，若无特殊说明，使用的就是正逻辑。

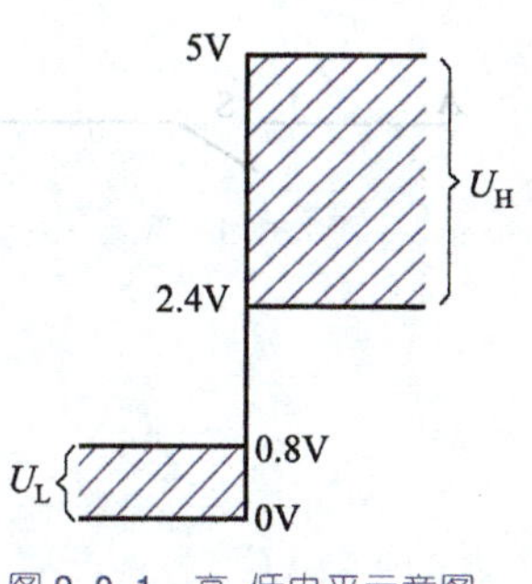

图 2.0.1　高、低电平示意图

四、分立元件门电路和集成门电路

① 分立元件门电路：用分立的元器件和导线连接起来构成的门电路，称为分立元件门电路。目前虽不使用，但可做为入门、认识台阶处理。

② 集成门电路：把构成门电路的元器件和连线都制作在一块半导体芯片上，再封装起来，便构成了集成门电路。现在使用最多的是 CMOS 和 TTL 集成门电路。

五、数字集成电路的集成度

集成度：一般把在一块芯片中含有等效逻辑门的个数或元器件的个数，定义为集成度。

数字集成电路按照集成度不同，常分成六类，见表2.0.1。

表2.0.1　数字集成电路按集成度分类

小规模集成电路	SSI	<10门/片　或　<100元器件/片
中规模集成电路	MSI	10～99门/片　或　100～999元器件/片
大规模集成电路	LSI	100～9 999门/片　或　1 000～99 999元器件/片
超大规模集成电路	VLSI	>10 000门/片　或　>100 000元器件/片
特大规模集成电路	ULSI	逻辑门个数为10^6～10^7个/片
巨大规模集成电路	GSI	逻辑门个数>10^7个/片

注：SSI——Small Scale Integration；

MSI——Medium Scale Integration；

LSI——Large Scale Integration；

VLSI——Very Large Scale Integration；

ULSI——Ultra Large Scale Integration；

GSI——Gigantic Scale Integration.

2.1　半导体二极管、三极管和MOS管的开关特性

2.1.1　理想开关的开关特性

拓展阅读2-1 集成电路的发展历史及现状

假定图2.1.1所示S是一个理想开关，则其特性应如下：

一、静态特性

① 断开时，无论U_{AK}在多大范围内变化，其等效电阻$R_{OFF}=\infty$，通过其中的电流$I_{OFF}=0$。

② 闭合时，无论流过其中的电流在多大范围内变化，其等效电阻$R_{ON}=0$，电压$U_{AK}=0$。

二、动态特性

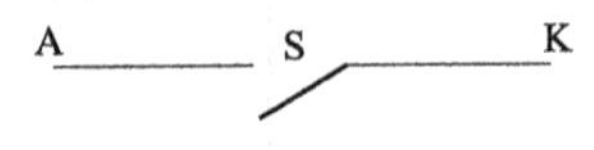

图2.1.1　理想开关

① 开通时间$t_{on}=0$，即开关S由断开状态转换到闭合状态不需要时间，可以瞬间完成。

② 关断时间$t_{off}=0$，即开关S由闭合状态转换到断开状态也不需要时间，亦可以瞬间完成。

客观世界中，当然没有这种理想开关存在。日常生活中使用的乒乓开关、继电器、接触器等，在一定电压和电流范围内，其静态特性十分接近理想开关，但动态特性很差，根本不可能满足数字电路一秒钟开关几百万次乃至数千万次的需要。虽然，半导体二极管、三极管和MOS管作为开关使用时，其静态特性不如机械开关，但其动态特性却是机械开关无法比拟的。

2.1.2　半导体二极管的开关特性

半导体二极管最显著的特点是具有单向导电特性。

一、静态特性

1. 半导体二极管的结构示意图、符号和伏安特性

(1) 结构示意图和符号

图2.1.2所示是半导体二极管的结构示意图和符号。

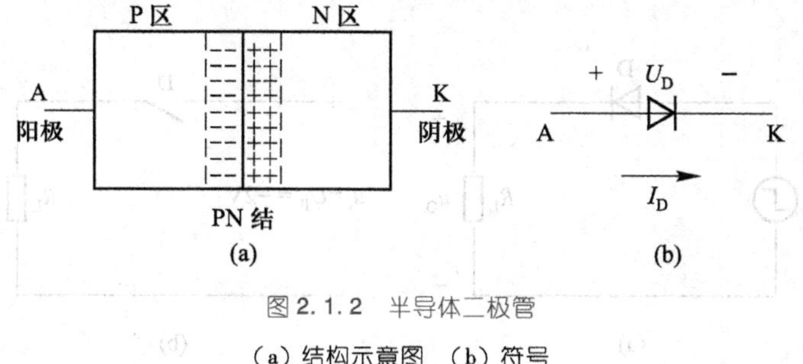

图 2.1.2 半导体二极管

(a) 结构示意图 (b) 符号

半导体二极管是一种两层、一结、两端器件，两层就是 P 型层和 N 型层，一结就是内部只有一个 PN 结，两端就是两个引出端，一个引出端称为阳极 A，一个引出端称为阴极 K。

(2) 伏安特性

反映加在二极管两端的电压 U_D 和流过其中的电流 I_D 两者之间关系的曲线，称为伏安特性曲线，简称伏安特性。图 2.1.3 给出的是硅半导体二极管的伏安特性曲线。

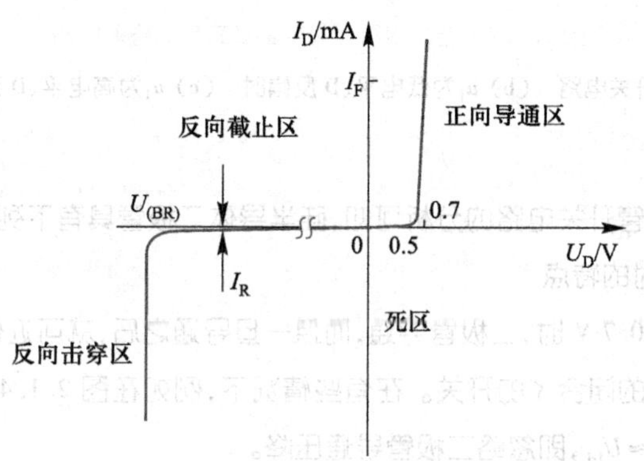

图 2.1.3 硅半导体二极管的伏安特性曲线

从图 2.1.3 所示伏安特性可清楚地看出，当外加正向电压小于 0.5 V 时，二极管工作在死区，仍处在截止状态。只有在 U_D 大于 0.5 V 以后，二极管才导通，而且当 U_D 达到 0.7 V 后，即使 I_D 在很大范围内变化，U_D 基本不变。当外加反向电压时，二极管工作在反向截止区，但当 U_D 达到 $U_{(BR)}$ ——反向击穿电压时，二极管便进入反向击穿区，反向电流 I_R 会急剧增加，若不限制 I_R 的数值，二极管就会因过热而损坏。

2. 半导体二极管的开关作用

(1) 开关应用举例

图 2.1.4(a) 给出的是最简单的硅二极管开关电路。输入电压为 u_I，其低电平为 $U_{IL}=-2$ V，高电平为 $U_{IH}=3$ V。

- $u_I=U_{IL}=-2$ V 时

半导体二极管反偏，D 处在反向截止区，如同一个断开了的开关，直流等效电路如图 2.1.4(b) 所示。显然，输出电压为 0 V，即 $u_O=0$。

- $u_I=U_{IH}=3$ V 时

半导体二极管正向偏置，D 工作在正向导通区，其导通压降 $U_D\approx0.7$ V，如同一个具有 0.7 V 压降、闭合了的开关，直流等效电路如图 2.1.4(c) 所示。显然，输出电压等于 U_{IH} 减去 U_D，即

$$u_O=U_{IH}-U_D=(3-0.7)\text{ V}=2.3\text{ V}$$

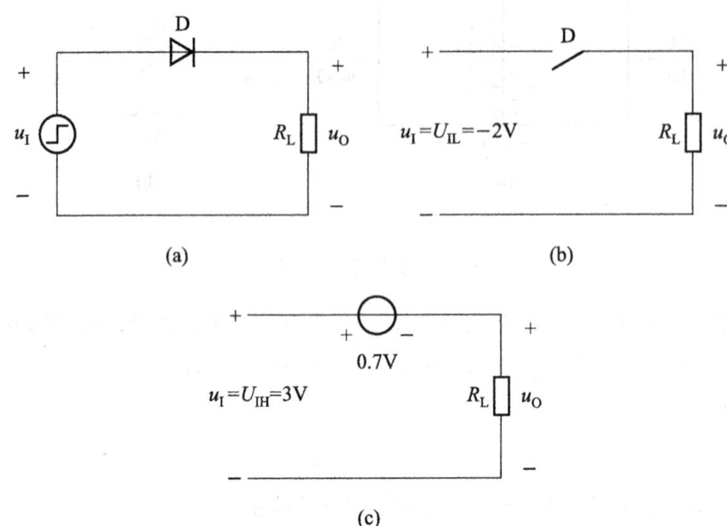

图 2.1.4 硅二极管开关电路及其直流等效电路

(a) 开关电路 (b) u_I为低电平、D 反偏时 (c) u_I为高电平、D 正偏时

(2) 静态开关特性

通过对最简单的二极管开关电路的分析可知,硅半导体二极管具有下列静态开关特性:

- 导通条件及导通时的特点

当外加正向电压 $U_D>0.7$ V 时,二极管导通,而且一旦导通之后,就可近似地认为 $U_D\approx0.7$ V 不变,如同一个具有 0.7 V 压降的闭合了的开关。在有些情况下,例如在图 2.1.4 所示电路中,当 $u_I=U_{IH}$ 很大时,便可近似地认为 $u_O\approx U_{IH}$,即忽略二极管导通压降。

- 截止条件及截止时的特点

当外加电压 $U_D<0.5$ V 时,二极管截止,而且一旦截止之后,就近似地认为 $I_D\approx0$,如同一个断开了的开关。

二、动态特性

1. 二极管的电容效应

(1) 结电容 C_j

二极管中的 PN 结里有电荷存在,其电荷量的多少是受外加电压影响的,当外加电压改变时,PN 结里面电荷量也随之改变,这种现象与电容的作用很相似,并用电容 C_j表示,称之为**结电容**。

(2) 扩散电容 C_D

当二极管外加正向电压时,P 区中的多数载流子空穴,N 区中的多数载流子电子,越过 PN 结后,并不是立即全部复合掉,而是在 PN 结两边积累起来,形成一定的浓度梯度分布,靠近结边界处浓度高,离边界越远浓度越低。也即在 PN 结边界两边,因扩散运动而积累了电荷,而且其电荷量也是随外加电压改变的,当外加电压增大,流过二极管中的电流增加时,这种积累起来的电荷量(存储电荷量)也随之成比例地增加。这种现象与电容的作用也很相似,并用 C_D表示,称之为**扩散电容**。

C_j和 C_D的存在极大地影响了二极管的动态特性,无论是开通还是关断,伴随着 C_j、C_D的充、放电过程,都要经过一段延迟时间才能完成。

2. 二极管的开关时间

（1）简单二极管开关电路及 u_I 和 i_D 的波形

图 2.1.5 所示是一个最简单的二极管开关电路及相应的 u_I 和 i_D 的波形。

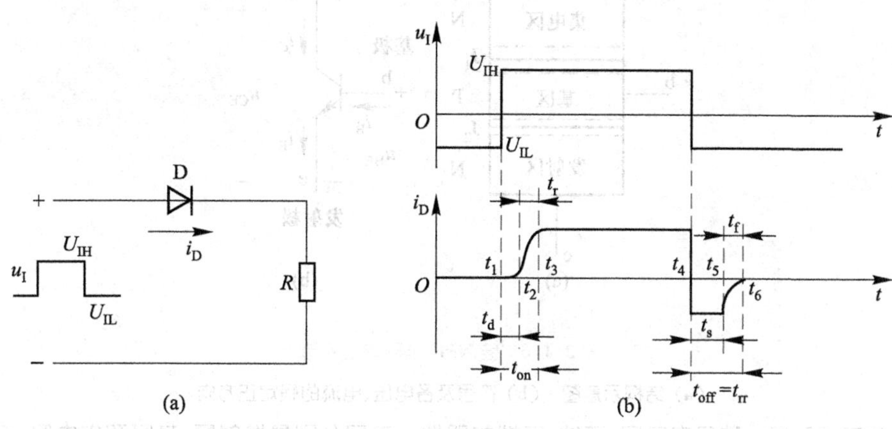

图 2.1.5 二极管开关电路及波形图

（a）开关电路 （b）u_I、i_D 的波形图

（2）开通时间 t_{on}

当输入电压 u_I 由 U_{IL} 跳变到 U_{IH} 时，二极管 D 要经过导通延迟时间 $t_d=t_2-t_1$、上升时间 $t_r=t_3-t_2$ 之后，才能由截止状态转换到导通状态。其原因在于，当 u_I 正跳变时，只有当 PN 结中电荷量减少，PN 结由反偏转换到正偏，也即 C_j 放电后，二极管 D 才会导通，此后流过二极管中的电流 i_D 也只能随着扩散存储电荷的增加而增加，也即随着 C_D 的充电而增加，并逐步达到稳态值 $I_D=(U_{IH}-U_D)/R$。所以半导体二极管的开通时间为

$$t_{on}=t_d+t_r$$

（3）关断时间 t_{off}

当输入电压 u_I 由 U_{IH} 跳变到 U_{IL} 时，二极管 D 经过存储时间 $t_s=t_5-t_4$、下降时间（也称为渡越时间）$t_f=t_6-t_5$ 之后，才会由导通状态转换到截止状态。t_s 是存储电荷消散时间，t_f 是 PN 结由正偏到反偏，PN 结中电荷量逐渐增加到截止状态下稳态值的时间，也即 C_D 放电、C_j 充电的时间。关断时间 t_{off} 也称为反向恢复时间，常用 t_{rr} 表示。

由于半导体二极管的开通时间 t_{on} 比关断时间 t_{off} 短得多，所以一般情况下可以忽略不计，而只考虑关断时间，即反向恢复时间。一般开关二极管的反向恢复时间也只有几个纳秒。例如，用于高速开关电路的平面型硅开关管 2CK 系列，$t_{rr}\leq 5$ ns。

2.1.3 半导体三极管的开关特性

半导体三极管最显著的特点是具有放大能力，能够通过基极电流 i_B 控制其工作状态，是一种具有放大特性的由基极电流控制的开关元件。

一、静态特性

1. 结构示意图、符号和输入、输出特性

（1）结构示意图和符号

图 2.1.6 给出的是硅 NPN 半导体三极管的结构示意图和符号。

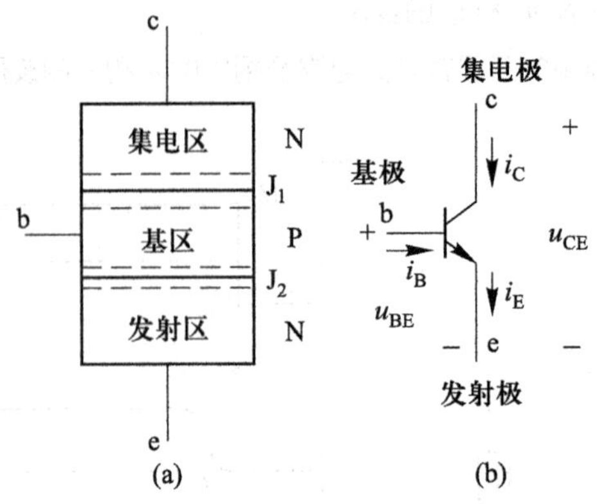

图 2.1.6 硅 NPN 半导体三极管

(a) 结构示意图 (b) 符号及各电压、电流的假定正方向

半导体三极管是一种具有三层、两结、三端的器件。三层分别是发射区、基区和集电区，两结是发射结 J_2、集电结 J_1，三端是发射极 e、基极 b 和集电极 c。

(2) 输入特性

输入特性指的是基极电流 i_B 和基极-发射极间电压 u_{BE} 之间的关系曲线，即反映函数

$$i_B=f(u_{BE})\Big|_{u_{CE}}$$

的几何图形，如图 2.1.7 所示。与半导体二极管的伏安特性相似，当 u_{BE} 大于死区电压 $U_0=0.5\ V$ 时，发射结开始导通，当 $u_{BE}=0.7\ V$ 时，即使 i_B 在很大范围内变化，u_{BE} 基本维持不变。

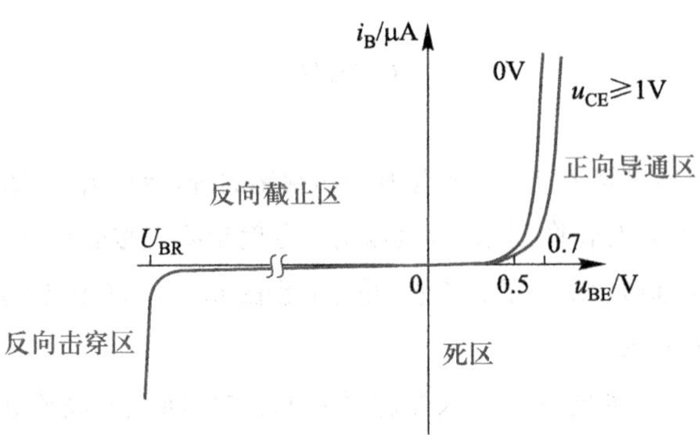

图 2.1.7 硅三极管的输入特性

需要特别指出的是，半导体三极管发射结承受反向电压的能力是很差的，集电极开路时发射极-基极间的反向击穿电压 $U_{(BR)EBO}$，一般合金管较高，平面管尤其是高频管只有几伏。

(3) 输出特性

输出特性指的是集电极电流 i_C 和集电极-发射极间电压 u_{CE} 之间的关系曲线，即反映函数

$$i_C=f(u_{CE})\Big|_{i_B}$$

的几何图形，如图 2.1.8 所示。

输出特性非常清晰地反映了 i_B 对 i_C 的控制作用。在数字电路中，半导体三极管不是工作在截止区，就是工作在饱和区，而放大区仅仅是一种瞬间即逝的工作状态。

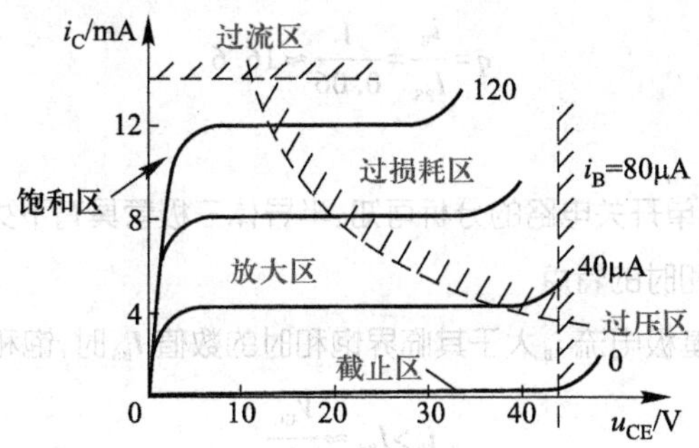

图 2.1.8 硅三极管的输出特性

2. 半导体三极管的开关应用

(1) 开关应用举例

图 2.1.9 给出的是一个最简单的硅半导体三极管开关电路。输入电压为 u_I，其低电平为 $U_{IL}=-2$ V，高电平为 $U_{IH}=3$ V。

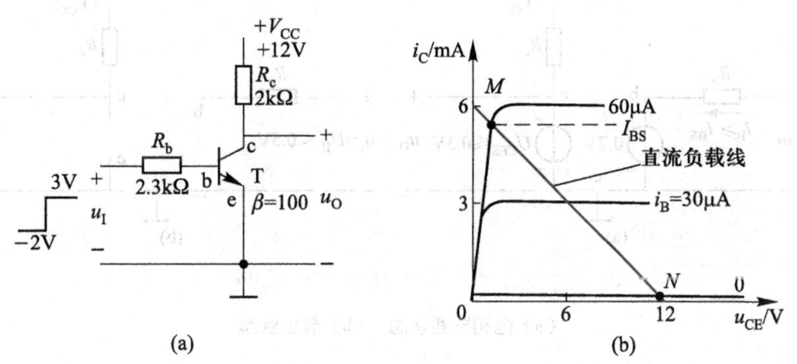

图 2.1.9 硅半导体三极管开关电路及输出特性

(a) 开关电路 (b) 输出特性

在图 2.1.9 所示电路中，不难看出，当 $u_I=U_{IL}=-2$ V 时，三极管 T 发射结处于反向偏置，T 为截止状态，$i_B\approx 0$、$i_C\approx 0$，$u_O\approx V_{CC}=12$ V。

当 $u_I=U_{IH}=3$ V 时，三极管是导通的，基极电流

$$i_B=\frac{u_I-u_{BE}}{R_b}=\frac{3-0.7}{2.3}\ \text{mA}=1\ \text{mA}$$

临界饱和时的基极电流

$$I_{BS}=\frac{I_{CS}}{\beta}=\frac{V_{CC}-U_{CES}}{\beta R_c}\approx\frac{V_{CC}}{\beta R_c}=\frac{12}{100\times 2}\ \text{mA}=0.06\ \text{mA}$$

I_{CS} 是半导体三极管 T 饱和导通时的集电极电流，U_{CES} 是 T 饱和导通时集电极到发射极的电压降，对于开关管，深度饱和时总是小于或等于 0.3 V，即

$$U_{CES}\leqslant 0.3\ \text{V}$$

由估算结果知，i_B 远大于 I_{BS}，所以 T 深度饱和，故

$$u_O=U_{CES}\leqslant 0.3\ \text{V}$$

人们一般把 i_B 与 I_{BS} 之比 q 称为饱和深度，即

$$q=\frac{i_B}{I_{BS}}$$

图 2.1.9 所示电路中，三极管的饱和深度

$$q=\frac{i_B}{I_{BS}}=\frac{1}{0.06}\approx 16.6$$

(2) 静态开关特性

通过对图 2.1.9 所示简单开关电路的分析可知，半导体三极管具有下列静态开关特性：

- 饱和导通条件及饱和时的特点

饱和导通条件：三极管基极电流 i_B 大于其临界饱和时的数值 I_{BS} 时，饱和导通。即若

$$i_B > I_{BS}\approx\frac{V_{CC}}{\beta R_c}$$

时，三极管一定饱和。

饱和导通时的特点：由输入特性和输出特性知道，对硅半导体三极管来说，饱和导通以后

$$u_{BE}\approx 0.7\ \text{V},\quad u_{CE}=U_{CES}\leqslant 0.3\ \text{V}$$

如同闭合了的开关，其等效电路如图 2.1.10(a)所示。

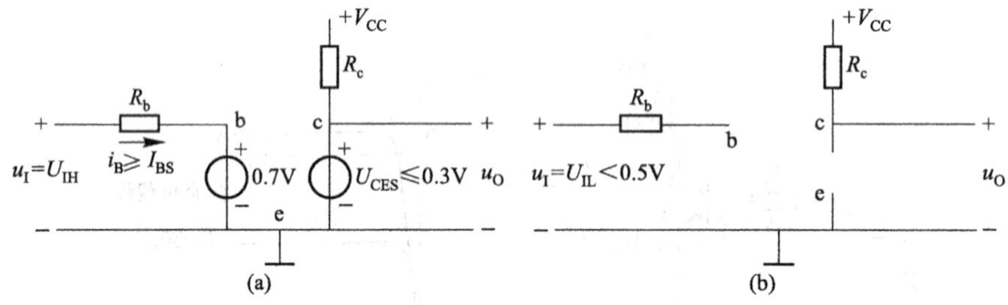

图 2.1.10 硅三极管直流等效电路

(a) 饱和导通状态 (b) 截止状态

- 截止条件及截止时的特点

截止条件：

$$u_{BE}<U_0=0.5\ \text{V}$$

式中，U_0 是硅三极管发射结的死区电压。由硅三极管的输入特性图 2.1.7 知道，当 $u_{BE}<U_0=0.5$ V 时，管子基本上是截止的，因此，在数字电路的分析估算中，常把$u_{BE}<0.5$ V 做为硅三极管截止的条件。

截止时的特点：

$$i_B\approx 0,\quad i_C\approx 0$$

如同断开的开关，其等效电路如图 2.1.10(b)所示。

二、动态特性

半导体三极管和二极管一样，在开关过程中也存在电容效应，都伴随着相应电荷的建立和消散过程，因此都需要一定时间。

1. 开关电路中 u_I 和 i_C 的波形

在图 2.1.9(a)所示开关电路中，当 u_I 为矩形脉冲时，相应 i_C 和 u_O 的波形如图 2.1.11 所示。

2. 开关时间

(1) 开通时间 t_{on}

当 u_I 由 $U_{IL}=-2$ V 跳变到 $U_{IH}=3$ V 时，三极管需要经过导通延迟时间 $t_d=t_2-t_1$ 和上升时间 $t_r=t_3-t_2$ 之后，才能由截止状态转换到饱和导通状态。开通时间

$$t_{on}=t_d+t_r$$

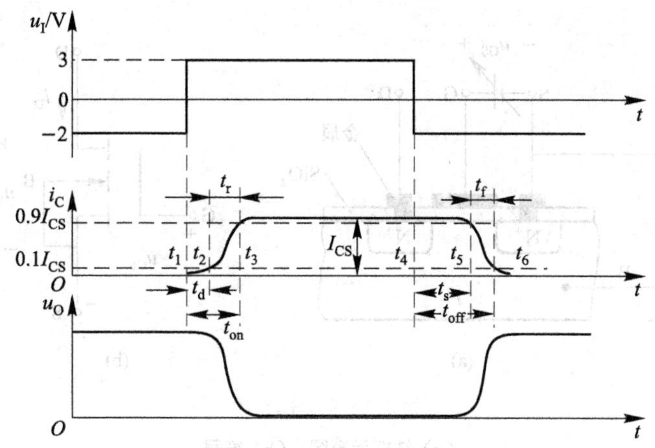

图 2.1.11 开关电路中 u_I、i_C 和 u_O 的波形图

（2）关断时间 t_{off}

当 u_I 由 $U_{IH}=3$ V 跳变到 $U_{IL}=-2$ V 时，三极管需要经过存储时间 $t_s=t_5-t_4$、下降时间 $t_f=t_6-t_5$ 之后，才能由饱和导通状态转换到截止状态。关断时间

$$t_{off}=t_s+t_f$$

应当特别说明的是，在数字电路中，半导体三极管饱和导通时，其饱和深度均较深，基区存储电荷很多，因此在状态转换时，其消散时间即存储时间 t_s 较长。

半导体三极管开关时间的存在，影响了开关电路的工作速度。一般情况下，由于 $t_{off}>t_{on}$，所以，减少饱和导通时基区存储电荷的数量，尽可能地加速其消散过程，即缩短存储时间 t_s，是提高半导体三极管开关速度的关键。

开关三极管，例如 NPN 3DK 系列，其开关时间 t_{on}、t_{off} 都在几十纳秒量级。

2.1.4 MOS 管的开关特性

MOS 管最显著的特点也是具有放大能力。不过它是通过栅极电压 u_{GS} 控制其工作状态的，是一种具有放大特性的由电压 u_{GS} 控制的开关元件。

一、静态特性

1. 结构示意图、符号、漏极特性和转移特性

（1）结构示意图和符号

从图 2.1.12(a)所示结构示意图中可以看出，MOS 管是由金属-氧化物-半导体(metal-oxide-semiconductor)构成的。在 P 型衬底上，利用光刻、扩散等方法，制作出两个 N^+ 型区，并引出电极，分别称为源极 S 和漏极 D，同时在源极和漏极之间的二氧化硅 SiO_2 绝缘层上，制作一个金属电极栅极 G，这样得到的便是 N 沟道 MOS 管。

（2）漏极特性

反映漏极电流 i_D 和漏极-源极间电压 u_{DS} 之间关系的曲线族称为漏极特性曲线，简称漏极特性，也就是表示函数 $i_D=f(u_{DS})\Big|_{u_{GS}}$ 的几何图形，如图 2.1.13(a)所示。

当 u_{GS} 为零或很小时，由于漏极 D 和源极 S 之间是两个背靠背的 PN 结，即使在漏极加上正电压($u_{DS}>0$ V)，MOS 管中也不会有电流，即管子处在截止状态。

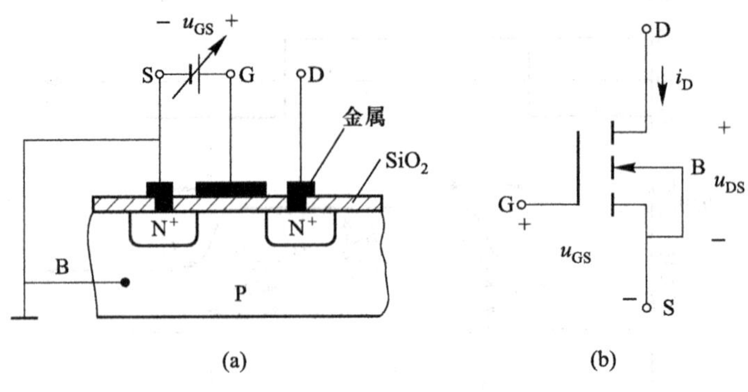

图 2.1.12　MOS 管

(a) 结构示意图　(b) 符号

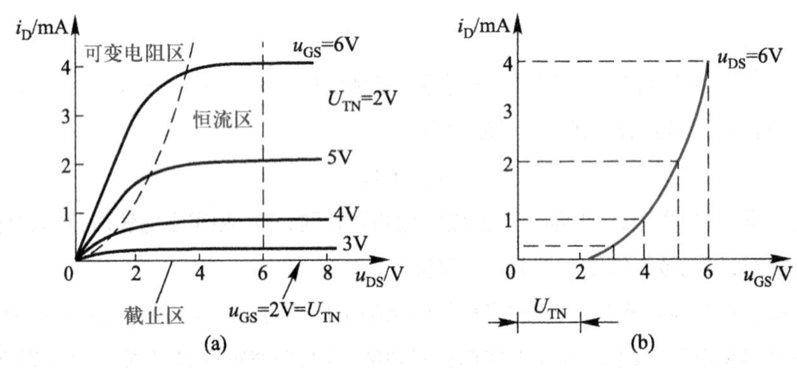

图 2.1.13　MOS 管的特性曲线

(a) 漏极特性　(b) 转移特性

当 u_{GS} 大于开启电压 U_{TN} 时，MOS 管就导通了。因为在 $u_{GS}=U_{TN}$（图 2.1.13 中 $U_{TN}=2$ V）时，栅极和衬底之间产生的电场已增加到足够强的程度，把 P 型衬底中的电子吸引到交界面处，形成的 N 型层——反型层，把两个 N^+ 区连接起来，即沟通了漏极和源极。所以，称此管为 N 沟道增强型 MOS 管。

可变电阻区：当 $u_{GS}>U_{TN}$ 后，在 u_{DS} 比较小时，i_D 与 u_{DS} 成近似线性关系，因此可把漏极和源极之间看成是一个可由 u_{GS} 进行控制的电阻，u_{GS} 越大，曲线越陡，等效电阻越小，如图 2.1.13(a) 所示。

恒流区：当 $u_{GS}>U_{TN}$ 后，在 u_{DS} 比较大时，i_D 仅决定于 u_{GS}，而与 u_{DS} 几乎无关，特性曲线近似水平线，D、S 之间可以看成为一个受 u_{GS} 控制的电流源。

在数字电路中，MOS 管不是工作在截止区，就是工作在可变电阻区，恒流区只是一种瞬间即逝的过渡状态。

（3）转移特性

反映漏极电流 i_D 和栅源电压 u_{GS} 关系的曲线称为转移特性曲线，简称转移特性，也就是表示函数

$$i_D=f(u_{GS})\Big|_{u_{DS}}$$

的几何图形，如图 2.1.13(b) 所示。

当 $u_{GS}<U_{TN}$ 时，MOS 管是截止的。当 $u_{GS}>U_{TN}$ 之后，只要在恒流区，转移特性曲线基本上是重合在一起的。曲线越陡，表示 u_{GS} 对 i_D 的控制作用越强，即放大作用越强，且常用转移特性曲线的斜率跨导 g_m 来表示，即

$$g_m = \frac{\partial i_D}{\partial u_{GS}}\bigg|_{u_{DS}}$$

（4）P 沟道增强型 MOS 管

上面讲的是 N 沟道增强型 MOS 管。对于 P 沟道增强型 MOS 管，无论是结构、符号，还是特性曲线，与 N 沟道增强型 MOS 管都有着明显的对偶关系。其衬底是 N 型硅，漏极和源极是两个 P^+ 区，而且它的 u_{GS}、u_{DS} 极性都是负的，开启电压 U_{TP} 也是负值。P 沟道增强型 MOS 管的结构示意图、符号、漏极特性和转移特性如图 2.1.14 所示。

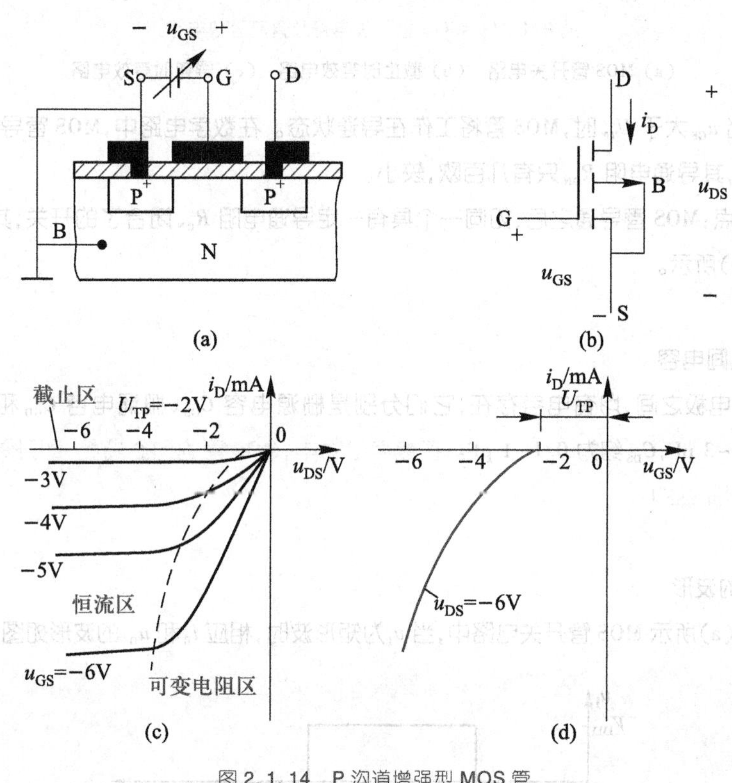

图 2.1.14 P 沟道增强型 MOS 管

（a）结构示意图 （b）符号及各电压、电流的假定正方向 （c）漏极特性 （d）转移特性

2. MOS 管的开关作用

（1）开关应用举例

图 2.1.15 所示是一个最简单的 MOS 管开关电路，输入电压是 u_I，输出电压是 u_O。当 u_I 较小时，MOS 管是截止的，$u_O = U_{OH} = V_{DD}$；当 u_I 较大时，MOS 管是导通的，$u_O = \frac{R_{ON}}{R_D + R_{ON}} \cdot V_{DD}$，由于 $R_{ON} \ll R_D$，所以输出为低电平，即 $u_O = U_{OL}$。

（2）静态开关特性

- 截止条件和截止时的特点

截止条件：当 MOS 管栅源电压 u_{GS} 小于其开启电压 U_{TN} 时，将处于截止状态，因为漏极和源极之间还未形成导电沟道，其截止时等效电路如图 2.1.15(b)所示。

截止时的特点：$i_D = 0$，MOS 管如同一个断开了的开关。

- 导通条件和导通时的特点

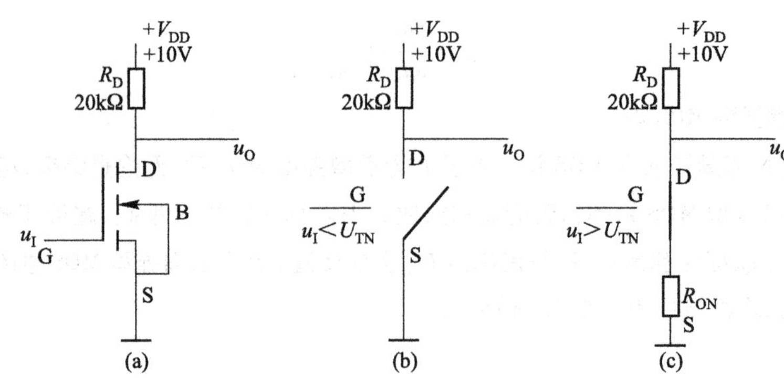

图 2.1.15　MOS 管开关电路及直流等效电路

(a) MOS 管开关电路　(b) 截止时等效电路　(c) 导通时等效电路

导通条件：当 u_{GS} 大于 U_{TN} 时，MOS 管将工作在导通状态。在数字电路中，MOS 管导通时，一般都工作在可变电阻区，其导通电阻 R_{ON} 只有几百欧，较小。

导通时的特点：MOS 管导通之后，如同一个具有一定导通电阻 R_{ON} 闭合了的开关，其导通时等效电路如图 2.1.15(c) 所示。

二、动态特性

1. MOS 管极间电容

MOS 管三个电极之间，均有电容存在，它们分别是栅源电容 C_{GS}、栅漏电容 C_{GD} 和漏源电容 C_{DS}。C_{GS}、C_{GD} 一般为 1~3 pF，C_{DS} 约为 0.1~1 pF。在数字电路中，MOS 管的动态特性，即开关速度是受这些电容充、放电过程制约的。

2. 开关时间

(1) u_I 和 i_D 的波形

在图 2.1.15(a) 所示 MOS 管开关电路中，当 u_I 为矩形波时，相应 i_D 和 u_O 的波形如图 2.1.16 所示。

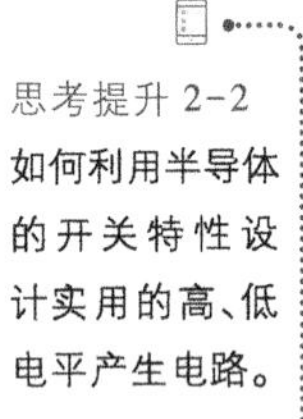

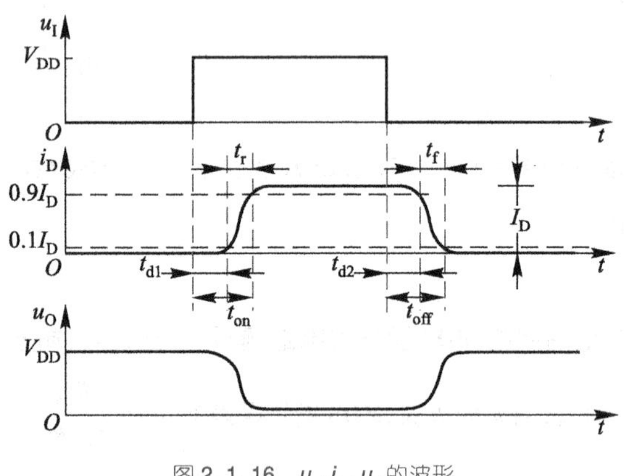

图 2.1.16　u_I、i_D、u_O 的波形

(2) 开通时间 t_{on}

当 u_I 由 $U_{IL}=0$ V 跳变到 $U_{IH}=V_{DD}$ 时，MOS 管需要经过导通延迟时间 t_{d1} 和上升时间 t_r 之后，才能由截止状态转换到导通状态。开通时间

$$t_{on}=t_{d1}+t_r$$

(3) 关断时间 t_{off}

当 u_I 由 $U_{IH}=V_{DD}$ 跳变到 $U_{IL}=0$ V 时，MOS 管经过关断延迟时间 t_{d2} 和下降时间 t_f 之后，才由导通状态

转换到截止状态。关断时间

$$t_{off}=t_{d2}+t_f$$

需要特别说明，MOS 管电容上电压不能突变是造成 $i_D(u_O)$ 滞后 u_I 变化的主要原因。而且，由于 MOS 管的导通电阻比半导体三极管的饱和导通电阻要大得多，R_D 也比 R_c 大，所以它的开通和关断时间也比晶体管长，即其动态特性较差。

2.2 分立元器件门电路

由分立的半导体二极管、三极管和 MOS 管以及电阻等元件组成的门电路，称为分立元件门电路。这里只简单介绍二极管与门、或门和三极管反相器——非门。

视频：
难点解析 2-1
二极管的开关特性及其简单门电路

2.2.1 二极管与门和或门

一、二极管与门

1. 电路组成和符号

如图 2.2.1 所示。

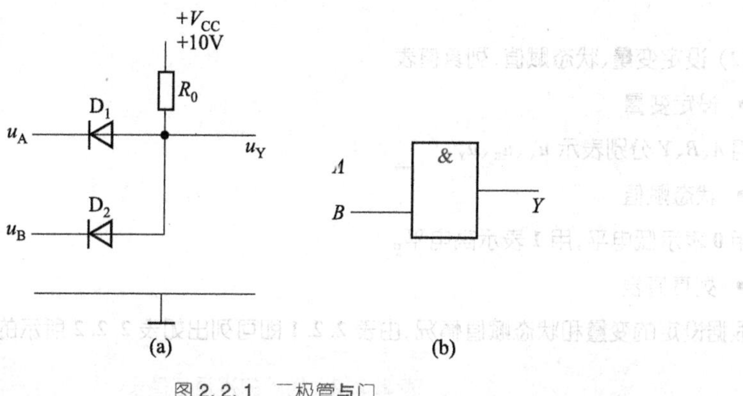

图 2.2.1 二极管与门

(a) 电路图 (b) 逻辑符号

u_A、u_B 是输入信号，它们的高电平是 3 V，低电平是 0 V。u_Y 是输出信号。

2. 工作原理

对于图 2.2.1(a)所示电路，两个输入信号 u_A、u_B 有四种不同情况，相应的输出信号 u_Y 可以通过估算求出来，进而经过设定变量、状态赋值，即可得到反映输入、输出之间逻辑关系的真值表。

(1) 电压关系表

输入、输出电压关系有四种情况：

① $u_A=u_B=0$ V，即均为低电平时，由于 D_1、D_2 阳极均通过电阻 R_0 接到电源 $V_{CC}=10$ V，都为正偏，故必然都导通，所以

$$u_Y=u_A+u_{D1}=u_B+u_{D2}=(0+0.7)\text{ V}=0.7\text{ V}$$

② $u_A=0$ V、$u_B=3$ V，即一低一高时，粗看起来，两个二极管都应导通，因为它们的阳极都通过 R_0 接到了 $V_{CC}=10$ V。但是，由于 u_A、u_B 电平不同，当 D_1 导通后，使

$$u_Y=u_A+u_{D1}=(0+0.7)\text{ V}=0.7\text{ V}$$

导致

$$u_{D2}=u_Y-u_B=(0.7-3)\text{ V}=-2.3\text{ V}$$

二极管 D_2 承受的是反向电压，故截止。通常二极管导通之后，如果其阴极电位是不变的，那么就把它

的阳极电位固定在比阴极高 0.7 V 的电位上，如果其阳极电位是不变的，那么就把它的阴极电位固定在比阳极低 0.7 V 的电位上，人们把导通后二极管的这种作用称为钳位。

③ $u_A=3$ V、$u_B=0$ V，即一高一低时，情况与(2)中是类似的，只不过此时导通的是 D_2、截止的是 D_1 而已。D_2 导通之后就把 u_Y 钳位在 0.7 V，即

$$u_Y=u_B+u_{D2}=(0+0.7)\text{V}=0.7\text{ V}$$

④ $u_A=u_B=3$ V，即均为高电平时，D_1、D_2 都正偏导通，u_Y 被钳位在 3.7 V。

整理估算结果，可得如表 2.2.1 所示电压关系表。

表 2.2.1　图 2.2.1(a)所示电路的电压关系表

u_A/V	u_B/V	u_Y/V
0	0	0.7
0	3	0.7
3	0	0.7
3	3	3.7

(2) 设定变量、状态赋值、列真值表

- 设定变量

用 A、B、Y 分别表示 u_A、u_B、u_Y。

- 状态赋值

用 **0** 表示低电平，用 **1** 表示高电平。

- 列真值表

根据设定的变量和状态赋值情况，由表 2.2.1 即可列出如表 2.2.2 所示的**与**门的逻辑真值表。

表 2.2.2　与门的逻辑真值表

A	B	Y
0	**0**	**0**
0	**1**	**0**
1	**0**	**0**
1	**1**	**1**

综上所述可知，图 2.2.1(a)所示电路确实实现了**与**的逻辑功能 $Y=A\cdot B$，所以是一个二极管**与**门。

二、二极管或门

1. 电路组成和符号

如图 2.2.2 所示。

u_A、u_B 是输入信号，它们的高电平是 3 V、低电平是 0 V。u_Y 是输出信号。

2. 工作原理

利用估算图 2.2.1 所示**与**门电路同样的方法，可以很容易地得到图2.2.2(a)所示**或**门电路输入、输出电压之间的关系，再经过设定变量、状态赋值即可列出逻辑真值表。

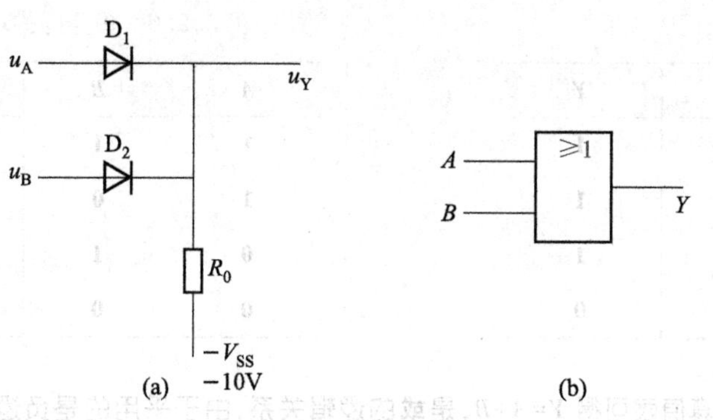

图 2.2.2 二极管或门

(a) 电路图 (b) 逻辑符号

(1) 电压关系表

输入、输出电压关系也有四种情况：

① $u_A=u_B=0$ V 时，D_1、D_2 均导通，$u_Y=(0-0.7)\text{V}=-0.7$ V。

② $u_A=0$ V、$u_B=3$ V 时，D_2 导通，D_1 反向偏置截止，$u_Y=(3-0.7)\text{V}=2.3$ V。

③ $u_A=3$ V、$u_B=0$ V 时，D_1 导通，D_2 反向偏置截止，$u_Y=(3-0.7)\text{V}=2.3$ V。

④ $u_A=u_B=3$ V 时，D_1、D_2 均导通，$u_Y=(3-0.7)\text{V}=2.3$ V。

整理分析估算结果，即可得到如表 2.2.3 所示的电压关系表。

表 2.2.3 图 2.2.2(a)所示电路的电压关系表

u_A/V	u_B/V	u_Y/V
0	0	-0.7
0	3	2.3
3	0	2.3
3	3	2.3

(2) 真值表

若用 A、B、Y 分别代表 u_A、u_B、u_Y，且采用正逻辑，即用 **0** 表示低电平、用 **1** 表示高电平，则可由表 2.2.3 列出如表 2.2.4 所示的真值表。

表 2.2.4 或门的真值表

A	B	Y
0	**0**	**0**
0	**1**	**1**
1	**0**	**1**
1	**1**	**1**

由表 2.2.4 所示真值表可得 $Y=A+B$，即图 2.2.2(a)所示电路实现了**或运算**，确实是**或门**。

在状态赋值时若采用负逻辑，即用 **0** 表示高电平、用 **1** 表示低电平，则根据表 2.2.1 和表 2.2.3 得到的将是如表 2.2.5 和表 2.2.6 所示的真值表。

表 2.2.5 负或门的真值表

A	B	Y
1	1	1
1	0	1
0	1	1
0	0	0

表 2.2.6 负与门的真值表

A	B	Y
1	1	1
1	0	0
0	1	0
0	0	0

由表 2.2.5 所示真值表可得 $Y=A+B$，是**或**的逻辑关系，由于采用的是负逻辑，所以准确地说，图 2.2.1(a)所示二极管电路，既是正**与**门又是负**或**门。由表 2.2.6 可得 $Y=A\cdot B$，显然实现的是**与**运算，即图 2.2.3(a)所示电路，既是正**或**门又是负**与**门。可见，正**与**门和负**或**门是等同的，正**或**门和负**与**门也是等同的。

视频：
难点解析 2-2
三极管的开关特性及其简单门电路

2.2.2 三极管非门（反相器）

一、半导体三极管非门

1. 电路组成和符号

图 2.2.3 所示是半导体三极管**非**门的电路和符号。

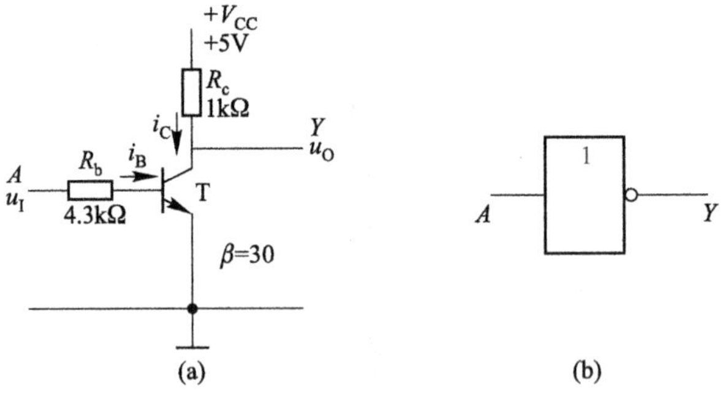

图 2.2.3 半导体三极管非门

(a) 电路图 (b) 逻辑符号

u_I是输入信号电压，其低电平为 0 V、高电平为 5 V，u_O是输出信号电压，V_{CC}是电源电压。

2. 工作原理

① $u_I=U_{IL}=0$ V 时，半导体三极管 T 显然是截止的，因此 $i_B=0$、$i_C=0$，所以 $u_O=U_{OH}=V_{CC}=5$ V。

② $u_I=U_{IH}=5$ V 时

$$i_B=\frac{U_{IH}-u_{BE}}{R_b}=\frac{5-0.7}{4.3}\text{ mA}=1\text{ mA}$$

$$I_{BS}\approx\frac{V_{CC}}{\beta R_c}=\frac{5}{30\times1}\text{ mA}\approx0.17\text{ mA}$$

由于 $i_B>I_{BS}$，所以 T 饱和导通，有 $u_O=U_{OL}=U_{CES}\leqslant0.3$ V。整理分析估算结果可得图 2.2.3(a)所示电路的输入、输出电压关系表，见表 2.2.7。若用 A、Y 分别表示 u_I、u_O，用 **0** 表示低电平、用 **1** 表示高电平，则可得如表 2.2.8 所示真值表。由表 2.2.8 可知，图 2.2.3(a)所示电路实现了**非**逻辑运算，是一个由半导体三极管组成的**非**门。

表 2.2.7 非门电压关系表

u_I/V	u_O/V
0	5
5	0.3

表 2.2.8 非门真值表

A	Y
0	1
1	0

半导体三极管饱和导通以后也有钳位作用。如果其发射极电位是不变的，那么它的集电极电位就被固定在比发射极高 0.3 V 的电位上；反之，若其集电极电位是不变的，则它的发射极电位就被固定在比集电极低 0.3 V 的电位上。

二、MOS 三极管非门

1. 电路组成和符号

图 2.2.4 所示是 N 沟道增强型 MOS 三极管非门的电路图和符号。

u_I是输入电压，其低电平为 0 V、高电平为10 V，u_O是输出电压，V_{DD}是电源电压。

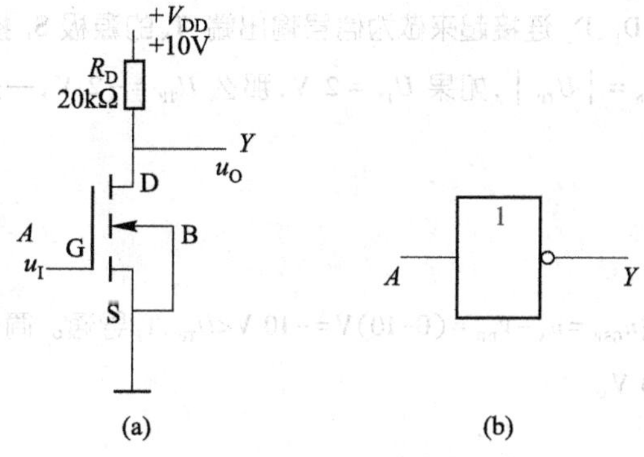

图 2.2.4 N 沟道增强型 MOS 三极管非门

（a）电路图 （b）逻辑符号

2. 工作原理

① $u_I=U_{IL}=0$ V 时，由于 $u_{GS}=U_{IL}=0$ V，小于开启电压 $U_{TN}=2$ V，所以 MOS 管是截止的，故

$$u_O=U_{OH}=V_{DD}=10\ \text{V}$$

② $u_I=U_{IH}=10$ V 时，由于 $u_{GS}=U_{IH}=10$ V，大于开启电压 $U_{TN}=2$ V，MOS 管导通且工作在可变电阻区，导通电阻很小，只有几百欧，所以

$$u_O=U_{OL}=\frac{V_{CC}}{R_{ON}+R_D}\cdot R_{ON}\approx 0\ \text{V}$$

整理分析估算结果，可得如表 2.2.9 所示电压关系表，表 2.2.10 是用 A、Y 分别表示 u_I、u_Y 且采用正逻辑后得到的逻辑真值表。

表 2.2.9 MOS 管非门的电压关系表

u_I/V	u_O/V
0	10
10	0

表 2.2.10 非门的真值表

A	Y
0	1
1	0

由表 2.2.10 可知，图 2.2.4(a)所示电路确实是 MOS 三极管非门。

2.3　CMOS 集成门电路

拓展阅读 2-2
CMOS 发展历史

CMOS 集成电路的许多最基本的逻辑单元都是用 P 沟道增强型 MOS 管和 N 沟道增强型 MOS 管按照互补对称形式连接起来构成的，并因此而得名。这种电路具有电压控制、连接方便、功耗极小等一系列优点，是目前应用最广泛的集成电路之一。在 CMOS 逻辑电路中，反相器(非门)和传输门(TG)是最基本的两种电路单元，各种逻辑功能的门电路和很多更加复杂的逻辑电路都是在这两种电路单元的基础上组合而成的。下面首先介绍 CMOS 反相器的工作原理。

2.3.1　CMOS 反相器

一、电路组成及其工作原理

1. 电路组成

视频：
难点解析 2-3
CMOS 门电路

T_P是 P 沟道增强型 MOS 管，假定其开启电压为 $U_{TP}=-2$ V，T_N是 N 沟道增强型 MOS 管，假定其开启电压 $U_{TN}=2$ V，两者按照互补对称形式连接起来便构成了 CMOS 反相器。它们的栅极 G_1、G_2 连接起来做为信号输入端，漏极 D_1、D_2 连接起来做为信号输出端，T_N的源极 S_1 接地 V_{SS}，T_P 的源极 S_2 接电源 V_{DD}。T_N、T_P特性对称，$U_{TN}=|U_{TP}|$，如果 $U_{TN}=2$ V，那么 $U_{TP}=-2$ V，一般情况下都要求$V_{DD}>U_{TN}+|U_{TP}|$。

2. 工作原理

(1) 当 $u_A=0$ V 时

$u_{GSN}=0\ \text{V}<U_{TN}$，$T_N$截止；$u_{GSP}=u_A-V_{DD}=(0-10)\text{V}=-10\ \text{V}<U_{TP}$，$T_P$导通。简化等效电路如图 2.3.1(b)所示，输出电压 $u_Y=V_{DD}=10$ V。

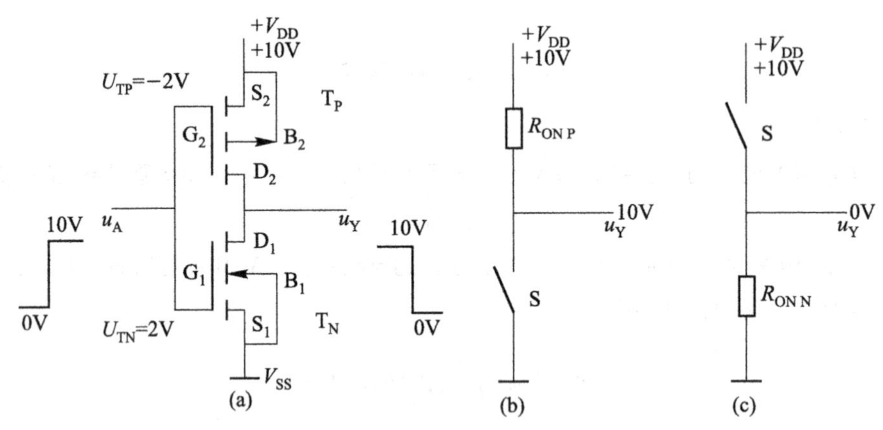

图 2.3.1　CMOS 反相器

(a) 电路图　(b) T_N截止，T_P导通　(c) T_N导通，T_P截止

(2) 当 $u_A=10$ V 时

$u_{GSN}=10\ \text{V}>U_{TN}$，$T_N$导通；$u_{GSP}=u_A-V_{DD}=(10-10)\text{V}=0\ \text{V}>U_{TP}$，$T_P$截止。简化等效电路如图 2.3.1(c)所示，输出电压 $u_Y=0$ V。

综上所述，当 u_A为低电平时 u_Y为高电平，u_A为高电平时 u_Y为低电平，电路实现了**非逻辑运算**，是**非门**——反相器。若用 A、Y 分别表示 u_A、u_Y，则可得$Y=\overline{A}$。

3. 输入端保护电路

MOS 管的输入电阻很高，在 $10^{10}\ \Omega$ 以上，输入电容只有几个 pF，而栅极与沟道之间的二氧化硅绝缘层，厚度在 $10^{-2}\ \mu m$ 左右，其耐压大约在 80~100 V，即使很小的感应电荷源，也可以使电荷迅速地积累起来，形成高压，产生介质击穿，从而使电路遭到永久性损坏。所以，实际生产的 CMOS 反相器，在输入端都设置有二极管保护网络。

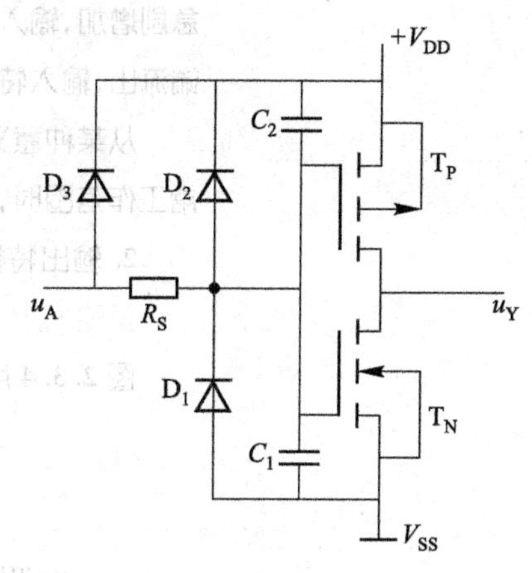

图 2.3.2 带输入端保护网络的 CMOS 反相器

图 2.3.2 所示是带输入端保护网络的 CMOS 反相器。图中 D_1、D_2、D_3 和 R_S 组成的二极管保护网络，是目前普遍采用的一种电路形式。一般，D_1、D_2、D_3 的正向导通压降 $u_{DF}=0.5\sim0.7$ V，反向击穿电压在 30 V 左右，$R_S=1.5\sim2.5\ k\Omega$，C_1、C_2 是栅极等效输入电容。

在正常工作时，由于 u_A 只在 0 V 和 V_{DD} 之间变化，保护二极管均处在截止状态，所以不影响电路功能。当输入端电压出现高于 $V_{DD}+u_{DF}$ 或低于 $-u_{DF}$ 时，相应保护二极管就会导通，从而把 T_N、T_P 栅极电位限制在 $-u_{DF}\sim(V_{DD}+u_{DF})$ 范围内，因此不会发生 SiO_2 介质被击穿的现象。

电阻 R_S 与 C_1、C_2 组成的积分网络，可衰减干扰电压，提高电路工作的可靠性。但是，积分电路对输入信号也会产生延时作用，影响反相器的工作速度，所以 R_S 不能太大。

二、静态特性

1. 输入特性

反映 $i_I=f(u_I)$ 的曲线称为输入伏安特性曲线，简称输入特性。

图 2.3.3 所示是 CMOS 反相器的电路图、示意图和输入特性。

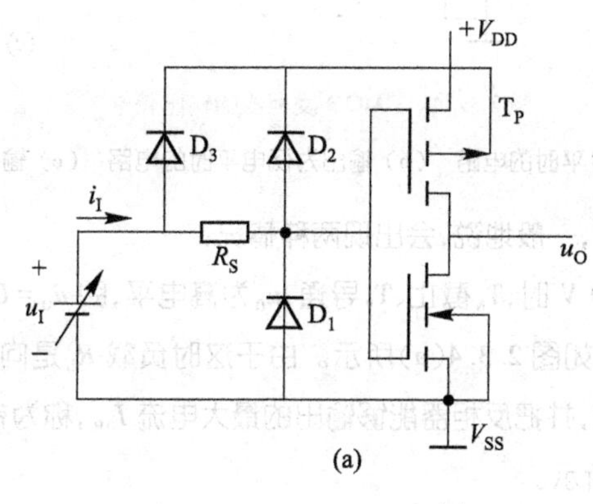

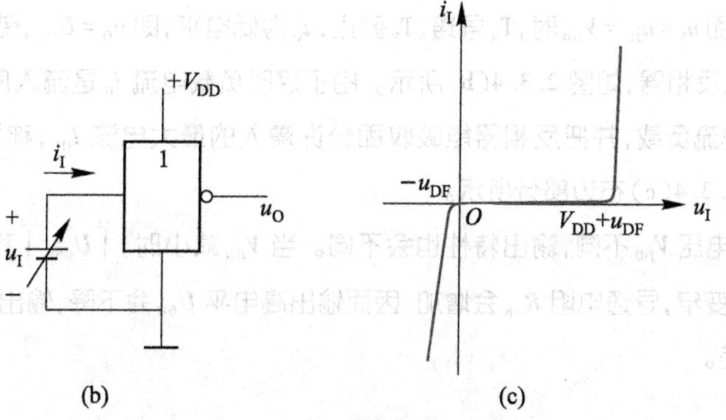

图 2.3.3 CMOS 反相器

(a) 电路图 (b) 示意图 (c) 输入特性

由于 MOS 管是电压控制器件，输入电阻极高，静态情况下栅极不会有电流，所以当 u_I 在 $-u_{DF}$ 和 $V_{DD}+u_{DF}$ 之间变化时，$i_D \approx 0$；当 $u_I > V_{DD}+u_{DF}$ 时，D_3 导通，i_I 从输入端经 D_3 流入 V_{DD}，i_I 将随着 u_I 的增加而急剧增加，输入特性中相应曲线反映了 D_3 正向导通时的情况；当 $u_I < -u_{DF}$ 时，D_1 导通，i_I 经 D_1、R_S 从输入端流出，输入特性中相应曲线部分的斜率为 $1/R_S$。

从某种意义上讲，CMOS 反相器的输入特性所反映的，实际是输入保护网络的特性。当 u_I 超出正常工作范围时，保护电路动作，如果超过保护电路承受能力，那么反相器就会损坏。

2. 输出特性

反映 $u_O = f(i_O)$ 的曲线称为输出伏安特性，简称输出特性。

图 2.3.4 所示是 CMOS 反相器带负载时的简化等效电路和输出特性。

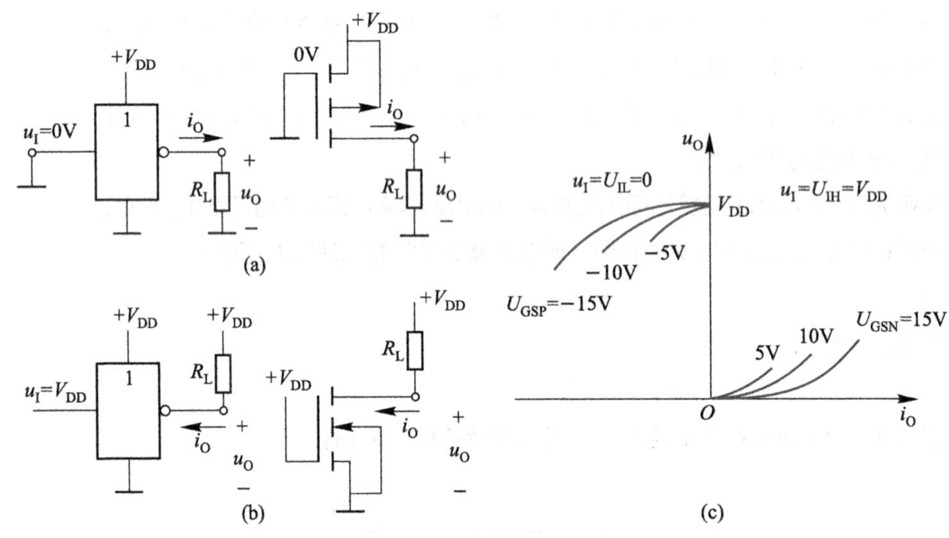

图 2.3.4　CMOS 反相器的输出特性

(a) 输出为高电平时的电路　(b) 输出为低电平时的电路　(c) 输出特性曲线

在反相器输出端接上负载时，一般地说，会出现两种情况：

① u_I 为低电平，即 $u_I = U_{IL} = 0$ V 时，T_N 截止、T_P 导通，u_O 为高电平，即 $u_O = U_{OH}$，带拉电流负载。电流 i_O 从 V_{DD} 经 T_P 流出，供给负载 R_L，如图 2.3.4(a)所示。由于这时负载 R_L 是向反相器索取电流，所以人们常常形象地称之为拉电流负载，并把反相器能够输出的最大电流 I_{OH}，称为带拉电流负载的能力。特性曲线如图 2.3.4(c)左边部分所示。

② u_I 为高电平，即 $u_I = u_{IH} = V_{DD}$ 时，T_N 导通、T_P 截止，u_O 为低电平，即 $u_O = U_{OL}$，带灌电流负载。电流 i_O 从 V_{DD} 经负载 R_L 流入反相器，如图 2.3.4(b)所示。由于这时负载电流 i_O 是流入反相器的，所以人们常常形象地称之为灌电流负载，并把反相器能吸收即允许灌入的最大电流 I_{OL}，称为带灌电流负载的能力。特性曲线如图 2.3.4(c)右边部分所示。

需要指出，电源电压 V_{DD} 不同，输出特性也会不同。当 V_{DD} 减小时，$|U_{GSP}|$ 和 U_{GSN} 都会减小，相应 T_P、T_N 的导电沟道会变窄，导通电阻 R_{ON} 会增加，因而输出高电平 U_{OH} 会下降，输出低电平 U_{OL} 会上升，反相器带负载能力变差。

3. 传输特性

反映 $u_O = f(u_I)$ 的曲线形象具体地描述了输出电压 u_O 与输入电压 u_I 的关系，称为电压传输特性，如图 2.3.5(a)所示。

反映 $i_D=f(u_I)$ 的曲线形象具体地描述了漏极电流 i_D 与输入电压 u_I 的关系，称为电流传输特性，如图 2.3.5(b)所示。

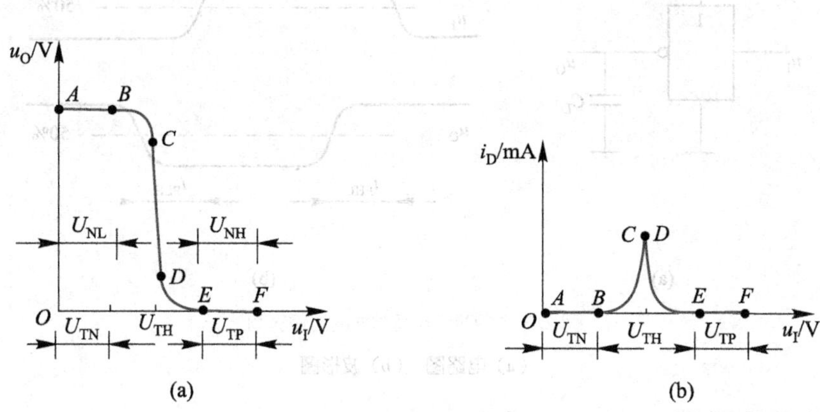

图 2.3.5 CMOS 反相器的传输特性

（a）电压传输特性 （b）电流传输特性

（1）特性曲线分析

① *AB* 段：$u_I<U_{TN}$，T_N 截止，T_P 导通，$u_O=V_{DD}$、$i_D=0$，功耗极小。

② *BC* 段：$u_I>U_{TN}$，T_N 导通，但导通电阻较大，故 u_O 略有下降，i_D 开始出现并逐渐增加，功耗也随之增加。

③ *CD* 段：u_I 在 0.5 V_{DD} 附近，T_N、T_P 均导通，且导通电阻都较小，是 u_O 随 u_I 改变而急剧变化的区域，i_D 也最大，功耗也最大。相应地，把输入电压 $u_I=0.5\ V_{DD}$ 称为反相器的转折电压或阈值电压，用 U_{TH} 表示。

④ *DE*、*EF* 段与 *BC*、*AB* 段是对应的，只不过 T_N、T_P 的工作状态，*DE* 和 *BC* 段、*EF* 和 *AB* 段时的情况正好相反。

（2）输入端噪声容限

噪声容限是指 u_O 为规定值时，允许 u_I 波动的最大范围。

U_{NL}：输入为低电平时的噪声容限；

U_{NH}：输入为高电平时的噪声容限。

由图 2.3.5(a)可以明显看出，CMOS 反相器的 U_{NL}、U_{NH} 都比较大，接近 0.5 V_{DD}，一般取 $U_{NL}=U_{NH}=0.3\ V_{DD}$。显然，随着电源电压 V_{DD} 的增加，噪声容限也成比例地增大。这也是在使用 CMOS 逻辑电路时都采用较高电源电压的重要原因。

三、动态特性

1. 传输延迟时间

图 2.3.6 所示是 CMOS 反相器带电容性负载时的电路和输入、输出电压波形。

当 u_I 改变取值时，CMOS 反相器的状态转换总是伴随着输入、输出电容的充、放电过程。电容上电压是不能突变的，所以反相器输出电压 u_O 的变化总是滞后于输入电压 u_I 的，尤其是在输出端接有负载电容 C_L 时，滞后时间会更长。

t_{PHL}：输出电压 u_O 由高电平变为低电平的传输延迟时间。定义为 u_I 上升沿的中点到 u_O 下降沿的中点所经历的时间，如图 2.3.6(b)所示。

t_{PLH}：输出电压 u_O 由低电平变为高电平的传输延迟时间。定义为 u_I 下降沿的中点到 u_O 上升沿的中点所经历的时间，如图 2.3.6(b)所示。

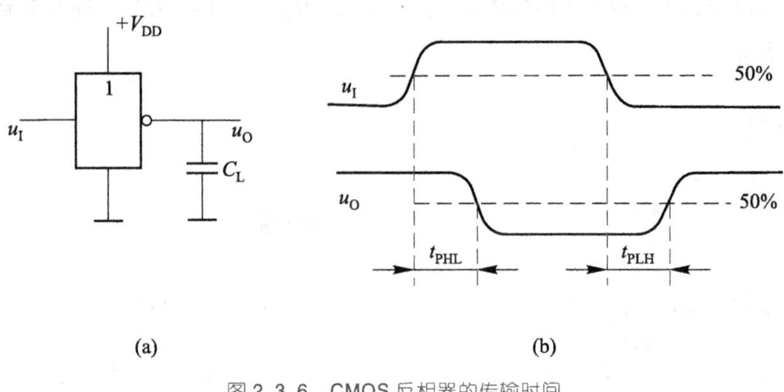

图 2.3.6　CMOS 反相器的传输时间

（a）电路图　（b）波形图

t_{pd}：平均传输延迟时间，$t_{pd}=(t_{PHL}+t_{PLH})/2$。

2. 输出端状态转换时间

当输入电压 u_I 改变取值时，输出端状态将产生相应变化，相伴随的是 C_L 的充电和放电过程，状态转换时间基本上就是 C_L 的充电和放电时间。

t_{THL}：当 u_I 改变取值时，输出电压 u_O 从 90%下降到 10%所经历的时间，如图 2.3.7(b)所示。t_{THL} 实际上是 C_L 经过 T_N 的导通电阻 R_{ON} 进行放电的时间，并称为反相器输出端由高电平变为低电平的转换时间。

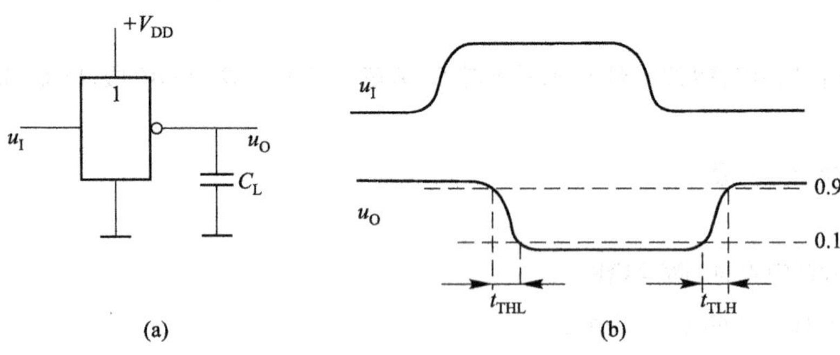

图 2.3.7　CMOS 反相器的转换时间

（a）电路图　（b）波形图

t_{TLH}：当 u_I 改变取值时，u_O 从 10%上升到 90%所经历的时间，如图 2.3.7(b)所示。t_{TLH} 实际上是 V_{DD} 经过导通了的 T_P 对 C_L 进行充电的时间，并称为反相器输出端由低电平变为高电平的转换时间。

3. 交流噪声容限

一般地说，干扰噪声都是一些无规则的脉冲信号，用交流噪声容限可以表示反相器对这些脉冲信号的抗干扰能力。反相器对输入信号的响应总是有一定的延时，如果干扰脉冲持续的时间很短，以至于输出端状态还没有任何变化，干扰脉冲就消失了，显然这样的脉冲信号对电路不会起作用。所以，反相器对窄脉冲的噪声容限要高于其直流噪声容限。

图 2.3.8 所示是干扰脉冲宽度不同时，交流噪声容限的曲线。图中 t_{NW} 表示干扰脉冲宽度，U_{NA} 表示干扰脉冲幅度。从图中可以看到，如果 t_{NW} 小于门电路平均传输延迟时间 t_{pd} 时，其噪声容限——能承受的干扰脉冲的幅度 U_{NA} 迅速增加，若 $t_{NW}>t_{pd}$，则 U_{NA} 将逐渐下降到 U_{NL} 或 $V_{DD}-U_{NH}$。$U_{NL}=U_{NH}=0.4\ V_{DD}$ 是反相器的直流噪声容限。

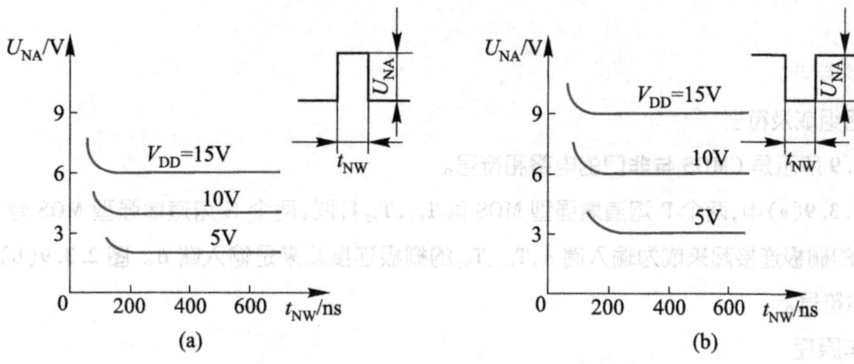

图 2.3.8 CMOS 反相器的交流噪声容限

(a) 正脉冲噪声容限 (b) 负脉冲噪声容限

交流噪声容限随电源电压的不同而改变的原因有两条，一是 U_{NL}、U_{NH} 随 V_{DD} 的增加而增加；二是 V_{DD} 增加时，u_{GS} 也相应地增加，从而使 MOS 管导电沟道变大，沟道电阻变小，电容充、放电时间常数变小，反相器传输延迟时间缩短。

4. 动态功耗

在状态转换过程中，CMOS 反相器瞬态电流很大，因此会产生所谓动态功耗。动态功耗的大小，与电源电压 V_{DD}、u_I 变化的重复频率，负载电容的容量等因素有关，它们的数值越大，动态功耗也越大。CMOS 反相器的静态功耗很小，在常温下只有几个微瓦，常可忽略不计。

四、CMOS 反相器的主要参数和常用型号

1. 主要参数

在 CMOS 集成电路手册中，一般给出在一定测试条件下测出的下列参数：

① I_{DD}：静态电源电流，给出最大值。

② I_{OL}：输出低电平电流，给出最小值。

③ I_{OH}：输出高电平电流，给出最小值。

④ I_I：输入电流，给出最大值。

⑤ U_{OL}：输出低电平电压，给出最大值。

⑥ U_{OH}：输出高电平电压，给出最小值。

⑦ U_{IL}：输入低电平电压，给出最大值。

⑧ U_{IH}：输入高电平电压，给出最小值。

⑨ t_{PHL}、t_{PLH}：传输延迟时间，给出最大值。

⑩ t_{THL}、t_{TLH}：输出端状态转换时间，给出最大值。

⑪ C_I：输入电容，给出最大值。

2. 常用型号

CC4069 是最常用的 CMOS 反相器，在一个芯片中封装了六个单元，称为六反相器电路。其单元电路如图 2.3.3(a)所示，电源电压 V_{DD} 的范围为 3~18 V。它具有对称的驱动能力，即 $I_{OL}=I_{OH}$，传输延迟时间比较短，t_{PHL}、$t_{PLH}\leqslant 60$ ns。

2.3.2 CMOS与非门、或非门、与门和或门

一、CMOS与非门

1. 电路组成及符号

图2.3.9所示是CMOS**与非**门的电路和符号。

在图2.3.9(a)中,两个P沟道增强型MOS管T_{P1}、T_{P2}并联,两个N沟道增强型MOS管T_{N1}、T_{N2}串联,T_{P2}、T_{N2}的栅极连接起来成为输入端A,T_{P1}、T_{N1}的栅极连接起来是输入端B。图2.3.9(b)所示是**与非**门的逻辑符号。

2. 工作原理

在图2.3.9(a)中,u_A、u_B只要有一个为低电平0 V,T_{N1}、T_{N2}中就总有一个截止,T_{P1}、T_{P2}中就总有一个导通,因此u_Y一定为高电平10 V;只有当u_A、u_B同时为高电平10 V时,T_{N1}、T_{N2}才会都导通,T_{P1}、T_{P2}才会都截止,u_Y才会为低电平0 V。综上所述,可得如表2.3.1所示电平关系表。如果用A、B、Y分别表示u_A、u_B、u_Y,且采用正逻辑,则可得如表2.3.2所示真值表。

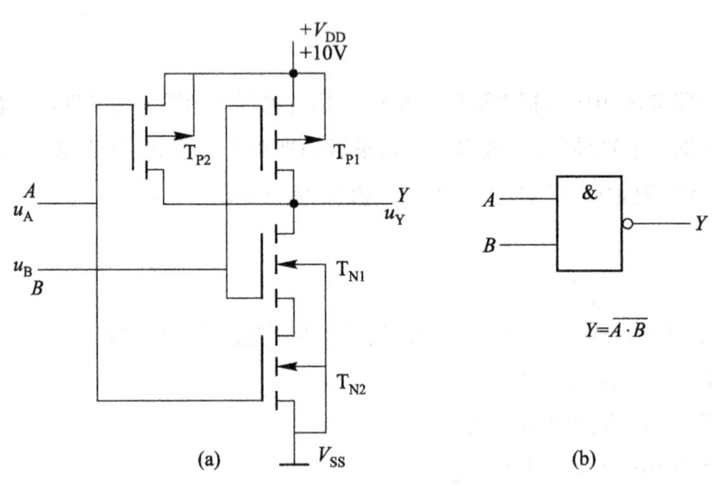

图2.3.9 CMOS与非门

(a) 电路图 (b) 逻辑符号

表2.3.1 与非门电平关系表

u_A/V	u_B/V	u_Y/V
0	0	10
0	10	10
10	0	10
10	10	0

表2.3.2 与非门逻辑真值表

A	B	Y
0	0	1
0	1	1
1	0	1
1	1	0

由表2.3.2可得

$$Y=\overline{A\cdot B}$$

可见,图2.3.9(a)所示电路能够实现**与非**运算,确实是**与非**门。

二、CMOS 或非门

1. 电路组成及符号

图 2. 3. 10 所示是 CMOS **或非**门的电路和符号。

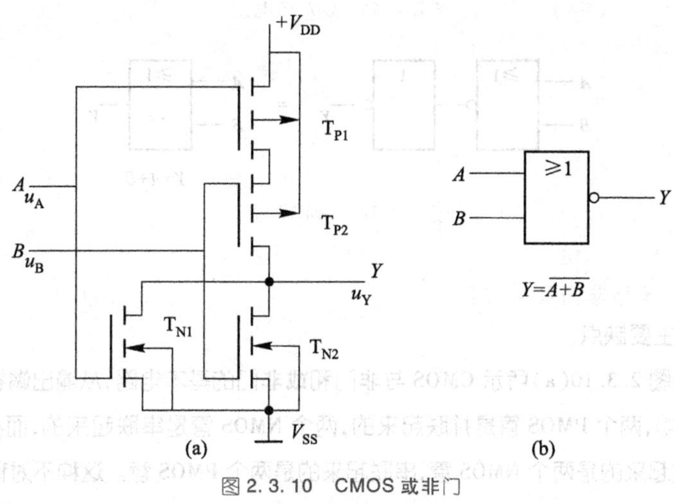

图 2. 3. 10 CMOS 或非门

(a) 电路图 (b) 逻辑符号

在图 2. 3. 10(a)中，串联起来的是两个 P 沟道增强型 MOS 管，并联起来的是两个 N 沟道增强型 MOS 管，T_{P1}、T_{N1} 的栅极连接起来是输入端 A，T_{P2}、T_{N2} 的栅极连接起来是输入端 B。

2. 工作原理

显然，在图 2. 3. 10 中，u_A、u_B 只要有一个是高电平 10 V，T_{P1}、T_{P2} 中就有一个截止，T_{N1}、T_{N2} 中就有一个导通，因此输出 u_Y 为低电平 0 V；只有当 u_A、u_B 同时为低电平 0 V 时，T_{P1}、T_{P2} 才会都导通，T_{N1}、T_{N2} 才会都截止，因此 u_Y 才会为高电平 10 V。整理上述分析结果，可得如表 2. 3. 3 所示电平关系表。如果用 A、B、Y 分别表示 u_A、u_B、u_Y，并采用正逻辑，则可列出如表 2. 3. 4 所示逻辑真值表。

表 2. 3. 3 或非门电平关系表

u_A/V	u_B/V	u_Y/V
0	0	10
0	10	0
10	0	0
10	10	0

表 2. 3. 4 或非门逻辑真值表

A	B	Y
0	**0**	**1**
0	**1**	**0**
1	**0**	**0**
1	**1**	**0**

由表 2. 3. 4 可得

$$Y=\overline{A+B}$$

可见，图 2. 3. 10(a)所示电路实现的是**或非**运算，确实是**或非**门。

三、CMOS 与门和或门

1. CMOS 与门

在基本 CMOS **与非**门图 2. 3. 9(a)所示电路的输出端，再加一个反相器，便构成了**与**门，等效逻辑图如图 2. 3. 11 所示。

2. CMOS 或门

在基本 CMOS **或非**门图 2. 3. 10(a)所示电路的输出端，再加一个反相器，便构成了**或**门，图 2. 3. 12 所示是 CMOS **或**门的等效逻辑图。

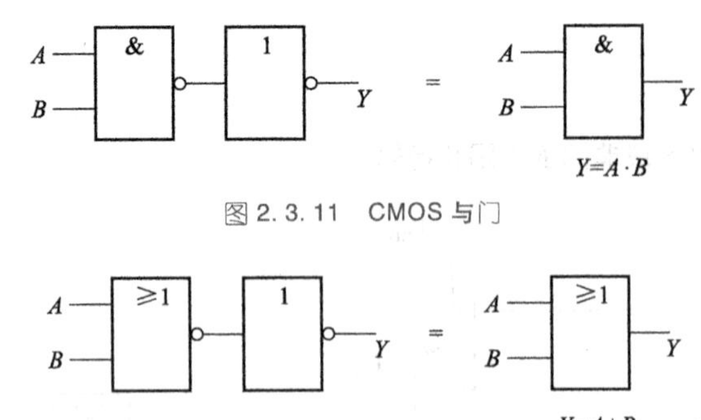

图 2.3.11　CMOS 与门

图 2.3.12　CMOS 或门

四、带缓冲的 CMOS 与非门和或非门

1. 基本电路的主要缺点

图 2.3.9(a)和图 2.3.10(a)所示 CMOS **与非**门和**或非**门的基本电路，从输出端看，其结构是不对称的。在图 2.3.9(a)中，两个 PMOS 管是并联起来的，两个 NMOS 管是串联起来的；而在图 2.3.10(a)中，情况正好相反，并联起来的是两个 NMOS 管，串联起来的是两个 PMOS 管。这种不对称带来两个问题：

① 使电路的输出特性不对称。

② 使电路的电压传输特性发生偏移，阈值电压不再是 $0.5\ V_{DD}$，因此导致了噪声容限下降。

不难理解，随着输入端数目的增加，电路结构不对称的程度会变大，因而带来的问题也会更突出。一个比较有效的解决办法，就是加缓冲电路。

2. 带缓冲的门电路

在基本电路的输入端和输出端附加上反相器，便构成了带缓冲的门电路。国产 CC4000 系列的**与非**门、**或非**门、**与**门、**或**门等就是这种带缓冲的门电路。图 2.3.13 是 CC4001 和 CC4011 的单元电路图。

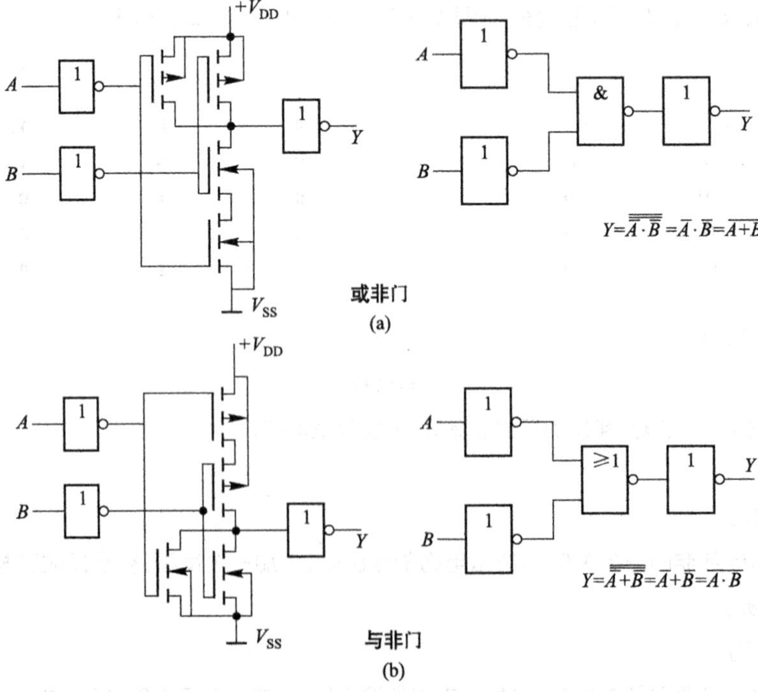

图 2.3.13　带缓冲的门电路

(a) CC4001 的单元电路　(b) CC4011 的单元电路

很显然，在基本电路的输入端和输出端都加上反相器作为缓冲级后，其输入特性和输出特性就与反相器没有区别了，这不仅改善了电路的电气特性，同时也给使用者带来了方便。

2.3.3 CMOS 与或非门和异或门

一、CMOS 与或非门

1. 电路组成及符号

图 2.3.14 所示是 CMOS **与或非**门的电路图和符号。

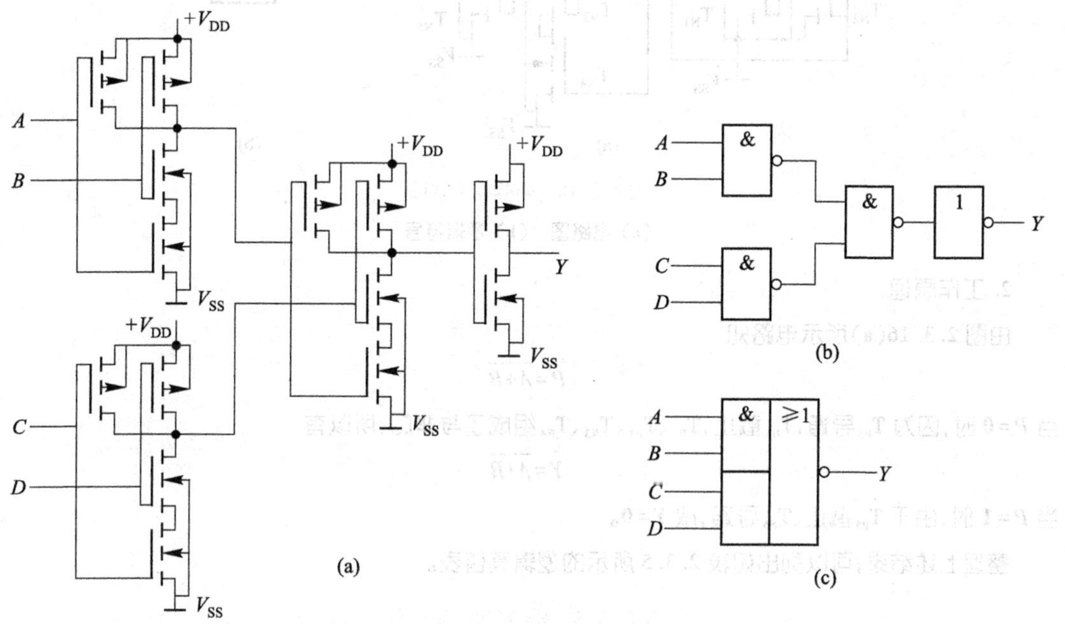

图 2.3.14 CMOS 与或非门

(a) 电路图 (b) 等效逻辑图 (c) 逻辑符号

图 2.3.14(a)所示电路，由三个**与非**门基本电路和一个反相器构成，图 2.3.14(b)是它的等效逻辑图，图 2.3.14(c)是其逻辑符号。

2. 工作原理

由图 2.3.14(b)可以很容易地得到

$$Y=\overline{\overline{\overline{A\cdot B}\cdot\overline{C\cdot D}}}=\overline{\overline{A\cdot B}\cdot\overline{C\cdot D}}=\overline{A\cdot B+C\cdot D}$$

可见，图 2.3.14(a)所示电路确实实现了**与或非**运算，是 CMOS **与或非**门。

CMOS **与或非**门也可以简单地用**与**门和**或非**门组合起来构成，其逻辑图如图 2.3.15 所示。

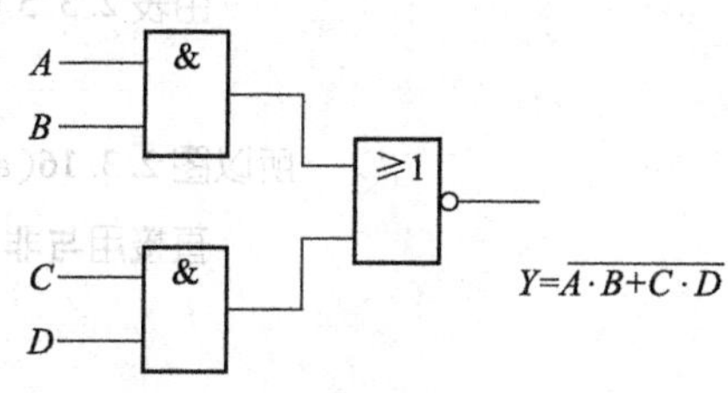

图 2.3.15 用与门和或非门构成的与或非门

二、CMOS 异或门

1. 电路组成及符号

图 2.3.16(a)所示是 CMOS **异或**门的电路图。T_{P1}、T_{P2}、T_{N1}、T_{N2} 组成**或非**门，其输出 P 控制着 T_{P5} 和 T_{N5} 的状态，当 $P=\mathbf{0}$ 时，T_{P5} 导通、T_{N5} 截止；当 $P=\mathbf{1}$ 时，T_{P5} 截止、T_{N5} 导通。而当 T_{P5} 导通、T_{N5} 截止时，T_{P3}、T_{P4}、T_{N3}、T_{N4} 组成**与非**门；当 T_{P5} 截止、T_{N5} 导通时，Y 通过 T_{N5} 接到公共端——地。图 2.3.16(b)是**异或**门的逻辑符号。

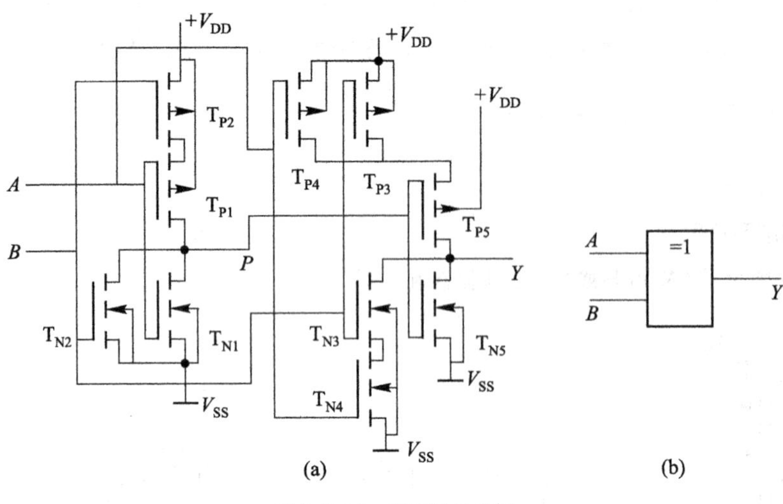

图 2.3.16　CMOS 异或门

(a) 电路图　(b) 逻辑符号

2. 工作原理

由图 2.3.16(a)所示电路知

$$P=\overline{A+B}$$

当 $P=\mathbf{0}$ 时，因为 T_{P5} 导通，T_{N5} 截止，T_{P3}、T_{P4}、T_{N3}、T_{N4} 组成了**与非**门，所以有

$$Y=\overline{A\cdot B}$$

当 $P=\mathbf{1}$ 时，由于 T_{P5} 截止、T_{N5} 导通，故 $Y=\mathbf{0}$。

整理上述结果，可以列出如表 2.3.5 所示的逻辑真值表。

表 2.3.5　异或门的真值表

A	B	P	Y
0	**0**	**1**	**0**
0	**1**	**0**	**1**
1	**0**	**0**	**1**
1	**1**	**0**	**0**

由表 2.3.5 可得

$$Y=\overline{A}B+A\overline{B}=A\oplus B$$

所以图 2.3.16(a)所示电路实现了对 A、B 的**异或**运算，确实是 CMOS **异或**门。

直接用**与非**门也可以很容易地组合起来构成**异或**门，图 2.3.17 是它的逻辑图。由图 2.3.17 可得

$$Y=\overline{\overline{A\cdot\overline{AB}}\cdot\overline{\overline{AB}\cdot B}}=A\overline{B}+\overline{A}B=A\oplus B$$

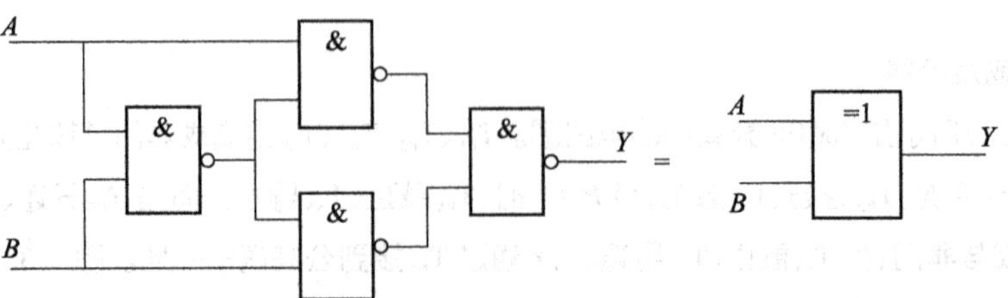

图2.3.17　用与非门构成的异或门

2.3.4 CMOS 传输门、三态门和漏极开路门

一、CMOS 传输门

1. 电路组成及符号

视频：难点解析 2-4 CMOS 传输门

图 2.3.18(a)所示是 CMOS 传输门的电路图，由 P 沟道增强型 MOS 管 T_P（其衬底接 V_{DD}）和 N 沟道增强型 MOS 管 T_N（其衬底接地），源极和漏极、漏极和源极连接起来构成，由于 MOS 管的结构是对称的，所以信号可以双向传输。C 和 $\overline{C}$ 是控制信号，u_I 是被传输的模拟电压。图 2.3.18(b)是它的逻辑符号。

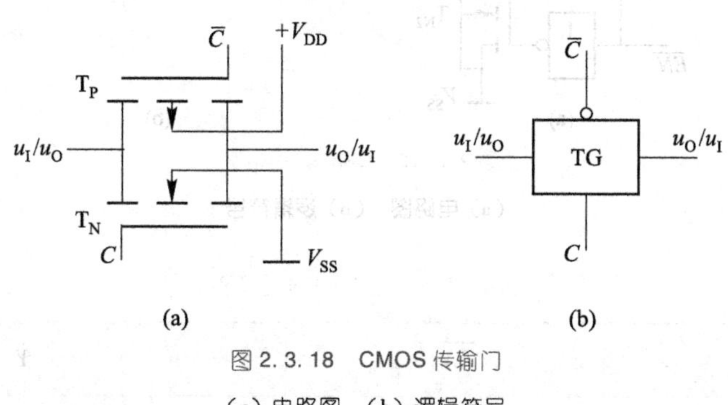

图 2.3.18 CMOS 传输门

(a) 电路图 (b) 逻辑符号

2. 工作原理

传输门实际上是一种可以传送模拟信号的压控开关，当然也可以传送数字信号。

① 当 $C=\mathbf{1}$、$\overline{C}=\mathbf{0}$，即 C 端为高电平 V_{DD}、$\overline{C}$ 端为低电平 0 V 时，T_P、T_N 均导通，即传输门导通，$u_O=u_I$。u_I 可以是 0 V 到 V_{DD} 的任意电压。

② 当 $C=\mathbf{0}$、$\overline{C}=\mathbf{1}$，即 C 端为低电平 0 V、$\overline{C}$ 端为高电平 V_{DD} 时，T_P、T_N 均截止，即传输门截止，输入和输出之间是断开的。

拓展阅读 2-3 CMOS 传输门构成模拟开关的工作原理解析

传输门导通时，其导通电阻只有几百欧；截止时，其关断电阻在 $10^9\ \Omega$ 以上。

如果将图 2.3.18(a)所示电路的 V_{SS} 接到 $-V_{DD}$，则 u_I 可以是从 $-V_{DD}$ 到 $+V_{DD}$ 之间的任意电压。其实，若将前面介绍的 CMOS 门电路的 V_{SS} 接到 $-V_{DD}$，那么它们的输入、输出高电平 U_{IH}、U_{OH} 将为 V_{DD}，低电平 U_{IL}、U_{OL} 将为 $-V_{DD}$。显然，随着 V_{DD}、V_{SS} 电位的不同，输入、输出电压的逻辑电平也会相应改变。

二、CMOS 三态门

1. 电路组成及符号

图 2.3.19 所示是 CMOS 三态门的电路图和逻辑符号。A 是信号输入端，Y 是输出端，$\overline{EN}$ 是控制信号端，也称为使能端。

2. 工作原理

在图 2.3.19(a)所示电路中，可得

① $\overline{EN}=\mathbf{1}$，即为高电平 V_{DD} 时，T_{P2}、T_{N2} 均截止，Y 与地和电源都断开了，输出端呈现为高阻状态，用 $Y=Z$ 表示。

② $\overline{EN}=\mathbf{0}$，即为低电平 0 V 时，T_{P2}、T_{N2} 均导通，T_{P1}、T_{N1} 构成反相器。故 $Y=\overline{A}$，$A=\mathbf{0}$ 时，$Y=\mathbf{1}$，为高电平；$A=\mathbf{1}$ 时，$Y=\mathbf{0}$，为低电平。

综上所述可知，图 2.3.19(a)所示电路，其输出端 Y 有高阻、高电平、低电平三种状态，所以称之为三态门，表 2.3.6 所示是其真值表。

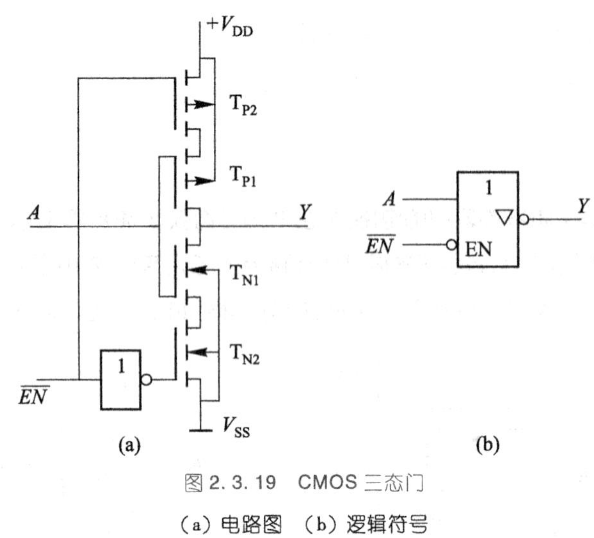

图 2.3.19　CMOS 三态门

（a）电路图　（b）逻辑符号

表 2.3.6　三态门的真值表

A	$\overline{EN}$	Y
0	0	1
1	0	0
×	1	Z

图 2.3.19(b)是三态门的逻辑符号。

3. 三态门逻辑符号控制端电平的约定

如图 2.3.20 所示，在三态门的逻辑符号中，控制端有小圆圈者为低电平有效，即在该控制端加的信号为低电平时，三态门处在工作状态，$Y=\overline{A}$，为高电平时被禁止，$Y=Z$；反之，在控制端无小圆圈者为高电平有效，即在该控制端加的信号为高电平时，三态门处在工作状态，$Y=\overline{A}$，为低电平时被禁止，$Y=Z$。

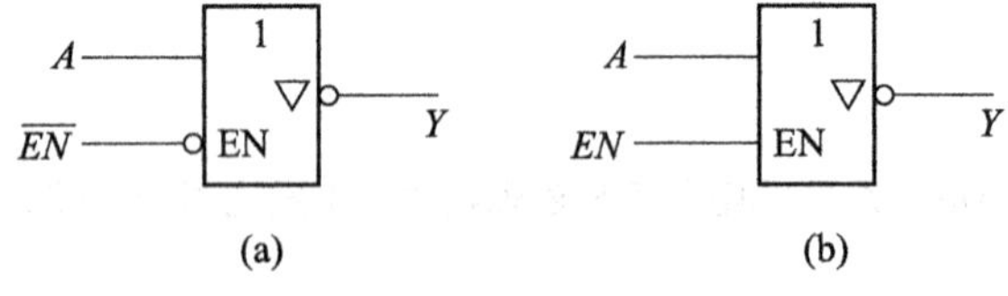

图 2.3.20　三态门的逻辑符号

（a）控制端低电平有效　（b）控制端高电平有效

三、CMOS 漏极开路门（OD 门）

1. 电路组成及符号

图 2.3.21 所示是 CMOS 漏极开路门的电路图和逻辑符号。

2. 主要特点

① 输出 MOS 管的漏极是开路的，如图 2.3.21(a)中虚线部分所示，工作时必须外接电源 V'_{DD} 和电阻 R_D，电路才能工作，实现 $Y=\overline{A\cdot B}$；若不外接电源 V'_{DD} 和电阻 R_D，则电路不能工作。

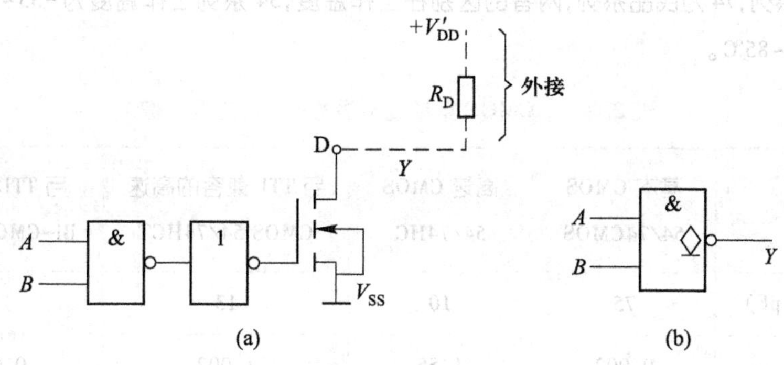

图 2.3.21 CMOS 漏极开路门

（a）电路图 （b）逻辑符号

② 可以实现**线与**功能，即可以把几个 OD 门的输出端，用导线连接起来实现与运算。在图 2.3.22 中，给出的是两个 OD 门进行**线与**连接的电路。

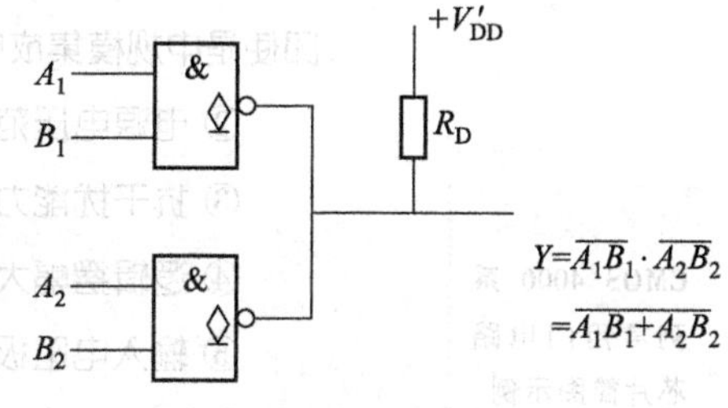

图 2.3.22 OD 门线与连接

③ 可以用来实现逻辑电平变换。因为 OD 门输出 MOS 管漏极电源是外接的，U_{OH}随 V'_{DD}的不同而改变，所以能够方便地实现电平移位。

④ 带负载能力强。输出为高电平时带拉电流负载的能力 I_{OH}决定于外接电源 V'_{DD}和电阻 R_D；输出低电平时带灌电流负载能力 I_{OL}由输出 MOS 管的容量决定，比较大。例如，漏极开路门 CC40107，当 $V_{DD}=10$ V、$V_{OL}=0.5$ V 时，$I_{OL}\geqslant 37$ mA；如果 $V_{DD}=15$ V，$V_{OL}=0.5$ V，则 $I_{OL}\geqslant 50$ mA。

2.3.5 CMOS 电路产品系列、主要特点和使用中应注意的几个问题

CMOS 门是构成各种 CMOS 电路的基本单元，属于小规模集成电路。CMOS 电路发展十分迅速，不仅 SSI 品种齐全，MSI、LSI、VLSI 也是种类繁多，是目前应用最广泛的数字集成电路。

一、CC4000 系列集成电路

CC4000 系列是符合国家标准的 CMOS 集成电路，电源电压 V_{DD}为 3～18 V，产品的输入端和输出端都加反相器作为缓冲级，具有对称的驱动能力和输出波形，高、低电平的抗干扰能力相同，功能和外部引线排列与对应序号的国外产品一致，是当前发展最快、应用最普遍的 CMOS 器件。还有一种 C000 系列，是我国早期的 CMOS 集成电路，电源电压 V_{DD}为 7～15 V。要特别注意的是，这种产品外部引线排列顺序与 CC4000 系列不一样，遇到时要注意查阅有关手册。

二、高速 CMOS 即 HCMOS 集成电路

一般 CMOS 电路工作速度较低，标准门的传输延迟时间在 75 ns 左右。在高速 CMOS 集成电路中，由于在制作工艺和电路组成等方面做了许多改进，因而其工作速度得到很大提高，逻辑门的传输延迟时间已缩短到 6～10 ns，而采用双极型晶体管构成输出级的 CMOS 电路，简称 Bi－CMOS（Bipolar CMOS），其 t_{pd}为 2.9 ns。

目前国家生产的 HCMOS 电路主要是 54/74 系列，包括：

54/74 HC，是带缓冲输出的 HCMOS 电路；

54/74 HCT，是与即将要介绍的 LSTTL 集成电路完全兼容的 HCMOS 电路。

54/74 BCT 也是与即将要介绍的 LSTTL 集成电路完全兼容的 HCMOS 电路。

CMOS 集成门电路各系列的主要参数如表 2.3.7 所示。

54为军品系列,74为民品系列,两者的区别在工作温度,54系列工作温度为-55～125℃,74系列工作温度为-40～85℃。

表2.3.7　CMOS集成门电路各系列的主要参数

参数＼系列	基本CMOS 54/74CMOS	高速CMOS 54/74HC	与TTL兼容的高速 CMOS 54/74HCT	与TTL兼容的高速 Bi-CMOS 54/74 BCT
t_{pd}/ns(C_2=15 pF)	75	10	13	2.9
P_D/mW	0.002	1.55	1.002	0.003～7.5

三、CMOS集成电路的主要特点

① 功耗极低。CMOS集成电路静态功耗非常小,例如在V_{DD}=5 V时,门电路的功耗只有几个μW,即使是中规模集成电路,其功耗也不会超过100 μW。

② 电源电压范围宽。CC4000系列V_{DD}=3～18 V。

拓展阅读2-4 CMOS 4000系列常用门电路芯片简图示例

③ 抗干扰能力强。输入端电压噪声容限,典型值可达0.45V_{DD},保证值不小于0.3V_{DD}。

④ 逻辑摆幅大。低电平$U_L \approx 0$ V,高电平基本上等于电源电压,即$U_{OH} \approx V_{DD}$。

⑤ 输入电阻极高。由于CMOS集成电路中使用的开关元件是电压控制的MOS管,所以输入电阻可达10^8 Ω以上。

⑥ 扇出能力强。人们常把能带同类门电路的个数称为扇出系数,其大小反映了扇出能力。在低频工作时,CMOS电路几乎可以不考虑扇出能力问题;高频工作时,扇出系数与工作频率有关。

⑦ 集成度可很高,温度稳定性好。由于CMOS电路功耗极低,内部发热量很少,所以集成度可以做得非常高。CMOS电路的结构是互补对称的,当外界温度变化时,有些参数可以互相补偿,因此其特性的温度稳定性好,在很宽的温度范围内都能正常工作。例如,陶瓷金属封装的电路,工作温度范围为-55～+125 ℃;塑料封装的电路,工作温度范围为-40～+85 ℃。

⑧ 抗辐射能力强。因为MOS管是多数载流子器件,射线对多数载流子浓度的影响很小,所以CMOS电路抗辐射能力强。

⑨ 成本低。CMOS电路集成度可以很高,功耗很低,电源供电线路很简单,因此用CMOS集成电路制作的设备,成本会比较低。

四、CMOS电路使用中应注意的几个问题

CMOS集成电路的输入端虽然都设置有二极管保护网络,但是它所能承受的静电电压和脉冲功率仍然有一定限度。根据CMOS电路的输入、输出特性,在存储和使用中要特别注意下面几点:

1. 注意输入端的静电防护

① 在储存和运输中,最好用金属容器或者导电材料包装,不要放在易产生静电高压的化工材料或化纤织物中。

② 组装、调试时,电烙铁、仪表、工作台等均应良好接地;要防止操作人员的静电干扰损坏。

2. 注意输入电路的过流保护

CMOS电路输入端的保护二极管,导通时其电流容限一般为1 mA,在可能出现过大瞬态输入电流时，应串接输入保护电阻。例如，当输入端接的信号内阻很小、引线很长或输入电容较大时，接通和关断电源时，就容易产生较大的瞬态输入电流，这时必须接输入保护电阻，若 $V_{DD}=10\ \text{V}$，则取限流电阻为 10 kΩ 即可。

3. 注意电源电压极性、防止输出端短路

① CMOS 电路的电源电压切记不能把极性接反，否则保护二极管很快就会因过流而损坏，而且 T_P、T_N 中的寄生二极管也会因电源电压极性接反而正偏导通，同样也要导致器件损坏。

② 电路输出端既不能和电源短接，也不能和地短接，否则输出级的 MOS 管就会因过流而损坏。在 CMOS 电路中，除了输出级采用了漏极开路结构者外，不同输出端也不能并联起来使用，否则也容易造成输出级 MOS 管因过流或器件因过损耗而损坏。

思考提升 2-3
CMOS 集成门电路多余输入端该如何处理?

2.4 TTL 集成门电路

TTL 集成电路因其输入级和输出级都采用半导体三极管而得名，也称晶体管-晶体管逻辑电路，TTL 电路是简称。在 TTL 集成电路中，门电路是基础，反相器是典型。

2.4.1 TTL 反相器

一、电路组成及其工作原理

1. 电路组成

图 2.4.1(a)所示是 TTL 反相器的典型电路图，它由三部分组成：

视频：
难点解析 2-5
TTL 门电路

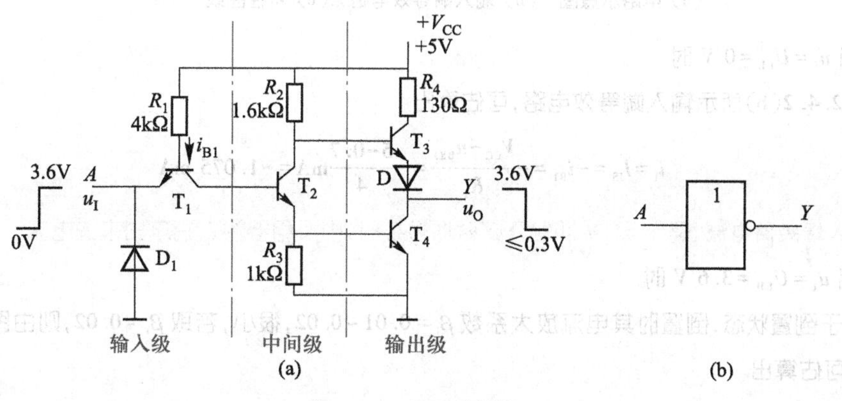

图 2.4.1 TTL 反相器
(a) 电路图 (b) 逻辑符号

① 输入级 由 T_1、R_1、D_1 组成，D_1 是保护二极管，是为防止输入端电压过低而设置的；

② 中间级 由 T_2、R_2、R_3 组成，T_2 集电极输出驱动 T_3，发射极输出驱动 T_4；

③ 输出级 由 T_3、T_4、D 和 R_4 组成。

假设电路中各个晶体管的电流放大系数 β 均为 20，TTL 集成电路工艺极易做到这一点。

2. 工作原理

① $u_I=U_{IL}=0\ \text{V}$ 时，T_1 基极电流 i_{B1} 流入发射极，即由反相器输入端流出，因此 $i_{B2}=0$，T_2 截止，显然 T_4 基极也没有电流，也截止。而 T_3 和 D 将导通，输出为高电平，$u_O=U_{OH}=3.6\ \text{V}$。

② $u_I=U_{IH}=3.6\ \text{V}$ 时，T_1 倒置，即发射极和集电极颠倒，i_{B1} 流入 T_2 基极，使 T_2 饱和导通，进而使 T_4 饱和导通，而 T_3 和 D 将截止，输出为低电平，$u_O=U_{OL}\leqslant 0.3\ \text{V}$。

综上所述可知,图 2.4.1(a)所示电路确实实现了**非运算**,是**非门**,即反相器。若用 A、Y 分别表示 u_I、u_O,并采用正逻辑,则可得 $Y=\overline{A}$。人们常常用 T_4 的状态表示反相器的工作状态,当 T_4 截止时,就说反相器处在截止或关断状态,输出为高电平;当 T_4 饱和导通时,就称反相器处在导通状态,输出为低电平。这是一种约定。

二、静态特性

1. 输入特性

(1) 输入伏安特性

反映输入电流 i_I 和电压 u_I 关系的曲线称为输入伏安特性曲线,简称输入伏安特性,如图 2.4.2 所示。

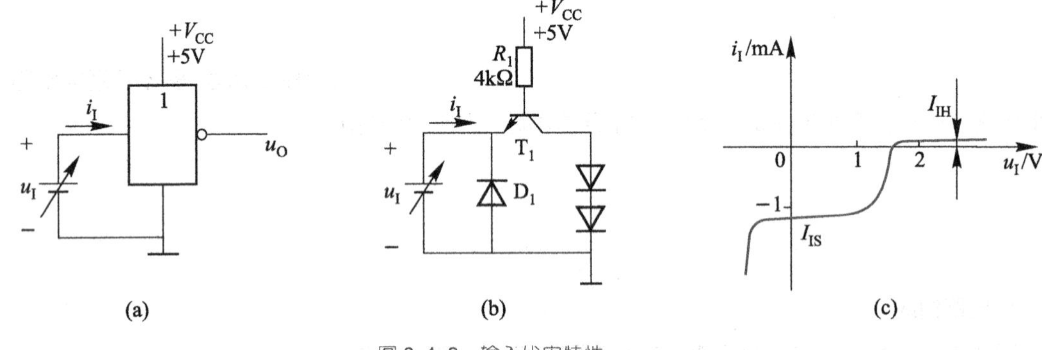

图 2.4.2　输入伏安特性

(a) 电路示意图　(b) 输入端等效电路　(c) 特性曲线

- 当 $u_I=U_{IL}=0$ V 时

由图 2.4.2(b)所示输入端等效电路,可估算出

$$i_I=I_{IS}=-i_{B1}=-\frac{V_{CC}-u_{BE1}}{R_1}=-\frac{5-0.7}{4}\text{mA}=-1.075\ \text{mA}$$

I_{IS} 称为**输入端短路电流**,是 $u_I=0$ V 即输入端对地短接时,由反相器输入端流出来的电流。

- 当 $u_I=U_{IH}=3.6$ V 时

T_1 处于倒置状态,倒置时其电流放大系数 $\beta_i=0.01\sim0.02$,很小,若取 $\beta_i=0.02$,则由图 2.4.2(b)所示电路可估算出

$$i_I=I_{IH}=\beta_i i_{B1}=\beta_i\cdot\frac{V_{CC}-u_{B1}}{R_1}=0.02\times\frac{5-2.1}{4}\text{mA}=0.014\ 5\ \text{mA}$$

I_{IH} 称为**输入端漏电流**,也称为输入高电平电流,是输入端所加电压为高电平时,流入反相器输入端的电流。

- u_I 在低电平和高电平之间时

电路的工作情况比较复杂,但是,这只是发生在输入信号 u_I 电平转换过程之中,是转瞬即逝的,因此无需仔细分析。

(2) 输入端负载特性

在实际工作中,加在反相器输入端的信号源常常是有内阻的,有时也需要在输入端和地之间接入电阻。反映接在反相器输入端电阻 R_i 两端的电压 u_I 和 R_i 阻值之间关系的曲线,称为输入端负载特性曲线,简称输入端负载特性,如图 2.4.3 所示。

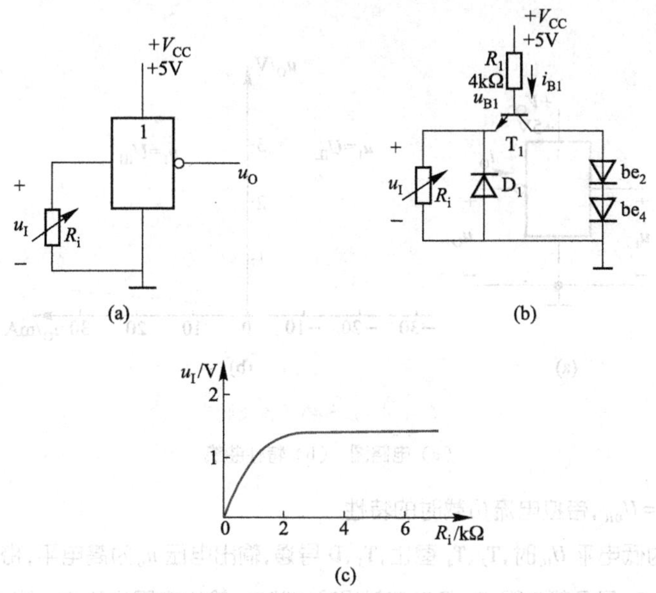

图 2.4.3 TTL 反相器输入端负载特性

(a) 电路图 (b) 输入端等效电路 (c) 特性曲线

视频：难点解析 2-6 TTL 门电路输入端负载特性

- 开门电阻 R_{on}

当 $R_i=\infty$，即输入端悬空时，i_{B1} 经 T_1 集电极流入 T_2 基极，使 T_2 饱和导通，进而使 T_4 也饱和导通，并导致 T_3、D 截止，反相器处于导通状态，输出电压 $u_O=U_{OL}\leqslant 0.3$ V，而 u_{B1} 由于正向导通的 T_1 的 bc 结、T_2 和 T_4 的 be 结的钳位作用，被固定在 2.1 V，因此 $u_I=u_{B1}-u_{BE1}=(2.1-0.7)\text{V}=1.4$ V，所以，图 2.4.3(c) 所示特性曲线 u_I 的最大值是 1.4 V。

实际上，要使反相器工作在导通状态，$u_O\leqslant 0.3$ V，R_i 只需大于 2.5 kΩ 就可以了，因此人们常把 2.5 kΩ 称为图 2.4.1(a) 所示反相器电路的开门电阻，并用 R_{on} 表示。

- 关门电阻 R_{off}

当 $R_i=0$ 时，i_{B1} 全部流向 T_1 发射极，T_2、T_4 截止，T_3、D 导通，输出电压 $u_O=U_{OH}=3.6$ V，反相器处于截止状态。而 $u_I=i_{B1}\cdot R_i=0$ V。

实际上，只要 $R_i<0.7$ kΩ，反相器就会截止，输出为高电平，因此，人们又把 0.7 kΩ 称为图 2.4.1(a) 所示反相器电路的关门电阻，并用 R_{off} 表示。

综上所述可知，当 $R_i>R_{on}$ 时，其逻辑状态相当于 **1**，反相器导通，输出端逻辑状态为 **0**；当 $R_i<R_{off}$ 时，其逻辑状态相当于 **0**，反相器截止，输出端逻辑状态为 **1**。如果 $R_{off}<R_i<R_{on}$，则反相器将处于不正常状态，输出端将出现既不是高电平（**1** 状态）也不是低电平（**0** 状态）的情况，一般地说，这种情况是不允许的。

2. 输出特性

反映反相器输出电压 u_O 与输出电流 i_O 之间关系的曲线，称为输出特性曲线，简称输出特性，如图 2.4.4 所示。

(1) $u_I=U_{IH}$、$u_O=U_{OL}$，带灌电流负载时的特性

当输入电压 u_I 为高电平 U_{IH} 时，T_2、T_4 饱和导通，T_3、D 截止，输出电压 u_O 为低电平，带灌电流负载，等效电路如图 2.4.5 所示。特性如图 2.4.4(b) 右边部分所示。R_L 是负载电阻，由于 T_4 深度饱和，输出电阻很小，灌入电流 i_O 增加时，输出电压 u_O 上升缓慢。反相器输出为低电平时，带灌电流负载的能力 I_{OL} 可达 16 mA。

视频：
难点解析 2-7
TTL 门电路输出特性

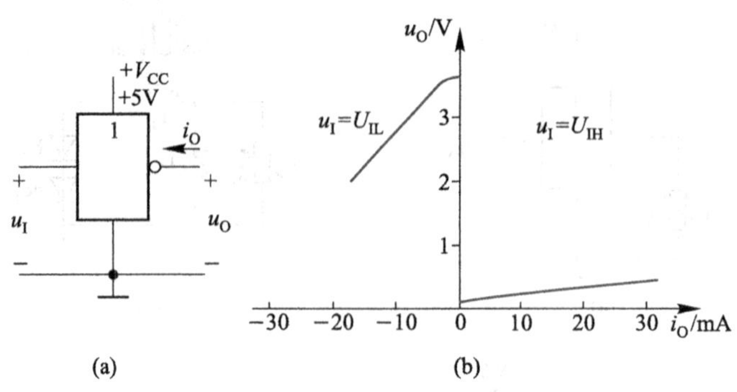

图 2.4.4　反相器的输出特性

（a）电路图　（b）特性曲线

（2）$u_I=U_{IL}$、$u_O=U_{OH}$，带拉电流负载时的特性

当输入电压 u_I 为低电平 U_{IL} 时，T_2、T_4 截止，T_3、D 导通，输出电压 u_O 为高电平，带拉电流负载，等效电路如图 2.4.6 所示。R_L 是负载电阻，T_3 工作在射极输出状态，输出电阻也不大。当 R_L 减小、$|i_O|$（i_O 实际方向与假设正方向相反）增大时，u_O 随之下降。反相器输出为高电平时，带拉电流负载的能力 I_{OH} 受芯片功耗限制，一般为 −400 μA。当 $R_L=0$，即输出端对地短路时，输出电流 $i_O=I_{OS}$ 可达 −33 mA，I_{OS} 称为输出短路电流。一般规定，输出为高电平时，输出端对地短路的时间不得超过 1 s，否则器件就会因过热而损坏。

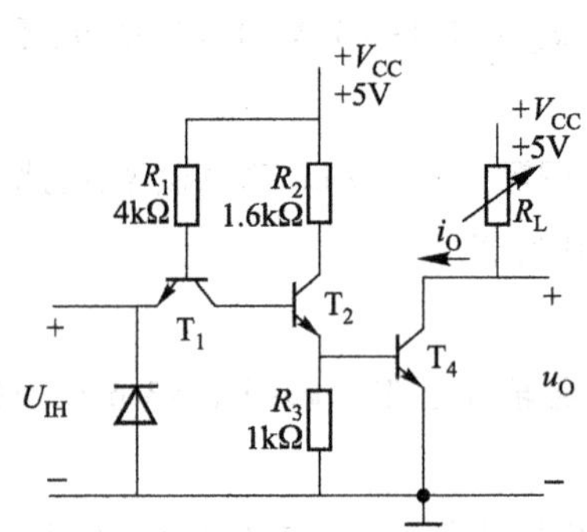

图 2.4.5　输出电压为低电平，带灌电流负载

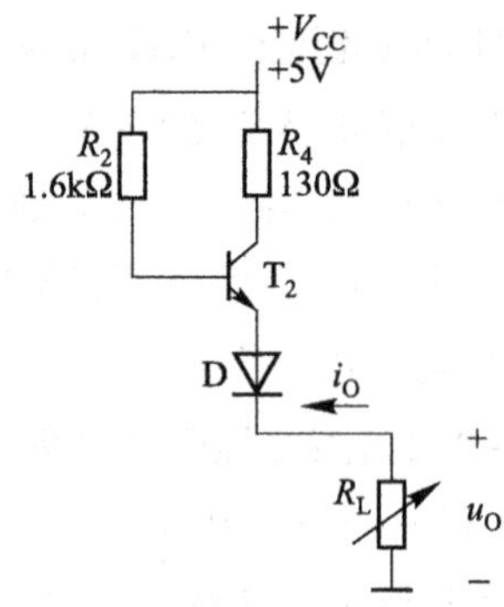

图 2.4.6　输出电压为高电平，带拉电流负载

3. 电压传输特性

反映输出电压 u_O 与输入电压 u_I 关系的曲线，称为电压传输特性曲线，简称电压传输特性，如图 2.4.7 所示。

（1）特性曲线分析

AB 段：$u_I<0.5$ V，$u_{B1}<1.3$ V，T_2、T_4 截止，T_3、D 导通，输出电压 $u_O=U_{OH}=3.6$ V，为高电平。这一段称为**截止区**。

BC 段：$u_I>0.6$ V 以后，u_{B1} 升高，T_2 开始导通，进入**放大区**，但 T_4 仍截止，u_O 随 u_I 的增加而线性地减小。这一段称为线性区。

CD 段：当 u_I 增加到接近 1.4 V，并继续增加时，T_4 也开始导通，于是 u_O 急剧下降，这一段称为**转折区**。转折区中心点对应的输入电压称为反相器的阈值电压或门槛电压，用 U_{th} 表示。由图 2.4.7(b)可知 $U_{th}=1.4$ V。

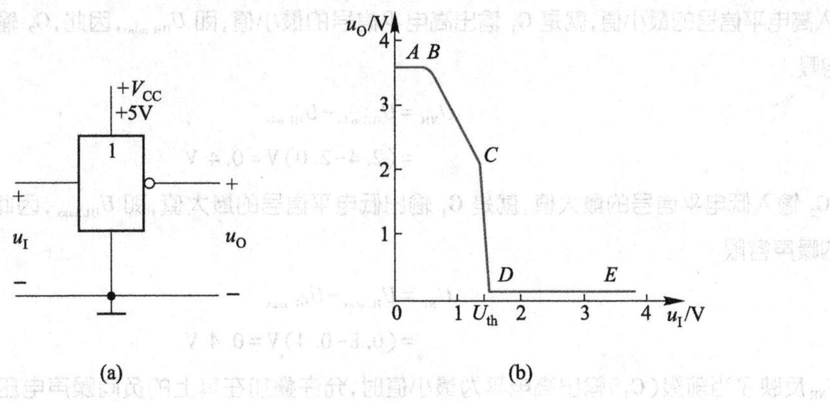

图 2.4.7 电压传输特性

（a）电路图 （b）特性曲线

DE 段：特性曲线经过转折区后，就进入了**饱和区** *DE* 段。在这一段，T_2、T_4 均饱和导通，T_3、D 均截止，输出电压 $u_O=U_{OL}\leqslant 0.3$ V，为低电平。

由于阈值电压 U_{th} 所对应的是电压传输特性转折区的中心点，所以在简化定性分析中，常常把 U_{th} 当作决定反相器输出端状态的关键值。认为 $u_I<U_{th}$ 时反相器是关断的，输出端为高电平，即 $u_O=U_{OH}$；$u_I>U_{th}$ 时，反相器是开通的，输出端为低电平，即 $u_O=U_{OL}$。

（2）输入端噪声容限

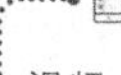

视频：

难点解析 2-8

TTL 门电路电压传输特性与噪声容限

在 TTL 电路中，标准低电平值是 0.3 V，标准高电平值是 3.6 V。从图2.4.7(b)所示电压传输特性可以明显看到，当 u_I 偏离 0.3 V 而上升时，u_O 并不立即下降，当 u_I 偏离 3.6 V 而下降时，u_O 也不会立即上升。因此，在数字电路中，即使有噪声电压出现在输入端，叠加在输入信号的高、低电平上，只要噪声电压的幅度不超过允许的界限，输出端的逻辑状态就不会受到影响。通常把这个不允许超过的界限称为**噪声容限**。显然，电路噪声容限越大，其抗干扰能力越强。

在由若干门电路组成的数字电路中，前一级门电路的输出，就是后一级门电路的输入，因此与噪声容限有直接关系的参数是：

- 输出高电平 U_{OH}

U_{OH} 是反相器处于截止状态时的输出电压，其典型值是 3.6 V，产品规定的最小值 $U_{OH\,min}=2.4$ V。

- 输出低电平 U_{OL}

U_{OL} 是反相器处于导通状态时的输出电平，其典型值是 0.3 V，产品规定的最大值是 0.4 V。

- 输入高电平 U_{IH}

U_{IH} 是对应于逻辑 **1** 状态的输入电压，其典型值是 3.6 V，产品规定的最小值 $U_{IH\,min}=2.0$ V。人们常把 $U_{IH\,min}$ 称为开门电平，并记作 U_{on}。它是保证反相器处于导通状态所允许的 u_I 的最小值。

- 输入低电平 U_{IL}

U_{IL} 是对应于逻辑 **0** 状态的输入电压，其典型值是 0.3 V，产品规定的最大值 $U_{IL\,max}=0.8$ V，并称之为关门电平，用 U_{off} 表示。它是保证反相器处于截止状态所允许的 u_I 的最大值。

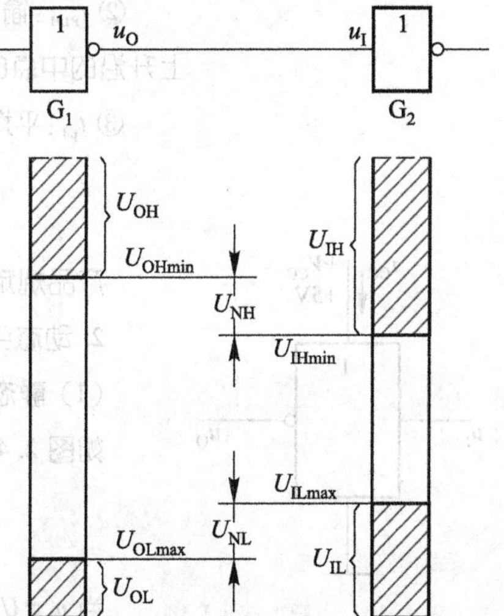

图 2.4.8 噪声容限定义的示意图

图 2.4.8 所示是噪声容限定义的示意图。G_1 的输出电压 u_O 是 G_2 的输入电压 u_I。

G_2 输入高电平信号的最小值，就是 G_1 输出高电平信号的最小值，即 $U_{OH\ min}$，因此，G_2 输入为高电平时的噪声容限：

$$U_{NH} = U_{OH\ min} - U_{IH\ min} = (2.4-2.0)\ V = 0.4\ V$$

同样，G_2 输入低电平信号的最大值，就是 G_1 输出低电平信号的最大值，即 $U_{OL\ max}$，因此，G_2 输入为低电平时的噪声容限

$$U_{NL} = U_{IL\ max} - U_{OL\ max} = (0.8-0.4)\ V = 0.4\ V$$

U_{NH} 反映了当前级（G_1）输出高电平为最小值时，允许叠加在其上的负向噪声电压的最大数值；U_{NL} 指出了当前级（G_1）输出低电平为最大值时，允许叠加在其上的正向噪声电压的最大数值。由于 TTL 电路输出电阻低，输入电阻也不高，虽然 $U_{NH} = U_{NL} = 0.4\ V$，但其抗干扰能力仍比较强。

三、动态特性

1. 传输延迟时间

图 2.4.9 所示是反映 TTL 反相器传输延迟时间的电路示意图和波形图。

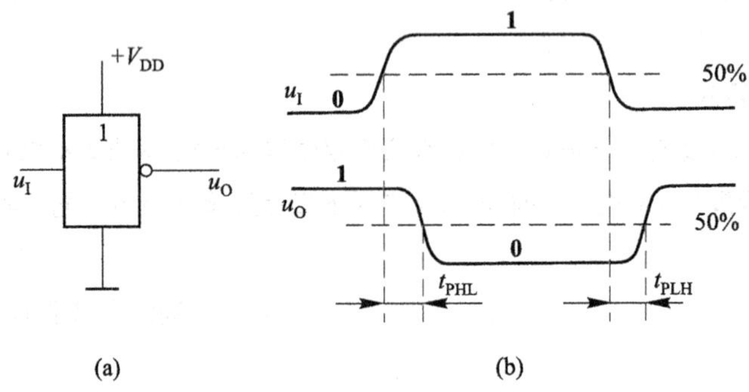

图 2.4.9　TTL 反相器的传输延迟时间

（a）电路示意图　（b）波形图

① t_{PHL}：输出电压由高电平变为低电平的传输延迟时间。定义为从 u_I 波形上升沿的中点到 u_O 波形下降沿的中点的延迟时间。

② t_{PLH}：输出电压由低电平变为高电平的传输延迟时间。定义为从 u_I 波形下降沿的中点到 u_O 波形上升沿的中点的延迟时间。

③ t_{pd}：平均传输延迟时间。定义为

$$t_{pd} = \frac{t_{PHL} + t_{PLH}}{2}$$

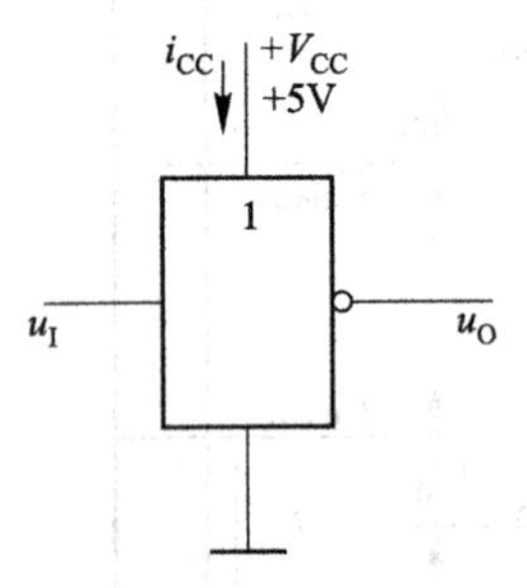

图 2.4.10　电源电流示意图

产品规定的典型值：$t_{PHL} = 8\ ns$、$t_{PLH} = 12\ ns$，最大值是 $t_{PHL} = 15\ ns$、$t_{PLH} = 22\ ns$。

2. 动态尖峰电流

（1）静态电源电流

如图 2.4.10 所示，当 $u_I = U_{IL} = 0\ V$ 时，$u_{B1} = 0.7\ V$，T_2、T_4 截止，在输出无负载情况下

$$i_{CC} = i_{B1} = \frac{V_{CC} - u_{B1}}{R_1} = \frac{5-0.7}{4}\ mA = 1.075\ mA$$

当 $u_I = U_{IH} = 3.6\ V$ 时，$u_{B1} = 2.1\ V$，T_2、T_4 饱和导通，T_3、D 截止，

$$i_{CC} \approx i_{B1} + i_{C2} = \frac{V_{CC} - u_{B1}}{R_1} + \frac{V_{CC} - (U_{CES2} + u_{BE4})}{R_2}$$

$$= \left[\frac{5-2.1}{4} + \frac{5-(0.3+0.7)}{1.6}\right] \text{mA} = 3.225 \text{ mA}$$

(2) 动态电源尖峰电流

在 u_I 由 U_{IL} 跳变到 U_{IH} 过程中，i_{CC} 会略有过冲。但是，当 u_I 由 U_{IH} 跳变为 U_{IL} 时，电路在状态转换期间会出现很大的动态电源尖峰电流。因为在 $u_I = U_{IH}$ 时，T_2、T_4 饱和，尤其是 T_4，其饱和程度很深，当 u_I 由 U_{IH} 跳变到 U_{IL} 时，T_2 很快截止，使 T_3、D 导通，而 T_4 还来不及退出饱和状态，于是从 V_{CC}，经 R_4、T_3、D、T_4 形成了低阻通路，显然在这种情况下，电源电流 i_{CC} 要出现很大的尖峰，如图 2.4.11 所示。

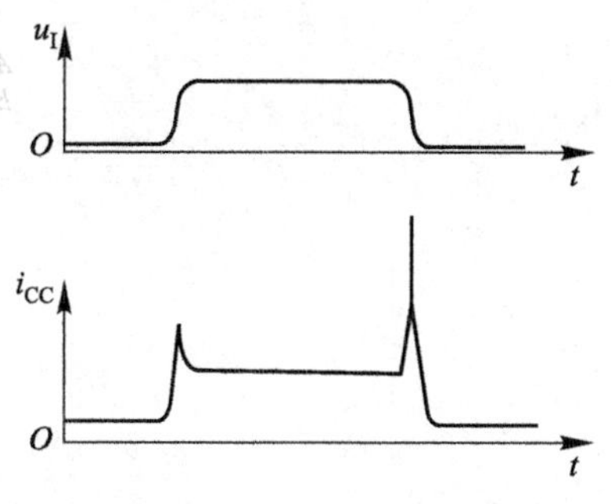

图 2.4.11 动态电源尖峰电流

3. 交流噪声容限

与 CMOS 电路相似，在 TTL 电路中，由于半导体三极管的开关时间和分布电容的充、放电过程，输入信号变化时，必须有足够的变化幅度和作用时间，才能使输出端状态改变。当 u_I 为窄脉冲，而且其宽度接近于门电路的传输延迟时间时，则其幅度只有远大于直流情况，输出端才可能改变状态。显然，反相器对这类窄脉冲的噪声容限比直流噪声容限要大。TTL 反相器的平均传输延迟时间 t_{pd} 的典型值是 10 ns，而绝大多数的 TTL 门电路的传输延迟时间都在 50 ns 以内，因此，当输入脉冲的宽度达到微秒数量级时，应将其当做直流信号处理。

四、TTL 反相器的主要参数和常用型号

1. 主要参数

TTL 反相器的许多参数与 CMOS 反相器并无区别，这里只介绍几个特有的参数：

① I_{IH}：输入为高电平时的输入电流，给出最大值。

② I_{IL}：输入为低电平时的输入电流，给出最大值。

③ I_{OS}：输出端短路电流，给出最大值和最小值。

④ I_{CCH}：输出为高电平时的电源电流，给出最大值和典型值。

⑤ I_{CCL}：输出为低电平时的电源电流，给出最大值和典型值。

2. 常用型号

常用的 TTL 反相器型号是 7404 和 74LS04，芯片中封装了六个独立的反相器，它们的性能指标和外部引线排列图可查阅 TTL 器件手册。

2.4.2 TTL 与非门、或非门、与门、或门、与或非门和异或门

一、TTL 与非门

1. 电路组成及符号

图 2.4.12(a) 所示电路除了输入级 T_1 采用了多发射极三极管外，其余部分和图 2.4.1(a) 所示反相器电路没有什么区别。D_1、D_2 为输入端保护二极管，是为抑制输入电压负向过冲而设置的。

2. 工作原理

由反相器工作原理分析不难理解，在图 2.4.12(a) 所示电路中，A、B 中只要有一个为 **0**，即为低电平，T_1 基极电流都将流向发射极，因此 T_2、T_4 必然截止，T_3、D 将导通，输出 Y 为 **1**，即高电平；只有 A、B

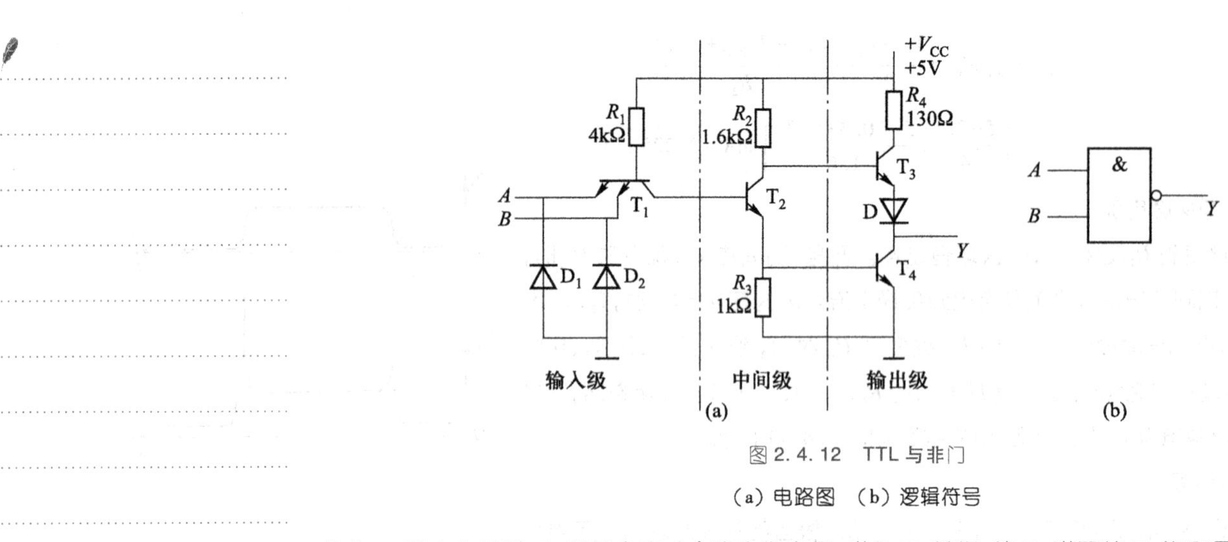

图 2.4.12　TTL 与非门

(a) 电路图　(b) 逻辑符号

均为 **1**，即高电平时，T_1 基极电流才会流向集电极，进入 T_2 基极，使 T_2 进而使 T_4 饱和导通，T_3、D 截止，输出 Y 为 **0**，即低电平。整理结果可得表 2.4.1 所示的真值表。显然

$$Y=\overline{A\cdot B}$$

TTL **与非**门的电气特性和反相器并无区别，这里不再赘述。

表 2.4.1　**TTL** 与非门的真值表

A	B	Y
0	**0**	**1**
0	**1**	**1**
1	**0**	**1**
1	**1**	**0**

二、TTL 或非门

1. 电路组成

图 2.4.13 给出的是 TTL **或非**门的电路图，R_1、T_1、R_1'、T_1' 构成输入级；并联着的 T_2、T_2' 和 R_2、R_3 构成中间级；R_4、T_3、D、T_4 构成输出级。

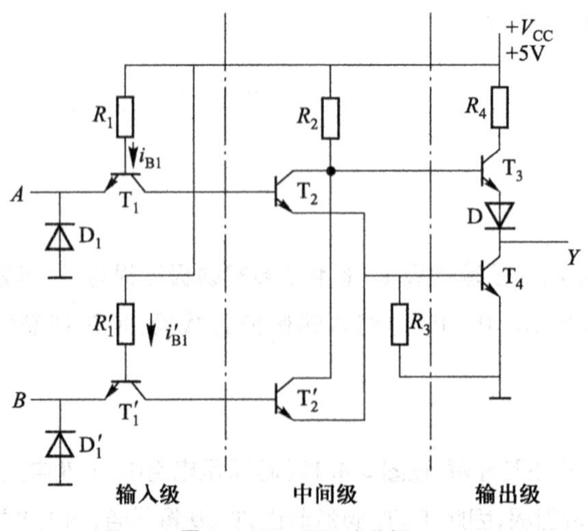

图 2.4.13　TTL 或非门

2. 工作原理

输入 A、B 中只要有一个为 **1**，即高电平，例如 $A=\mathbf{1}$，那么 i_{B1} 就会经过 T_1 集电结流入 T_2 基极，使 T_2、T_4 饱和导通，输出为低电平，即 $Y=\mathbf{0}$。

只有当 $A=B=\mathbf{0}$ 时，i_{B1}、i'_{B1} 均分别流入 T_1、T'_1 发射极，T_2、T'_2 均截止，T_4 也截止，T_3、D 导通，输出才会为高电平，即 $Y=\mathbf{1}$。

归纳上述分析结果，可列出如表 2.4.2 所示的真值表。

表 2.4.2 或非门的真值表

A	B	Y
0	**0**	**1**
0	**1**	**0**
1	**0**	**0**
1	**1**	**0**

由表 2.4.2 可得

$$Y=\overline{A+B}$$

三、TTL 与门、或门及与或非门

在 TTL **与非**门的中间级再加一个反相电路，便可得到**与**门；在 TTL **或非**门的中间级，再加一个反相电路，所得到的就是**或**门；至于 TTL **与或非**门，则只要将图 2.4.13 所示电路中的 T_1、T'_1 换成多发射极三极管即可。

四、TTL 异或门

图 2.4.14 给出的是 TTL **异或**门的等效逻辑图及符号。由逻辑图可以很容易地得到

$$Y=\overline{A\cdot B+\overline{(A+B)}}=\overline{A\cdot B}(A+B)$$

$$=(\overline{A}+\overline{B})(A+B)=\overline{A}B+A\overline{B}=A\oplus B$$

虽然上述几种门电路的逻辑功能各不相同，但是它们的输入级和输出级的电路结构和 TTL 反相器的输入级和输出级是相同的，因此有关反相器电气特性的介绍对于它们也是适用的。

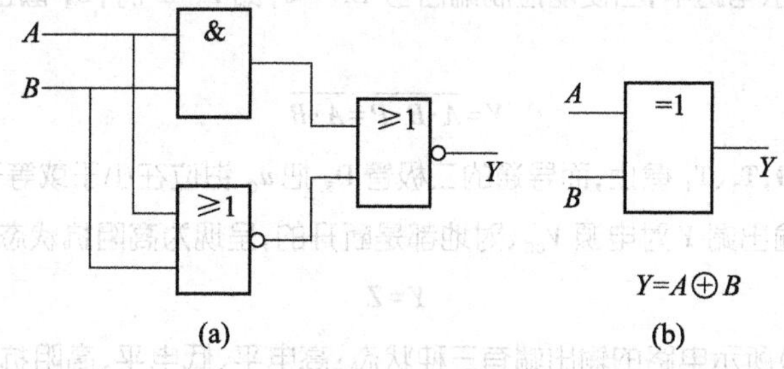

图 2.4.14 TTL 异或门

(a) 等效逻辑图 (b) 逻辑符号

拓展阅读 2-5
TTL 分级逻辑分析法

2.4.3 TTL 集电极开路门和三态门

这两种类型的电路与 CMOS 门电路中的漏极开路门和三态门是相对应的，逻辑符号也相同。

视频：
难点解析 2-9
TTL 集电极开路门

一、集电极开路门(OC 门)

电路输出级三极管 T_4 的集电极是开路的,故名集电极开路门(open collector gate),简称 OC 门。图 2.4.15(a)给出的是集电极开路**与非**门,图 2.4.15(b)是其逻辑符号。需要特别强调的是,OC 门必须外接负载电阻 R_c 和电源 V'_{CC} 才能正常工作,如图 2.4.15(a)中虚线部分所示。

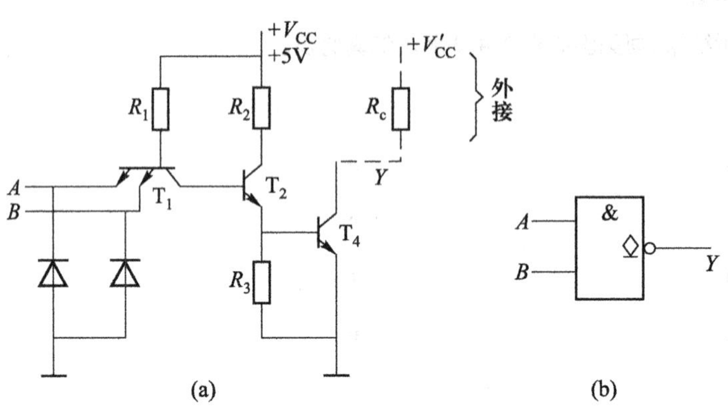

图 2.4.15 集电极开路与非门

(a) 电路图 (b) 逻辑符号

如果注意的话,只要把图 2.4.12(a)所示 TTL **与非**门输出级中的 R_4、T、D 去掉,便可得到图 2.4.15(a)所示电路。在外接 R_c 和 V'_{CC} 之后,其逻辑功能是 $Y=\overline{A \cdot B}$ 的原理十分简单,无需赘述。OC 门的主要特点与 OD 门相同。

具有 OC 结构的 TTL 门电路,除**与非**门外,还有反相器、**与**门、**或非**门、**异或**门等。而且在许多中规模及大规模集成的 TTL 电路中,输出级也采用 OC 结构。

二、输出三态门

1. 电路组成及其工作原理

(1) 电路组成

三态门简称 TSL(three-state logic)门,是在普通门的基础上,加上使能控制信号和控制电路构成的。图 2.4.16 所示是三态输出**与非**门。

(2) 工作原理

在图 2.4.16(a)所示电路中,当使能控制端信号 $\overline{EN}=\mathbf{0}$,即 $P=\mathbf{1}$ 时,D_3 截止,电路处于工作状态,即

$$Y=\overline{A \cdot B \cdot P}=\overline{A \cdot B}$$

当 $\overline{EN}=\mathbf{1}$ 时,即 $P=\mathbf{0}$,T_2、T_4 截止,而导通的二极管 D_3 把 u_Q 钳位在小于或等于 1 V 的电平上,使 T_3、D 也不可能导通,因此输出端 Y 对电源 V_{CC}、对地都是断开的,呈现为高阻抗状态,并记做

$$Y=\mathrm{Z}$$

可见,图 2.4.16(a)所示电路的输出端有三种状态:高电平、低电平、高阻抗。而处于工作状态时,实现的又是**与非**逻辑运算,所以称之为三态输出**与非**门。

图 2.4.16(b)是高电平使能的电路,即当使能控制端为高电平时电路处于工作状态,$Y=\overline{A \cdot B}$,为低电平时电路被禁止,$Y=\mathrm{Z}$。

关于逻辑符号中使能控制端的约定,与 CMOS 三态门逻辑符号中的约定相同,这里无需赘述。

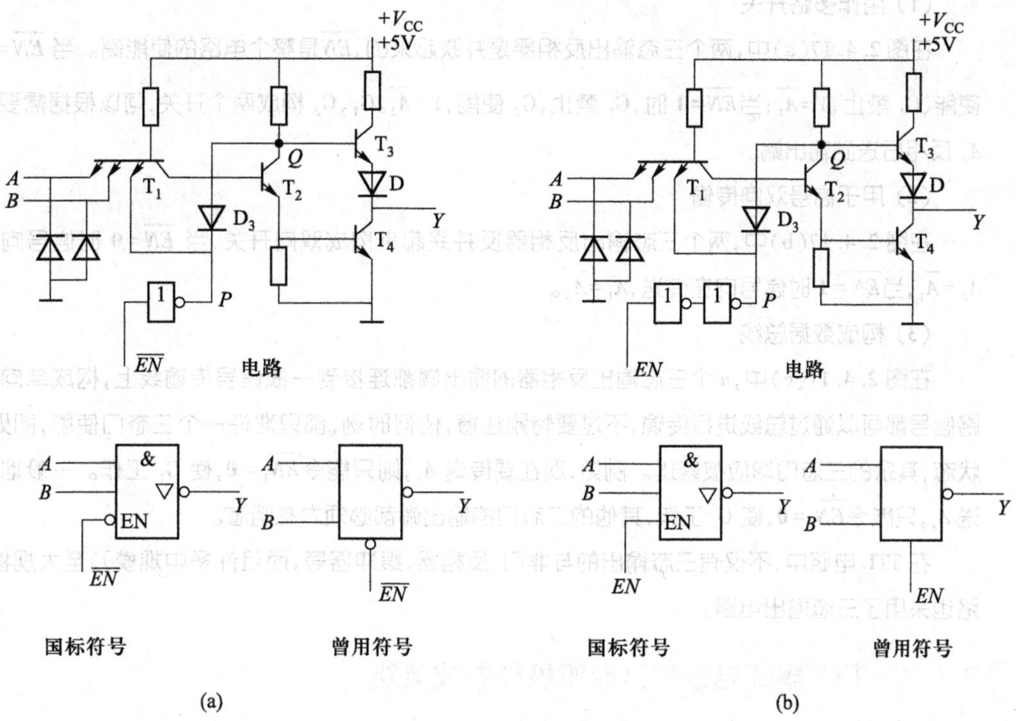

电路

国标符号　　曾用符号　　国标符号　　曾用符号

(a)　　(b)

图 2.4.16 三态输出与非门

（a）使能端低电平有效 （b）使能端高电平有效

2. 应用举例

图 2.4.17 所示是三态门应用的几个例子。这些例子对 CMOS 三态门也适用。

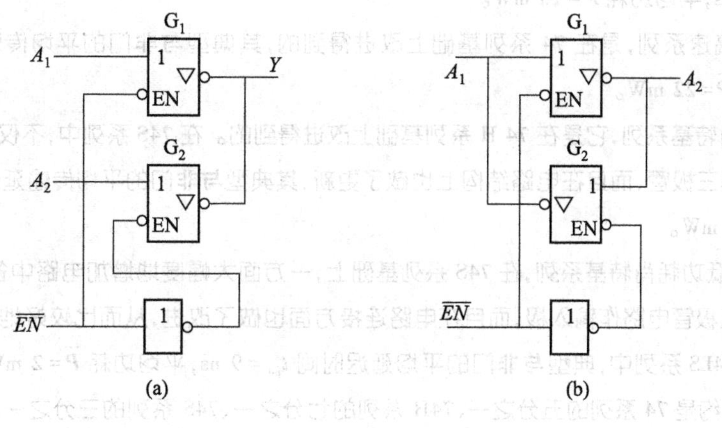

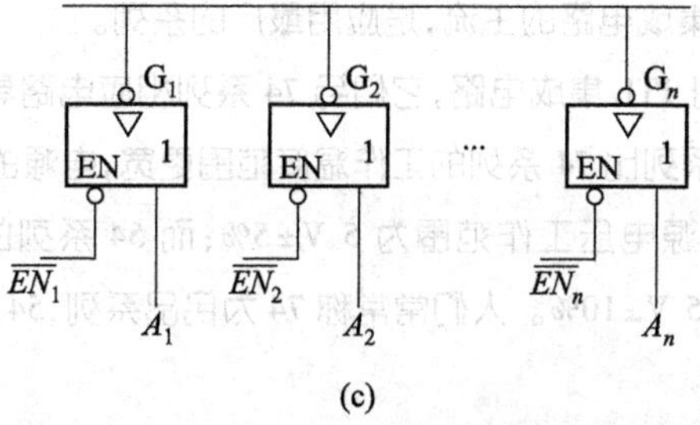

图 2.4.17 三态门应用举例

（a）多路开关 （b）双向传输 （c）单向总线

(1) 用作多路开关

在图 2.4.17(a)中,两个三态输出反相器是并联起来的,$\overline{EN}$是整个电路的使能端。当 $\overline{EN}=\mathbf{0}$ 时,G_1 使能、G_2 禁止,$Y=\overline{A_1}$;当$\overline{EN}=\mathbf{1}$ 时,G_1 禁止、G_2 使能,$Y=\overline{A_2}$。G_1、G_2 构成两个开关,可以根据需要将 A_1 或 A_2 反相后送到输出端。

(2) 用于信号双向传输

在图 2.4.17(b)中,两个三态输出反相器反并联起来构成双向开关,当 $\overline{EN}=\mathbf{0}$ 时信号向右传送,$A_2=\overline{A}_1$,当$\overline{EN}=\mathbf{1}$ 时信号向左传送,$A_1=\overline{A}_2$。

(3) 构成数据总线

拓展阅读 2-6
"总线"解读

在图 2.4.17(c)中,n 个三态输出反相器的输出端都连接到一根信号传输线上,构成单向总线。n 路信号都可以通过总线进行传输,不过要特别注意,任何时刻,都只准许一个三态门使能,即处于工作状态,其余的三态门均应被禁止。例如,现在要传送 A_1,则只能令$\overline{EN}_1=\mathbf{0}$,使 G_1 工作。一般地说,要传送 A_i,只能令$\overline{EN}_i=\mathbf{0}$,使 G_i 工作,其他的三态门的输出端都必须为高阻态。

在 TTL 电路中,不仅有三态输出的**与非**门、反相器、缓冲器等,而且许多中规模乃至大规模集成电路也采用了三态输出电路。

2.4.4　TTL 集成电路和其他双极型集成电路

一、TTL 集成电路

拓展阅读 2-7
TTL74 系列常用门电路芯片简图示例

TTL 门电路是基本逻辑单元,它是构成各种 TTL 电路的基础。实际生产的 TTL 集成电路品种齐全,种类繁多,应用十分普遍。国家相继生产的产品有 74、74H、74S、74LS 四个系列。

① 74 为标准系列,前面介绍的 TTL 门电路都属于这个系列,其典型电路——**与非**门的平均传输延迟时间 $t_{pd}=10$ ns,平均功耗 $\overline{P}=10$ mW。

② 74H 为高速系列,是在 74 系列基础上改进得到的,其典型**与非**门的平均传输延迟时间 $t_{pd}=$ 6 ns,平均功耗 $\overline{P}=22$ mW。

③ 74S 为肖特基系列,它是在 74 H 系列基础上改进得到的。在 74S 系列中,不仅采用了具有抗饱和能力的肖特基三极管,而且在电路结构上也做了更新,其典型**与非**门的平均传输延迟时间 $t_{pd}=3$ ns,平均功耗 $\overline{P}=19$ mW。

④ 74LS 为低功耗肖特基系列,在 74S 系列基础上,一方面大幅度地增加电路中各个电阻的阻值,同时用肖特基二极管电路作输入极,而且在电路连接方面也做了改进,从而比较好地解决了速度和功耗的矛盾。在 74LS 系列中,典型**与非**门的平均延迟时间 $t_{pd}=9$ ns,平均功耗 $\overline{P}=2$ mW,其延迟功耗积($t_{pd}\times\overline{P}$)最小,大约是 74 系列的五分之一、74H 系列的七分之一、74S 系列的三分之一。74LS 系列产品具有最佳的综合性能,是 TTL 集成电路的主流,是应用最广的系列。

思考提升 2-4
TTL 集成门电路的多余输入端该如何处理?

⑤ 54、54H、54S、54LS 系列 TTL 集成电路,它们与 74 系列相应电路具有完全相同的电路结构和电气性能参数。所不同的是 54 系列比 74 系列的工作温度范围更宽,电源的工作范围更大。74 系列的工作环境温度规定为 0~70℃,电源电压工作范围为 5 V±5%;而 54 系列的工作环境温度规定为 -55~+125℃,电源电压工作范围为 5 V±10%。人们常常称 74 为民品系列,54 为军品系列。

二、其他双极型集成电路

1. ECL 集成电路

ECL 电路是发射极耦合逻辑电路的简称,是一种非饱和型的高速数字集成电路,其基本门电路的

平均传输延迟时间 $t_{pd}<1$ ns，在各种数字集成电路中，它的工作速度是最高的，多用于高速数字系统中。它的主要缺点是对制造工艺要求高、功耗大、抗干扰能力较差。

2. I^2L 集成电路

I^2L 电路是集成注入逻辑电路的简称，是一种高集成度的双极型逻辑电路，适合于制作大规模和超大规模数字集成电路。因为这种电路可以在微电流下工作，功耗低，制作工艺简单，集成度可达 500 门/mm^2。它的主要缺点是抗干扰能力差，工作速度低。

思考提升 2-5
TTL 门与 CMOS 门相互接口时该如何处理？

本章小结

1. 半导体二极管、三极管和 MOS 管是数字电路中的基本开关元件。半导体二极管是不可控的；半导体三极管是一种用电流控制且具有放大特性的开关元件；MOS 管是用电压进行控制的，也具有放大特性。

2. 分立元件门电路只介绍了**与**门、**或**门和反相器，通过它们可以具体地体会到**与**、**或**、**非**三种最基本逻辑运算是怎样与半导体电子电路联系起来的，即用电子电路是怎样实现**与**、**或**、**非**运算的。

3. 集成门电路是本章学习的重点。主要介绍了 CMOS 和 TTL 集成门电路，着重说明的是它们的外部特性——逻辑特性和电气特性。

（1）逻辑特性——逻辑功能

这一章讲到的集成门电路有**与**门、**或**门、**非**门、**与非**门、**或非**门、**与或非**门和**异或**门。此外也介绍了在电路结构和特性两方面都别具特色的三态门、OC 门、OD 门和传输门。这些门电路的逻辑功能显然是应该掌握的。

（2）电气特性

集成门电路是具体的电子器件，逻辑功能是通过电气特性来实现的，可以说，后者是前者的载体，所以电气特性是大家应该熟悉和掌握的内容。

① 静态特性：主要是输入特性和输出特性。

② 动态特性：主要是传输延迟时间的概念。

电气特性是通过反相器作具体说明的。CMOS 反相器中电气特性的介绍，不仅对 CMOS 门电路适用，对整个 CMOS 集成电路也适用。同样，TTL 反相器中电气特性的介绍，对 TTL 门电路乃至整个 TTL 集成电路都适用。这里讲的适用，不是指具体的数值，而是指基本概念和方法，而具体参数的数值是很容易从有关手册中查出来的。

4. CMOS 和 TTL 改进电路

为了改善 CMOS 和 TTL 门电路的性能，出现了各种改进的系列产品，对于它们，只要了解就可以了。

习题

[题 2.1]　二极管电路及输入电压 u_I 的波形如图 P2.1 所示，试对应画出各自输出电压 u_O 的波形。

[题 2.2]　二极管门电路如图 P2.2(a)所示。

（1）分析输出信号 Y_1、Y_2 与输入信号 A、B、C 之间的逻辑关系；

（2）根据图 P2.2(b)给出的 A、B、C 的波形，对应画出 Y_1、Y_2 的波形（输入信号频率较低，电压幅度满足逻辑要求）。

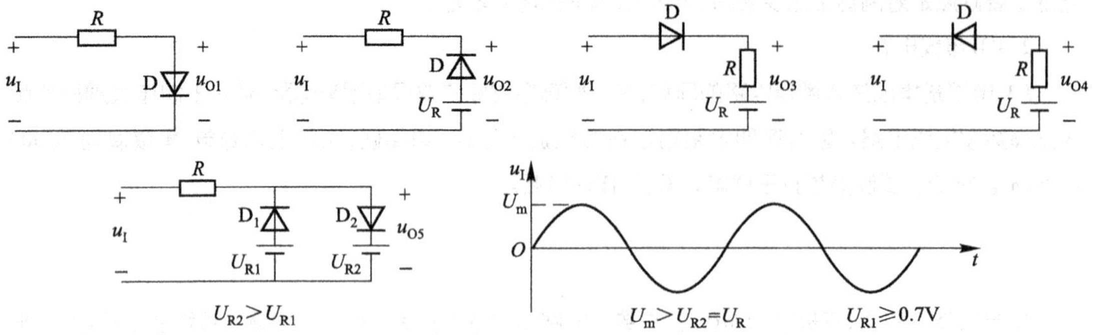

$U_{R2} > U_{R1}$　　$U_m > U_{R2} = U_R$　　$U_{R1} \geqslant 0.7V$

图 P2.1

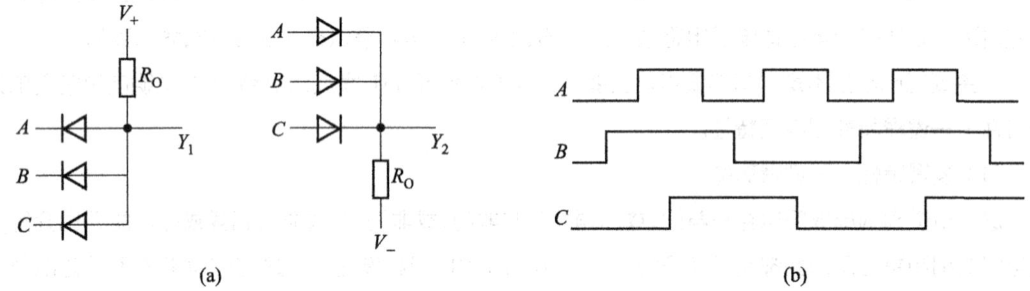

(a)　(b)

图 P2.2

[题 2.3]　在图 P2.3 所示各电路中，MOS 管的导通电阻 $R_{ON} = 500\ \Omega$，分析估算各自的输出电压 u_O，并比较它们的输出电压幅度。

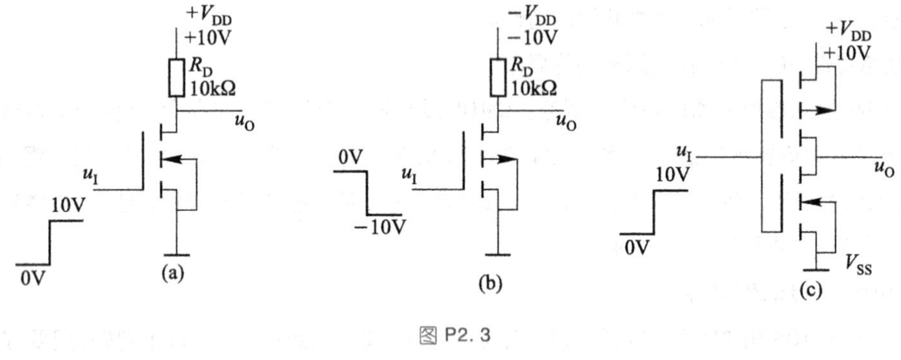

图 P2.3

[题 2.4]　说明图 P2.4 所示各个 CMOS 门电路输出端的逻辑状态，写出相应输出信号的逻辑表达式。

[题 2.5]　分析图 P2.5 所示 CMOS 电路，哪些能正常工作，哪些不能。写出能正常工作电路输出信号的逻辑表达式。

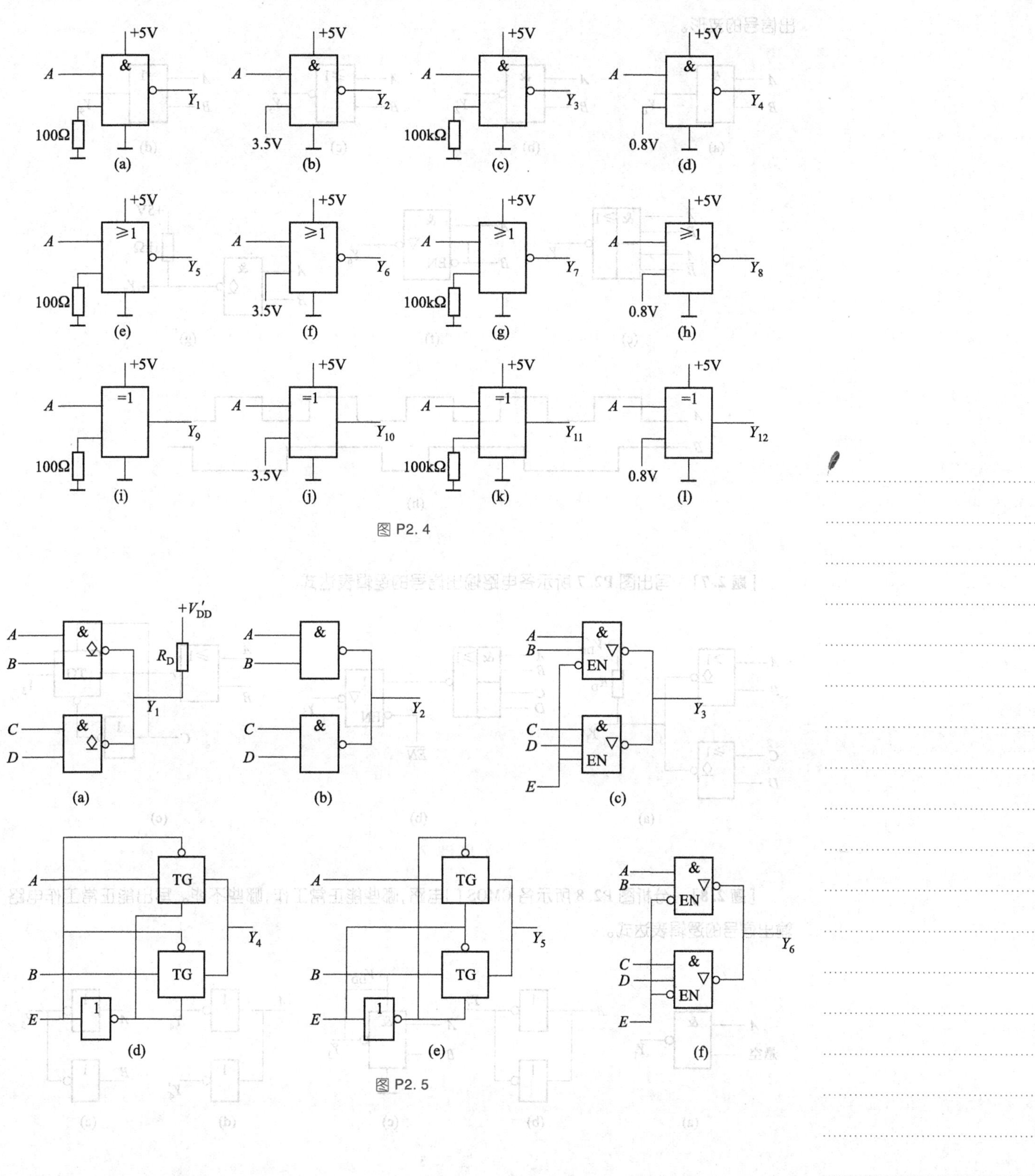

+5V
&
A
Y_1
100Ω
(a)
Y_2
3.5V
(b)
Y_3
100kΩ
(c)
Y_4
0.8V
(d)
≥1
Y_5
(e)
Y_6
(f)
Y_7
(g)
Y_8
(h)
=1
Y_9
(i)
Y_{10}
(j)
Y_{11}
(k)
Y_{12}
(l)

$+V'_{DD}$
R_D
A
B
C
D
E
Y_1
Y_2
Y_3
EN
(a)
(b)
(c)
TG
1
Y_4
Y_5
Y_6
(d)
(e)
(f)

图 P2.4

图 P2.5

［题 2.6］ 根据图 P2.6(h)所示输入信号 A、B 的波形，对应画出图 P2.6(a)～(g)中所示各电路输出信号的波形。

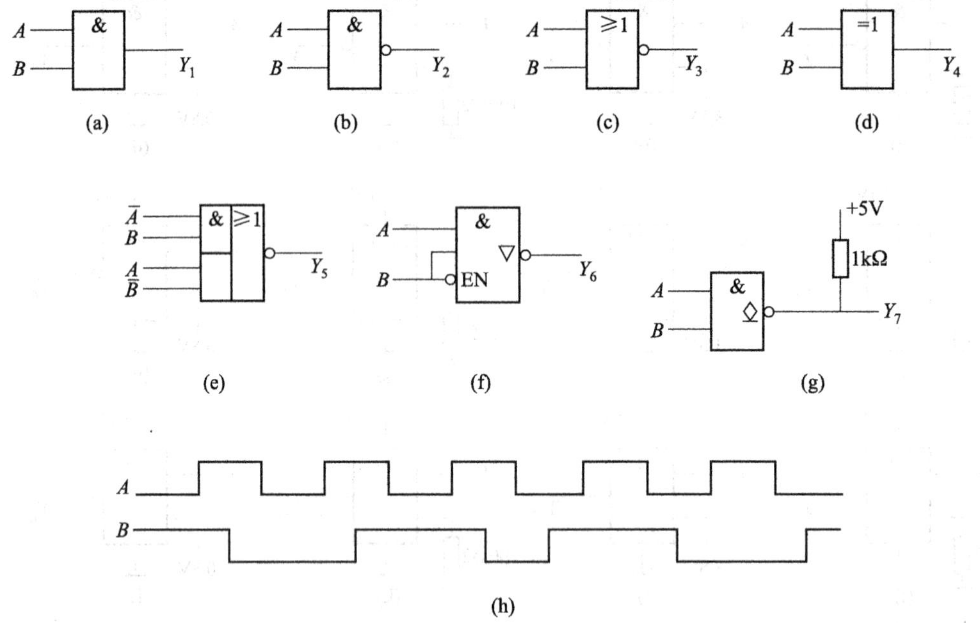

图 P2.6

［题 2.7］ 写出图 P2.7 所示各电路输出信号的逻辑表达式。

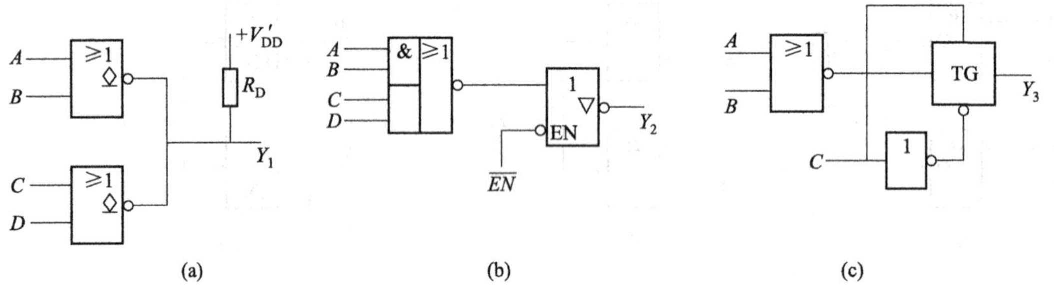

图 P2.7

［题 2.8］ 分析图 P2.8 所示各 CMOS 门电路，哪些能正常工作，哪些不能。写出能正常工作电路输出信号的逻辑表达式。

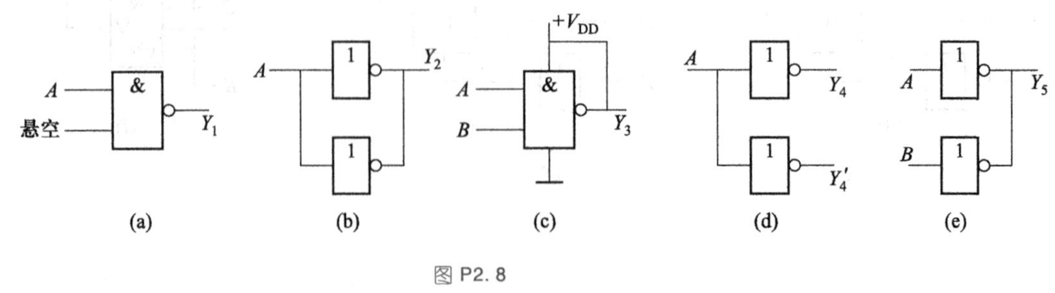

图 P2.8

［题 2.9］ 图 P2.9 所示是某 TTL 与非门的输入端等效电路，试估算 u_I = 0.3 V 和 3.6 V 时 T_1 的基极电流 i_{B1}，输入电流 I_{IL} 和 I_{IH}。

[题 2.10] 某 TTL 电路输出端的典型电路如图 P2.10 所示，试估算当 T_4 截止、$u_O = 2.8$ V时的输出电流 i_O。

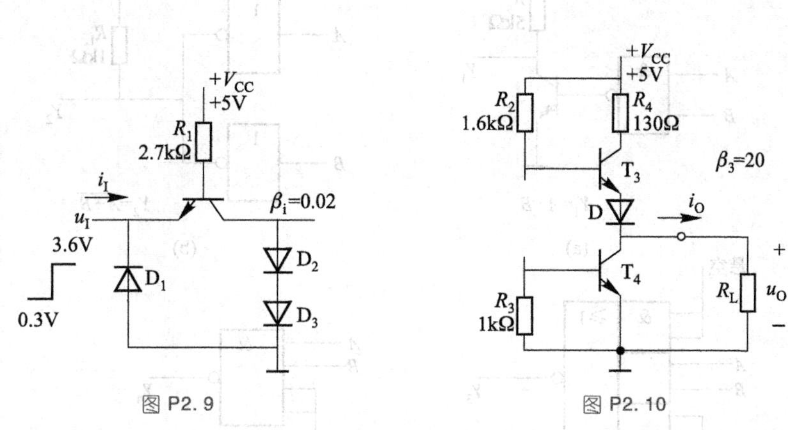

图 P2.9　　图 P2.10

[题 2.11] 如图 P2.11 中所示 TTL 门电路，其 $I_{IH} = 40$ μA、$I_{IL} = -1$ mA、$I_{OL} = 10$ mA、$I_{OH} = -400$ μA、$U_{OL} = 0.2$ V、$U_{OH} = 3.6$ V。

(1) 估算图 P2.11(a)中门 G_1 带拉电流和灌电流的具体数值；

(2) 图 P2.11(b)中，D 为发光二极管，其导通时电压降 $U_D = 1.8$ V，要正常工作，i_D 取值范围应大于 6 mA、小于 12 mA，估算限流电阻 R 的取值范围。

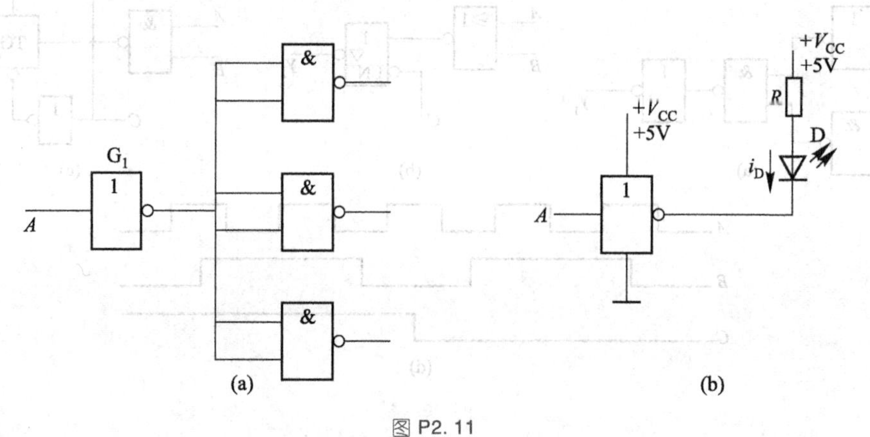

图 P2.11

[题 2.12] TTL 门电路和 CMOS 门电路的输入特性有何区别？为什么 CMOS 电路的输入端不允许悬空，而 TTL 电路的输入端不准串接大电阻？

[题 2.13] 在图 P2.13 所示各电路中，要实现相应表达式规定的逻辑功能，电路连接上各有什么错误？请改正之。

(1) 电路中所示均为 TTL 门电路；

(2) 电路中所示均为 CMOS 门电路。

[题 2.14] 画出图 P2.14(a)~(c)所示各电路输出信号的波形图，输入信号 A、B、C 的波形如图 P2.14(d)所示。

[题 2.15] 分析图 P2.15 所示电路的逻辑功能，并将结果填入表 P2.15 中。

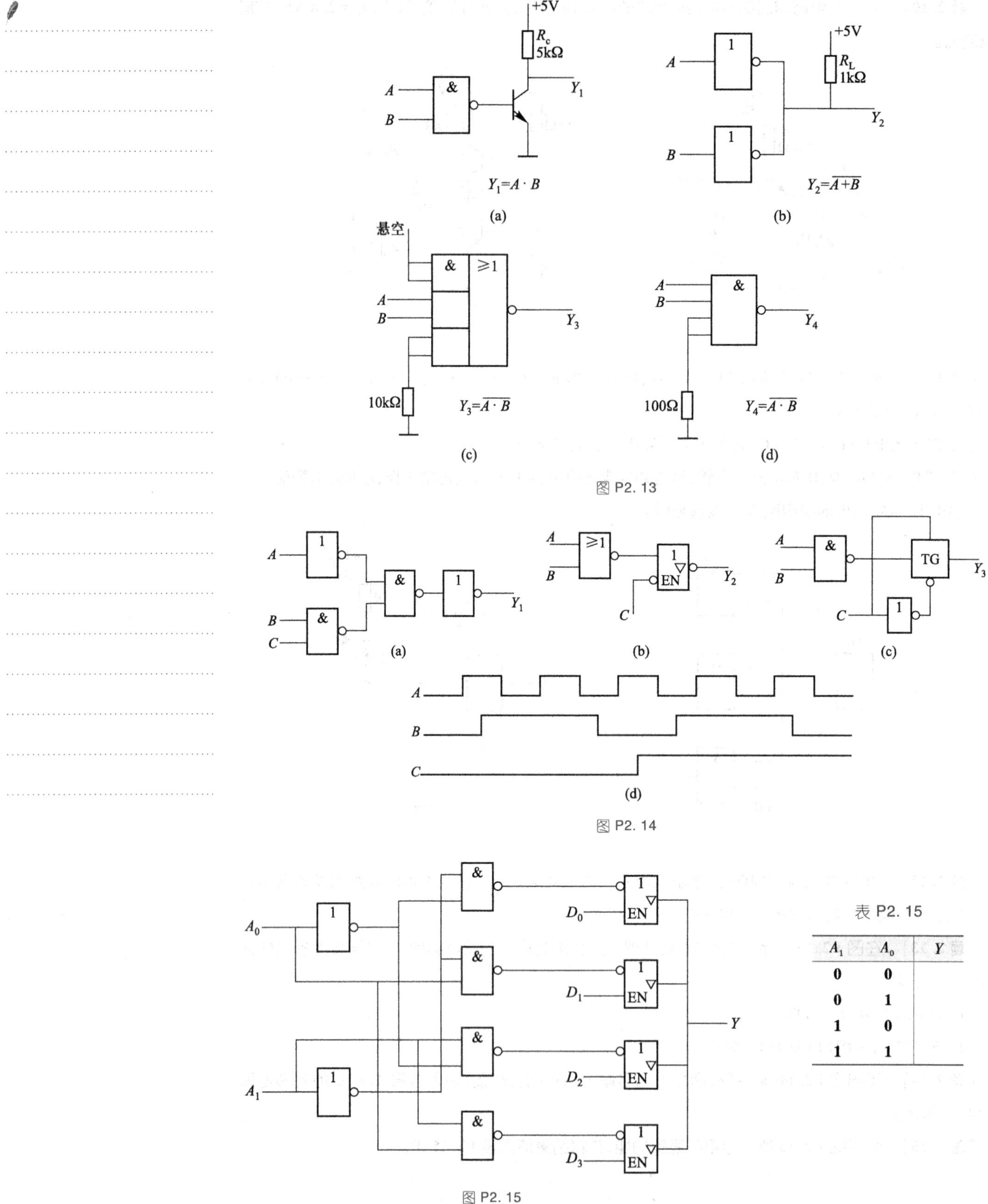

图 P2.13

图 P2.14

图 P2.15

表 P2.15

A_1	A_0	Y
0	0	
0	1	
1	0	
1	1	

［**题 2.16**］ 分析图 P2.16 所示电路的逻辑功能，并将结果填入表 P2.16 中。

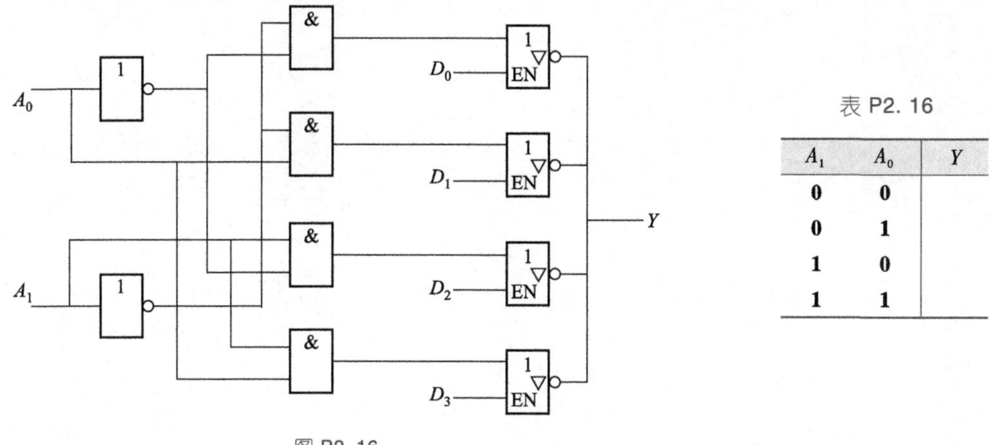

图 P2.16

表 P2.16

A_1	A_0	Y
0	0	
0	1	
1	0	
1	1	

［**题 2.17**］ 计算图 P2.17 所示电路中接口电路输出端 v_c 的高、低电平，并说明接口电路参数的选择是否合理。已知三极管 T 的电流放大系数 $\beta = 40$，饱和导通压降 $V_{CE(sat)} = 0.1$ V，饱和导通内阻 $R_{CE(sat)} = 20\ \Omega$；CMOS **或非**门的电源电压 $V_{DD} = 5$ V，空载输出的高、低电平分别为 $V_{OH} = 4.95$ V，$V_{OL} = 0.05$ V，门电路的输出电阻小于 200 Ω，高电平输出电流的最大值和低电平输出电流的最大值均为 4 mA；TTL **或非**门的高电平输入电流 $I_{IH} = 40\ \mu A$，低电平输入电流 $I_{IL} = -1.6$ mA。

［**题 2.18**］ 图 P2.18 是用 TTL 电路驱动 CMOS 电路的实例，试计算上拉电阻 R 的取值范围。已知 TTL **与非**门在 $V_{OL} \leqslant 0.3$ V 时的最大输出电流为 8 mA，其输出端 T_5 管截止时有 50 μA 的漏电流；CMOS **或非**门的高电平输出电流的最大值和低电平输出电流的最大值均为 1 μA，给定电源电压 $V_{DD} = 5$ V。要求加到 CMOS **或非**门输入端的电压满足 $V_{IH} \geqslant 4$ V，$V_{IL} \leqslant 0.3$ V。

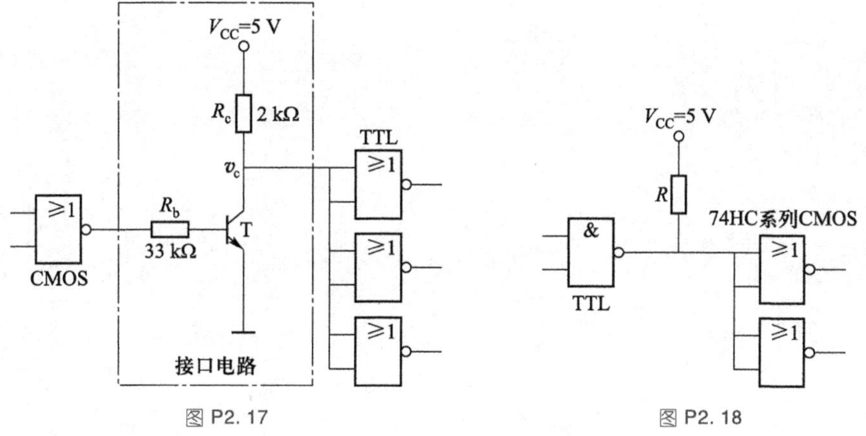

图 P2.17　　　　图 P2.18

［**题 2.19**］ 试说明下列各种门电路中哪些可以将输出端并联使用（输入端的状态不一定相同）：

（1）具有推拉式输出级的 TTL 电路；

（2）TTL 电路的 OC 门；

（3）TTL 电路的三态输出门；

（4）互补输出结构的 CMOS 门；

（5）CMOS 电路的 OD 门；

（6）CMOS 电路的三态输出门。

第 3 章 HDL语言简介（*）

内容提要

VHDL 和 Verilog HDL 是目前两种最常用的硬件描述语言，是 EDA 设计的入口和软件设计基础。本章首先简要介绍了硬件描述语言的基本概念、发展及应用概况，然后分别介绍了有关 VHDL 和 Verilog HDL 的基本知识，并对二者的性能进行了简单对比，最后给出了几个用 HDL 描述逻辑门电路的示例。

概述

随着半导体技术的发展，数字电路已经由中小规模的集成电路向可编程逻辑器件（programmable logic device，PLD）及专用集成电路（application specific integrated circuit，ASIC）转变。电子技术的设计方法，特别是数字电路的设计方法发生了巨大的变化，由传统的“自下而上”（由底层电路设计到电子系统的搭建）的设计方法，转变为以 EDA 工具作为设计平台的“自上而下”（由电子系统到底层硬件电路）的设计方式。电子系统设计师在实验室里就可以利用可编程器件和 EDA 软件设计出满足客户要求的 ASIC 芯片，并投入到实际应用之中，极大地缩短了电子产品的开发周期。

硬件描述语言（hardware description language，HDL）是一种用于设计硬件电子系统的计算机语言，用软件编程的方式在 EDA 工具中建立电路模型。通过对电路结构、连接方式或功能行为的 HDL 描述，并借助 EDA 工具，就可以在系统、算法、协议等不同的抽象层次完成对电路的建模、仿真、性能分析，一直到 IC 版图或 PCB 版图生成的全部设计工作。与传统的门级电路设计方式相比，HDL 语言可读性强，易于发现错误和修改，更适合大规模数字系统的设计。

硬件描述语言发展至今已有近 30 年历史，并成功地应用于电子电路设计各个阶段：建模、仿真、验证和综合等。作为设计人员和 EDA 工具之间的界面，满足面向设计的多领域、多层次要求，并得到普遍认同的硬件描述语言主要有 VHDL（very high speed integrated circuit hardware description language）和 Verilog HDL 两种语言，二者先后被确定为 IEEE 标准。

除了这两种最流行的硬件描述语言外，随着系统级 FPGA 以及系统芯片的出现，软硬件协调设计和系统设计变得越来越重要。传统意义上的硬件设计越来越倾向于与系统设计和软件设计结合。为适应新的情况，硬件描述语言也在迅速发展，不断出现新的硬件描述语言，如 Superlog、System C、Cynlib C++等。

下面首先简要介绍 VHDL 的基础知识。

3.1　VHDL 语言基础

VHDL 是使用最普遍的一种硬件描述语言，作为 EDA 的设计入口语言，其基础包括主要构件、数据对象和数据类型、操作符和表达式、基本语句等。

3.1.1　VHDL 的主要构件

作为一种设计语言，首先从它的主要语法结构开始介绍。一个完整的 VHDL 设计称为一个基本设计单元，它包含实体(Entity)、结构体(Architecture)、程序包(Package)、库(Library)和配置(Configuration)五部分。其中，实体用于描述设计单元的外部接口信号；结构体用于描述设计单元内部的结构和行为；程序包用来存放各个设计模块共享的数据类型、常数和子程序等；库是专门存放程序包的地方；配置语句是在一个实体对应有多个结构体时，按照设计者的要求选择其中一个结构体与实体进行配置，以支持正确的编译。

1. 实体

实体用于实现设计单元的端口说明，实体中的每一个 I/O 信号均被称为端口，它是设计单元和外部环境动态通信的通道，其功能对应于电路图符号的一个引脚。端口说明则是对一个实体的一组端口的定义，即对设计单元与外部接口的描述。其语法结构如下：

```
ENTITY  实体名  IS
    PORT(端口名{,端口名}:端口模式  数据类型;
          端口名{,端口名}:端口模式  数据类型);
END  实体名;
```

端口名是赋予每个引脚的名称，一般用几个英文字母组成；端口模式用来定义引脚上的数据传送方向，常用的端口模式见表 3.1.1。

表 3.1.1　常用的端口模式

方　向	说　明
IN	输入到实体
OUT	从实体输出
INOUT	双向数据传送
BUFFER	从实体输出(但可以反馈到实体内部)

数据类型是端口传送数据的表达格式或取值类型。具体的数据类型将在后面进行介绍。实体描述实例如下。

[例 3.1.1]　2 输入与门的实体说明

```
ENTITY and2 IS
    PORT(a,b:IN  STD_LOGIC;
          y:OUT STD_LOGIC);
END and2;
```

例 3.1.1 是一个名为 and2 的 2 输入与门的实体说明程序片段,其中 a 和 b 被定义为输入端口,y 被定义为输出端口,它们的数据类型都是 STD_LOGIC。图 3.1.1 所示是该实体说明所实现的设计单元端口结果。

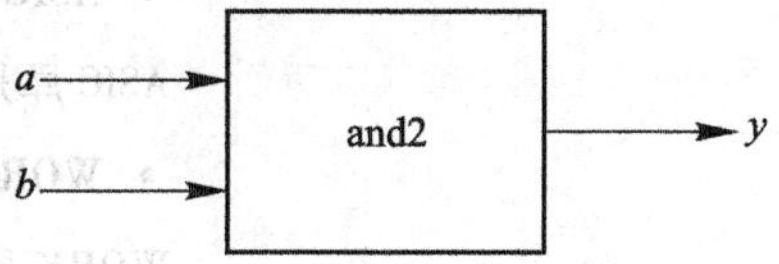

图 3.1.1 2 输入 与门的端口示意图

2. 结构体

结构体是设计单元的重要组成部分,用于描述设计单元内部的结构和行为,并建立输入和输出之间的关系。每一个实体都有一个或一个以上的结构体。

结构体的语法结构如下:

```
ARCHITECTURE 结构体名 OF 实体名 IS
[结构体说明语句]
BEGIN
[功能描述语句]
END 结构体名;
```

其中,“结构体说明语句”用来描述结构体内部“功能描述语句”中要用到的内部信号、常数、数据类型、函数,如果没有这些内部对象需要说明,则可以省略。“功能描述语句”以并行语句形式完成对设计单元的功能描述,它是整个 VHDL 描述中工作量最大的一部分。

结构体描述实例如下。

[例 3.1.2] 2 输入与门的结构体描述

```
ARCHITECTURE one OF and2 IS
 BEGIN
   Y<=a and b;
END ARCHITECTURE one;
```

例 3.1.2 中省去了结构体说明语句,用一句并行信号赋值实现了 2 输入与门逻辑功能的描述,由此也可以看出 VHDL 很高的编程设计效率。

结构体的功能描述语句以并行语句的形式完成对设计单元的功能描述。所谓并行语句,实际上是一种执行顺序与它们的书写顺序无关的语句形式,也就是在实际电路中可以同时实现并行语句所要求的功能。VDHL 主要有五种类型的并行描述语句:块描述语句(BLOCK)、进程语句(PROCESS)、信号赋值语句、子程序调用语句、元件例化语句。

3. 库、程序包和配置

(1) 库

库是用来存储和放置可编译设计单元的地方。而设计单元是一些元件、程序包等,它们可以用作其他 VHDL 描述的资源,是设计者可以共享的已经编译好的设计结果的集合。也就是说,设计者可以在当前的 VHDL 设计中使用库中的资源。

VHDL 的库大致可分为五种:IEEE 库、STD 库、ASIC 矢量库、WORK 库和用户自定义库。

- IEEE 库

IEEE 库是常用的资源库。库中包含经过 IEEE 正式认可的 STD_LOGIC_1164 程序包集合和某些公司提供的一些程序包集合,例如 STD_LOGIC_ARITH(算术运算包集合)等。

- STD 库

STD 库是 VHDL 的标准库,在库中有名为 STANDARD 的程序包集合,集合中定义了多种常用的数据类型。

- ASIC 库

ASIC 库是各公司可提供面向 ASIC 的逻辑门库。库中存放着和逻辑门一一对应的实体。

- WORK 库

WORK 库是当前作业库,它存放的是设计者当前设计项目生成的全部文件目录。

- 用户自定义库

用户自定义库是由用户自己创建并定义的库。设计者可以把自己经常使用的非标准(一般是自己开发的)程序包集合和实体等,汇集在一起定义成一个库,作为对 VHDL 标准库的补充。

上述五类库中,除了 STD 库和 WORK 库之外,其他的均为资源库。STD 库和 WORK 库对所有设计都是隐含可见的,因此使用它们时无需说明。但使用资源库时则要预先在 VHDL 库、程序包说明区对其进行说明。

库的说明语句格式为:LIBRARY　库名;

IEEE 库的说明举例:

LIBRARY IEEE;

(2) 程序包

程序包存放在库中,其中的数据类型、元件语句、函数定义和其他说明,对引用它的设计单元都是可见的。

使用某个程序包时,可以用 USE 语句对该程序包进行说明,其语法格式为:

USE　库名.程序包名.项目名;

例如:USE IEEE.STD_LOGIC_1164. ALL

该例对 IEEE 库的 1164 程序包中所有项目都进行了说明。

(3) 配置

按照 VHDL 的语法规定,一个实体可以有多个结构体描述,用以实现设计者不同的设计思想和设计风格。但在具体进行仿真和综合时,只能是一个实体对应一个确定的结构体,配置语句就是用来选择这个确定结构体的。而且,在仿真时,可以利用配置语句选择不同的结构体,进行性能对比实验,以得到性能最佳的结构体。

配置语句格式:

```
CONFIGURATION　配置名　OF　实体名 IS
  FOR 被选结构体名
  END FOR;
  END 配置名;
```

配置语句应用实例如下。

[例 3.1.3]　配置语句举例

```
ENTITY equ2  IS
  PORT(a,b   :IN std_logic_vector(1 down to 0);
        equ   :OUT   std_logic);
END equ2;
--结构体一:用布尔方程来实现:
```

```
ARCHITECTURE equation of equ2 IS
  BEGIN
      equ<=(a(0)XOR b(0))NOR(a(1)XOR b(1));
END equation;
--结构体二:用行为描述来实现,采用并行语句:
ARCHITECTURE con_behave of equ2 IS
BEGIN
    equ<='1' when a=b else '0';
END con_behave;
--结构体三:用行为描述来实现,采用顺序语句:
ARCHITECTURE seq_behave of equ2 IS
BEGIN
    process(a,b)
      begin
        if a=b then equ<='1';
          else equ<='0';
        end if;
      end process;
END seq_behave;
```

这是一个比较两个2位二进制数是否相等的比较器的例子。在例中,实体 equ 拥有三个结构体:equation、con_behave、seq_behave,实体究竟对应于哪个结构体呢?配置语句(CONFIGURATION)可以很灵活地解决这个问题:

如选用结构体 seq_behave,则用

```
CONFIGURATION aequb OF equ2 IS
    FOR seq_behave
    END FOR;
END CONFIGURATION;
```

如选用结构体 con_behave,则用

```
CONFIGURATION aequb OF equ2 IS
    FOR con_behave
    END FOR;
END CONFIGURATION;
```

3.1.2 VHDL 的数据对象和数据类型

1. VHDL 的数据对象

与其他高级语言一样,VHDL 中把用来承载数据的容器称为数据对象,VHDL 的数据对象主要有信号、常量和变量三类。

(1) 常量

在 VHDL 中,常量是一种不变的量,它只能在对它定义时进行赋值,并在整个程序中保持该值不变。常量的功能一方面可以在电路中代表电源、地线等,另一方面可提高程序的可读性,也便于修改程序。常量定义的格式为:

CONSTANT 常量名:数据类型:=表达式

[例 3.1.4] 常量定义举例

CONSTANT V:INTEGER:=8;

(2) 变量

变量是临时数据的容器,它没有物理意义,并且只能在进程和子程序中定义,也只能在进程和子程序中使用。变量一旦赋值立即生效。变量定义的描述格式为:

VARIABLE 变量名:数据类型[:=表达式]

[例 3.1.5] 变量定义举例

VARIABLE y:INTEGER;

(3) 信号

信号是 VHDL 的一种重要数据对象,它定义了电路中的连线和元件的端口。其中端口和内部信号定义的差别,是在端口定义中多了一个端口模式的定义。信号是一个全局量,可以用来进行各模块之间的通信。信号定义的格式为:

SIGNAL 信号名:数据类型;

[例 3.1.6] 信号定义举例

SIGNAL A:STD_LOGIC;

2. VHDL 的数据类型

VHDL 是一种强类型语言,每一个数据对象都必须具有确定的数据类型定义,并且只有在相同数据类型的数据对象之间,才能进行数据交换。VHDL 预定义了大量的数据类型,下面介绍几种最常用的数据类型。

(1) 整数数据类型(INTEGER)

整数类型的数有正整数、负整数和零,在 VHDL 中其取值范围是:-2147483648~2147483647。

(2) 实数数据类型(REAL)

VHDL 的实数与数学中的实数或浮点数相似,只是范围被限定为:-1.0E38~1.0E38,并且在书写时一定要有小数。

(3) 位数据类型(BIT)

在数字系统中,信号经常用位数据类型表示,位数据类型属于枚举类型,其值是用带单引号的'1'和'0'表示。

(4) 位矢量数据类型(BIT_VECTOR)

位矢量是用双引号括起来的一组位数据,例如"010101",通常用来表示数据总线。

(5) 布尔量数据类型(BOOLEAN)

布尔量数据类型也属于枚举类型,其值只有"TRUE"和"FALSE"两种状态,通常用来表示关系运算和关系运算结果。

(6) 字符数据类型(CHARACTER)

VHDL 的字符数据类型表示 ASCII 码的 128 个字符,书写时要求用单引号括起来,并且要区分大小写。例如:'A','a'等。

(7) 字符串数据类型(STRING)

字符串是双引号括起来的一串字符。例如:"laksdklakld"。

(8) STD_LOGIC 数据类型

与位数据类型相似,STD_LOGIC 数据类型也属于枚举类型,但它的取值有下面九种:

'U' 初始值

'X' 不定

'0' **0**

'1' **1**

'Z' 高阻

'W' 弱信号不定

'L' 弱信号 **0**

'H' 弱信号 **1**

'-' 不可能情况。

(9) STD_LOGIC_VECTOR 数据类型

STD_LOGIC_VECTOR 数据类型表示的是用双引号括起来的一组 STD_LOGIC 数据"10101101",通常用来表示数据总线。

由于 STD_LOGIC 的九种取值更能反映电路的实际情况,所以在 VHDL 描述中一般用 STD_LOGIC 和 STD_LOGIC_VECTOR 取代 BIT 和 BIT_VECTOR 等数据类型。

因为 STD_LOGIC 数据类型是在 IEEE 库的 STD_LOGIC_1164 程序包中说明的,所以在设计中要使用这种数据类型时,必须在 VHDL 的库、程序包说明语区加入下列库、程序包说明语句:

[例 3.1.7] 库、程序包说明举例

```
LIBRARY IEEE;
USE IEEE.std_logic_1164.ALL;
```

3.1.3 VHDL 语言的操作符和表达式

VHDL 中大量的设计思想是用表达式配合实现的。与其他高级软件编程语言相似,VHDL 的表达式由操作数和操作符组成。操作数由前面介绍的具有确定数据类型的数据对象担任。操作符用来连接操作数,以完成所要求的数据的处理和转换。VHDL 具有丰富的预定义操作符,用这些操作符可以完成各种形式表达式的功能。预定义操作符可分为四种类型:算术操作符、关系操作符、逻辑操作符和并置操作符。下面分别介绍这四种类型的操作符和对应的简单的表达式。关于表达式的综合表示形式将在后面的具体实例中进行介绍。

1. 逻辑操作符和逻辑表达式

逻辑操作符在逻辑表达式中用来完成逻辑类型数据对象的逻辑操作。VHDL 的逻辑操作符如表 3.1.2 所示。

表 3.1.2　VHDL 的逻辑操作符

操 作 符	说　明
and	逻辑与
or	逻辑或
nand	与非
nor	或非
xor	异或
xnor	同或
not	逻辑非

[例 3.1.8]　简单逻辑表达式举例

A and B

not Z

注意:逻辑操作符左右的数据类型必须相同。

2. 算术操作符和算术表达式

VHDL 提供的完成算术运算的操作符如表 3.1.3 所示。

表 3.1.3　VHDL 的算术操作符

操 作 符	说　明
+	加
-	减
*	乘
/	除
* *	乘方
mod	求模
rem	求余
abs	绝对值

[例 3.1.9]　简单算术表达式举例

A+B-C

3. 关系操作符和关系表达式

关系操作符在关系表达式中用于进行相同数据类型数据对象间的比较,关系表达式的结果是布尔类型,VHDL 提供的关系操作符如表 3.1.4 所示。

表 3.1.4 VHDL 的关系操作符

操 作 符	说 明
=	等于
/=	不等于
<	小于
<=	小于等于
>	大于
>=	大于等于

[例 3.1.10] 简单关系表达式举例

Y>=G

注意:小于等于符号和信号赋值符号的形式完全相同,只能从程序上下文中进行区别。

4. 并置操作符和并置表达式

VHDL 提供的并置操作符是"&",它主要用来将普通操作数或数据组合起来,以形成新的操作数。例如"HE"&"LLO"的结果为"HELLO";'0'&'1'&"010110"的结果为"01010110"。

3.1.4 VHDL 基本语句

为了完成数字电路的设计,VHDL 为设计者提供了丰富的语句形式。它们一般被分成并行和顺序两种类型。并行语句是 VHDL 所特有的,它直接反映了数字电路中各个功能模块并行执行的特点,对这类语句进行分析时,要注意其执行顺序与书写次序无关。与并行语句相反,顺序语句的执行顺序与书写次序相关,因为分析和描述方法与高级软件语言相同,所以设计者在 VHDL 编程中频繁采用顺序描述语句。但要注意,这类语句的使用场合是有限制的。

1. 顺序描述语句

VHDL 的顺序描述语句和高级软件语言相同,执行顺序与书写次序相关,各种顺序描述语句的语句形式也和高级软件语言十分相似。但要注意,VHDL 规定,顺序描述语句只能在进程语句和子程序中使用。下面分别介绍各种顺序描述语句。

(1) 顺序信号赋值语句

格式:目的信号量<=信号量表达式;

式中"<="是信号赋值符号。

[例 3.1.11] 顺序信号赋值语句举例

Y<=A AND B;

(2) 顺序变量赋值语句

格式:目的变量:=表达式;

式中":="是信号赋值符号。

[例 3.1.12] 顺序变量赋值语句举例

Y:=A+B;

(3) IF 语句(条件控制语句)

与高级软件语言一样,在 VHDL 的顺序描述语句中,也有 IF 条件控制语句,其具体语句格式可分为下面三种:

格式一:

```
IF 条件表达式 THEN
  顺序语句
END IF;
```

例:

```
IF (a='1') THEN
    c<=b;
END IF;
```

格式二:

```
IF 条件表达式 THEN
  顺序语句
 ELSE
  顺序语句
 END IF;
```

格式三:

```
IF 条件表达式 THEN
  顺序语句
 ELSIF 条件表达式 THEN
  顺序语句
    ⋮
 ELSE
  顺序语句
END IF;
```

在上面三种 IF 语句格式中,每一段顺序执行语句能够被执行的条件是,对应的"条件表达式"的结果必须为"真",否则,将进行下一个"条件表达式"的判断,直到语句的结尾。

(4) CASE 语句

CASE 语句是一种多项选择分支语句,它主要用在条件分支多于三个以上的情形。

CASE 语句的语法格式为:

```
CASE  表达式  IS
  WHEN 选择值=>顺序语句;
  WHEN 选择值=>顺序语句;
  …
  [WHEN OTHERS=>顺序语句;]
END CASE;
```

其中,"选择值"为 CASE"表达式"值域内的可能取值。"选择值"的取值应"选择唯一,覆盖全集"。也就是说选择值之间不能有重复的取值,其集合要覆盖表达式值域内的全部取值,否则就要加上"WHEN

OTHERS=>顺序语句;"语句,才能保证 CASE 语句语法的正确性。

"选择值"的具体表示形式有下面 4 种:

WHEN 值=>顺序处理语句

WHEN 值|值|值|…|值=>顺序处理语句

WHEN 值 TO 值=>顺序处理语句

WHEN OTHERS=>顺序处理语句

编程者可以根据设计需要分别采用或者综合采用。

[例 3.1.13] 用 CASE 语句设计"4 选 1"数据选择器(从 4 个输入数据中选择 1 个数据输出)的程序片段

```
SIGNAL s:STD_LOGIC_VECTOR(1 DOWNTO 0);
  …
CASE   s   IS
WHEN "00" => z<=a;
WHEN "01" => z<=b;
WHEN "10" => z<=c;
WHEN "11" => z<=d;
WHEN OTHERS=>z<='x';
END CASE;
```

程序中由于信号 s 的数据类型是 STD_LOGIC_VECTOR(1 DOWNTO 0),属于 STD_LOGIC 数据类型,而 STD_LOGIC 是"九值"逻辑枚举数据类型,程序中前四个"选择值"("00"、"01"、"10"、"11")并没有覆盖 s 的全集,所以需要利用"WHEN OTHERS=>z<='x';"语句,来完成"选择值"取值要"覆盖全集"的要求。

(5) LOOP 语句

VHDL 的顺序描述语句中,除了具有条件分支语句外,还提供了循环控制语句。循环控制语句有下面三种格式和两个辅助语句:

无条件 loop 语句

无条件 loop 语句的语法格式为:

```
[loop 标号]:loop
    顺序语句;
end loop[loop 标号];
```

这样的循环语句无限循环,不会停止。

- for…loop 语句

for…loop 语句的语法格式为:

```
[loop 标号:]for 循环变量 in 循环次数范围 loop
        顺序语句;
end loop[loop 标号];
```

其中,循环变量由"循环次数范围"确定其类型,无需事先声明。循环变量是用来控制循环次数的,其取值是从"循环次数范围"的最小值开始,每进行一次,循环变量就自动加一,直到"循环次数范围"

的最大值才结束循环。循环变量只能用在循环体中,而且一旦循环结束,循环变量就不再起作用,即循环变量的值不能带到循环体外。

- while…loop 语句

while…loop 语句的语法格式为:

```
[loop 标号:]while　循环控制条件　loop
    顺序语句;
end loop 标号;
```

语句中的"循环控制条件"是布尔类型。每次执行完循环体之后,都要检测条件表达式的值是真还是假,当循环控制条件表达式的结果为"真"时,就要再执行一次循环体内的顺序语句,当结果为"假"时就结束循环。

[例 3.1.14]　while…loop 语句应用举例

```
abcd:WHILE(I<10) LOOP
    sum:=I+sum;
    I:=I+1;
END LOOP abcd;
```

(6) NEXT 语句

NEXT 语句是循环控制语句的辅助语句,其语句格式为:

```
NEXT　[WHEN 条件];
```

该语句用来控制循环提前进入下一次循环,即当 WHEN 后面的"条件"为"真"时,就跳过该语句后面的语句,提前进入下一次循环。

[例 3.1.15]　next 语句应用举例

```
loop2:　loop
    B:=B+1;
next when B<10;
   …
end loop loop2;
```

该程序片段显示,在 B<10 的情况下,"next when B<10;"后面的语句在每次循环时都没有被执行,而是提前结束,进入到下一次循环。

(7) EXIT 语句

EXIT 语句也是循环控制语句的辅助语句,其语句格式为:

```
EXIT　[标号]　[WHEN 条件];
```

该语句用来控制提前退出循环,即当 WHEN 后面的"条件"为"真"时,就跳过该语句后面的语句,并提前退出循环。

[例 3.1.16]　EXIT 语句在数值比较程序设计中的应用举例

```
for i in 1 down to 0 loop
  IF (a(i)='1' AND b(i)='0')THEN
    a_less_then_b <=false;
    EXIT;
```

```
      Elsif  (a(i)='0' AND b(i)='1')THEN
      a_less_then_b <=true;
      EXIT;
      ELSE NULL;
    END IF;
  END LOOP;
```

(8) 子程序和子程序调用语句

和其他高级语言相同,VHDL 也提供了程序的语句形式。VHDL 的子程序包括过程(PROCEDURE)和函数(FUNCTION)。

- 函数的语法格式

```
FUNCTION 〈函数名〉(参量及其数据类型) RETURN 〈数据类型〉 IS
      BEGIN
  〈顺序语句〉
  RETURN [返回变量名];
END 〈函数名〉;
```

函数的参量只能是方式为 IN 的输入信号与常量,函数只能有一个返回值。函数只能用来计算数值,不能用来改变与函数形参相关的对象的值。

[例 3.1.17] 数值比较函数形式的程序设计示例

```
FUNCTION min(x,y:INTEGER) RETURN INTEGER IS
BEGIN
  IF X<Y THEN
    RETURN x;
  ELSE
    RETURN y;
  END IF;
END min;
```

- 过程的语法格式

```
PROCEDURE 〈过程名〉(〈过程的输入/输出信号端口说明〉)is
    BEGIN
    〈顺序语句〉
end〈过程名〉;
```

过程的参量可以为 IN,OUT,INOUT 方式,在进行参量说明时除了说明其名称、数据类型外,还要说明其输入/输出模式。以过程形式设计比较器的程序示例如下。

[例 3.1.18] 数值比较过程形式的程序设计示例

```
procedure swap(data:inout data_array;
                low,high:in integer)is
  variable temp:data_element;
BEGIN
```

```
    if(data(low)>data(high))then
      tmp:=data(low);
      data(low):=data(high);
      data(high):=temp;
    end if;
  End swap;
```

与子程序的函数和过程相对应，顺序描述语句中，也包含子程序函数调用语句和过程调用语句两类。它们的语法格式分别为：

- 函数语句的调用格式：

函数名(实际参数表)；

- 过程语句的调用格式：

```
过程名  [([形数名=>]实参表达式
         {,[形数名=>]实参表达式})];
```

[例 3.1.19] 用顺序过程调用语句，调用例 3.1.18 中的过程 swap 的例子

```
swap(datain,1,2);
```

2. 并行语句

并行语句类型是 VHDL 所特有的一种语句形式，在对这类语句进行分析时，要注意其执行顺序与它们的书写次序无关，也就是说当条件满足时，多个并行语句的功能可以同时被执行。它反映了数字电路中的各个功能模块能够同时完成系统要求功能这一特点。

VDHL 常用的并行描述语句有：块描述语句(BLOCK)、进程语句(PROCESS)、信号赋值语句、子程序调用语句等。

(1) BLOCK 语句

BLOCK 语句的功能是将一大段并行语句代码划分为多个 BLOCK 块。它类似于在传统电路设计时，将一个大规模的电原理图，分割成多张子原理图的表示方法。电原理图的分割关系和 VHDL 程序中用 BLOCK 块分割结构体的关系是一一对应的。

BLOCK 语句的语法格式为：

```
块标号:BLOCK [(块保护表达式)]
            [说明语句];
          BEGIN
            [并行语句];
          END BLOCK 标号名;
```

块保护表达式是可选项，是一个布尔表达式。保护表达式的作用是：只有当其为真时，该块中的语句才被启动执行，否则就不被执行。BLOCK 语句中的所有语句都是并行语句。块描述语句设计实例如下。

[例 3.1.20] 用 BLOCK 语句形式设计一个“2 选 1”数据选择器(从 2 个输入数据中选择 1 个数据输出)的程序片段

```
ARCHITECTURE connect OF mux IS
  SIGNAL tmp1,tmp2,tmp3,q:BIT;
```

```
    BEGIN
    BLOCK
      BEGIN
      tmp1<=d0 AND sel;
      tmp2<=d1 AND (NOT sel);
      tmp3<=tmp1 OR tmp2;
      q<=tmp3;
    END BLOCK;
  END connect;
```

(2) 进程语句(PROCESS)

PROCESS 语句是 VHDL 中最常用的语句。因为一方面 PROCESS 语句属于并行语句——构造体中多个 PROCESS 语句可以同时并行运行;另一方面在 PROCESS 语句内部的所有子语句都是顺序描述语句,因为每一个模块的功能较适合用顺序语句设计实现。

进程语句的一般语法格式为:

```
[进程名:] PROCESS (敏感信号表)
          [进程说明语句]
        BEGIN
          顺序描述语句
        END PROCESS [进程名];
```

"敏感信号表"所标明的信号是用来启动进程的。敏感信号表中的信号无论哪一个发生变化(如由'0'变'1'或由'1'变'0'),都将启动 PROCESS 语句。

一旦进程启动,PROCESS 中的语句就将从上至下逐句顺序执行一遍。当执行完最后一行后,又返回到开始的 PROCESS 语句,等待下一次启动。因此,只要 PROCESS 的敏感信号表中的信号变化一次,该 PROCESS 语句就会执行一遍。

进程语句的设计实例如下。

[例 3.1.21] 用进程语句设计"2 输入与门"的程序片段

```
NANDX:PROCESS(a,b)
  BEGIN
    Y<=a AND b;
END PROCESS NANDX;
```

注意:在 PROCESS 中的子语句是顺序语句,而 BLOCK 中的子语句是并行语句。

(3) 并行信号赋值语句

根据功能,并行信号赋值语句可分为简单并行信号赋值语句、条件信号赋值语句和选择信号赋值语句三种。

- 简单并行信号赋值语句

简单并行信号赋值语句与顺序信号赋值语句有完全相同的语句格式,所不同的是并行信号赋值语句是在进程语句外使用。

[例 3.1.22] 简单并行信号赋值语句的应用举例。

```
ARCHITECTURE ONE OF SENT IS
  BEGIN
  OUTPUTA<=INB
END ONE;
```

- 条件信号赋值语句

条件信号赋值语句指定在不同的条件下，对信号进行不同的赋值。它是IF语句的简写形式。

```
格式:目的信号量<=表达式1 WHEN 条件1
     ELSE  表达式2 WHEN 条件2
     ELSE  表达式3 WHEN 条件3
       ⋮
     ELSE  表达式n;
```

条件信号赋值语句应用实例如下。

［例3.1.23］　用条件信号赋值语句设计“4选1”数据选择器。

```
x <= a when (s ="00") else
     b when (s ="01") else
     c when (s ="10") else
     d;
```

- 选择信号赋值语句

选择信号赋值语句是只含有一个case语句的进程结构的简写形式，它根据指定条件对信号赋值，“条件”可以为任意表达式，根据条件出现的先后次序隐含优先权，最后一个ELSE子句隐含了所有未列出的条件，每一子句的结尾没有标点，只有最后一句有分号。

选择信号赋值语句的语法格式为：

```
WITH 表达式 SELECT
目的信号量<=表达式1 WHEN 条件1
            表达式2 WHEN 条件2
              ⋮
            表达式n WHEN 条件n;
```

选择信号赋值语句应用条例如下。

［例3.1.24］　用选择信号赋值语句设计“4选1”数据选择器。

```
WITH s SELECT
  x <=a WHEN "00"
      b WHEN "01"
      c WHEN "10"
      d WHEN OTHERS;
```

(4) 并行过程调用语句

并行过程调用语句的语句格式与顺序语句的过程调用语句的语句形式基本相同，所不同的是该语句出现的位置——并行过程调用语句出现在所有并行语句的语句结构中。

过程调用语句可以并行执行，但要注意下列问题：

① 并行过程调用是一个完整的语句，在它之前可以加标号。

② 并行过程调用语句应带有 IN、OUT 或 INOUT 的参数，它们应该列在过程名后的括号内。

③ 并行过程调用可以有多个返回值。

并行过程调用语句的应用实例如下。

[例 3.1.25] 用并行过程调用语句调用例 3.1.18 中的过程 swap。

```
ARCHITECTURE…
BEGIN
  swap(datain,1,2);
  ……
END;
```

以上是关于 VHDL 语法的简要介绍，其目的是使读者在学习这些语法规范后，能用 VHDL 描述典型数字电路。关于 VHDL 语法的更完整和详细的内容，请参阅相关参考文献。

3.2 Verilog HDL 语言基础

Verilog HDL 是在 C 语言的基础上，开发出来的一种专用硬件建模语言。因而从语法结构上看，Verilog HDL 与 C 语言有许多相似之处，继承和借鉴了 C 语言的很多语法结构，如 if-else 条件语句、for 循环语句、int 变量类型、函数(function)调用等。同时，二者的运算操作符几乎完全相同。对有 C 语言编程基础的设计人员而言，Verilog HDL 更容易学习和掌握。下面简要介绍一下 Verilog HDL 的基础知识。

拓展阅读 3-1 Verilog HDL 发展历史

3.2.1 Verilog HDL 基本程序结构

Verilog HDL 是高级编程语言，所有的程序都置于模块(module)框架结构内，以模块集合的形式来描述数字电路系统。模块是 Verilog 最基本的构成单元，与硬件上的逻辑实体相对应，一个模块可以是一个元件或是一个功能复杂的设计单元，描述这个实体的功能或结构，以及与其他模块的接口。Verilog 程序中模块是通过一对关键词 module 和 endmodule 定义的，语法结构如下：

```
module <模块名> (模块端口列表)
    <申明>
    <功能描述>
endmodule
```

其中，模块名是该模块的唯一标识符，端口列表则列举了该模块与外部电路连接的所有端口。

模块的内容包括两个部分：申明与功能描述。在申明部分既要对模块的端口类型进行申明，描述端口的信号传输方向，也要对模块内部用到的变量进行申明。Verilog 定义的端口类型只有输入(input)、输出(output)和双向端口(inout)三种。

在描述模块逻辑功能的部分，根据描述方法的不同，可以将模块分为行为描述模块、结构描述模块和数据流描述模块。行为描述模块通过编程语言定义模块的状态和功能，只描述其行为特征，不涉及具体的电路实现，是使用高级语言的描述方式，因而具有很强的通用性和可移植性。结构描述模块将电路表达为具有层次概念的互相连接的子模块，其底层的元件必须是 Verilog HDL 支持的基元或已定义过的模块，即将 Verilog 定义的基元实例嵌入到语言中，构建实体之间连接方式的描述方法。数据流描述模块是通过并行执行的连续赋值语句 assign 实现组合逻辑功能的描述。在实际开发中，通常采用多种描述方法的组合。

3.2.2　Verilog HDL 词法构成

Verilog HDL 从 C 语言中继承了多种操作符和结构，源文本文件由空白符号分隔的词法符号流组成。Verilog HDL 的词法符号类型有空白符、注释符、操作符、数值常量、字符串、标识符和关键字等，从形式上看和 C 语言有许多相似之处。

一、空白符和注释符

空白符又称间隔符，包括空格符、制表符、换行符以及换页符等，主要作用是分隔其他词法标识符，增强源文件的可读性。需要注意的是，在字符串中空格符和制表符是有意义的字符。

为了增强程序的通用性和便于阅读查证，通常在编写 Verilog HDL 程序的时候，添加一些注释行，用于解释程序段的作用、标记程序段的相关信息。注释行会被编译器和仿真器忽略，程序员可以在任意地方添加注释。Verilog HDL 有单行注释和多行段注释两种注释方式。以“// ”进行单行注释，表明自“//”开始到该行结束都是注释，这种注释方式最简单明晰；而段注释则是以“ /* ”起始到“ */ ”结束，在段注释中不允许嵌套，段注释中单行注释标识符“//”没有任何特殊意义。

二、操作符

Verilog HDL 定义的操作符，又称运算符，按照操作数的个数，可以分为单目、双目和三目操作符；按功能可以大致分为算术操作符、比较操作符和逻辑操作符等几大类，见表 3.2.1。

表 3.2.1　Verilog HDL 操作符的分类及功能

<table>
<tr><th>分类</th><th colspan="2">操作符</th><th>说明</th></tr>
<tr><td rowspan="5">算术操作符</td><td>+</td><td>加</td><td rowspan="5">双目操作符，即有 2 个操作数。</td></tr>
<tr><td>-</td><td>减</td></tr>
<tr><td>*</td><td>乘</td></tr>
<tr><td>/</td><td>除</td></tr>
<tr><td>%</td><td>整除</td></tr>
<tr><td rowspan="8">比较操作符</td><td>></td><td>大于</td><td rowspan="8">双目操作符，如果操作数之间的比较关系成立，则返回值为 1；不成立，则返回值为 0。
若某个操作数的值不定，则关系是模糊的，返回值为不定值 X。</td></tr>
<tr><td><</td><td>小于</td></tr>
<tr><td>>=</td><td>不小于</td></tr>
<tr><td><=</td><td>不大于</td></tr>
<tr><td>= =</td><td>相等</td></tr>
<tr><td>! =</td><td>不相等</td></tr>
<tr><td>= = =</td><td>全等</td></tr>
<tr><td>! = =</td><td>不全等</td></tr>
<tr><td rowspan="3">逻辑操作符</td><td>&&</td><td>逻辑与</td><td rowspan="3">! 是单目操作符，即只有 1 个操作数；&& 和 || 是双目操作符。</td></tr>
<tr><td>||</td><td>逻辑或</td></tr>
<tr><td>!</td><td>逻辑非</td></tr>
</table>

续表

分类	操作符		说明
位操作符	&	按位与	~是单目操作符,其余都是双目操作符;将操作数按位进行逻辑运算。两个长度不同的数据进行位运算时,系统会自动的将两者按右端对齐。位数少的操作数会在相应的高位用 **0** 填满,以使两个操作数按位进行操作。
	|	按位或	
	~	按位非	
	^	按位异或	
	^~(~^)	按位同或	
归约操作符	&	归约与	单目操作符,对操作数各位的值进行运算。例如 & 是对操作数各位的值进行逻辑**与**运算,得到 1 位结果值。
	~&	归约与非	
	|	归约或	
	~|	归约或非	
	^	归约异或	
	^~(~^)	归约同或	
移位操作符	>>	左移	双目操作符,对左侧的操作数进行右侧操作数指明的位数的移动,空出的位用 **0** 补全。
	<<	右移	
条件操作符	?:		三目操作符,例如 a? b:c 表示若操作数 a 的逻辑值是 **1**,则算子返回操作数 b;若 a 的逻辑值是 0,则算子返回操作数 c 。
连接和复制符	{,}		将 2 个或 2 个以上用逗号分隔的表达式按位拼接在一起;可以用常数来指定重复的次数,例如{a,{2{a,b}}},等价于{a,a,b,a,b} 。

拓展阅读 3-2
Verilog HDL 操作符的优先级

需要注意的是,与其他高级语言类似,Verilog HDL 各类操作符之间也有优先级之分,例如逻辑操作符"&&"和"||"的优先级别低于比较操作符,而"!"的优先级高于算术操作符,还有括号优先级最高等,详细信息请读者自行查阅相关文献。

三、数值常量

Verilog HDL 中的数值常量有整型和实型两大类。整型数值常量就是整数,按进制划分,整数可以表示成十进制数(decimal),十六进制数(hexadecimal),八进制数(octal)和二进制数(binary)。若在前面加上一个正号"+"或负号"-"就表示有符号数,否则所代表的就是无符号数。

Verilog 的整型数值常量有两种书写格式:一种是无位宽的十进制表示法,用 0~9 的数字序列表示,例如-132;第二种是定义位宽和进制的表示法,这种表示法通常是无符号数,书写格式为

<位长度><'进制符号><数字>

其中位长度是可选项,定义了数值常量的位数(长度),一般采用无符号的十进制数来表示;如果不指定

位长度,则系统采用缺省位长度(32位)。进位符号代表这个数据的进制,用b表示二进制,o表示八进制,d表示十进制,h表示十六进制;采用这种表示方法,还必须在进制符号前加"'"号,并且"'"号和进制符号间不能存在空格。数值常量的值用数字表示,应该与进制格式一致,表示数字的a~f(十六进制数)、x(不定态)和z(高阻态)都与大小写无关。数字与进制符号之间可以有空格,在表示长数据时还可以用下划线"_"进行分割以增加程序的可读性。

采用指定位长度的表示方法,当实际数据位数小于定义的位长度时,如果是无符号数,则在左边补零;如果无符号数最左边是"x",则在左边补"x";如果无符号数左边是"z",则在左边补"z"。整数的表示示例如下所示:

```
'h 123F                    //无位长度的十六进制数(123F)16
'o 123                     //无位长度的八进制数(123)8
3'b101                     //3位二进制数(101)2
4'h 6a8c                   //4位十六进制数(6a8c)16
5'd 3                      //5位十进制数(00003)10
12'h X                     //12位不确定数
16'o z                     //16位高阻态
16'b 1001_0110_1111_zzzz   //16位二进制数
```

Verilog中的实型数值常量就是浮点数,可以用十进制和科学计数法两种形式书写。如果采用十进制格式,小数点两边必须都有数字。

四、字符串

字符串是双引号(" ")括起来的字符序列,必须包含在一行中,不能多行书写。在表达式或赋值语句中作为操作数的字符串被看作ASCII值序列,即一个字符串中的每一个字符对应一个8位ASCII值。有关ASCII码的概念请参考4.3.1节。

五、标识符

标识符是模块、寄存器、端口、连线、示例和begin-end块等元素的名称,是赋给对象的唯一名称。标识符可以是字母、数字、$符、下划线"_"字符的任意组合序列,必须以字母或下划线"_"开头。在Verilog HDL中,标识符区分大小写,且字符数不能多于1 024。

拓展阅读3-3
Verilog HDL定义的关键词

六、关键词

关键词是Verilog语言内部的专用词,有其特定和专有的语法作用,用户不能再对它们做新的定义。在Verilog HDL 1364-1995 IEEE标准中规定了102个关键词,都采用小写形式。详细信息请读者自行查阅相关文献。

3.2.3　Verilog HDL行为语句

与VHDL类似,Verilog HDL也支持许多高级行为语句,使其成为结构化和行为性的语言。Verilog HDL语句包括:过程语句、块语句、赋值语句、条件语句、循环语句、编译向导语句等,见表3.2.2,表中符号"√"表示该语句能够为综合工具所支持,是可综合的。

Verilog标准中的所有HDL语句都可以用于仿真,并得到仿真器的支持,但通常能被综合的语句只是其一个子集,而且可综合的子集还没有标准化,不同的综合器支持的HDL语句也有所差别。因此,程序员不仅要充分理解HDL语句和硬件电路的关系,还要了解所用综合器的性能,以提高编程效率。

表 3.2.2 Verilog HDL 行为语句

类型	语句	可综合性	简要说明
过程语句	initial		
	always	√	always 语句具有循环特性。在 always 后面跟了一个时间控制语句，时间控制通过事件表达式（关键词“@”）实现。时间控制部分为完整敏感信号列表，只要任意敏感信号发生变化，过程块将重复连续执行，持续整个过程。
块语句	串行块 begin-end	√	顺序块语句通常用来将多条语句组合在一起，使其在格式上更像一条语句。
	并行块 fork-join		
赋值语句	连续赋值 assign	√	连续赋值语句 assign 能够给网表变量赋值。只要等号右边的表达式值发生变化，赋值行为立即执行。assign 语句能模拟组合逻辑电路。
	过程赋值 =、<=	√	
条件语句	if-else	√	顺序执行语句，只能出现在 always 语句中。语法结构为 if（表达式） 语句 1; else 语句 2; 如果表达式值为 1，则执行语句 1，否则执行语句 2。
	case, casez, casex	√	分支条件语句，语法结构为： case（表达式） 选项值 1：语句 1; 选项值 2：语句 2; … default：缺省语句; endcase 执行 case 语句时，先计算表达式的值，按照各选择项出现的先后顺序，找到匹配的选择项，执行对应语句。如果没有匹配表达式值的选择项，则执行缺省语句。缺省语句是可选而不是必需的，不能有多条缺省语句。
循环语句	for	√	
	repeat		
	while		
	forever		

续表

类型	语句	可综合性	简要说明
编译向导语句	'define	√	
	'include	√	
	'ifdef, 'else, 'endif	√	

3.2.4　Verilog 进程、任务和函数

一、进程

进程是 Verilog 语言中的重要概念，一个进程可以被看做是一个独立的运行单元，描述模块的行为特征可以是简单的，也可以很复杂。在 Verilog 中，数字系统的行为特征可以描述为多个进程的集合。

在 Verilog HDL 中，描述进程的语句是 always 和 initial。always 语句具有循环特性，其任意敏感信号发生变化，过程块将重复连续执行，而 initial 过程中的语句块只执行一次。除了 always 和 initial 过程块外，一条 assign 连续赋值语句、一个实例元件的调用虽然简单，也都可以看作是一个进程。

进程具有以下一些重要特点：

(1) 进程只有两种状态，即执行状态和等待状态。

进程是否进入执行状态，取决于是否满足特定的条件，例如敏感信号是否发生变化。一旦条件满足，进程即进入执行状态。当该进程执行完毕或遇到停止语句后，才停止执行，自动返回到起始语句，进入等待状态。

(2) 进程一般由敏感信号的变化来启动。

(3) 各个进程之间通过信号线进行通信。多个进程之间是并发执行的，即多个 always 过程块、assign 连续赋值语句、实例元件调用等操作都是同步执行的，与语句的编写顺序无关。

二、任务

任务和函数的关键词分别是 task 和 function，将一个大的程序模块分解成许多小的任务和函数，不仅能使程序结构清晰明了，而且有利于软件调试。

任务(task)的定义格式为

```
task <任务名>;              // 注意无端口列表
端口及数据类型声明语句;
其他语句;
endtask
```

任务的调用格式为

```
<任务名>(端口 1,端口 2,……);
```

需要注意的是，任务调用的变量必须和定义时说明的端口变量相对应，例如下面的示例。

```
task test;                  // 定义任务名
input in1,in2;              // 定义输入端口
```

```
output out1,out2;                  // 定义输出端口
#1 out1=in1 & in2;
#1 out2=in1 | in2;
endtask
```

调用任务 test 时,使用语句为

```
test (data1,data2,code1,code2);
```

调用时,先将变量 data1 和 data2 的值分别赋给 in1 和 in2,而任务执行完毕,又将 out1 和 out2 的值分别赋给 code1 和 code2。

三、函数

调用函数(function)的目的是利用其返回值进行表达式的计算。函数的定义格式为

```
function<返回值位宽或类型说明> 函数名;
  端口声明;
  局部变量定义;
  其他语句;
endfunction
```

其中,<返回值位宽或类型说明>是一个可选项,如果缺省,则返回值是 1 位寄存器类型的数据。函数的定义示例如下。

[例 3.2.1] 定义函数 get0。

```
function[7:0]  get0;          // 定义函数 got0 的返回值是 8 位矢量
  input[7:0]   x;             // 定义 8 位输入矢量
  reg [7:0]count;             // 申明中间变量为寄存器型
  integer  i;
  begin
     count=0;
     for(i=0;i<=7;i=i+1)
        if(x[i]=1'b0)
           count=count+1;
        get0=count;          // 将中间变量作为函数的返回值
  end
endfunction
```

示例中 get0 函数的逻辑功能是循环核对输入数据 x 的每一位,统计出 x 中"0"的个数,并返回一个适当的值。

函数的调用是通过将函数作为表达式中的操作数来实现的,调用格式为

```
<函数名>(<表达式><表达式>);
```

例如使用连续赋值语句调用函数 get0,可以采用如下语句:

```
assign out=is_legal? get0 (in):1'b0;
```

与任务相比,函数的使用有更多的限制和约束,例如函数不能启动任务,在函数中不能包含有任何的时间控制语句,同时定义函数时至少要有一个输入参量等。

3.2.5 Verilog HDL 模块的描述方式

Verilog HDL 语言描述逻辑电路时常用三种描述方式，分别为：行为型描述、结构型描述与数据流型描述。在这三种方式中，行为型描述方式注重整体与功能，语句更简略，但写出来的语句可能不能被硬件实现，即不能被综合；门级、开关级结构型语句通常更容易被综合，但是语句可能显得更复杂。在实践中往往使用多种描述方法的组合来设计实现硬件电路功能。

一、行为型描述方式

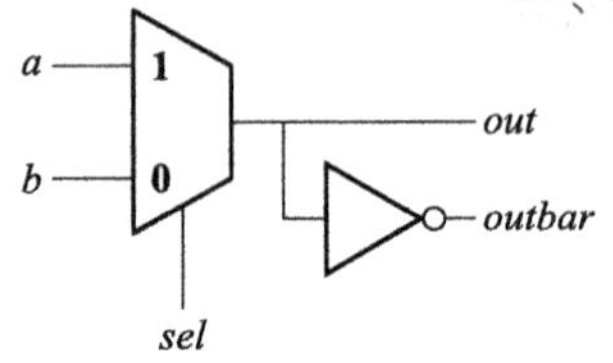

图 3.2.1 2 选 1 数据选择器

行为型描述方式通过行为语句来描述电路要实现的功能，表示输入与输出之间的行为特征，不涉及具体结构。从这个意义上讲，行为建模是一种高级描述方式。

以图 3.2.1 所示的 2 选 1 数据选择器为例，用 Verilog HDL 对它做行为描述，程序模块如下所示。

```
module mux2_1_A (a,b,sel,out,outbar);       // 定义模块 mux2_1_A
                                            // 1 个数据作为输出
    input a,b,sel;                          // 定义该模块的输入端口
    output out,outbar;                      // 定义该模块的输出端口
    reg out outbar;
    always @ (a or b or sel)
    if (sel) out = a;                       // 如果 sel=1,将 a 赋值给 out
    else out = b;                           // 如果 sel=0,将 b 赋值给 out
    outbar=~out;                            // 将 out 取反后赋值给 outbar
endmodule                                   // 模块描述结束
```

该模块共包括 5 个端口，其中输入端口为 a，b，sel，输出端口为 out、outbar。输出端口的数据类型默认为网表型，网表变量不能保持数据，可以通过连续赋值语句assign 或逻辑门驱动，当驱动源的值改变时其值也随之改变。如果一个网表没有和任何驱动源相连，则其值为高阻态(Z)。

在功能描述中用条件语句 if-else 给 out 和 outbar 赋值。在 always 进程中被赋值的信号必须定义为寄存器型(reg)，reg 型不一定是触发器。该模块根据 sel 的不同输入，从 2 个输入数据 a、b 中选择 1 个作为输出，实现 2 选 1 的组合逻辑功能。

二、结构型描述方式

结构型描述方式是将硬件电路描述成一个分级子模块相互连接的结构。通过对组成电路的各个子模块间相互连接关系的描述，来说明电路的组成。每个模块还可以对其他模块进行调用，也就是模块的实例化。调用模块称为层次结构中的上级模块，被调用模块称为下级模块。

从结构上而言，任何硬件电路都是由多级不同层次的若干单元组成。因此，结构型描述方式很适合对电路的这种层次化结构的描述。在结构描述中，门电路和 MOS 开关是最底层的结构。在 Verilog HDL 中有 26 个内置的基本单元，又称基元，如表 3.2.3 所示。

表 3.2.3 Verilog HDL 的内置基元

分类	基元
多输入门	and,nand,or,nor,xor,xnor
多输出门	buf,not

续表

分类	基元
三态门	bufif0, bufif1, notif0, notif1
上拉、下拉电阻	pullup, pulldown
MOS 开关	cmos, nmos, pmos, rcmos, rnmos, rpmos
双向开关	tran, tranif0, tranif1, rtran, rtranif0, rtranif1

仍以 2 选 1 数据选择器为例，其门级电路原理图如图 3.2.2 所示，采用结构描述方式的程序模块如下所示。

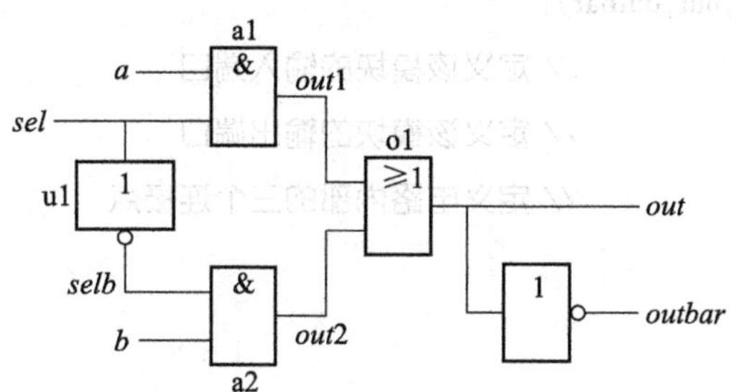

图 3.2.2　2 选 1 数据选择器的门级电路原理图

```
module mux2_1_B (a,b,sel,out,outbar);
    input a,b,sel;              // 定义该模块的输入端口
    output out,outbar;          // 定义该模块的输出端口
    wire out1,out2,selb;        // 定义电路内部的三个连接点
    and a1 (out1,a,sel);        // 调用与门 a1
    not u1 (selb,sel);          // 调用非门 u1
    and a2 (out2,b,selb);       // 调用与门 a2
    or o1 (out,out1,out2);      // 调用或门 o1
    assign outbar = ~out;
endmodule
```

该模块定义 3 个中间变量 out1，out2，selb 为网表类型，即 wire 型。wire 型代表了构造实体(例如逻辑门)之间的物理连线。模块 mux2_1_B 作为顶层模块，在内部调用了多个底层模块，包括 2 个**与**门(a1、a2)，1 个**非**门(u1)和 1 个**或**门(o1)。这些被调用的模块单元被称为实例(Instance)，而调用模块的过程，则称为实例化。每个实例都有自身的名称、变量、参数以及端口，该模块采用的实例调用格式为

<模块名> <实例名> <端口列表>

需要注意的是，采用这种实例化方式，必须保证在端口列表中，端口的顺序和底层模块申明时端口的顺序一致。

除了上述实例调用格式外，还可以通过实例端口和模块端口直接映射的方式进行引用，语法格式为

<模块名> <实例名> < .实例端口 1(模块端口 1)，.实例端口 2(模块端口 2)…>

这种实例引用格式，端口出现的次序可以不用考虑实例申明时的顺序，避免出错。而且采用这种方式时，如果有的端口并没有和外部连接，则可以直接省略该端口。

实例化要注意模块的定义与实例的关系，即 Verilog 中只能定义一个模块，不允许嵌套定义模块，

但是在一个模块内可以通过实例的方式多次调用其他模块。

三、数据流型描述方式

通常将采用 assign 连续赋值语句描述的设计称为数据流型描述方式。连续赋值语句 assign 能够给网表变量赋值，只要右边表达式中的操作数发生变化，都会引起表达式的重新计算，并将新的计算值赋予左边的网表变量，即赋值行为会立刻发生。

连续赋值语句是并发执行的，能模拟组合逻辑电路，因而数据流型描述方式是实现组合逻辑功能的描述方式。仍然以图 3.2.2 所示 2 选 1 数据选择器为例，采用数据流型描述方式可以写成如下程序模块。

```
module mux2_1_C (a,b,sel,out,outbar);
    input a,b,sel;                  // 定义该模块的输入端口
    output out,outbar;              // 定义该模块的输出端口
    wire out1,out2,selb;            // 定义电路内部的三个连接点
    assign selb = ~sel;
    assign out1 = a & sel;
    assign out2 = b & selb;
    assign out = out1 | out2;       // 与电路相对应的输出逻辑函数式为
                                    // out = a · sel+b · sel‾
    assign outbar = ~out;
endmodule
```

3.3 VHDL、Verilog HDL 和 C 语言的性能对比

一、VHDL 和 Verilog HDL

VHDL 和 Verilog HDL 都是用于电路设计的硬件描述语言，并且都已成为 IEEE 标准。两者的共同点在于：能够形式化、抽象地表示电路的结构和行为，支持逻辑设计中层次与领域的描述，借助于高级语言的特点来简化电路的描述，具有电路仿真与验证机制以保证设计的正确，支持电路描述由高层到低层的综合和转换，便于文档整理，易于理解和移植重用。

VHDL 和 Verilog HDL 又都有各自的优势和特点。与 VHDL 相比，Verilog HDL 的语法结构自由，也相对容易掌握一些，可使用户集中精力于设计工作中，而不必花费太多的时间在语言和语法的学习上，其设计资源也比 VHDL 丰富。

此外，二者在建模能力上也略有不同，VHDL 可适用于系统级建模，而 Verilog HDL 可以深入到开关电路，即版图级。两种语言建模能力的对比如图 3.3.1 所示。

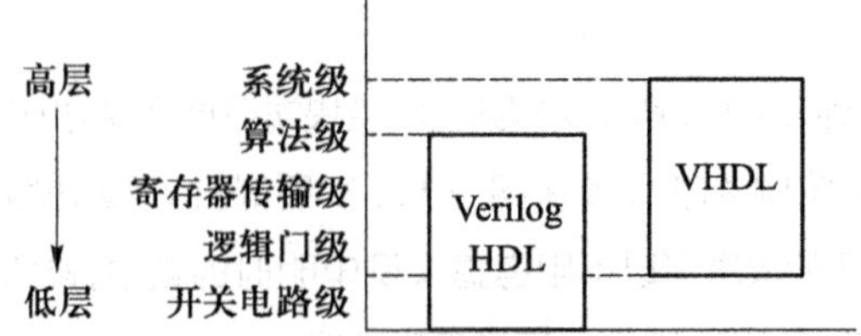

图 3.3.1　VHDL 与 Verilog HDL 建模能力的对比

这两种语言都在不断的发展中，功能不断提升与完善，并且有部分交融，例如基于 Verilog 强大的门级描述能力，使得 VHDL 的底层实质上也是由 Verilog HDL 描述的器件库所支持。因此，对大多数用户而言，选择 Verilog HDL 语言还是选择 VHDL 语言，可能更多的是依赖于习惯与所处工作环境的要求。

二、Verilog HDL 和 C 语言

Verilog 语言是在 C 语言的基础上发展而来的。从语法结构上看，Verilog 语言与 C 语言有许多相似之处，继承和借鉴了 C 语言的很多语法结构，如 function、if-else、for、while、case 等。同时，二者的运算符几乎完全相同。当然，Verilog HDL 作为一种硬件描述语言，与 C 语言还是有着本质的区别的。最显著的区别在于 C 语言中程序是顺序执行的，只有执行完当前语句，才能执行下一条语句；而 Verilog 语句是并发执行的，同一时间内电路的多个支路（相当于多条语句）可以同时执行，这令初学者往往因概念不清而使得设计电路出现冲突。其次，硬件电路的输入到输出总是存在时间上的延迟，硬件描述语言具有时序的概念，而 C 语言做为一种编程语言是没有这种概念的。

此外，C 语言的发展历史长，编译查错环境完善，输入输出功能强大，调试与使用非常灵活，而 Verilog HDL 语言就有诸多限制，语法规则很死，查错仿真功能差，错误信息不完整，需要时刻从硬件的角度考虑整个程序，因而需要程序员具有数字电路方面的知识。

相对于 C 语言，Verilog HDL 还具有下述特点：

（1）既能进行面向综合的电路设计，也可以用于电路的模拟仿真。

（2）能够在多个层次上对所设计的系统加以描述，从开关级、门级、寄存器传输级（RTL）到行为级等，都可以胜任；设计的规模是任意的，语言不对设计的规模施加任何限制。

（3）Verilog 语言具有混合建模能力，在一个设计中，各个模块可以在不同的设计层次上建模和描述。

（4）灵活多样的电路描述风格，可进行行为描述，也可以进行结构描述或者数据流描述。

（5）内置各种基本逻辑门单元和开关级元件，如 and、or、pmos 和 nmos 等，便于进行门级、开关级的结构描述。

（6）用户定义原语（UDP）创建的灵活性。用户定义的原语既可以是组合逻辑，也可以是时序逻辑。

（7）可通过编程语言接口（PLI）机制进一步扩展 Verilog 语言的描述能力。PLI 是允许外部函数访问 Verilog 模块内信息，并允许设计者与模拟器交互的例程集合。

3.4 用 HDL 描述逻辑门电路示例

基于前述一、二章的数字电路基础知识，本节以逻辑门电路为例，分别用 VHDL 和 Verilog HDL 展示几个门电路描述的实例。

一、门电路的 VHDL 描述

下面是用并行语句描述的 2 输入**与非**门、2 输入**或**门、**非**门和**异或**门的 VHDL 程序。

［例 3.4.1］ 2 输入**与非**门的 VHDL 描述。

```
LIBRARY IEEE;
USE IEEE.STD_LOGIC_1164.ALL;
ENTITY nand2 IS
  PORT(a,b :IN   STD_LOGIC;
```

```
            y:OUT STD_LOGIC);
END nand2;
ARCHITECTURE one OF nand2 IS
  BEGIN
     y<=a nand b;
END one;
```

[例 3.4.2]　2 输入**或**门的 VHDL 描述。

```
LIBRARY IEEE;
USE IEEE.STD_LOGIC_1164.ALL;
ENTITY or2 IS
  PORT(a,b :IN   STD_LOGIC;
            y:OUT STD_LOGIC);
END or2;
ARCHITECTURE one OF or2 IS
  BEGIN
     y<=a or b;
END one;
```

[例 3.4.3]　**非**门的 VHDL 描述。

```
LIBRARY IEEE;
USE IEEE.STD_LOGIC_1164.ALL;
ENTITY hnot IS
  PORT(a :IN   STD_LOGIC;
          y:OUT STD_LOGIC);
END hnot;
ARCHITECTURE one OF hnot IS
  BEGIN
     y<=not a;
END one;
```

[例 3.4.4]　**异或**门的 VHDL 描述。

```
LIBRARY IEEE;
USE IEEE.STD_LOGIC_1164.ALL;
ENTITY xor2 IS
  PORT(a,b :IN   STD_LOGIC;
            y:OUT STD_LOGIC);
END xor2;
ARCHITECTURE one OF xor2 IS
  BEGIN
     y<=a xor b;
```

```
END one;
```

二、门电路的 Verilog HDL 描述

如前所述，用 Verilog HDL 描述基本数字模块时，通常可以用多种设计方式，如行为描述、结构描述或数据流描述等，这些基本的数字模块为更复杂的设计提供了方便。

1. 基本门电路

图 3.4.1 所示为一个基本门电路，下面用几种方式对其进行描述。

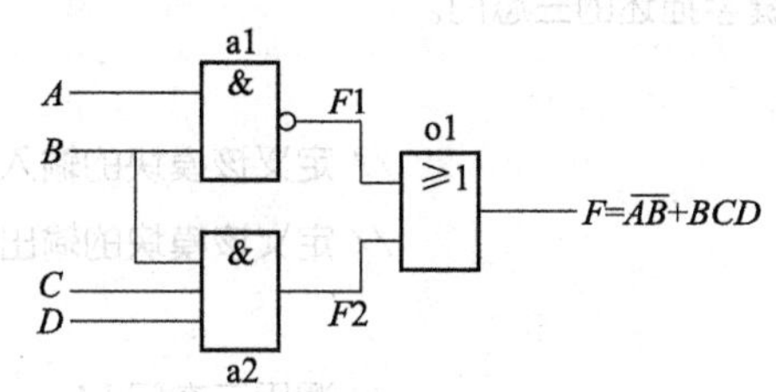

图 3.4.1 基门门电路

[例 3.4.5] 基本门电路的几种描述方法。

(1) 门级结构描述

```
module gate_1 (F,A,B,C,D);
    input A,B,C,D;                    // 定义该模块的输入端口
    output F;                         // 定义该模块的输出端口
    wire F1,F2;                       // 定义电路内部的 2 个连接点
    nand a1 (F1,A,B);                 // 调用与非门 a1
    and a2 (F2,B,C,D);                // 调用与门 a2
    or o1 (F,F1,F2);                  // 调用或门 o1
endmodule
```

(2) 数据流描述

```
module gate_2 (F,A,B,C,D);
    input A,B,C,D;
    output F;
    assign F=(~(A&B)) | (B&C&D);      // 与电路相对应的输出逻辑函数式为
                                      // F=AB+BCD
endmodule
```

(3) 行为描述

```
module gate_3 (F,A,B,C,D);
    input A,B,C,D;
    output F;
    reg F;
    always @(A or B or C or D)        // 过程赋值
        begin
            F=(~(A&B)) | (B&C&D);
```

```
        end
endmodule
```

2. 三态门

(1) 用 bufif1 关键字描述的三态门

例 3.4.6 程序模块中调用 Verilog 语言的门元件 bufif1 描述了一个三态门，该三态门当 en 控制端为高电平时，输出 out=in；当 en 端为低电平时，输出 out 为高阻态。

[例 3.4.6]　用 bufif1 关键字描述的三态门。

```
module tri_1 (in,en,out);
    input in,en;                    // 定义该模块的输入端口
    output out;                     // 定义该模块的输出端口
    tri out;
    bufif1 b1 (out,in,en);          // 调用三态门 b1
endmodule
```

(2) 用数据流方式描述的三态门

例 3.4.7 程序模块中用数据流方式描述了三态门的逻辑功能。

[例 3.4.7]　用连续赋值语句 assign 描述的三态门。

```
module tri_2 (in,en,out);
    input in,en;
    output out;
    assign out=en? in:' bz;         // 如果 en=1,将 in 赋值给 out
                                    // 如果 en=0,则 out 为高阻态
endmodule
```

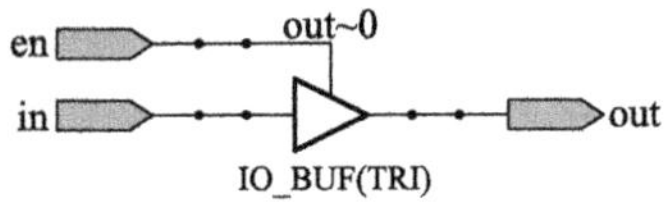

例 3.4.7 程序模块的 RTL 综合结果如图 3.4.2 所示。

图 3.4.2　三态门的 RTL 综合结果

3. 三态双向驱动器

[例 3.4.8]　三态双向驱动器逻辑功能的描述。

```
module bidir (tri_inout,out,in,en,b);
    inout tri_inout;                // 定义该模块的双向数据端口
    input in,en,b;
    output out;
    assign tri_inout=en? in:' bz;   //
    assign out =tri_inout ^b;       // 数据流描述
endmodule
```

该程序模块的 RTL 综合结果如图 3.4.3 所示。

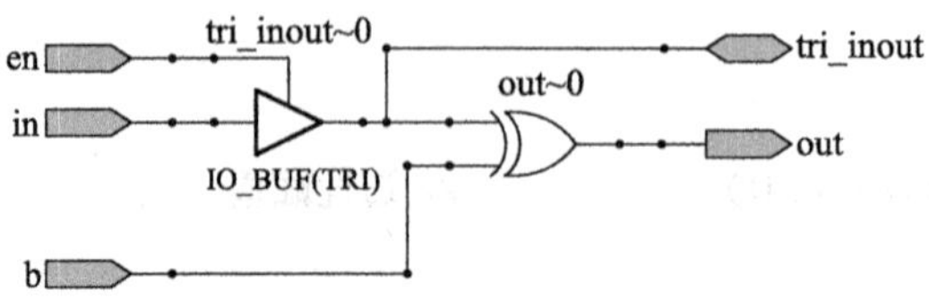

图 3.4.3　三态双向驱动器的 RTL 综合结果

本章小结

硬件描述语言是用于描述硬件电路的一种专用计算机编程语言。用它可以对任何复杂电路进行完整的功能、动态时间参数甚至功耗参数的描述。在本章中用 HDL 对一些简单的数字电路的逻辑功能进行了描述。目前得到普遍应用的硬件描述语言主要有 VHDL 和 Verilog HDL 两种。多数 EDA 应用软件都可以接受这两种语言编写的源文件，它们是 EDA 的设计基础。

作为高级语言，VHDL 和 Verilog HDL 有严格的语法规定，只有严格按照这些规定编写出的源文件，才能被应用软件所识读和运行。因受课内学时所限，本章仅向读者初步介绍了一下 VHDL 和 Verilog HDL 的基础知识。要想全面了解和掌握它们，还需要进一步深入学习，并在实践中加深理解。

习题

[**题 3.1**] 用 Verilog HDL 语言的结构描述方式，描述图 P3.1 所示电路的逻辑功能。

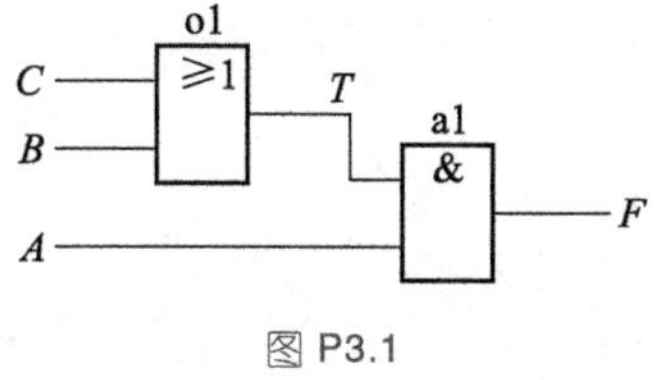

图 P3.1

[**题 3.2**] 请根据下面程序模块的语言描述，画出对应的逻辑电路图，并转换成 VHDL 语言描述该电路。

```
module binary ToESeg;
    wire eSeg,p1,p2,p3,p4;
    reg A,B,C,D;
    nand
        g1 (P1,C,~D);
        g2 (P2,A,B);
        g3 (P3,~B,~D);
        g4 (P4,A,C);
        g5 (eSeg,p1,p2,p3,p4);
endmodule
```

[**题 3.3**] 描述 Verilog HDL 的基本程序结构。

[**题 3.4**] 描述 VHDL 的基本程序结构。

[**题 3.5**] 分析 VHDL 的变量和信号的差别。

[**题 3.6**] 分析 VHDL 的并行语句和顺序语句的区别。

[**题 3.7**] 用 VHDL 描述图 P3.1 所示电路的逻辑功能。

第4章 组合逻辑电路

内容提要

根据电路结构和逻辑功能的不同,逻辑电路通常分为组合逻辑电路和时序逻辑电路两大类。

本章在简单说明组合逻辑电路的特点、功能、表示方法和分类之后,重点讲解组合逻辑电路的基本分析和设计方法及若干典型电路,最后粗略介绍组合逻辑电路中的竞争冒险问题和组合逻辑电路的 HDL 描述及其仿真。

概述

一、组合逻辑电路的特点

图 4.0.1 是组合逻辑电路的示意框图。

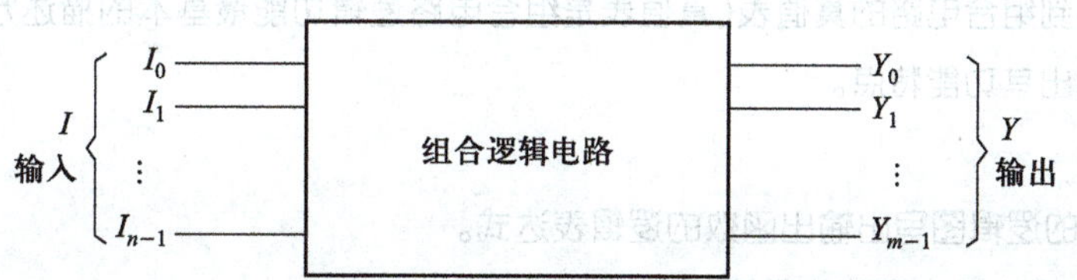

图 4.0.1　组合逻辑电路示意框图

1. 逻辑功能的特点

在图 4.0.1 中,I_0、I_1、…、I_{n-1} 是输入逻辑变量,Y_0、Y_1、…、Y_{m-1} 是输出逻辑变量。任何时刻电路的稳定输出,仅仅只决定于该时刻各个输入变量的取值,这样的逻辑电路称为组合逻辑电路,简称组合电路。输出变量与输入变量之间的逻辑关系可以一般地表示成为

$$Y_0 = F_0(I_0, I_1, \cdots, I_{n-1})$$

$$Y_1 = F_1(I_0, I_1, \cdots, I_{n-1})$$

$$\vdots$$

$$Y_{m-1} = F_{m-1}(I_0, I_1, \cdots, I_{n-1})$$

或者写成向量形式

$$\boldsymbol{Y}(t_n) = \boldsymbol{F}[\boldsymbol{I}(t_n)] \tag{4.0.1}$$

t_n 是时间。式(4.0.1)表示 t_n 时刻电路的稳定输出 $\boldsymbol{Y}(t_n)$ 仅决定于 t_n 时刻的输入 $\boldsymbol{I}(t_n)$,$\boldsymbol{Y}(t_n)$ 与 $\boldsymbol{I}(t_n)$ 的函数关系用 $\boldsymbol{F}[\boldsymbol{I}(t_n)]$ 表示。也可以把 $\boldsymbol{Y}(t_n) = \boldsymbol{F}[\boldsymbol{I}(t_n)]$ 叫做组合逻辑函数,而把组合电路看成是这种函数的电路实现。

2. 电路结构的特点

从电路结构上看，组合电路是由常用门电路组合而成的，其中既无从输出到输入的反馈连接，也不包含可以存储信号的记忆元件。其实，门电路也是组合电路，只不过因为它们的功能和电路结构都特别简单，所以使用中仅将其当成基本逻辑单元处理罢了。

二、组合电路逻辑功能的表示方法

从功能特点看，逻辑代数一章中介绍的逻辑函数都是组合逻辑函数。既然组合电路是组合函数的电路实现，那么用来表示逻辑函数的几种方法——真值表、卡诺图、逻辑表达式及波形图等，显然都可以用来表示组合电路的逻辑功能。

三、组合电路的分类

① 按照逻辑功能特点不同划分可分为：加法器、比较器、编码器、译码器、数据选择器和分配器、只读存储器等。应该说，实现各种逻辑功能的组合电路是五花八门、不胜枚举的，不必要也不可能一一列举。重要的是通过一些典型电路的分析和设计，弄清基本概念，掌握基本方法。

② 按照使用基本开关元件不同又有 CMOS、TTL 等类型；按照集成度不同又可以分成 SSI、MSI、LSI、VLSI 等。

4.1 组合电路的基本分析方法和设计方法

4.1.1 组合电路的基本分析方法

由给定组合电路的逻辑图出发，分析其逻辑功能所要遵循的基本步骤，称为组合电路的分析方法。一般情况下，在得到组合电路的真值表（真值表是组合电路逻辑功能最基本的描述方法）后，还需要做简单文字说明，指出其功能特点。

一、分析方法

① 根据给定的逻辑图写出输出函数的逻辑表达式。

② 进行化简，求出输出函数的最简**与或**表达式。

③ 列出输出函数的真值表。

④ 说明给定电路的基本功能。

在许多情况下，分析的目的或者是为了确定输入变量不同取值时功能是否满足要求；或者是为了变换电路的结构形式，例如将**与或**结构变换成**与非-与非**结构等；或者是为了得到输出函数的标准**与或**表达式，以便用中、大规模集成电路实现之；或者是为了在分析包括该电路的系统时，利用其功能的逻辑描述。

二、分析举例

［例 4.1.1］ 试分析图 4.1.1 所示电路的逻辑功能，图中输入信号 A、B、C、D 是一组 4 位二进制代码。

［解］ （1）写输出函数 Y 的逻辑表达式

$$W=\overline{\overline{A\,\overline{AB}}\;\;\overline{\overline{AB}\,B}}$$

$$X=\overline{\overline{W\,\overline{WC}}\;\;\overline{\overline{WC}\,C}}$$

$$Y=\overline{\overline{X\,\overline{XD}}\;\;\overline{\overline{XD}\,D}}$$

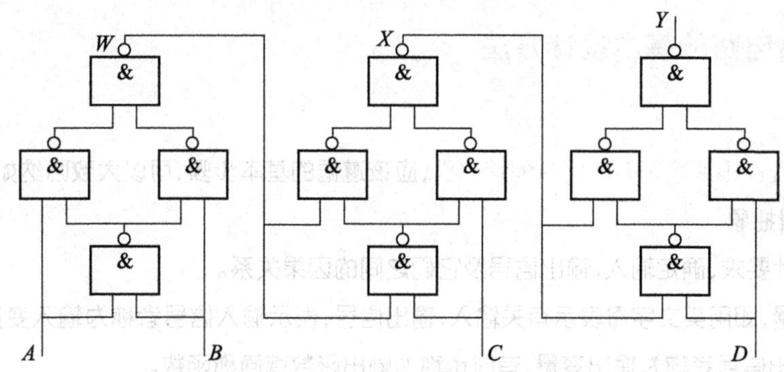

图 4.1.1　例 4.1.1 中 Y 的逻辑电路图

视频：
难点解析 4-1
组合逻辑电路分析

（2）进行化简

$$W=A\,\overline{AB}+\overline{AB}B=A\,\overline{B}+\overline{A}B$$

$$X=W\,\overline{C}+\overline{W}C=A\,\overline{B}\,\overline{C}+\overline{A}B\,\overline{C}+\overline{A}\,\overline{B}C+ABC$$

$$Y=X\,\overline{D}+\overline{X}D=A\,\overline{B}\,\overline{C}\,\overline{D}+\overline{A}B\,\overline{C}\,\overline{D}+\overline{A}\,\overline{B}C\,\overline{D}+ABC\,\overline{D}+\overline{A}\,\overline{B}\,\overline{C}D+\overline{A}BCD+A\,\overline{B}CD+AB\,\overline{C}D$$

（3）列真值表

（4）功能说明

由表 4.1.1 所示真值表可以明显看出，图 4.1.1 所示逻辑图是一检奇电路，即当输入 4 位二进制代码 A、B、C、D 的取值中，**1** 的个数为奇数时输出 Y 为 **1**，反之，为偶数时输出 Y 为 **0**。

表 4.1.1　例 4.1.1 的真值表

A	B	C	D	Y
0	0	0	0	0
0	0	0	1	1
0	0	1	0	1
0	0	1	1	0
0	1	0	0	1
0	1	0	1	0
0	1	1	0	0
0	1	1	1	1
1	0	0	0	1
1	0	0	1	0
1	0	1	0	0
1	0	1	1	1
1	1	0	0	0
1	1	0	1	1
1	1	1	0	1
1	1	1	1	0

思考提升 4-1
分析组合逻辑电路写逻辑表达式时，为何通常化为最小项之和的形式，而不化简为最简与-或表达式？

4.1.2 组合电路的基本设计方法

一、设计方法

根据要求，设计出适合需要的组合逻辑电路，应该遵循的基本步骤，可以大致归纳如下：

1. 进行逻辑抽象

① 分析设计要求，确定输入、输出信号及它们之间的因果关系。

② 设定变量，即用英文字母表示有关输入、输出信号，表示输入信号者称为输入变量，有时也简称为变量，表示输出信号者称为输出变量，有时也称为输出函数或简称函数。

③ 状态赋值，即用 **0** 和 **1** 表示信号的有关状态。

④ 列真值表。根据因果关系，把变量的各种取值和相应的函数值，以表格形式一一列出，而变量取值顺序则常按二进制数递增排列，也可按循环码排列。

视频：
难点解析 4-2
组合逻辑电路设计

2. 进行化简

① 输入变量比较少时，可以用卡诺图化简。

② 输入变量比较多用卡诺图化简不方便时，可以用公式法化简。

3. 画逻辑图

① 变换最简**与或**表达式，求出所需要的最简式。

② 根据最简式画出逻辑图。

二、设计举例

[例 4.1.2] 设计一个表决电路，要求输出信号的电平与三个输入信号中的多数电平一致。

[解] (1) 逻辑抽象

① 设定变量：用 A、B、C 和 Y 分别表示输入和输出信号。

② 状态赋值：用 **0** 和 **1** 分别表示低电平和高电平。

③ 列真值表：根据题意可以列出如表 4.1.2 所示的真值表。

表 4.1.2 例 4.1.2 的真值表

A	B	C	Y
0	0	0	0
0	0	1	0
0	1	0	0
0	1	1	1
1	0	0	0
1	0	1	1
1	1	0	1
1	1	1	1

(2) 进行化简

由图 4.1.2 所示 Y 的卡诺图可得

$$Y=AB+AC+BC$$

（3）画逻辑图

用**与非**门实现。

① 求最简**与非-与非**表达式

$$Y=\overline{\overline{AB+AC+BC}}$$
$$=\overline{\overline{AB}\ \overline{AC}\ \overline{BC}}$$

② 逻辑图如图 4.1.3 所示。

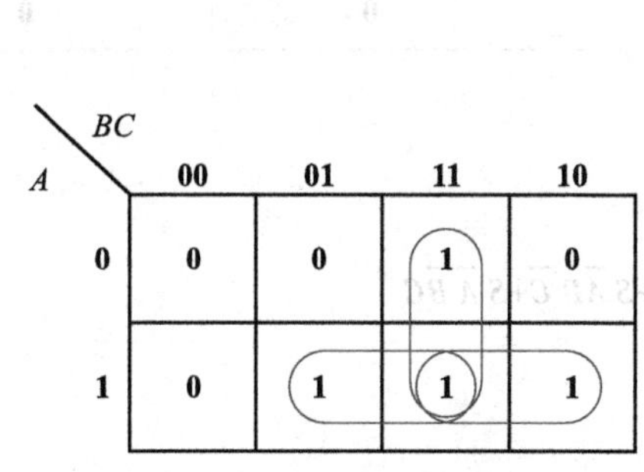

图 4.1.2 例 4.1.2 中 Y 的卡诺图

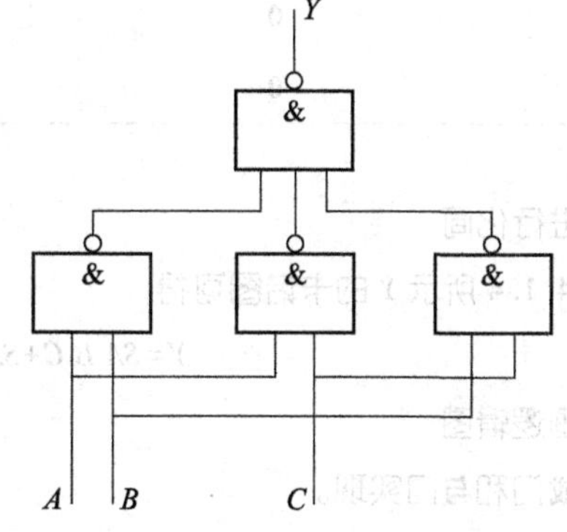

图 4.1.3 例 4.1.2 中 Y 的逻辑图

［例 4.1.3］ 设计一个路灯控制电路，要求实现的功能是：当总电源开关闭合时，安装在三个不同地方的三个开关都能独立地将灯打开或熄灭；当总电源开关断开时，路灯不亮。

［解］（1）逻辑抽象

① 输入、输出信号：输入信号是四个开关的状态，输出信号是路灯的亮、灭。

② 设定变量：用 S 表示总电源开关，用 A、B、C 表示安装在三个不同地方的分开关，用 Y 表示路灯。

③ 状态赋值：用 **0** 表示开关断开和灯灭，用 **1** 表示开关闭合和灯亮。

④ 列真值表：由题意不难理解，一般地说，四个开关是不会在同一时刻动作的，反映在真值表中，任何时刻都只会有一个变量改变取值，因此按循环码排列变量 S、A、B、C 的取值较好，如表 4.1.3 所示。

表 4.1.3 例 4.1.3 的真值表

S	*A*	*B*	*C*	*Y*
0	0	0	0	0
0	0	0	1	0
0	0	1	1	0
0	0	1	0	0
0	1	1	0	0
0	1	1	1	0
0	1	0	1	0
0	1	0	0	0
1	1	0	0	1
1	1	0	1	0

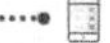
思考提升 4-2
分析和设计组合逻辑电路，真值表在其中发挥着怎样的作用?

续表

S	A	B	C	Y
1	1	1	1	1
1	1	1	0	0
1	0	1	0	1
1	0	1	1	0
1	0	0	1	1
1	0	0	0	0

（2）进行化简

由图 4.1.4 所示 Y 的卡诺图可得

$$Y=SA\overline{B}\,\overline{C}+SABC+S\overline{A}B\,\overline{C}+S\,\overline{A}\,\overline{B}C$$

（3）画逻辑图

用**异或**门和**与**门实现。

① 变换表达式

$$\begin{aligned}Y&=S(A\overline{B}\,\overline{C}+ABC+\overline{A}B\,\overline{C}+\overline{A}\,\overline{B}C)\\&=S[A(\overline{B}\,\overline{C}+BC)+\overline{A}(B\overline{C}+\overline{B}C)]\\&=S(A\oplus B\oplus C)\end{aligned}$$

② 逻辑图：如图 4.1.5 所示。

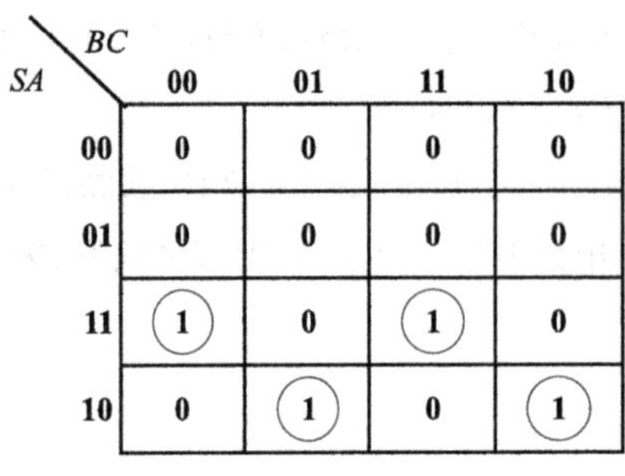

图 4.1.4　例 4.1.3 中 Y 的卡诺图

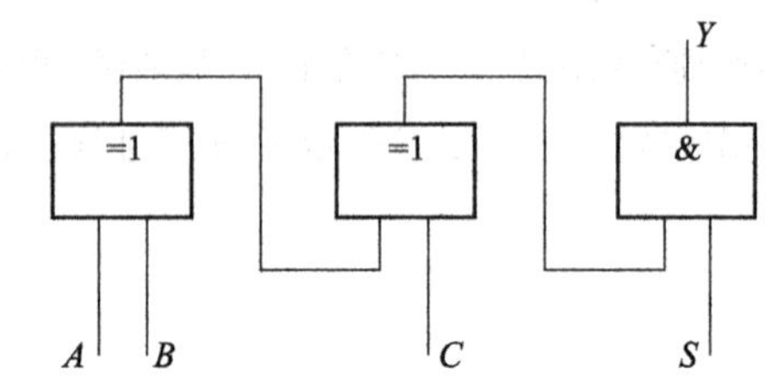

图 4.1.5　例 4.1.3 中 Y 的逻辑图

4.2　加法器

加法器是用于实现两个二进制数加法运算的电路，是数字电路中实现运算功能的核心单元器件。在第一章概述中已经简要介绍了数制的基本概念及其相互之间的转换方法，本节进一步探讨二进制数的加、减、乘、除等算术运算之间的规律。

4.2.1　二进制数的算术运算

一、两数绝对值之间的运算

二进制数的加、减、乘、除等算术运算的规则和十进制数类似，加法运算规则为“逢二进一”，减法运算规则为“借一当二”。

(1) 二进制加法

在数字系统中,加法运算是各种算术运算的基础。二进制加法的四条基本规则如下:

$$\begin{array}{r}0\\+0\\\hline 0\end{array}\quad\begin{array}{r}0\\+1\\\hline 1\end{array}\quad\begin{array}{r}1\\+0\\\hline 1\end{array}\quad\begin{array}{r}1\\+1\\\hline \boxed{1}0\end{array}$$

方框中的 **1** 是进位数,表示两个 **1** 相加后,本位和等于 **0**,同时相邻高位加 1(进 1 作 2),实现了"逢二进一"。

[例 4.2.1] 计算 4 位二进制数 **1001+0101**。

[解] 根据"逢二进一"的加法规则,4 位二进制数码的加法运算是从最低位开始,从低位向高位用逐次递进的方式完成加法运算。

$$\begin{array}{lr}\text{被加数} & 1\ 0\ 0\ 1\\ \text{加 数} & +\ 0\ 1\ 0\ 1\\ & 1\ \ \\ \hline \text{和} & 1\ 1\ 1\ 0\end{array}$$

计算可得 **1001+0101=1110**。

(2) 二进制减法

二进制减法的四条基本规则如下:

$$\begin{array}{r}0\\-0\\\hline 0\end{array}\quad\begin{array}{r}0\\-1\\\hline \boxed{1}1\end{array}\quad\begin{array}{r}1\\-0\\\hline 1\end{array}\quad\begin{array}{r}1\\-1\\\hline 0\end{array}$$

方框中的 **1** 是借位数,表示 **0-1** 不够减,向相邻高位借 **1** 作 2,再进行减法运算,结果为 **1**。

[例 4.2.2] 计算 4 位二进制数 **1001-0101**。

[解] 根据"借一当二"的减法运算规则,计算得到

$$\begin{array}{lr}\text{被减数} & 1\ 0\ 0\ 1\\ \text{减 数} & -\ 0\ 1\ 0\ 1\\ & 1\ \ \ \ \ \ \\ \hline \text{差} & 0\ 1\ 0\ 0\end{array}$$

计算结果为 **1001-0101=0100**。

(3) 二进制乘法

二进制数的乘法规则如下:

$$\begin{array}{r}0\\\times 0\\\hline 0\end{array}\quad\begin{array}{r}0\\\times 1\\\hline 0\end{array}\quad\begin{array}{r}1\\\times 0\\\hline 0\end{array}\quad\begin{array}{r}1\\\times 1\\\hline 1\end{array}$$

与十进制乘法运算类似,多位二进制数的乘法运算可以通过被乘数左移和加法运算实现,即乘数从低位起,每一位数都要依次与被乘数的各位数相乘,所得的积依次左移一位,最后相加求得乘积值。

[例 4.2.3] 计算二进制数 **1011×0101**。

[解] 列式计算得到

```
      1 0 1 1   被乘数
    × 0 1 0 1   乘  数
    ---------
      1 0 1 1   第1部分乘积
    0 0 0 0     第2部分乘积
  1 0 1 1       第3部分乘积
0 0 0 0         第4部分乘积
    1
-------------
0 1 1 0 1 1 1   最后乘积
```

计算结果为 **1011×0101=0110111**。

乘法运算也可用加法运算来完成，例如 11×5=11+11+11+11+11=55。因此，二进制数的乘法运算也可以通过连续加法运算来实现。

（4）二进制除法

二进制数的除法运算规则为：被除数从高位开始逐位向低位不断减去除数，够减时商为 **1**，不够减时商为 **0**，这样不断减下去便可求得商值。在二进制数的除法运算中，每位商的值为 **1** 或 **0**。

［例 4.2.4］　计算二进制数 **11001÷101**。

［解］　按照除法规则，列式计算得到

```
                    1 0 1   商
            ---------------
除  数  1 0 1 / 1 1 0 0 1   被除数
                1 0 1
                ---------
                  0 1 0     余  数
                  0 0 0
                  -------
                    1 0 1   余  数
                    1 0 1
                  -------
                        0   余  数
```

计算结果为 **11001÷101=101**。

除法运算也可用减法运算来完成，只要将被除数连续减去除数就可以求得结果，例如 25−5−5−5−5−5=0，减法运算的次数就是商 25÷5=5。因此，二进制数的除法运算也可以通过连续的减法运算来实现。

二、原码、反码和补码

通常数的正、负是在数的最高位前面加上“+”或“−”来表示，例如+72、−16 等，而在计算机中，数的正和负是用数码表示的。通常采用的方法是在二进制数最高位的前面加一个符号位来表示，符号位后面的数码表示数。正数的符号位用“**0**”表示，负数的符号位用“**1**”表示。举例如下：

$$(+13)_{10}=(\boxed{\mathbf{0}}\ \mathbf{1101})_2\quad (-13)_{10}=(\boxed{\mathbf{1}}\ \mathbf{1101})_2$$

方框中的数为符号位。

带符号的二进制数有原码、反码和补码三种表示方法。

（1）原码表示

原码由二进制数的原数值部分和符号位组成。因此，原码表示法又称为符号−数值表示法，表示如下：

$$(N)_{原}=\begin{cases}[\mathbf{0}]原数值 & （原数值为正数）\\ [\mathbf{1}]原数值 & （原数值为负数）\end{cases}$$

例如二进制数+**1010101** 的原码表示为 **01010101**；−**1010101** 的原码为 **11010101**。

（2）反码表示

二进制数的反码定义为：对于正数，反码和原码相同，为符号位加上原数值；对于负数，反码为符号位加上原数值按位取反。表示如下：

$$(N)_{反}=\begin{cases}[0]原数值 & （原数值为正数）\\ [1]原数值取反 & （原数值为负数）\end{cases}$$

例如二进制数+**10010101** 的反码表示为 **010010101**；-**10010101** 的反码为 **101101010**。

（3）补码表示

二进制数的补码定义为：对于正数，补码和原码、反码相同；对于负数，补码为符号位加上原数值按位取反后，在最低位加 **1**，即反码加 **1**。表示如下：

$$(N)_{补}=\begin{cases}[0]原数值 & （原数值为正数）\\ [1]原数值的补码 & （原数值为负数）\end{cases}$$

例如二进制数+**110011** 的补码表示为 **0110011**；-**110011** 的补码为 **1001101**。

拓展阅读 4-1 补码在减法运算中的作用

［例 4.2.5］ 试求二进制数+**1100011** 和-**1100011** 的原码、反码和补码。

［解］ 二进制数+**1100011** 的原码、反码和补码相同，为 **01100011**。

二进制数-**1100011** 的原码为 **11100011**，反码为 **10011100**，补码为 **10011101**。

补码的运算规则是：补码再求补码=原码；两数补码之和等于两数之和的补码，即

$$[X_1]_{补}+[X_2]_{补}=[X_1+X_2]_{补}$$

其中符号位参与运算，如果产生进位，则自动丢弃。

在数字电路中，用原码对两个正数进行减法运算时，首先要对减数和被减数进行比较，然后由大数减去小数，最后再决定差值的符号。完成这个运算的电路结构复杂，运算速度也很慢。相对而言，实现加法运算的电路结构简单，运算速度快。因此，如果把减去一个正数当作加上一个负数，将负数用补码来表示，那么就可以将减法运算化为加法运算来实现。

［例 4.2.6］ 计算 4 位二进制数 **1101**-**1010**。

［解］ 首先将二进制数+**1101** 和-**1010** 变为补码，+**1101** 的补码为 **01101**，-**1010** 的补码为 **10110**；然后再按补码运算规则相加，计算得到

$$\begin{array}{rl} 0\ 1\ 1\ 0\ 1 & 补码\\ +\ 1\ 0\ 1\ 1\ 0 & 补码\\ 1\ 1\ \ \ \ \ \ \ & \\ \hline \boxed{1}\ 0\ 0\ 0\ 1\ 1 & 补码 \end{array}$$

方框中的 **1** 为进位，在计算机中会自动舍去，保留符号位 **0**，所以计算结果为正数。正数的补码与原码相同，因而运算结果为+3。

［例 4.2.7］ 计算 4 位二进制数 **0110**-**1001**。

［解］ +**0110** 的补码为 **00110**，-**1001** 的补码为 **10111**，补码相加计算得到

$$\begin{array}{rl} 0\ 0\ 1\ 1\ 0 & 补码\\ +\ 1\ 0\ 1\ 1\ 1 & 补码\\ 1\ 1\ \ \ \ \ \ \ & \\ \hline 1\ 1\ 1\ 0\ 1 & 补码 \end{array}$$

运算结果的符号位为 **1**，所以为负数。将数值部分求补后得到原码为

$$[(1101)_2]_{补}=0011$$

所以运算结果为-3。

[例 4.2.8]　试用 4 位二进制数的补码运算规则计算 5-3。

[解]　+5 的补码用 4 位二进制数表示为 0101,-3 的补码用 4 位二进制数表示为 **1101**,补码相加计算得到

$$\begin{array}{r l} 0\;1\;0\;1 & \text{补码} \\ +\;1\;1\;0\;1 & \text{补码} \\ 1\;\;\;\;1\; & \\ \hline \boxed{1}\;0\;0\;1\;0 & \text{补码} \end{array}$$

自动舍去最高位(进位)的 **1**,符号位为 **0**,所以运算结果为正数,正数的补码与原码相同,5-3=2。

需要注意的是,在进行补码运算时,必须在其相应位数表示的数值范围内进行,否则会产生错误的运算结果。

综上所述,二进制数的加、减、乘、除运算都可以通过加法运算来实现。实现加法运算的器件称为加法器,它是计算机重要的组成单元。下面介绍加法器的工作原理。

4.2.2　加法器

一、半加器和全加器

1. 半加器

(1) 半加的概念、规则和真值表

① 半加:两个 1 位二进制数相加,叫做半加。

② 半加规则:两个 1 位二进制数相加,例如 A_i 和 B_i 相加,有三种情况,一是**0+0=0**;二是 **0+1=1**;三是 **1+1=10**。可见,半加结果有两个输出,一是半加和;一是半加进位。

③ 真值表

如果 A_i、B_i 是两个相加的 1 位二进制数,S_i 是半加和,C_i 是半加进位,那么根据半加规则便可列出如表 4.2.1 所示的真值表。

视频:
难点解析 4-3
加法器

表 4.2.1　半加真值表

A_i	B_i	S_i	C_i
0	0	0	0
0	1	1	0
1	0	1	0
1	1	0	1

(2) 逻辑表达式

由真值表表 4.2.1 可直接写出

$$S_i=\overline{A}_iB_i+A_i\overline{B}_i=A_i\oplus B_i$$

$$C_i=A_iB_i$$

(3) 逻辑图

如图 4.2.1 所示。

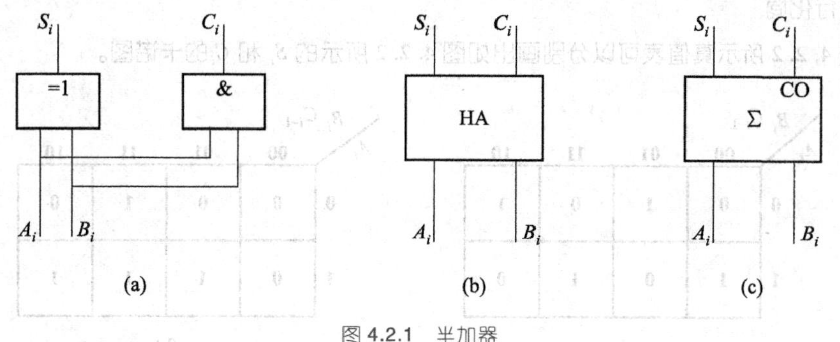

图 4.2.1 半加器

(a) 逻辑图 (b) 曾用符号 (c) 国标符号

2. 全加器

实际做二进制数加法时，一般地说，两个加数都不会是 1 位，因而仅利用不考虑低位进位的半加器是不能解决问题的。

(1) 全加的概念和全加真值表

① 全加的概念

如果两个 4 位二进制数 $A=A_3A_2A_1A_0=\mathbf{1011}$，$B=B_3B_2B_1B_0=\mathbf{1110}$ 相加，则其竖式运算如下：

$$
\begin{array}{r l}
\mathbf{1\ 0\ 1\ 1} & \cdots\cdots A \\
\mathbf{1\ 1\ 1\ 0} & \cdots\cdots B \\
+)\ \mathbf{1\ 1\ 1\ 0} & \cdots\cdots \text{来自低位的进位} \\
\hline
\mathbf{1\ 1\ 0\ 0\ 1} &
\end{array}
$$

由竖式可以明显地看到，左边 3 位都是带进位的加法运算——两个同位的加数和来自低位的进位三者相加，这种加法运算就是所谓的全加，而实现全加运算的电路就叫做全加器。

② 全加真值表

如果用 A_i、B_i 表示 A、B 两个数中的第 i 位，用 C_{i-1} 表示来自低位（第 $i-1$ 位）的进位，用 S_i 表示全加和，用 C_i 表示送给高位（第 $i+1$ 位）的进位，那么根据全加运算的规则便可以列出全加真值表，见表 4.2.2。

表 4.2.2 全加真值表

A_i	B_i	C_{i-1}	S_i	C_i
0	0	0	0	0
0	0	1	1	0
0	1	0	1	0
0	1	1	0	1
1	0	0	1	0
1	0	1	0	1
1	1	0	0	1
1	1	1	1	1

(2) 进行化简

根据表 4. 2. 2 所示真值表可以分别画出如图 4. 2. 2 所示的 S_i 和 C_i 的卡诺图。

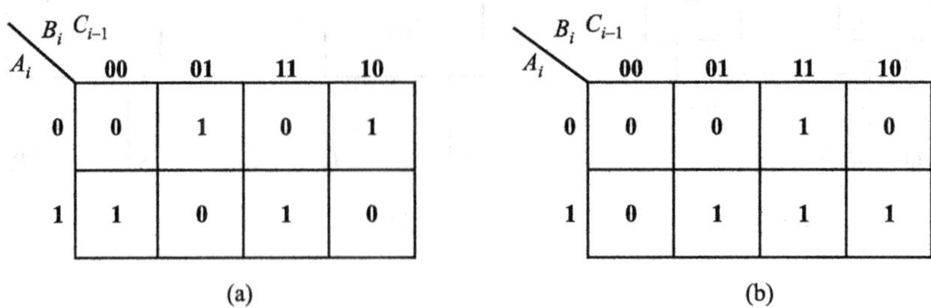

图 4.2.2 输出函数的卡诺图

(a) S_i 的卡诺图 (b) C_i 的卡诺图

由图 4. 2. 2(a)所示的卡诺图可得

$$S_i=\overline{A}_i\ \overline{B}_iC_{i-1}+\overline{A}_iB_i\ \overline{C}_{i-1}+A_i\ \overline{B}_i\ \overline{C}_{i-1}+A_iB_iC_{i-1}$$

由图 4. 2. 2(b)所示的卡诺图可得

$$C_i=A_iB_i+A_iC_{i-1}+B_iC_{i-1}$$

(3) 画逻辑图

若用**与**门、**或**门实现,则可根据上述 S_i 和 C_i 的表达式直接画出如图 4. 2. 3(a)所示的逻辑图。

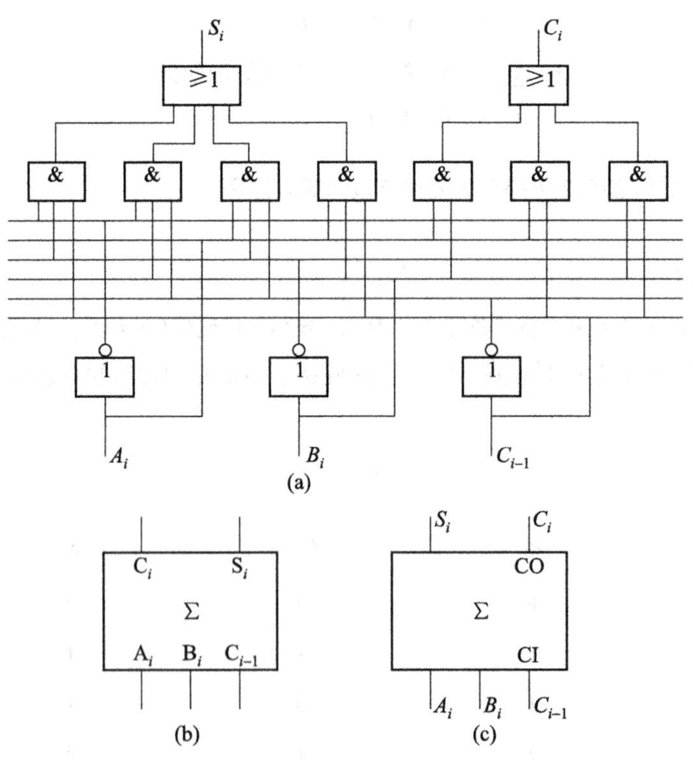

图 4.2.3 全加器

(a) 逻辑图 (b) 曾用符号 (c) 国标符号

若要用**与或非**门实现,则需先求出 $\overline{S}_i$ 和 $\overline{C}_i$ 的最简**与或**表达式,再取反得到最简**与或非**表达式,然后画逻辑图。

在图 4.2.2 中，合并值为 **0** 的最小项所得到的便是 $\overline{S_i}$ 和 $\overline{C_i}$ 的最简**与或**表达式：

$$\overline{S_i}=\overline{A_i}\ \overline{B_i}\ \overline{C_{i-1}}+\overline{A_i}B_iC_{i-1}+A_i\ \overline{B_i}C_{i-1}+A_iB_i\ \overline{C_{i-1}}$$

$$\overline{C_i}=\overline{A_i}\ \overline{B_i}+\overline{A_i}\ \overline{C_{i-1}}+\overline{B_i}\ \overline{C_{i-1}}$$

再取反后得

$$S_i=\overline{\overline{S_i}}=\overline{\overline{A_i}\ \overline{B_i}\ \overline{C_{i-1}}+\overline{A_i}B_iC_{i-1}+A_i\ \overline{B_i}C_{i-1}+A_iB_i\ \overline{C_{i-1}}}$$

$$C_i=\overline{\overline{C_i}}=\overline{\overline{A_i}\ \overline{B_i}+\overline{A_i}\ \overline{C_{i-1}}+\overline{B_i}\ \overline{C_{i-1}}}$$

逻辑图如图 4.2.4 所示。

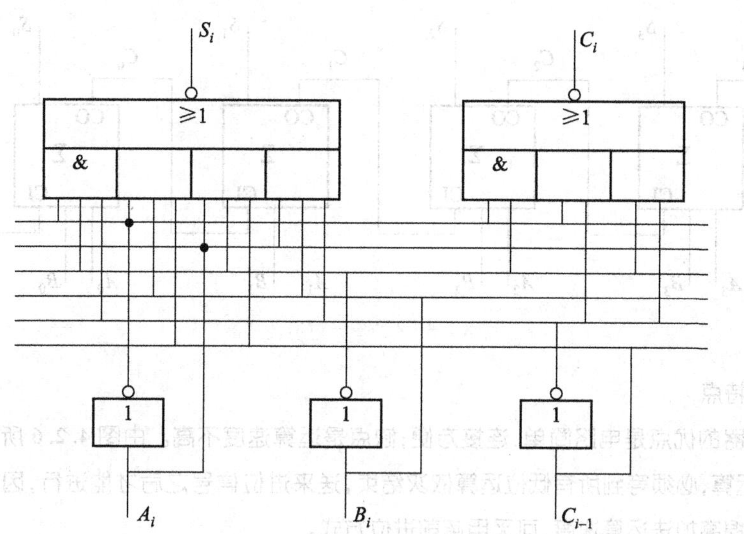

图 4.2.4 用与或非门和反相器构成的全加器

3. 集成全加器

在一个器件中封装两个如图 4.2.4 所示的逻辑电路，组成两个功能相同而又互相独立的全加器。图 4.2.5 是 TTL 和 CMOS 双全加器的对应型号和外引线功能端排列图。

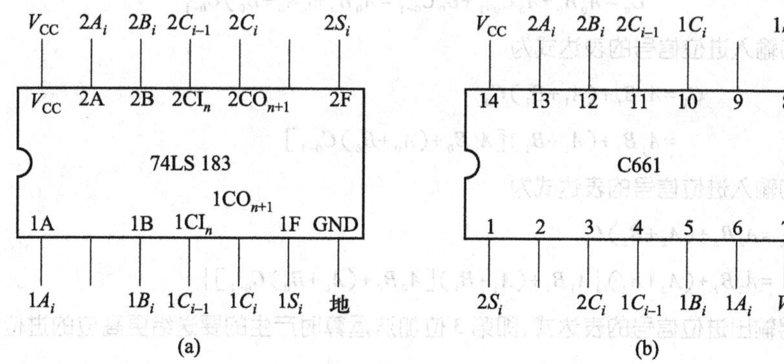

图 4.2.5 双全加器的对应型号和外引线功能端排列图

（a）TTL 电路 （b）CMOS 电路

这种双全加器具有独立的全加和与进位输出，既可将每个全加电路单独使用，又可将一个全加器的进位输出端与另一个全加器的进位输入端连接起来，组成 **2** 位串行加法器。这种集成双全加器级联方便，使用十分灵活。

二、加法器

实现多位二进制数相加的电路称为加法器。根据进位方式不同，有串行进位加法器和超前进位加法器之分。

1. 4 位串行进位加法器

（1）电路组成

把四个全加器（例如两片 74LS183）依次级联起来，便可构成 4 位串行进位加法器，如图 4.2.6 所示。

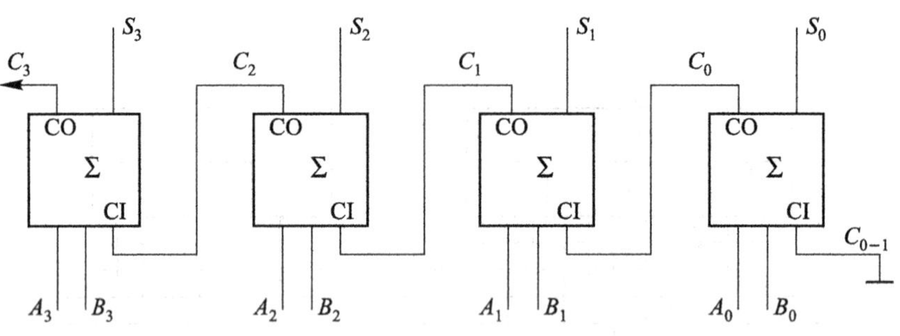

图 4.2.6　4 位串行进位加法器

（2）主要特点

这种加法器的优点是电路简单、连接方便；缺点是运算速度不高。由图 4.2.6 所示逻辑图不难理解，最高位的运算，必须等到所有低位运算依次结束，送来进位信号之后才能进行，因此其运算速度受到限制。为了提高加法运算速度，可采用超前进位方式。

2. 超前进位加法器

（1）工作原理

所谓超前进位加法器，就是在做加法运算时，各位数的进位信号由输入二进制数直接产生的加法器。我们知道，4 位二进制加法器中，第 1 位全加器的输入进位信号的表达式为

$$C_0=A_0B_0+A_0C_{0-1}+B_0C_{0-1}=A_0B_0+(A_0+B_0)C_{0-1}$$

第 2 位全加器的输入进位信号的表达式为

$$\begin{aligned}C_1&=A_1B_1+(A_1+B_1)C_0\\&=A_1B_1+(A_1+B_1)[A_0B_0+(A_0+B_0)C_{0-1}]\end{aligned}$$

第 3 位全加器的输入进位信号的表达式为

$$\begin{aligned}C_2&=A_2B_2+(A_2+B_2)C_1\\&=A_2B_2+(A_2+B_2)\{A_1B_1+(A_1+B_1)[A_0B_0+(A_0+B_0)C_{0-1}]\}\end{aligned}$$

而第 4 位加法器输出进位信号的表达式，即第 3 位加法运算时产生的要送给更高位的进位信号的表达式，为

$$\begin{aligned}C_3&=A_3B_3+(A_3+B_3)C_2\\&=A_3B_3+(A_3+B_3)\{A_2B_2+(A_2+B_2)\{A_1B_1+\\&\quad(A_1+B_1)[A_0B_0+(A_0+B_0)C_{0-1}]\}\}\end{aligned}$$

显而易见，只要 $A_3A_2A_1A_0$、$B_3B_2B_1B_0$ 和 C_{0-1} 给出之后，便可按上述表达式直接确定 C_3、C_2、C_1、C_0。因此，如果用门电路实现上述逻辑关系，并将结果送到相应全加器的进位输入端，就会极大地提

高加法运算速度，因为高位的全加运算再也不需等待了。4 位超前进位加法器就是由四个全加器和相应的进位逻辑电路组成的。

（2）电路组成

图 4.2.7 给出的是 4 位二进制超前进位加法器的逻辑电路结构示意图，和相应的 CMOS 与 TTL 集成电路的型号与外引脚功能端排列图。

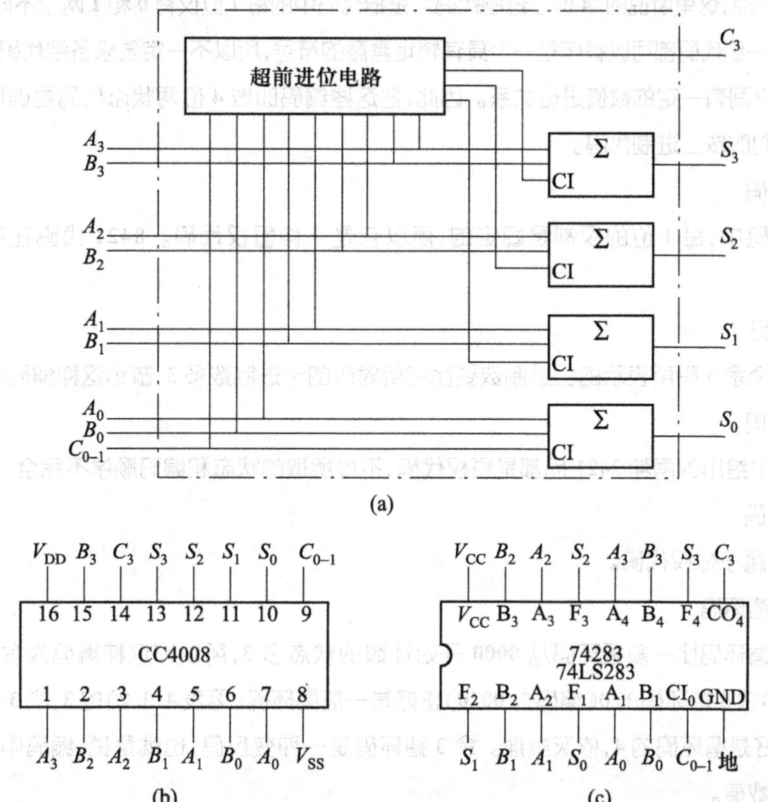

图 4.2.7 4 位二进制超前进位加法器

（a）逻辑结构示意图 （b）CMOS 电路引脚图 （c）TTL 电路引脚图

（3）主要特点

由于采用了超前进位方式，所以速度快。适用于高速数字计算、数据采集及控制系统，而且扩展方便。

4.3 编码器和译码器

4.3.1 码制

采用多位数码，按一定规则来表示不同事物信息的方法，称为码制。例如参赛运动员身上的号码牌，汽车的车牌号等这些数字编号，并不表示数量的大小，而是为了便于识别运动员和车辆信息。用文字、符号或数码表示特定对象的过程称为编码。为了便于记忆和处理事物信息，在编制代码的时候必须遵循一定的规则，这些不同编码方式遵循的规则就是码制。

将若干个二进制数码 **0** 和 **1** 按一定规则排列起来表示某种特定含义的代码，称为二进制代码，或称二进制码。在数字系统中，一般采用二进制码表示数字、文字和字符等特定的信息。下面介绍几种数字电路中常用的二进制代码。

1. 常用的二-十进制编码

二-十进制编码(Binary Code Decimal,简称 BCD 码)是用 4 位二进制代码来表示0~9这十个状态的,所以如果任意取其中的十个状态并按不同的次序排列,则可以得到许多种不同的编码。表 4.3.1中给出的是常用的几种。

还要说明一点,这里所说的"4 位二进制代码",是指代码中的每 1 位仅有 **0** 和 **1** 两个不同的状态。因为在编码表中,每一组代码都可以看作是一个具有特定含意的符号,所以不一定要求各组代码之间以及每组代码内部各位之间有一定的数值进位关系。因此,把这些编码叫做 4 位两状态代码更确切些。不过,在习惯上仍把它们叫做二进制代码。

(1) 8421 码

在这种代码中,每 1 位的权都是固定的,所以它是一种恒权代码。8421 代码在第 1 章已介绍过了。

(2) 余 3 码

因为每一个余 3 码所表示的二进制数要比它所对应的十进制数多 3,故称这种编码为余 3 码。

(3) 2421 码

表 4.3.1 中给出的两种 2421 码都是恒权代码,不过所取的状态和编码顺序不完全一样。

(4) 5211 码

5211 码也属于恒权代码。

(5) 余 3 循环码

因为余 3 循环码比一般循环码从 **0000** 开始计数的状态多 3,所以称这种编码为余 3 循环码。例如,表 4.3.1 中余 3 循环码的 0(编码为 **0010**)正好是一般循环码(见表 4.3.2)的 3,余 3 循环码的 1(编码为 **0110**)正好是循环码的 4,依次类推。余 3 循环码是一种变权码,也就是说,编码中每一位的 **1** 并不代表固定的数值。

表 4.3.1 常用的二-十进制编码

编码种类 十进制数	8421 码	余 3 码	2421(A)码	2421(B)码	5211 码	余 3 循环码	右移码
0	**0000**	**0011**	**0000**	**0000**	**0000**	**0010**	**00000**
1	**0001**	**0100**	**0001**	**0001**	**0001**	**0110**	**10000**
2	**0010**	**0101**	**0010**	**0010**	**0100**	**0111**	**11000**
3	**0011**	**0110**	**0011**	**0011**	**0101**	**0101**	**11100**
4	**0100**	**0111**	**0100**	**0100**	**0111**	**0100**	**11110**
5	**0101**	**1000**	**0101**	**1011**	**1000**	**1100**	**11111**
6	**0110**	**1001**	**0110**	**1100**	**1001**	**1101**	**01111**
7	**0111**	**1010**	**0111**	**1101**	**1100**	**1111**	**00111**
8	**1000**	**1011**	**1110**	**1110**	**1101**	**1110**	**00011**
9	**1001**	**1100**	**1111**	**1111**	**1111**	**1010**	**00001**
权	8421		2421	2421	5211		

(6) 右移循环码

这种编码的任何两个相邻代码之间只有1位状态不同，右移循环码的缺点是没有充分利用5位二进制代码的所有状态，因此二进制代码的位数比其他编码多了1位。

2. 循环码

循环码又称为反射码、格雷码(Gray Code)。表4.3.2是4位循环码的编码表。由表可见，循环码中每1位代码，从上到下的排列顺序都是以固定的周期进行循环的。其中右起第1位的循环周期是**0110**，第2位的循环周期是**00111100**，第3位的循环周期是**0000111111110000**，等等。这种编码也是变权代码。

表 4.3.2 4位循环码

十进制数	循环码	十进制数	循环码
0	**0 0 0 0**	8	**1 1 0 0**
1	**0 0 0 1**	9	**1 1 0 1**
2	**0 0 1 1**	10	**1 1 1 1**
3	**0 0 1 0**	11	**1 1 1 0**
4	**0 1 1 0**	12	**1 0 1 0**
5	**0 1 1 1**	13	**1 0 1 1**
6	**0 1 0 1**	14	**1 0 0 1**
7	**0 1 0 0**	15	**1 0 0 0**

循环码的主要优点是相邻两个编码只有1位状态不同，它的缺点是不够直观。

3. ISO编码

ISO(international standardization organization)编码是国际标准化组织编制的一组8位二进制代码，主要用在信息传送上。这一组编码包括0~9十个数字码，26个英文字母，以及20个其他符号的代码，共56个。表4.3.3为ISO编码表。表中以b_7、b_6、b_5、…、b_1分别表示代码的第7、6、5、…、1位。第8位是补偶位，用来把每个代码中1的个数补成偶数，以便于查错。

表 4.3.3 ISO编码

字符 $b_7b_6b_5$ / $b_4\ b_3\ b_2\ b_1$	000	001	010	011	100	101	110	111
0000	NUL		SP	0		P		
0001				1	A	Q		
0010				2	B	R		
0011				3	C	S		
0100			$	4	D	T		
0101			%	5	E	U		
0110				6	F	V		

续表

字符 $b_7b_6b_5$ / $b_4b_3b_2b_1$	000	001	010	011	100	101	110	111
0111				7	G	W		
1000	BS		(	8	H	X		
1001	HT	EM	)	9	I	Y		
1010	LF		*	:	J	Z		
1011			+		K			
1100			,		L			
1101	CR		-	=	M			
1110			.		N			
1111			/		0			DEL

从表 4.3.3 中不难看出,0~9 十个数字代码的共同特点是 $b_7b_6b_5$ = **011**,26 个字母代码的共同特点是 b_7b_6 = **10**。

此外,在 0~9 这十个数字的代码中,$b_4b_3b_2b_1$ 的编码顺序与二进制数从 0~9 的编码顺序相同。在 A~Z 这 26 个字母的代码中,$b_5b_4b_3b_2b_1$ 的编码顺序与二进制数从1~26 的编码顺序相同。表 4.3.3 中,文字符的含义与表 4.3.4 中的规定相同。

4. ANSCII(ASCII)码

ANSCII(American National Standard Code for Information Interchange)是美国国家信息交换标准代码的简称。它的编码表列于表 4.3.4 中。这种编码常见于通信设备和计算机中,它是一组 8 位二进制代码,用 b_1 到 b_7 7 位二进制代码表示信息,用第 8 位作奇偶校验位。奇偶校验位的数值根据校验的类型(补奇还是补偶)来决定。

其中字符的含义如表 4.3.5 所示。

表 4.3.4　**ANSCII** 编码

字符 $b_7b_6b_5$ / $b_4b_3b_2b_1$	000	001	010	011	100	101	110	111
0000	NUL	DLE	SP	0	@	P	\	p
0001	SOH	DC1	!	1	A	Q	a	q
0010	STX	DC2	”	2	B	R	b	r
0011	ETX	DC3	#	3	C	S	c	s
0100	EOT	DC4	$	4	D	T	d	t
0101	ENQ	NAK	%	5	E	U	e	u
0110	ACK	SYN	&	6	F	V	f	v

续表

字符 $b_7b_6b_5$ / $b_4\ b_3\ b_2\ b_1$	000	001	010	011	100	101	110	111
0111	BEL	ETB	,	7	G	W	g	w
1000	BS	CAN	(	8	H	X	h	x
1001	HT	EM	)	9	I	Y	i	y
1010	LF	SUB	*	:	J	Z	j	z
1011	VT	E\C	+	;	K	[	k	{
1100	FF	FS	,	<	L	\	l	!
1101	CR	GS	−	=	M	]	m	}
1110	SO	RS	.	>	N	↑	n	~
1111	SI	US	/	?	O	↓	o	DEL

表 4.3.5 **ANSCII** 编码字符的含义

字符	含　义	字符	含　义
NUL	空,无效	DC1	设备控制 1
SOH	标题开始	DC2	设备控制 2
STX	正文开始	DC3	设备控制 3
ETX	本文结束	DC4	设备控制 4
EOT	传输结束	NAK	否定
ENQ	询问	SYN	空转同步
ACK	承认	ETB	信息组传输结束
BEL	报警符(可听见的信号)	CAN	作废
BS	退一格	EM	纸尽
HT	横向列表(穿孔卡片指令)	SUB	减
LF	换行	ESC	换码
VT	垂直制表	FS	文字分隔符
FF	走纸控制	GS	组分隔符
CR	回车	RS	记录分隔符
SO	移位输出	US	单元分隔符
SI	移位输入	SP	空间(空格)
DLE	数据键换码	DEL	作废

4.3.2 编码器

一般地说，用文字、符号或者数字表示特定对象的过程都可以叫做编码。日常生活中就经常遇到编码问题。例如，孩子出生时家长给取名字，开运动会给运动员编号等，都是编码。不过孩子取名字用的是汉字，运动员编号用的是十进制数，而汉字、十进制数用电路实现起来比较困难，所以在数字电路中不用它们编码，而是用二进制数进行编码，相应的二进制数称为二进制代码。常用的二进制代码在上节中已经介绍过了，这里不再赘述。编码器就是实现编码操作的电路。

一、二进制编码器

用 n 位二进制代码对 $N=2^n$ 个信号进行编码的电路称为二进制编码器。

1. 3位二进制编码器

输入是八个需要进行编码的信号，用 $I_0 \sim I_7$ 表示，输出是用来进行编码的3位二进制代码，用 Y_0、Y_1、Y_2 表示，示意框图如图4.3.1所示。

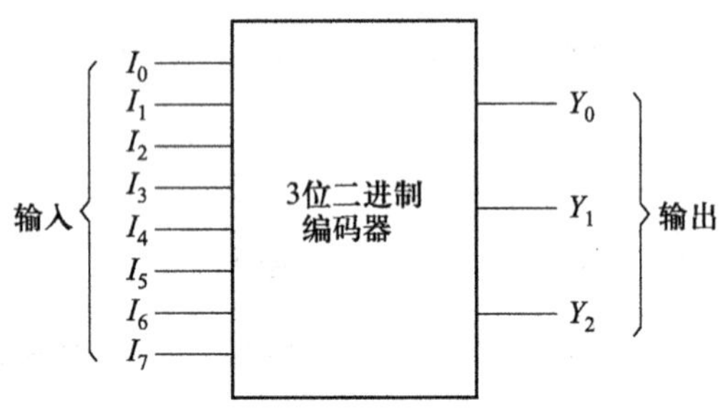

图4.3.1 3位二进制编码器示意框图

现在分别用 **000、001、010、011、100、101、110、111** 表示 I_0、I_1、…、I_7。

(1) 真值表

由于编码器在任何时刻，只能对一个输入信号进行编码，即不允许有两个和两个以上输入信号同时存在的情况出现，也就是说 I_0、I_1、…、I_7 是一组互相排斥的变量，因此真值表可以采用简化形式——编码表列出来，见表4.3.6。

视频：
难点解析 4-4
编码器

表4.3.6 3位二进制编码器的编码表

输入	输出		
	Y_2	Y_1	Y_0
I_0	0	0	0
I_1	0	0	1
I_2	0	1	0
I_3	0	1	1
I_4	1	0	0
I_5	1	0	1
I_6	1	1	0
I_7	1	1	1

(2) 逻辑表达式

由于 I_0、I_1、…、I_7 互相排斥，所以只需要将使函数值为 **1** 的变量加起来，便可以得到相应输出信号的最简**与或**表达式，即

$$Y_2 = I_4 + I_5 + I_6 + I_7$$

$$Y_1 = I_2 + I_3 + I_6 + I_7$$

$$Y_0 = I_1 + I_3 + I_5 + I_7$$

(3) 逻辑图

根据上述各表达式可直接画出如图 4.3.2 所示的逻辑图。

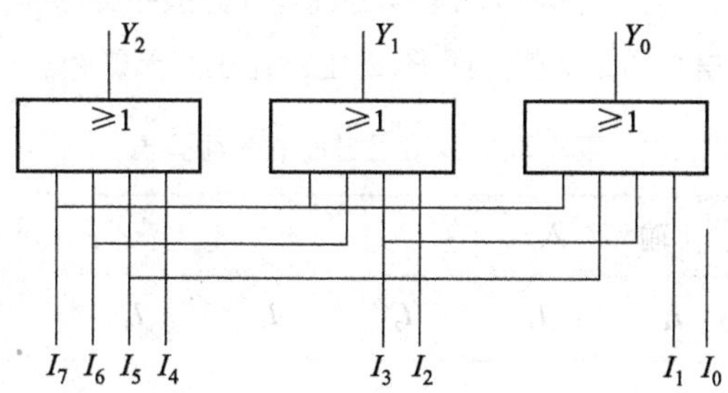

图 4.3.2 3 位二进制编码器

由于编码器各个输出信号逻辑表达式的基本形式是有关输入信号的**或**运算，所以其逻辑图是由**或**门组成的阵列，这也是编码器基本电路结构的一个显著特点。

图 4.3.3 是用**与非**门构成的 3 位二进制编码的电路。只要把输出信号的表达式变换成**与非**形式，再画逻辑图即可。

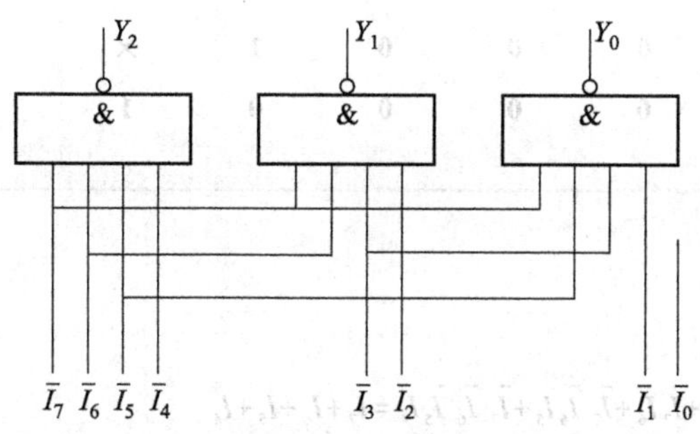

图 4.3.3 用与非门构成的 3 位二进制编码器

$$Y_2 = \overline{\overline{I_4 + I_5 + I_6 + I_7}} = \overline{\bar{I}_4 \bar{I}_5 \bar{I}_6 \bar{I}_7}$$

$$Y_1 = \overline{\overline{I_2 + I_3 + I_6 + I_7}} = \overline{\bar{I}_2 \bar{I}_3 \bar{I}_6 \bar{I}_7}$$

$$Y_0 = \overline{\overline{I_1 + I_3 + I_5 + I_7}} = \overline{\bar{I}_1 \bar{I}_3 \bar{I}_5 \bar{I}_7}$$

在图 4.3.3 中，输入为反变量，即低电平有效。无论是在图 4.3.2 中还是在图 4.3.3 中，I_0 的编码都是隐含着的，即 I_1、I_2、…、I_7 均为无效状态时，编码器的输出就是 I_0（或$\bar{I}_0$）的编码。

2. 3 位二进制优先编码器

(1) 优先编码的概念

前面讲的编码器，输入信号都是互相排斥的。在优先编码器中则不同，允许几个信号同时输入，但是电路只对其中优先级别最高的进行编码，不理睬级别低的信号，或者说级别低的信号不起作用，这样

的电路称为优先编码器。也就是说，在优先编码器中是优先级别高的信号排斥级别低的，即具有单方面排斥的特性。至于优先级别的高低，则完全是由设计人员根据各个输入信号轻重缓急情况决定的。图 4.3.4 所示是 3 位二进制优先编码器示意框图，$I_0 \sim I_7$ 是要进行优先编码的 8 个输入信号，$Y_0 \sim Y_2$ 是用来进行优先编码的 3 位二进制代码。

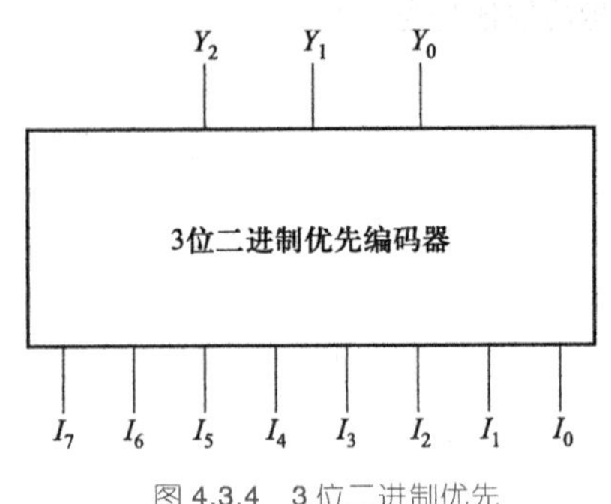

图 4.3.4 3 位二进制优先编码器示意框图

(2) 真值表

$I_0 \sim I_7$ 8 个输入信号中，假定 I_7 优先级别最高，I_6 次之，依此类推，I_0 最低，并分别用 $Y_2Y_1Y_0$ 取值为 **000**、**001**、…、**111** 表示 I_0、I_1、…、I_7。根据优先级别高的输入信号排斥低的特点，即可列出优先编码器的简化真值表——优先编码表表 4.3.7。优先编码表中"×"号的意思是被排斥，也就是说有优先级别高的信号存在时，级别低的输入信号取值无论是 **0** 还是 **1** 都无所谓，对电路输出均无影响。

表 4.3.7 3 位二进制优先编码表

输入								输出		
I_7	I_6	I_5	I_4	I_3	I_2	I_1	I_0	Y_2	Y_1	Y_0
1	×	×	×	×	×	×	×	1	1	1
0	1	×	×	×	×	×	×	1	1	0
0	0	1	×	×	×	×	×	1	0	1
0	0	0	1	×	×	×	×	1	0	0
0	0	0	0	1	×	×	×	0	1	1
0	0	0	0	0	1	×	×	0	1	0
0	0	0	0	0	0	1	×	0	0	1
0	0	0	0	0	0	0	1	0	0	0

(3) 逻辑表达式

由表 4.3.7 直接可得

$$Y_2 = I_7 + \overline{I}_7 I_6 + \overline{I}_7\,\overline{I}_6 I_5 + \overline{I}_7\,\overline{I}_6\,\overline{I}_5 I_4 = I_7 + I_6 + I_5 + I_4$$

$$Y_1 = I_7 + \overline{I}_7 I_6 + \overline{I}_7\,\overline{I}_6\,\overline{I}_5\,\overline{I}_4 I_3 + \overline{I}_7\,\overline{I}_6\,\overline{I}_5\,\overline{I}_4\,\overline{I}_3 I_2 = I_7 + I_6 + \overline{I}_5\,\overline{I}_4 I_3 + \overline{I}_5\,\overline{I}_4 I_2$$

$$Y_0 = I_7 + \overline{I}_7\,\overline{I}_6 I_5 + \overline{I}_7\,\overline{I}_6\,\overline{I}_5\,\overline{I}_4 I_3 + \overline{I}_7\,\overline{I}_6\,\overline{I}_5\,\overline{I}_4\,\overline{I}_3\,\overline{I}_2 I_1 = I_7 + \overline{I}_6 I_5 + \overline{I}_6\,\overline{I}_4 I_3 + \overline{I}_6\,\overline{I}_4\,\overline{I}_2 I_1$$

(4) 逻辑图

根据上述表达式即可画出如图 4.3.5 所示的逻辑图。在图 4.3.5 中，I_0 的编码也是隐含着的，当 $I_1 \sim I_7$ 均为 **0** 时，电路的输出就是 I_0 的编码。

如果要求输出、输入均为反变量，那么只要在图 4.3.5 中的每一个输出端和输入端都加上反相器就可以了，示意图如图 4.3.6 所示。

图 4.3.5 和图 4.3.6 所示优先编码器又叫做 8 线-3 线优先编码器，因为它们都有 8 根输入编码信号线、3 根输出代码信号线。

表 4.3.8 是图 4.3.6 所示 8 线-3 线优先编码器的简化真值表——优先编码表，简称真值表。

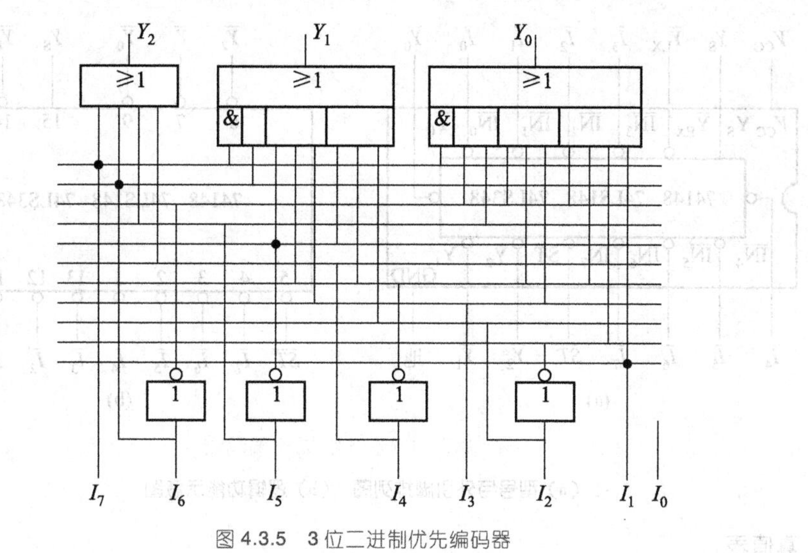

图 4.3.5 3 位二进制优先编码器

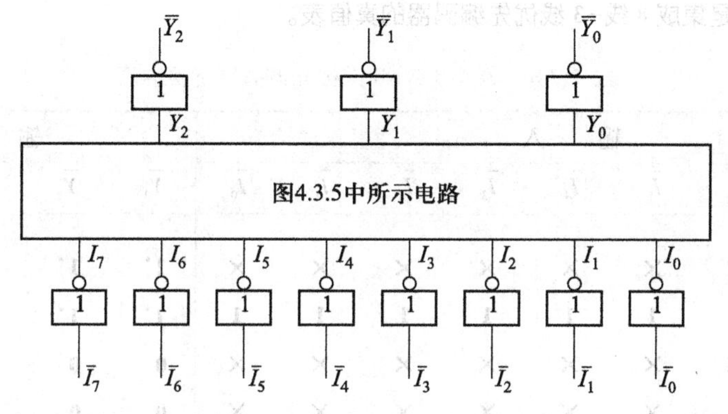

图 4.3.6 输入、输出均为反变量的 3 位二进制优先编码器

表 4.3.8 8 线-3 线优先编码器的简化真值表

输入								输出		
$\bar{I}_7$	$\bar{I}_6$	$\bar{I}_5$	$\bar{I}_4$	$\bar{I}_3$	$\bar{I}_2$	$\bar{I}_1$	$\bar{I}_0$	$\bar{Y}_2$	$\bar{Y}_1$	$\bar{Y}_0$
0	×	×	×	×	×	×	×	0	0	0
1	0	×	×	×	×	×	×	0	0	1
1	1	0	×	×	×	×	×	0	1	0
1	1	1	0	×	×	×	×	0	1	1
1	1	1	1	0	×	×	×	1	0	0
1	1	1	1	1	0	×	×	1	0	1
1	1	1	1	1	1	0	×	1	1	0
1	1	1	1	1	1	1	0	1	1	1

3. 集成 8 线-3 线优先编码器

(1) 型号与外引脚功能端排列图

图 4.3.7 所示是 TTL 集成 8 线-3 线优先编码器的型号和外引脚功能端排列图。

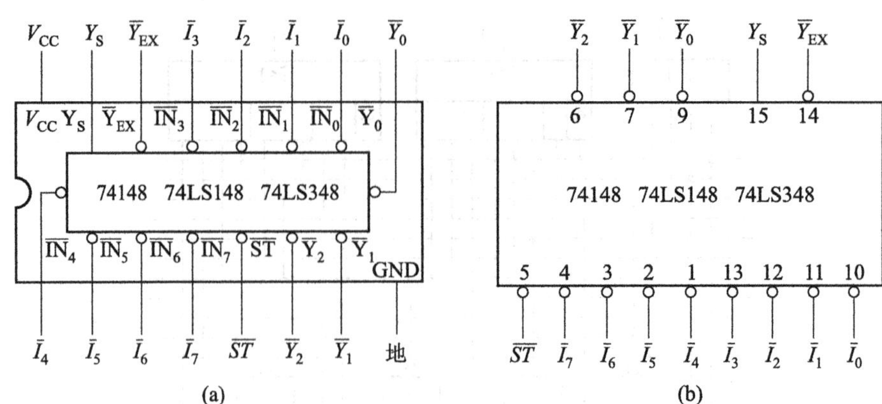

图 4.3.7　8 线-3 线优先编码器

(a) 型号与外引脚排列图　(b) 逻辑功能示意图

(2) 真值表

表 4.3.9 所示是集成 8 线-3 线优先编码器的真值表。

表 4.3.9　集成 8 线-3 线优先编码器的真值表

输　入									输　出				
$\overline{ST}$	$\overline{I}_7$	$\overline{I}_6$	$\overline{I}_5$	$\overline{I}_4$	$\overline{I}_3$	$\overline{I}_2$	$\overline{I}_1$	$\overline{I}_0$	$\overline{Y}_2$	$\overline{Y}_1$	$\overline{Y}_0$	$\overline{Y}_{EX}$	Y_S
1	×	×	×	×	×	×	×	×	1*	1*	1*	1	1
0	1	1	1	1	1	1	1	1	1*	1*	1*	1	0
0	0	×	×	×	×	×	×	×	0	0	0	0	1
0	1	0	×	×	×	×	×	×	0	0	1	0	1
0	1	1	0	×	×	×	×	×	0	1	0	0	1
0	1	1	1	0	×	×	×	×	0	1	1	0	1
0	1	1	1	1	0	×	×	×	1	0	0	0	1
0	1	1	1	1	1	0	×	×	1	0	1	0	1
0	1	1	1	1	1	1	0	×	1	1	0	0	1
0	1	1	1	1	1	1	1	0	1	1	1	0	1

* 注:74LS348 为"Z"——高阻态。

集成 8 线-3 线优先编码器中,$\overline{ST}$为选通输入端,当$\overline{ST}=\mathbf{0}$ 时允许编码;当$\overline{ST}=\mathbf{1}$ 时输出$\overline{Y}_2$、$\overline{Y}_1$、$\overline{Y}_0$ 和 Y_S、$\overline{Y}_{EX}$均封锁,编码被禁止。Y_S 是选通输出端,级联应用时,高位片的 Y_S 端与低位片的$\overline{ST}$端连接起来,可以扩展优先编码功能。$\overline{Y}_{EX}$为优先扩展输出端,级联应用时可作输出位的扩展端。

(3) 级联应用举例

将两片 8 线-3 线优先编码器级联起来,便可以构成 16 线-4 线优先编码器,图 4.3.8 所示是电路连线图。

$\overline{A}_0 \sim \overline{A}_{15}$是编码输入信号,**0** 有效,$\overline{A}_{15}$优先级别最高,$\overline{A}_{14}$次之,依此类推,$\overline{A}_0$ 最低。$\overline{Z}_3$、$\overline{Z}_2$、$\overline{Z}_1$、$\overline{Z}_0$ 是输出 4 位二进制代码,为 4 位二进制反码,即 **0000~1111**。

根据表 4.3.8 所示真值表,不难分析清楚图 4.3.8 所示电路的工作原理,这里不再赘述。

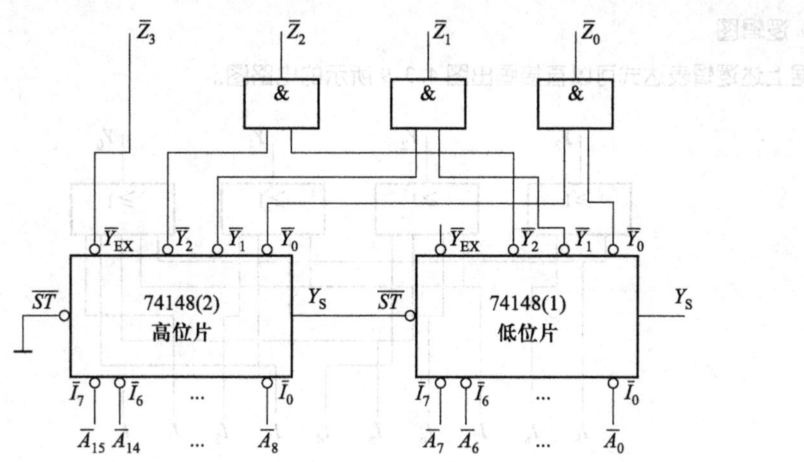

图 4.3.8 16 线-4 线优先编码器

二、二-十进制编码器

能实现二-十进制编码的电路称为二-十进制编码器，其工作原理与二进制编码器并无本质区别，现以最常用的 8421 BCD 码编码器为例做简要说明。

1. 8421 BCD 码编码器

(1) 编码表——简化真值表

表 4.3.10 所示是 8421 BCD 码编码表。输入是需要进行编码的十进制数的十个数字 $I_0 \sim I_9$，输出是相应的二进制代码 $Y_3Y_2Y_1Y_0$。

表 4.3.10 8421 BCD 码编码表

输入 \ 输出	Y_3	Y_2	Y_1	Y_0
I_0	0	0	0	0
I_1	0	0	0	1
I_2	0	0	1	0
I_3	0	0	1	1
I_4	0	1	0	0
I_5	0	1	0	1
I_6	0	1	1	0
I_7	0	1	1	1
I_8	1	0	0	0
I_9	1	0	0	1

(2) 逻辑表达式

由于表 4.3.10 中 $I_0 \sim I_9$ 是一组互相排斥的变量，故可以直接写出每一个输出信号的最简**与或**表达式

$$Y_3 = I_8 + I_9$$

$$Y_2 = I_4 + I_5 + I_6 + I_7$$

$$Y_1 = I_2 + I_3 + I_6 + I_7$$

$$Y_0 = I_1 + I_3 + I_5 + I_7 + I_9$$

（3）逻辑图

根据上述逻辑表达式可以直接画出图 4.3.9 所示的电路图。

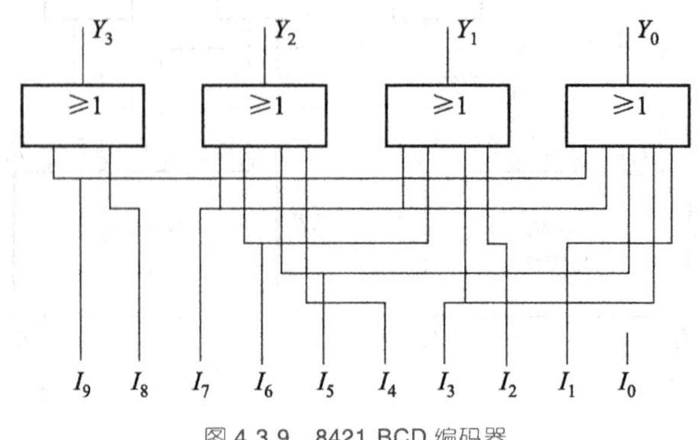

图 4.3.9　8421 BCD 编码器

图 4.3.10 是用**或非**门构成的 8421 BCD 码编码器，输入、输出信号均为反变量。

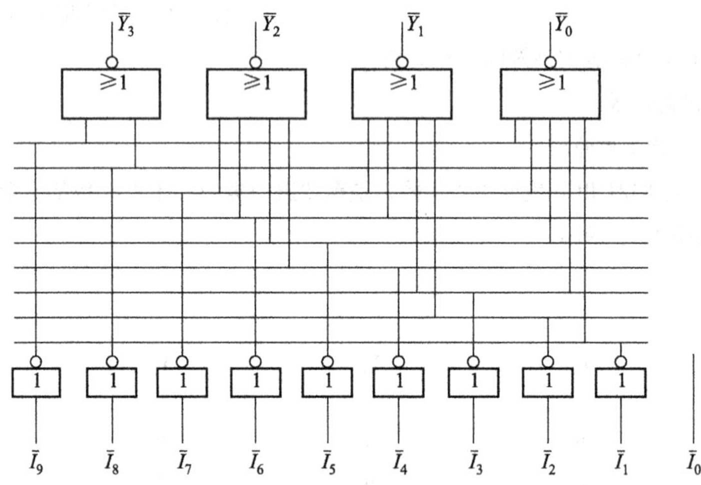

图 4.3.10　或非门构成反变量输入、输出的 8421 BCD 码编码器

2. 8421 BCD 优先编码器

假设大者优先，即 I_9 优先级别最高，I_8 次之，I_0 最低。

（1）真值表

见表 4.3.11。

表 4.3.11　8421 BCD 优先编码器真值表

输　入										输　出			
I_9	I_8	I_7	I_6	I_5	I_4	I_3	I_2	I_1	I_0	Y_3	Y_2	Y_1	Y_0
1	×	×	×	×	×	×	×	×	×	1	0	0	1
0	1	×	×	×	×	×	×	×	×	1	0	0	0
0	0	1	×	×	×	×	×	×	×	0	1	1	1
0	0	0	1	×	×	×	×	×	×	0	1	1	0
0	0	0	0	1	×	×	×	×	×	0	1	0	1

续表

输入										输出			
I_9	I_8	I_7	I_6	I_5	I_4	I_3	I_2	I_1	I_0	Y_3	Y_2	Y_1	Y_0
0	0	0	0	0	1	×	×	×	×	0	1	0	0
0	0	0	0	0	0	1	×	×	×	0	0	1	1
0	0	0	0	0	0	0	1	×	×	0	0	1	0
0	0	0	0	0	0	0	0	1	×	0	0	0	1
0	0	0	0	0	0	0	0	0	1	0	0	0	0

(2) 逻辑表达式

由表 4. 3. 11 所示真值表可得

$$Y_3 = I_9 + \overline{I}_9 I_8 = I_9 + I_8$$

$$Y_2 = \overline{I}_9\,\overline{I}_8 I_7 + \overline{I}_9\,\overline{I}_8\,\overline{I}_7 I_6 + \overline{I}_9\,\overline{I}_8\,\overline{I}_7\,\overline{I}_6 I_5 + \overline{I}_9\,\overline{I}_8\,\overline{I}_7\,\overline{I}_6\,\overline{I}_5 I_4$$

$$= \overline{I}_9\,\overline{I}_8 I_7 + \overline{I}_9\,\overline{I}_8 I_6 + \overline{I}_9\,\overline{I}_8 I_5 + \overline{I}_9\,\overline{I}_8 I_4$$

$$Y_1 = \overline{I}_9\,\overline{I}_8 I_7 + \overline{I}_9\,\overline{I}_8\,\overline{I}_7 I_6 + \overline{I}_9\,\overline{I}_8\,\overline{I}_7\,\overline{I}_6\,\overline{I}_5\,\overline{I}_4 I_3 + \overline{I}_9\,\overline{I}_8\,\overline{I}_7\,\overline{I}_6\,\overline{I}_5\,\overline{I}_4\,\overline{I}_3 I_2$$

$$= \overline{I}_9\,\overline{I}_8 I_7 + \overline{I}_9\,\overline{I}_8 I_6 + \overline{I}_9\,\overline{I}_8\,\overline{I}_5\,\overline{I}_4 I_3 + \overline{I}_9\,\overline{I}_8\,\overline{I}_5\,\overline{I}_4 I_2$$

$$Y_0 = I_9 + \overline{I}_9\,\overline{I}_8 I_7 + \overline{I}_9\,\overline{I}_8\,\overline{I}_7\,\overline{I}_6 I_5 + \overline{I}_9\,\overline{I}_8\,\overline{I}_7\,\overline{I}_6\,\overline{I}_5\,\overline{I}_4 I_3 + \overline{I}_9\,\overline{I}_8\,\overline{I}_7\,\overline{I}_6\,\overline{I}_5\,\overline{I}_4\,\overline{I}_3\,\overline{I}_2 I_1$$

$$= I_9 + \overline{I}_8 I_7 + \overline{I}_8\,\overline{I}_6 I_5 + \overline{I}_8\,\overline{I}_6\,\overline{I}_4 I_3 + \overline{I}_8\,\overline{I}_6\,\overline{I}_4\,\overline{I}_2 I_1$$

(3) 逻辑图

根据上述表达式便可以画出如图 4. 3. 11 所示的逻辑图。

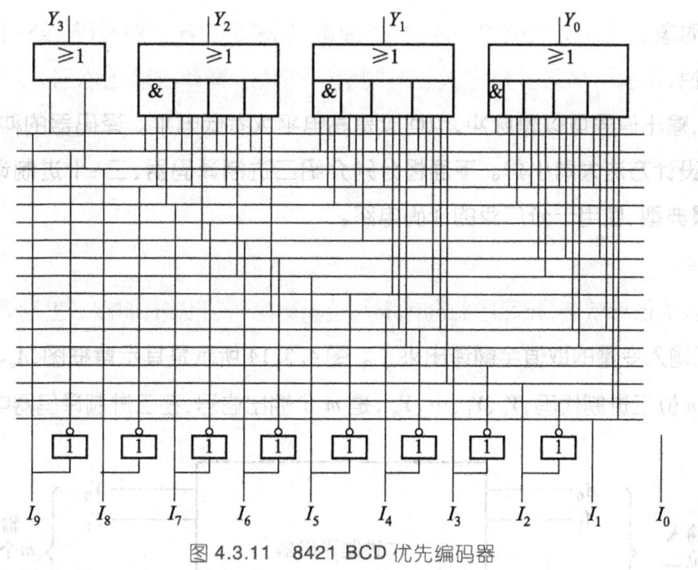

图 4.3.11 8421 BCD 优先编码器

如果在图 4. 3. 11 所示电路的基础上，在每一个输入端和输出端都加上反相器，便可得到输入和输出均为反变量的 8421 BCD 优先编码器，示意图如图 4. 3. 12所示。

3. 集成 10 线-4 线优先编码器

把图 4. 3. 12 所示电路制作在一个芯片上，所得到的便是集成 10 线-4 线(8421BCD 输出)优先编码器。图 4. 3. 13 所示就是这种集成 10 线-4 线优先编码器的外引脚功能端排列图和型号。

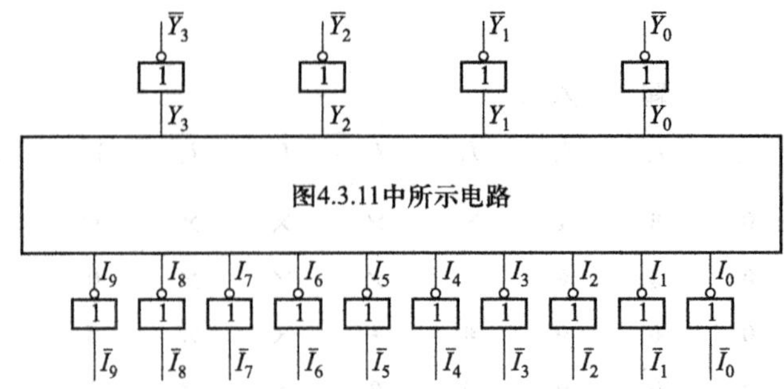

图 4.3.12 输入、输出均为反变量的 8421 BCD 优先编码器

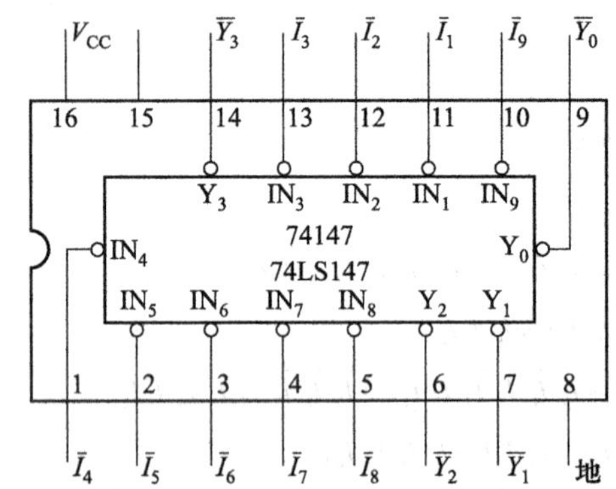

图 4.3.13 集成 10 线-4 线优先编码器外引脚功能排列图和型号

4.3.3 译码器

译码是编码的逆过程，在编码时，每一种二进制代码状态都赋予了特定的含义，即都表示了一个确定的信号或者对象。把代码状态的特定含义“翻译”出来的过程叫做译码，实现译码操作的电路称为译码器。或者说，译码器是可以将输入二进制代码的状态翻译成输出信号，以表示其原来含义的电路。根据需要，输出信号可以是脉冲，也可以是高电平或者低电平。译码器的种类很多，但它们的工作原理和分析设计方法大同小异。下面将分别介绍二进制译码器、二-十进制译码器和显示译码器，它们是三种最典型、使用十分广泛的译码电路。

一、二进制译码器

把二进制代码的各种状态，按其原意翻译成对应输出信号的电路，叫做二进制译码器，也称为变量译码器，因为它把输入变量的取值全翻译出来了。图 4. 3. 14 所示是其示意框图，A_0、A_1、…、A_{n-1} 是 n 个输入变量也就是 n 位二进制代码，Y_0、Y_1、…、Y_{m-1} 是 m 个输出信号，在二进制译码器中，$m=2^n$。

图 4.3.14 二进制译码器示意框图

1. 3 位二进制译码器

严格地讲，不知道编码是无法译码的，不过在二进制译码器中，一般情况下都把输入的二进制代码

状态当成二进制数，输出就是相应十进制数的数值，并用输出信号的下标表示。

（1）真值表

表 4.3.12 所示是 3 位二进制译码器的真值表，输入是 3 位二进制代码 $A_2A_1A_0$，输出是其状态译码 $Y_0 \sim Y_7$。

表 4.3.12 3 位二进制译码器的真值表

输入			输出							
A_2	A_1	A_0	Y_7	Y_6	Y_5	Y_4	Y_3	Y_2	Y_1	Y_0
0	0	0	0	0	0	0	0	0	0	1
0	0	1	0	0	0	0	0	0	1	0
0	1	0	0	0	0	0	0	1	0	0
0	1	1	0	0	0	0	1	0	0	0
1	0	0	0	0	0	1	0	0	0	0
1	0	1	0	0	1	0	0	0	0	0
1	1	0	0	1	0	0	0	0	0	0
1	1	1	1	0	0	0	0	0	0	0

（2）逻辑表达式

由表 4.3.12 所示真值表可直接得到

$$Y_0 = \overline{A}_2\ \overline{A}_1\ \overline{A}_0 \qquad Y_1 = \overline{A}_2\ \overline{A}_1 A_0$$

$$Y_2 = \overline{A}_2 A_1\ \overline{A}_0 \qquad Y_3 = \overline{A}_2 A_1 A_0$$

$$Y_4 = A_2\ \overline{A}_1\ \overline{A}_0 \qquad Y_5 = A_2\ \overline{A}_1 A_0$$

$$Y_6 = A_2 A_1\ \overline{A}_0 \qquad Y_7 = A_2 A_1 A_0$$

（3）逻辑图

根据上述逻辑表达式画出的逻辑图如图 4.3.15 所示。

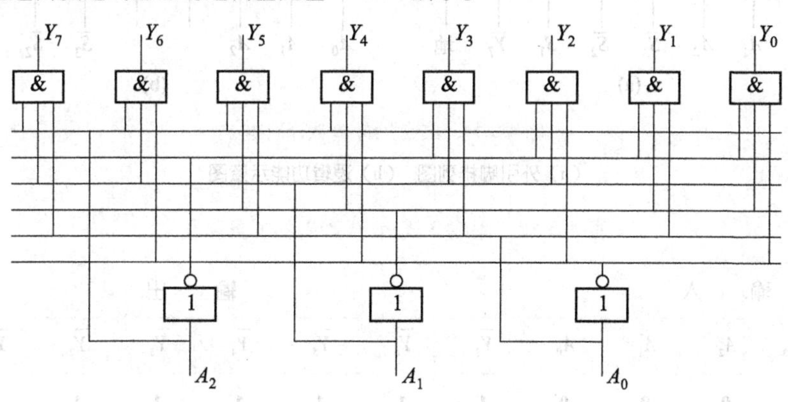

图 4.3.15 3 位二进制译码器

由于译码器各个输出信号逻辑表达式的基本形式是有关输入信号的**与**运算，所以它的逻辑图是由**与**门组成的阵列，这也是译码器基本电路结构的一个显著特点。

如果把图 4.3.15 所示电路的**与**门换成**与非**门，同时把输出信号写成反变量，那么所得到的就是由**与非**门构成的输出为反变量（低电平有效）的 3 位二进制译码器，如图 4.3.16 所示。

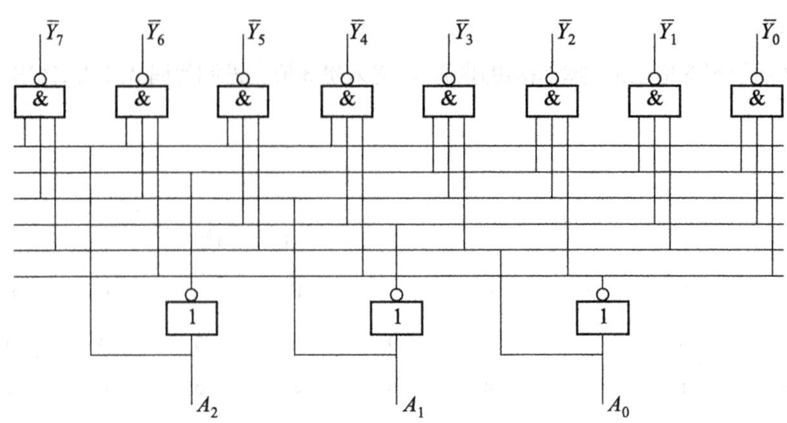

图 4.3.16 与非门构成的输出为反变量的 3 位二进制译码器

3 位二进制译码器又叫做 3 线-8 线译码器，因为它有 3 根输入代码线、8 根输出信号线。

2. 集成 3 线-8 线译码器

若把图 4.3.16 所示电路加上控制门制作在一个芯片上，便可构成集成 3 线-8 线译码器。图 4.3.17 所示是它的型号和外引脚功能端排列图及逻辑功能示意图，表 4.3.13 所示是它的真值表。S_1、$\overline{S}_2$ 和 $\overline{S}_3$ 是三个输入选通控制端，当 $S_1=\mathbf{0}$ 或者 $\overline{S}_2+\overline{S}_3=\mathbf{1}$ 时，译码被禁止，译码器的输出端 $\overline{Y}_0\sim\overline{Y}_7$ 全为 **1**；只有当 $S_1=\mathbf{1}$、$\overline{S}_2+\overline{S}_3=\mathbf{0}$ 时，译码器才正常运行，完成译码操作。

视频：
难点解析 4-5
二进制译码器

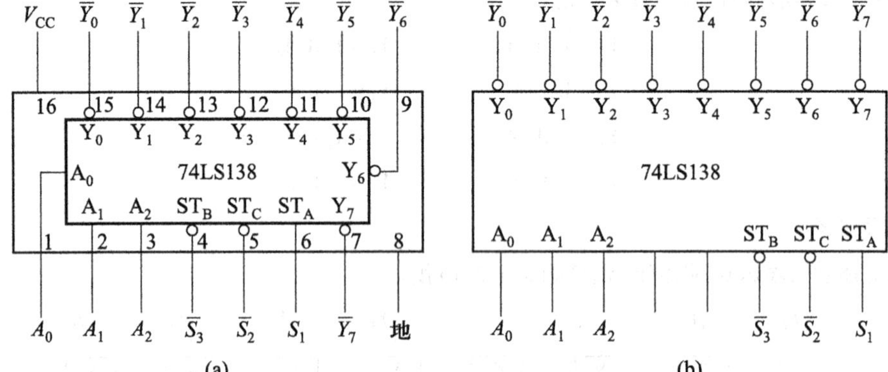

图 4.3.17 集成 3 线-8 线译码器

(a) 外引脚排列图 (b) 逻辑功能示意图

表 4.3.13 集成 3 线-8 线译码器的真值表

输入					输出							
S_1	$\overline{S}_2+\overline{S}_3$	A_2	A_1	A_0	$\overline{Y}_7$	$\overline{Y}_6$	$\overline{Y}_5$	$\overline{Y}_4$	$\overline{Y}_3$	$\overline{Y}_2$	$\overline{Y}_1$	$\overline{Y}_0$
1	**0**	**0**	**0**	**0**	**1**	**1**	**1**	**1**	**1**	**1**	**1**	**0**
1	**0**	**0**	**0**	**1**	**1**	**1**	**1**	**1**	**1**	**1**	**0**	**1**
1	**0**	**0**	**1**	**0**	**1**	**1**	**1**	**1**	**1**	**0**	**1**	**1**
1	**0**	**0**	**1**	**1**	**1**	**1**	**1**	**1**	**0**	**1**	**1**	**1**
1	**0**	**1**	**0**	**0**	**1**	**1**	**1**	**0**	**1**	**1**	**1**	**1**

续表

输入					输出							
S_1	$\overline{S}_2+\overline{S}_3$	A_2	A_1	A_0	$\overline{Y}_7$	$\overline{Y}_6$	$\overline{Y}_5$	$\overline{Y}_4$	$\overline{Y}_3$	$\overline{Y}_2$	$\overline{Y}_1$	$\overline{Y}_0$
1	**0**	**1**	**0**	**1**	**1**	**1**	**0**	**1**	**1**	**1**	**1**	**1**
1	**0**	**1**	**1**	**0**	**1**	**0**	**1**	**1**	**1**	**1**	**1**	**1**
1	**0**	**1**	**1**	**1**	**0**	**1**	**1**	**1**	**1**	**1**	**1**	**1**
0	×	×	×	×	**1**	**1**	**1**	**1**	**1**	**1**	**1**	**1**
×	**1**	×	×	×	**1**	**1**	**1**	**1**	**1**	**1**	**1**	**1**

3. 二进制译码器的级联

当输入二进制代码的位数比较多时，可以把几个二进制译码器级联起来完成其译码操作。图 4.3.18 所示是把两片 74LS138 级联起来构成的 4 线-16 线译码器。

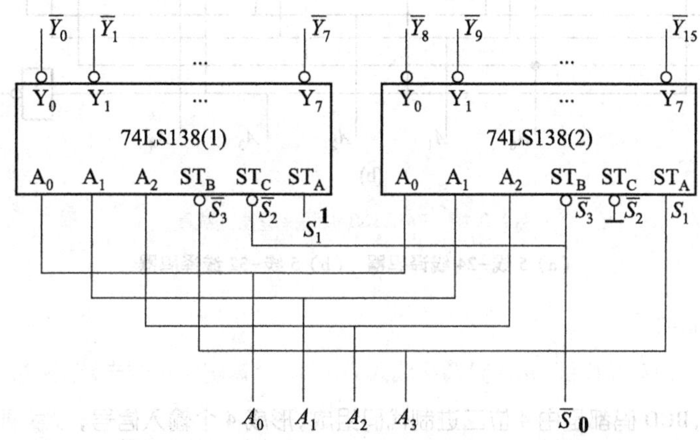

图 4.3.18 用两片 74LS138 级联构成的 4 线-16 线译码器

由表 4.3.13 所示真值表不难分析清楚图 4.3.18 所示电路的工作原理。输入 4 位二进制代码中，当高位 $A_3=\mathbf{0}$ 时，片(1)的$\overline{S}_3=\mathbf{0}$ 工作，片(2)的 $S_1=\mathbf{0}$ 被禁止，输出$\overline{Y}_0\sim\overline{Y}_7$ 是$\mathbf{0}A_2A_1A_0$ 的译码；当 $A_3=\mathbf{1}$ 时，片(1)的$\overline{S}_3=\mathbf{1}$ 被禁止，片(2)的 $S_1=\mathbf{1}$ 工作，输出$\overline{Y}_8\sim\overline{Y}_{15}$是 $\mathbf{1}A_2A_1A_0$ 的译码。整个级联电路的使能端是$\overline{S}$，当$\overline{S}=\mathbf{0}$ 时级联电路工作，完成对输入 4 位二进制代码 $A_3A_2A_1A_0$ 的译码；当$\overline{S}=\mathbf{1}$时级联电路被禁止，输出$\overline{Y}_0\sim\overline{Y}_{15}$均为 **1** 状态。

图 4.3.19 是 5 线-24 线和 5 线-32 线译码器连接图。

4. 二进制译码器的主要特点

(1) 功能特点

二进制译码器是全译码的电路，它把每一种输入二进制代码状态都翻译出来了。如果把输入信号当成逻辑变量，输出信号当成逻辑函数，那么每一个输出信号就是输入变量的一个最小项，所以二进制译码器在其输出端提供了输入变量的全部最小项。

(2) 电路结构特点

二进制译码器的基本电路是由**与**门组成的阵列，如果要求输出为反变量即低电平有效，则只需将**与**门阵列换成**与非**门阵列就可以了，这也是集成二进制译码器采用的电路结构形式。

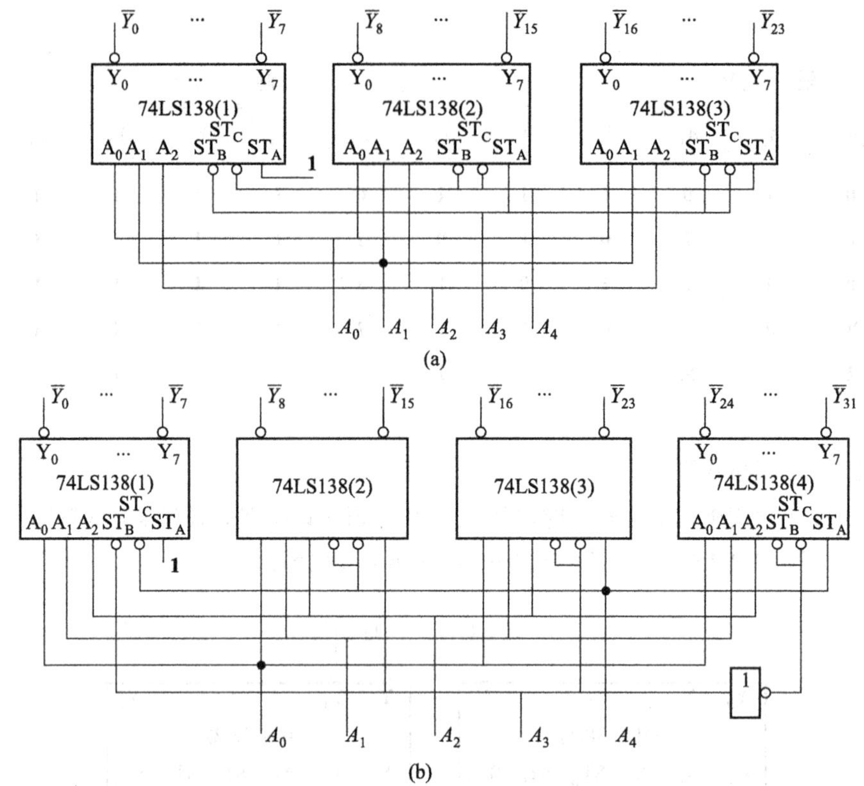

图 4.3.19　74LS138 级联译码器连线图

(a) 5 线-24 线译码器　(b) 5 线-32 线译码器

二、二-十进制译码器

将十进制数的二进制编码即 BCD 码翻译成对应的 10 个输出信号的电路，称为二-十进制译码器。因为在一般情况下，BCD 码都是由 4 位二进制代码组成，形成 4 个输入信号，故常把二-十进制译码器叫做 4 线-10 线译码器。

1. 8421 BCD 码输入的 4 线-10 线译码器

8421 BCD 码的特点是在输入的 4 位二进制代码中，**0000** 的含义是 0，即表示的是 0，**0001** 表示的是 1，依此类推……**1001** 表示的是 9，据此便可以列出 4 线-10 线译码器的真值表，见表 4.3.14。

(1) 真值表

用 A_3、A_2、A_1、A_0 表示输入的 4 位二进制代码，用 $Y_0 \sim Y_9$ 表示 10 个输出信号 0～9，真值表见表 4.3.14。

表 4.3.14　4 线-10 线译码器的真值表

输入				输出									
A_3	A_2	A_1	A_0	Y_0	Y_1	Y_2	Y_3	Y_4	Y_5	Y_6	Y_7	Y_8	Y_9
0	**0**	**0**	**0**	**1**	**0**	**0**	**0**	**0**	**0**	**0**	**0**	**0**	**0**
0	**0**	**0**	**1**	**0**	**1**	**0**	**0**	**0**	**0**	**0**	**0**	**0**	**0**
0	**0**	**1**	**0**	**0**	**0**	**1**	**0**	**0**	**0**	**0**	**0**	**0**	**0**
0	**0**	**1**	**1**	**0**	**0**	**0**	**1**	**0**	**0**	**0**	**0**	**0**	**0**

续表

输入				输出									
A_3	A_2	A_1	A_0	Y_0	Y_1	Y_2	Y_3	Y_4	Y_5	Y_6	Y_7	Y_8	Y_9
0	**1**	**0**	**0**	**0**	**0**	**0**	**0**	**1**	**0**	**0**	**0**	**0**	**0**
0	**1**	**0**	**1**	**0**	**0**	**0**	**0**	**0**	**1**	**0**	**0**	**0**	**0**
0	**1**	**1**	**0**	**0**	**0**	**0**	**0**	**0**	**0**	**1**	**0**	**0**	**0**
0	**1**	**1**	**1**	**0**	**0**	**0**	**0**	**0**	**0**	**0**	**1**	**0**	**0**
1	**0**	**0**	**0**	**0**	**0**	**0**	**0**	**0**	**0**	**0**	**0**	**1**	**0**
1	**0**	**0**	**1**	**0**	**0**	**0**	**0**	**0**	**0**	**0**	**0**	**0**	**1**
1	**0**	**1**	**0**	×	×	×	×	×	×	×	×	×	×
1	**0**	**1**	**1**	×	×	×	×	×	×	×	×	×	×
1	**1**	**0**	**0**	×	×	×	×	×	×	×	×	×	×
1	**1**	**0**	**1**	×	×	×	×	×	×	×	×	×	×
1	**1**	**1**	**0**	×	×	×	×	×	×	×	×	×	×
1	**1**	**1**	**1**	×	×	×	×	×	×	×	×	×	×

在 8421 BCD 码中，代码 **1010～1111** 六种取值没有使用，在正常情况下不会在译码器输入端出现，并称之为伪码，相应地，在译码器各个输出信号处均记上“×”号，化简 $Y_0 \sim Y_9$ 的逻辑表达式时可以当成约束项处理。

(2) 逻辑表达式

利用图形化简法，并注意约束项的使用，便可以很容易地得到下列各表达式：

$$Y_0=\overline{A}_3\ \overline{A}_2\ \overline{A}_1\ \overline{A}_0 \qquad Y_1=\overline{A}_3\ \overline{A}_2\ \overline{A}_1 A_0$$

$$Y_2=\overline{A}_2 A_1\ \overline{A}_0 \qquad Y_3=\overline{A}_2 A_1 A_0$$

$$Y_4=A_2\ \overline{A}_1\ \overline{A}_0 \qquad Y_5=A_2\ \overline{A}_1 A_0$$

$$Y_6=A_2 A_1\ \overline{A}_0 \qquad Y_7=A_2 A_1 A_0$$

$$Y_8=A_3\ \overline{A}_0 \qquad Y_9=A_3 A_0$$

(3) 逻辑图

根据上述表达式便可画出如图 4. 3. 20 所示的逻辑图。

如果要输出为反变量，即为低电平有效，则只需将图 4. 3. 20 所示电路中的**与**门换成**与非**门即可，当然 $Y_0 \sim Y_9$ 随之也应变为$\overline{Y}_0 \sim \overline{Y}_9$。

2. 集成 4 线-10 线译码器

(1) 外引脚功能端排列图及逻辑符号

图 4. 3. 21 所示是 8421 BCD 输入的集成 4 线-10 线译码器的外引脚功能端排列图、型号和逻辑符号。

(2) 真值表

表 4. 3. 15 是 8421 BCD 码输入的集成 4 线-10 线译码器 74042、74LS042 的真值表，由真值表可以明显地看出，译码器是拒绝伪码的，即当输入端出现未使用的代码状态 **1010～1111** 时，电路不予响应，输出 $\overline{Y}_0 \sim \overline{Y}_9$ 为全 **1**，也就是说均为无效状态。原因在于 $Y_0 \sim Y_9$ 都是最小项表达式，未利用约束项进行化简。

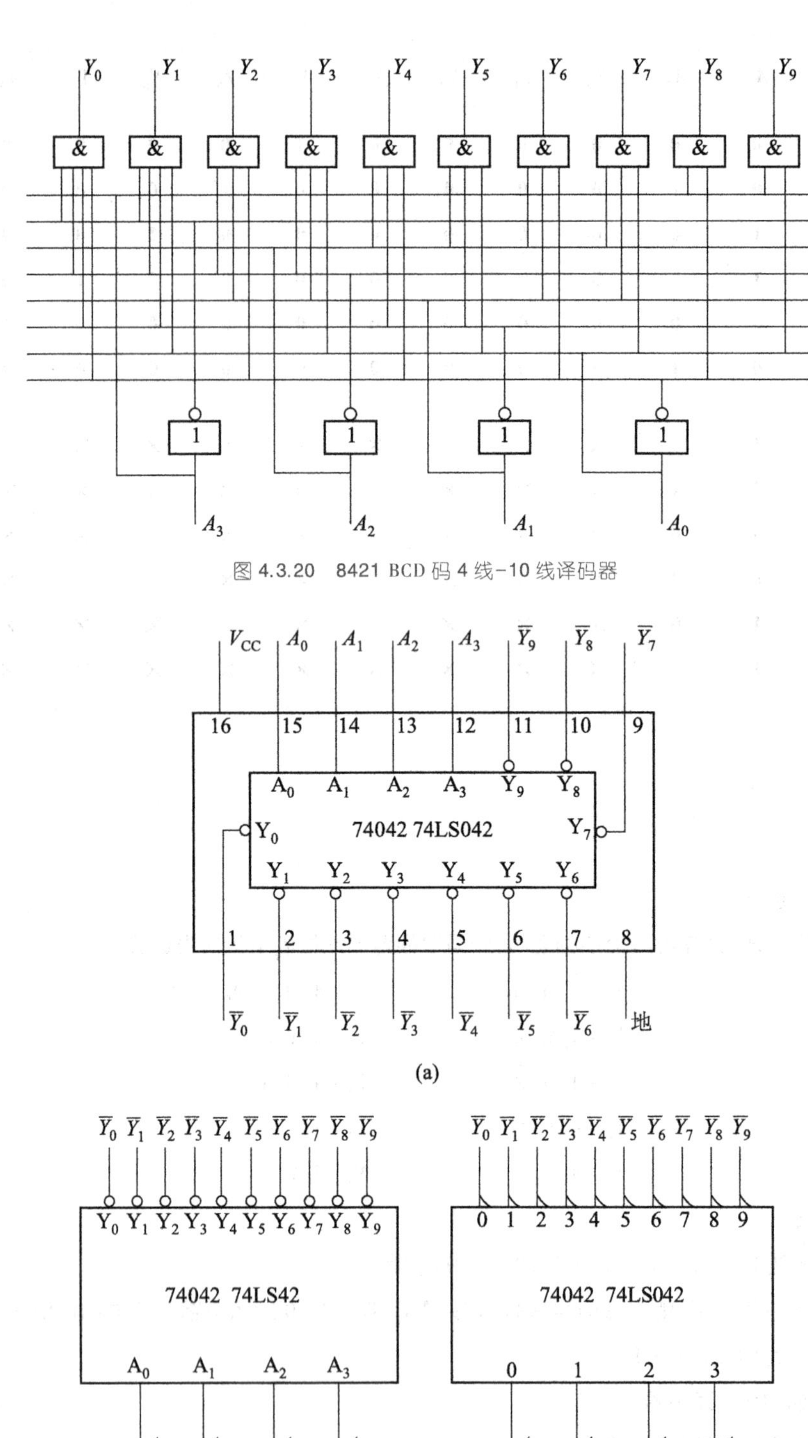

图 4.3.20　8421 BCD 码 4 线–10 线译码器

图 4.3.21　4 线–10 线译码器

（a）外引脚排列图　（b）逻辑功能示意图　（c）国标符号

表 4.3.15 8421 BCD 输入 4 线-10 线译码器的真值表

	输入				输出									
	A_3	A_2	A_1	A_0	$\overline{Y}_0$	$\overline{Y}_1$	$\overline{Y}_2$	$\overline{Y}_3$	$\overline{Y}_4$	$\overline{Y}_5$	$\overline{Y}_6$	$\overline{Y}_7$	$\overline{Y}_8$	$\overline{Y}_9$
	0	0	0	0	0	1	1	1	1	1	1	1	1	1
	0	0	0	1	1	0	1	1	1	1	1	1	1	1
	0	0	1	0	1	1	0	1	1	1	1	1	1	1
	0	0	1	1	1	1	1	0	1	1	1	1	1	1
	0	1	0	0	1	1	1	1	0	1	1	1	1	1
	0	1	0	1	1	1	1	1	1	0	1	1	1	1
	0	1	1	0	1	1	1	1	1	1	0	1	1	1
	0	1	1	1	1	1	1	1	1	1	1	0	1	1
	1	0	0	0	1	1	1	1	1	1	1	1	0	1
	1	0	0	1	1	1	1	1	1	1	1	1	1	0
伪码	1	0	1	0	1	1	1	1	1	1	1	1	1	1
	1	0	1	1	1	1	1	1	1	1	1	1	1	1
	1	1	0	0	1	1	1	1	1	1	1	1	1	1
	1	1	0	1	1	1	1	1	1	1	1	1	1	1
	1	1	1	0	1	1	1	1	1	1	1	1	1	1
	1	1	1	1	1	1	1	1	1	1	1	1	1	1

集成 4 线-10 线译码器还有余 3 码输入、余 3 格雷码输入的电路，它们的外引脚功能端排列与 8421 BCD 码输入没有区别，只是真值表不同罢了。

三、显示译码器

在数字系统和装置中，经常需要把数字、文字和符号等的二进制编码翻译成人们习惯的形式直观地显示出来，以便于查看和对话。由于各种工作方式的显示器件对译码器的要求区别很大，而实际工作中又希望显示器和译码器配合使用，甚至直接利用译码器驱动显示器。因此，人们就把这种类型的译码器叫做显示译码器。而要弄懂显示译码器，对最常用的显示器必须有所了解。

1. 两种常用的数码显示器

(1) 半导体显示器

① 简单显示原理

某些特殊的半导体材料，例如，用磷砷化镓做成的 PN 结，当外加正向电压时，可以将电能转换成光能，从而发出清晰悦目的光线。利用这样的 PN 结，既可以封装成单个的发光二极管（LED），也可以封装成分段式（或者点阵式）的显示器件，如图 4.3.22 所示。

② 驱动电路

既可以用半导体三极管驱动，也可以直接用 TTL 与非门驱动。电路如图 4.3.23 所示。

图中 D 为发光二极管（或数码管中一段），T 导通或 T 饱和时亮，R 是限流电阻。D 的工作电压一般为 1.5~3 V，工作电流只需几到十几毫安。调节 R，可改变 D 上的电压和流过其中的电流，从而控制其亮度。

拓展阅读 4-2
目前常用数码显示器介绍

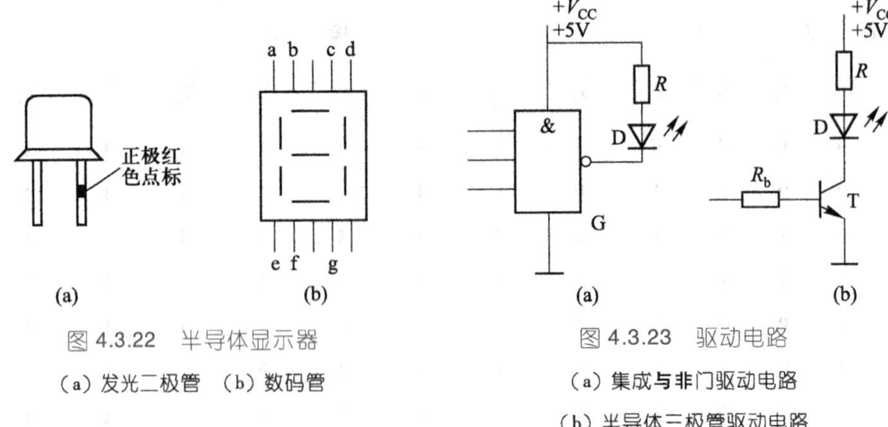

图 4.3.22　半导体显示器

(a) 发光二极管　(b) 数码管

图 4.3.23　驱动电路

(a) 集成与非门驱动电路

(b) 半导体三极管驱动电路

③ 基本特点

半导体显示器的特点是清晰悦目、工作电压低(1.5～3 V)、体积小、寿命长(>1 000 h)、响应速度快(1～100 ns)、颜色丰富(有红、绿、黄等色)、可靠。

(2) 液晶显示器件

液晶显示器件(LCD)是一种平板薄型显示器件，其驱动电压很低、工作电流极小，与 CMOS 电路结合起来可以组成微功耗系统，广泛地用于电子钟表、电子计算器、各种仪器和仪表中。

液晶是一种介于晶体和液体之间的有机化合物，常温下既有液体的流动性和连续性，又有晶体的某些光学特性。液晶显示器件本身不发光，在黑暗中不能显示数字，它依靠在外界电场作用下产生的光电效应，调制外界光线使液晶不同部位显现出反差，从而显示出字形。

2. 显示译码器

设计显示译码器首先要考虑显示器的字形，现以驱动七段发光二极管的二-十进制译码器为例，具体说明显示译码器的设计过程。

(1) 逻辑抽象

① 输入、输出信号分析

输入为 8421 BCD 码，输出是驱动七段发光二极管显示字形的信号——Y_a、Y_b、Y_c、Y_d、Y_e、Y_f、Y_g。显示译码器示意图如图 4.3.24 所示。

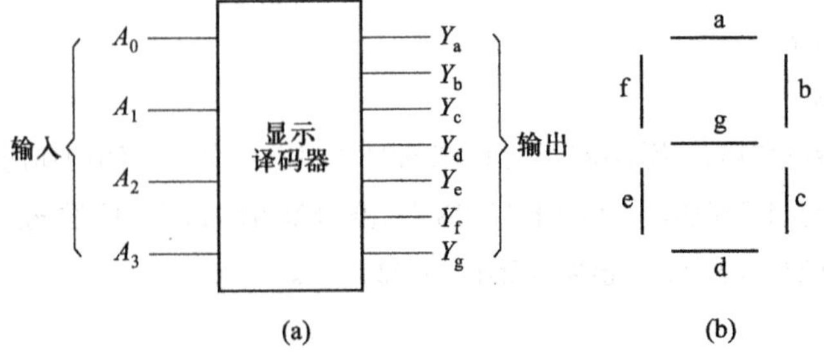

图 4.3.24　显示译码器

(a) 输入、输出示意图　(b) 七段字形

② $Y_a \sim Y_g$ 取值要求

若采用共阳极数码管，则 $Y_a \sim Y_g$ 应为 **0**，即低电平有效；反之，如果采用共阴极数码管，那么 $Y_a \sim Y_g$

应为 **1**，即高电平有效。所谓有效，就是能驱动显示段发光。图 4.3.25 给出的是七段发光二极管内部的两种接法——共阳极和共阴极接法，R 是外接限流电阻，V_{CC} 是外接电源。

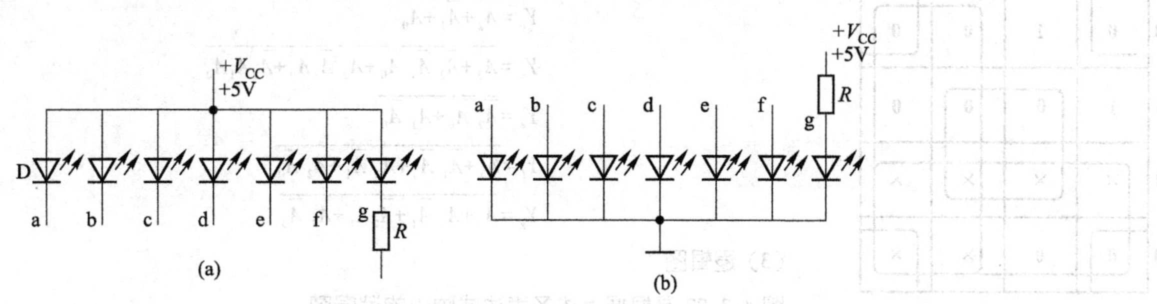

图 4.3.25 七段发光二极管内部的两种接法
（a）共阳极接法 （b）共阴极接法

③ 列真值表

假定采用共阳极数码管。真值表见表 4.3.16。

（2）逻辑表达式

利用卡诺图进行化简，注意，伪码对应的最小项是约束项。为了获得最简**与或非**表达式，以便于用**与或非**门实现，应合并卡诺图中值为 **0** 的最小项，先求出反函数的最简**与或**表达式，再取反就可得到最简**与或非**表达式。例如，要求 Y_a 的最简**与或非**表达式，可根据表 4.3.16 所示真值表中 Y_a 的取值情况画出卡诺图，如图 4.3.26 所示。

视频：
难点解析 4-6
显示译码器

表 4.3.16 显示译码器的真值表

输入				输出							字形
A_3	A_2	A_1	A_0	Y_a	Y_b	Y_c	Y_d	Y_e	Y_f	Y_g	
0	0	0	0	0	0	0	0	0	0	1	0
0	0	0	1	1	0	0	1	1	1	1	1
0	0	1	0	0	0	1	0	0	1	0	2
0	0	1	1	0	0	0	0	1	1	0	3
0	1	0	0	1	0	0	1	1	0	0	4
0	1	0	1	0	1	0	0	1	0	0	5
0	1	1	0	0	1	0	0	0	0	0	6
0	1	1	1	0	0	0	1	1	1	1	7
1	0	0	0	0	0	0	0	0	0	0	8
1	0	0	1	0	0	0	0	1	0	0	9

合并值为 **0** 的最小项（约束项当 **0** 处理），得到

$$\overline{Y_a}=A_3+A_1+A_2A_0+\overline{A_2}\ \overline{A_0}$$

再取反得到

$$Y_a=\overline{\overline{Y_a}}=\overline{A_3+A_1+A_2A_0+\overline{A_2}\ \overline{A_0}}$$

用同样方法可以求得 $Y_b \sim Y_g$ 的最简**与或非**表达式：

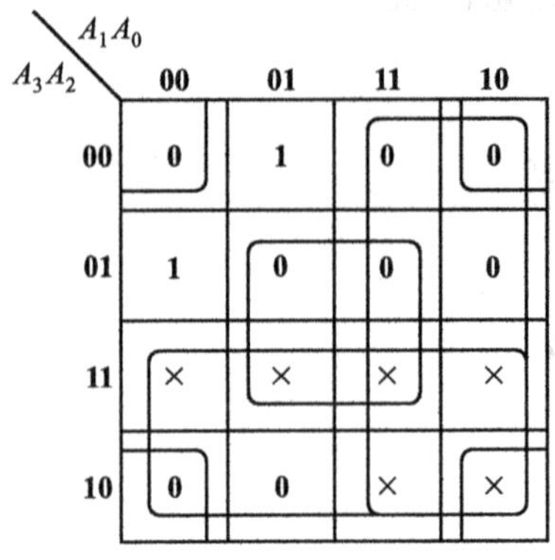

图 4.3.26　Y_a 的卡诺图

$$Y_b=\overline{A_2+\overline{A}_1\overline{A}_0+A_1A_0}$$

$$Y_c=\overline{A_2+\overline{A}_1+A_0}$$

$$Y_d=\overline{A_3+\overline{A}_2\overline{A}_1\overline{A}_0+A_2\overline{A}_1A_0+\overline{A}_2A_1A_0}$$

$$Y_e=\overline{\overline{A}_2\overline{A}_0+A_1\overline{A}_0}$$

$$Y_f=\overline{A_3+\overline{A}_1\overline{A}_0+A_2\overline{A}_1+A_2\overline{A}_0}$$

$$Y_g=\overline{A_3+A_2\overline{A}_1+\overline{A}_2A_1+A_2\overline{A}_0}$$

（3）逻辑图

图 4.3.27 是根据上述各表达式画出的逻辑图。

需要指出的是，由于采用了共阳极七段发光二极管显示器，因此图 4.3.27 所示显示译码器各个输出端必须具有足够的吸收电流的能力，即带灌电流的能力，以驱动有关显示段发光。因为共阳极结构的显示器，电源正极是接在阳极上，显示段发光时，其电流由阴极流出，经过限流电阻 R 进入译码器相应输出端形成灌电流负载，接线图如图 4.3.28 所示。总之，显示译码器的输出级的电路结构形式与所选用显示器的结构形式应相匹配，否则不仅不能正常工作，甚至会导致器件损坏。

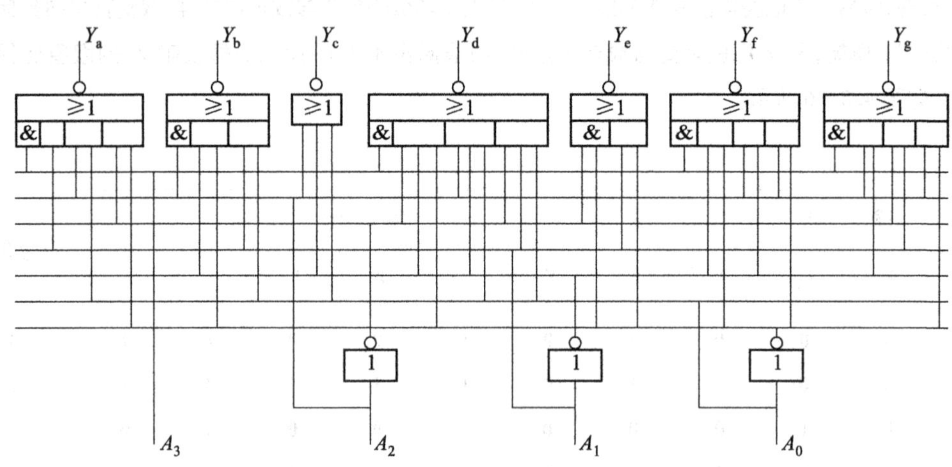

图 4.3.27　8421 BCD 码输入的显示译码器

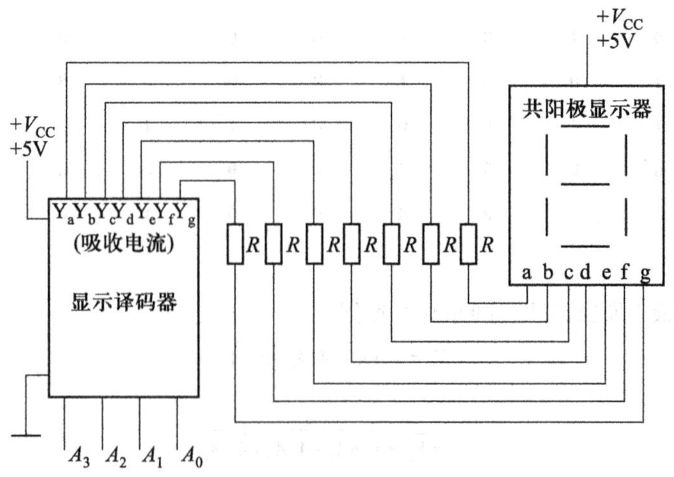

图 4.3.28　显示译码器与共阳极显示器的接线图

3. 集成显示译码器

由于显示器件的种类较多，应用又十分广泛，因而厂家生产用于显示驱动的译码器也有各种不同的规格和品种。例如，用来驱动七段字形显示器的 BCD——七段字形译码器，就有适用于共阳极字形管的产品——OC 输出、无上拉电阻、**0** 电平驱动的 74247、74LS247 等；有适用于共阴极字形管的产品——OC 输出、有 2 kΩ 上拉电阻、**1** 电平驱动的 7448、74LS48、74248、74LS248 等和 OC 输出、无上拉电阻、**1** 电平驱动的 74249、74LS249、7449 等。

在制作显示译码器集成电路时：① 常常也将伪码翻译出来，有时用来检查输入代码状态是否正常；② 输入端采用反相器作缓冲级，从而对输入信号形成标准负载；③ 输出级常采用具有 OC 结构的缓冲电路，以隔离负载对译码器工作的影响和增强输出端带负载的能力；④ 为了使用方便，常增加灯测试输入、灭灯输入、灭零输入、灭零输出等功能。需要时，读者可查阅有关资料，这里不再赘述。

4.4 数据选择器和分配器

4.4.1 数据选择器

在多路数据传送过程中，能够根据需要将其中任意一路挑选出来的电路，叫做数据选择器，也称为多路选择器或多路开关。

一、4 选 1 数据选择器

1. 逻辑抽象

(1) 输入、输出信号分析

输入信号：4 路数据，用 D_0、D_1、D_2、D_3 表示；两个选择控制信号，用 A_1、A_0 表示。

输出信号：用 Y 表示，它可以是 4 路输入数据中的任意一路，究竟是哪一路完全由选择控制信号决定。

示意框图如图 4.4.1 所示。

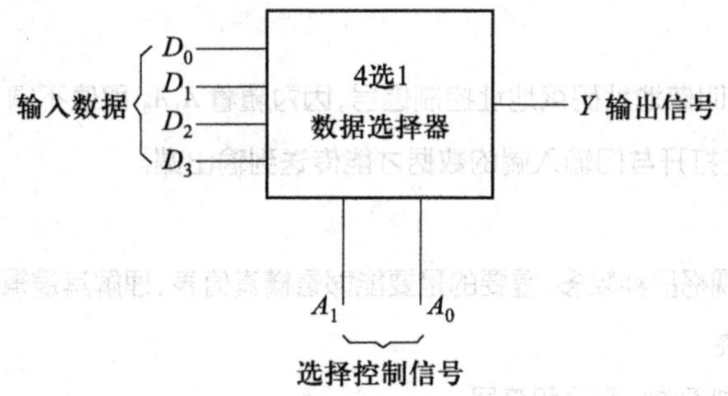

图 4.4.1 4 选 1 数据选择器示意框图

(2) 选择控制信号状态约定

令 $A_1A_0=\mathbf{00}$ 时 $Y=D_0$，$A_1A_0=\mathbf{01}$ 时 $Y=D_1$，$A_1A_0=\mathbf{10}$ 时 $Y=D_2$，$A_1A_0=\mathbf{11}$ 时 $Y=D_3$。

(3) 真值表

根据数据选择的概念和 A_1A_0 状态的约定，可列出如表 4.4.1 所示的真值表。

表 4.4.1　4 选 1 数据选择器的真值表

输　入			输　出
D	A_1	A_0	Y
D_0	0	0	D_0
D_1	0	1	D_1
D_2	1	0	D_2
D_3	1	1	D_3

2. 逻辑表达式

由表 4.4.1 所示真值表可以得到

$$Y=D_0\overline{A}_1\overline{A}_0+D_1\overline{A}_1A_0+D_2A_1\overline{A}_0+D_3A_1A_0$$

3. 逻辑图

由 Y 的逻辑表达式可画出如图 4.4.2 所示的逻辑图。

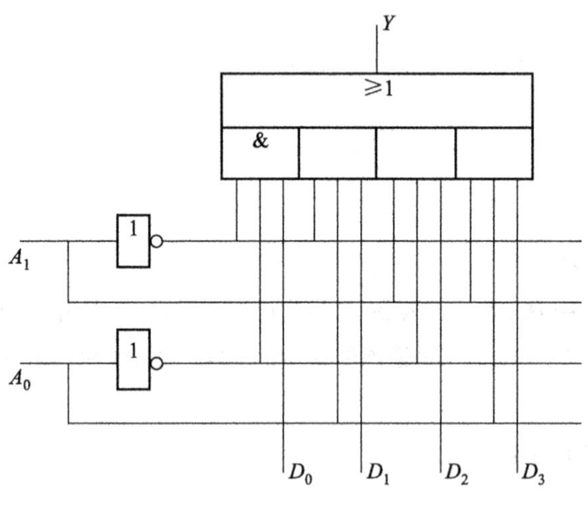

图 4.4.2　4 选 1 数据选择器

图 4.4.2 中 A_1A_0 也叫做地址码或地址控制信号，因为随着 A_1A_0 取值不同，**与或**门中被打开的**与**门也随之变化，而只有加在打开**与**门输入端的数据才能传送到输出端。

二、集成数据选择器

集成数据选择器的规格品种较多，重要的是要能够看懂真值表，理解其逻辑功能。

1. 8 选 1 数据选择器

(1) 外引脚功能端排列图、型号和符号

图 4.4.3(a)所示是集成 8 选 1 数据选择器 74151、74LS151、74251、74LS251 的外引脚功能端排列图，图 4.4.3(b)所示是它们的逻辑功能示意图，图4.4.3(c)是它们的逻辑符号。

图 4.4.3 所示 8 选 1 数据选择器有 8 个数据输入端 $D_0\sim D_7$、3 个地址输入端 $A_0\sim A_2$、1 个选通控制端$\overline{S}$、两个互补的输出端 Y 和$\overline{Y}$。

(2) 真值表

见表 4.4.2。

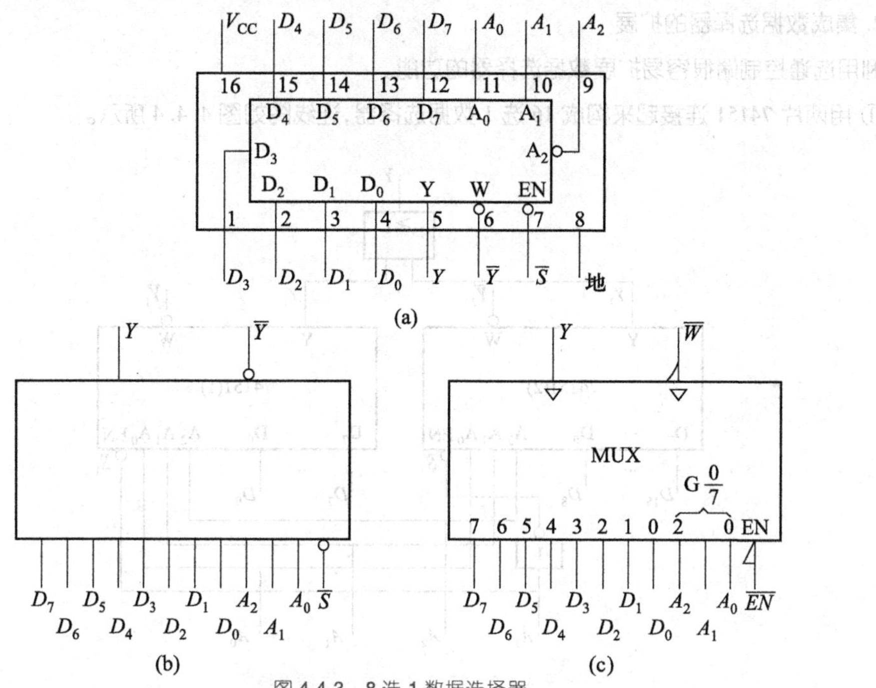

图 4.4.3 8 选 1 数据选择器

（a）外引脚排列图 （b）逻辑功能示意图 （c）国标逻辑符号

表 4.4.2 8 选 1 数据选择器的真值表

型 号	输 入					输 出	
	D	A_2	A_1	A_0	$\overline{S}$	Y	$\overline{Y}$
74151 74S151 74LS151	×	×	×	×	**1**	**0**	**1**
	D_0	**0**	**0**	**0**	**0**	D_0	$\overline{D}_0$
	D_1	**0**	**0**	**1**	**0**	D_1	$\overline{D}_1$
	D_2	**0**	**1**	**0**	**0**	D_2	$\overline{D}_2$
	D_3	**0**	**1**	**1**	**0**	D_3	$\overline{D}_3$
	D_4	**1**	**0**	**0**	**0**	D_4	$\overline{D}_4$
	D_5	**1**	**0**	**1**	**0**	D_5	$\overline{D}_5$
	D_6	**1**	**1**	**0**	**0**	D_6	$\overline{D}_6$
	D_7	**1**	**1**	**1**	**0**	D_7	$\overline{D}_7$

由表 4.4.2 所示真值表可以明显看出：

① 当选通输入端信号 $\overline{S}=\mathbf{1}$ 时选择器被禁止，

$$Y=\mathbf{0}, \overline{Y}=\mathbf{1}$$

输入数据和地址均不起作用。

② 当 $\overline{S}=\mathbf{0}$ 时选择器被选中，或者说使能（工作）。

$$Y=D_0\overline{A}_2\overline{A}_1\overline{A}_0+D_1\overline{A}_2\overline{A}_1A_0+\cdots+D_7A_2A_1A_0$$

$$\overline{Y}=\overline{D}_0\overline{A}_2\overline{A}_1\overline{A}_0+\overline{D}_1\overline{A}_2\overline{A}_1A_0+\cdots+\overline{D}_7A_2A_1A_0$$

2. 集成数据选择器的扩展

利用选通控制端很容易扩展数据选择器的功能。

① 用两片 74151 连接起来构成 16 选 1 数据选择器，连线图如图 4.4.4 所示。

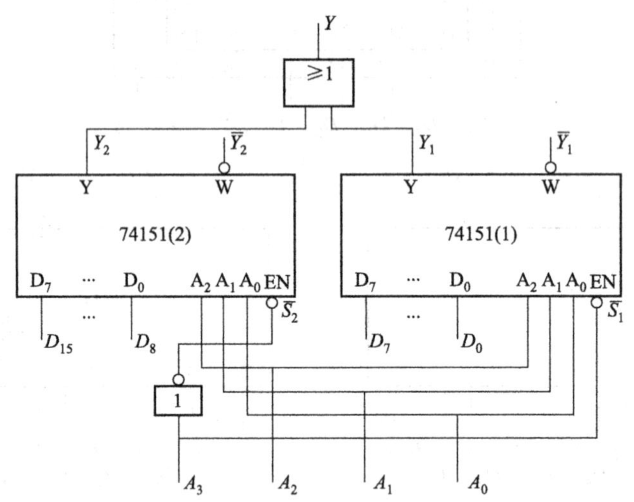

图 4.4.4 16 选 1 数据选择器连线图

由图 4.4.4 可得：

- 当 $A_3=\mathbf{0}$ 时 $\overline{S}_1=\mathbf{0}$、$\overline{S}_2=\mathbf{1}$，片(2)禁止、片(1)使能

  $Y=D_0\overline{A}_3\overline{A}_2\overline{A}_1\overline{A}_0+D_1\overline{A}_3\overline{A}_2\overline{A}_1A_0+\cdots+D_7\overline{A}_3A_2A_1A_0$

- 当 $A_3=\mathbf{1}$ 时 $\overline{S}_1=\mathbf{1}$、$\overline{S}_2=\mathbf{0}$，片(2)使能、片(1)禁止

  $Y=D_8A_3\overline{A}_2\overline{A}_1\overline{A}_0+D_9A_3\overline{A}_2\overline{A}_1A_0+\cdots+D_{15}A_3A_2A_1A_0$

上述分析结果说明，图 4.4.4 所示电路的连接是正确的。

② 用 4 片 74LS151 和 1 片 74LS139 连接起来构成 32 选 1 数据选择器，连线图如图 4.4.5 所示。

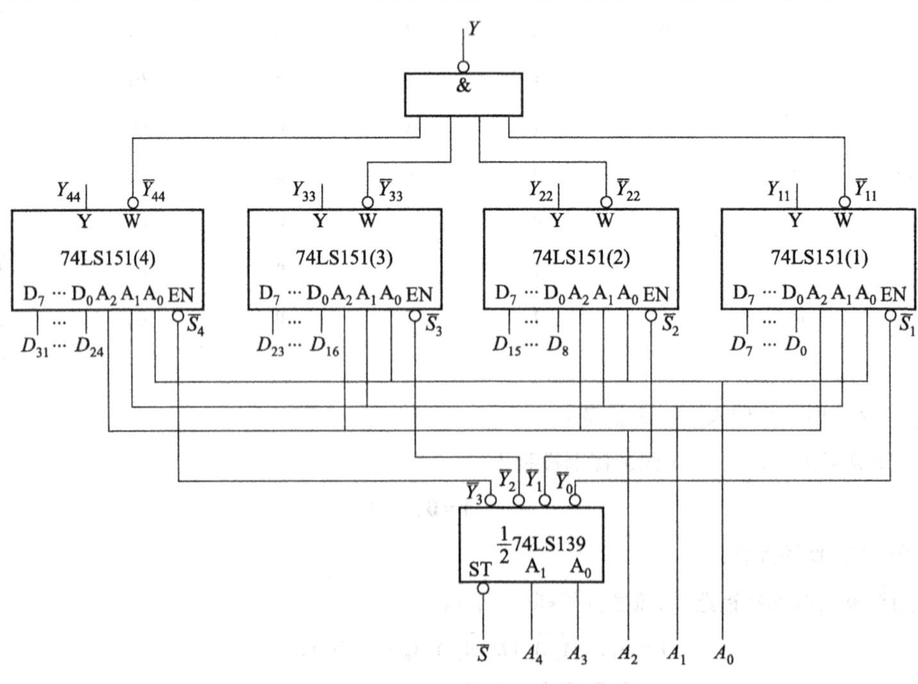

图 4.4.5 32 选 1 数据选择器的连线图

视频：
难点解析 4-7
数据选择器和
数据分配器

74LS139 是双 2 线-4 线译码器，$\overline{S}$是低电平使能的选通控制端。当$\overline{S}=\mathbf{0}$ 时译码器工作；反之，$\overline{S}=\mathbf{1}$ 时译码器被禁止，输出端$\overline{Y}_3$、$\overline{Y}_2$、$\overline{Y}_1$、$\overline{Y}_0$ 均为 **1**。不难看出，74LS139 的$\overline{S}$端也是 32 选 1 数据选择器的选通控制端，当$\overline{S}=\mathbf{1}$ 时，$\overline{S}_1 \sim \overline{S}_4$ 均为 **1**，各个芯片全被禁止，只有当$\overline{S}=\mathbf{0}$ 时，电路才会处于使能状态，完成对 32 路数据的选择工作。图 4.4.5 所示电路的工作原理读者可自己分析，这里不再赘述。

③ 32 选 1 数据选择器的另一种电路结构。把 4 片 8 选 1 数据选择器和 1 片 4 选 1 数据选择器连接起来，也可以方便地构成 32 选 1 数据选择器，连线图如图 4.4.6 所示。

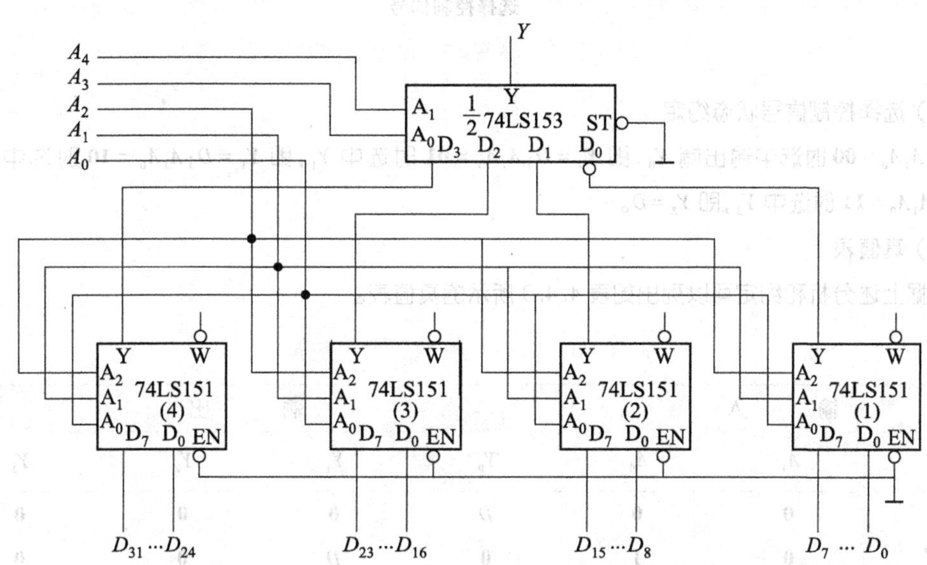

图 4.4.6　8 选 1 数据选择器扩展成 32 选 1 的另一种电路结构形式

图 4.4.6 所示电路中，当 $A_4A_3=\mathbf{00}$ 时，由 $A_2A_1A_0$ 选择片（1）中的输入数据 $D_0 \sim D_7$；$A_4A_3=\mathbf{01}$ 时，由 $A_2A_1A_0$ 选择片（2）中的输入数据 $D_8 \sim D_{15}$；$A_4A_3=\mathbf{10}$ 时，由 $A_2A_1A_0$ 选择片（3）中的输入数据 $D_{16} \sim D_{23}$；$A_4A_3=\mathbf{11}$ 时，由 $A_2A_1A_0$ 选择片（4）的输入数据$D_{24} \sim D_{31}$。这种电路结构形式、使用的芯片类型单一，连接也很方便。

4.4.2 数据分配器

能够将 1 个输入数据，根据需要传送到 m 个输出端的任何 1 个输出端的电路，叫做数据分配器，又称为多路分配器，其逻辑功能正好与数据选择器相反。数据选择器有 m 个数据输入端、1 个输出端，能够根据需要将 m 个数据中任何 1 个选择出来传送到输出端，实现 m 中选一。数据分配器只有 1 个数据输入端，但是有 m 个输出端，实现的也可以说是 m 中选 1，然而它却是在 m 个输出端中选出 1 个，供数据输出用，并称为 1 路-m 路数据分配器。两者的输入选择控制信号个数都是 n，而且 m 与 n 的关系是 $m=2^n$。

一、1 路-4 路数据分配器

1. 逻辑抽象

（1）输入、输出信号分析

输入信号：1 路输入数据，用 D 表示；2 个输入选择控制信号，用 A_0、A_1 表示。

输出信号：4 个数据输出端，用 Y_0、Y_1、Y_2、Y_3 表示。

示意框图如图 4.4.7 所示。

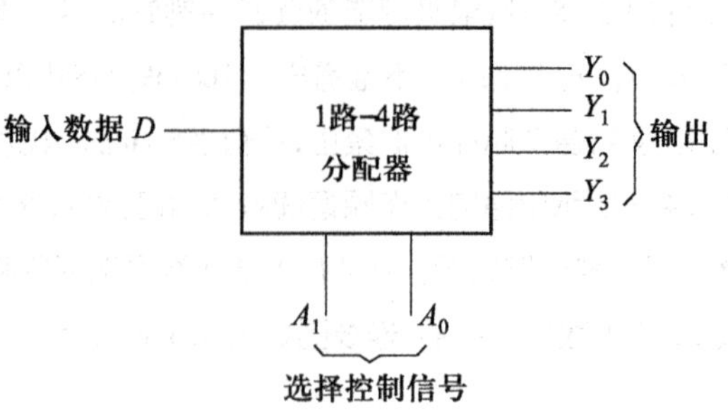

图 4.4.7　1 路-4 路数据分配器示意框图

（2）选择控制信号状态约定

令 $A_1A_0=\mathbf{00}$ 时选中输出端 Y_0，即 $Y_0=D$；$A_1A_0=\mathbf{01}$ 时选中 Y_1，即 $Y_1=D$；$A_1A_0=\mathbf{10}$ 时选中 Y_2，即 $Y_2=D$；$A_1A_0=\mathbf{11}$ 时选中 Y_3，即 $Y_3=D$。

（3）真值表

根据上述分析和约定可以列出如表 4.4.3 所示的真值表。

表 4.4.3　1 路-4 路分配器的真值表

输　入			输　出			
	A_1	A_0	Y_0	Y_1	Y_2	Y_3
D	**0**	**0**	D	**0**	**0**	**0**
	0	**1**	**0**	D	**0**	**0**
	1	**0**	**0**	**0**	D	**0**
	1	**1**	**0**	**0**	**0**	D

2. 逻辑表达式

由表 4.4.3 所示真值表可直接得到

$$Y_0=D\,\overline{A}_1\,\overline{A}_0 \qquad Y_1=D\,\overline{A}_1A_0$$

$$Y_2=DA_1\,\overline{A}_0 \qquad Y_3=DA_1A_0$$

3. 逻辑图

根据上述逻辑表达式可画出如图 4.4.8 所示的逻辑图。

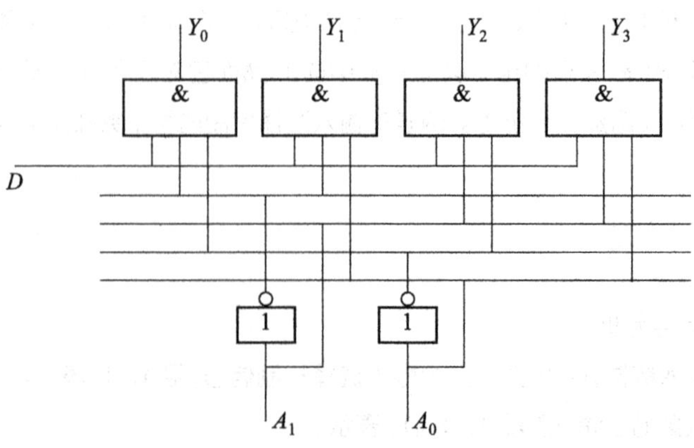

图 4.4.8　1 路-4 路分配器

二、集成数据分配器

从图 4.4.8 所示电路可以看出，数据分配器和译码器有着相同的基本电路结构形式——由与门组成的阵列。在数据分配器中，D 是数据输入端，A_1、A_0 是选择信号控制端；在译码器中，与 D 相与的是选通控制信号端，A_1、A_0 是输入的二进制代码。其实集成数据分配器就是带选通控制端（也叫使能端）的二进制集成译码器。只要在使用时，把二进制集成译码器的选通控制端当作数据输入端，把二进制代码输入端当作选择控制端就可以了。例如，74LS139 是集成 2 线-4 线译码器，也是集成 1 路-4 路数据分配器，74LS138 是集成 3 线-8 线译码器，也是集成 1 路-8 路数据分配器，而且它们的型号也相同。

4.5 奇偶检验器和数值比较器

4.5.1 奇偶检验器

一、可靠性代码

在数字系统中，常要求代码按一定顺序变化。例如，按自然编码的递进顺序进行计数，当从数码 **0001** 递增计数到 **0010** 时，有 2 位码元发生变换，而在实际电路中，码元的变化不可能绝对同时发生，则计数中可能出现短暂的其他代码（**0000**、**0011**），在特定情况下这些瞬态代码可能导致电路状态错误，引起系统的误操作。

为使代码在形成时不易出差错，或者在出现错误时容易被发现并进行校正，通常采用可靠性编码。常用的可靠性代码有格雷码、奇偶校验码等。

1. 格雷码

格雷码有多种形式，表 4.5.1 所示为典型 4 位格雷码与自然二进制码关系对照表。它的特点是任意两个相邻代码之间只有一位码元不同，且 0 和最大数（2^n-1）对应的两个格雷码之间也只有一位不同，即首尾相连。因此，它是一种循环码。格雷码的这个特性使它在形成和传输过程中引起的误差较小，例如计数电路按格雷码计数时，电路每次状态更新只有一位码元变化，从而减少了计数错误。

表 4.5.1 典型 4 位格雷码与自然二进制码关系对照表

十进制数	4 位自然二进制码				典型 4 位格雷码			
	B_3	B_2	B_1	B_0	G_3	G_2	G_1	G_0
0	**0**	**0**	**0**	**0**	**0**	**0**	**0**	**0**
1	**0**	**0**	**0**	**1**	**0**	**0**	**0**	**1**
2	**0**	**0**	**1**	**0**	**0**	**0**	**1**	**1**
3	**0**	**0**	**1**	**1**	**0**	**0**	**1**	**0**
4	**0**	**1**	**0**	**0**	**0**	**1**	**1**	**0**
5	**0**	**1**	**0**	**1**	**0**	**1**	**1**	**1**
6	**0**	**1**	**1**	**0**	**0**	**1**	**0**	**1**
7	**0**	**1**	**1**	**1**	**0**	**1**	**0**	**0**
8	**1**	**0**	**0**	**0**	**1**	**1**	**0**	**0**
9	**1**	**0**	**0**	**1**	**1**	**1**	**0**	**1**

续表

十进制数	4 位自然二进制码				典型 4 位格雷码			
	B_3	B_2	B_1	B_0	G_3	G_2	G_1	G_0
10	1	0	1	0	1	1	1	1
11	1	0	1	1	1	1	1	0
12	1	1	0	0	1	0	1	0
13	1	1	0	1	1	0	1	1
14	1	1	1	0	1	0	0	1
15	1	1	1	1	1	0	0	0

表 4.5.1 所示的典型格雷码可从自然二进制码转换而来，变换的规律是

$$G_i = B_{i+1} \oplus B_i$$

即 $G_0 = B_1 \oplus B_0$，$G_1 = B_2 \oplus B_1$，$G_2 = B_3 \oplus B_2$，$G_3 = 0 \oplus B_3 = B_3$。

2. 奇偶校验码

二进制信息在传输过程中也可能出现错误，为了便于发现和校正错误，提高设备的抗干扰能力，常采用奇偶校验码。它由两部分组成：一部分是需要传送的信息本身，是 n 位二进制代码；另一部分是 1 位奇偶校验位，用 **0** 或 **1** 来标识二进制代码中 **1** 的个数是偶数还是奇数。若 **1** 的个数是奇数称为奇校验，**1** 的个数是偶数则称为偶校验。

表 4.5.2 所示为 8421BCD 奇偶校验码。如果奇校验码在传送过程中多一个 **1** 或少一个 **1**，就会出现偶数 **1** 的个数，用奇校验电路就可以发现传送过程中的错误。同理，偶校验码在传送过程中出现的错误也很容易被发现。

表 4.5.2　8421BCD 奇偶校验码

十进制数	8421BCD 奇校验码					8421BCD 偶校验码				
	信息码				校验位	信息码				校验位
0	0	0	0	0	1	0	0	0	0	0
1	0	0	0	1	0	0	0	0	1	1
2	0	0	1	0	0	0	0	1	0	1
3	0	0	1	1	1	0	0	1	1	0
4	0	1	0	0	0	0	1	0	0	1
5	0	1	0	1	1	0	1	0	1	0
6	0	1	1	0	1	0	1	1	0	0
7	0	1	1	1	0	0	1	1	1	1
8	1	0	0	0	0	1	0	0	0	1
9	1	0	0	1	1	1	0	0	1	0

需要注意的是，利用奇偶校验码能发现一个或奇数个错误，但是没有错误定位和纠错能力，如果发现错误，就只能重新传送信息。由于奇偶校验码实现简单，因而在计算机和通信领域还是得到了广泛地应用。

二、奇偶检验电路

利用**异或**门的逻辑功能就可以进行奇偶校验操作。**异或**门 $F = P_1 \oplus P_2$ 的真值表见表 4.5.3。

表 4.5.3 异或门真值表

输入		输出 F	输入中 **1** 的个数
P_1	P_2		
0	**0**	**0**	偶数
1	**1**	**0**	
0	**1**	**1**	奇数
1	**0**	**1**	

由表可知，将 P_1 和 P_2 的每组取值作为 2 位二进制代码的输入信息，当含有奇数个 **1** 时，输出 F 为 **1**；当含有偶数个 **1** 时，输出 F 为 **0**。

以此类推，不难发现，若 $F = P_1 \oplus P_2 \oplus P_3$，则当 P_1、P_2 和 P_3 的取值中 **1** 的总个数为奇数时，输出 F 为 **1**；当含有偶数个 **1** 时，输出 F 为 **0**。这是因为异或逻辑运算能成对地消去 **1**，所以 n 个输入变量的**异或**运算 $F = P_1 \oplus P_2 \oplus \cdots \oplus P_n$，若运算结果 $F = \mathbf{1}$，则表明输入 **1** 的总个数为奇数；反之，若 $F = \mathbf{0}$，则表示输入 **1** 的总个数为偶数。

图 4.5.1 所示为实现 9 位奇偶检验功能的串联型电路结构和树型电路结构。运用组合逻辑电路的分析方法，以及异或运算满足交换律和结合律，即

$$A \oplus B = B \oplus A \qquad A \oplus (B \oplus C) = (A \oplus B) \oplus C$$

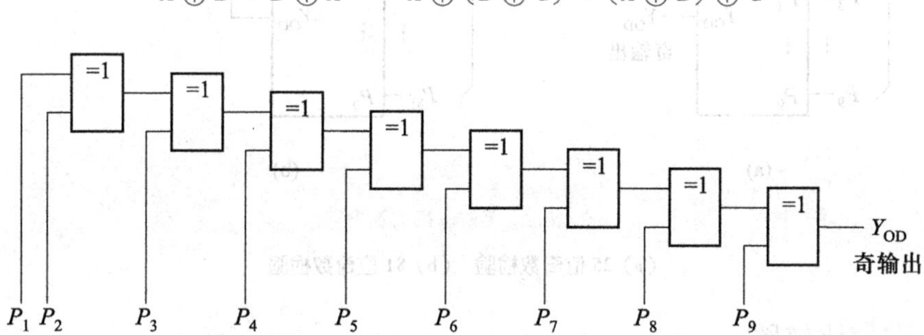

(a)

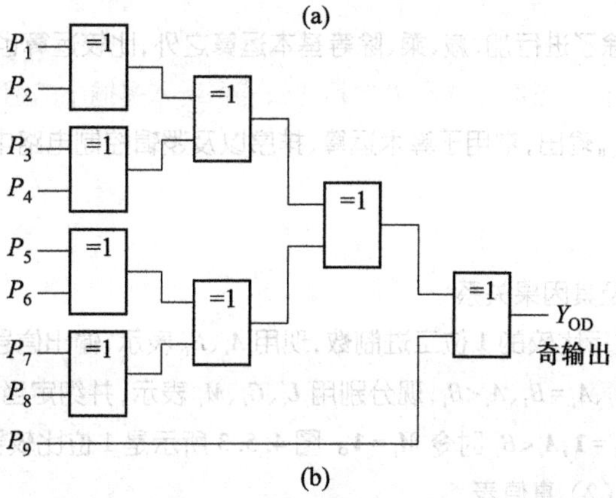

(b)

图 4.5.1 9 位奇偶检验电路

(a) 串联型 (b) 树型

不难发现，图 4.5.1(a)和(b)所示电路在逻辑上是等效的，电路的输出为

$$Y_{OD} = P_1 \oplus P_2 \oplus P_3 \oplus P_4 \oplus P_5 \oplus P_6 \oplus P_7 \oplus P_8 \oplus P_9$$

显然，图 4.5.1(b)所示电路的工作速度要比图 4.5.1(a)快得多，这是因为在图 4.5.1(a)中，电路从 P_1 和 P_2 输入端到 Y_{OD} 输出端需要经过 8 个**异或**门，而图 4.5.1(b)所示电路只需经过 4 级门电路的传输。

常用的 9 位奇偶检验器集成电路是 74180 和 74280。如果输入多于 9 位，可以用图 4.5.2(a)或(b)的级联方式进行扩展。显然，图 4.5.2(b)所示电路的工作速度比图 4.5.2(a)所示电路更快一些。

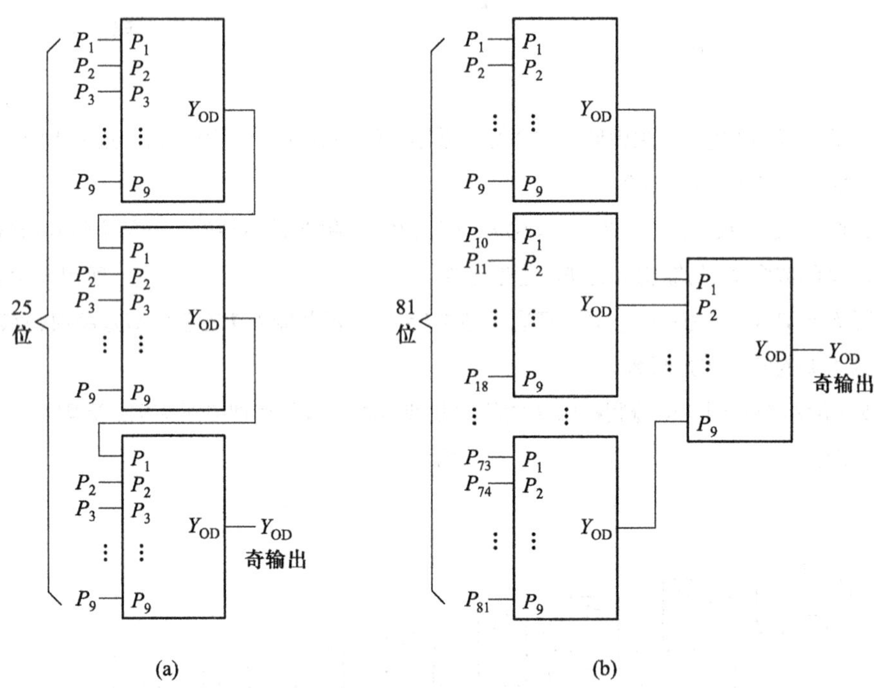

图 4.5.2 多位奇偶检验电路

(a) 25 位奇数检验 (b) 81 位奇数检验

4.5.2 数值比较器

用计算机处理数据，除了进行加、减、乘、除等基本运算之外，比较运算也是一种最基本的操作。数值比较器是一种对 2 个 n 位二进制数 A 和 B 进行比较的多输入多输出的组合逻辑电路，比较的结果从 3 个输出端 $Y_{A=B}$、$Y_{A>B}$、$Y_{A<B}$ 输出，常用于算术运算、排序以及逻辑控制电路中。

一、1 位数值比较器

1. 逻辑抽象

(1) 输入、输出信号及其因果关系

输入信号是两个要进行比较的 1 位二进制数，现用 A_i、B_i 表示，输出信号是比较结果，有三种情况：$A_i>B_i$、$A_i=B_i$、$A_i<B_i$，现分别用 L_i、G_i、M_i 表示，并约定当 $A_i>B_i$ 时令 $L_i=\mathbf{1}$，$A_i=B_i$ 时令 $G_i=\mathbf{1}$，$A_i<B_i$ 时令 $M_i=\mathbf{1}$。图 4.5.3 所示是 1 位比较器的示意框图。

图 4.5.3 1 位比较器示意框图

(2) 真值表

根据比较的概念和输出信号的状态赋值，可列出如表 4.5.4 所示的真值表。

表 4.5.4 1 位数值比较器的真值表

A_i	B_i	L_i	G_i	M_i
0	**0**	**0**	**1**	**0**
0	**1**	**0**	**0**	**1**
1	**0**	**1**	**0**	**0**
1	**1**	**0**	**1**	**0**

2. 逻辑表达式

由表 4.5.4 可直接得到

$$L_i = A_i \overline{B_i}$$

$$G_i = \overline{A_i}\ \overline{B_i} + A_i B_i$$

$$M_i = \overline{A_i} B_i$$

3. 逻辑图

根据表达式可画出如图 4.5.4 所示的逻辑图。

如果用**与非**门和反相器实现，且输出取反，则可将表达式变换成**与非**形式再画逻辑图。

$$\overline{L_i} = \overline{A_i \overline{B_i}}$$

$$\overline{G_i} = \overline{\overline{A_i}\ \overline{B_i} + A_i B_i} = \overline{\overline{\overline{A_i}\ \overline{B_i} + A_i B_i}} = \overline{\overline{A_i \overline{B_i}}\ \ \overline{\overline{A_i} B_i}}$$

$$\overline{M_i} = \overline{\overline{A_i} B_i}$$

图 4.5.5 所示就是用**与非**门和反相器实现 $\overline{L_i}$、$\overline{G_i}$、$\overline{M_i}$ 的逻辑图。

视频：
难点解析 4-8
数值比较器

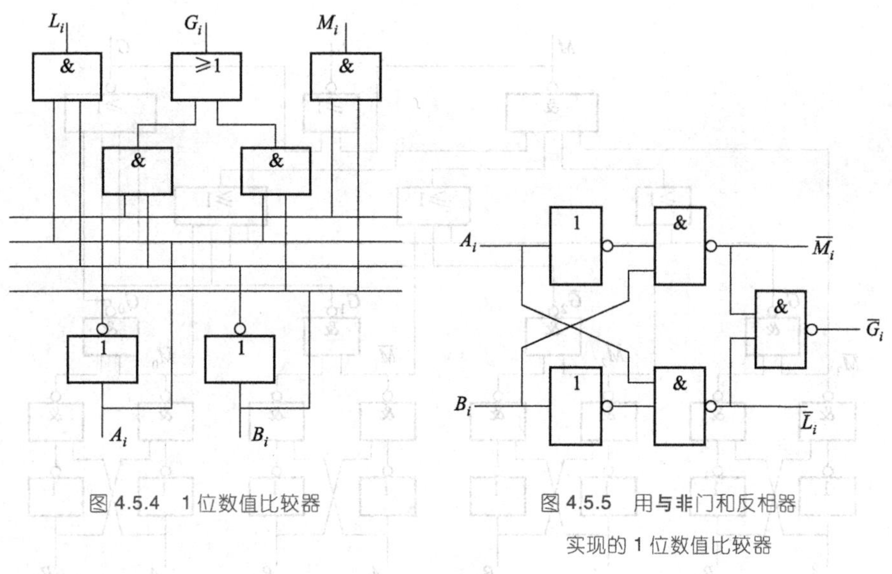

图 4.5.4 1 位数值比较器

图 4.5.5 用与非门和反相器实现的 1 位数值比较器

二、4 位数值比较器

图 4.5.6 所示是 4 位数值比较器的示意框图。要比较的是两个 4 位二进制数 $A = A_3A_2A_1A_0$、$B = B_3B_2B_1B_0$，比较结果用 L、G、M 表示，且 $A>B$ 时 $L=\mathbf{1}$，$A=B$ 时 $G=\mathbf{1}$，$A<B$ 时 $M=\mathbf{1}$。

1. 比较方法，输出输入之间因果关系分析

从最高位开始比较，依次逐位进行，直到比较出结果为止。

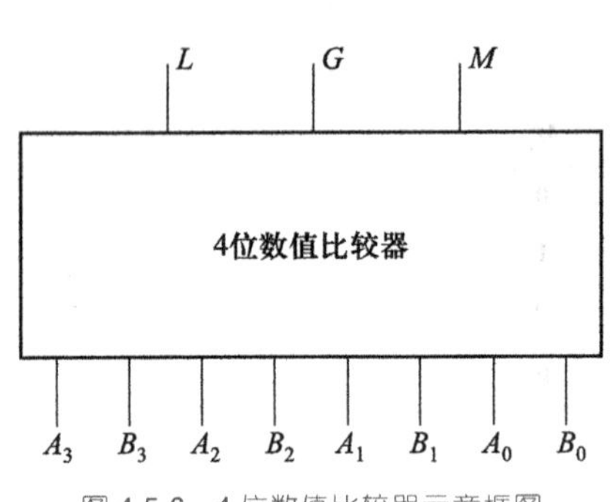

图 4.5.6　4 位数值比较器示意框图

① 若 $A_3>B_3$，则 $A>B$，$L=\mathbf{1}$、$G=M=\mathbf{0}$。

② 当 $A_3=B_3$ 即 $G_3=\mathbf{1}$ 时，若 $A_2>B_2$，则 $A>B$，$L=\mathbf{1}$、$G=M=\mathbf{0}$。

③ 当 $A_3=B_3$、$A_2=B_2$ 即 $G_3=G_2=\mathbf{1}$ 时，若 $A_1>B_1$，则 $A>B$，$L=\mathbf{1}$、$G=M=\mathbf{0}$。

④ 当 $A_3=B_3$、$A_2=B_2$、$A_1=B_1$ 即 $G_3=G_2=G_1=\mathbf{1}$ 时，若 $A_0>B_0$，则 $A>B$，$L=\mathbf{1}$、$G=M=\mathbf{0}$。

对 $A>B$ 即 $L=\mathbf{1}$，上述四种情况是**或**的逻辑关系。

⑤ 只有当 $A_3=B_3$、$A_2=B_2$、$A_1=B_1$、$A_0=B_0$ 即 $G_3=G_2=G_1=G_0=\mathbf{1}$ 时，才会有 $A=B$ 即 $G=\mathbf{1}$。显然，对于 $A=B$ 即 $G=\mathbf{1}$，G_3、G_2、G_1、G_0 是**与**的逻辑关系。

⑥ 如果 A 不大于 B 也不等于 B，即 $L=G=\mathbf{0}$ 时，则 A 必然小于 B，即 $M=\mathbf{1}$。

2. 逻辑表达式

根据上面介绍的比较方法和输出输入之间因果关系的分析，可以直接写出 L、G、M 的逻辑表达式

$$L=L_3+G_3L_2+G_3G_2L_1+G_3G_2G_1L_0$$

$$G=G_3G_2G_1G_0$$

$$M=\overline{L}\,\overline{G}=\overline{L+G}$$

比照上述表达式也可写出

$$M=M_3+G_3M_2+G_3G_2M_1+G_3G_2G_1M_0$$

$$G=G_3G_2G_1G_0$$

$$L=\overline{M}\,\overline{G}=\overline{M+G}$$

3. 逻辑图

变换表达式，利用图 4.5.5 所示 1 位数值比较器，便可方便地画出 4 位数值比较器的逻辑图，如图 4.5.7 所示。

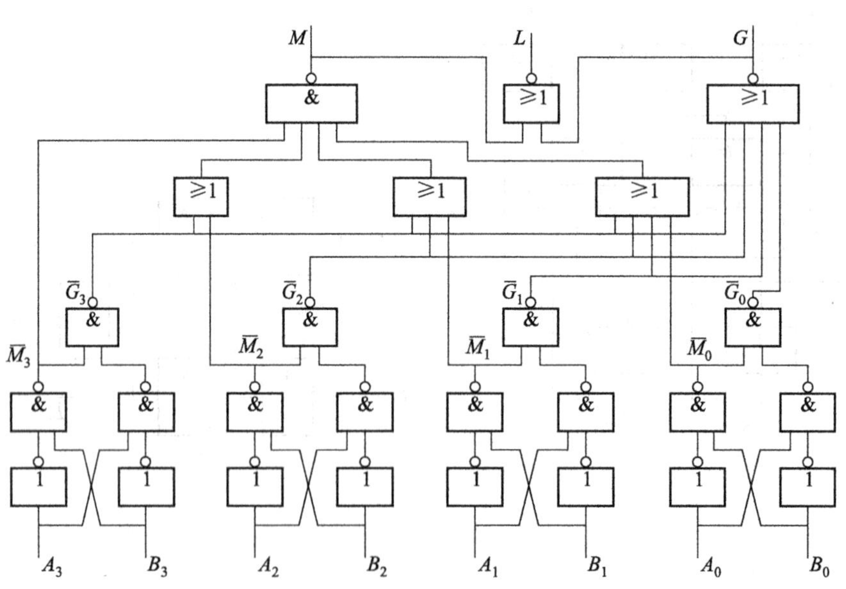

图 4.5.7　4 位数值比较器

$$\begin{aligned}M&=\overline{\overline{M_3+G_3M_2+G_3G_2M_1+G_3G_2G_1M_0}}\\&=\overline{\overline{M_3}\;\;\overline{G_3M_2}\;\;\overline{G_3G_2M_1}\;\;\overline{G_3G_2G_1M_0}}\\&=\overline{\overline{M}_3(\overline{G}_3+\overline{M}_2)(\overline{G}_3+\overline{G}_2+\overline{M}_1)(\overline{G}_3+\overline{G}_2+\overline{G}_1+\overline{M}_0)}\end{aligned}$$

$$G=\overline{\overline{G_3\ G_2\ G_1\ G_0}}=\overline{\overline{G_3}+\overline{G_2}+\overline{G_1}+\overline{G_0}}$$

$$L=\overline{M+G}$$

4. 集成数值比较器

把实现数值比较功能的电路集成在一个芯片上，便构成了集成数值比较器。图 4.5.8 所示是 4 位集成数值比较器的外引脚功能端排列图，表 4.5.5 是它们的真值表。

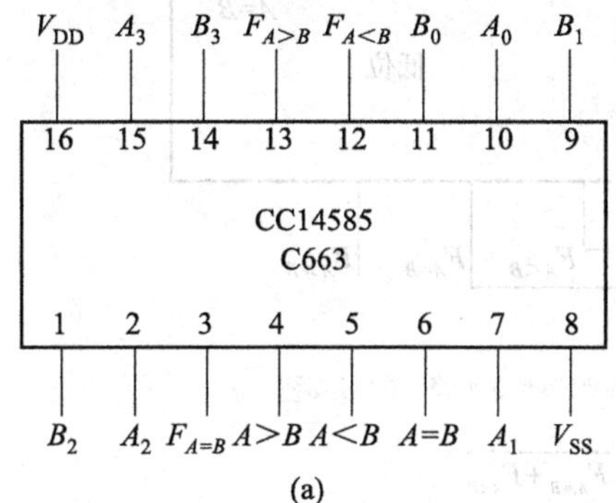

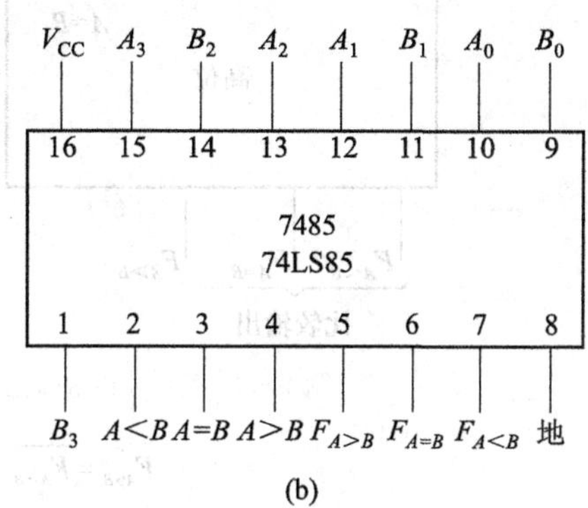

图 4.5.8 4 位集成数值比较器外引脚功能端排列图

(a) CMOS 比较器 (b) TTL 比较器

表 4.5.5 4 位集成数值比较器的真值表

比较输入				级联输入			输出		
A_3 B_3	A_2 B_2	A_1 B_1	A_0 B_0	$A<B$	$A=B$	$A>B$	$F_{A<B}$	$F_{A=B}$	$F_{A>B}$
$A_3>B_3$	×	×	×	×	×	×	0	0	1
$A_3=B_3$	$A_2>B_2$	×	×	×	×	×	0	0	1
$A_3=B_3$	$A_2=B_2$	$A_1>B_1$	×	×	×	×	0	0	1
$A_3=B_3$	$A_2=B_2$	$A_1=B_1$	$A_0>B_0$	×	×	×	0	0	1
$A_3=B_3$	$A_2=B_2$	$A_1=B_1$	$A_0=B_0$	0	0	1	0	0	1
$A_3=B_3$	$A_2=B_2$	$A_1=B_1$	$A_0=B_0$	0	1	0	0	1	0
$A_3=B_3$	$A_2=B_2$	$A_1=B_1$	$A_0=B_0$	1	0	0	1	0	0
$A_3<B_3$	×	×	×	×	×	×	1	0	0
$A_3=B_3$	$A_2<B_2$	×	×	×	×	×	1	0	0
$A_3=B_3$	$A_2=B_2$	$A_1<B_1$	×	×	×	×	1	0	0
$A_3=B_3$	$A_2=B_2$	$A_1=B_1$	$A_0<B_0$	×	×	×	1	0	0

表 4.5.5 中，级联输入是供扩展使用的，输出 $F_{A<B}$、$F_{A=B}$、$F_{A>B}$，分别相当于前面介绍的 M、G 和 L，是本级比较结果。图 4.5.9 所示是用两片 4 位数值比较器组成 8 位数值比较器的接线图。

在级联中，要特别注意 CMOS 比较器与 TTL 比较器的区别：

① 在 CMOS 集成比较器的级联中，$A>B$ 输入端应该接高电平，即 **1**；最低位的 $A<B$ 输入端应接 **0**，$A=B$ 输入端应接 **1**。因为在 CMOS 4 位数值比较器中，实现 $F_{A>B}$ 即 L 的表达式是

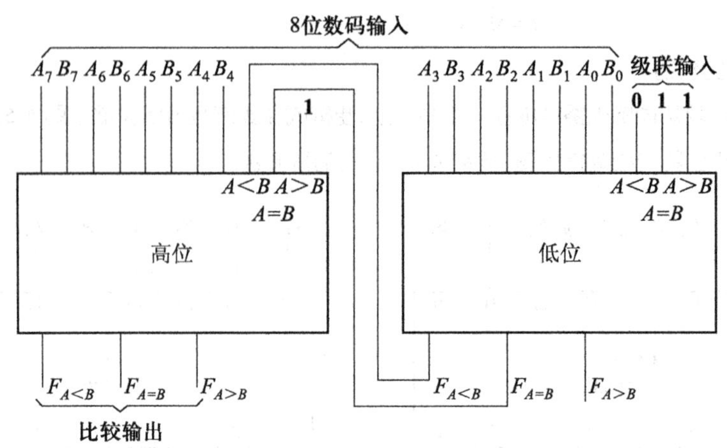

图 4.5.9　两片 4 位数值比较器组成 8 位数值比较器的接线图

$$F_{A>B}=\overline{F_{A=B}}\cdot\overline{F_{A<B}}=\overline{F_{A=B}+F_{A<B}}$$

即

$$L=\overline{G}\cdot\overline{M}=\overline{G+M}$$

没有利用 L_3、L_2、L_1、L_0 等。设置 $A>B$ 输入端只是为了便于理解，其实没有什么用处，如果不注意的话反而容易出错。至于最低位的 $A<B$ 输入端应接 **0**、$A=B$ 输入端应接 **1** 则是显而易见的，因为没有更低的比较输入信号了。故可以认为更低的比较输入信号都是 **0**，即相等，所以 $A=B$ 输入端应接 **1**、$A<B$ 输入端应接 **0**。

拓展阅读 4-3
中规模组合逻辑器件的知识体系总结

② 在 TTL 集成比较器的级联中，高位中的 $A<B$、$A=B$、$A>B$ 三个级联输入端，应该分别与低位中的 $F_{A<B}$、$F_{A=B}$、$F_{A>B}$ 三个输出端连接起来，最低位的 $A=B$ 端应接 **1**、$A<B$ 和 $A>B$ 端应接 **0**。因为在 TTL 4 位数值比较器中是由各位数码比较结果直接产生输出信号的。

4.6　用中规模集成电路实现组合逻辑函数

目前中规模集成电路规格品种很多，市场上很容易买到，在许多情况下，直接用它们实现组合逻辑函数，常常可以取得事半功倍的结果，不仅省时、省钱、省工，而且连线少、体积小、可靠性也高。

用中规模集成电路实现组合逻辑函数的基本方法就是对照比较。因为在 MSI 中，输出与输入信号之间的函数关系已被固化在芯片中，不能也不可能更改，而且只有对常用 MSI 产品的性能十分熟悉，才能合理、恰当地选用。一般情况下，使用较多的中规模集成电路是数据选择器和二进制译码器，在某些特殊条件下使用全加器等则会更好。

4.6.1　用数据选择器实现组合逻辑函数

一、用数据选择器实现组合逻辑函数的基本原理与步骤

1. 基本原理

(1) 数据选择器输出信号逻辑表达式的一般形式

① 4 选 1 数据选择器输出信号的逻辑表达式

图 4.6.1 所示是 4 选 1 数据选择器的逻辑功能示意图，表 4.6.1 所示是它的真值表。

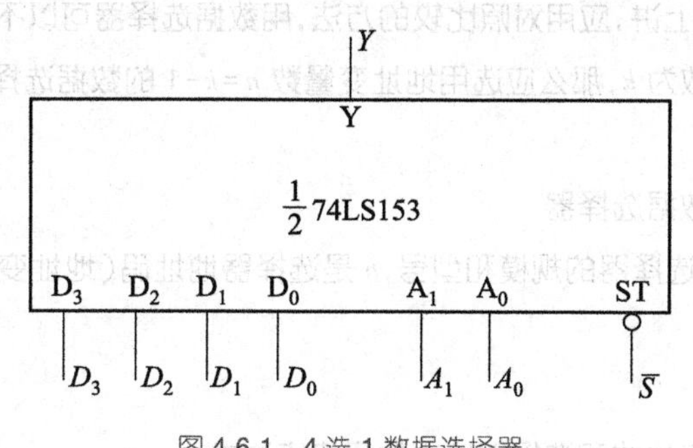

图 4.6.1 4 选 1 数据选择器

表 4.6.1 4 选 1 数据选择器的真值表

型 号	输 入				输 出
	D_i	A_1	A_0	$\overline{S}$	Y
74153 74LS153	×	×	×	**1**	**0**
	D_0	**0**	**0**	**0**	D_0
	D_1	**0**	**1**	**0**	D_1
	D_2	**1**	**0**	**0**	D_2
	D_3	**1**	**1**	**0**	D_3

由表 4.6.1 所示真值表可得

$$Y=S\overline{A}_1\overline{A}_0D_0+S\overline{A}_1A_0D_1+SA_1\overline{A}_0D_2+SA_1A_0D_3$$

若令 $S=\mathbf{1}$ 即$\overline{S}=\mathbf{0}$,选择器使能,则

$$\begin{aligned}Y &= \overline{A}_1\overline{A}_0D_0+\overline{A}_1A_0D_1+A_1\overline{A}_0D_2+A_1A_3D_3\\ &= m_0D_0+m_1D_1+m_2D_2+m_3D_3\\ &= \sum_0^3 m_iD_i\end{aligned}$$

② m 选 1 数据选择器输出信号的逻辑表达式中

$$m=2^n$$

n 是选择器地址码的位数,也就是地址变量的个数,根据 4 选 1 数据选择器输出信号的逻辑表达式,可推论出其一般表达形式为

$$Y=\sum_0^{m-1}m_iD_i=\sum_0^{2^n-1}m_iD_i$$

(2) 数据选择器输出信号逻辑表达式的主要特点

① 具有标准**与或**表达式的形式。

② 提供了地址变量的全部最小项。

③ 一般情况下,D_i 可以当成一个变量处理。

④ 受选通(使能)信号 $\overline{S}$ 控制,当 $\overline{S}=\mathbf{0}$ 时有效,$\overline{S}=\mathbf{1}$ 时 $Y=\mathbf{0}$。

(3) 组合逻辑函数的标准表达形式

任何组合逻辑函数都是由它的最小项构成的,都可以表示成为最小项之和的标准形式。

综上所述可知，从原理上讲，应用对照比较的方法，用数据选择器可以不受限制地实现任何组合逻辑函数。如果函数的变量数为 k，那么应选用地址变量数 $n=k-1$ 的数据选择器。

2. 基本步骤

(1) 确定应该选用的数据选择器

根据 $n=k-1$ 确定数据选择器的规模和型号，n 是选择器地址码（地址变量、地址输入端）的位数，k 是函数的变量个数。

(2) 写逻辑表达式

写出函数的标准**与或**表达式和选择器输出信号的表达式。

(3) 求选择器输入变量的表达式

用公式法或者图形法，通过对照比较确定选择器各个输入变量的表达式（或为变量或为常量）。

(4) 画连线图

根据采用的数据选择器和求出的表达式画出连线图。

二、应用举例

[例 4.6.1] 画出用数据选择器实现函数 $F=AB+BC+CA$ 的连线图。

[解] (1) 选用数据选择器

函数变量个数为 3，根据 $n=k-1=3-1=2$，确定选用 4 选 1 数据选择器 74LS153。

(2) 写标准**与或**表达式

安排好函数变量排列顺序，写出函数 F 的标准**与或**表达式

$$\begin{aligned}F&=AB+BC+CA\\&=AB+BC+AC\\&=\overline{A}BC+A\overline{B}C+AB\overline{C}+ABC\end{aligned}$$

4 选 1 数据选择器输出信号的标准**与或**表达式为

$$Y=\overline{A}_1\overline{A}_0D_0+\overline{A}_1A_0D_1+A_1\overline{A}_0D_2+A_1A_0D_3$$

(3) 确定数据选择器输入变量的表达式

比较两个表达式，寻找它们相等的条件，确定比较器各个输入变量的表达式。

① 函数变量按 A、B、C 顺序排列，保持 A、B 在表达式中的形式，变换 F

$$\begin{aligned}F&=\overline{A}BC+A\overline{B}C+AB\overline{C}+ABC\\&=\overline{A}\cdot\overline{B}\cdot\mathbf{0}+\overline{A}BC+A\overline{B}C+AB(\overline{C}+C)\\&=\overline{A}\cdot\overline{B}\cdot\mathbf{0}+\overline{A}BC+A\overline{B}C+AB\cdot\mathbf{1}\end{aligned}$$

选择器输出信号的表达式为

$$Y=\overline{A}_1\overline{A}_0D_0+\overline{A}_1A_0D_1+A_1\overline{A}_0D_2+A_1A_0D_3$$

比较 F 和 Y 的表达式，显然两者相等的条件是

$$A_1=A\text{、}A_0=B\text{、}D_0=\mathbf{0}\text{、}D_1=D_2=C\text{、}D_3=\mathbf{1}$$

② 函数变量按 B、C、A 的顺序排列，保持 B、C 形式不变，可写出

$$\begin{aligned}F&=\overline{B}CA+B\overline{C}A+BC\overline{A}+BCA\\&=\overline{B}\,\overline{C}\cdot\mathbf{0}+\overline{B}CA+B\overline{C}A+BC(\overline{A}+A)\\&=\overline{B}\,\overline{C}\cdot\mathbf{0}+\overline{B}CA+B\overline{C}A+BC\cdot\mathbf{1}\end{aligned}$$

与 Y 的表达式进行比较，利用两者相等的条件可得

$$A_1 = B、A_0 = C、D_0 = \mathbf{0}、D_1 = D_2 = A、D_3 = \mathbf{1}$$

可见，函数变量排列顺序不同，求得的选择器输入变量的表达式在形式上会不一样，但本质上并无区别。

（4）画连线图

图 4.6.2 所示是根据 $A_1 = A、A_0 = B、D_0 = \mathbf{0}、D_1 = D_2 = C、D_3 = \mathbf{1}$ 画出的连线图。

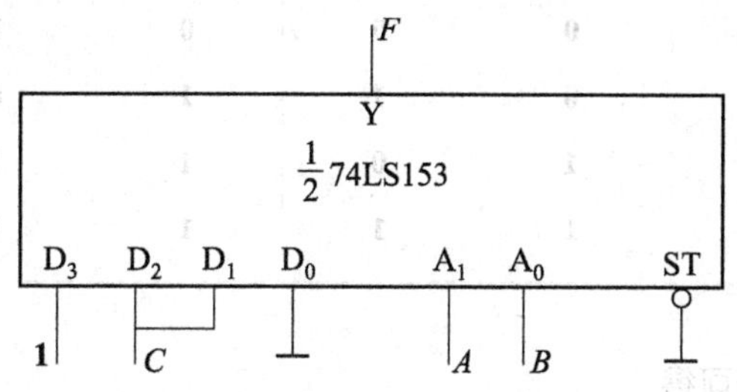

图 4.6.2 实现例 4.6.1 中 F 的连线图

从上面例子可以明显看出，用集成数据选择器实现组合逻辑函数是非常方便的，设计过程也比较简单。数据选择器是一种通用性比较强的中规模集成电路，如果能够灵活应用，一般的单输出信号的组合逻辑问题都可以用它解决。

4.6.2 用二进制译码器实现组合逻辑函数

一、用二进制译码器实现组合逻辑函数的基本原理与步骤

1. 基本原理

（1）二进制译码器的特点

在 4.3 节曾经讲过，二进制译码器的输出端提供了其输入变量的全部最小项，译码器的基本电路是由**与**门组成的阵列。在集成二进制译码器中，使用的是**与非**门，因此其输出信号都是反变量，也就是说二进制译码器的输出端所提供的是输入变量最小项的反函数。

图 4.6.3 所示是集成双 2 线-4 线译码器$\frac{1}{2}$74LS139 的外引脚功能端排列图和逻辑功能示意图与符号，表 4.6.2 所示是其真值表。

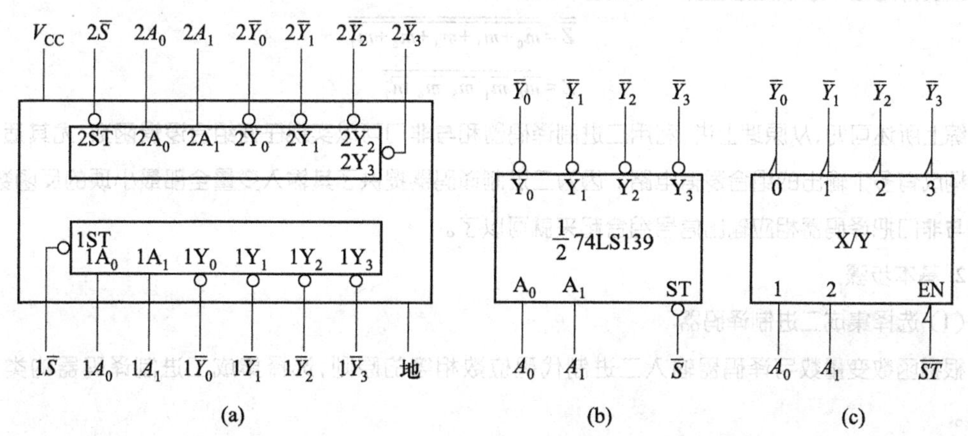

图 4.6.3 双 2 线-4 线译码器

（a）外引脚排列图 （b）逻辑功能示意图 （c）国标逻辑符号

表 4.6.2　双 2 线-4 线译码器的真值表

型　号	输　入			输　出			
	$\overline{S}$	A_1	A_0	$\overline{Y}_0$	$\overline{Y}_1$	$\overline{Y}_2$	$\overline{Y}_3$
74LS139	1	×	×	1	1	1	1
	0	0	0	0	1	1	1
	0	0	1	1	0	1	1
	0	1	0	1	1	0	1
	0	1	1	1	1	1	0

由表 4. 6. 2 所示真值表可得

$$\overline{Y}_0=\overline{\overline{\overline{S}}\,\overline{A}_1\,\overline{A}_0}=\overline{S\,\overline{A}_1\,\overline{A}_0}\qquad \overline{Y}_1=\overline{\overline{\overline{S}}\,\overline{A}_1 A_0}=\overline{S\,\overline{A}_1 A_0}$$

$$\overline{Y}_2=\overline{\overline{\overline{S}}A_1\,\overline{A}_0}=\overline{SA_1\,\overline{A}_0}\qquad \overline{Y}_3=\overline{\overline{\overline{S}}A_1 A_0}=\overline{SA_1 A_0}$$

选通控制端 $\overline{S}=\mathbf{0}$ 即 $S=\mathbf{1}$ 时，译码器工作；$\overline{S}=\mathbf{1}$ 即 $S=\mathbf{0}$ 时，译码被禁止，$\overline{Y}_0\sim\overline{Y}_3$ 均为 **1**。$\overline{S}=\mathbf{0}$ 即 $S=\mathbf{1}$ 时：

$$\overline{Y}_0=\overline{\overline{A}_1\,\overline{A}_0}\quad \overline{Y}_1=\overline{\overline{A}_1 A_0}\quad \overline{Y}_2=\overline{A_1\,\overline{A}_0}\quad \overline{Y}_3=\overline{A_1 A_0}$$

74LS139 的输出信号表达式生动具体地告诉我们，集成二进制译码器提供输入变量最小项反函数的情况。也可以由此推论出集成二进制译码器输出信号表达式的一般形式

$$\overline{Y}_i=\overline{m}_i$$

（2）组合逻辑函数的由其最小项构成的**与非-与非**表达式——标准**与非-与非**表达式

既然任何组合逻辑函数都可以表示成为最小项之和的标准形式，那么利用两次取反的方法，就会很容易地得到其由最小项构成的**与非-与非**表达式，例如函数

$$Z=AB+BC+\overline{A}\,\overline{B}$$

其标准**与或**表达式为

$$Z=\overline{A}\,\overline{B}\,\overline{C}+\overline{A}\,\overline{B}C+\overline{A}BC+AB\overline{C}+ABC=m_0+m_1+m_3+m_6+m_7$$

两次取反并用德 · 摩根定理去掉一个反号，可得

$$\overline{\overline{Z}}=\overline{\overline{m_0+m_1+m_3+m_6+m_7}}$$

$$Z=\overline{\overline{m}_0\;\overline{m}_1\;\overline{m}_3\;\overline{m}_6\;\overline{m}_7}$$

综上所述可知，从原理上讲，利用二进制译码器和**与非**门可以实现任何组合逻辑函数，尤其适合于用来构成有多个输出的组合逻辑电路。因为二进制译码器提供了其输入变量全部最小项的反函数，只要用**与非**门把译码器相应输出信号组合起来就可以了。

2. 基本步骤

（1）选择集成二进制译码器

根据函数变量数与译码器输入二进制代码位数相等的原则，选择集成二进制译码器的类型和规格。

（2）写出函数的标准**与非-与非**表达式

先求出函数的标准**与或**表达式，再用两次取反法推导出其标准**与非-与非**表达式。

(3) 确认译码器和**与非**门输入信号的表达式

译码器的输入信号——地址变量,就是函数的变量,但是要特别注意变量排列顺序,如果在写函数标准**与非-与非**表达式时是按 A、B、…顺序排列,那么在确认译码器地址变量(地址码)时,A 应为最高位,B 次之……因为译码器地址变量排列中,A_0 是最低位,A_1 比 A_0 高 1 位,依此类推,即 A 下标数值越大位越高。至于**与非**门的输入信号,则应根据函数标准**与非-与非**表达式中最小项反函数的情况进行确认。若函数标准**与非-与非**表达式中含有$\overline{m_i}$,显然译码器的输出信号$\overline{Y_i}$ 就是**与非**门中的 1 个输入信号,依此类推,把译码器输出中有关信号都挑出来,它们就是**与非**门的全部输入信号。

(4) 画连线图

根据译码器和**与非**门输入信号的表达式画连线图,便可以得到所需要的电路。

二、应用举例

[例 4.6.2] 试用集成译码器设计一个全加器。

[解] (1) 选择译码器

全加器有 3 个输入信号 A_i、B_i、C_{i-1},两个输出信号 S_i、C_i,选 3 线-8 线译码器74LS138。

(2) 写标准**与非-与非**表达式

按 A_i、B_i、C_{i-1}顺序排列变量

$$\begin{aligned} S_i &= \overline{A}_i\,\overline{B}_iC_{i-1}+\overline{A}_iB_i\,\overline{C}_{i-1}+A_i\,\overline{B}_i\,\overline{C}_{i-1}+A_iB_iC_{i-1} \\ &= m_1+m_2+m_4+m_7 \\ &= \overline{\overline{m_1}\;\overline{m_2}\;\overline{m_4}\;\overline{m_7}} \end{aligned}$$

$$\begin{aligned} C_i &= \overline{A}_iB_iC_{i-1}+A_i\,\overline{B}_iC_{i-1}+A_iB_i\,\overline{C}_{i-1}+A_iB_iC_{i-1} \\ &= m_3+m_5+m_6+m_7 \\ &= \overline{\overline{m_3}\;\overline{m_5}\;\overline{m_6}\;\overline{m_7}} \end{aligned}$$

(3) 确认表达式

$$A_2=A_i \qquad A_1=B_i \qquad A_0=C_{i-1}$$

$$S_i=\overline{\overline{Y_1}\;\overline{Y_2}\;\overline{Y_4}\;\overline{Y_7}} \qquad C_i=\overline{\overline{Y_3}\;\overline{Y_5}\;\overline{Y_6}\;\overline{Y_7}}$$

(4) 画连线图,如图 4.6.4 所示。

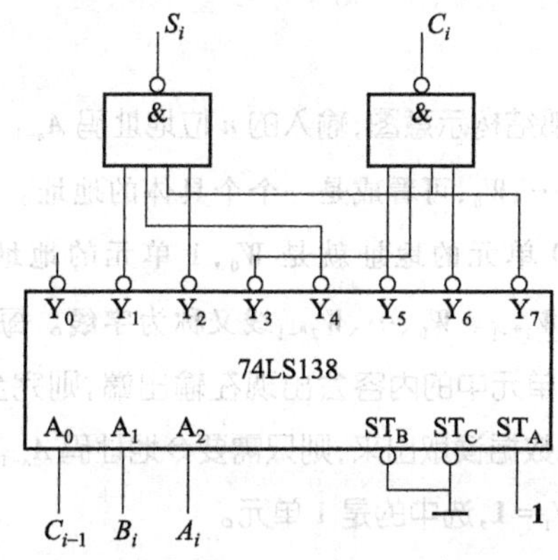

图 4.6.4 例 4.6.2 全加器连线图

例 4.6.2 具体地说明了用集成二进制译码器实现组合逻辑函数时,大体上应遵循的步骤,同时也告诉我们,必须使用附加**与非**门的情况。用数据选择器实现组合逻辑函数时不需要附加**与非**门,是其

拓展阅读 4-4 中规模组合逻辑器件的级联扩展

突出优点，但若要构成具有多个输出信号的组合电路，那就不如用译码器了。至于在一些特殊情况下使用其他类型的 MSI，由于没有明确的具体步骤可以遵循，就不赘述了。

4.7 只读存储器

只读存储器（ROM①）因工作时其内容只能读出而得名，按照数据写入方式特点不同，分成掩模 ROM、可编程 ROM 和可擦除可编程 ROM 三种类型，然而就总体结构、基本工作原理和使用方法而言，它们之间并无区别。掩模 ROM 的内容是在掩模版控制下，由厂家在生产过程中写入的，出厂时已完全固定下来，使用时不能更改；可编程 ROM 又称为 PROM②，其内容可由用户编好后写入，但只能写一次，一经写入就不能再更改；可擦除可编程 ROM 又叫做 EPROR③，储存的数据可以改写，比较适合试制工作的需要，但其改写过程比较麻烦，因此在工作时也只能进行读出操作。

4.7.1 ROM 的结构及工作原理

一、ROM 的结构示意图

1. 基本结构

图 4.7.1 所示是 ROM 的基本结构示意图。$A_0A_1\cdots A_{n-1}$ 是输入的 n 位地址，A_{n-1} 是最高位，A_0 是最低位。$D_0D_1\cdots D_{b-1}$ 是输出的 b 位数据，D_{b-1} 是最高位，D_0 是最低位。

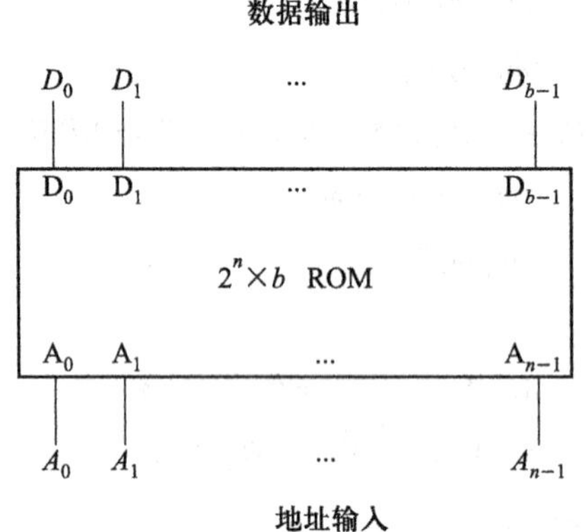

图 4.7.1 ROM 的基本结构示意图

2. 内部结构示意图

图 4.7.2 所示是 ROM 的内部结构示意图，输入的 n 位地址码 $A_{n-1}\ A_{n-2}\cdots A_0$ 经地址译码器译码后，产生 2^n 个输出信号 W_{2^n-1}、W_{2^n-2}、…、W_0，可看成是一个个具体的地址。ROM 有 2^n 个存储单元，每一个单元都有一个相应地址，例如 0 单元的地址就是 W_0，1 单元的地址就是 W_1，…，i 单元的地址就是 W_i，…，2^n-1 单元的地址就是 W_{2^n-1}。W_0、…、W_{2^n-1} 线又称为**字线**。每个地址中储存的二进制数据是 $D_{b-1}D_{b-2}\cdots D_0$，到底是哪一个存储单元中的内容会出现在输出端，则完全由输入的地址码决定。例如，若要把 1 单元储存的 b 位二进制数据读取出来，则只需要令地址码 $A_{n-1}A_{n-2}\cdots A_2A_1A_0=\mathbf{00\cdots001}$ 即可，因这时地址译码器输出的地址是 $W_1=\mathbf{1}$，选中的是 1 单元。

① ROM 是 Read Only Memory 的缩写。

② PROM 是 Programmable Read Only Memory 的缩写。

③ EPROM 是 Erasable Programmable Read Only Memory 的缩写。

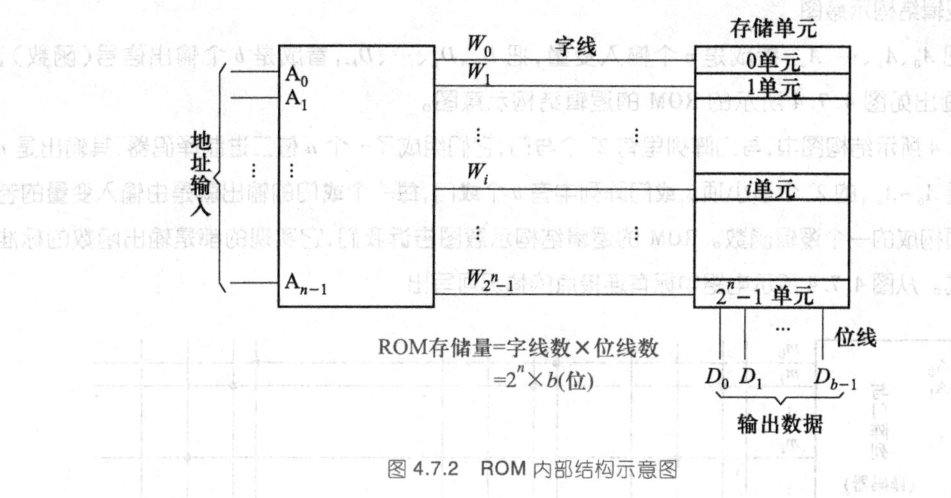

图 4.7.2 ROM 内部结构示意图

3. 逻辑结构示意图

(1) 中、大规模集成电路中逻辑图简化画法的约定

在绘制中、大规模集成电路的逻辑图时，为方便起见，常用图 4.7.3 中所示的简化画法。图 4.7.3(a)是一个多输入端**与**门，竖线为一组输入信号，用与横线相交叉的点的状态表示相应输入信号是否接到了该门的输入端上。交叉点上画小圆点者表示连上了且为硬连接，不能通过编程改变；交叉点上画“×”者表示编程连接，可以通过编程将其断开；既无小圆点也无“×”者表示断开。图 4.7.3(b)是多输入端**或**门，交叉点状态的约定和多输入端**与**门相同。图4.7.3(c)所示是同相输出、反相输出和具有互补输出的各种缓冲器的画法。

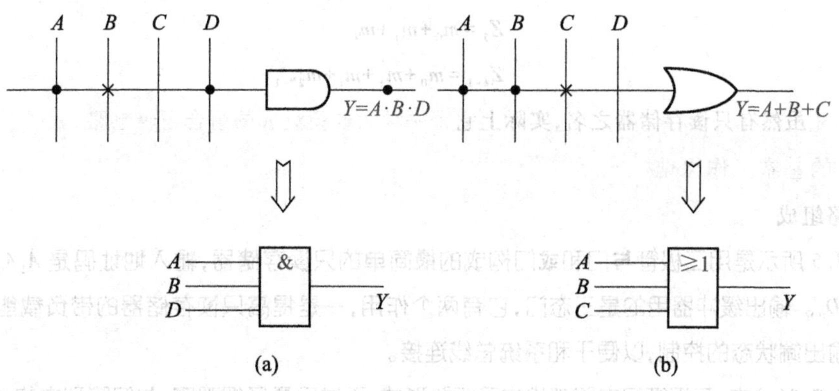

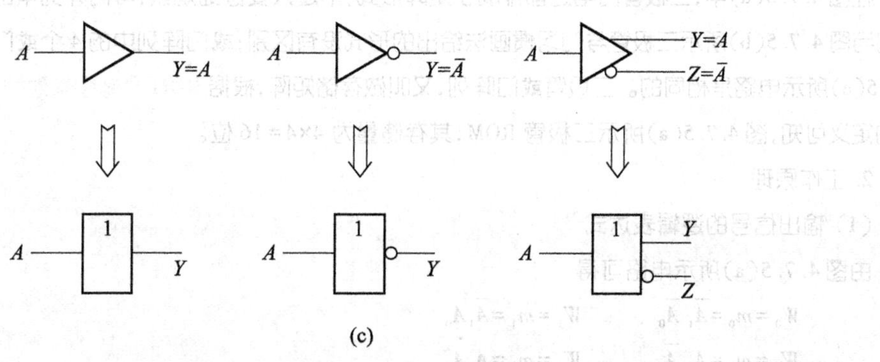

图 4.7.3 门电路的简化画法

(a) **与**门 (b) **或**门 (c) 缓冲器

(2) 逻辑结构示意图

如果把 A_0、A_1、…、A_{n-1} 看成是 n 个输入变量，把 D_0、D_1、…、D_{b-1} 看成是 b 个输出信号（函数），那么可以画出如图 4.7.4 所示的 ROM 的逻辑结构示意图。

图 4.7.4 所示结构图中，**与**门阵列里有 2^n 个**与**门，它们组成了一个 n 位二进制译码器，其输出是 n 个输入变量 $A_0 \sim A_{n-1}$ 的 2^n 个最小项。**或**门阵列中有 b 个**或**门，每一个**或**门的输出就是由输入变量的若干个最小项构成的一个逻辑函数。ROM 的逻辑结构示意图告诉我们，它实现的都是输出函数的标准**与或**表达式。从图 4.7.4 所示电路中标有连接点的情况可写出

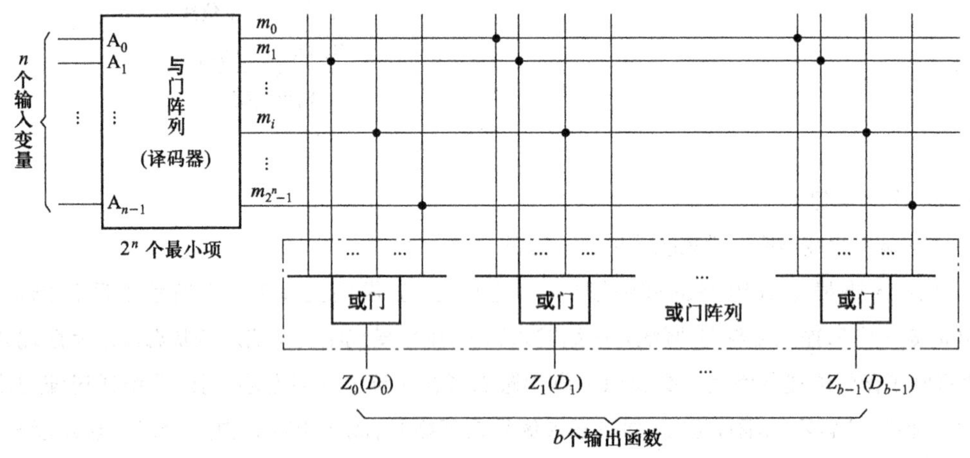

图 4.7.4　ROM 的逻辑结构示意图

$$Z_0 = m_1 + m_i + m_{2^n-1}$$

$$Z_1 = m_0 + m_1 + m_i$$

$$Z_{b-1} = m_0 + m_1 + m_i + m_{2^n-1}$$

很显然，ROM 虽然有只读存储器之名，实际上它是一种大规模集成的组合逻辑电路。

二、ROM 的基本工作原理

1. 电路组成

图 4.7.5 所示是用二极管**与**门和**或**门构成的最简单的只读存储器，输入地址码是 A_1A_0，输出数据是 $D_3D_2D_1D_0$。输出缓冲器用的是三态门，它有两个作用，一是提高只读存储器的带负载能力；二是可以实现对输出端状态的控制，以便于和系统总线连接。

在图 4.7.5(a)中，二极管门电路都排成了矩阵形式，不过只要仔细观察，**与**门阵列中的 4 个**与**门，其结构与图 4.7.5(b)所示二极管**与**门习惯画法给出的形式没有区别；**或**门阵列中的 4 个**或**门，其结构与图 4.7.5(c)所示电路是相同的。二极管**或**门阵列，又叫做存储矩阵，根据 ROM 存储容量为字线数乘以位线数的定义可知，图 4.7.5(a)所示二极管 ROM，其存储量为 4×4 = 16 位。

2. 工作原理

(1) 输出信号的逻辑表达式

由图 4.7.5(a)所示电路可得

$$W_0 = m_0 = \overline{A_1}\ \overline{A_0} \qquad W_1 = m_1 = \overline{A_1}A_0$$

$$W_2 = m_2 = A_1\overline{A_0} \qquad W_3 = m_3 = A_1A_0$$

$$D_0 = W_0 + W_2 = m_0 + m_2 = \overline{A_1}\ \overline{A_0} + A_1\overline{A_0} = \overline{A_0}$$

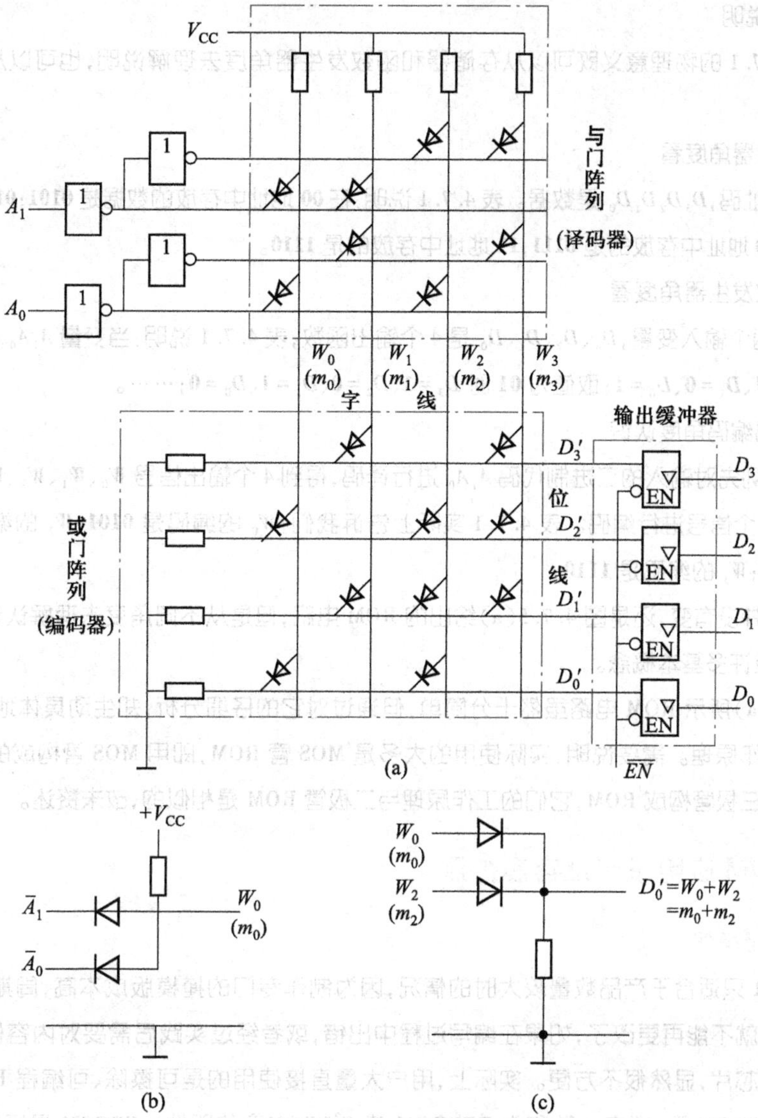

图 4.7.5 二极管 ROM

(a) ROM 电路 (b) 二极管与门 (c) 二极管或门

$$D_1 = W_1 + W_2 + W_3 = m_1 + m_2 + m_3 = \bar{A}_1 A_0 + A_1 \bar{A}_0 + A_1 A_0 = A_0 + A_1$$

$$D_2 = W_0 + W_2 + W_3 = m_0 + m_2 + m_3 = \bar{A}_1 \bar{A}_0 + A_1 \bar{A}_0 + A_1 A_0 = \bar{A}_0 + A_1$$

$$D_3 = W_1 + W_3 = m_1 + m_3 = \bar{A}_1 A_0 + A_1 A_0 = A_0$$

(2) 输出信号的真值表

根据上述表达式,可列出如表 4.7.1 所示的真值表。

表 4.7.1 ROM 输出信号的真值表

A_1	A_0	D_3	D_2	D_1	D_0
0	0	0	1	0	1
0	1	1	0	1	0
1	0	0	1	1	1
1	1	1	1	1	0

视频：

难点解析 4-9

只读存储器

ROM

(3) 功能说明

真值表 4.7.1 的物理意义既可以从存储器和函数发生器角度去理解说明,也可以从译码、编码角度去认识。

- 从存储器角度看

A_1A_0 是地址码,$D_3D_2D_1D_0$ 是数据。表 4.7.1 说明:在 **00** 地址中存放的数据是 **0101**;**01** 地址中存放的数据是 **1010**;**10** 地址中存放的是 **0111**;**11** 地址中存放的是 **1110**。

- 从函数发生器角度看

A_1、A_0 是两个输入变量,D_3、D_2、D_1、D_0 是 4 个输出函数,表 4.7.1 说明:当变量 A_1A_0 取值为 **00** 时函数 $D_3=\mathbf{0}$、$D_2=\mathbf{1}$、$D_1=\mathbf{0}$、$D_0=\mathbf{1}$;取值为 **01** 时 $D_3=\mathbf{1}$、$D_2=\mathbf{0}$、$D_1=\mathbf{1}$、$D_0=\mathbf{0}$;……。

- 从译码编码角度认识

由**与**门阵列先对输入的二进制代码 A_1A_0 进行译码,得到 4 个输出信号 W_0、W_1、W_2、W_3,再由**或**门阵列对 $W_0\sim W_3$ 4 个信号进行编码。表 4.7.1 实际上告诉我们,W_0 的编码是 **0101**;W_1 的编码是 **1010**;W_2 的编码是 **0111**;W_3 的编码是 **1110**。

其实电路并没有变,还是图 4.7.5(a)给出的 ROM 电路,但是从不同角度去理解认识,物理意义差别很大,它涉及许多基本概念。

图 4.7.5(a)所示 ROM 电路虽然十分简单,但通过对它的仔细分析,却生动具体地说明了只读存储器的基本工作原理。需要说明,实际使用的大多是 MOS 管 ROM,即用 MOS 管构成的 ROM,当然也可以用双极型三极管构成 ROM,它们的工作原理与二极管 ROM 是相似的,故未赘述。

4.7.2 ROM 应用举例及容量扩展

一、ROM 应用举例

掩模 ROM 只适合于产品数量较大时的情况,因为制作专门的掩模版成本高,周期长。PROM 的内容写好以后就不能再更改了,如果在编写过程中出错,或者经过实践后需要对内容做一些改动时,则只能用新的芯片,显然很不方便。实际上,用户大量直接使用的是可擦除、可编程 ROM,这种类型的芯片除了 EPROM 外,还有一种称为 EEPROM 或 E^2PROM① 的器件。EPROM 是用紫外光擦除的,需要长达 20 min 左右的擦除时间,而 E^2PROM 采用的是电擦除方式,擦除时间只需要几十毫秒。

视频:
难点解析 4-10
ROM 的应用

1. 做函数运算表电路

数学运算是数控装置和数字系统中需要经常进行的操作,如果事先把要用到的基本函数变量在一定范围内的取值和相应的函数值列成表格,写入只读存储器中,则在需要时只要给出规定"地址"就可非常快速地得到相应的函数值。这种 ROM 实际上已经成为函数运算表电路。

[例 4.7.1] 试用 ROM 构成能实现函数 $y=x^2$ 的运算表电路,x 的取值范围为0~15 的正整数。

[解] (1) 分析要求、设定变量

自变量 x 的取值范围为 0~15 的正整数,对应的是 4 位二进制正整数,用$B=B_3B_2B_1B_0$表示,根据 $y=x^2$ 可算出 y 的最大值是 $15^2=225$,可以用 8 位二进制数 $Y=Y_7Y_6Y_5Y_4Y_3Y_2Y_1Y_0$ 表示。

(2) 列真值表——函数运算表

表 4.7.2 所示是根据 $Y=B^2$ 即 $y=x^2$ 列出的真值表。

---

① E^2PROM 是 electrically erasable programmable read-only memory 的缩写。

表 4.7.2 例 4.7.1 的真值表

输入				输出								注
B_3	B_2	B_1	B_0	Y_7	Y_6	Y_5	Y_4	Y_3	Y_2	Y_1	Y_0	十进制数
0	0	0	0	0	0	0	0	0	0	0	0	0
0	0	0	1	0	0	0	0	0	0	0	1	1
0	0	1	0	0	0	0	0	0	1	0	0	4
0	0	1	1	0	0	0	0	1	0	0	1	9
0	1	0	0	0	0	0	1	0	0	0	0	16
0	1	0	1	0	0	0	1	1	0	0	1	25
0	1	1	0	0	0	1	0	0	1	0	0	36
0	1	1	1	0	0	1	1	0	0	0	1	49
1	0	0	0	0	1	0	0	0	0	0	0	64
1	0	0	1	0	1	0	1	0	0	0	1	81
1	0	1	0	0	1	1	0	0	1	0	0	100
1	0	1	1	0	1	1	1	1	0	0	1	121
1	1	0	0	1	0	0	1	0	0	0	0	144
1	1	0	1	1	0	1	0	1	0	0	1	169
1	1	1	0	1	1	0	0	0	1	0	0	196
1	1	1	1	1	1	1	0	0	0	0	1	225

(3) 写标准**与或**表达式

$$Y_7=m_{12}+m_{13}+m_{14}+m_{15}$$

$$Y_6=m_8+m_9+m_{10}+m_{11}+m_{14}+m_{15}$$

$$Y_5=m_6+m_7+m_{10}+m_{11}+m_{13}+m_{15}$$

$$Y_4=m_4+m_5+m_7+m_9+m_{11}+m_{12}$$

$$Y_3=m_3+m_5+m_{11}+m_{13}$$

$$Y_2=m_2+m_6+m_{10}+m_{14}$$

$$Y_1=0$$

$$Y_0=m_1+m_3+m_5+m_7+m_9+m_{11}+m_{13}+m_{15}$$

(4) 画 ROM 存储矩阵结点连接图

图 4.7.6 所示是 ROM 存储矩阵连接图。

图 4.7.7 所示是例 4.7.1 中 ROM 的用法。

(5) 可编程 ROM 中固定连接的**与**门阵列

如果注意的话,在图 4.7.6 所示电路中,作为地址译码器的**与**门阵列,其连接是固定的,它的任务是完成对输入地址码(变量)的译码工作,产生一个个具体的地址——地址码(变量)的全部最小项,作为存储矩阵的**或**门阵列是可编程的,各个交叉点——可编程点的状态,也就是存储矩阵中的内容,可由用户编程决定。

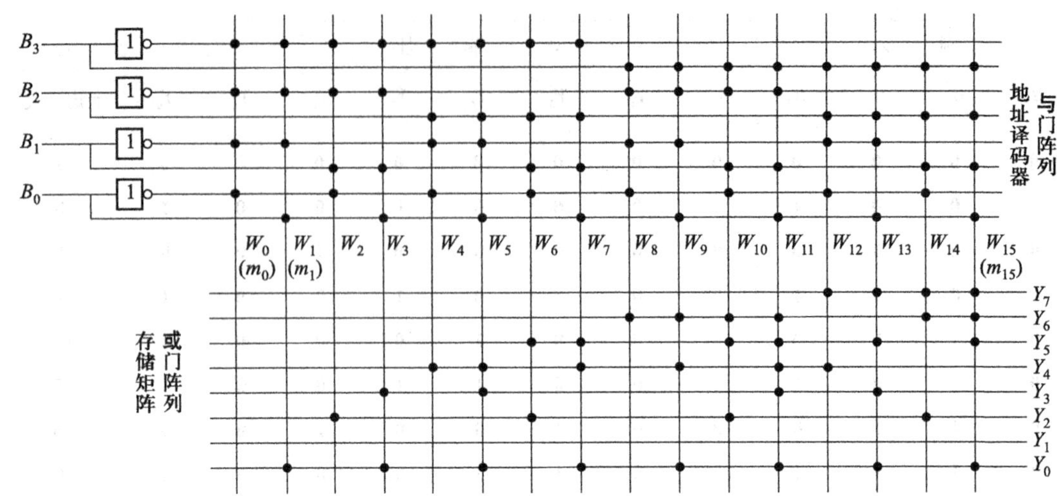

图 4.7.6 例 4.7.1 ROM 存储矩阵连接图

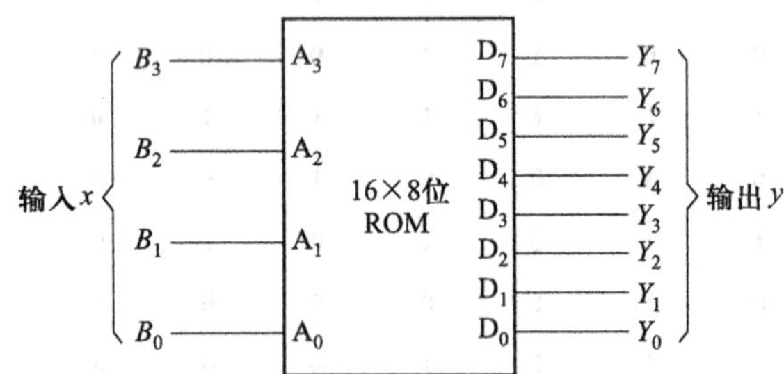

图 4.7.7 例 4.7.1 中 ROM 的用法

2. 实现任意组合逻辑函数

从 ROM 的逻辑结构示意图知道，只读存储器的基本部分是**与**门阵列和**或**门阵列，**与**门阵列实现对输入变量的译码，产生变量的全部最小项，**或**门阵列完成有关最小项的或运算，因此从原则上讲，利用 ROM 可以实现任何组合逻辑函数。

[例 4.7.2] 试用 ROM 实现下列各函数：

$$\begin{cases} Y_1=\overline{A}\,\overline{B}C+\overline{A}B\overline{C}+A\overline{B}\,\overline{C}+ABC \\ Y_2=BC+CA \\ Y_3=\overline{A}\,\overline{B}\,\overline{C}\,\overline{D}+\overline{A}\,\overline{B}CD+\overline{A}BC\overline{D}+A\overline{B}\,\overline{C}D+AB\overline{C}\,\overline{D}+ABCD \\ Y_4=ABC+ABD+ACD+BCD \end{cases}$$

[解] （1）写出各函数的标准**与或**式

按 A、B、C、D 顺序排列变量，将 Y_1、Y_2 扩展成为四变量的逻辑函数。

$$\begin{cases} Y_1=\sum m(2,3,4,5,8,9,14,15) \\ Y_2=\sum m(6,7,10,11,14,15) \\ Y_3=\sum m(0,3,6,9,12,15) \\ Y_4=\sum m(7,11,13,14,15) \end{cases}$$

（2）选 ROM，画存储矩阵连线图

选用 16×4 位 ROM，存储矩阵连线图如图 4.7.8 所示。

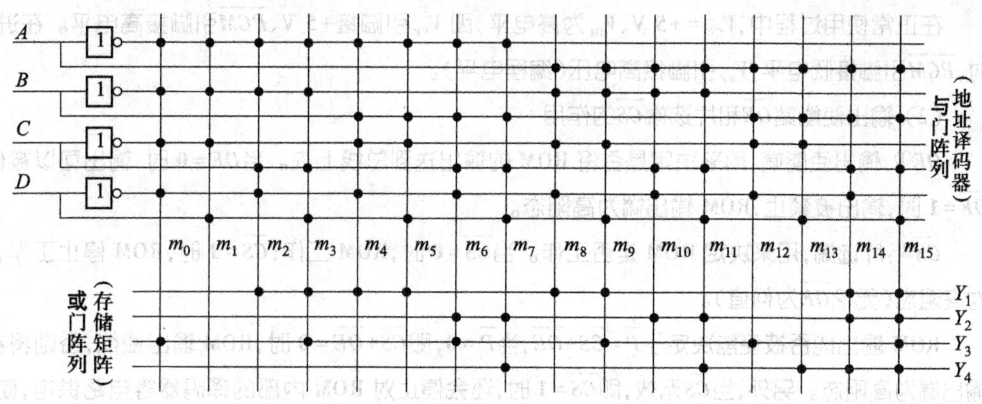

图 4.7.8 例 4.7.2 中 ROM 存储矩阵连线图

（3）ROM 使用图

图 4.7.9 所示是例 4.7.2 中 ROM 的使用示意图。

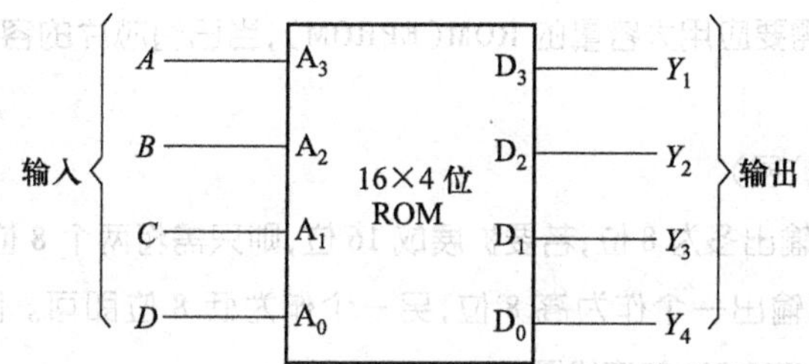

图 4.7.9 例 4.7.2 中 ROM 的使用示意图

从例 4.7.2 中可知，用 ROM 实现组合逻辑函数是简单方便的，只要将函数的标准**与或**表达式写入存储矩阵即可。

二、ROM 容量扩展

1. 常用的 LSI ROM

（1）常用 LSI EPROM 的型号

常用的 EPROM 型号有 2764、27128、27256、27512 等，图 4.7.10 所示是它们的逻辑符号。

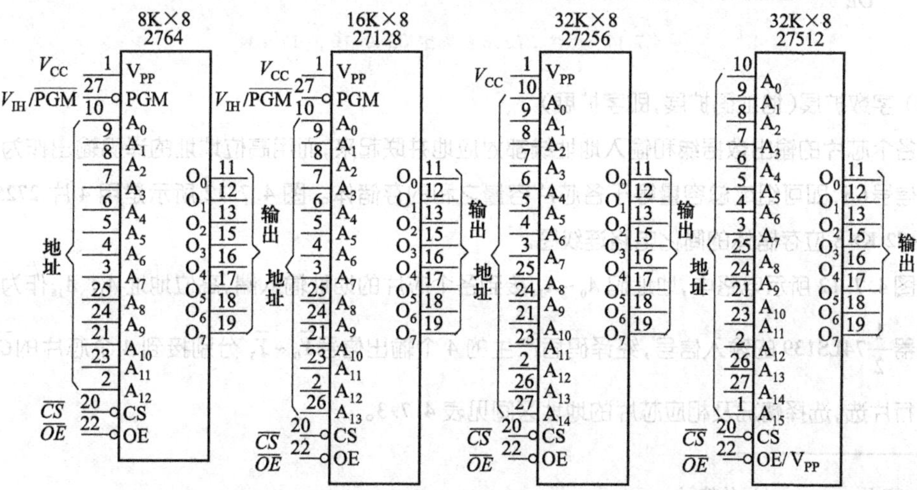

图 4.7.10 标准的 28 脚双列直插式 EPROM 的逻辑符号

在正常使用过程中，$V_{CC}=+5$ V、V_{IH}为高电平，即 V_{PP}引脚接+5 V、$\overline{PGM}$引脚接高电平。在进行编程时，$\overline{PGM}$引脚接低电平，V_{PP}引脚接高电压（编程电平）。

（2）输出使能端$\overline{OE}$和片选端$\overline{CS}$的作用

$\overline{OE}$①：输出使能端，用来决定是否将 ROM 的输出送到总线上去。当$\overline{OE}=\mathbf{0}$时，输出可以被使能；当$\overline{OE}=\mathbf{1}$时，输出被禁止，ROM 输出端为高阻态。

$\overline{CS}$②：片选端，用来决定 ROM 是否工作。当$\overline{CS}=\mathbf{0}$时，ROM 工作；$\overline{CS}=\mathbf{1}$时，ROM 停止工作，且输出为高阻态（无论$\overline{OE}$为何值）。

ROM 输出能否被使能决定于$\overline{P}=\overline{CS}+\overline{OE}$，当$\overline{P}=\mathbf{0}$，即$\overline{CS}+\overline{OE}=\mathbf{0}$时，ROM 输出使能，否则将被禁止，输出端为高阻态。另外，当$\overline{CS}$无效，即$\overline{CS}=\mathbf{1}$时，还会停止对 ROM 内部的译码器等电路供电，使其功耗降低到 ROM 工作时的 10%以下。由于在大部分有多个 ROM 芯片的系统中，同一时刻只会选中一个芯片，因此，此举会使系统中 ROM 芯片的总功耗大大减小。还应指出的是，片选信号$\overline{CS}$也为 ROM 容量的扩展带来了方便。

2. ROM 容量的扩展

在实际工作中，常常需要应用大容量的 ROM（EPROM），当已有芯片的容量不够时，可以用扩展容量的方法解决。

（1）字长的扩展（位扩展）

现有型号的 EPROM 输出多为 8 位，若要扩展成 16 位，则只需将两个 8 位输出芯片的地址线和控制线都分别并联起来，而输出一个作为高 8 位，另一个作为低 8 位即可。图 4.7.11 所示是将两片 27256 扩展成 32 K×16 位 EPROM 的连线图。

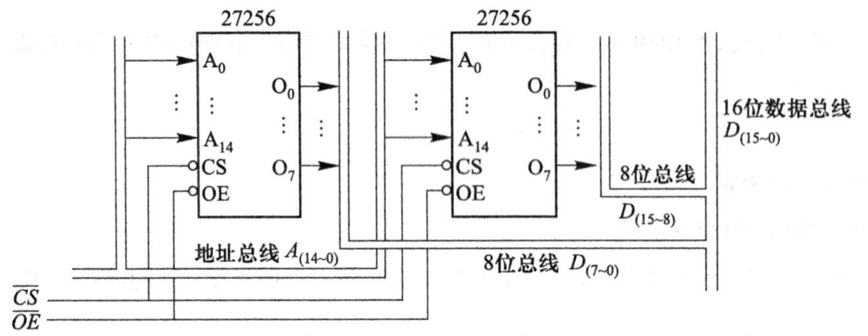

图 4.7.11 两片 27256 扩展成 32 K×16 位 EPROM

（2）字数扩展（地址码扩展，即字扩展）

把各个芯片的输出数据线和输入地址线都对应地并联起来，而用高位地址的译码输出作为各芯片的片选信号$\overline{CS}$，即可组成总容量等于各芯片容量之和的存储体。图 4.7.12 所示是用 4 片 27256 扩展成为 4×32 K×8 位存储体的简化电路连线图。

在图 4.7.12 所示电路中，地址码 $A_0 \sim A_{14}$接到各个芯片的地址输入端，高位地址 A_{15}、A_{16}作为 2 线-4 线译码器$\frac{1}{2}$74LS139 的输入信号，经译码后产生的 4 个输出信号$\overline{Y}_0 \sim \overline{Y}_3$ 分别接到 4 个芯片的$\overline{CS}$端，对它们进行片选，选择情况及相应芯片的地址区间见表 4.7.3。

① *OE* 是 output enable 的缩写。

② *CS* 是 chip select 的缩写。

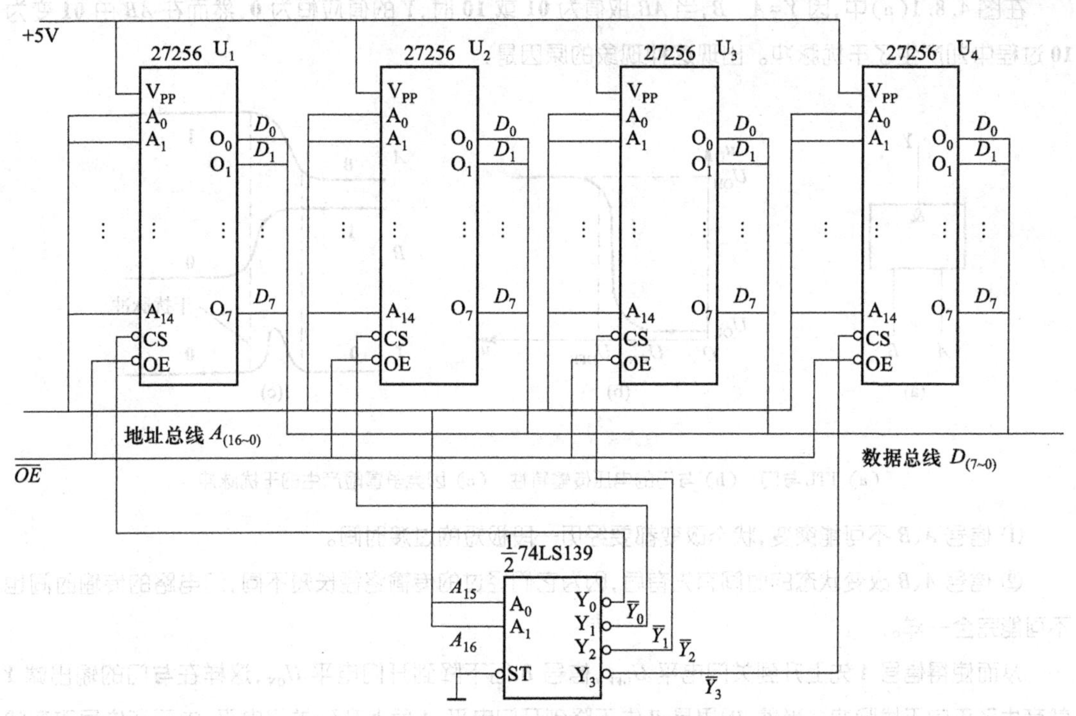

图 4.7.12 4×32 K×8 位存储体的简化电路连线图

表 4.7.3 片选情况及相应芯片地址区间

输入		输出				选中芯片	芯片地址区间
A_{16}	A_{15}	$\overline{Y}_0$	$\overline{Y}_1$	$\overline{Y}_2$	$\overline{Y}_3$		
0	**0**	**0**	**1**	**1**	**1**	U_1	$\mathbf{0}\ \mathbf{0}A_{14}A_{13}\cdots A_0$
0	**1**	**1**	**0**	**1**	**1**	U_2	$\mathbf{0}\ \mathbf{1}A_{14}A_{13}\cdots A_0$
1	**0**	**1**	**1**	**0**	**1**	U_3	$\mathbf{1}\ \mathbf{0}A_{14}A_{13}\cdots A_0$
1	**1**	**1**	**1**	**1**	**0**	U_4	$\mathbf{1}\ \mathbf{1}A_{14}A_{13}\cdots A_0$

4.8 组合电路中的竞争冒险

4.8.1 竞争冒险的概念及产生原因

一、竞争冒险的概念

在组合电路中，当输入信号改变状态时，输出端可能出现虚假信号——过渡干扰脉冲的现象，叫做竞争冒险。如果负载是对脉冲信号十分敏感的电路（例如下一章要介绍的触发器），那么就应采取措施消除竞争冒险。

二、产生竞争冒险的原因

1. 原因分析

在数字电路中，任何一个门电路只要有两个输入信号同时向相反方向变化（即由 **01** 变为 **10**，或者相反），其输出端就可能产生干扰脉冲。现以图 4.8.1 所示 TTL 与门为例进行简要说明。

在图 4.8.1(a)中，因 $Y=A\cdot B$，当 AB 取值为 **01** 或 **10** 时，Y 的值应恒为 **0**，然而在 AB 由 **01** 变为 **10** 过程中却产生了干扰脉冲。出现这种现象的原因是：

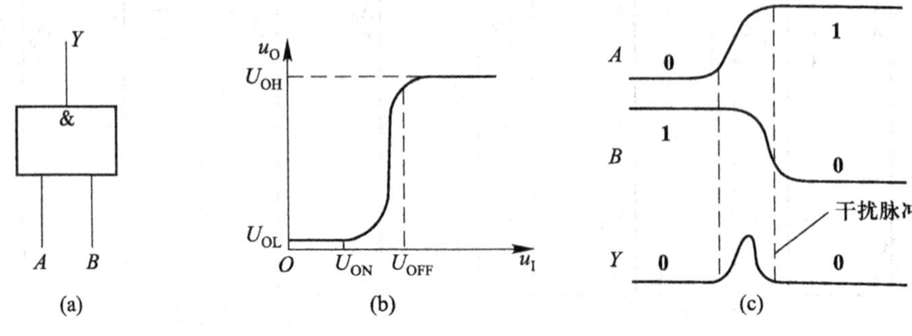

图 4.8.1　与门的竞争冒险

(a) TTL 与门　(b) 与门的电压传输特性　(c) 因竞争冒险产生的干扰脉冲

① 信号 A、B 不可能突变，状态改变都要经历一段极短的过渡时间。

② 信号 A、B 改变状态的时间有先有后，因为它们经过的传输路径长短不同，门电路的传输时间也不可能完全一样。

视频：
难点解析 4-11
竞争与冒险

从而使得信号 A 先上升到关门电平 U_{OFF}，信号 B 后下降到开门电平 U_{ON}，这样在**与**门的输出端 Y 就产生了正向干扰脉冲。当然，如果是 B 先下降到开门电平，A 后上升到关门电平，由于在信号改变状态过程中**与**门始终被封住了，显然不会产生干扰脉冲。

我们说电路中存在竞争冒险，并不等于一定有干扰脉冲产生。然而，在设计时，既不可能知道传输路径和门电路传输时间的准确数值，也无法知道各个波形上升时间和下降时间的微小差异，因此只能说有产生干扰脉冲的可能性，这也就是冒险一词的具体含义。

2. 电路举例

图 4.8.2 所示是一个由竞争冒险产生干扰脉冲的例子。在图4.8.2(a)所示 2 位二进制译码器中，假如输入信号B和A的变化规律如表4.8.1中第一列的箭头所示，则由于G_5和G_6的传输时间不同，在BA

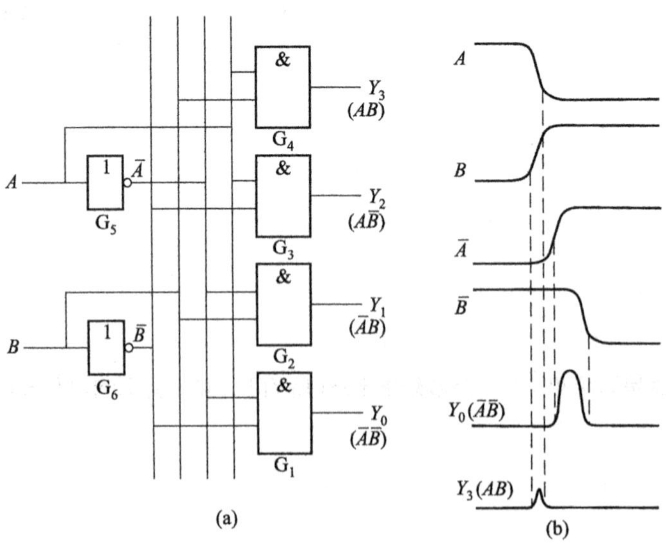

图 4.8.2　2 位二进制译码器

(a) 逻辑图　(b) 竞争产生的干扰脉冲

从**01**变为**10**过程中，门G_1将会输出一个很窄的脉冲，见图4.8.2(b)中的Y_0。而根据逻辑设计的要求，这时Y_0端是不应该有输出信号的，所以这是一个干扰脉冲。此外还可以看到，由于A、B改变状态分别要经历一段上升和下降时间，因而在转换过程中，可能出现G_4的两个输入信号同时处于开门电平以上的情况，这时也会在门G_4的输出端形成干扰脉冲，见图4.8.2(b)中的Y_3。

表 4.8.1 图 4.8.2(a)所示电路的真值表

A	B	$\overline{A}$	$\overline{B}$	$\overline{A}\,\overline{B}$	$\overline{A}B$	$A\overline{B}$	AB
0	**0**	**1**	**1**	**1**	**0**	**0**	**0**
⇩							
0	**1**	**1**	**0**	**0**	**1**	**0**	**0**
⇩				⎍			⎍
1	**0**	**0**	**1**	**0**	**0**	**1**	**0**
⇩							
1	**1**	**0**	**0**	**0**	**0**	**0**	**1**

4.8.2 消除竞争冒险的方法

检查一个组合电路中是否存在竞争冒险，有多种方法，其中最直观的方法就是逐级列出电路的真值表，并找出哪些门的输入信号会发生竞争——一个从**0**变为**1**，而另一个同时从**1**变为**0**，然后，判断是否会在整个电路的输出端产生干扰脉冲。如果可能产生则有竞争冒险，否则就没有。在有竞争冒险存在的情况下，而负载又是对脉冲敏感的电路，那么就应设法消除。下面是几种常用的消除竞争冒险的方法。

一、引入封锁脉冲

为了消除因竞争冒险所产生的干扰脉冲，可以引入一个负脉冲，在输入信号发生竞争的时间内，把可能产生干扰脉冲的门封住，图4.8.3中的负脉冲P_1就是这样的封锁脉冲。

从图4.8.3(b)所示的波形图上可以看到，封锁脉冲必须与输入信号的转换同步，而且它的宽度不应小于电路从一个稳态到另一个稳态所需要的过渡时间Δt。

二、引入选通脉冲

第二种可行的方法是在电路中引进一个选通脉冲，如图4.8.3中的P_2。由于P_2的作用时间取在电路到达新的稳定状态之后，所以G_1、G_4的输出端不再会有干扰脉冲出现。不过，这时G_1、G_4正常的输出信号也变成脉冲形式了，而且它们的宽度也与选通脉冲相同。例如，当输入信号变为**11**以后，Y_3并不马上变成高电平，而要等到P_2出现时，它才给出一个正脉冲。

三、接入滤波电容

因为竞争冒险所产生的干扰脉冲一般很窄，所以可以采用在输出端并接一个不大的滤波电容的方法，消除干扰脉冲。图4.8.3(a)中的C_f就表示这种滤波电容。由于干扰脉冲通常与门电路的传输时间属于同一个数量级，所以在TTL电路中，只要C_f有几百皮法的数量，就足以把干扰脉冲削弱至开门电平以下。

四、修改逻辑设计，增加冗余项

当竞争冒险是由单个变量改变状态引起时，则可用增加冗余项的方法予以消除。例如，给定的逻辑函数是

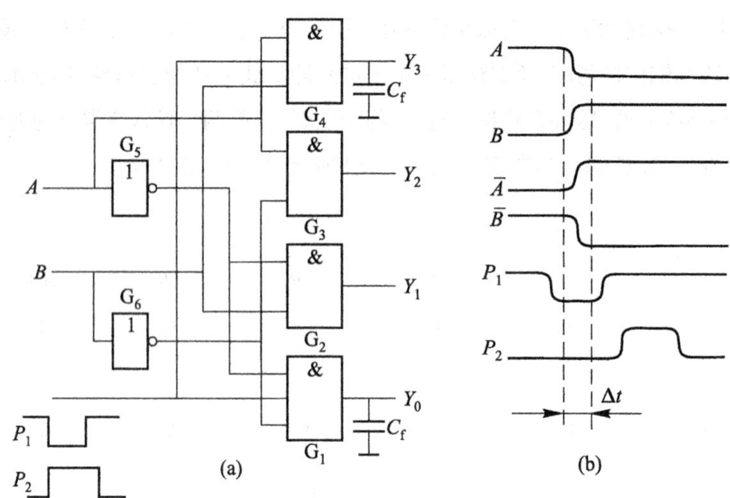

图 4.8.3　消除竞争冒险现象的几种方法

（a）电路图　（b）波形图

$$Y=AB+\bar{A}C$$

则可以画出它的逻辑图，如图 4.8.4 所示。不难发现，当 $B=C=\mathbf{1}$ 时，有

$$\begin{aligned}Y&=AB+\bar{A}C\\&=A\cdot\mathbf{1}+\bar{A}\cdot\mathbf{1}\\&=A+\bar{A}\end{aligned}$$

若 A 从 **1** 变为 **0**（或从 **0** 变为 **1**），则在门 G_4 的输入端会发生竞争，因此输出可能出现干扰脉冲。根据第 1 章介绍的冗余定理，增加冗余项 BC，即将函数表达式改写为

$$Y=AB+\bar{A}C+BC$$

并在电路中也相应地增加门 G_5，则当 A 改变状态时，由于门 G_5 输出的低电平封住了门 G_4，故不会再发生竞争冒险。

在组合电路中，当单个输入变量改变状态时，分析有无竞争冒险存在的一个简便方法，就是写出函数的**与或**表达式，画出函数的卡诺图，检查有无几何相邻的乘积项（两个不同的乘积项如果包含了几何相邻的最小项，则这两个乘积项就称为是几何相邻的），若没有则无竞争冒险，反之则有。函数 $Y=AB+\bar{A}C$ 中之所以有竞争冒险存在，原因在于乘积项 AB 和 $\bar{A}C$ 是几何相邻的，见卡诺图 4.8.5。AB 中的最小

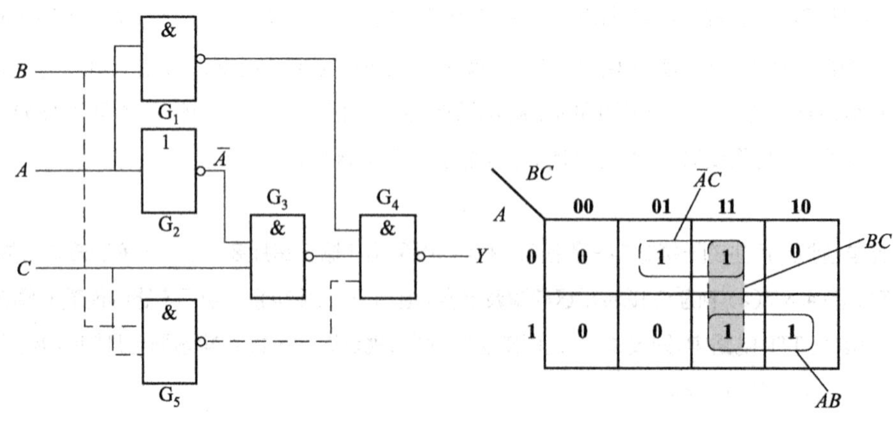

图 4.8.4　修改逻辑以消除竞争冒险　　　图 4.8.5　Y 的卡诺图

项 $m_7=ABC$ 和$\bar{A}C$ 中的最小项 $m_3=\bar{A}BC$ 是相邻的，如果在表达式中增加一项由这两个相邻最小项组成的乘积项 BC，则即可消除由单个变量 A 改变状态时产生的竞争冒险。

把上述四种方法稍加比较便可看出，前面两种方法比较简单，而且不增加器件数目。但它们有一个共同的局限性，这就是必须找到一个封锁脉冲或选通脉冲，而且对这个脉冲的宽度和产生的时间是有严格要求的。接入滤波电容的方法同样也具备简单易行的优点，它的缺点是导致输出波形的边沿变坏，这在有些情况下是不可取的。至于修改逻辑设计的方法，如果运用得当，有时可以收到最理想的结果。例如，在图 4.8.4 所示电路中，如果门 G_5 在逻辑电路中本来就存在，那么，只要把它的输出通过一根线引到 G_4 的一个输入端就行了，既不必增加门电路，也不会给电路带来任何不利的影响。然而，这样有利的条件并不是任何时候都存在的，有时必须另外增加电路器件才能实现，这就需要权衡一下这样做是否值得。

4.9　组合逻辑电路的 HDL 描述及其仿真

4.9.1　组合逻辑电路的 VHDL 描述

下面给出的是描述 3 线-8 线译码器、8 线-3 线编码器和 4 选 1 数据选择器的 VHDL 程序。

［例 4.9.1］　3 线-8 线译码器的 VHDL 描述。

```
LIBRARY IEEE;
USE IEEE.STD_LOGIC_1164.ALL;
ENTITY decoder38 IS
  PORT(a:IN   STD_LOGIC_VECTOR(2 DOWNTO 0);
        y:OUT STD_LOGIC_VECTOR(7 DOWNTO 0));
END decoder 38;
ARCHITECTURE one OF decoder38 IS
  BEGIN
   PROCESS(a)
     BEGIN
       CASE   a   IS
            WHEN"000" =>y<="00000001";
            WHEN"001" =>y<="00000010";
            WHEN"010" =>y<="00000100";
            WHEN"011" =>y<="00001000";
            WHEN"100" =>y<="00010000";
            WHEN"101" =>y<="00100000";
            WHEN"110" =>y<="01000000";
            WHEN"111" =>y<="10000000";
            WHEN OTHERS=>null;
         END CASE;
  END PROCESS;
```

```
END  one;
```

[例 4.9.2] 8 线-3 线优先编码器的 VHDL 描述。

```
LIBRARY IEEE;
USE IEEE.STD_LOGIC_1164.ALL;
ENTITY encoder83 IS
  PORT(d:IN  STD_LOGIC_VECTOR(7 DOWNTO 0);
        encode:OUT STD_LOGIC_VECTOR(2 DOWNTO 0));
END encoder83;
ARCHITECTURE one OF encoder83  IS
  BEGIN
    encode<="111"  when d(7)='1' else
            "110"  when d(6)='1' else
            "101"  when d(5)='1' else
            "100"  when d(4)='1' else
            "011"  when d(3)='1' else
            "010"  when d(2)='1' else
            "001"  when d(1)='1' else
            "000"  when d(0)='1';
      END one;
```

[例 4.9.3] 4 选 1 数据选择器的 VHDL 描述。

```
LIBRARY IEEE;
USE IEEE.STD_LOGIC_1164.ALL;
ENTITY mux41  is
PORT(a,b,c,d:IN  STD_LOGIC;
      s:IN  STD_LOGIC_VECTOR(1 DOWNTO 0);
       z:OUT  STD_LOGIC);
END mux41;
ARCHITECTURE one OF mux41 IS
   BEGIN
     PROCESS(s,a,b,c,d)
       BEGIN
       CASE  s  IS
          WHEN"00"=>z<=a;
          WHEN"01"=>z<=b;
          WHEN"10"=>z<=c;
          WHEN"11"=>z<=d;
          WHEN OTHERS=>z<='x';
          END CASE;
```

```
    END PROCESS;
END one;
```

图 4.9.1~图 4.9.3 给出的是上述 3 线-8 线译码器、8 线-3 线优先编码器和 4 选 1 数据选择器的某仿真平台的仿真波形。

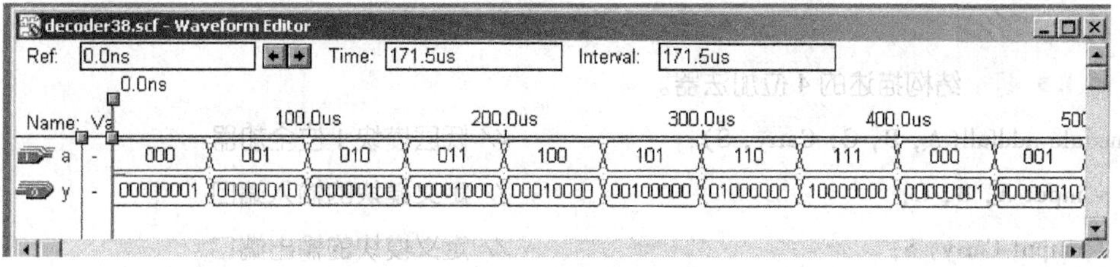

图 4.9.1 3 线-8 线译码器的仿真波形

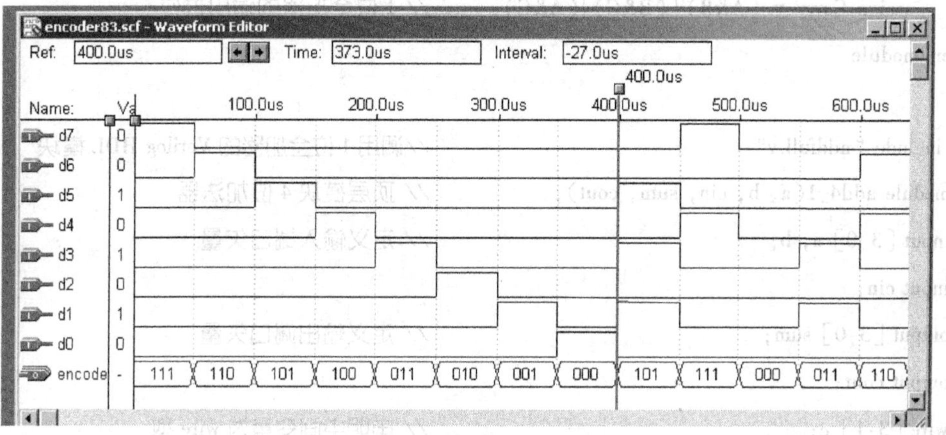

图 4.9.2 8 线-3 线优先编码器的仿真波形

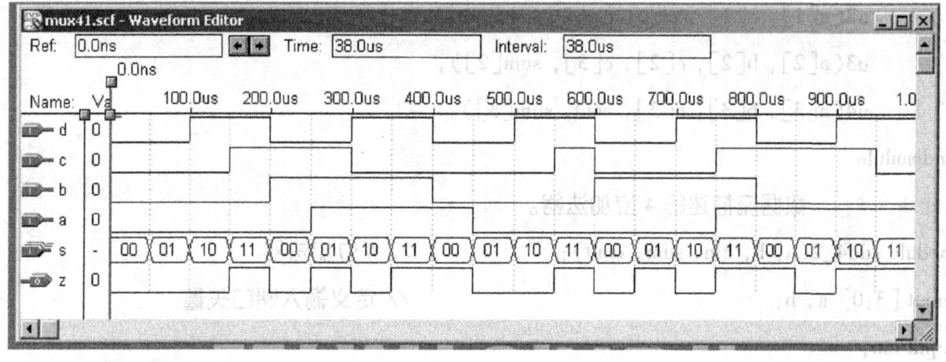

图 4.9.3 4 选 1 数据选择器的仿真波形

4.9.2 组合逻辑电路的 Verilog HDL 描述

下面给出用 Verilog HDL 描述 4 位加法器、奇偶检验器和 ROM 实现的例程。

1. 4 位加法器

本节给出了 4 位加法器的结构描述、数据流描述和行为描述的 Verilog HDL 例程。其中结构描述基于 1 位全加器的设计，用 4 个 1 位全加器按图 4.9.4 所示，级联构成 4 位加法器。

4 位加法器的逻辑功能描述如下所示。

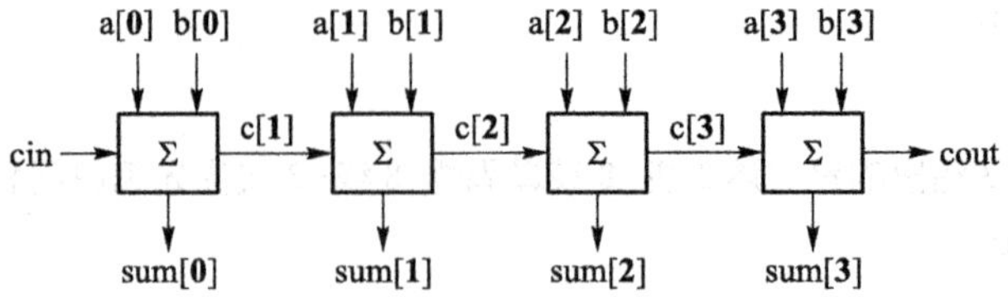

图 4.9.4　4 位加法器的结构示意图

[例 4.9.4]　结构描述的 4 位加法器。

```
module addfull(A, B, C, Carry, S);              // 低层模块 1 位全加器
    input A, B, C;                              // 定义模块的输入端口
    output Carry, S;                            // 定义模块的输出端口
    assign S = A^B^C;                           // 1 位全加器的输出和
    assign Carry = (A&B)|(B&C)|(A&C);           // 1 位全加器的输出进位
endmodule

'include "addfull.v"                            //调用 1 位全加器的 Verilog HDL 模块
module add4_1(a, b, cin, sum, cout);            // 顶层模块 4 位加法器
input [3:0] a, b;                               // 定义输入端口矢量
input cin;
output [3:0] sum;                               // 定义输出端口矢量
output cout;
wire [3:1] c;                                   // 申明中间变量为 wire 型
addfull  u1(a[0], b[0], cin, c[1], sum[0]),     // 调用 1 位全加器模块
         u2(a[1], b[1] , c[1] , c[2], sum[1]),
         u3(a[2], b[2], c[2], c[3], sum[2]),
         u4(a[3], b[3], c[3], cout, sum[3]);
endmodule
```

[例 4.9.5]　数据流描述的 4 位加法器。

```
module add4_2(a, b, cin, sum, cout);            // 4 位加法器
input [3:0] a, b;                               // 定义输入端口矢量
input cin;
output [3:0] sum;                               // 定义输出端口矢量
output cout;
assign {cout, sum} =a+b+cin;                    // 数据流描述
endmodule
```

[例 4.9.6]　行为描述的 4 位加法器。

```
module add4_3(a, b, cin, sum, cout);            // 4 位加法器
input [3:0] a, b;                               // 定义输入端口矢量
input cin;
```

```
output [3:0] sum;                    // 定义输出端口矢量
output cout;
reg [3:0] sum;
reg cout;
always @( a or b or cin )            // 任意敏感信号的变化触发进程执行
begin
    {cout, sum} =a+b+cin;            // 行为描述
end
endmodule
```

结构描述的 4 位加法器的 RTL 综合原理图如图 4.9.5 所示。

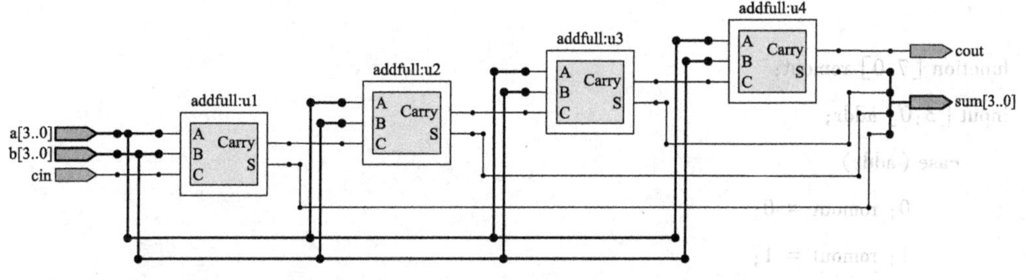

图 4.9.5 结构描述的 4 位加法器的 RTL 综合原理图

数据流描述和行为描述的 4 位加法器的 RTL 综合原理图如图 4.9.6 所示。

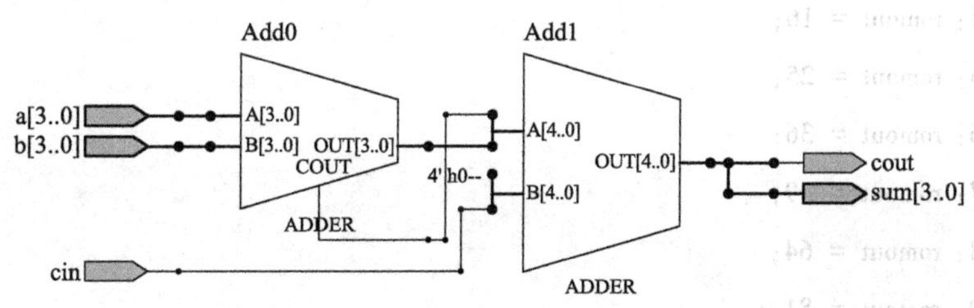

图 4.9.6 数据流描述和行为描述的 4 位加法器的 RTL 综合原理图

2. 奇偶检验器

对并行输入的 8 位数据 input 进行奇偶校验，并产生奇校验位 odd_bit 和偶校验位 even_bit。

[例 4.9.7] 8 位奇偶检验器。

```
module parity(even_bit, odd_bit, input_bus);    // 定义模块名与端口列表
input [7:0] input_bus;                          // 定义输入端口矢量
output even_bit, odd_bit;
assign odd_bit = ^ input_bus;                   // 产生奇校验位
assign even_bit = ~ odd_bit;                    // 产生偶校验位
endmodule
```

图 4.9.7 是例 4.9.7 的 RTL 综合原理图。

3. 用组合电路实现的 ROM

下面程序模块的功能是用组合电路实现 ROM 的功能，该存储器用 16 个存储单元存储了 16 个结果，分别是 0~15 共 16 个整数的平方，根据地址输出相应的结果。

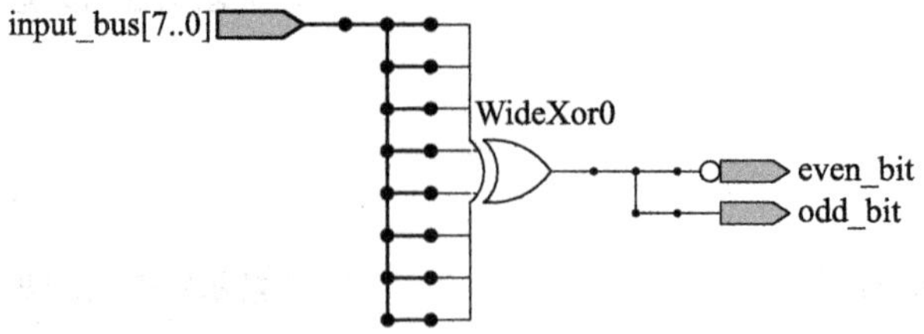

图 4.9.7　例 4.9.7 的 RTL 综合原理图

［例 4.9.8］　用组合电路实现的 ROM。

```
module rom( addr, data );           // 定义模块名与端口列表。
input [3:0] addr;                   // 定义输入端口矢量
output [7:0] data;                  // 定义输出端口矢量

function [7:0] romout;
input [3:0] addr;
    case (addr)
        0: romout = 0;
        1: romout = 1;
        2: romout = 4;
        3: romout = 9;
        4: romout = 16;
        5: romout = 25;
        6: romout = 36;
        7: romout = 49;
        8: romout = 64;
        9: romout = 81;
        10: romout = 100;
        11: romout = 121;
        12: romout = 144;
        13: romout = 169;
        14: romout = 196;
        15: romout = 225;
    default: romout = 8'hxx;
    endcase
endfunction

assign data = romout (addr);
endmodule
```

例 4.9.8 的 RTL 综合原理图如图 4.9.8 所示。

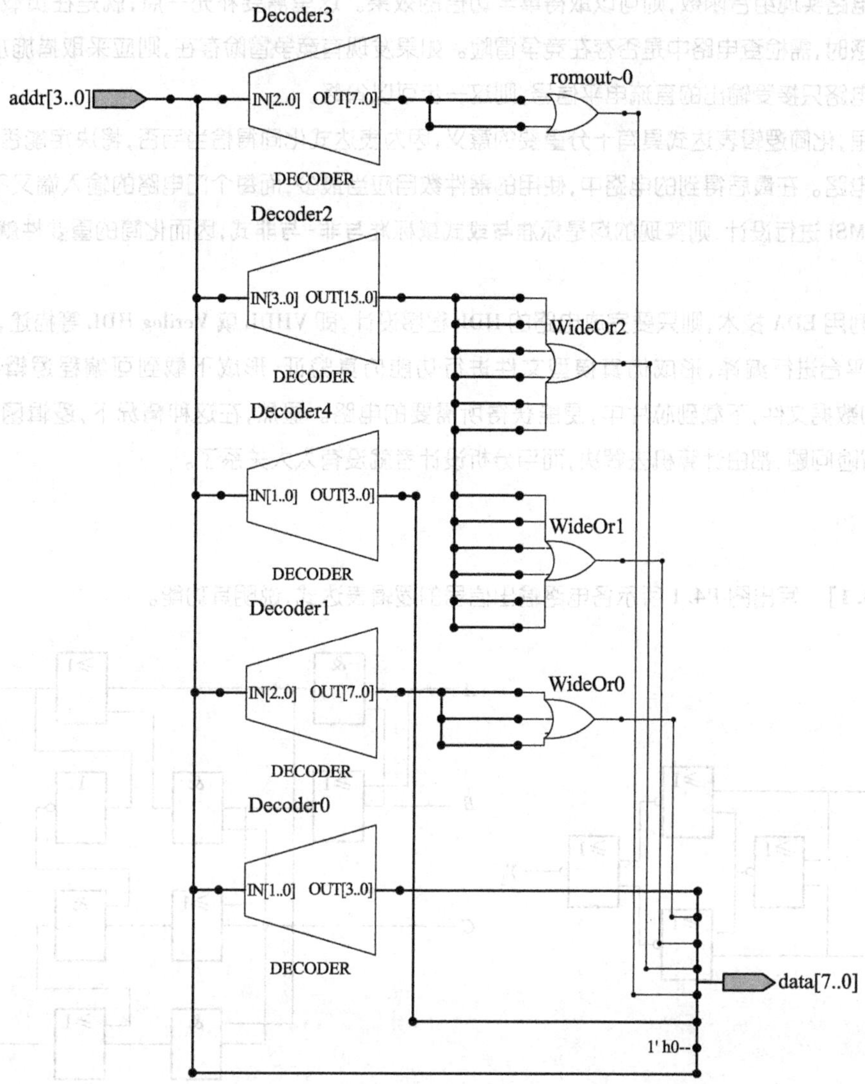

图 4.9.8 例 4.9.8 的 RTL 综合原理图

本章小结

在这一章里介绍了组合逻辑电路。组合逻辑电路一般是由若干个基本逻辑单元组合而成的，它的特点是不论任何时候，输出信号仅仅取决于当时的输入信号，而与电路原来所处的状态无关。它的基础是逻辑代数和门电路。

显而易见，符合这个特点的电路是非常多的，因此在本章中不可能也无需一一列举。重要的问题在于，必须掌握组合逻辑电路的特点、一些重要概念和分析、设计的一般思路。因此，有选择地介绍加法器、数值比较器、编码器、译码器、数据选择器和分配器、只读存储器等几种常见的典型组合逻辑电路，通过对它们的分析，进行了具体地讲述。

在分析给定的组合逻辑电路时，可以逐级地写出输出的逻辑表达式，然后进行化简，力求获得一个最简单的逻辑表达式，以使输出与输入之间的逻辑关系能一目了然。

组合电路的设计步骤在本章第一节中已经作了详细介绍，值得注意的是，在许多情况下，如果用中

思考提升 4-3
试总结对比组合逻辑电路的设计方法。

规模集成电路实现组合函数，则可以取得事半功倍的效果。这里需要补充一点，就是在负载电路对脉冲信号敏感时，需检查电路中是否存在竞争冒险。如果发现有竞争冒险存在，则应采取措施加以消除。如果负载电路只接受输出的直流电平信号，则这一步可以省略。

在这里，化简逻辑表达式具有十分重要的意义，因为表达式化简得恰当与否，将决定能否得到最经济的逻辑电路。在最后得到的电路中，使用的器件数目应当最少，而每个门电路的输入端又不能过多。如果是用 MSI 进行设计，则实现的均是标准**与或**式或标准**与非-与非**式，因而化简的重要性就不那么突出了。

如果利用 EDA 技术，则只要完成电路的 HDL 程序设计，即 VHDL 或 Verilog HDL 等描述，再由相应 EDA 综合平台进行编译，形成仿真模型文件进行功能仿真验证，形成下载到可编程逻辑器件例如 EPROM 的数据文件，下载到芯片中，便能获得所需要的电路。显然，在这种情况下，逻辑函数化简问题、竞争冒险问题，都由计算机去解决，而与分析设计者就没有太大关系了。

习题

[题 4.1]　写出图 P4.1 所示各电路输出信号的逻辑表达式，说明其功能。

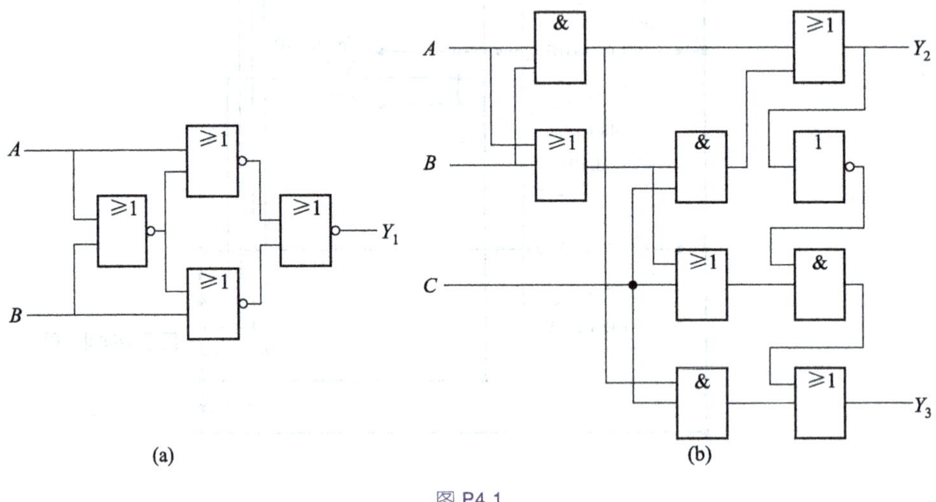

图 P4.1

[题 4.2]　写出图 P4.2 所示各电路输出信号的逻辑表达式，并说明其功能。

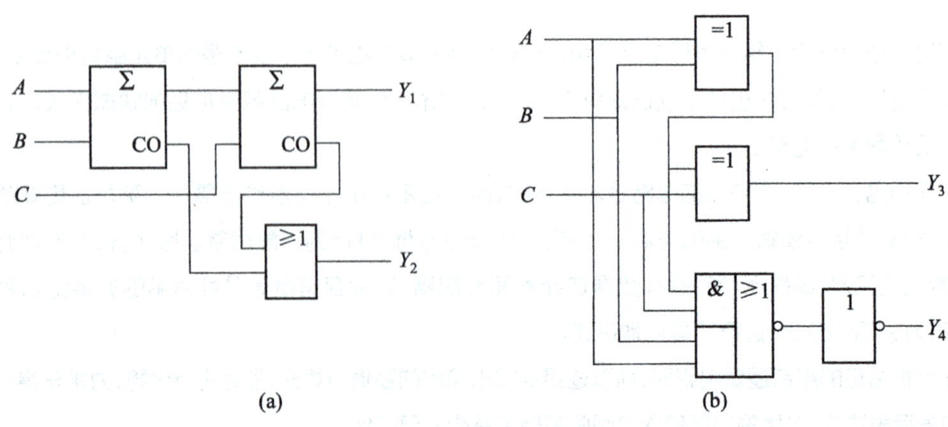

图 P4.2

[题 4.3] 化简下列有约束的函数，并用最少的**与非**门实现它们。

(1) $Y_1=\sum m(0,1,2,5,8,9)+\sum d(10,11,12,13,14,15)$

(2) $\begin{cases} Y_2=AB\overline{C}+A\overline{B}\,\overline{C}+\overline{A}\,\overline{B}CD+A\,\overline{B}C\,\overline{D} \\ \overline{A}\ \overline{B}\ \overline{C}\ \overline{D}+ABCD=\mathbf{0} \end{cases}$

(3) $\begin{cases} Y_3=A\overline{B}+\overline{B}C \\ BC=\mathbf{0} \end{cases}$

[题 4.4] 写出图 P4.4 所示电路输出信号的逻辑表达式，并判断能否化简，若能，则请化简之，且用最少的**与非**门实现该函数。

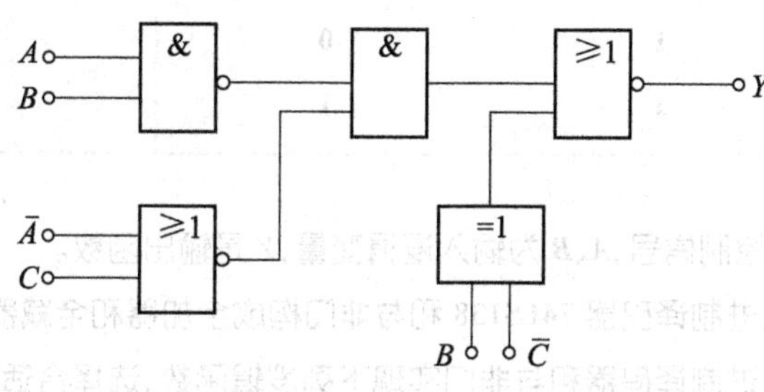

图 P4.4

[题 4.5] 分别用**与非**门设计能实现下列功能的组合电路。

(1) 四变量表决电路——输出与多数变量的状态一致。

(2) 四变量不一致电路——四个变量状态不相同时输出为 **1**，相同时输出为 **0**。

[题 4.6] 设计一个组合逻辑电路，其输入是3位二进制数 $B=B_2B_1B_0$，输出是 $Y_1=2B$、$Y_2=B^2$。Y_1、Y_2 也是二进制数。

[题 4.7] 分别设计能够实现下列要求的组合电路。输入是 4 位二进制正整数 $B=B_3B_2B_1B_0$。

(1) 能被 2 整除时输出为 **1**，否则为 **0**。

(2) 能被 5 整除时输出为 **1**，否则为 **0**。

(3) 大于或等于 5 时输出为 **1**，否则为 **0**。

(4) 小于或等于 10 时输出为 **1**，否则为 **0**。

[题 4.8] 设计一个组合电路，其输入是 4 位二进制数 $D=D_3D_2D_1D_0$，要求能判断出下列三种情况：

(1) D 中没有 **1**。

(2) D 中有两个 **1**。

(3) D 中有奇数个 **1**。

[题 4.9] 画出用 3 片 4 位数值比较器组成 12 位数值比较器的连线图。

[题 4.10] 用**与非**门分别设计能实现下列代码转换的组合电路：

(1) 将 8421 BCD 码转换成为余 3 码。

(2) 将 8421 BCD 码转换成为 2421 码。

(3) 将 8421 BCD 码转换成为余 3 循环码。

(4) 将余 3 码转换成为余 3 循环码。

[题 4.11] 用**与非**门设计一个多功能运算电路，具体要求见表 P4.11。

表 P4.11

S_2	S_1	S_0	Y
0	0	0	1
0	0	1	$A+B$
0	1	0	$\overline{AB}$
0	1	1	$A\oplus B$
1	0	0	$\overline{A\oplus B}$
1	0	1	$A\cdot B$
1	1	0	$\overline{A+B}$
1	1	1	0

表中 S_2、S_1、S_0 为输入控制信号，A、B 为输入逻辑变量，Y 是输出函数。

[题 4.12]　用集成二进制译码器 74LS138 和**与非**门构成全加器和全减器。

[题 4.13]　用集成二进制译码器和**与非**门实现下列逻辑函数，选择合适的电路，画出连线图。

(1) $Y_1=ABC+\overline{A}(B+C)$

(2) $Y_2=A\overline{B}+\overline{A}B$

(3) $Y_3=\overline{(A+B)(\overline{A}+\overline{C})}$

(4) $Y_4=ABC+\overline{A}\,\overline{B}\,\overline{C}$

[题 4.14]　用二-十进制编码器、译码器、发光二极管七段显示器，组成一个 1 位数码显示电路。当 0~9 十个输入端中某一个接地时，显示相应数码。选择合适的器件，画出连线图。

[题 4.15]　用中规模集成电路，设计一个路灯控制电路，要求能在四个不同的地方，都可以独立地控制灯的亮灭。

[题 4.16]　用数据选择器 74153 分别实现下列逻辑函数：

(1) $Y_1=\sum m(1,2,4,7)$

(2) $Y_2=\sum m(3,5,6,7)$

(3) $Y_3=\sum m(1,2,3,7)$

[题 4.17]　用 16×4 位 EPROM 实现[题 4.13]中各函数，画出存储矩阵的连线图。

[题 4.18]　用 16×8 位 EPROM 实现[题 4.16]中各函数，画出存储矩阵的连线图。

[题 4.19]　电话室需要对四种电话进行编码控制，优先级别最高的是火警电话，其次是急救电话，第三是工作电话，第四是生活电话，试用**与非**门或者**或非**门设计该控制电路。

[题 4.20]　某药房常用药材有 30 种，编号为 1~30。在配方时必须遵守下列规定：

(1) 第 3 号与第 16 号不能同时用。

(2) 第 5 号与第 21 号不能同时用。

(3) 第 12、22、30 号不能同时用。

(4) 用第 7 号时，必须同时配用第 17 号。

(5) 当第 10 号和第 20 号一起使用时，必须同时配用第 6 号。

设计一个组合电路，要求在违反上述任何一项规定时，都能给出指示信号。

[**题 4.21**] 用 HDL 描述一个 2 位二进制加法器，并用自选 EDA 平台完成其编译和波形仿真。

[**题 4.22**] 用 HDL 描述 8421 BCD 优先编码器，并用自选 EDA 平台完成其编译和波形仿真。

[**题 4.23**] 用 HDL 描述 4 位数值比较器，并用自选 EDA 平台完成其编译和波形仿真。

[**题 4.24**] 用 HDL 描述共阴极 LED 七段显示译码器，并用自选 EDA 平台完成其编译和波形仿真。

第5章 触发器

内容提要

本章主要讲解基本触发器、同步触发器和边沿触发器，简单介绍触发器的电气特性及其HDL描述和仿真。

概述

一、对触发器的基本要求

在数字电路中，基本的工作信号是二进制数字信号和两状态逻辑信号，而触发器就是存放这些信号的单元电路。由于二进制数字信号只有 **0**、**1** 两个数字符号，二值逻辑信号只有 **0**、**1** 两种可能取值，即都具有两状态性质。所以对作为存放这些信号的单元电路——触发器的基本要求是：

① 应该具有两个稳定状态——**0** 状态和 **1** 状态，以正确表征其存储的内容。

② 能够接收、保存和输出信号。

二、触发器的现态和次态

触发器接收输入信号之前的状态叫做现态，用 Q^n 表示。触发器接收输入信号之后的状态叫做次态，用 Q^{n+1} 表示。现态和次态是两个相邻离散时间里触发器输出端的状态。

触发器次态输出 Q^{n+1} 与现态 Q^n 和输入信号之间的逻辑关系是贯穿本章始终的基本问题，如何获得、描述和理解这种逻辑关系，是本章学习的中心任务。

三、触发器的分类

按照电路结构和工作特点不同，有基本触发器、同步触发器和边沿触发器之分。

基本触发器：在这种电路中，输入信号是直接加到输入端的。它是触发器的基本电路结构形式，是构成其他类型触发器的基础。

同步触发器：在这种电路中，输入信号是经过控制门输入的，而管理控制门的则是叫做时钟脉冲的 CP 信号，只有在 CP 信号到来时，输入信号才能进入触发器，否则就会被拒之门外，对电路不起作用。

边沿触发器：在这种触发器中，只有在时钟脉冲的上升沿或下降沿时刻，输入信号才能被接收，虽然边沿触发器有好几种不同的电路结构形式，但边沿控制却是它们的共同特点。

5.1　基本触发器

5.1.1　用与非门组成的基本触发器

一、电路组成及逻辑符号

1. 电路组成

图5.1.1(a)所示是用两个**与非**门交叉连接起来构成的基本 *RS* 触发器。$\overline{R}$、$\overline{S}$ 是信号输入端，字母上面的反号表示低电平有效，即 $\overline{R}$、$\overline{S}$ 端为低电平时表示有信号，为高电平时表示无信号，Q、$\overline{Q}$ 既表示触发器的状态，又是两个互补的信号输出端。

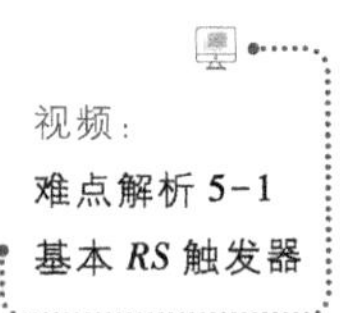

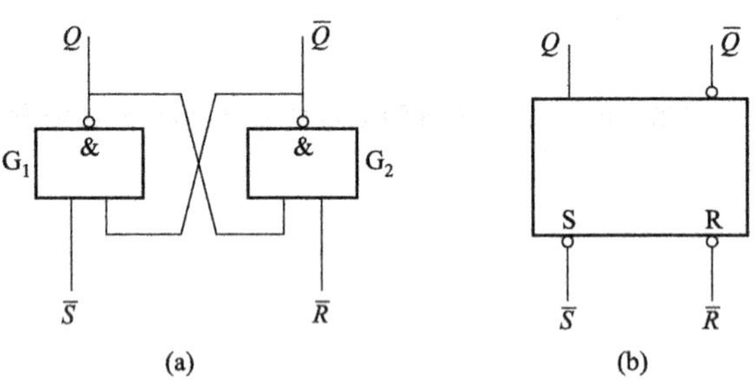

图5.1.1　由与非门构成的基本 *RS* 触发器

(a) 逻辑电路图　(b) 逻辑符号

2. 逻辑符号

图5.1.1(b)所示是基本 *RS* 触发器的逻辑符号，方框下面输入端处的小圆圈表示低电平有效，这是一种约定，只有当所加信号的实际电压为低电平时才表示有信号，否则就是无信号。方框上面的两个输出端，一个无小圆圈，为 Q 端，一个有小圆圈，为 $\overline{Q}$ 端，在正常工作情况下，两者状态是互补的，即一个为高电平另一个就为低电平，反之亦然。

二、工作原理

1. 电路有两个稳定状态

电路无输入信号即 $\overline{R}=\overline{S}=\mathbf{1}$ 时，有两个稳定状态。

(1) **0** 状态

$Q=\mathbf{0}$、$\overline{Q}=\mathbf{1}$ 的状态定义为 **0** 状态。由于 $Q=\mathbf{0}$ 送到了**与非**门 G_2 的输入端，使之截止，保证 $\overline{Q}=\mathbf{1}$，而 $\overline{Q}=\mathbf{1}$ 和 $\overline{S}=\mathbf{1}$ 一起使**与非**门 G_1 导通，维持 $Q=\mathbf{0}$，显然电路的这种状态可以自己保持，是稳定的。

(2) **1** 状态

$Q=\mathbf{1}$、$\overline{Q}=\mathbf{0}$ 的状态定义为 **1** 状态。由于 $\overline{Q}=\mathbf{0}$ 送到了**与非**门 G_1 的输入端，使之截止，保证 $Q=\mathbf{1}$，而 $Q=\mathbf{1}$ 和 $\overline{R}=\mathbf{1}$ 一起使**与非**门 G_2 导通，维持 $\overline{Q}=\mathbf{0}$，不难理解，电路的这种状态也可以自己保持，是稳定的。

不言而喻，根据 **0** 状态和 **1** 状态的定义，用 Q 端的状态就可以表示触发器的状态。

2. 电路接收输入信号过程

(1) 接收置 **1** 信号过程

当 $\overline{R}=\mathbf{1}$、$\overline{S}=\mathbf{0}$ 时，触发器将变成 **1** 状态，即将有 $Q=\mathbf{1}$、$\overline{Q}=\mathbf{0}$。

当 $\overline{R}=\mathbf{1}$、$\overline{S}=\mathbf{0}$ 时，如果触发器原来是处在 **0** 状态，则根据**与非**门的逻辑特性，可以肯定门 G_1 输出为高电平、门 G_2 输出为低电平，即有 $Q=\mathbf{1}$、$\overline{Q}=\mathbf{0}$；如果触发器原来就处在 **1** 状态，则仍保持 **1** 状态，即仍有

$Q=\mathbf{1}$、$\overline{Q}=\mathbf{0}$。

值得特别指出的是，当 $\overline{S}$ 端由高电平跳变到低电平、触发器翻转时，其内部有一个像雪崩似的叫做正反馈的过程，保证触发器能够非常迅速地改变状态。其实，只要 $\overline{S}$ 端的电压下降到门 G_1 的开门电平时，其输出 Q 端的电压就会开始上升，当 Q 端电压上升到门 G_2 的关门电平时，$\overline{Q}$ 端电压就会开始下降，$\overline{Q}$ 端电压馈送到门 G_1 的输入端，显然又会促使 Q 端电压上升，即将产生如图 5.1.2 所示过程。这种推波助澜像雪崩一样的过程，称之为**正反馈**。由于正反馈的结果使门 G_1 迅速截止、门 G_2 迅速导通，触发器便闪电般地完成了从 **0** 状态到 **1** 状态的转换。所以，加在 $\overline{S}$ 端的输入信号只起触发电路内部正反馈过程的作用，一旦内部正反馈过程产生了，即使撤销加在 $\overline{S}$ 端的输入信号，电路状态转换仍能照样完成。这也就是人们把该电路叫做触发器的主要原因。触发器状态一旦转换完成之后，由于电路的自保持功能，显然新的状态不会再改变。

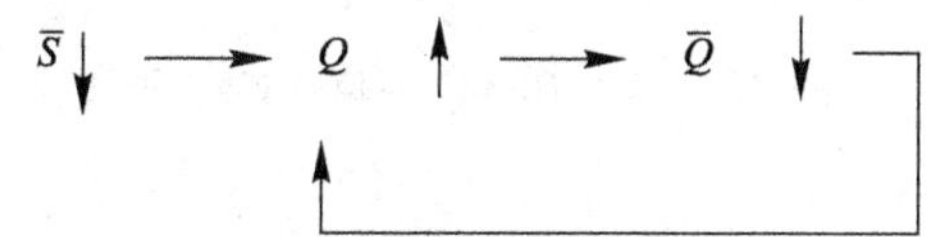

图 5.1.2　触发器置 **1** 时的内部正反馈过程

因为在 $\overline{S}$ 端加输入信号——负脉冲，能也只能将触发器置成 **1** 状态，所以把 $\overline{S}$ 端叫做置 **1** 输入端，习惯上称之为置位端。

(2) 接收置 **0** 信号的过程

当 $\overline{R}=\mathbf{0}$、$\overline{S}=\mathbf{1}$ 时，触发器将变成 **0** 状态，即将有 $Q=\mathbf{0}$、$\overline{Q}=\mathbf{1}$。

当 $\overline{R}=\mathbf{0}$、$\overline{S}=\mathbf{1}$ 时，如果触发器原来是处在 **0** 状态，则仍将保持 **0** 状态不变，即$Q=\mathbf{0}$，$\overline{Q}=\mathbf{1}$ 的状态不会改变；如果触发器原来是处在 **1** 状态，则根据**与非**门的逻辑特性，门 G_2 输出将为高电平，即 $\overline{Q}=\mathbf{1}$，而 $\overline{Q}=\mathbf{1}$ 和 $\overline{S}=\mathbf{1}$ 又会导致门 G_1 输出为低电平，即 $Q=\mathbf{0}$。也就是说，触发器肯定会变成 **0** 状态。

和置 **1** 过程类似，加在 $\overline{R}$ 端的信号电压下降到门 G_2 的开门电平以后，也会引起如图 5.1.3 所示的正反馈过程，使门 G_2 迅速截止、门 G_1 迅速导通，触发器便闪电般地由原来的 **1** 状态翻转到 **0** 状态。显然，由于电路的自保持功能，这种新的 **0** 状态再也不会改变。

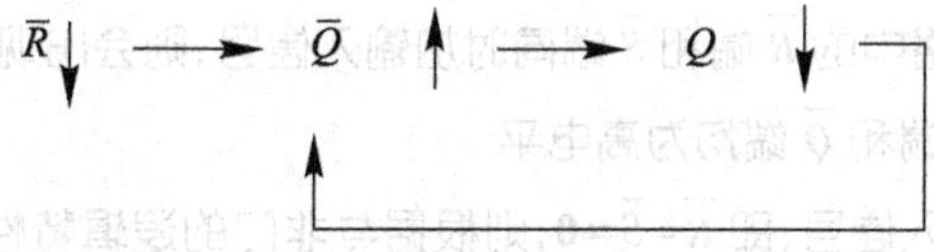

图 5.1.3　触发器置 **0** 时的内部正反馈过程

因为在 $\overline{R}$ 端加输入信号——负脉冲，能也只能将触发器置成为 **0** 状态，所以把 $\overline{R}$ 端叫做置 **0** 输入端，习惯上称之为**复位端**。

3. 翻转时间

(1) 翻转过程波形图

图 5.1.4 所示是基本 RS 触发器翻转过程波形图，具体地反映了触发器置 **1** 和置 **0** 过程中 $\overline{R}$、$\overline{S}$ 与 Q、$\overline{Q}$ 之间的时间关系。触发器的起始状态为 **0** 状态。图中 t_{PLH} 是输出端电压由低电平变为高电平的平均传输延迟时间，t_{PHL} 是输出端电压由高电平变为低电平的平均传输延迟时间。波形图说明，触发器完成一次状态转换大约需要两级**与非**门的传输延迟时间，即 $2t_{pd}$，而且在置 **1** 时，Q 端状态的改变是领先于 $\overline{Q}$ 端的；在置 **0** 时，Q 端状态的改变则滞后于 $\overline{Q}$ 端。

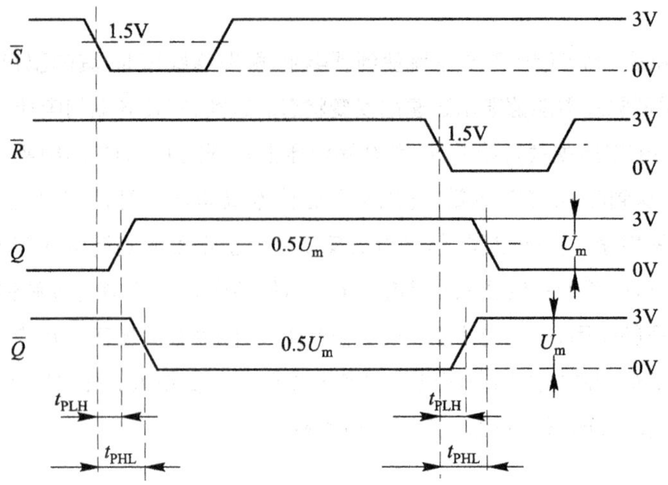

图 5.1.4　基本 *RS* 触发器翻转过程波形图

（2）简化波形图

由于在实际工作中，输入触发脉冲的宽度很宽，周期很长，上升、下降时间很短，而触发器的翻转过程又进行得非常之快，所以在画波形图时常采用简化形式，即无论是输入信号还是输出信号，都画成跳变的矩形脉冲，t_{PLH}、t_{PHL}均不表示出来，如图 5.1.5 所示。今后在本书中除特殊说明外，凡画波形图都采用简化形式，至于各个信号变化在时间上的领先与滞后关系，则需从电路的具体特性去判断。

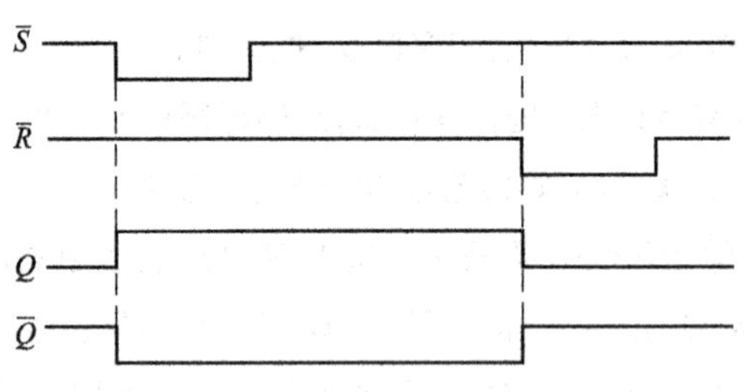

图 5.1.5　基本 *RS* 触发器的简化波形图

4. 不允许在 $\overline{R}$ 端和 $\overline{S}$ 端同时加输入信号

如果在图 5.1.1 所示电路中的 $\overline{R}$ 端和 $\overline{S}$ 端同时加输入信号，则会出现：

（1）信号同时存在时 Q 端和 $\overline{Q}$ 端均为高电平

当 $\overline{R}$ 端和 $\overline{S}$ 端均加上输入信号，即 $\overline{R}=\overline{S}=\mathbf{0}$，则根据**与非**门的逻辑特性知道，$Q$ 端和 $\overline{Q}$ 端都将为高电平。对触发器来说，这是一种未定义的状态，没有意义，因为这既不是 **0** 状态，也不是 **1** 状态。所以在正常工作情况下，基本 *RS* 触发器用作存储单元时，不允许出现 $\overline{R}$ 端和 $\overline{S}$ 端同时为 **0** 的情况。

（2）信号同时撤销时状态不定

当 $\overline{R}$ 端和 $\overline{S}$ 端同时由低电平跳变到高电平时，触发器会出现所谓竞态现象——**0** 状态和 **1** 状态竞争的现象。因为两个**与非**门动态特性的微小差异，Q 端和 $\overline{Q}$ 端负载情况的稍许不同，$\overline{R}$ 端和 $\overline{S}$ 端信号撤销时间的点滴区别，这些无法准确知道的因素都会影响触发器状态竞争的结果，既可能是 **0** 状态，也可能是 **1** 状态，无法预先确定。

（3）信号分时撤销时，状态决定于后撤销的信号

如果 $\overline{R}$ 端的信号先撤销，则触发器将变成 **1** 状态；倘若 $\overline{S}$ 端的信号先撤销，那么触发器就会转换到 **0** 状态。

图 5.1.6 所示波形图具体地说明了上述三种情况。不能预先确定状态的情况用虚线表示，通常称其为“不定”状态。

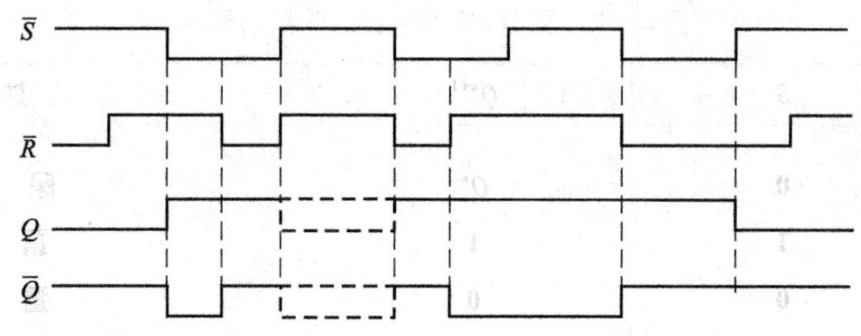

图 5.1.6 基本 RS 触发器中，$\overline{R}$、$\overline{S}$ 端同时加信号时的波形图

三、现态、次态、特性表和特性方程

1. 现态和次态

(1) 现态 Q^n

把触发器接收输入信号之前所处的状态称为现态，并用 Q^n 和 $\overline{Q}^n$ 表示。以上已经介绍，触发器有两个稳定状态，在未接收输入信号或输入信号未到来之前，它总是处在某一个稳态，不是 **0** 就是 **1**，即 Q^n 不是 **0** 就是 **1**。

(2) 次态 Q^{n+1}

把触发器接收输入信号之后所处的新的状态叫做次态，并用 Q^{n+1} 和 $\overline{Q^{n+1}}$ 表示。当输入信号到来时，触发器会根据输入信号的取值更新状态，显然 Q^{n+1} 的值不仅和输入信号有关，而且还决定于现态 Q^n。

2. 特性表和特性方程

(1) 特性表

反映触发器次态 Q^{n+1} 与现态 Q^n 和输入 R、S 之间对应关系的表格叫特性表。根据工作原理的分析，可以很容易地列出图 5.1.1(a) 所示基本 RS 触发器的特性表，见表 5.1.1。它是基本 RS 触发器逻辑功能的数学表达形式，直观地表示了 Q^{n+1} 与 Q^n、R、S 取值间的对应关系。

表 5.1.1 基本 RS 触发器的特性表

R	S	Q^n	Q^{n+1}
0	**0**	**0**	**0**
0	**0**	**1**	**1**
0	**1**	**0**	**1**
0	**1**	**1**	**1**
1	**0**	**0**	**0**
1	**0**	**1**	**0**
1	**1**	**0**	不用
1	**1**	**1**	不用

注意：表 5.1.1 中 R、S 为原变量，在图 5.1.1(a) 所示电路中，输入信号是 $\overline{R}$、$\overline{S}$，当 $R=\mathbf{0}$ 时 $\overline{R}=\mathbf{1}$，$R=\mathbf{1}$ 时 $\overline{R}=\mathbf{0}$，同样，当 $S=\mathbf{0}$ 时 $\overline{S}=\mathbf{1}$、$S=\mathbf{1}$ 时 $\overline{S}=\mathbf{0}$。据此便可以很容易地理解表 5.1.1 所示的特性表。

由表 5.1.1 可明显地看出：当 $R=S=\mathbf{0}$ 即 $\overline{R}=\overline{S}=\mathbf{1}$ 时，触发器保持原来状态不变，即 $Q^{n+1}=Q^n$；当 $R=\mathbf{0}$、$S=\mathbf{1}$ 即 $\overline{R}=\mathbf{1}$、$\overline{S}=\mathbf{0}$ 时，触发器置 **1**，即 $Q^{n+1}=\mathbf{1}$；当 $R=\mathbf{1}$、$S=\mathbf{0}$ 即 $\overline{R}=\mathbf{0}$、$\overline{S}=\mathbf{1}$ 时，触发器置 **0**，即 $Q^{n+1}=\mathbf{0}$；

而 $R=S=1$ 即 $\overline{R}=\overline{S}=0$ 是不允许的，属于不用情况。表 5.1.2 所示是一种常用的特性表的简化形式。

表 5.1.2　基本 RS 触发器的简化特性表

R	S	Q^{n+1}	注
0	0	Q^n	保　持
0	1	1	置　1
1	0	0	置　0
1	1	不用	不允许

（2）特性方程

从表 5.1.1 所示特性表可以明显地看出：① Q^{n+1} 的值不仅和 R、S 有关，而且还决定于 Q^n，即 Q^n 和 R、S 一样，也是决定 Q^{n+1} 取值的一个变量；② Q^n、R、S 三个变量的八种取值中，在正常情况下 **011**、**111** 两种取值是不会出现的，即最小项 $\overline{Q^n}RS$、Q^nRS 是约束项。由表 5.1.1 可画出如图 5.1.7 所示的 Q^{n+1} 的卡诺图。

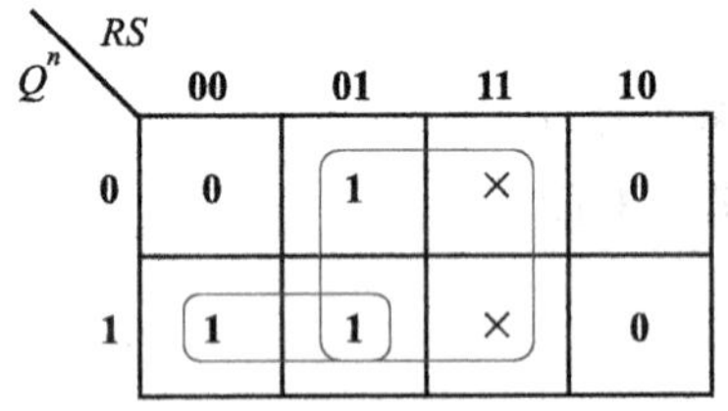

图 5.1.7　基本 RS 触发器 Q^{n+1} 的卡诺图

由图 5.1.7 可得

$$\begin{cases} Q^{n+1}=S+\overline{R}Q^n \\ RS=0 \quad \text{约束条件} \end{cases} \tag{5.1.1}$$

式(5.1.1)高度概括地描述了基本 RS 触发器次态输出 Q^{n+1} 与现态 Q^n 和输入 R、S 之间的函数关系，称之为特性方程。在遵守约束条件 $RS=0$ 的前提下，可以根据输入信号 R、S 的取值和现态 Q^n，利用特性方程计算次态输出 Q^{n+1}。

5.1.2　用或非门组成的基本触发器

一、电路组成及逻辑符号

1. 电路组成

图 5.1.8(a)所示是用两个**或非**门交叉耦合起来构成的基本 RS 触发器。和图 5.1.1(a)所示电路比较起来，不仅 R、S 的几何位置不同，而且其上无反号，如果注意到了这种区别，就能够很容易地理解其工作原理。R、S 上面无反号，表示高电平有效，即 R 端、S 端为高电平时表示有信号，为低电平时表示无信号。Q、$\overline{Q}$ 同样既表示触发器的状态，又是两个互补的输出端。

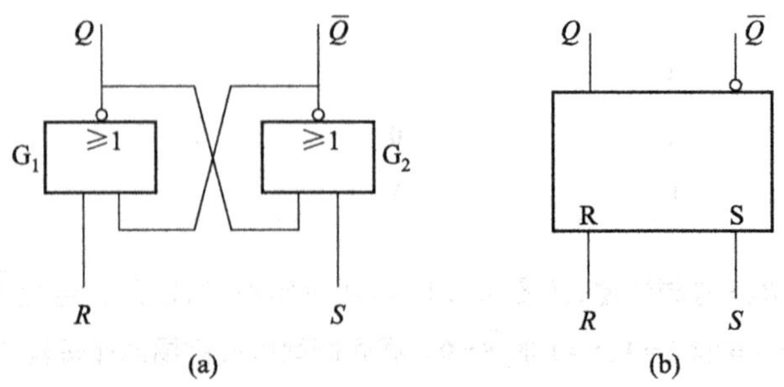

图 5.1.8　用或非门构成的基本 RS 触发器

（a）逻辑电路图　（b）逻辑符号

2. 逻辑符号

图 5.1.8(b)所示也是基本 RS 触发器的逻辑符号,与图 5.1.1(b)所示符号比较起来,R 端和 S 端无小圆圈,表示高电平有效,即在 R 端和 S 端加的输入信号为高电平时表示有信号,为低电平时表示无信号,这也是一种约定。至于 Q 端和 $\overline{Q}$ 端的含义,两者并无区别。

二、工作原理

1. 电路有两个稳定状态

图 5.1.8(a)所示电路,由于交叉耦合的结果,当无输入信号即 $R=S=\mathbf{0}$ 时,无论是 **0** 状态——$Q=\mathbf{0}$、$\overline{Q}=\mathbf{1}$,还是 **1** 状态——$Q=\mathbf{1}$、$\overline{Q}=\mathbf{0}$,都是稳定的。因为若 $Q=\mathbf{0}$、$\overline{Q}=\mathbf{1}$,则 $\overline{Q}=\mathbf{1}$ 馈送到**或非**门 G_1 的输入端使 $Q=\mathbf{0}$,而 $Q=\mathbf{0}$ 和 $S=\mathbf{0}$ 一起又保证了 $\overline{Q}=\mathbf{1}$,显然**0** 状态是稳定的;同理,当 $Q=\mathbf{1}$,$\overline{Q}=\mathbf{0}$ 时,由于 $Q=\mathbf{1}$ 馈送到门 G_2 的输入端使 $\overline{Q}=\mathbf{0}$,而 $\overline{Q}=\mathbf{0}$ 和 $R=\mathbf{0}$ 一起也保证了 $Q=\mathbf{1}$,所以 **1** 状态也是稳定的。

2. 接收输入信号过程

由**或非**门的逻辑特性知道,当 $R=\mathbf{0}$、$S=\mathbf{1}$ 时触发器肯定为 **1** 状态,即置 **1**;当 $R=\mathbf{1}$、$S=\mathbf{0}$ 时触发器一定为 **0** 状态,即置 **0**。而且在置 **1**、置 **0** 过程中,电路内部也伴随有相应的正反馈过程,保证触发器能够快速地翻转。

3. 不允许 R 端和 S 端同时加信号

① 当 $R=S=\mathbf{1}$ 时,由**或非**门的逻辑特性知道,Q 端和 $\overline{Q}$ 端将同时为低电平,这种状态同样未给定义,也是一种非"**0**"非"**1**"状态,没有意义,作为存储单元应用的基本 RS 触发器,显然不允许出现这样的情况。

② 当 R、S 同时由 **1** 跳变到 **0** 时,会发生竞态现象,而竞争结果无法预先确定。

③ 当 R、S 分时由 **1** 跳变到 **0** 时,触发器的状态决定于后撤销者。若 R 先撤销则触发器将变成"**1**"状态,反之,若 S 先撤销则触发器将变成"**0**"状态。

图 5.1.9 所示波形图具体地说明了上述三种情况。不能预先确定状态的情况用虚线表示。

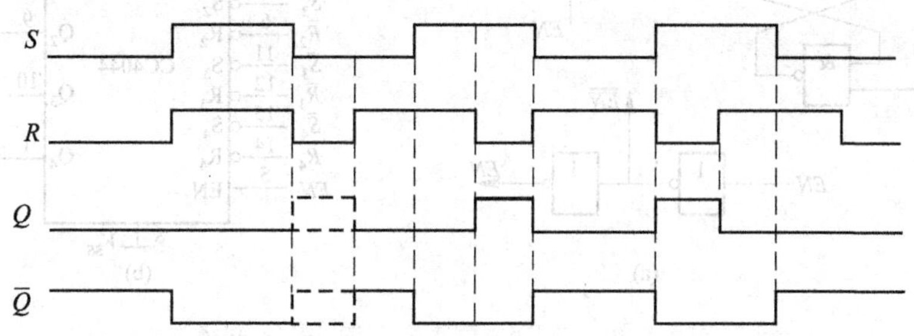

图 5.1.9 或非门构成的基本 RS 触发器中,R、S 端同时加信号时的波形图

三、特性表和特性方程

1. 特性表

根据工作原理分析,即可列出如表 5.1.1 所示的特性表。

2. 特性方程

既然特性表与表 5.1.1 相同,显然特性方程与式(5.1.1)也不会有不一样的地方。不过需要指出,当违反约束条件即 $R=S=\mathbf{1}$ 时,在图 5.1.1(a)所示电路中,出现的情况是 Q 端和 $\overline{Q}$ 端均为高电平,而在图 5.1.8(a)所示电路中,出现的情况则是 Q 端和 $\overline{Q}$ 端均为低电平。这种区别在图 5.1.6 和图 5.1.9 所示波形图中是特别明显的。

四、基本 **RS** 触发器的主要特点

无论是由**与非**门还是**或非**门构成的基本 *RS* 触发器，其优、缺点并无区别。

1. 主要优点

① 结构简单，只要把两个**与非**门或者**或非**门交叉连接起来即可，是触发器的基础结构形式。

② 具有置 **0**、置 **1** 和保持功能，其特性方程为

$$\begin{cases} Q^{n+1}=S+\overline{R}Q^n \\ RS=\mathbf{0} \end{cases}$$

2. 存在问题

① 电平直接控制，即在输入信号存在期间，其电平直接控制着触发器输出端的状态。这不仅给触发器的使用带来了不方便，而且导致电路抗干扰能力下降。

② R、S 之间有约束。在由**与非**门构成的基本 *RS* 触发器中，当违反约束条件即 $R=S=\mathbf{1}$ 时，Q 端和 $\overline{Q}$ 端都将为高电平；在由**或非**门构成的电路中，出现的将是 Q 端和 $\overline{Q}$ 端均为低电平的情况。显然，这个缺点也限制了基本 *RS* 触发器的使用。

5.1.3 集成基本触发器

一、CMOS 集成基本触发器

1. 由**与非**门组成的电路 CC4044

(1) 逻辑电路和引出端功能图

CC4044 的逻辑电路图与引出端功能图见图 5.1.10。

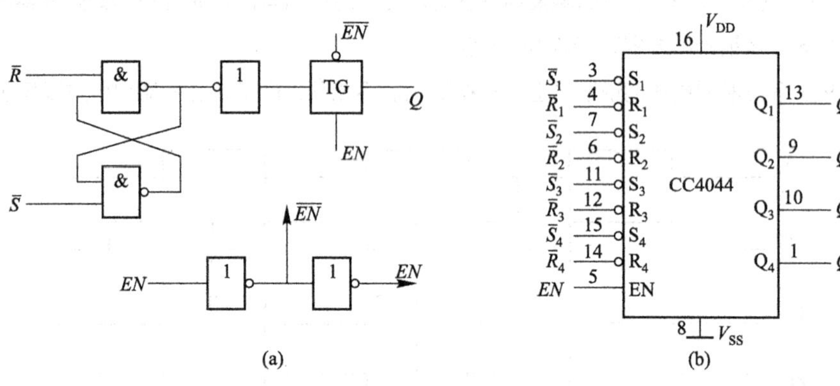

图 5.1.10 CMOS 集成基本 *RS* 触发器 CC4044

(a) 逻辑电路图 (b) 引出端功能图

CC4044 中集成了 4 个如图 5.1.10(a)所示的基本 *RS* 触发器，传输门 TG 是输出控制门。

(2) 逻辑功能

图 5.1.10(a)所示电路的工作原理与图 5.1.1(a)所示电路并无本质区别，只不过该电路输出级采用了具有三态特点的传输门而已。当使能控制端信号 $EN=\mathbf{1}$ 时传输门工作，$EN=\mathbf{0}$ 时传输门被禁止，输出端 Q 为高阻态。由图 5.1.10(a)所示电路和用**与非**门构成的基本 *RS* 触发器的工作原理，可以列出如表 5.1.3 所示的特性表。

表 5.1.3 准确地表达了图 5.1.10(a)所示电路的逻辑功能，由于该电路具有三态输出的特点，所以叫做三态 *RS* 锁存触发器。由表 5.1.3 可以得到下列特性方程：

表 5.1.3 三态 *RS* 锁存触发器的特性表

输入			输出	注
R	S	EN	Q^{n+1}	
×	×	**0**	Z	高阻态
0	**0**	**1**	Q^n	保持
0	**1**	**1**	**1**	置 **1**
1	**0**	**1**	**0**	置 **0**
1	**1**	**1**	不用	不允许

$$\begin{cases} Q^{n+1}=S+\overline{R}Q^n & EN=\mathbf{1} \\ RS=\mathbf{0} \end{cases} \tag{5.1.2}$$

式(5.1.2)中 $EN=\mathbf{1}$ 是方程式有效的条件,即只有当 $EN=\mathbf{1}$ 时,才能利用该方程式根据输入 R、S 和现态 Q^n 去确定次态 Q^{n+1},否则触发器输出将为高阻态。如果要表达得更准确一些,则应采用式(5.1.3)的形式。

$$\left.\begin{cases} Q^{n+1}=S+\overline{R}Q^n \\ RS=\mathbf{0} \end{cases}\right|_{EN=\mathbf{1}} \qquad Q^{n+1}=Z\Big|_{EN=\mathbf{0}} \tag{5.1.3}$$

2. 由**或非**门组成的电路 CC4043

(1) 逻辑电路及引出端功能图

见图 5.1.11。

CC4043 中集成了 4 个如图 5.1.11(a)所示的基本 *RS* 触发器,TG 是输出控制门,$EN=\mathbf{1}$ 时使能,$EN=\mathbf{0}$ 时禁止。

(2) 逻辑功能

CC4043 的逻辑功能与 CC4044 无区别,其特性表同表 5.1.3,特性方程与式(5.1.3)无异。两者的区别仅在于输入信号有效电平不同,CC4044 为低电平有效,CC4043 为高电平有效,违反约束条件即 $R=S=\mathbf{1}$ 时,前者 $Q=\mathbf{0}$、后者 $Q=\mathbf{1}$。

二、TTL 集成基本触发器

1. 逻辑电路及引出端功能图

图 5.1.12 所示是 TTL 集成基本 *RS* 触发器 74279、74LS279 的逻辑电路和引出端功能图。在一个芯片中,集成了两个如图 5.1.12(a)所示的电路和两个如图 5.1.12(b)所示的电路,共 4 个触发器单元。

2. 逻辑功能

图 5.1.12(a)、(b)所示电路的逻辑功能——次态输出 Q^{n+1} 与现态 Q^n 和输入 R、S 间的逻辑关系,与图 5.1.1(a)所示电路完全相同是很显然的事情,这里不再赘述。只是在图 5.1.12(b)所示电路中,有两个为**与**逻辑关系的置位输入端而已。

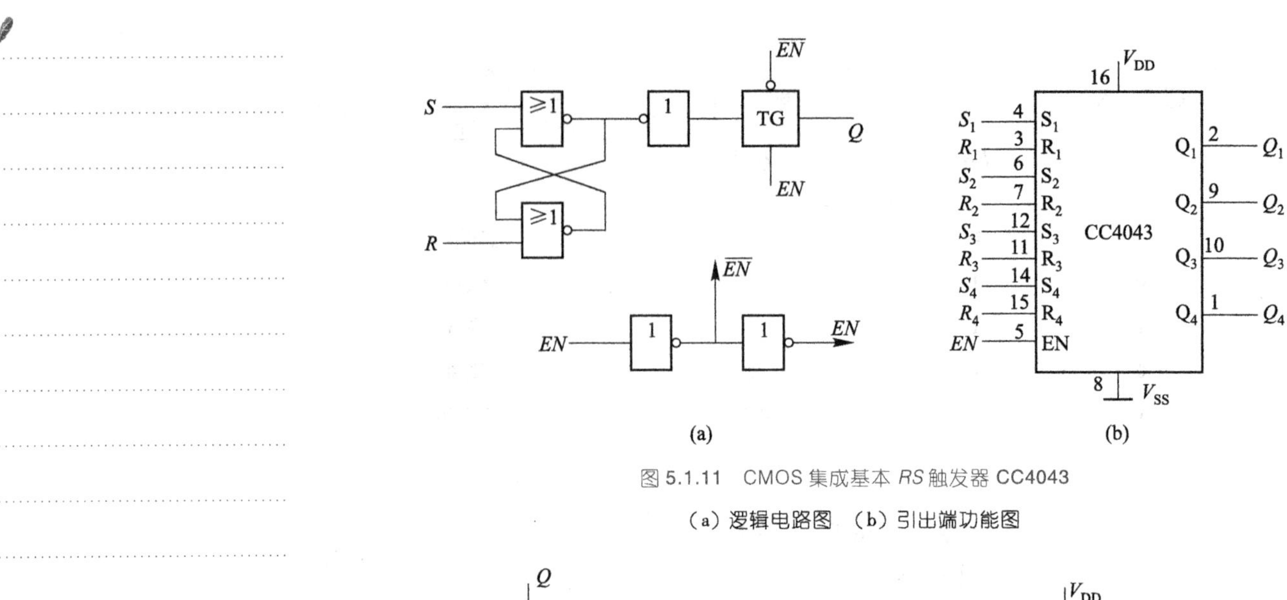

图 5.1.11　CMOS 集成基本 *RS* 触发器 CC4043

(a) 逻辑电路图　(b) 引出端功能图

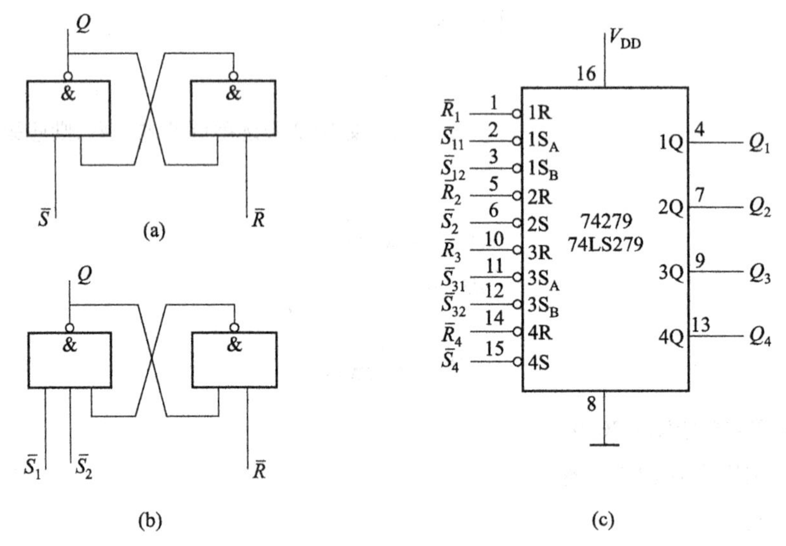

图 5.1.12　TTL 集成基本 *RS* 触发器 74279、74LS279

(a)、(b) 逻辑电路图　(c) 引出端功能图

5.2　同步触发器

由于基本 *RS* 触发器的输入信号是直接加在输出门的输入端上的，在其存在期间直接控制着 Q、$\overline{Q}$ 端的状态，并因此而被叫做直接置位、复位触发器。这不仅使电路的抗干扰能力下降，而且也不便于多个触发器同步工作，于是工作受时钟脉冲电平控制的触发器——简称为同步触发器，便应运而生了。

5.2.1　同步 *RS* 触发器

一、电路组成及其工作原理

1. 电路组成及逻辑符号

(1) 电路组成

图 5.2.1(a)所示是同步 *RS* 触发器的逻辑电路图。**与非门** G_1、G_2 **构成基本触发器，与非门** G_3、G_4 是控制门，输入信号 R、S 通过控制门进行传送，CP 称为时钟脉冲，是输入控制信号。

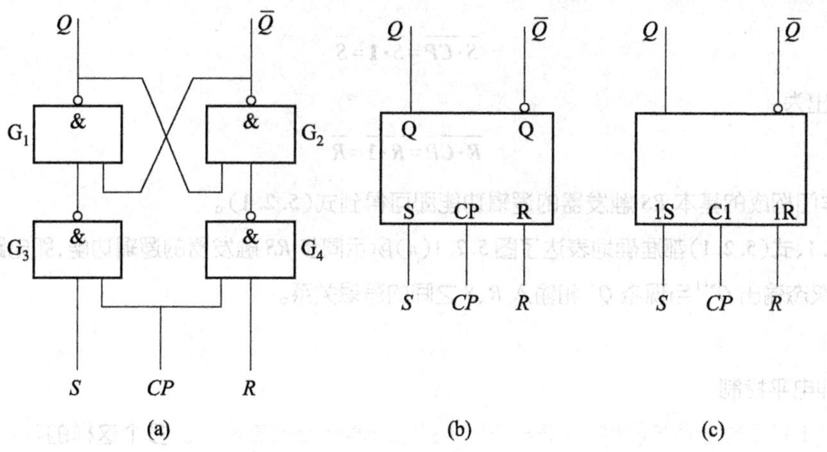

图 5.2.1 同步 RS 触发器

（a）逻辑电路 （b）曾用符号 （c）国标符号

（2）逻辑符号

图 5.2.1(b)是曾用逻辑符号，过去大多数书刊都使用这种符号；图 5.2.1(c)是国家规定的标准符号。

2. 工作原理

（1）特性表

从图 5.2.1(a)所示电路可以明显地看出，$CP=\mathbf{0}$ 时控制门 G_3、G_4 被封锁，基本触发器保持原来状态不变。只有当 $CP=\mathbf{1}$ 时控制门被打开后，输入信号才会被接收，而且工作情况与图 5.1.1(a)所示电路没有什么区别。因此，可列出如表 5.2.1 所示的特性表。

表 5.2.1 同步 RS 触发器的特性表

CP	R	S	Q^n	Q^{n+1}	注
0	×	×	×	Q^n	保持
1	**0**	**0**	**0**	**0**	保持
1	**0**	**0**	**1**	**1**	
1	**0**	**1**	**0**	**1**	置 **1**
1	**0**	**1**	**1**	**1**	
1	**1**	**0**	**0**	**0**	置 **0**
1	**1**	**0**	**1**	**0**	
1	**1**	**1**	**0**	不用	不允许
1	**1**	**1**	**1**	不用	

（2）特性方程

由表 5.2.1 所示特性表可列出以下特性方程式

$$\begin{cases} Q^{n+1}=S+\overline{R}Q^n \\ RS=\mathbf{0} \end{cases} \quad CP=\mathbf{1}\text{ 期间有效} \tag{5.2.1}$$

其实直接从图 5.2.1(a)所示电路也可以推导出特性方程式(5.2.1)。因为当 $CP=\mathbf{1}$ 时门 G_3 的输

出为

$$\overline{S \cdot CP} = \overline{S \cdot \mathbf{1}} = \overline{S}$$

门 G_4 的输出为

$$\overline{R \cdot CP} = \overline{R \cdot \mathbf{1}} = \overline{R}$$

对照由**与非**门构成的基本 *RS* 触发器的逻辑功能即可得到式(5.2.1)。

表 5.2.1、式(5.2.1)都准确地表达了图 5.2.1(a)所示同步 *RS* 触发器的逻辑功能，即电路在 *CP* 脉冲控制下，其次态输出 Q^{n+1} 与现态 Q^n 和输入 *R*、*S* 之间的逻辑关系。

二、主要特点

1. 时钟电平控制

在 $CP=\mathbf{1}$ 期间触发器接收输入信号，$CP=\mathbf{0}$ 时触发器保持状态不变。多个这样的触发器可以在同一个时钟脉冲控制下同步工作，这给用户的使用带来了方便，而且由于这种触发器只在 $CP=\mathbf{1}$ 时工作，$CP=\mathbf{0}$ 时被禁止，所以其抗干扰能力也要比基本 *RS* 触发器强得多。

2. *R*、*S* 之间有约束

同步 *RS* 触发器在使用过程中，如果违反了 $RS=\mathbf{0}$ 的约束条件，则可能出现下列四种情况：

① $CP=\mathbf{1}$ 期间，若 $R=S=\mathbf{1}$，则将出现 *Q* 端和 $\overline{Q}$ 端均为高电平的不正常情况。

② $CP=\mathbf{1}$ 期间，若 *R*、*S* 分时撤销，则触发器的状态决定于后撤销者。

③ $CP=\mathbf{1}$ 期间，若 *R*、*S* 同时从 **1** 跳变到 **0**，则会出现竞态现象，而竞争结果是不能预先确定的。

④ 若 $R=S=\mathbf{1}$ 时 *CP* 突然撤销，即由 **1** 跳变到 **0**，也会出现竞态现象，而竞争结果亦不能预先确定。

图 5.2.2 所示波形图具体地说明了上述几种情况。

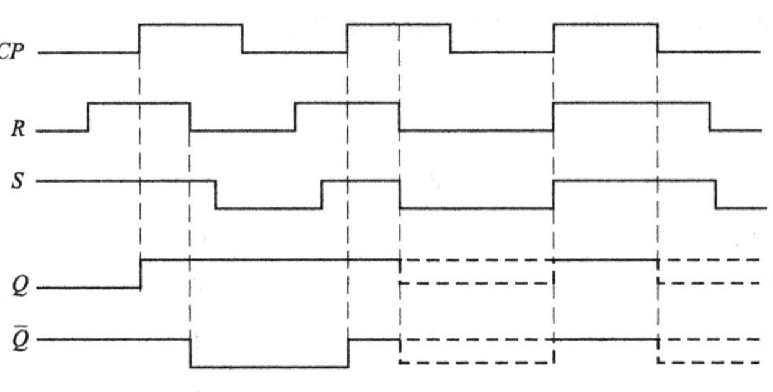

图 5.2.2　违反约束条件时的波形图

5.2.2　同步 *D* 触发器

R、*S* 之间有约束限制了同步 *RS* 触发器的使用，为了解决该问题，便出现了电路的改进形式——同步 *D* 触发器，又叫做 *D* 锁存器。

一、电路组成及其工作原理

1. 电路组成

图 5.2.3 所示是同步 *D* 触发器的电路图。注意观察很容易发现，在同步 *RS* 触发器的基础上，增加了反相器 G_5，通过它把加在 *S* 端的 *D* 信号反相之后送到了 *R* 端，除此之外，没有别的差异。

2. 工作原理

由图 5.2.3 所示电路可得

$$S=D$$
$$R=\overline{D}$$

代入同步 *RS* 触发器的特性方程即可得到

$$\begin{aligned}Q^{n+1}&=S+\overline{R}Q^{n}\\&=D+\overline{\overline{D}}Q^{n}\\&=D\qquad CP=\mathbf{1}\text{ 期间有效}\end{aligned}\tag{5.2.2}$$

式(5.2.2)就是反映同步 *D* 触发器逻辑功能的特性方程，显然，同步 *RS* 触发器中 *R*、*S* 之间有约束的问题没有了。

3. 简化电路

如果把门 G_3 的输出同时送到 *R* 端，即将 *R* 与 G_3 的输出连接起来，可得到如图 5.2.4 所示的电路，与图 5.2.3 比较省掉了反相器 G_5。

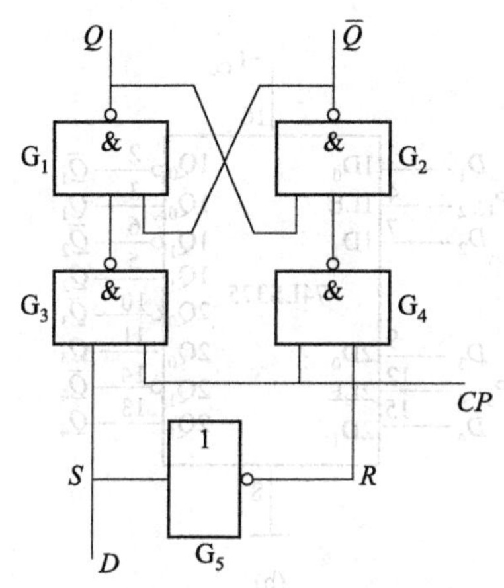

图 5.2.3　同步 *D* 触发器

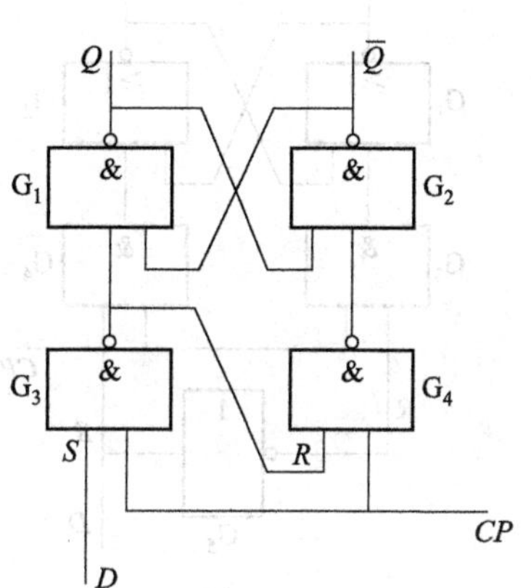

图 5.2.4　同步 *D* 触发器简化电路

视频：
难点解析 5-3
D 触发器

在图 5.2.4 所示电路中，当 $CP=\mathbf{1}$ 时，门 G_3 的输出为

$$\overline{S\cdot CP}=\overline{S\cdot\mathbf{1}}=\overline{S}=R$$

因为
$$S=D$$
所以
$$R=\overline{D}$$

代入同步 *RS* 触发器的特性方程同样可得到式(5.2.2)。

二、主要特点

1. 时钟电平控制，无约束问题

时钟电平控制，这和同步 *RS* 触发器没有什么区别。在 $CP=\mathbf{1}$ 期间，若 $D=\mathbf{1}$ 则 $Q^{n+1}=\mathbf{1}$；若 $D=\mathbf{0}$ 则 $Q^{n+1}=\mathbf{0}$，即根据输入信号 *D* 取值不同，触发器既可以置 **1**，也可以置 **0**，但由于电路是在同步 *RS* 触发器基础上经过改进得到的，所以约束问题不存在了。

2. $CP=\mathbf{1}$ 时跟随，下降沿到来时才锁存

在 $CP=\mathbf{1}$ 期间，输出端 Q 和 $\overline{Q}$ 的状态跟随 *D* 变化，*D* 怎么变，*Q* 端的状态就跟着怎么变，*D* 若变为 **1** 则 *Q* 随之变为 **1**，$\overline{Q}$ 随之变为 **0**，这种现象通常被称为同步触发器的“空翻”现象。只有当 *CP* 脉冲下降沿到来时才锁存，锁存的内容是 *CP* 下降沿瞬间 *D* 的值。

三、集成同步 D 触发器

1. TTL 集成同步 D 触发器

(1) 单元电路与引出端功能图

TTL 4 位集成同步 D 触发器 74LS375 中，有四个触发器单元，图 5.2.5(a)所示是触发器单元的逻辑结构图，图 5.2.5(b)给出的是引出端功能图。注意，$CP_{1、2}$ 是单元 1、2 共用的时钟脉冲，$CP_{3、4}$ 是单元 3、4 共用的时钟脉冲。

(2) 逻辑功能

从图 5.2.5(a)所示电路可以明显地看出，两个**或非**门交叉连接起来构成了基本 RS 触发器，两个**与**门是 R、S 的传输通道，受 CP 脉冲控制，$S=D$，$R=\overline{S}=\overline{D}$。当 $CP=\mathbf{0}$ 时**与**门 G_3、G_4 被封锁，基本 RS 触发器保持原来状态不变；$CP=\mathbf{1}$ 时，**与**门 G_3、G_4 打开，信号可以顺畅地进入触发器中，可以得到

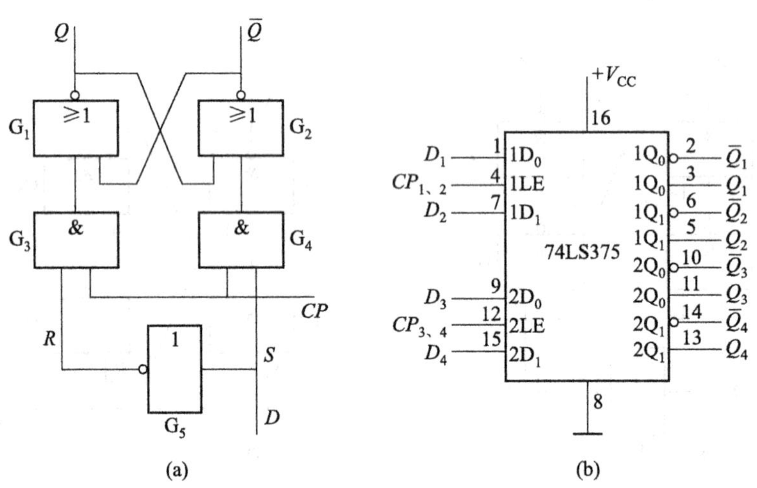

图 5.2.5　TTL 集成同步 D 触发器 74LS375

(a) 逻辑结构图　(b) 引出端功能图

$$
\begin{aligned}
Q^{n+1} &= S+\overline{R}Q^n \\
&= D+\overline{\overline{D}}Q^n \\
&= D \qquad CP=\mathbf{1}\text{ 期间有效}
\end{aligned}
$$

2. CMOS 集成同步 D 触发器

(1) 单元电路与引出端功能图

图 5.2.6(a)所示是触发器逻辑结构示意图，芯片中集成了四个这样的单元，其中虚线框内的**异或**门构成了极性控制电路，为四个单元所共用。图 5.2.6(b)是 CMOS 4 位集成同步 D 触发器 CC4042 的引出端功能图。POL 是 CP 极性控制信号。

(2) 逻辑功能

在图 5.2.6(a)所示电路中，当 $POL=\mathbf{0}$ 时，**异或**门进行原码传送，即 $C=CP$、$\overline{C}=\overline{CP}$；当 $POL=\mathbf{1}$ 时，**异或**门进行反码传送，即 $C=\overline{CP}$、$\overline{C}=CP$。

- 当 $POL=\mathbf{1}$、$C=\overline{CP}$、$\overline{C}=\overline{\overline{CP}}=CP$ 时

$CP=\mathbf{0}$ 即 $C=\mathbf{1}$、$\overline{C}=\mathbf{0}$ 时，传输门 G_1 截止、G_2 导通，反相器 G_3、G_4 构成自保持功能连接，其内容保持不变，因此 Q、$\overline{Q}$ 端的状态也不变。

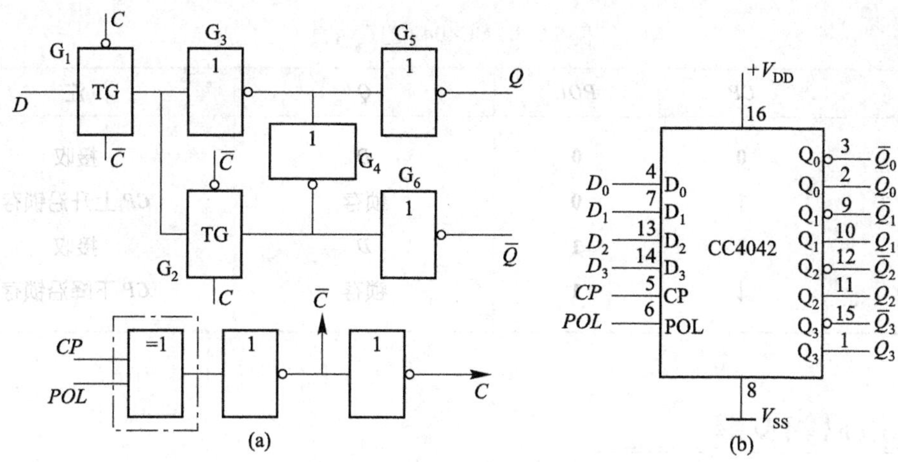

图 5.2.6 CMOS 集成同步 D 触发器 CC4042

(a) 逻辑结构示意图 (b) 引出端功能图

$CP=\mathbf{1}$ 即 $C=\mathbf{0}$、$\overline{C}=\mathbf{1}$ 时，传输门 G_1 导通、G_2 截止，输入信号 D 通过 G_1 进入触发器中，反相器 G_3、G_5 级联起来，使 $Q=D$；G_3、G_4、G_6 级联起来，使 $\overline{Q}=\overline{D}$。而且在 $CP=\mathbf{1}$ 即 $C=\mathbf{0}$、$\overline{C}=\mathbf{1}$ 期间，Q 跟随 D，D 怎么变它也随着怎么变。

CP 下降沿即 C 上升沿、$\overline{C}$ 下降沿到来时，传输门 G_1 立即关闭、G_2 立即开通，触发器锁存 CP 下降沿瞬间输入信号 D 的值。

$CP=\mathbf{0}$ 即 $C=\mathbf{1}$、$\overline{C}=\mathbf{0}$ 以后，传输门 G_1 截止、G_2 导通，触发器保持 CP 下降沿到来时锁存的内容。

综上所述可得

$$Q^{n+1}=D \qquad CP=\mathbf{1}\text{ 期间有效}$$

- 当 $POL=\mathbf{0}$、$C=\overline{\overline{CP}}=CP$、$\overline{C}=\overline{CP}$时

除了相对于时钟脉冲 CP 来说，传输门 G_1、G_2 导通和截止时间互换了之外，与 $POL=\mathbf{1}$ 时的情况没有别的不同，显然仍有 $Q^{n+1}=D$，只不过其有效的时钟条件是$CP=\mathbf{0}$，锁存的内容是 CP 上升沿时刻 D 的值。

表 5.2.2 是根据上面分析结果列出的 CMOS 同步 D 触发器 CC4042 的特性表。

为了更好地反映 CMOS 同步 D 触发器的锁存情况，可以用表 5.2.3 所示真值表表示 CC4042 的功能。

集成同步 D 触发器的主要特点与图 5.2.5 所示电路并无本质区别，这里就不再赘述了。

表 5.2.2 CMOS 同步 D 触发器 CC4042 的特性表

D	CP	POL	Q^n	Q^{n+1}	注
×	**0**	**1**	**0**	**0**	保持
×	**0**	**1**	**1**	**1**	
0	**1**	**1**	×	**0**	接收
1	**1**	**1**	×	**1**	
0	**0**	**0**	×	**0**	接收
1	**0**	**0**	×	**1**	
×	**1**	**0**	**0**	**0**	保持
×	**1**	**0**	**1**	**1**	

拓展阅读 5-1 同步 JK 触发器的设计思路及工作原理解析

表 5.2.3 CC4042 的真值表

D	CP	POL	Q	注
D	0	0	D	接收
D	↑	0	锁存	CP 上升沿锁存
D	1	1	D	接收
D	↓	1	锁存	CP 下降沿锁存

5.3 边沿触发器

为了解决同步触发器的时钟电平控制问题，增强电路工作的可靠性，便出现了边沿触发器。边沿触发器的具体电路结构形式较多，但边沿触发或控制的特点却是相同的。下面先用由同步 D 触发器级联起来构成的边沿触发器为例，来说明电路的工作原理和主要特点。

视频：
难点解析 5-4
边沿触发器

5.3.1 边沿 D 触发器

一、电路组成及其工作原理

1. 电路组成及逻辑符号

(1) 电路组成

图 5.3.1 所示是用两个同步 D 触发器级联起来构成的边沿 D 触发器，它是一种具有主从结构形式的边沿控制电路。

(2) 逻辑符号

图 5.3.1(b)所示是曾用逻辑符号，图 5.3.1(c)所示是国家标准规定的逻辑符号。CP 端的小圆圈表示下降沿触发。

2. 工作原理

图 5.3.1(a)所示为具有主从结构形式的边沿 D 触发器，由两个同步 D 触发器组成，主触发器受 CP 操作，从触发器用 $\overline{CP}$ 管理。

(1) $CP=0$ 时的情况

$CP=0$ 时，门 G_7、G_8 被封锁，门 G_3、G_4 打开，从触发器的状态决定于主触发器，$Q=Q_M$、$\overline{Q}=\overline{Q}_M$。输入信号 D 被拒之门外。

(2) $CP=1$ 时的情况

$CP=1$ 时，门 G_7、G_8 打开，门 G_3、G_4 被封锁，从触发器保持原来状态不变，D 信号进入主触发器。但是要特别注意，这时主触发器只跟随而不锁存，即 Q_M 跟随 D 变化，D 怎么变 Q_M 也随之怎么变。

(3) CP 下降沿时刻的情况

CP 下降沿到来时，将封锁门 G_7、G_8，打开门 G_3、G_4，主触发器锁存 CP 下降时刻 D 的值即 $Q_M=D$，随后将该值送入从触发器，使 $Q=D$、$\overline{Q}=\overline{D}$。

(4) CP 下降沿过后的情况

CP 下降沿过后，主触发器锁存的 CP 下降沿时刻 D 的值显然将保持不变，而从触发器的状态当然也不可能发生变化。

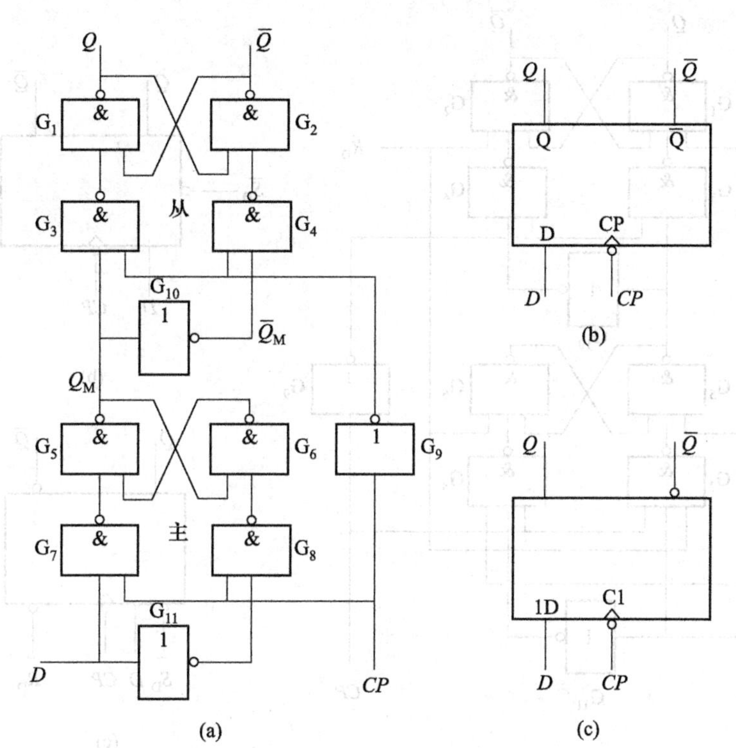

图 5.3.1 边沿 D 触发器

(a) 逻辑电路 (b) 曾用符号 (c) 国标符号

综上所述可得

$$Q^{n+1}=D \qquad CP\text{ 下降沿时刻有效} \tag{5.3.1}$$

式(5.3.1)就是边沿 D 触发器的特性方程，CP 下降沿时刻有效，注意，式中的 Q^{n+1} 只能取 CP 下降时刻输入信号 D 的值。

3. 异步输入端的作用

(1) 同步输入端与异步输入端

图 5.3.2 所示是带有异步输入端的边沿 D 触发器的逻辑电路图和逻辑符号。

- 同步输入端

D 叫做同步输入端，因为加在 D 端的输入信号能否进入触发器而被接收，是受时钟脉冲同步控制的。

- 异步输入端

$\overline{R}_D$、$\overline{S}_D$ 叫做异步输入端，也称之为直接复位和置位端。当 $\overline{R}_D=\mathbf{0}$ 时，触发器被复位到 **0** 状态；$\overline{S}_D=\mathbf{0}$ 时，触发器被置位到 **1** 状态。其作用与时钟脉冲 CP 无关，故名异步输入端。

(2) 异步输入端的工作原理

- $\overline{R}_D$端的工作原理

在图 5.3.2(a)所示电路中，在 $\overline{R}_D=\mathbf{0}$ 时，为了可靠地将触发器复位到 **0** 状态，$\overline{R}_D$ 既接到门 G_2、G_6 的输入端，也接到门 G_7 的输入端。这不仅将主触发器和从触发器同时直接复位到 **0** 状态，而且还封住了门 G_7，使 D 即便是 $CP=\mathbf{1}$ 也不能起作用。也就是说，无论 CP 处在什么状态(**0** 或 **1**)，加在 $\overline{R}_D$ 端的低电平或负脉冲均能将触发器可靠地复位到 $Q=\mathbf{0}$、$\overline{Q}=\mathbf{1}$，即 **0** 状态。

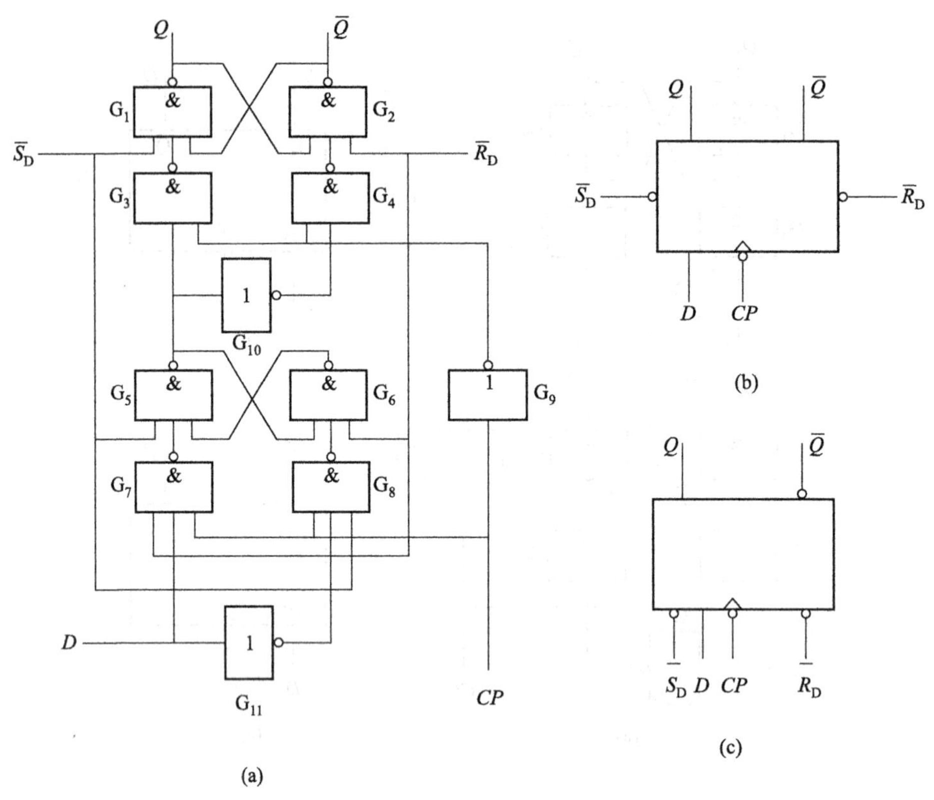

图 5.3.2 带有异步输入端的边沿 D 触发器

（a）逻辑电路 （b）曾用符号 （c）国标符号

- $\overline{S}_D$端的工作原理

在图5.3.2(a)所示电路中，$\overline{S}_D$ 分别接到门 G_1、G_5、G_8 的输入端。因此，无论 CP 为何值，加在 $\overline{S}_D$ 端的低电平或负脉冲，都能可靠地把触发器置位到 $Q=\mathbf{1}$、$\overline{Q}=\mathbf{0}$，即 **1** 状态。即使 $CP=\mathbf{1}$，由于门 G_8 被封锁，D 信号也进不了主触发器，也就是说，只要加在 $\overline{S}_D$ 端的低电平或负脉冲一到，无论 CP 是什么状态、D 为何值，触发器一定是 $Q=\mathbf{1}$、$\overline{Q}=\mathbf{0}$。

异步输入端是预置触发器初始状态，或者在工作过程中强行置位和复位触发器用的。

在图 5.3.2(b)、(c)所示逻辑符号中，$\overline{R}_D$、$\overline{S}_D$ 端的小圆圈表示低电平有效，即$\overline{R}_D=\mathbf{0}$ 时触发器被复位，$\overline{S}_D=\mathbf{0}$ 触发器被置位。反之，若无小圆圈则表示高电平有效，即$R_D=\mathbf{1}$ 时触发器被复位，$S_D=\mathbf{1}$ 时触发器被置位。而且 R_D、S_D 之间是有约束的，约束条件是 $R_DS_D=\mathbf{0}$，如果违反了约束条件，那么将会出现 Q 端和 $\overline{Q}$ 端都是高电平的不正常情况。

二、集成边沿 D 触发器

1. CMOS 边沿 D 触发器 CC4013

(1) 逻辑符号与引出端功能图

CC4013 的符号及功能图见图 5.3.3。

CC4013 中集成了两个触发器单元，都是 CP 上升沿触发的边沿 D 触发器，R_D、S_D 均为高电平有效，即 $R_D=\mathbf{1}$ 时触发器复位到 **0**，$S_D=\mathbf{1}$ 时触发器置位到 **1**。

(2) 特性表

表 5.3.1 所示是 CMOS 集成边沿 D 触发器的特性表。

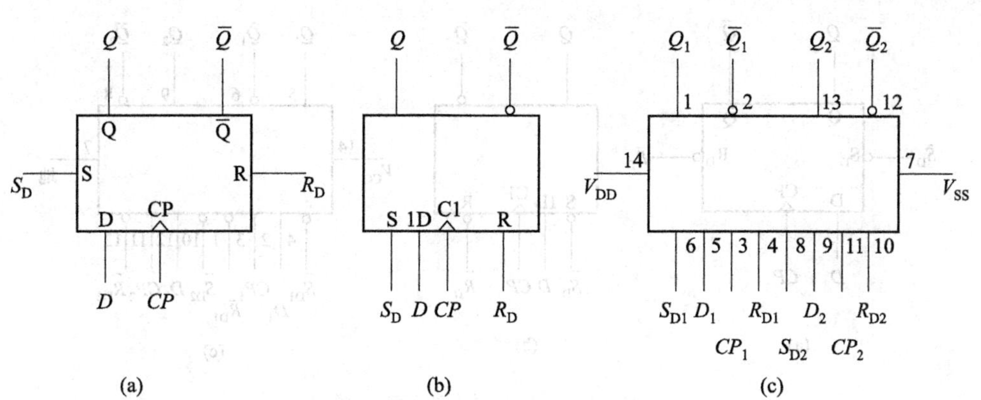

图 5.3.3 CMOS 边沿 D 触发器 CC4013

（a）曾用符号 （b）国标符号 （c）引出端功能图

表 5.3.1 CC4013 的特性表

CP	D	Q^{n+1}
↑*	**0**	**0**
↑	**1**	**1**

* ↑表示上升沿。

如果把异步输入端的功能也考虑进去，则可列出如表 5.3.2 所示的特性表。

表 5.3.2 所示特性表全面地描述了 CMOS 集成边沿 D 触发器 CC4013 的逻辑功能。当 $R_D=S_D=\mathbf{0}$ 时，电路按照方程 $Q^{n+1}=D$ 转换状态，CP 上升沿时刻有效；当异步输入端工作时，CP、D 均无效，若 $R_DS_D=\mathbf{01}$ 则置 **1**，若 $R_DS_D=\mathbf{10}$ 则置 **0**，R_D、S_D 的取值应遵守约束条件 $R_DS_D=\mathbf{0}$。

表 5.3.2 考虑 R_D、S_D 时 CC4013 的特性表

输入				输出	注
CP	D	R_D	S_D	Q^{n+1}	
↑	**0**	**0**	**0**	**0**	同步置 **0**
↑	**1**	**0**	**0**	**1**	同步置 **1**
↓	×	**0**	**0**	Q^n	保持（↓无效）
×	×	**0**	**1**	**1**	异步置 **1**
×	×	**1**	**0**	**0**	异步置 **0**
×	×	**1**	**1**	不用	不允许

2. TTL 边沿 D 触发器 7474

（1）逻辑符号与引出端功能图

图 5.3.4 所示是 TTL 边沿 D 触发器 7474 的逻辑符号和引出端功能图。

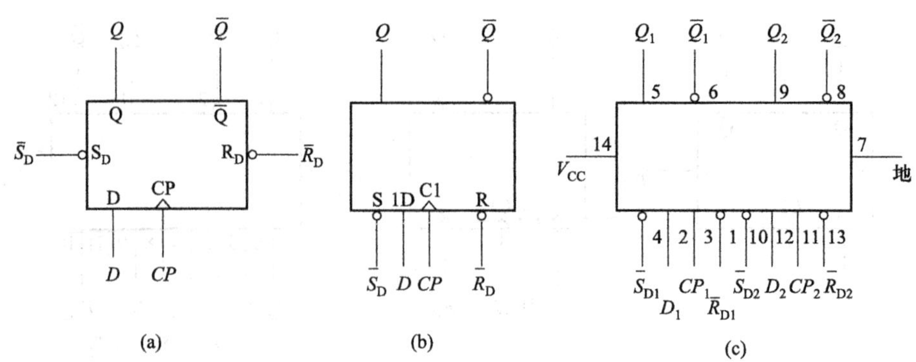

图 5.3.4 TTL 边沿 *D* 触发器 7474

（a）曾用符号 （b）国标符号 （c）引出端功能图

7474 中集成了两个触发器单元，它们都是 *CP* 上升沿触发的边沿 *D* 触发器，异步输入端 $\bar{R}_D$、$\bar{S}_D$ 为低电平有效。

（2）特性表

表 5.3.3 所示是 TTL 边沿 *D* 触发器 7474 的特性表。

表 5.3.3 7474 的特性表

输入				输出	注
CP	*D*	$\bar{R}_D$	$\bar{S}_D$	Q^{n+1}	
↑	0	1	1	0	同步置 **0**
↑	1	1	1	1	同步置 **1**
↓	×	1	1	Q^n	保持（↓无效）
×	×	0	1	0	异步置 **0**
×	×	1	0	1	异步置 **1**
×	×	1	1	不用	不允许

表 5.3.3 说明 7474 是 *CP* 上升沿触发的边沿触发器，$Q^{n+1}=D$。$\bar{R}_D=\mathbf{0}$ 时复位、$\bar{S}_D=\mathbf{0}$ 时置位，且 $R_D\cdot S_D=\mathbf{0}$。

三、主要特点

① *CP* 边沿（上升沿或下降沿）触发。在 *CP* 脉冲上升沿（或下降沿）时刻，触发器按照特性方程 $Q^{n+1}=D$ 的规定转换状态，实际上是加在 *D* 端的信号被锁存起来，并送到输出端。

② 抗干扰能力极强。因为是边沿触发，只要在触发沿附近一个极短暂的时间内，加在 *D* 端的输入信号保持稳定，触发器就能够可靠地接收，在其他时间里输入信号对触发器不会起作用。

③ 只具有置 **1**、置 **0** 功能，在某些情况下，使用起来不够方便。

5.3.2 边沿 *JK* 触发器

边沿 *JK* 触发器的电路结构形式较多，现以用边沿 *D* 触发器构成的电路为例，说明其工作原理和特点。

一、电路组成及其工作原理

1. 电路组成及逻辑符号

(1) 电路组成

在边沿 D 触发器的基础上，增加三个门 G_1、G_2、G_3，把输出 Q 馈送回 G_1、G_3，便构成了如图 5.3.5 所示的边沿 JK 触发器。

(2) 逻辑符号

图 5.3.5(b)所示是曾用的符号，图 5.3.5(c)所示是国家标准规定的逻辑符号，CP 端的小圆圈表示电路是下降沿触发的边沿 JK 触发器。

2. 工作原理

(1) D 的逻辑表达式

由图 5.3.5(a)所示电路可以很容易地得到：

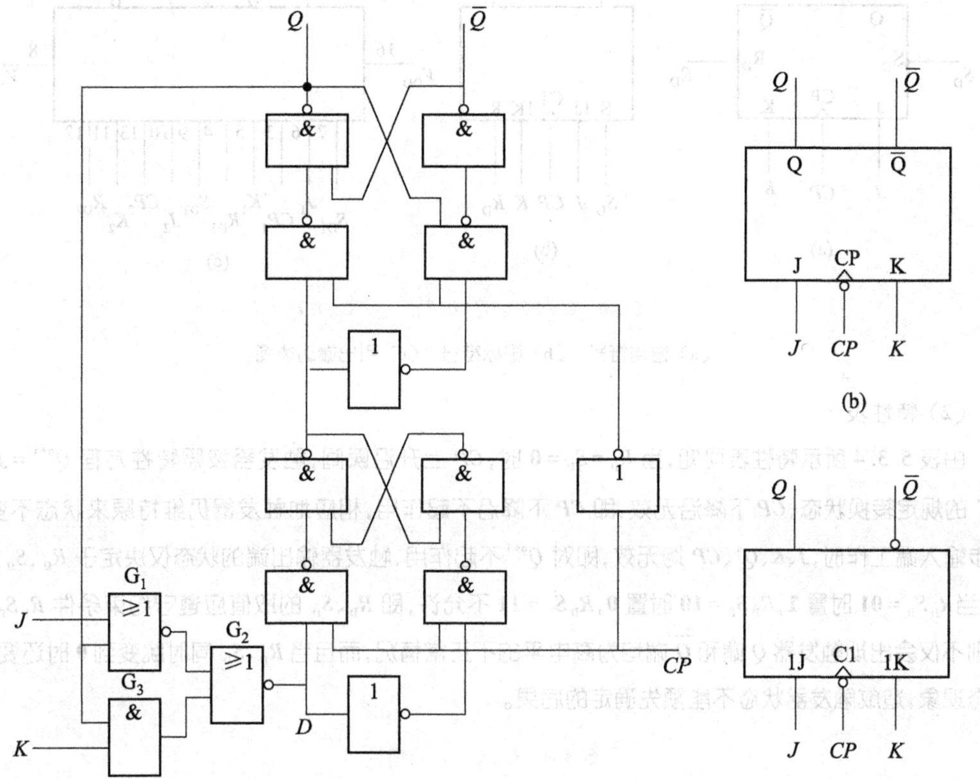

图 5.3.5 边沿 JK 触发器

(a) 电路图 (b) 曾用符号 (c) 国标符号

$$
\begin{aligned}
D &= \overline{\overline{J+Q^n}+KQ^n} \\
&= (J+Q^n)\cdot\overline{KQ^n} \\
&= (J+Q^n)\cdot(\overline{K}+\overline{Q}^n) \\
&= J\,\overline{Q}^n+\overline{K}Q^n+J\,\overline{K} \\
&= J\,\overline{Q}^n+\overline{K}Q^n
\end{aligned} \tag{5.3.2}
$$

(2) 特性方程

将式(5.3.2)代入边沿 D 触发器的特性方程,可以得到:

$$Q^{n+1}=D=J\overline{Q}^n+\overline{K}Q^n \quad CP\text{ 下降沿时刻有效} \tag{5.3.3}$$

显然,式(5.3.3)准确地表达了图 5.3.5(a)所示电路次态 Q^{n+1} 与现态 Q^n 和输入 J、K 之间的逻辑关系。

二、集成边沿 *JK* 触发器

1. CMOS 边沿 *JK* 触发器 CC4027

(1) 逻辑符号与引出端功能图

CC4027 的符号及功能图见图 5.3.6。

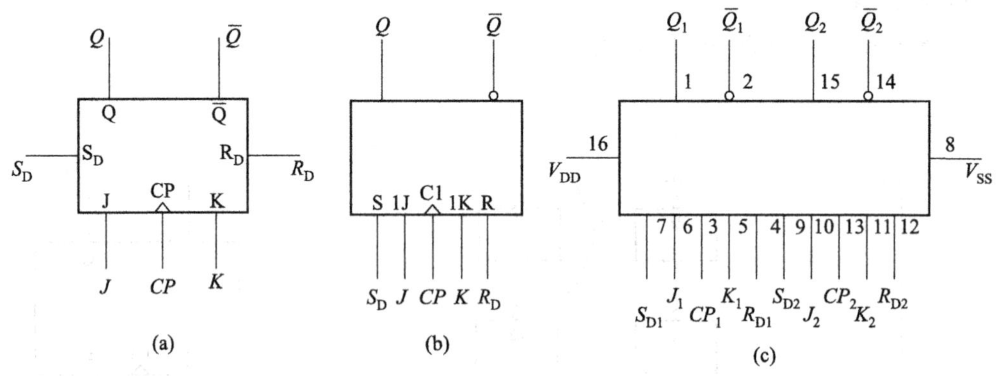

图 5.3.6　CMOS 边沿 *JK* 触发器 CC4027

(a) 曾用符号　(b) 国标符号　(c) 引出端功能图

(2) 特性表

由表 5.3.4 所示特性表可知,当 $R_D=S_D=\mathbf{0}$ 时,CP 上升沿瞬间,触发器按照特性方程 $Q^{n+1}=J\overline{Q}^n+\overline{K}Q^n$ 的规定转换状态,CP 下降沿无效,即 CP 下降沿不起作用,相应地触发器仍维持原来状态不变;当异步输入端工作时,J、K、Q^n、CP 均无效,即对 Q^{n+1} 不起作用,触发器输出端的状态仅决定于 R_D、S_D 的取值,当 $R_DS_D=\mathbf{01}$ 时置 **1**,$R_DS_D=\mathbf{10}$ 时置 **0**,$R_DS_D=\mathbf{11}$ 不允许,即 R_D、S_D 的取值应遵守约束条件 $R_DS_D=\mathbf{0}$,否则不仅会出现触发器 Q 端和 $\overline{Q}$ 端均为高电平的不正常情况,而且当 R_D、S_D 同时跳变到 **0** 时还要产生竞态现象,造成触发器状态不能预先确定的后果。

表 5.3.4　CC4027 的特性表

J	K	Q^n	R_D	S_D	CP	Q^{n+1}	注
0	**0**	**0**	**0**	**0**	↑	**0**	保持
0	**0**	**1**	**0**	**0**	↑	**1**	
0	**1**	**0**	**0**	**0**	↑	**0**	同步置 **0**
0	**1**	**1**	**0**	**0**	↑	**0**	
1	**0**	**0**	**0**	**0**	↑	**1**	同步置 **1**
1	**0**	**1**	**0**	**0**	↑	**1**	
1	**1**	**0**	**0**	**0**	↑	**1**	翻转
1	**1**	**1**	**0**	**0**	↑	**0**	

续表

J	K	Q^n	R_D	S_D	CP	Q^{n+1}	注
×	×	**0**	**0**	**0**	↓	**0**	不变
×	×	**1**	**0**	**0**	↓	**1**	
×	×	×	**0**	**1**	×	**1**	异步置 **1**
×	×	×	**1**	**0**	×	**0**	异步置 **0**
×	×	×	**1**	**1**	×	不用	不允许

2. TTL 边沿 *JK* 触发器 74LS112

（1）逻辑符号与引出端功能图

74LS112 符号及功能图见图 5.3.7。

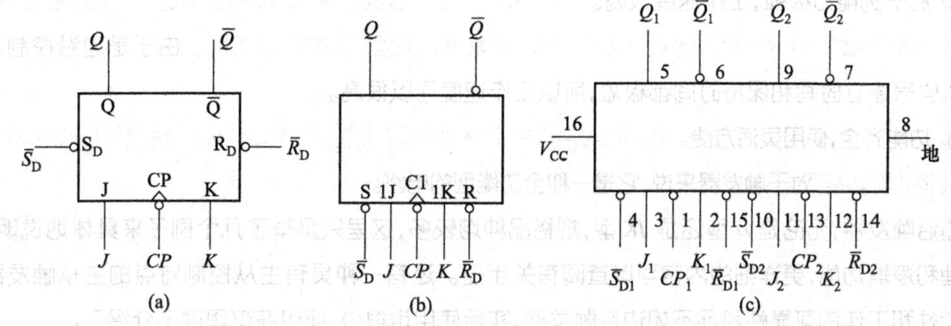

图 5.3.7 TTL 边沿 *JK* 触发器 74LS112

（a）曾用符号 （b）国标符号 （c）引出端功能图

（2）特性表

由表 5.3.5 所示特性表可知，74LS112 中集成的两个单元电路都是 *CP* 下降沿触发的边沿 *JK* 触发器。当 $\overline{R}_D=\overline{S}_D=\mathbf{1}$ 时，电路在 *CP* 下降沿瞬间，将按照特性方程 $Q^{n+1}=J\overline{Q}^n+\overline{K}Q^n$ 的规定，由现态转换到次态；当异步输入端工作时，J、K、Q^n 和 *CP* 均无效，若 $\overline{R}_D\overline{S}_D=\mathbf{01}$，则触发器置 **0**；若 $\overline{R}_D\overline{S}_D=\mathbf{10}$，则触发器置 **1**，$\overline{R}_D\overline{S}_D=\mathbf{00}$ 是不允许的取值情况，即 $\overline{R}_D$、$\overline{S}_D$ 的取值应遵守约束条件 $R_D\cdot S_D=\mathbf{0}$。

表 5.3.5 74LS112 的特性表

J	K	Q^n	$\overline{R}_D$	$\overline{S}_D$	CP	Q^{n+1}	注
0	**0**	**0**	**1**	**1**	↓	**0**	保持
0	**0**	**1**	**1**	**1**	↓	**1**	
0	**1**	**0**	**1**	**1**	↓	**0**	置 **0**
0	**1**	**1**	**1**	**1**	↓	**0**	
1	**0**	**0**	**1**	**1**	↓	**1**	置 **1**
1	**0**	**1**	**1**	**1**	↓	**1**	
1	**1**	**0**	**1**	**1**	↓	**1**	翻转
1	**1**	**1**	**1**	**1**	↓	**0**	

续表

J	K	Q^n	$\overline{R}_D$	$\overline{S}_D$	CP	Q^{n+1}	注
×	×	0	1	1	↑	0	不变
×	×	1	1	1	↑	1	
×	×	×	0	1	×	0	异步置 0
×	×	×	1	0	×	1	异步置 1
×	×	×	0	0	×	不用	不允许

三、主要特点

① 时钟脉冲边沿控制。在 CP 上升沿或下降沿瞬间，加在 J 端和 K 端的信号才会被接收，也称为边沿触发。

② 抗干扰能力极强，工作速度很高。因为只要在 CP 触发沿瞬间 J、K 的值是稳定的，触发器就能够可靠地按照 $Q^{n+1}=J\overline{Q^n}+\overline{K}Q^n$ 的规定更新状态，在其他时间里，J、K 不起作用。由于是边沿控制，需要的输入信号建立时间和保持时间都极短，所以工作速度可以很高。

思考提升 5-1
试分析 RS、D、JK 三种触发器之间的内在联系。

③ 功能齐全，使用灵活方便。在 CP 边沿控制下，根据 J、K 取值的不同，边沿 JK 触发器具有保持、置 0、置 1、翻转四种功能，对于触发器来说，它是一种全功能型的电路。

边沿触发器，无论是 D 型还是 JK 型，规格品种均较多，这里只是举了几个例子来具体地说明其工作原理和逻辑功能，更详细的内容可以查阅有关手册。还有一种具有主从控制特点的主从触发器，由于其特性和工作的可靠性都远不如边沿触发器，实际使用也很少，所以在这里就不介绍了。

5.3.3　边沿触发器的功能分类、功能表示方法及转换

一、边沿触发器逻辑功能分类

按照在时钟脉冲操作下电路逻辑功能的不同，把边沿触发器分成 JK、D、T 和 T' 等几种类型，而且常把它们称为时钟触发器。

1. JK 型触发器

(1) 定义

在时钟脉冲操作下，根据输入信号 J、K 取值的不同，凡是具有保持、置 0、置 1、翻转功能的电路，都称为 JK 型时钟触发器，简称 JK 型触发器或 JK 触发器。显然前面介绍的边沿 JK 触发器就属于这种类型。

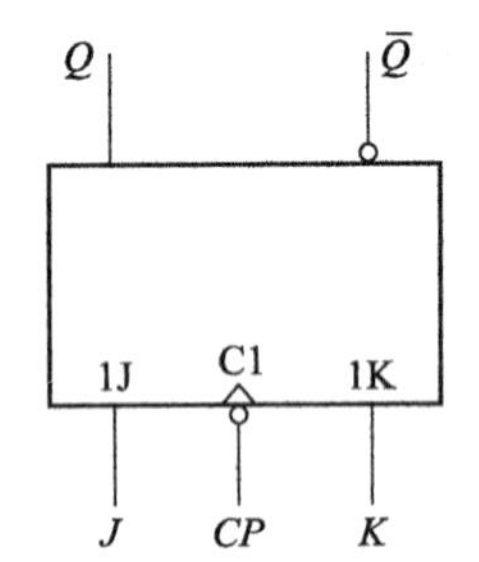

图 5.3.8　JK 触发器的逻辑符号

(2) 逻辑符号、特性表和特性方程

图 5.3.8 所示是 JK 触发器的逻辑符号。表 5.3.6 是它的特性表，显而易见，特性表中所反映的功能是符合 JK 触发器的定义的。

表 5.3.6　JK 触发器的特性表

J	K	Q^n	Q^{n+1}	注
0	0	0	0	保持
0	0	1	1	

续表

J	K	Q^n	Q^{n+1}	注
0	1	0	0	置 0
0	1	1	0	
1	0	0	1	置 1
1	0	1	1	
1	1	0	1	翻转
1	1	1	0	

特性方程

$$Q^{n+1}=J\overline{Q^n}+\overline{K}Q^n \qquad CP\text{ 下降沿时刻有效} \tag{5.3.4}$$

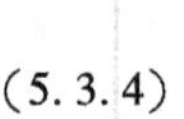

2. D 型触发器

(1) 定义

在时钟脉冲操作下,凡是具有置 0、置 1 功能的电路,都叫做 D 型时钟触发器,简称 D 型触发器或 D 触发器。显而易见,前面介绍的边沿 D 触发器就属于这种类型。

(2) 逻辑符号、特性表和特性方程

图 5.3.9 所示是 D 触发器的逻辑符号。表 5.3.7 所示是它的特性表,由特性表可以得出结论,其功能是符合 D 型触发器定义的。

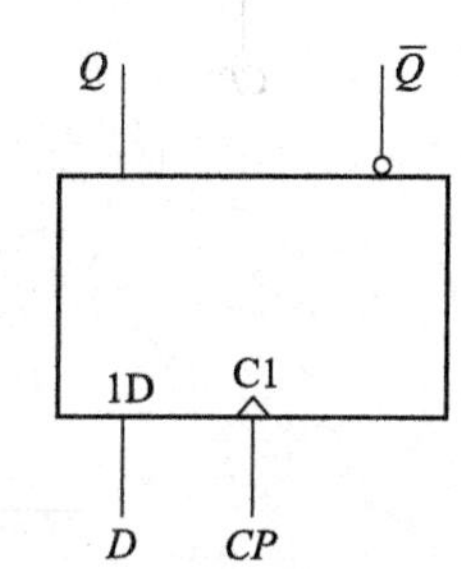

图 5.3.9 D 触发器的逻辑符号

表 5.3.7 D 触发器的特性表

D	Q^{n+1}	注
0	0	置 0
1	1	置 1

特性方程

$$Q^{n+1}=D \qquad CP\text{ 上升沿时刻有效} \tag{5.3.5}$$

3. T 型触发器

(1) 定义

在时钟脉冲操作下,根据输入信号 T 取值的不同,凡是具有保持和翻转功能的电路,即当 $T=0$ 时能保持状态不变,$T=1$ 时一定翻转的电路,都称为 T 型时钟触发器,简称 T 型触发器或 T 触发器。若令 $J=K=T$,则前面介绍的边沿 JK 触发器便成为 T 型触发器了。

(2) 逻辑符号、特性表和特性方程

图 5.3.10 所示是 T 触发器的逻辑符号,1T 是信号输入端,C1 是时钟脉冲端,小圆圈表示 CP 下降沿触发。表 5.3.8 所示是 T 触发器的特性表。

由表 5.3.8 所示特性表,可得特性方程

$$\begin{aligned}Q^{n+1}&=\overline{T}Q^n+T\overline{Q^n}\\&=T\oplus Q^n \qquad CP\text{ 下降沿时刻有效}\end{aligned} \tag{5.3.6}$$

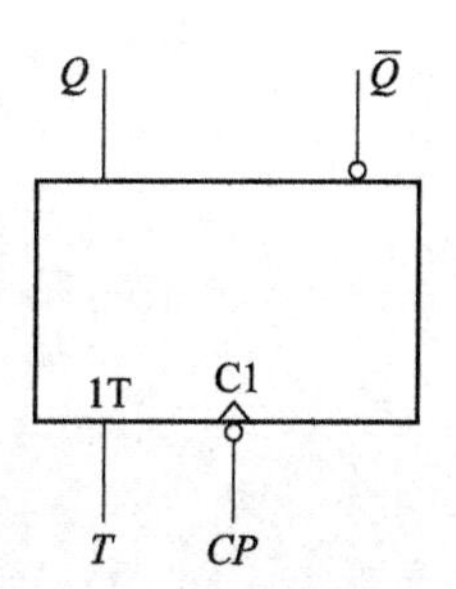

图 5.3.10 T 触发器的逻辑符号

表 5.3.8　T 触发器的特性表

T	Q^n	Q^{n+1}	注
0	0	0	保持
0	1	1	
1	0	1	翻转
1	1	0	

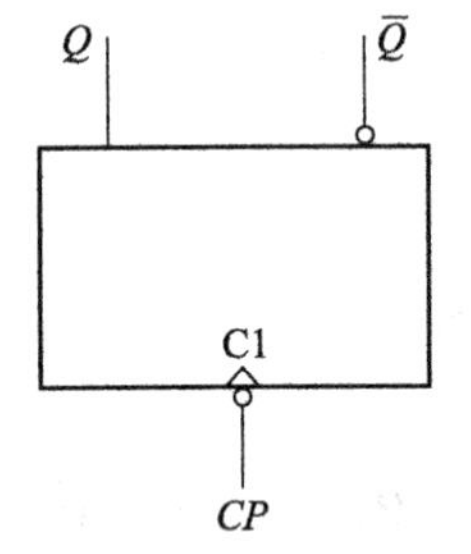

图 5.3.11　T′触发器的逻辑符号

4. T′型触发器

(1) 定义

凡是每来一个时钟脉冲就翻转一次的电路，都叫做 T′型时钟触发器，简称 T′型触发器或 T′触发器。不难看出，在 T 触发器中，若 $T=1$，电路便成了 T′触发器。如果令 $D=\overline{Q}^n$，那么前面介绍的边沿 D 触发器就变成 T′触发器了。

(2) 逻辑符号、特性表和特性方程

图 5.3.11 所示是 T′触发器的逻辑符号。表 5.3.9 所示是它的特性表，显然，由特性表可直接写出下列特性方程：

$$Q^{n+1}=\overline{Q}^n \qquad CP\text{ 下降沿时刻有效} \qquad (5.3.7)$$

表 5.3.9　T′触发器的特性表

Q^n	CP	Q^{n+1}	注
0	↓	1	翻转
1	↓	0	

需要指出的是，早期集成触发器的品种和类型很多，后来逐渐归并成两大类，即 JK 型和 D 型。因为作为小规模集成触发器，它们已能满足各种情况下对高性能触发器的需要。

二、边沿触发器逻辑功能表示方法

触发器逻辑功能表示方法，常用到的有特性表、卡诺图、特性方程、状态图和时序图五种。为了能够比较具体地介绍它们，现以边沿 D 和 JK 触发器为例进行说明。图 5.3.12 所示是 D 和 JK 触发器的逻辑符号，前者是 CP 上升沿触发的电路，后者是 CP 下降沿触发的电路。

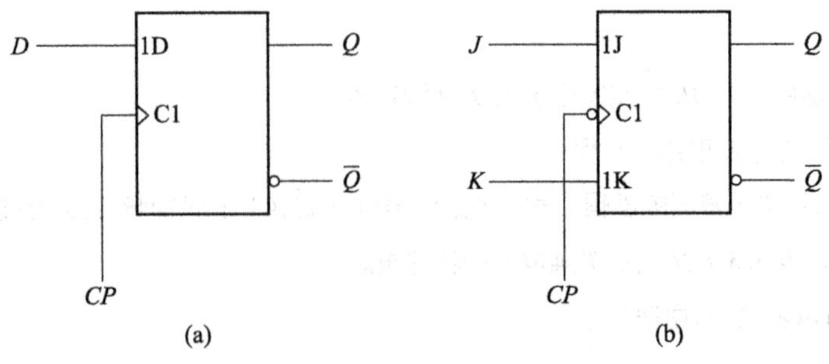

图 5.3.12　触发器的逻辑符号

(a) D 触发器　(b) JK 触发器

1. 特性表、卡诺图和特性方程

(1) 特性表

特性表也可以叫真值表，它以表格形式描述触发器的逻辑功能，具体直观地表达次态（Q^{n+1}）输出与输入及现态（Q^n）的逻辑关系，不过有时把 CP 作为输入信号列入表中，有时不列，在这里采用后者，仅把 CP 当作控制或操作信号。

(2) 卡诺图

卡诺图能直观地表达构成次态的各个最小项在逻辑上的相邻性，有时直接用卡诺图表示触发器的逻辑功能比列特性表还简单。

(3) 特性方程

特性方程用逻辑表达式的形式概括而抽象地描述触发器的逻辑功能。书写方便，可以用逻辑代数的公式和定理进行运算和变换，是这种表示方法的突出优点。

2. 状态图和时序图

(1) 状态图

状态图具有形象直观的特点，它把触发器的状态转换关系及转换条件用几何图形表示出来，十分清晰，便于查看。

- D 触发器的状态图

图 5.3.13 所示是 D 触发器的状态图，图中填有 **0** 和 **1** 的两个圆圈代表触发器的两个状态，箭头表示状态转换方向，箭头线旁边斜线左上方标注的是输入信号的值——转换条件。

图 5.3.13 所示状态图说明，当触发器处在 **0** 状态，即 $Q^n=0$ 时，若输入信号 $D=0$，则在 CP 上升沿到来时触发器仍为 **0** 状态；若 $D=1$，则在 CP 上升沿到来时触发器就会翻转成为 **1** 状态。当触发器处在 **1** 状态时，若输入信号 $D=1$，则在 CP 上升沿到来时触发器仍为 **1** 状态；若 $D=0$，则在 CP 上升沿到来时触发器将翻转到 **0** 状态。

- JK 触发器的状态图

图 5.3.14 所示是 JK 触发器的状态图，其逻辑含意可比照 D 触发器状态图的说明去理解。只不过在图 5.3.14 中，箭头线旁边斜线左上方标注的是 JK 的取值，状态转换的时钟条件是 CP 下降沿。“×”表示任意，即无论其为何值，触发器都会按照箭头指示方向转换状态。

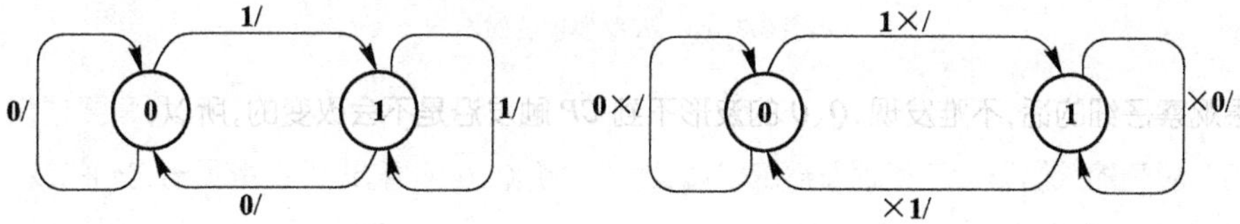

图 5.3.13 D 触发器的状态图　　图 5.3.14 JK 触发器的状态图

(2) 时序图

反应时钟脉冲 CP、输入信号取值和触发器状态之间在时间上对应关系的工作波形图叫做时序图。

时序图的突出特点：一是形象地反映了触发器的动态特性，与实验中用示波器观察到的波形是比较一致的；二是十分具体地表述了时钟脉冲 CP 的控制或触发作用，在其他几种表示方法中，CP 的作用都是隐含着的；三是现态 Q^n 与次态 Q^{n+1} 的时间界限特别明确，CP 触发沿到来之前为现态，到来之后为次态，对于随后的 CP 触发沿来说，这个次态又变成了现态，……，现态、次态在时钟脉冲的操作下不停地转换，有点像翻跟斗似的；四是画时序图比较麻烦，要求又严。

- *D* 触发器的时序图

图 5.3.15 所示是 *D* 触发器的时序图。*CP*、*D* 的波形图是给定的，起始状态为 **0**，即 $Q=\mathbf{0}$、$\overline{Q}=\mathbf{1}$，可以给定，未给定时可以假设。根据 *CP* 上升沿触发和 $Q^{n+1}=D$ 即可画出 Q、$\overline{Q}$ 的波形图。

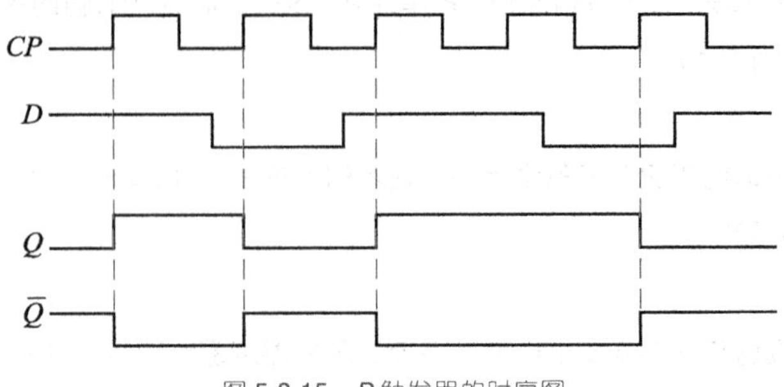

图 5.3.15　*D* 触发器的时序图

注意：Q^n、Q^{n+1} 是相邻两个离散时间触发器 *Q* 端的状态，两个离散时间的界限是 *CP* 触发沿，在图 5.3.15 中是 *CP* 上升沿，每一个 *CP* 上升沿以前的时间为 t_n，相应的触发器输出端的状态就是现态 Q^n，*CP* 上升沿之后的时间是 t_{n+1}，相应的状态是次态 Q^{n+1}。时序图的横轴是时间，因此波形图应当严格地对应起来画。

- *JK* 触发器的时序图

图 5.3.16 所示是 *JK* 触发器的时序图，*CP*、*J*、*K* 的波形图是给定的，触发器的起始状态为 **0**，*CP* 下降沿触发。

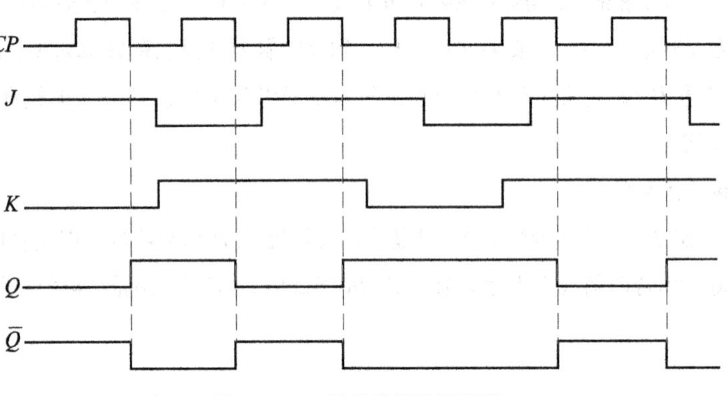

图 5.3.16　*JK* 触发器的时序图

如果观察仔细的话，不难发现，Q、$\overline{Q}$ 的波形不到 *CP* 触发沿是不会改变的，所以，只要注意 *CP* 触发沿时刻前一瞬间输入信号的值和触发器的状态，即可判断 Q、$\overline{Q}$ 的值，进而便能画出它们的波形图。

三、边沿触发器逻辑功能表示方法间的转换

触发器常用的几种表示其逻辑功能的方法，虽然形式不同且各有特点，但是从本质上看它们是相通的，可以互相转换。

1. 由特性表到卡诺图、特性方程、状态图和时序图的转换

(1) 特性表到卡诺图、状态图的转换

特性表、卡诺图、状态图，对一个具体的触发器来说，它们都是唯一的，有明确的一一对应的关系，仅仅是形式不同而已。

作为例子，图 5.3.17 中给出了 *JK* 触发器的特性表、卡诺图和状态图，图(c)箭头线旁边斜线左上

方标注的是 JK 的取值。显然它们之间是一一对应的，只要有了特性表，就可以根据特性表直接画出卡诺图和状态图。

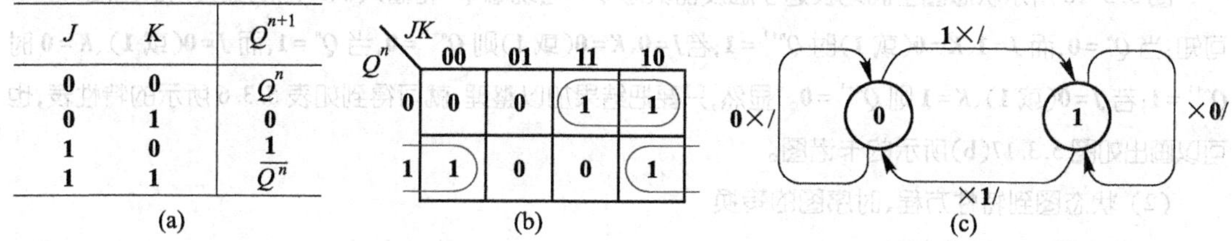

J	K	Q^{n+1}
0	0	Q^n
0	1	0
1	0	1
1	1	$\overline{Q^n}$

图 5.3.17 JK 触发器的特性表、卡诺图、状态图

（a）特性表 （b）卡诺图 （c）状态图

（2）特性表到特性方程、时序图的转换

- 特性表⟶特性方程

根据特性表可以直接写出特性方程，不过得到的是其标准**与或**表达式，若借助于卡诺图则可以很容易地获得其最简**与或**表达式。例如，根据图 5.3.17(a)所示特性表可得

$$Q^{n+1}=\overline{J}\,\overline{K}Q^n+J\,\overline{K}\,\overline{Q^n}+J\,\overline{K}Q^n+JK\,\overline{Q^n}$$

用公式化简可得

$$Q^{n+1}=J\,\overline{Q^n}+\overline{K}Q^n$$

由图 5.3.17(b)所示卡诺图可直接写出

$$Q^{n+1}=J\,\overline{Q^n}+\overline{K}Q^n$$

特性方程不是唯一的，因为可以利用逻辑代数的公式和定理进行各种变换，从而会有繁简不同、形式各异的逻辑表达式。

- 特性表⟶时序图

根据给定的 CP 和输入信号的波形及起始状态，在特性表中查出 CP 触发沿时刻 Q^{n+1} 的值，便可一步一步地画出 Q、$\overline{Q}$ 的波形图——时序图。应该说，只要耐心、细心，熟悉了 Q^n、Q^{n+1} 的概念，由特性表画时序图是不难的。

时序图也不是唯一的，随着 CP 个数的多少和输入信号取值情况乃至起始状态的不同，画出的时序图也会各异。

2. 由状态图到特性表、卡诺图、特性方程和时序图的转换

（1）状态图到特性表、卡诺图的转换

在图 5.3.17 中，无论是特性表还是状态图，都采用了简化形式，如果把 Q^n 归入变量中，则可得如表 5.3.6 所示的特性表。倘若把 JK 的取值逐一写出，那么所得到的将是如图 5.3.18 所示的状态图。

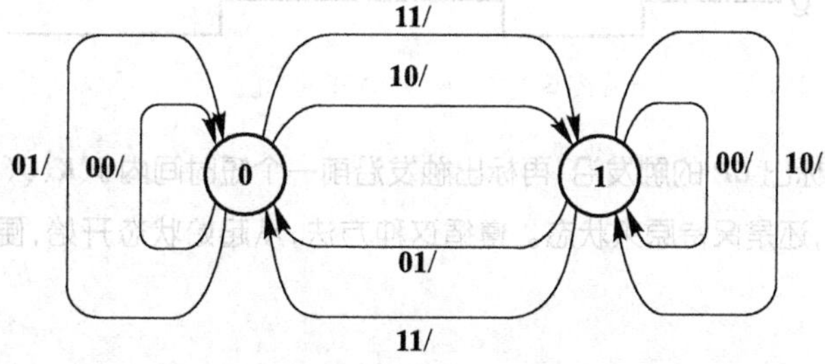

图 5.3.18 JK 触发器的状态图

其实,如果能够正确理解所标注的转换条件中的“×”号,则会发现图 5.3.18 与图 5.3.17(c)是相同的,而图 5.3.18 只不过繁琐一些罢了。

图 5.3.18 所示状态图全面地表达了触发器次态 Q^{n+1} 与现态 Q^n 和输入 J、K 的函数关系。由图 5.3.18 可知:当 $Q^n=\mathbf{0}$,而 $J=\mathbf{1}$、$K=\mathbf{0}$(或 $\mathbf{1}$)时 $Q^{n+1}=\mathbf{1}$;若 $J=\mathbf{0}$、$K=\mathbf{0}$(或 $\mathbf{1}$)则 $Q^{n+1}=\mathbf{0}$,当 $Q^n=\mathbf{1}$,而 $J=\mathbf{0}$(或 $\mathbf{1}$)、$K=\mathbf{0}$ 时 $Q^{n+1}=\mathbf{1}$;若 $J=\mathbf{0}$(或 $\mathbf{1}$)、$K=\mathbf{1}$ 则 $Q^{n+1}=\mathbf{0}$。显然,只要把结果加以整理,就可得到如表 5.3.6 所示的特性表,也可以画出如图 5.3.17(b)所示的卡诺图。

(2) 状态图到特性方程、时序图的转换

- 状态图——→特性方程

次态 Q^{n+1} 是现态 Q^n 和输入 J、K 的函数,既然状态图把 Q^n、J、K 的各种取值及相应的 Q^{n+1} 的值全都表示出来了,那么,把使 Q^{n+1} 为 $\mathbf{1}$ 的 Q^n、J、K 的取值挑选出来,每一种取值就可以写出一个最小项,把这些最小项加起来,就是 Q^{n+1} 的标准**与或**表达式。因此,由图 5.3.18 所示状态图可得

$$\begin{aligned}Q^{n+1}&=\overline{Q}^nJK+\overline{Q}^nJ\overline{K}+Q^n\overline{J}\,\overline{K}+Q^nJ\overline{K}\\&=J\overline{Q}^n+\overline{K}Q^n\end{aligned}$$

从图 5.3.17(c)所示状态图可直接写出

$$Q^{n+1}=J\overline{Q}^n+\overline{K}Q^n$$

“×”表示变量取值为 $\mathbf{0}$、为 $\mathbf{1}$ 均可,对函数值无影响,在图 5.3.17(c)中,对转换无影响,即无论其取值为 $\mathbf{0}$ 还是 $\mathbf{1}$,触发器都按照箭头指引的方向转换状态。

- 状态图——→时序图

有了状态图,根据触发器状态转换的时钟条件,就可以直接画出时序图,当然,CP 及输入信号的波形图应给定,至于起始状态,若未给定则可假设。

[例 5.3.1] CP、J、K 的时序图如图 5.3.19 所示,试对应画出 Q、$\overline{Q}$ 的波形。CP 下降沿触发的 JK 触发器的起始状态为 $\mathbf{0}$。

[解]

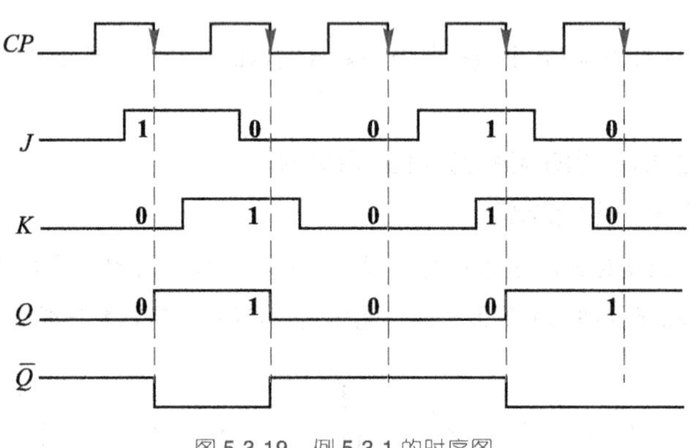

图 5.3.19 例 5.3.1 的时序图

在不熟悉时,可先标出 CP 的触发沿,再标出触发沿前一个短时间内 J、K、Q(即 Q^n)的值,然后看状态图,查触发器是翻转,还是保持原来状态。遵循这种方法,从起始状态开始,便可以一步一步地画出时序图。

5.4 触发器的电气特性

触发器作为一种具体的电路器件，其电气特性是逻辑功能的载体，不言而喻，电气特性也是触发器性能的重要方面，是应该学习理解的重要内容。

5.4.1 静态特性

一、CMOS 触发器

在 CMOS 触发器中，由于输入、输出都设置了 CMOS 反相器作为缓冲级，所以它们的输入特性和输出特性是一样的。显然，对于 CMOS 反相器静态特性的分析，讲解的基本概念，也适用于 CMOS 触发器。

二、TTL 触发器

TTL 触发器的输入级、输出级电路和 TTL 反相器没有本质区别，因此，在 TTL 反相器中介绍的输入特性、输出特性及有关概念，对于 TTL 触发器也是适用的。

不难理解，静态特性对触发器虽然重要，但就基本特性和概念而言，在第 2 章中已经讲解过了，在此无需赘述，至于具体参数则可查阅有关手册。

5.4.2 动态特性

从概念上讲，虽然门电路中动态特性分析对触发器也适用，但是触发器有着和门电路截然不同的一些特点，因此，对触发器的一些独具特色的动态参数，还是需要介绍的。

一、输入信号的建立时间和保持时间

1. 建立时间 t_{set}

在有些时钟触发器中，输入信号必须先于 CP 信号建立起来，电路才能可靠地翻转，而输入信号必须提前建立的这段时间就称为建立时间，用 t_{set} 表示，如图 5.4.1 所示。

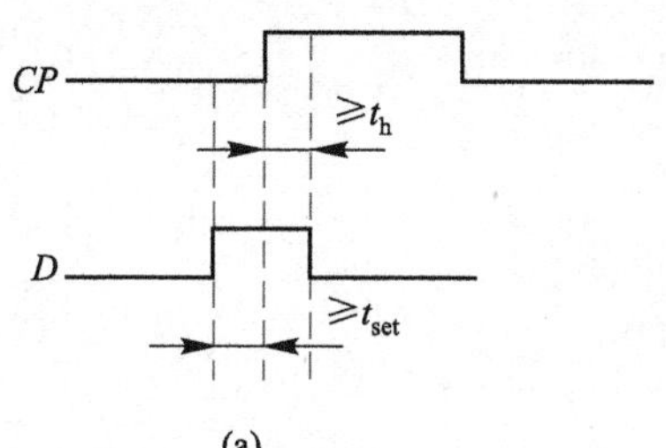

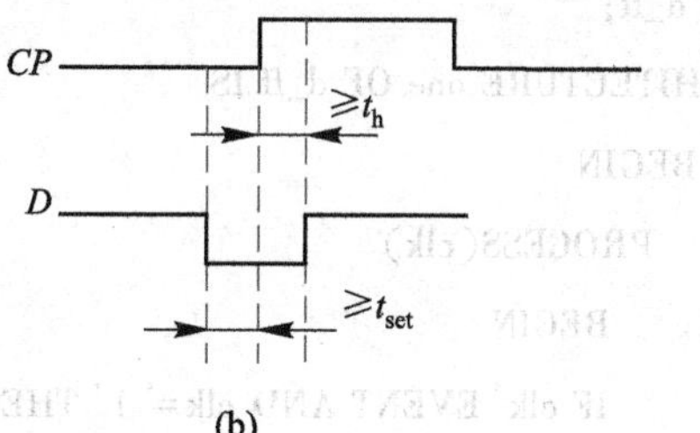

图 5.4.1 边沿 D 触发器的建立时间和保持时间

（a）输入信号 $D=\mathbf{1}$ （b）输入信号 $D=\mathbf{0}$

2. 保持时间 t_h

为了保证触发器可靠翻转，输入信号的状态在 CP 信号到来后还必须保持足够长的时间不变，这一段时间叫做保持时间，用 t_h 表示，如图 5.4.1 所示。

图 5.4.1(a)所示是接收 **1** 时的情况，D 信号先于 CP 上升沿建立起来（由 **0** 跳变到 **1**）的时间不得小于建立时间 t_{set}，而在 CP 上升沿到来后 D 仍保持 **1** 的时间不得小于保持时间 t_h。图 5.4.1(b)所示是接收 **0** 时的情况。只有这样，边沿 D 触发器才能可靠地翻转。实际的边沿 D 触发器，其 t_{set}、t_h 均

在 10 ns 左右，极短。

二、时钟触发器的传输延迟时间

从 CP 触发沿到达开始，到输出端 Q、$\overline{Q}$ 完成状态改变为止，其间经历的时间叫做传输延迟时间。

(1) t_{PHL}

输出端由高电平变为低电平的传输延迟时间。TTL 边沿 D 触发器 7474，其 $t_{PHL} \leqslant 40ns$。

(2) t_{PLH}

输出端由低电平变为高电平的传输延迟时间。7474 的 $t_{PLH} \leqslant 25$ ns。

三、时钟触发器的最高时钟频率

由于时钟触发器中每一级门电路都有传输延迟，因此电路状态改变总是需要一定时间才能完成。当时钟信号频率升高到一定程度之后，触发器就来不及翻转了。显然，在保证触发器正常翻转条件下，时钟信号的频率有一个上限值，该上限值就是触发器的最高时钟频率，用 f_{max} 表示。7474 的 $f_{max} \geqslant 15$ MHz。

5.5　触发器的 HDL 描述

5.5.1　触发器的 VHDL 描述

下面给出的是描述同步 D 触发器和边沿 JK 触发器的 VHDL 程序。

[例 5.5.1]　同步 D 触发器的 VHDL 描述。

```
LIBRARY IEEE;
USE IEEE.STD_LOGIC_1164.ALL;
ENTITY d_ff  is
PORT(d,clk,reset:IN STD_LOGIC;
      q     :OUT STD_LOGIC);
END d_ff;
ARCHITECTURE one OF d_ff IS
    BEGIN
      PROCESS(clk)
        BEGIN
        IF clk'EVENT AND clk='1' THEN
           IF reset='1' THEN
        Q<='0';
        ELSE q<=d;
      END IF;
      END IF;
  END PROCESS;
END one;
```

[例 5.5.2]　边沿 JK 触发器的 VHDL 描述。

```
LIBRARY IEEE;
```

```
USE IEEE.STD_LOGIC_1164.ALL;
ENTITY jk_ff is
PORT(j,k,clk:IN STD_LOGIC;
        q,qn   :OUT STD_LOGIC);
END jk_ff;
ARCHITECTURE one OF jk_ff IS
  SIGNAL q_s:STD_LOGIC;
  BEGIN
    PROCESS(j,k,clk)
      BEGIN
      IF clk'EVENT AND clk='1'THEN
      IF J='0'AND k='0'THEN
      q_s<=q_s;
      ELSIF J='0'AND k='1'THEN
      q_s<='0';
      ELSIF J='1'AND k='0'THEN
      q_s<='1';
      ELSIF J='1'AND k='1'THEN
      q_s<=NOT q_s;
      END IF;
      END IF;
  END PROCESS;
  q<=q_s;
  qn<=not q_s;
END one;
```

图 5.5.1 和图 5.5.2 分别给出的是同步 *D* 触发器和边沿 *JK* 触发器在某 EDA 平台上的仿真波形。要求读者根据仿真结果的分析更好地理解同步和边沿触发器的动作特点。

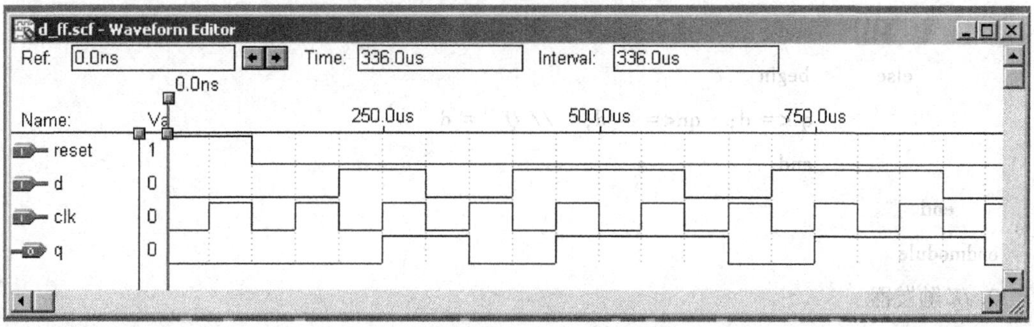

图 5.5.1 同步 *D* 触发器的仿真波形

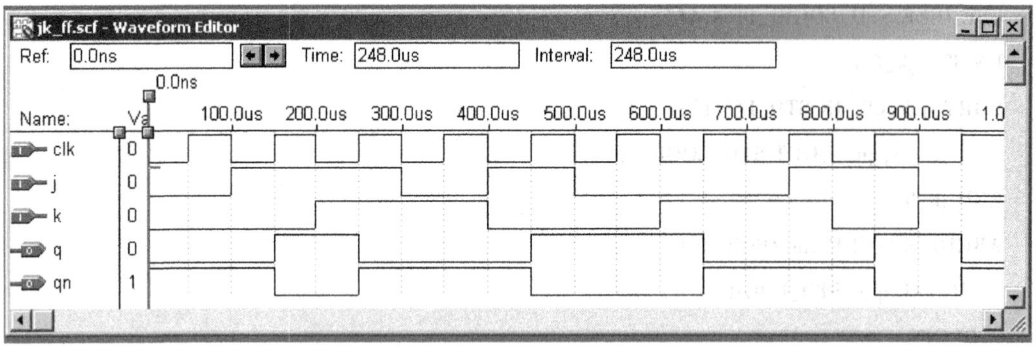

图 5.5.2 边沿 *JK* 触发器的仿真波形

5.5.2 触发器的 Verilog HDL 描述及应用

触发器的基本功能是存储二值数据，利用 Verilog 语言也可以很方便地设计各种实用触发器和数据存储器。

1. *D* 触发器

下面给出用 Verilog HDL 描述的具有同步清 **0**、同步置 **1**（高电平有效）功能的*D* 触发器的例程。

[例 5.5.3] 具有同步清 **0**、同步置 **1** 功能的 *D* 触发器。

```
module d_ff( q, qn, d, clk, set, reset );
input d, clk, set, reset;
output q, qn;
reg q, qn;                          // 进程内被赋值的变量必须申明为 reg 型
always @( posedge clk )             // 由时钟信号 CLK 的上升沿触发进程执行
    begin
        if (reset) begin
                q <= 0;   qn <= 1;   // 同步清 0,高电平有效
                end
        else if (set)
                begin
                q <= 1;   qn<= 0;    // 同步置 1,高电平有效
                end
        else    begin
                q <= d;   qn<= ~ d;  // Q^(n+1) = d
                end
    end
endmodule
```

2. *JK* 触发器

例 5.5.4 所示 Verilog 程序模块描述了一个具有异步清 **0**、异步置 **1**（低电平有效）功能的 *JK* 触发器。

[例 5.5.4] 具有异步清 **0**、异步置 **1** 功能的 *JK* 触发器。

```
module jk_ff( q, j, k, clk, set, reset );
```

```
input j, k, clk, set, reset;
output q;
reg q;                              // 进程内被赋值的变量必须申明为 reg 型
always @( posedge clk or negedge reset or negedge set )
                                    // 由 clk 的上升沿或 reset 的下降沿或 set 的
                                    //下降沿触发进程执行
  begin
    if (! reset)begin
          q <= 1'b0;                // 异步清 0,低电平有效
          end
    else if (! set)
          begin
          q <= 1'b1;                // 异步置 1,低电平有效
          end
    else  case ( {j, k} )
          2'b00 : q <= q;           // JK 触发器的保持功能
          2'b01 : q <= 1'b0;        // JK 触发器的置 0 功能
          2'b10 : q <= 1'b1;        // JK 触发器的置 1 功能
          2'b11 : q <= ~q;          // JK 触发器的翻转功能
          default : q <= 1'bx;
          endcase
  end
endmodule
```

3. 数据锁存器

下面的例程用 always 进程语句描述了电平敏感型数据锁存器,该锁存器一次锁存 8 位数据。

[例 5.5.5] 时钟电平触发的 8 位数据锁存器。

```
module latch_8( qout, data, clk );
input clk;
input [7:0] data;
output [7:0] qout;
reg [7:0] qout;
always @( clk or data )             // 由 clk 或 data 触发进程执行
  begin
    if (clk)  qout <= data;         // 在 clk 的高电平期间并行接收 8 位输入数据
  end
endmodule
```

4. 数据寄存器

例 5.5.6 所示 Verilog 程序模块采用行为描述方式实现了 8 位数据寄存器的逻辑功能,该寄存器每

次对 8 位并行输入的数据信号（in_data）进行同步寄存操作，还具有异步清零端（clr），只要 clr 端输入高电平，寄存器输出端立刻被置 0。

［例 5.5.6］　时钟上升沿触发的 8 位数据寄存器。

```
module reg_8( out_data, in_data, clk, clr );
input clk, clr;
input [7:0] in_data;
output [7:0] out_data;
reg [7:0] out_data;
always @( posedge clk or posedge clr )        // 由 clk 或 clr 的上升沿触发进程执行
    begin
        if (clr)   out_data <= 0;             // 同步清 0
        else   out_data <= in_data;           // 在 clk 的上升沿并行接收 8 位输入数据
    end
endmodule
```

将例 5.5.6 所示例程稍加修改，可将寄存器变为 10 位、16 位或 32 位宽度，也可以将异步复位改为同步复位功能。图 5.5.3 是 8 位数据寄存器的 RTL 综合结果。

思考提升 5-3
从上述两例分析一下数据锁存器和寄存器有何异同？

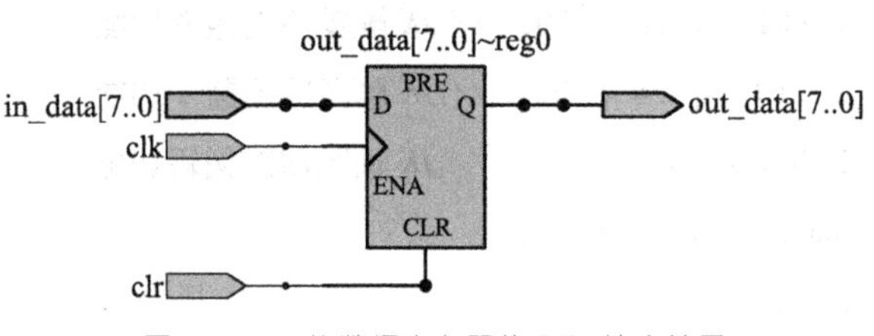

图 5.5.3　8 位数据寄存器的 RTL 综合结果

本章小结

触发器是数字电路中极其重要的基本单元。本章首先按照基本触发器、同步触发器、边沿触发器的顺序，就电路组成、工作原理、主要特点做了介绍，中心问题是次态 Q^{n+1} 与现态 Q^n 及输入信号之间的逻辑关系——逻辑功能，随后针对时钟触发器的逻辑功能分类、逻辑功能表示方法及转换进行了说明，最后简单地介绍了触发器的电气特性及 HDL 描述。

1. 基本触发器：把两个**与非**门或者**或非**门交叉连接起来，便构成了基本触发器，它的最显著特点是输入信号电平直接控制。特性方程为

$$\begin{cases} Q^{n+1} = S + \overline{R}Q^n \\ RS = \mathbf{0} \quad （约束条件） \end{cases}$$

2. 同步触发器：在基本触发器基础上，增加两个控制门和一个控制信号，便可构成同步触发器。它的最显著特点是时钟电平直接控制，其特性方程为

$$\begin{cases} Q^{n+1} = S + \overline{R}Q^n \\ RS = \mathbf{0} \end{cases} \qquad CP = \mathbf{1}（或 \mathbf{0}）时有效 \qquad 同步 RS 触发器$$

$$Q^{n+1} = D \qquad CP = \mathbf{1}（或 \mathbf{0}）时有效 \qquad 同步 D 触发器$$

3. 边沿触发器：把两个同步 D 触发器级联起来，便可构成边沿 D 触发器，再加以改进就可得到边

沿 *JK* 触发器。它们最显著的特点是边沿控制——*CP* 上升沿（或下降沿）触发，触发器接收的是 *CP* 上升沿（或下降沿）时刻（约 20 ns 左右）输入信号的值，其他时间输入信号均不起作用。特性方程为

$Q^{n+1}=D$ *CP* 上升沿（或下降沿）时刻有效 边沿 *D* 触发器

$Q^{n+1}=J\overline{Q}^n+\overline{K}Q^n$ *CP* 上升沿（或下降沿）时刻有效 边沿 *JK* 触发器

4. 触发器逻辑功能分类：按照在时钟脉冲操作下逻辑功能的不同，可把触发器分为

RS 型：$\begin{cases}Q^{n+1}=S+\overline{R}Q^n\\RS=\mathbf{0}\text{（约束条件）}\end{cases}$

JK 型：$Q^{n+1}=J\overline{Q}^n+\overline{K}Q^n$

D 型：$Q^{n+1}=D$

T 型：$Q^{n+1}=T\oplus Q^n$（即 $J=K=T$）

T′型：$Q^{n+1}=\overline{Q}^n$（即 $J=K=T=\mathbf{1}$）

5. 触发器逻辑功能表示方法及转换：经常用来表示触发器逻辑功能的方法是特性表、卡诺图、特性方程、状态图和时序图。由于它们在本质上是相通的，所以可以互相转换。

6. 触发器的电气特性：主要特性和概念在第 2 章中已经介绍过了，这里着重说明的是 t_{set}、t_h、t_{PHL}、t_{PLH}、f_{max}。只要能正确理解它们的物理意义就可以了。

7. 触发器的 HDL 描述及其仿真：读懂 HDL 程序、理解仿真波形关系是必要的，这些是属于初步掌握的内容。

本章的重点是触发器的逻辑功能及其表示方法，这也是贯穿本章始终的基本内容，要分析和解决的主要问题。

习题

[题 5.1] 在图 5.1.1 所示基本 *RS* 触发器中，试分别画出下列三种情况下 Q、$\overline{Q}$ 端的波形。

（1）$\overline{R}$ 端接地，$\overline{S}$ 端接脉冲；

（2）$\overline{R}$ 端悬空，$\overline{S}$ 端接脉冲；

（3）$\overline{R}=\overline{S}$，$\overline{S}$ 端接脉冲。

[题 5.2] 同步 *RS* 触发器如图 P5.2(a)所示：

（1）和基本 *RS* 触发器比较起来有何特点？

（2）*CP*、*R*、*S* 的波形如图 P5.2(b)所示，对应画出 *Q* 的波形。

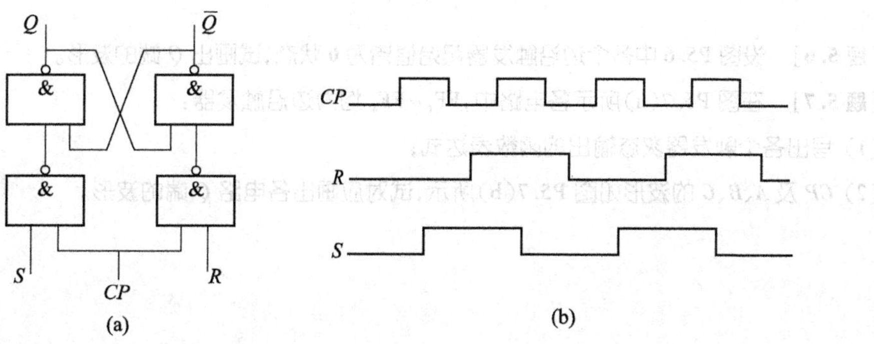

图 P5.2

[题 5.3] 电路及 A、B、C 的波形如图 P5.3 所示，试写出 Q_1、Q_2、Q_3 的函数表达式，画出它们的波形图。

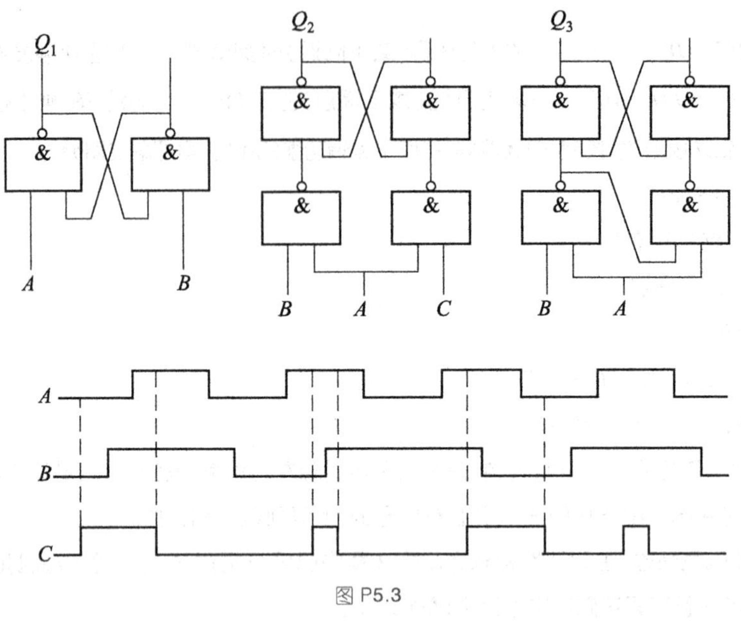

图 P5.3

[题 5.4] 在 CP 下降沿触发的边沿 JK 触发器中，CP、J、K 的波形如图 P5.4 所示。试对应画出 Q、$\overline{Q}$ 的波形。触发器起始状态为 **0**。

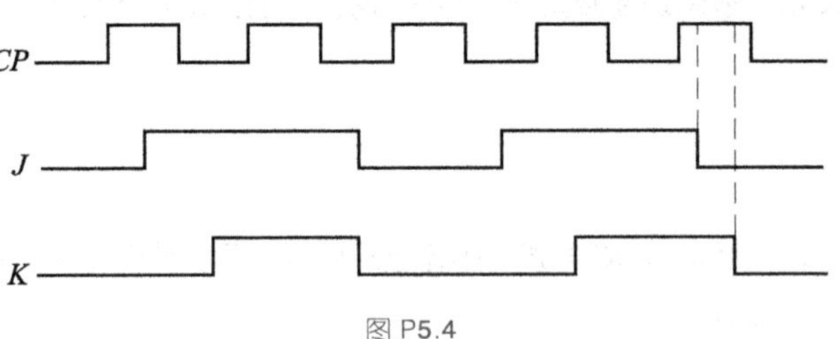

图 P5.4

[题 5.5] 在图 5.3.1 所示边沿 D 触发器中，CP、D 的波形如图 P5.5 所示，试画出 Q、$\overline{Q}$ 的波形。

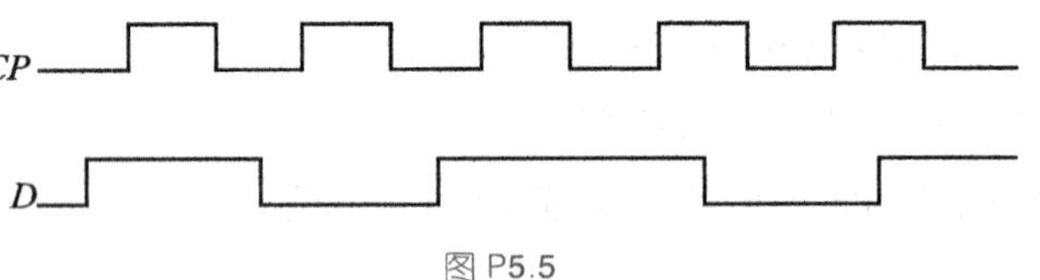

图 P5.5

[题 5.6] 设图 P5.6 中各个边沿触发器起始值皆为 **0** 状态，试画出 Q 端的波形。

[题 5.7] 在图 P5.7(a)所示各电路中，FF_1 ~ FF_4 均为边沿触发器：

(1) 写出各个触发器次态输出的函数表达式；

(2) CP 及 A、B、C 的波形如图 P5.7(b)所示，试对应画出各电路 Q 端的波形。

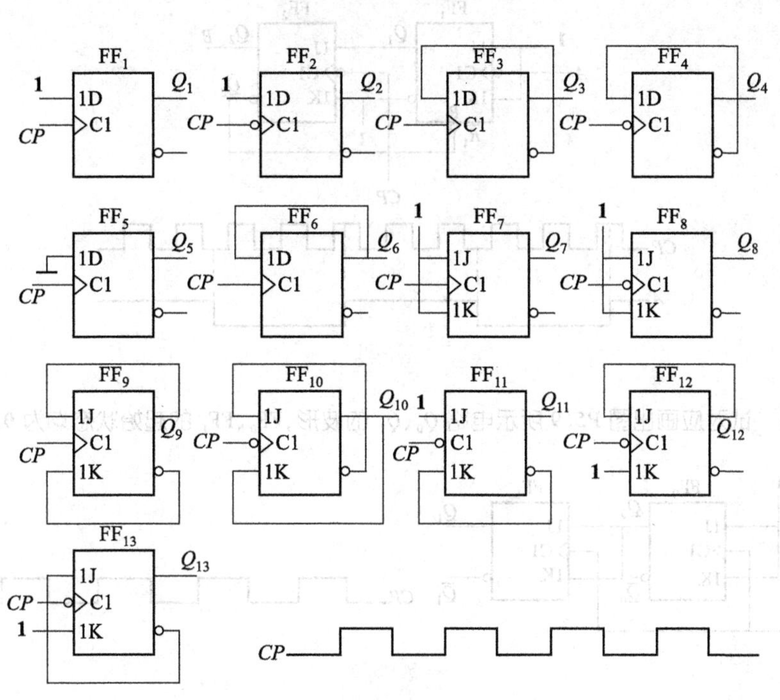

图 P5.6

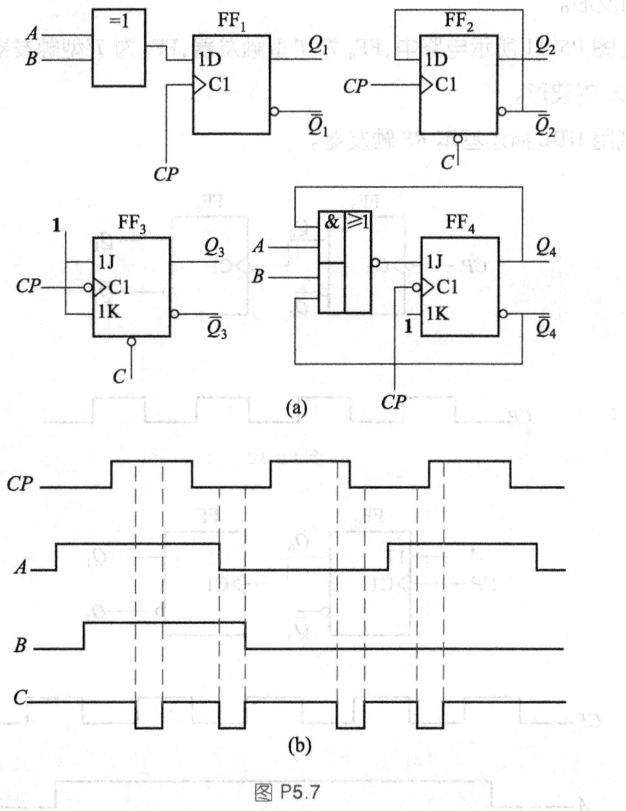

图 P5.7

[**题 5.8**]　试画出图 P5.8 所示电路中输出端 B 的波形（触发器起始状态为 **0**）。A 是输入端，比较 A 和 B 的波形，说明此电路的功能。

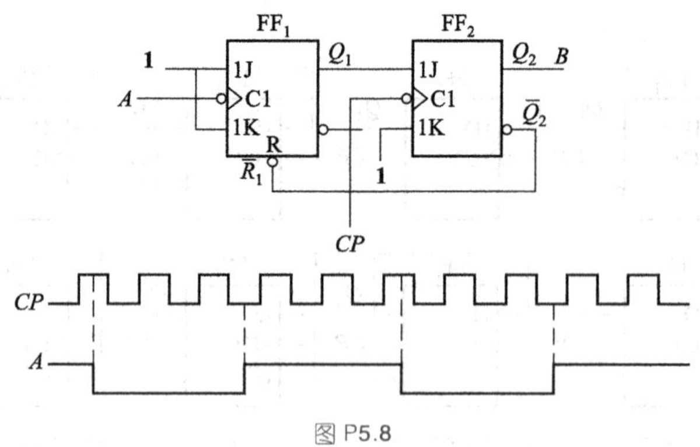

图 P5.8

［题 5.9］　试对应画出图 P5.9 所示电路 Q_0、Q_1 的波形，FF_0、FF_1 的起始状态均为 **0**。

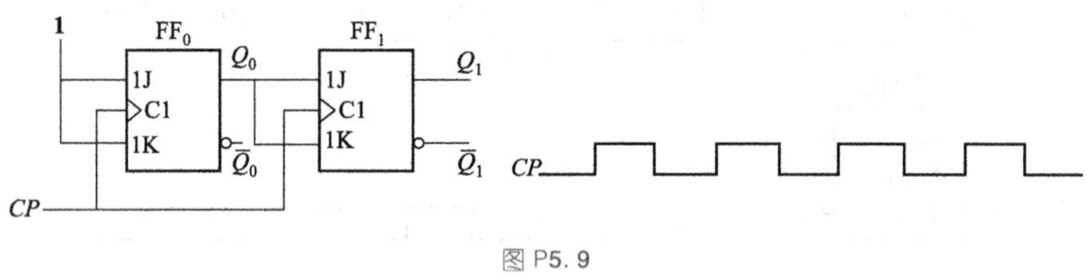

图 P5.9

［题 5.10］　在图 P5.10 所示电路中，FF_0、FF_1 都是 T' 型触发器，它们的起始状态均为 **0**，试对应画出 Q_0、$\overline{Q}_0$、Q_1、$\overline{Q}_1$ 的波形。

［题 5.11］　在图 P5.11 所示电路中，FF_0 为 T 型触发器，FF_1 为 T' 型触发器，它们的起始状态均为 **0**，试对应画出 Q_0、Q_1 的波形。

［题 5.12］　试用 HDL 描述基本 RS 触发器。

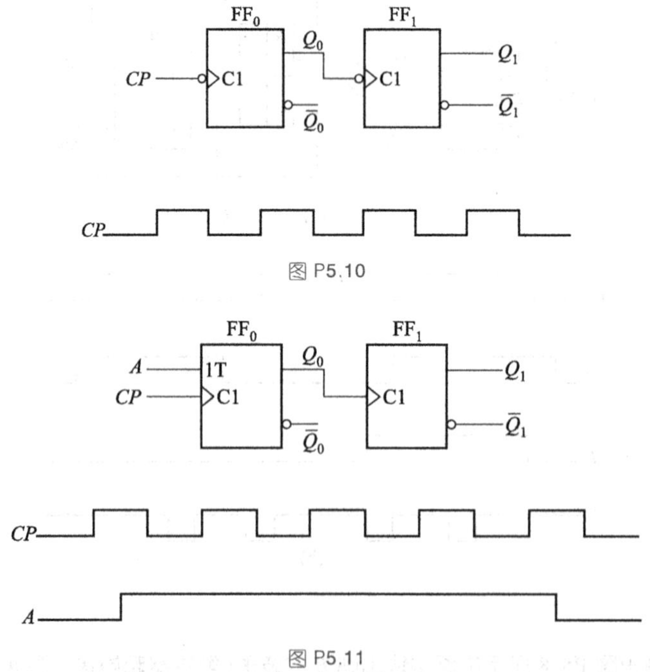

图 P5.10

图 P5.11

［题 5.13］　试用 HDL 描述边沿 T 触发器。

［题 5.14］　试将 RS 触发器转换成 T 触发器，允许附加必要的门电路。

第6章 时序逻辑电路

内容提要

本章首先简单介绍时序逻辑电路的特点、功能表示方法和分类，再说明时序逻辑电路的基本分析、设计方法，随后介绍计数器、寄存器、读/写存储器、顺序脉冲发生器、可编程时序逻辑器件和时序逻辑电路的 HDL 描述及其仿真。

概述

一、时序逻辑电路的特点

时序逻辑电路，简称时序电路，图 6.0.1 所示是它的结构示意框图。

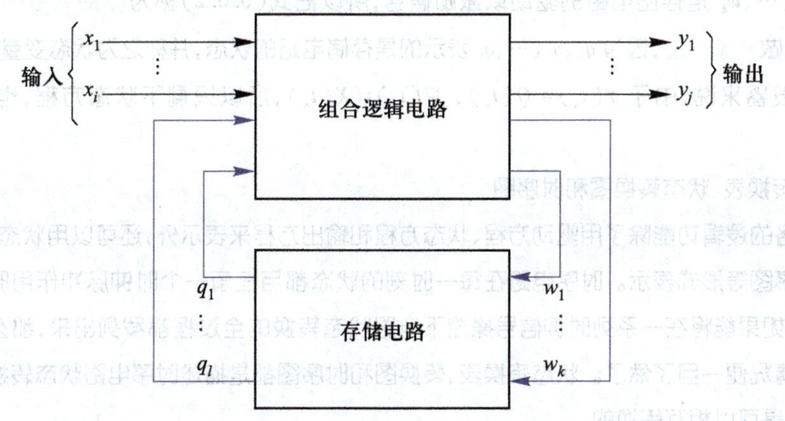

图 6.0.1 时序逻辑电路示意框图

时序电路由两部分组成，一部分是在第 4 章中已经介绍过的组合逻辑电路，一部分是由在第 5 章中讲解过的触发器构成的存储电路。

1. 逻辑功能特点

在数字电路中，凡是任何时刻电路的稳态输出，不仅和该时刻的输入信号有关，而且还取决于电路原来状态者，都叫做时序逻辑电路。这既可以看成是时序逻辑电路的定义，也是其逻辑功能的特点。

2. 电路组成特点

时序逻辑电路的状态是由存储电路来记忆和表示的，所以从电路组成看，时序电路一定包含有作为存储单元的触发器。实际上，时序电路的状态，就是依靠触发器记忆和表示的，时序电路中可以没有组合电路，但不能没有触发器。

二、时序电路逻辑功能表示方法

其实，触发器也是时序电路，只不过因其功能十分简单，一般情况下仅当做基本单元电路处理罢了。如果把图 6.0.1 所示框图做一点处理（见图 6.0.2），那么，即使从电路组成上看，触发器也是时序电路，如同门电路也是组合电路一样。

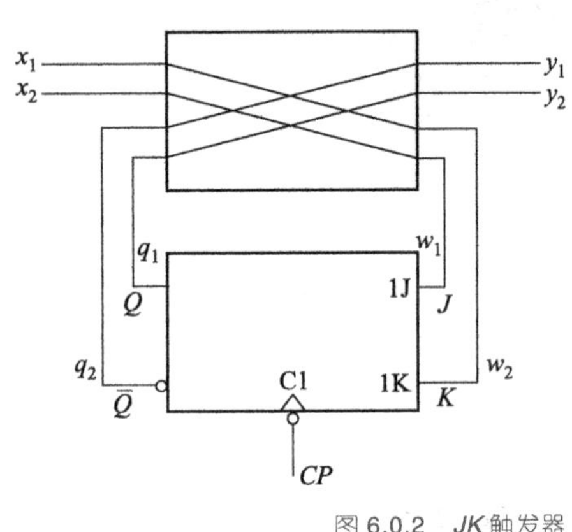

图 6.0.2　JK 触发器

比较图 6.0.1 和图 6.0.2，显然，两者结构框图没有大的差别，而且从图 6.0.2 所示电路可得

$$J=w_1=x_2 \qquad K=w_2=x_1$$

$$y_1=q_2=\overline{Q} \qquad y_2=q_1=Q$$

情况十分简单，不过，由此可以推论出表示触发器逻辑功能的几种方法，对于时序电路都是适用的。

1. 逻辑表达式

在图 6.0.1 中，如果用 $X(x_1,x_2,\cdots,x_i)$、$Y(y_1,y_2,\cdots,y_j)$、$W(w_1,w_2,\cdots,w_k)$ 和 $Q(q_1,q_2,\cdots,q_l)$，分别代表时序电路的现在输入信号、现在输出信号、存储电路的现在输入和输出信号，那么，这些信号之间的逻辑关系就可以用下面三个向量函数表示：

$$Y(t_n)=F[X(t_n),\ Q(t_n)] \tag{6.0.1}$$

$$W(t_n)=G[X(t_n),\ Q(t_n)] \tag{6.0.2}$$

$$Q(t_{n+1})=H[W(t_n),\ Q(t_n)] \tag{6.0.3}$$

式中 t_n、t_{n+1} 是相邻的两个离散时间。由于 y_1、y_2、…、y_j 是电路的输出信号，故把式(6.0.1)叫做输出方程；而 w_1、w_2、…、w_k 是存储电路的驱动或激励信号，所以把式(6.0.2)称为驱动或激励方程；至于式(6.0.3)则叫做状态方程，因为 q_1、q_2、…、q_l 表示的是存储电路的状态，并称之为状态变量。

对于触发器来说，由于 $Y(t_n)=Q(t_n)$，$W(t_n)=X(t_n)$，所以只剩下状态方程，也就是特性方程了。

2. 状态转换表、状态转换图和时序图

时序电路的逻辑功能除了用驱动方程、状态方程和输出方程来表示外，还可以用状态转换表、状态转换图和时序图等形式表示。时序电路在每一时刻的状态都与在前一个时钟脉冲作用时电路的原状态有关，因而如果能将在一系列时钟信号操控下电路状态转换的全过程都罗列出来，那么电路的逻辑功能和工作情况便一目了然了。状态转换表、转换图和时序图都是描述时序电路状态转换全过程的方法，它们之间是可以相互转换的。

(1) 状态转换表

在时钟触发沿或电平触发满足要求的条件下，将电路的输入变量和电路的初态（一般设触发器的初态为 **0** 态）的取值代入状态方程和输出方程，即可计算出电路的次态和现态下的输出值。以得到的次态作为电路新的初态，与当前时刻的输入变量取值一起再代入状态方程和输出方程进行计算，又得到一组新的次态和输出值。如此继续上述过程，直至电路输出状态出现循环为止。将全部计算结果列成真值表的形式，就得到电路的状态转换表。

(2) 状态转换图

为了能够更加形象、直观地显示时序逻辑电路的功能，可以将状态转换表的内容表示为状态转换图的形式。某时序逻辑电路的状态转换图如图 6.0.3 所示。在状态转换图中，每一个圆圈表示电路的状态，圆圈中填入以二进制或十进制编码形式来表示的存储单元的状态值；圆圈之间用箭头表示在时

钟信号的控制下状态转换的方向，在箭头的上方或下方标注实现状态转换所对应的输入变量取值和转换前的输出值。通常将输入变量取值写在斜线的左侧，将输出值写在斜线的右侧。如果电路没有输入变量或输出变量，其位置为空白。

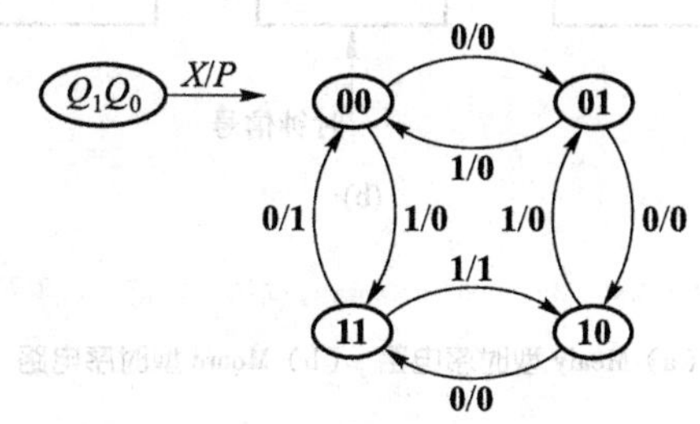

图 6.0.3　某时序逻辑电路的状态转换图

(3) 时序图

在时钟脉冲序列作用下的电路状态和输出随时间变化的波形图称为时序图。时序图主要适用于实验观察或基于 EDA 平台的仿真环境，以更为直观的方式检查或验证时序电路的逻辑功能。

视频：难点解析 6-1 时序电路的特点与分类

三、时序逻辑电路的分类

① 按逻辑功能划分有：计数器、寄存器、移位寄存器、读/写存储器、顺序脉冲发生器等。显然，在科研、生产、生活中，完成各种各样操作的时序电路是千变万化不胜枚举的，这里提到的只是几种比较典型的电路而已。

② 按电路中触发器状态变化是否同步可分为：同步时序电路和异步时序电路。

同步时序电路：电路状态改变时，电路中要更新状态的触发器是同步翻转的。因为在这种时序电路中，其状态的改变受同一个时钟脉冲控制，各个触发器的 *CP* 信号都是输入时钟脉冲。

异步时序电路：电路状态改变时，电路中要更新状态的触发器，有的先翻转，有的后翻转，是异步进行的。因为在这种时序电路中，有的触发器，其 *CP* 信号就是输入时钟脉冲，有的触发器则不是，而是其他触发器的输出。

③ 按电路输出信号的特性可分为 Mealy 型和 Moore 型。

Mealy 型时序电路：其输出不仅与现态有关，而且还决定于电路的输入，图 6.0.4(a) 所示是其电路的一般模型。其输出方程为：$Y(t_n)=F[X(t_n),\ Q(t_n)]$。

Moore 型时序电路：其输出仅决定于电路的现态，即 $Y(t_n)=F[Q(t_n)]$，电路模型如图 6.0.4(b) 所示。

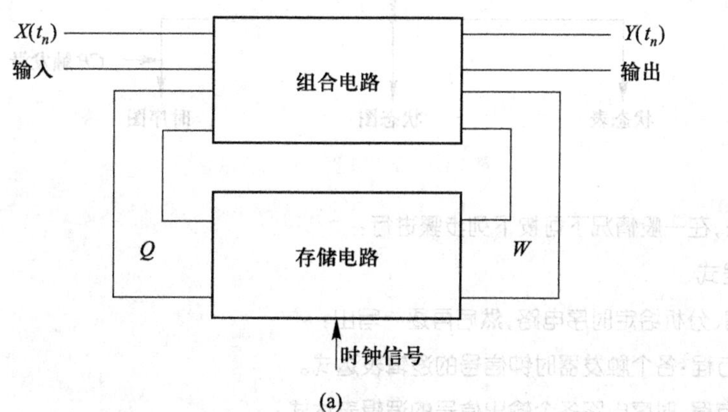

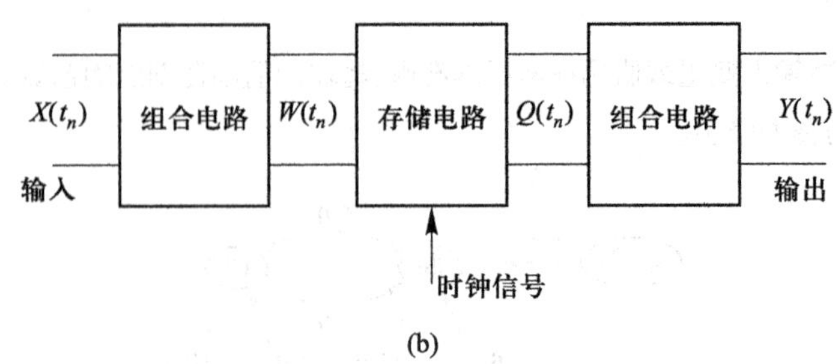

图 6.0.4　Mealy 型和 Moore 型时序电路的一般模型

(a) Mealy 型时序电路　(b) Moore 型时序电路

此外,按能否编程,有可编程和不能编程时序电路之分;按集成度不同,又有 SSI、MSI、LSI、VLSI 之别;按使用的开关元件类型,还有 TTL 和 CMOS 等时序电路之分。

6.1　时序逻辑电路的基本分析和设计方法

6.1.1　时序逻辑电路的基本分析方法

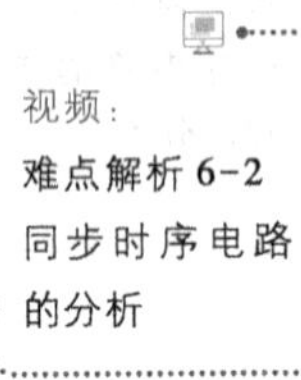

所谓分析,是指根据给定的时序逻辑电路图,通过状态转换表、状态图或时序图来分析电路的逻辑功能。

一、分析的一般步骤

图 6.1.1 中给出了分析时序电路的一般过程,可供参考。

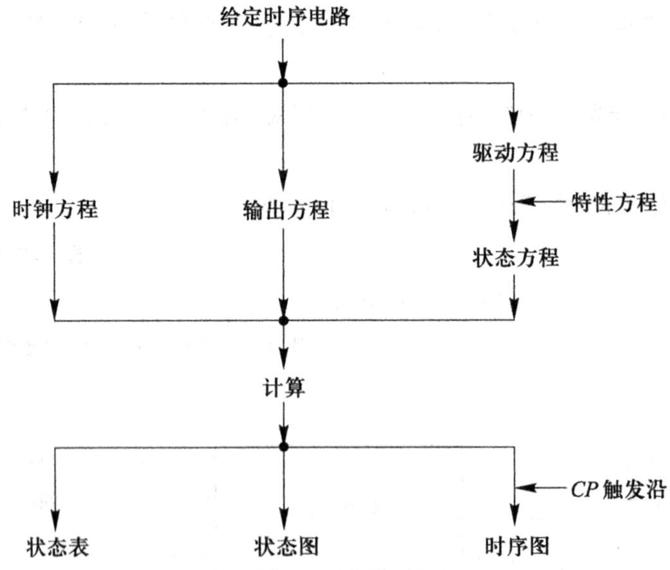

图 6.1.1　时序电路分析过程示意图

归纳起来,在一般情况下可按下列步骤进行:

1. 写方程式

仔细观察、分析给定时序电路,然后再逐一写出:

① 时钟方程:各个触发器时钟信号的逻辑表达式。

② 输出方程:时序电路各个输出信号的逻辑表达式。

③ 驱动方程：各个触发器同步输入端信号的逻辑表达式。

2. 求状态方程

把驱动方程代入相应触发器的特性方程，即可求出时序电路的状态方程，也就是各个触发器次态输出的逻辑表达式，因为任何时序电路的状态，都是由组成该时序电路的各个触发器来记忆和表示的。

3. 进行计算

把电路输入和现态的各种可能取值，代入状态方程和输出方程进行计算，求出相应的次态和输出。这里要注意：

① 状态方程有效的时钟条件，凡不具备时钟条件者，方程式无效，也就是说触发器将保持原来状态不变。

② 电路的现态，就是组成该电路各个触发器的现态的组合。

③ 不能漏掉任何可能出现的现态和输入的取值。

④ 现态的起始值如果给定了，则可以从给定值开始依次进行计算，倘若未给定，那么就可以从自己设定的起始值开始依次计算。

4. 画状态图或列状态表、画时序图

画状态图或列状态表、画时序图时应注意：

① 状态转换是由现态转换到次态，不是由现态转换到现态，更不是由次态转换到次态。

② 输出是现态和输入的函数，不是次态和输入的函数。

③ 画时序图时要明确，只有当 CP 触发沿到来时相应触发器才会更新状态，否则只会保持原状态不变。

5. 电路功能说明

一般情况下，用状态图或状态表就可以反映电路的工作特性。但是，在实际应用中，各个输入、输出信号都有确定的物理含义，因此，常常需要结合这些信号的物理含义，进一步说明电路的具体功能，或者结合时序图说明时钟脉冲与输入、输出及内部变量之间的时间关系。

视频：难点解析 6-3 异步时序电路的分析

思考提升 6-1 异步时序逻辑电路的分析与同步时序电路相比有何异同？

二、分析举例

［例 6.1.1］ 试画出图 6.1.2 所示时序电路的状态图和时序图。

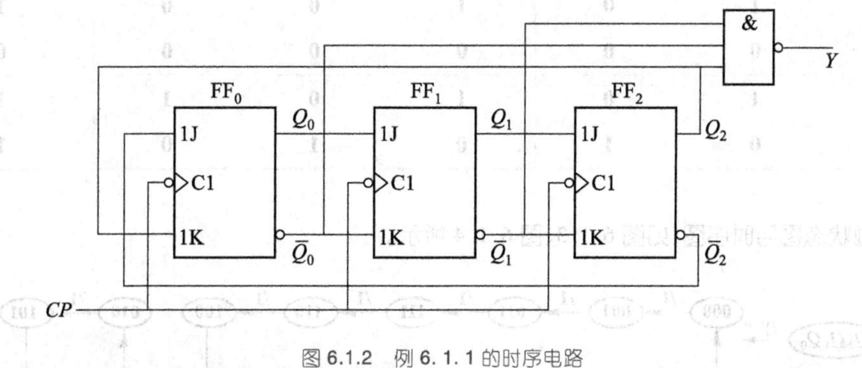

图 6.1.2 例 6.1.1 的时序电路

［解］ (1) 写方程式

① 时钟方程：$CP_0 = CP_1 = CP_2 = CP$ (6.1.1)

可见，图 6.1.2 所示是一个同步时序电路。对于同步时序电路，时钟方程一般都省去不写，因为各个触发器的时钟信号是相同的，都是输入 CP 脉冲。

② 输出方程：$Y=\overline{Q_2^n\,\overline{Q_1^n}\,\overline{Q_0^n}}$ (6.1.2)

显然，图6.1.2所示是一个比较简单的 Moore 型时序电路，其输出仅与电路现态有关。

③ 驱动方程

$$\begin{cases} J_0=\overline{Q_2^n} & K_0=Q_2^n \\ J_1=Q_0^n & K_1=\overline{Q_0^n} \\ J_2=Q_1^n & K_2=\overline{Q_1^n} \end{cases} \tag{6.1.3}$$

(2) 求状态方程

JK 触发器的特性方程

$$Q^{n+1}=J\,\overline{Q^n}+\overline{K}Q^n \tag{6.1.4}$$

把式(6.1.3)分别代入式(6.1.4)，即可得

$$\begin{cases} Q_0^{n+1}=J_0\,\overline{Q_0^n}+\overline{K_0}\,Q_0^n=\overline{Q_2^n}\,\overline{Q_0^n}+\overline{Q_2^n}\,Q_0^n=\overline{Q_2^n} \\ Q_1^{n+1}=J_1\,\overline{Q_1^n}+\overline{K_1}\,Q_1^n=Q_0^n\,\overline{Q_1^n}+\overline{\overline{Q_0^n}}\,Q_1^n=Q_0^n \\ Q_2^{n+1}=J_2\,\overline{Q_2^n}+\overline{K_2}\,Q_2^n=Q_1^n\,\overline{Q_2^n}+\overline{\overline{Q_1^n}}\,Q_2^n=Q_1^n \end{cases} \tag{6.1.5}$$

(3) 进行计算

依次假设电路的现在状态 $Q_2^nQ_1^nQ_0^n$，代入状态方程式(6.1.5)和输出方程式(6.1.2)，进行计算，求出相应的次态和输出，结果见表6.1.1所示状态表。

表6.1.1　例6.1.1的状态表

现态			次态			输出
Q_2^n	Q_1^n	Q_0^n	Q_2^{n+1}	Q_1^{n+1}	Q_0^{n+1}	Y
0	0	0	0	0	1	1
0	0	1	0	1	1	1
0	1	1	1	1	1	1
1	1	1	1	1	0	1
1	1	0	1	0	0	1
1	0	0	0	0	0	0
0	1	0	1	0	1	1
1	0	1	0	1	0	1

(4) 画状态图与时序图，如图6.1.3、图6.1.4所示。

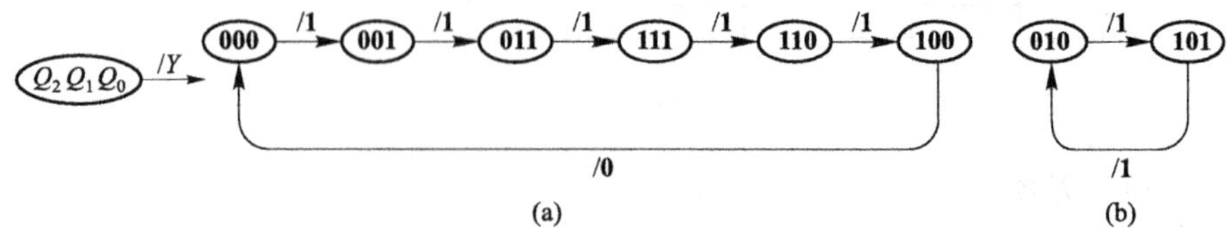

图6.1.3　例6.1.1的状态图

(a) 有效循环　(b) 无效循环

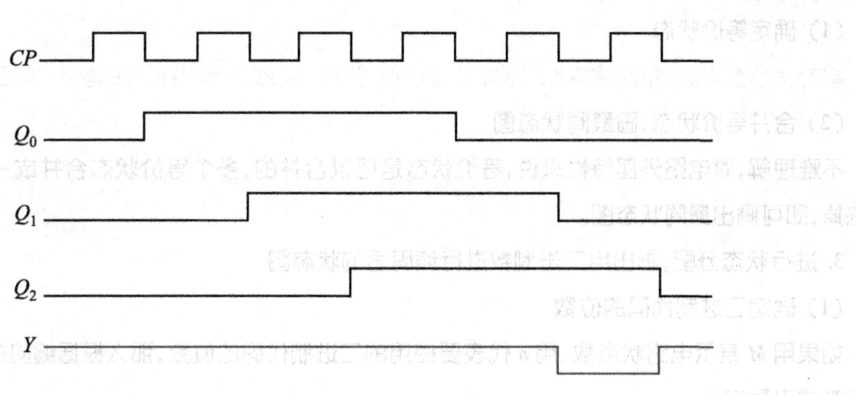

图 6.1.4　例 6.1.1 的时序图

（5）有效状态、有效循环、无效状态、无效循环、能自启动和不能自启动的概念

① 有效状态与有效循环

有效状态：在时序电路中，凡是被利用了的状态，都叫做有效状态。例如，在图 6.1.3 所示状态图中，(a)中的 6 个状态被利用了，故都是有效状态。

有效循环：在时序电路中，凡是有效状态形成的循环，都称为有效循环。例如，图 6.1.3(a)所示的循环，就是有效循环，因为(a)中的 6 个状态都是有效状态。

② 无效状态与无效循环

无效状态：在时序电路中，凡是没有被利用的状态，都叫做无效状态。例如，图 6.1.3(b)中的两个状态——**010**、**101**，就是无效状态。

无效循环：如果无效状态形成了循环，那么这种循环就称为无效循环。图 6.1.3(b)所示的循环就是无效循环，因 **010**、**101** 是无效状态。

③ 能自启动与不能自启动

能自启动：在时序电路中，虽然存在无效状态，但它们没有形成循环，这样的时序电路叫做能够自启动的时序电路。

不能自启动：在时序电路中，既有无效状态存在，它们之间又形成了循环，这样的时序电路称为不能自启动的时序电路。例如，图 6.1.3 所示状态图中，既存在无效状态 **010**、**101**，又形成了无效循环(b)，因此，图 6.1.2 所示时序电路是一个不能自启动的时序电路，在这种时序电路中，一旦因某种原因，例如干扰而落入无效循环，就再也回不到有效状态了，当然，再要正常工作也就不可能了。

6.1.2　时序逻辑电路的基本设计方法

给定的是设计要求，或者是一段文字描述，或者是状态图，待求的是满足要求的时序电路。

一、设计的一般步骤

1. 进行逻辑抽象，建立原始状态图

① 分析给定设计要求，确定输入变量、输出变量、电路内部状态间的关系及状态数。

② 定义输入变量、输出变量逻辑状态的含义，进行状态赋值，对电路的各个状态进行编号。

③ 按照题意建立原始状态图。

2. 进行状态化简，求最简状态图

(1) 确定等价状态

原始状态图中，凡是在输入相同时，输出相同、要转换到的次态也相同的状态，都是等价状态。

(2) 合并等价状态，画最简状态图

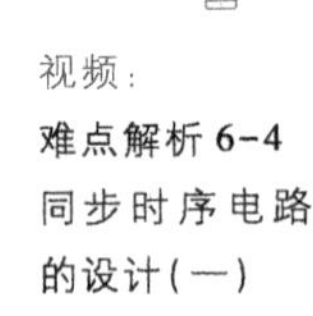

不难理解，对电路外部特性来说，等价状态是可以合并的，多个等价状态合并成一个状态，多余的都去掉，即可画出最简状态图。

3. 进行状态分配，画出用二进制数进行编码后的状态图

(1) 确定二进制代码的位数

如果用 M 表示电路状态数，用 n 代表要使用的二进制代码的位数，那么根据编码的概念，应根据下列不等式来确定 n：

$$2^{n-1} \leqslant M \leqslant 2^{n} \tag{6.1.6}$$

(2) 对电路状态进行编码

n 位二进制代码有 2^n 种不同取值，用来对 M 个状态进行编码，方案很多很多。如果选择恰当，则可得到比较简单的设计结果；反之，若方案选得不好，设计出来的电路就会复杂些。至于如何才能获得最佳方案，目前尚无普遍有效的方法，常常要经过仔细研究，反复比较才会得到较好的方案，这里既有技巧问题，也与经验有关。

(3) 画出编码后的状态图

状态编码方案确定之后，便可画出用二进制代码表示电路状态的状态图。在这种状态图中，电路次态、输出与现态及输入间的函数关系都准确无误地被规定了。

4. 选择触发器，求时钟方程、输出方程和状态方程

(1) 选择触发器

可供选择的是 JK 触发器和 D 触发器，前者功能齐全使用灵活，后者控制简单设计容易，在中、大规模集成电路中应用广泛。至于触发器的个数，显然应等于用于对电路状态进行编码的二进制代码的位数，即为 n。

(2) 求时钟方程

若采用同步方案，那么情况十分简单，各个触发器的时钟信号都选用输入 CP 脉冲就可以了。如果采用异步方案，则为了直观方便起见，需根据状态图先画出时序图，然后从翻转要求出发，才能比较容易地为各个触发器选择出合适的时钟信号。所谓翻转要求，就是在电路转换状态时，凡是要翻转的触发器都能够获得相应的时钟触发沿，而且在满足要求的前提下，在电路的一个状态循环周期中，对一个触发器来说，触发沿越少越好。

(3) 求输出方程

可以从状态图中规定的输出与现态和输入的逻辑关系写出输出信号的标准**与或**表达式，用公式法求其最简表达式，如果由状态图画出输出信号的卡诺图，再用图形法求最简表达式当然也行。注意，无效状态对应的最小项应该当成约束项处理，因为在电路正常工作时，这些状态是不会出现的。

(4) 求状态方程

① 采用同步方案时，既可以由状态图直接写出次态的标准**与或**表达式，再用公式法求最简**与或**式；也可以画出卡诺图，用图形法求次态的最简**与或**式。不管使用哪种方法，都要尽量利用约束项——无效状态所对应的最小项进行化简。

*② 采用异步方案时，若注意一些特殊约束项的确认和处理，则可以得到更加简单的状态方程。

• 约束项的确认

电路无效状态对应的最小项可当成约束项处理，这和同步方案中的情况没有区别，而且对于各个触发器的次态函数都适用。

对于在输入 CP 信号到来电路转换状态时，不具备时钟条件的触发器，例如 $\mathbf{FF}_i$ 的次态 Q_i^{n+1} 来说，该时刻电路的现在状态所对应的最小项也可以当成约束项。因为不具备时钟条件，$\mathbf{FF}_i$ 反正会保持原来状态不变，把这种最小项当成 **0** 还是 **1** 都无所谓。

• 约束项的应用

在求状态方程时，要充分地利用约束项进行化简，尤其是在求某些时刻不具备时钟条件的触发器的次态方程时。后者正是异步时序电路总是比同步时序电路简单的根本原因。

5. 求驱动方程

① 变换状态方程，使之具有和触发器特性方程相一致的表达式形式。

② 与特性方程进行比较，按照变量相同、系数相等、两个方程必等的原则，求出驱动方程，即各个触发器同步输入端信号的逻辑表达式。

6. 画逻辑电路图

① 先画触发器，并进行必要的编号，标出有关的输入端和输出端。

② 按照时钟方程、驱动方程和输出方程连线。有时还需要对驱动方程和输出方程做适当变换，以便利用规定或已有的门电路。

7. 检查设计的电路能否自启动

① 将电路无效状态依次代入状态方程进行计算，观察在输入 CP 信号操作下能否回到有效状态。如果无效状态形成了循环，则所设计的电路不能自启动，反之则能自启动。注意，进行计算时所使用的应该是与特性方程做比较的状态方程，该方程就自身来说不一定是最简的。

② 若电路不能自启动，则应采取措施予以解决。例如，或修改设计重新进行状态分配，或利用触发器的异步输入端强行预置到有效状态等。

二、设计举例

上面介绍的设计方法比较抽象，下面举几个例子做具体说明。

［例 6.1.2］ 设计一个时序电路，要求如图 6.1.5 所示的状态图。

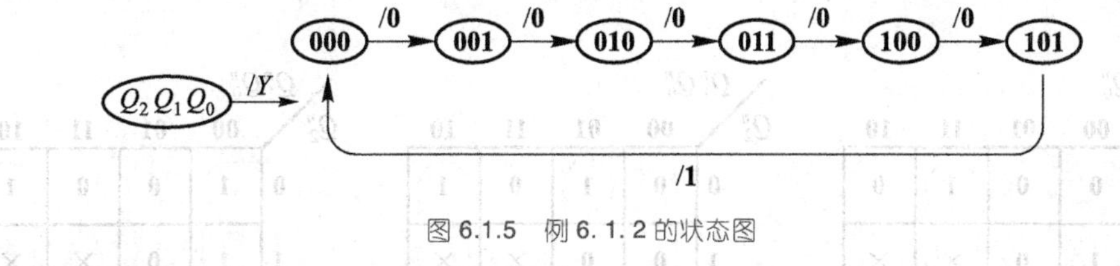

图 6.1.5 例 6.1.2 的状态图

［解］ 由于题中已经给出了二进制编码的状态图，故设计的（1）、（2）、（3）步可以省去，而直接从第（4）步开始。

（1）选择触发器，求时钟方程、输出方程和状态方程

① 选择触发器

由于 JK 触发器功能齐全、使用灵活，在这里选用 3 个 CP 下降沿触发的边沿 JK 触发器。

② 求时钟方程

采用同步方案，故取

$$CP_0 = CP_1 = CP_2 = CP \tag{6.1.7}$$

CP 是整个要设计的时序电路的输入时钟脉冲。

③ 求输出方程

确定约束项：

从图 6.1.5 给出的状态图可以看出，还有 **110**、**111** 两个代码状态没有出现，显然它们是没有使用的无效状态，其对应的最小项 $Q_2^n Q_1^n \overline{Q_0^n}$ 和 $Q_2^n Q_1^n Q_0^n$ 是约束项。

由图 6.1.5 所示状态图所规定的输出与现态之间的逻辑关系，可以直接画出输出信号 Y 的卡诺图，如图 6.1.6 所示。

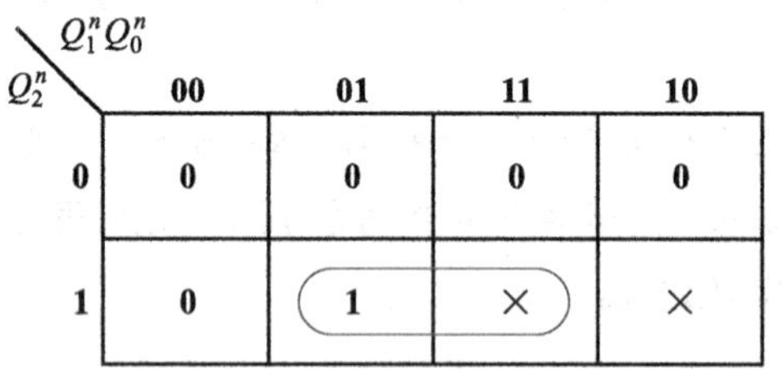

图 6.1.6　例 6.1.2 中 Y 的卡诺图

显然，由图 6.1.6 所示 Y 的卡诺图可得

$$Y = Q_2^n Q_0^n \tag{6.1.8}$$

④ 求状态方程

由图 6.1.5 所示状态图可直接画出如图 6.1.7 所示电路次态 $Q_2^{n+1}Q_1^{n+1}Q_0^{n+1}$ 的卡诺图。再分解开便可以得到如图 6.1.8 所示各触发器次态的卡诺图。

Q_2^n \ $Q_1^nQ_0^n$	00	01	11	10
0	0 0 1	0 1 0	1 0 0	0 1 1
1	1 0 1	0 0 0	×××	×××

图 6.1.7　例 6.1.2 次态 $Q_2^{n+1}Q_1^{n+1}Q_0^{n+1}$ 的卡诺图

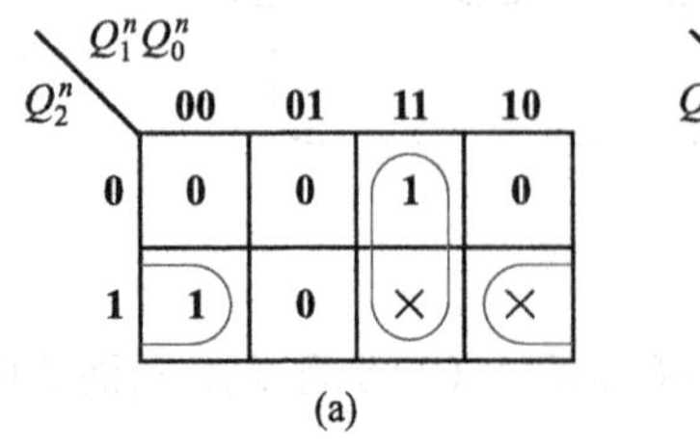

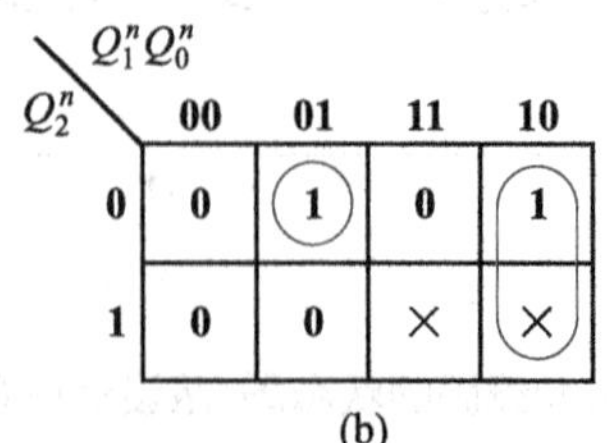

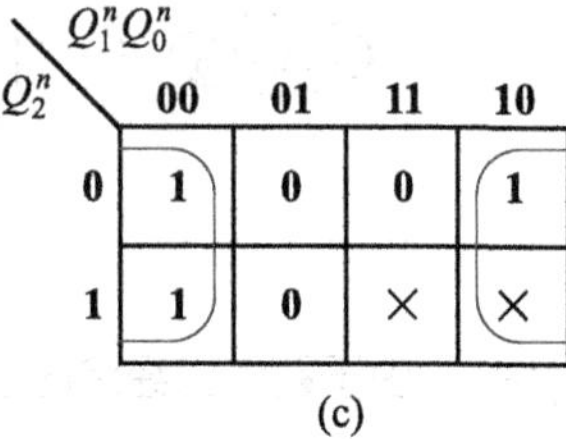

图 6.1.8　例 6.1.2 各触发器次态的卡诺图

(a) Q_2^{n+1} 的卡诺图　(b) Q_1^{n+1} 的卡诺图　(c) Q_0^{n+1} 的卡诺图

显然，由图 6.1.8 所示各卡诺图便可很容易地得到

$$\begin{cases} Q_0^{n+1}=\overline{Q}_0^n \\ Q_1^{n+1}=\overline{Q}_2^n\ \overline{Q}_1^n Q_0^n+Q_1^n\ \overline{Q}_0^n \\ Q_2^{n+1}=Q_1^n Q_0^n+Q_2^n\ \overline{Q}_0^n \end{cases} \tag{6.1.9}$$

一定要学会读状态图，这是本课程的基本要求，状态图形象准确地表达或描述或反映了时序电路的逻辑功能——次态、输出与现态、输入之间的逻辑关系。例如，本例给出的状态图图 6.1.5，就以状态图的形式规定了设计要求——输出与现态、次态与现态的函数关系。因此，只要把输出为 **1** 时所对应现态的最小项加起来，就可以得到输出信号的标准**与或**表达式；把每一个触发器次态为 **1** 时所对应现态的最小项加起来，获得的就是该次态的标准**与或**表达式；三个触发器次态的标准**与或**表达式组合起来，便构成了电路状态方程的标准**与或**表达式。

（2）求驱动方程

JK 触发器的特性方程为

$$Q^{n+1}=J\ \overline{Q}^n+\overline{K}Q^n \tag{6.1.10}$$

① 变换状态方程，使之与式（6.1.10）的形式一致

$$\begin{aligned} Q_0^{n+1}&=\overline{Q}_0^n=\mathbf{1}\ \overline{Q}_0^n+\overline{\mathbf{1}}Q_0^n \\ Q_1^{n+1}&=\overline{Q}_2^n\ \overline{Q}_1^n Q_0^n+Q_1^n\ \overline{Q}_0^n=\overline{Q}_2^n Q_0^n\ \overline{Q}_1^n+\overline{Q}_0^n Q_1^n \\ Q_2^{n+1}&=Q_1^n Q_0^n+Q_2^n\ \overline{Q}_0^n \\ &=Q_1^n Q_0^n(\overline{Q}_2^n+Q_2^n)+\overline{Q}_0^n Q_2^n \\ &=Q_1^n Q_0^n\ \overline{Q}_2^n+\overline{Q}_0^n Q_2^n+Q_2^n Q_1^n Q_0^n \\ &=Q_1^n Q_0^n\ \overline{Q}_2^n+\overline{Q}_0^n Q_2^n \end{aligned} \tag{6.1.11}$$

约束项应去掉

② 比较特性方程求驱动方程

$$\begin{aligned} &Q_0^{n+1}=J_0\cdot\overline{Q}_0^n+\overline{K}_0\cdot Q_0^n=\mathbf{1}\cdot\overline{Q}_0^n+\overline{\mathbf{1}}\cdot Q_0^n \\ &\Rightarrow J_0=K_0=\mathbf{1} \\ &Q_1^{n+1}=J_1\cdot\overline{Q}_1^n+\overline{K}_1\cdot Q_1^n=\overline{Q}_2^n Q_0^n\cdot\overline{Q}_1^n+\overline{Q}_0^n\cdot Q_1^n \\ &\Rightarrow J_1=\overline{Q}_2^n Q_0^n \qquad K_1=Q_0^n \\ &Q_2^{n+1}=J_2\cdot\overline{Q}_2^n+\overline{K}_2\cdot Q_2^n=Q_1^n Q_0^n\cdot\overline{Q}_2^n+\overline{Q}_0^n\cdot Q_2^n \\ &\Rightarrow J_2=Q_1^n Q_0^n \qquad K_2=Q_0^n \end{aligned} \tag{6.1.12}$$

（3）画逻辑电路图

根据所选用的触发器和时钟方程、输出方程、驱动方程，便可以画出如图 6.1.9 所示的逻辑电路图。

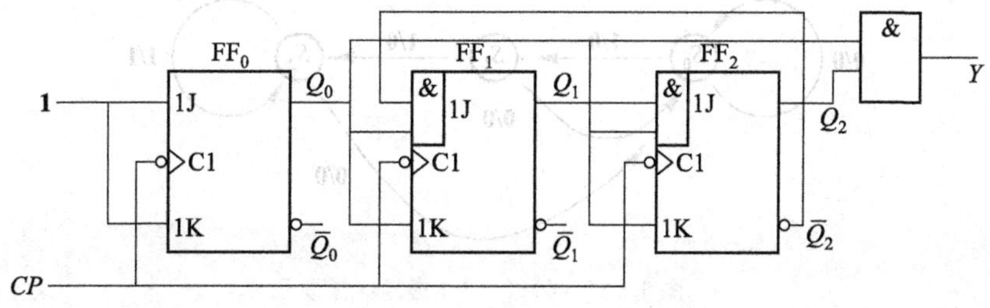

图 6.1.9 例 6.1.2 的逻辑电路图

（4）检查电路能否自启动

将无效状态 **110**、**111** 代入式（6.1.8）、（6.1.11）进行计算，结果如下：

$110 \xrightarrow{/0} 111 \xrightarrow{/1} 000$（有效状态）

可见，所设计的时序电路能够自启动。

图 6.1.9 所示是 Moore 型的时序电路，因为其输出 $Y=Q_2^nQ_0^n$，仅决定于电路的现态。下面介绍一个 Mealy 型时序电路设计的示例。

[例 **6.1.3**]　设计一个串行数据检测电路，对它的要求是：连续输入 3 个或者 3 个以上 **1** 时输出为 **1**，其他情况下输出为 **0**。

[解]　(1) 进行逻辑抽象，建立原始状态图

检测电路的输入信号是串行数据，输出信号是检测结果，从起始状态出发，要记录连续输入 3 个和 3 个以上 **1** 的情况，大体上应设置 4 个内部状态，即取 $M=4$。

现在用 X 和 Y 分别表示输入数据和输出信号，用 S_0 表示起始状态，用 S_1、S_2、S_3 表示连续输入 1 个 **1**、2 个 **1**、3 个 **1** 和 3 个以上 **1** 时电路的状态。

根据题意，可建立起如图 6.1.10 所示的原始状态图。起始状态为 S_0，输入第一个 **1** 输出为 **0**，状态转换到 S_1，连续再输入一个 **1** 输出为 **0**，状态转换到 S_2，连续输入第三个 **1** 输出为 **1**，状态转换到 S_3，此后只要连续不断地输入 **1**，输出应该总是 **1**，电路也应保持 S_3 状态不变。不难理解，电路无论处在什么状态，只要输入为 **0**，都应回到 S_0，以便重新进行检测。

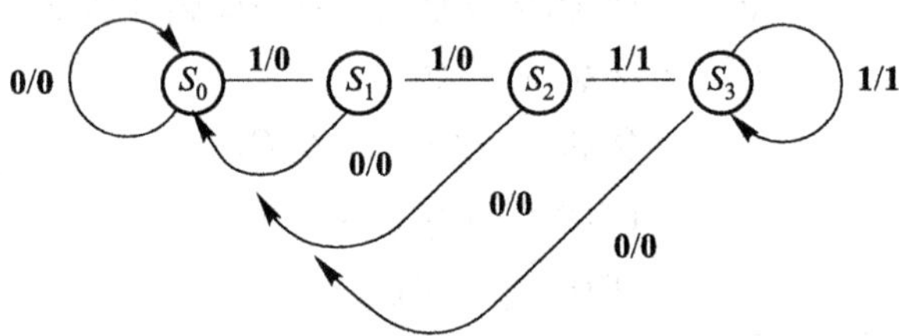

图 6.1.10　例 6.1.3 的原始状态图

(2) 进行状态化简，画最简状态图

① 确定等价状态

仔细观察可以发现，S_2 和 S_3 是等价的。因为无论是在状态 S_2 还是 S_3，当输入为 **1** 时输出均为 **1**，且都转换到次态 S_3；当输入为 **0** 时输出均为 **0**，且都转换到次态 S_0。

② 合并等价状态

把 S_2 和 S_3 合并起来，且用 S_2 表示。图 6.1.11 所示是经化简后得到的最简状态图。

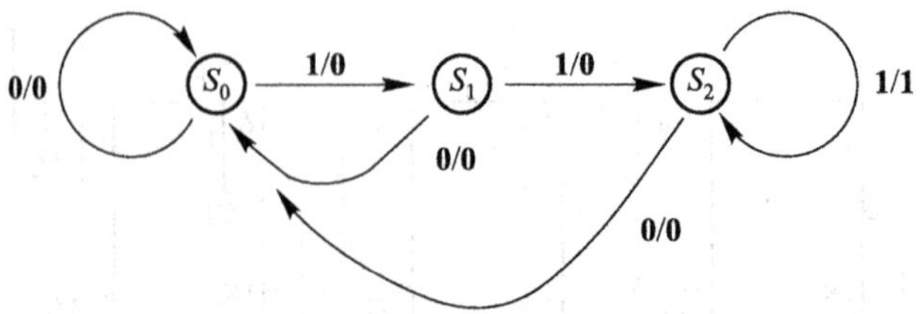

图 6.1.11　例 6.1.3 的最简状态图

(3) 进行状态分配，画出用二进制数编码后的状态图

① 因状态数 $M=3$，应取 $n=2$。

② 进行状态编码，取

$$S_0 = \mathbf{00},\quad S_1 = \mathbf{01},\quad S_2 = \mathbf{11}$$

③ 画编码后的状态图，如图 6.1.12 所示。

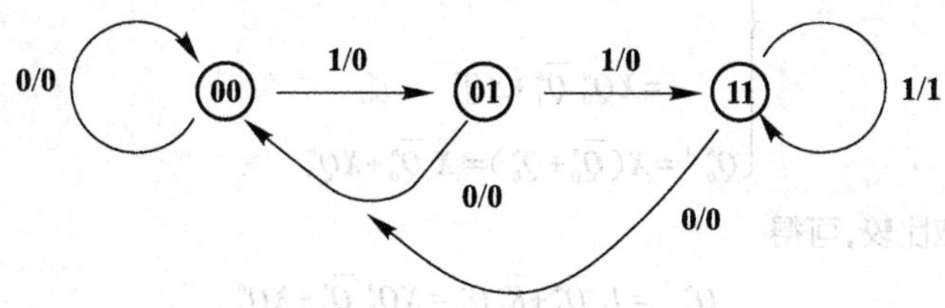

图 6.1.12 例 6.1.3 编码后的状态图

(4) 选择触发器，求时钟方程、输出方程和状态方程

① 选用两个 CP 上升沿触发的边沿 JK 触发器。

② 采用同步方案，即取

$$CP_0 = CP_1 = CP$$

③ 求输出方程，图 6.1.13 是根据图 6.1.12 所示状态图的规定，画出的输出信号 Y 的卡诺图。由图 6.1.13 可得

$$Y = XQ_1^n \tag{6.1.13}$$

④ 求状态方程：按图 6.1.12 所示状态图的规定，可画出如图 6.1.14 所示的电路次态的卡诺图。图 6.1.15 所示是触发器次态的卡诺图。由图 6.1.15 可得

$$Q_1^{n+1} = XQ_0^n$$
$$Q_0^{n+1} = X$$

$X \backslash Q_1^nQ_0^n$	00	01	11	10
0	0	0	0	×
1	0	0	1	×

图 6.1.13 例 6.1.3 Y 的卡诺图

$X \backslash Q_1^nQ_0^n$	00	01	11	10
0	00	00	00	××
1	01	11	11	××

图 6.1.14 例 6.1.3 电路次态的卡诺图

$X \backslash Q_1^nQ_0^n$	00	01	11	10
0	0	0	0	×
1	0	1	1	×

(a)

$X \backslash Q_1^nQ_0^n$	00	01	11	10
0	0	0	0	×
1	1	1	1	×

(b)

图 6.1.15 例 6.1.3 触发器次态的卡诺图

(a) Q_1^{n+1} 的卡诺图 (b) Q_0^{n+1} 的卡诺图

(5) 求驱动方程

JK 触发器的特性方程为

$$Q^{n+1} = J\overline{Q^n} + \overline{K}Q^n$$

① 变换状态方程，使之形式与特性方程相同

$$\begin{cases} Q_1^{n+1} = XQ_0^n(\overline{Q}_1^n + Q_1^n) = XQ_0^n\overline{Q}_1^n + XQ_0^nQ_1^n \\ \quad = XQ_0^n\overline{Q}_1^n + XQ_0^nQ_1^n + XQ_1^n\overline{Q}_0^n \quad (\text{加上约束项}) \\ \quad = XQ_0^n\overline{Q}_1^n + XQ_1^n \\ Q_0^{n+1} = X(\overline{Q}_0^n + Q_0^n) = X\overline{Q}_0^n + XQ_0^n \end{cases} \tag{6.1.14}$$

② 与特性方程做比较，可得

$$Q_1^{n+1} = J_1\overline{Q}_1^n + \overline{K}_1Q_1^n = XQ_0^n\overline{Q}_1^n + XQ_1^n$$

$$\Rightarrow J_1 = XQ_0^n \qquad K_1 = \overline{X}$$

$$Q_0^{n+1} = J_0\overline{Q}_0^n + \overline{K}_0Q_0^n = X\overline{Q}_0^n + XQ_0^n$$

$$\Rightarrow J_0 = X \qquad K_0 = \overline{X}$$

（6）画逻辑电路图

根据所选用的触发器和时钟方程、输出方程、驱动方程，便可以画出如图6.1.16所示的逻辑电路图。

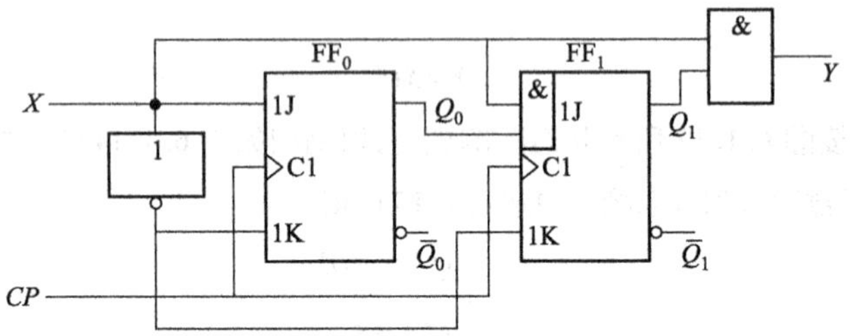

图6.1.16 例6.1.3的逻辑电路图

（7）检查所设计的电路能否自启动

将电路无效状态**10**代入输出方程式(6.1.13)和状态方程式(6.1.14)进行计算，结果如下：

$$(00) \xleftarrow{0/0} (10) \xrightarrow{1/1} (11)$$

可见，设计的电路能够自启动。

6.2 计数器

6.2.1 计数器的特点和分类

一、计数器的特点

1. 计数的概念和计数器

（1）计数的概念

人们在日常生活、工作、学习、生产及科研中，到处都遇到计数问题，总也离不开计数。在商场购物交款要计数，看时间、量温度要计数，清点人数、记录成绩要计数，统计产品、了解生产情况要计数，等等，总之，人们做任何事情都应心中有数，广义地讲就是计数。所以，计数是十分重要的概念。

（2）计数器

广义地讲，一切能够完成计数工作的器物都是计数器，算盘是计数器，里程表是计数器，钟表是计数器，温度计等都是计数器，具体的各式各样的计数器，可以说是不胜枚举，不计其数。

2. 数字电路中的计数器

在数字电路中，把记忆输入 CP 脉冲个数的操作叫做计数，能实现计数操作的电子电路称为计数器。它的主要特点是：

① 一般地说，这种计数器除了输入计数脉冲 CP 信号之外，很少有另外的输入信号，其输出通常也都是现态的函数，是一种 Moore 型的时序电路，而输入计数脉冲 CP 是当作触发器的时钟信号对待的。

② 从电路组成看，其主要组成单元是时钟触发器。

计数器应用十分广泛，从各种各样的小型数字仪表，到大型电子数字计算机，几乎是无所不在，是任何数字仪表乃至数字系统中不可缺少的组成部分。

二、计数器的分类

1. 按数的进制分

(1) 二进制计数器

当输入计数脉冲到来时，按二进制数规律进行计数的电路都叫做二进制计数器。

(2) 十进制计数器

按十进制数规律进行计数的电路称为十进制计数器。

(3) N 进制计数器

除了二进制和十进制计数器之外的其他进制的计数器，都叫做 N 进制计数器。例如，$N=12$ 的十二进制计数器，$N=60$ 的六十进制计数器等。

2. 按计数时是递增还是递减分

(1) 加法计数器

当输入计数脉冲到来时，按递增规律进行计数的电路叫做加法计数器。

(2) 减法计数器

当输入计数脉冲到来时，进行递减计数的电路称为减法计数器。

(3) 可逆计数器

在加减信号的控制下，既可进行递增计数，也可进行递减计数的电路叫做可逆计数器。

3. 按计数器中触发器翻转是否同步分

(1) 同步计数器

当输入计数脉冲到来时，要更新状态的触发器都是同时翻转的计数器，叫做同步计数器。从电路结构上看，计数器中各个时钟触发器的时钟信号都是输入计数脉冲。

(2) 异步计数器

当输入计数脉冲到来时，要更新状态的触发器，有的先翻转有的后翻转，是异步进行的，这种计数器称为异步计数器。从电路结构上看，计数器中各个触发器的时钟不完全相同。有的触发器其时钟信号是输入计数脉冲，有的触发器其时钟信号却是其他触发器的输出。

4. 按计数器中使用的开关元件分

(1) TTL 计数器

这是一种问世较早、品种和规格十分齐全的计数器，多为中规模集成电路。

(2) CMOS 计数器

问世较 TTL 计数器晚，但品种和规格也很多，它具有 CMOS 集成电路的共同特点，集成度可以做得很高。

总之，计数器不仅应用十分广泛，分类方法不少，而且规格品种也很多。但是，就其工作特点、基本分析及设计方法而言，差别不大。下面将从综合角度摘要讲解。

6.2.2　二进制计数器

一、二进制同步计数器

1. 二进制同步加法计数器

现以 3 位二进制同步加法计数器为例，说明二进制同步加法计数器的构成方法和连接规律。

(1) 结构示意框图与状态图

图 6.2.1 所示是 3 位二进制同步加法计数器结构示意框图。CP 是输入计数脉冲，所谓计数，就是计 CP 脉冲个数，每来一个 CP 脉冲，计数器就加一个 1，随着输入计数脉冲个数的增加，计数器中的数值也增大，当计数器计满时再来 CP 脉冲，计数器归零的同时给高位进位，即要送给高位进位信号，图中的输出信号 C（手册中用 CO，这里简化用 C 表示）就是要送给高位的进位信号。

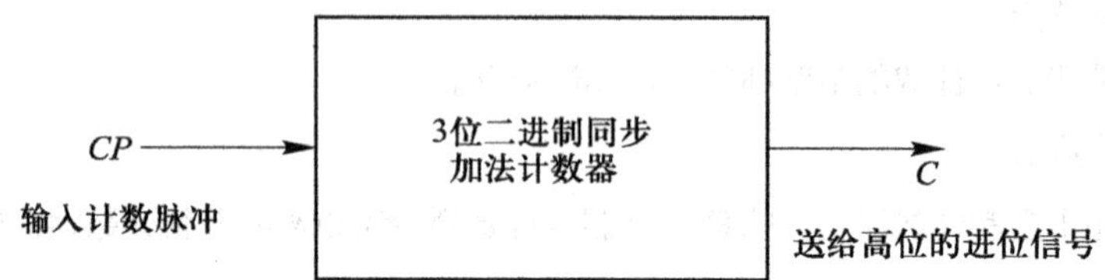

图 6.2.1　3 位二进制同步加法计数器结构示意框图

根据二进制递增计数的规律，可画出如图 6.2.2 所示的 3 位二进制加法计数器的状态图。

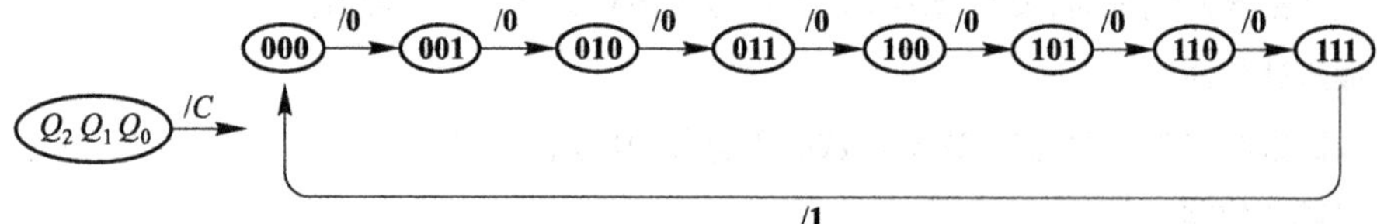

图 6.2.2　3 位二进制加法计数器的状态图

(2) 选择触发器，求时钟方程、输出方程和状态方程

- 选择触发器

由于 JK 触发器功能齐全、使用灵活，故选用 3 个时钟下降沿触发的边沿 JK 触发器。

- 求时钟方程

由于要求构成的是同步计数器，显然各个触发器的时钟信号都应使用输入计数脉冲 CP，即

$$CP_0 = CP_1 = CP_2 = CP \tag{6.2.1}$$

- 求输出方程

由图 6.2.2 所示状态图可直接得到

$$C = Q_2^n Q_1^n Q_0^n \tag{6.2.2}$$

- 求状态方程

根据图 6.2.2 所示状态图的规定，可画出如图 6.2.3 所示的计数器次态的卡诺图。

把图 6.2.3 所示卡诺图分解开，便可得到如图 6.2.4 所示各个触发器次态的卡诺图。

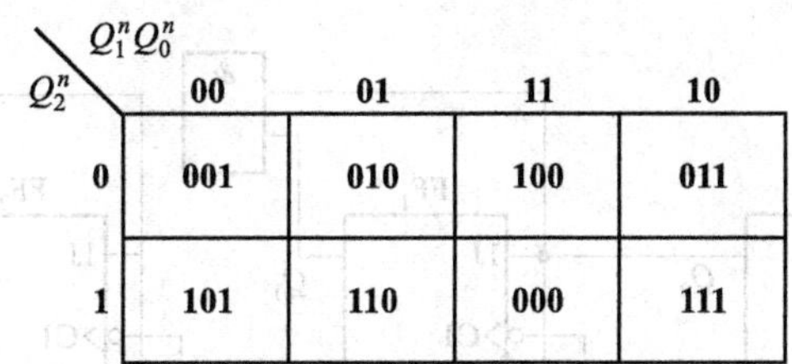

图 6.2.3 3 位二进制同步加法计数器次态的卡诺图

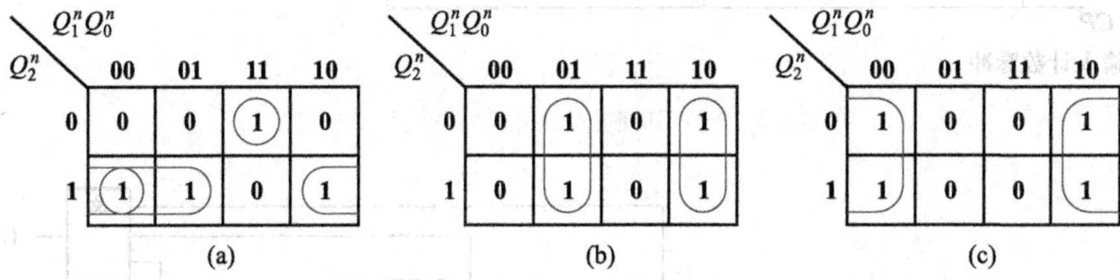

图 6.2.4 3 位二进制同步加法计数器各个触发器次态的卡诺图

(a) Q_2^{n+1} 的卡诺图 (b) Q_1^{n+1} 的卡诺图 (c) Q_0^{n+1} 的卡诺图

由图 6.2.4 所示各触发器的卡诺图,可直接写出下列状态方程:

$$\begin{cases} Q_0^{n+1} = \overline{Q_0^n} \\ Q_1^{n+1} = \overline{Q_1^n} Q_0^n + Q_1^n \overline{Q_0^n} \\ Q_2^{n+1} = Q_2^n \overline{Q_1^n} + Q_2^n \overline{Q_0^n} + \overline{Q_2^n} Q_1^n Q_0^n \end{cases} \tag{6.2.3}$$

(3) 求驱动方程

JK 触发器的特性方程为

$$Q^{n+1} = J\overline{Q^n} + \overline{K}Q^n \tag{6.2.4}$$

变换状态方程式(6.2.3)的形式:

$$\begin{cases} Q_0^{n+1} = \overline{Q_0^n} = \mathbf{1} \cdot \overline{Q_0^n} + \overline{\mathbf{1}} \cdot Q_0^n \\ Q_1^{n+1} = \overline{Q_1^n} Q_0^n + Q_1^n \overline{Q_0^n} = Q_0^n \cdot \overline{Q_1^n} + \overline{Q_0^n} \cdot Q_1^n \\ Q_2^{n+1} = Q_2^n \overline{Q_1^n} + Q_2^n \overline{Q_0^n} + \overline{Q_2^n} Q_1^n Q_0^n = Q_1^n Q_0 \cdot \overline{Q_2^n} + \overline{Q_1^n Q_0^n} \cdot Q_2^n \end{cases} \tag{6.2.5}$$

比较式(6.2.5)、(6.2.4),即可得下列驱动方程:

$$\begin{cases} J_0 = K_0 = \mathbf{1} \\ J_1 = K_1 = Q_0^n \\ J_2 = K_2 = Q_1^n Q_0^n \end{cases} \tag{6.2.6}$$

(4) 画逻辑电路图

根据选用的触发器和时钟方程式(6.2.1)、输出方程式(6.2.2)及驱动方程式(6.2.6),即可画出如图 6.2.5 所示的逻辑电路图。

图 6.2.6 所示是另一种连接方法的逻辑电路图。

图 6.2.5 和图 6.2.6 的区别在进位信号产生的方式上。图 6.2.5 所示电路采用的是串行进位方式,产生进位信号的时间较长,需要从低位到高位逐级传送,但是只要用 2 输入端**与**门就可以了,而且各个触发器 Q 端所带的负载是均匀的。图 6.2.6 所示电路采用的是并行进位方式,产生进位信号的时间较短,不需要逐级传送,但是随着计数器级数的增加,所用**与**门的输入端数也随之增加,而且各个触发器所带的负载是不均匀的,越是低位,带的负载越重。

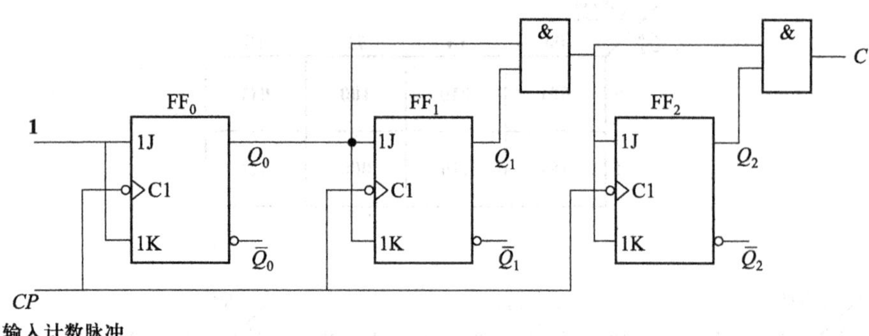

图 6.2.5　3 位二进制同步加法计数器（串行进位）

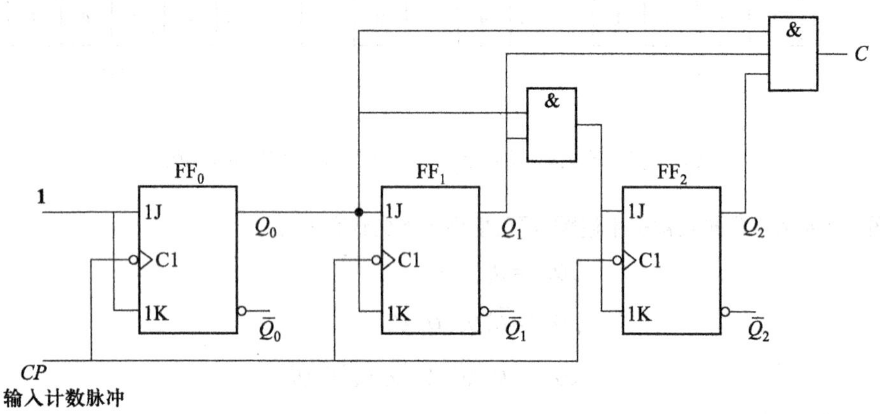

图 6.2.6　3 位二进制同步加法计数器（并行进位）

（5）二进制同步加法计数器级间连接规律

只要仔细观察图 6.2.5 或图 6.2.6 所示逻辑电路，则不难发现，图中的 JK 触发器都已转换成 T 触发器，如果联系到驱动方程式（6.2.6），那么就容易明白了。式(6.2.6)可以改写成为

$$\begin{cases} T_0 = J_0 = K_0 = \mathbf{1} \\ T_1 = J_1 = K_1 = Q_0^n \\ T_2 = J_2 = K_2 = Q_1^n Q_0^n \end{cases}$$

据此显然可推论得到

$$\begin{aligned} T_i &= Q_{i-1}^n \cdot Q_{i-2}^n \cdot \cdots \cdot Q_1^n \cdot Q_0^n \\ &= \prod_{j=0}^{i-1} Q_j^n \end{aligned} \tag{6.2.7}$$

对于 n 位二进制同步加法计数器，有 $i=1,2,\cdots,n-1$，T_i 是第 i 位触发器 FF_i 的驱动信号，式(6.2.7)是 FF_i 的驱动方程。$\prod$ 是连乘（逻辑乘即**与**）符号。

（6）用 T' 触发器构成二进制加法计数器

如果把触发器 FF_i 换成 T' 触发器，把式(6.2.7)归入 FF_i 的时钟条件，即将 FF_i 的时钟方程改变成为

$$CP_i = CP \cdot \prod_{j=0}^{i-1} Q_j^n \quad (i = 1,2,\cdots,n-1) \tag{6.2.8}$$

那么就可方便地用 T' 触发器构成 n 位二进制加法计数器。图 6.2.7 所示便是用 3 个 T' 触发器按照这

种方法构成的 3 位二进制加法计数器的逻辑电路图。注意，在这种情况下，严格地讲系统已不是真正的同步时序电路了。

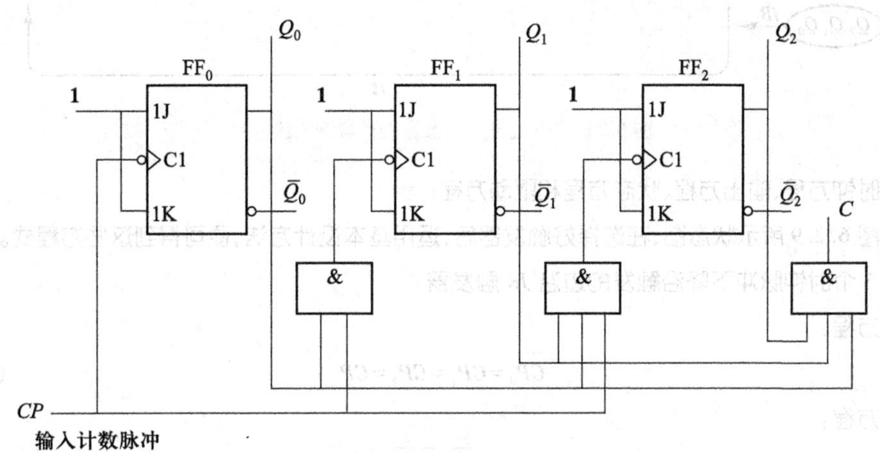

图 6.2.7 用 T′触发器构成的 3 位二进制加法计数器

大家可以用逻辑分析的方法，列状态表或画状态图、时序图，验证图 6.2.7 所示电路的工作原理。

(7) 计数器计数长度、进制或模的概念

人们常把一个具体的计数器能够记忆输入脉冲的数目叫做计数器的计数长度、进制或模。例如，前面介绍的 3 位二进制同步加法计数器，从状态 **000** 开始，输入 8 个 CP 脉冲时，就计满归零，显然该计数器的长度有时又称之为模是 8，即 8 进制。观察图 6.2.2 所示状态图，不难发现，所谓计数器的长度、进制或模，就是电路的有效状态数。如果用 n 表示状态图中二进制数的位数，也就是计数器中时钟触发器的个数，用 M 表示计数器的长度、进制或模，那么在二进制计数器中有

$$M=2^n \tag{6.2.9}$$

在十进制计数器(一位)中 $M=10$，在 N 进制计数器中 $M=N$。

拓展阅读 6-1 计数容量的定义

2. 二进制同步减法计数器

现以 3 位二进制同步减法计数器为例，说明二进制同步减法计数器的构成方法和连接规律。

(1) 结构示意框图与状态图

图 6.2.8 所示是 3 位二进制同步减法计数器的结构示意图。CP 是输入减法计数脉冲，每输入一个 CP 脉冲，计数器就减一个 **1**，当不够减时就向高位借位，显然向高位借来的 **1** 应当 8，8-1=7。因此在状态图中，当状态为 **000** 时，输入一个 CP 脉冲，不够减，向高位借 1 当 8，减去 1 后剩 7，所以计数器的状态应该由 **000** 转换到 **111**，且同时应向高位送出借位信号，图中的输出信号 B(手册中用 BO，这里简化用 B 表示)就是要送给高位的借位信号。图 6.2.9 所示是根据二进制递减计数规律画出的状态图。

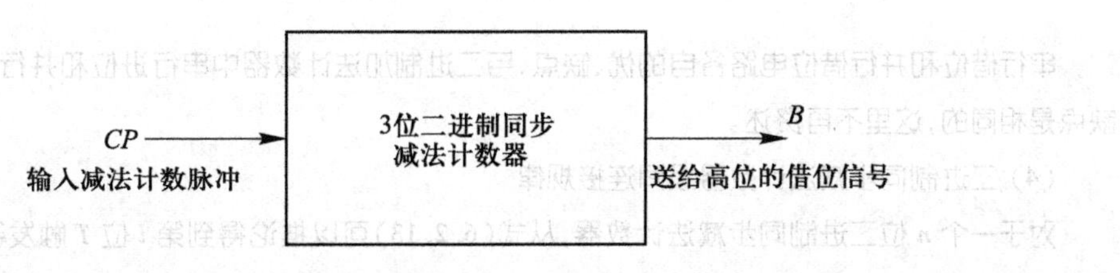

图 6.2.8 3 位二进制同步减法计数器示意框图

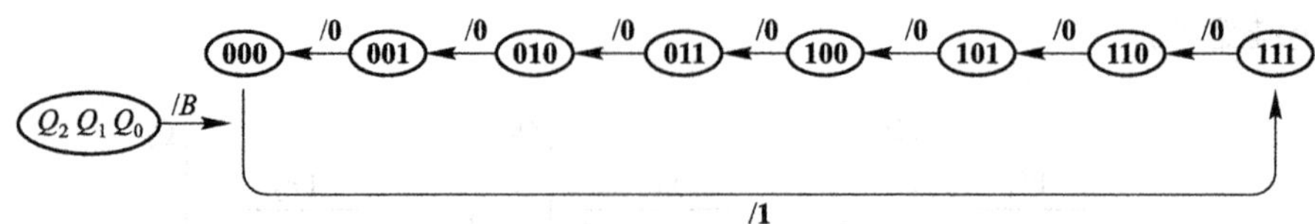

图 6.2.9 3 位二进制同步减法计数器的状态图

(2) 时钟方程、输出方程、状态方程和驱动方程

根据图 6.2.9 所示状态图,在选择好触发器后,运用基本设计方法,便可得到这些方程式。

选用 3 个时钟脉冲下降沿触发的边沿 *JK* 触发器

时钟方程:

$$CP_0 = CP_1 = CP_2 = CP \tag{6.2.10}$$

输出方程:

$$B = \overline{Q}_2^n\ \overline{Q}_1^n\ \overline{Q}_0^n \tag{6.2.11}$$

状态方程:

$$\begin{cases} Q_0^{n+1} = \overline{Q}_0^n \\ Q_1^{n+1} = \overline{Q}_1^n\ \overline{Q}_0^n + Q_1^n Q_0^n \\ Q_2^{n+1} = \overline{Q}_2^n\ \overline{Q}_1^n\ \overline{Q}_0^n + Q_2^n Q_1^n + Q_2^n Q_0^n \end{cases} \tag{6.2.12}$$

驱动方程

$$\begin{cases} J_0 = K_0 = \mathbf{1} = T_0 \\ J_1 = K_1 = \overline{Q}_0^n = T_1 \\ J_2 = K_2 = \overline{Q}_1^n\ \overline{Q}_0^n = T_2 \end{cases} \tag{6.2.13}$$

(3) 画逻辑电路图

根据所选用的触发器、时钟方程式(6.2.10)、输出方程式(6.2.11)及驱动方程式(6.2.13),即可画出如图 6.2.10 所示的逻辑电路图。图 6.2.11 所示是采用并行借位方式的电路。

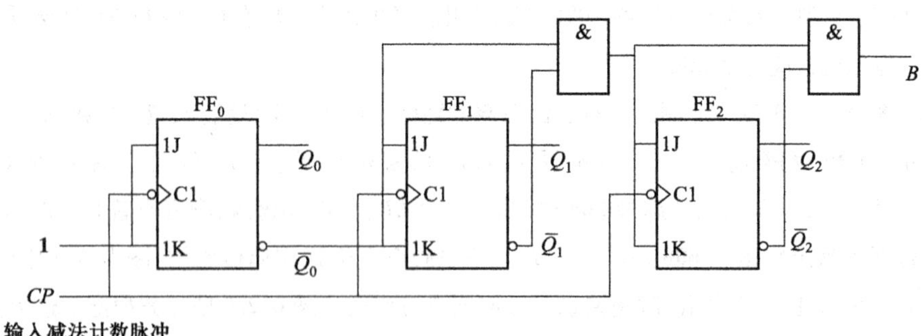

图 6.2.10 3 位二进制同步减法计数器(串行借位)

串行借位和并行借位电路各自的优、缺点,与二进制加法计数器中串行进位和并行进位电路的优、缺点是相同的,这里不再赘述。

(4) 二进制同步减法计数器级间连接规律

对于一个 *n* 位二进制同步减法计数器,从式(6.2.13)可以推论得到第 *i* 位 *T* 触发器 FF_i 的驱动方程为

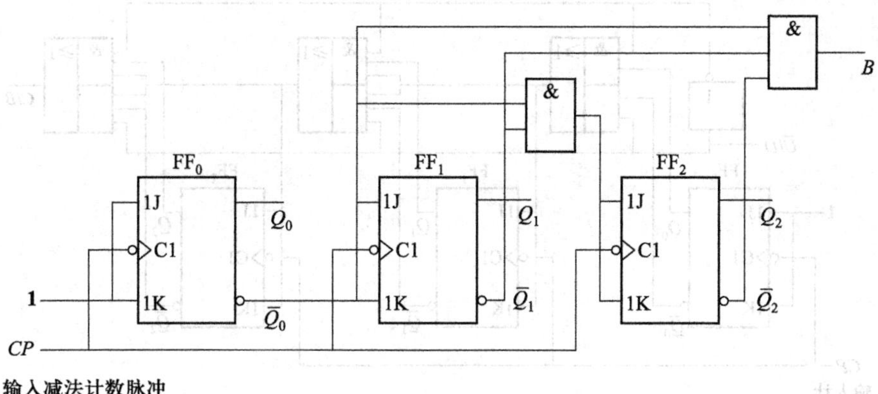

图 6.2.11 3 位二进制同步减法计数器(并行借位)

$$T_i = \overline{Q}_{i-1}^n \cdot \overline{Q}_{i-2}^n \cdot \cdots \cdot \overline{Q}_1^n \cdot \overline{Q}_0^n = \prod_{j=0}^{i-1} \overline{Q}_j^n \quad (i = 1,2,\cdots,n-1) \tag{6.2.14}$$

(5) 用 T'触发器构成二进制减法计数器

只要把式(6.2.14)归入时钟条件,即把时钟方程改变成为

$$CP_i = CP \cdot \prod_{j=0}^{i-1} \overline{Q}_j^n \quad (i = 1,2,\cdots,n-1) \tag{6.2.15}$$

那么,将 FF_i 换成 T'触发器,便可得到由 T'触发器构成的二进制减法计数器。

3. 二进制同步可逆计数器

在加减控制信号管理下,把二进制同步加法计数器和减法计数器组合起来,便可获得二进制同步可逆计数器。

(1) 单时钟输入二进制同步可逆计数器

若用$\overline{U}/D$ 表示加减控制信号,且为 **0** 时进行加计数,为 **1** 时做减计数,则只需按照式(6.2.16)把 T 触发器级联起来,所得到的便是单时钟输入的二进制同步可逆计数器。

$$T_i = \overline{\overline{U}/D} \cdot \prod_{j=0}^{i-1} Q_j^n + \overline{U}/D \cdot \prod_{j=0}^{i-1} \overline{Q}_j^n \quad (i = 1,2,\cdots,n-1) \tag{6.2.16}$$

其实,式(6.2.16)是将二进制同步加法计数器的驱动方程和减法计数器的驱动方程,分别与加减控制信号相**与**之后再加起来得到的。

对于 3 位二进制同步可逆计数器,根据式(6.2.16)可写出下列驱动方程:

$$\begin{cases} T_0 = \mathbf{1} = J_0 = K_0 \\ T_1 = \overline{\overline{U}/D} Q_0^n + \overline{U}/D \overline{Q}_0^n = J_1 = K_1 \\ T_2 = \overline{\overline{U}/D} Q_1^n Q_0^n + \overline{U}/D \overline{Q}_1^n \, \overline{Q}_0^n = J_2 = K_2 \end{cases} \tag{6.2.17}$$

图 6.2.12 所示便是根据式(6.2.17)画出的 3 位二进制同步可逆计数器的逻辑电路图。

(2) 双时钟输入二进制同步可逆计数器

如果用 CP_U 表示加计数脉冲、CP_D 表示减计数脉冲,那么按照时钟方程式(6.2.18)把 T'触发器级联起来,便可得到双时钟输入二进制可逆计数器。

$$CP_i = CP_U \cdot \prod_{j=0}^{i-1} Q_j^n + CP_D \cdot \prod_{j=0}^{i-1} \overline{Q}_j^n \quad (i = 1,2,\cdots,n-1) \tag{6.2.18}$$

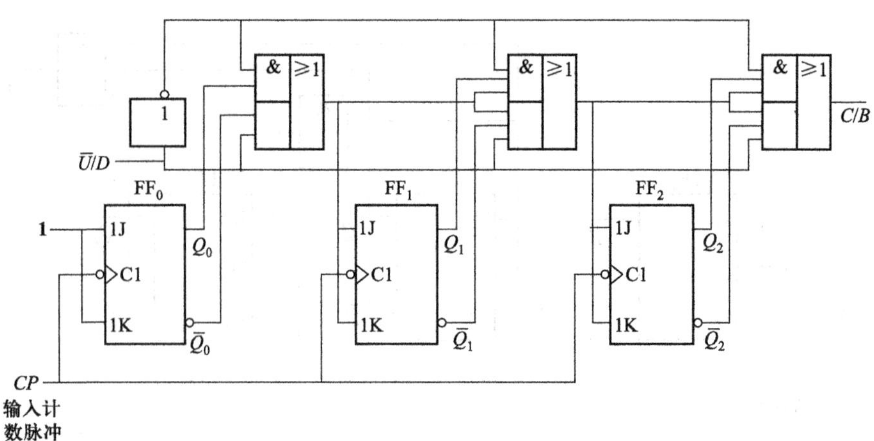

图 6.2.12　3 位二进制同步可逆计数器

其实式(6.2.18)只是利用 T'触发器构成的二进制计数器，将加法计数和减法计数的时钟方程加起来罢了。

对于双时钟输入 3 位二进制可逆计数器，根据式(6.2.18)可写出下列时钟方程：

$$\begin{cases} CP_0 = CP_U + CP_D \\ CP_1 = CP_U \cdot Q_0^n + CP_D \cdot \overline{Q}_0^n \\ CP_2 = CP_U \cdot Q_1^n Q_0^n + CP_D \cdot \overline{Q}_1^n\ \overline{Q}_0^n \end{cases} \tag{6.2.19}$$

按照式(6.2.19)的规定，把 3 个 T'触发器级联起来即可，如图 6.2.13 所示。

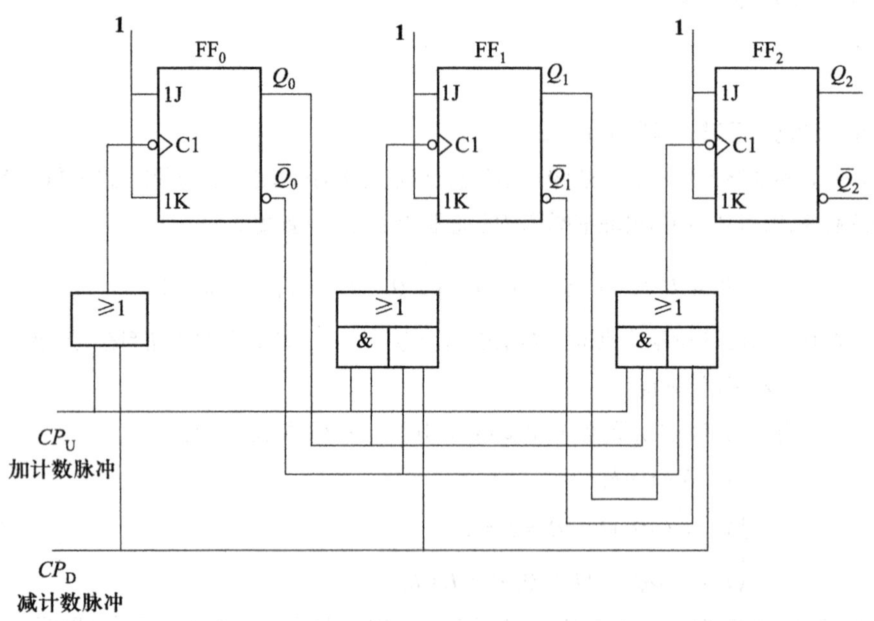

图 6.2.13　双时钟 3 位二进制同步可逆计数器

注意：双时钟可逆计数器的 CP_U 和 CP_D 是互相排斥的，只能分时工作，否则电路就无法正常计数。

4. 集成二进制同步计数器

常用的集成二进制同步计数器有加法计数和可逆计数两种类型，它们采用的都是自然加权二进制码。

（1）集成 4 位二进制同步加法计数器

就基本工作原理而言，集成 4 位二进制同步加法计数器与前面介绍的 3 位二进制同步加法计数器并无区别，只是为了使用和扩展功能方便，在制作集成电路时，增加了一些辅助功能罢了。现以比较典型的芯片 74161 为例，做一些说明，至于工作原理显然无需赘述。

74161 的引出端功能排列图、逻辑符号与逻辑功能示意图如图 6.2.14 所示。

视频：难点解析 6-6 中规模同步加法计数器

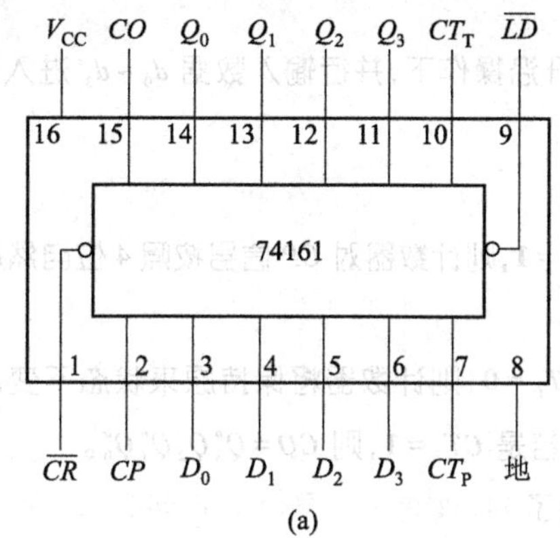

(a)

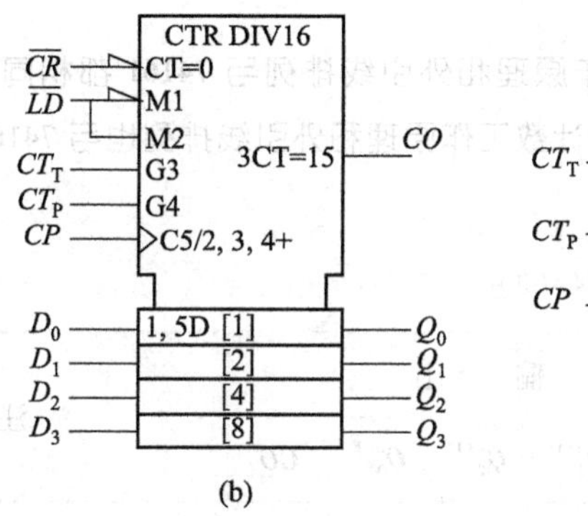

(b)

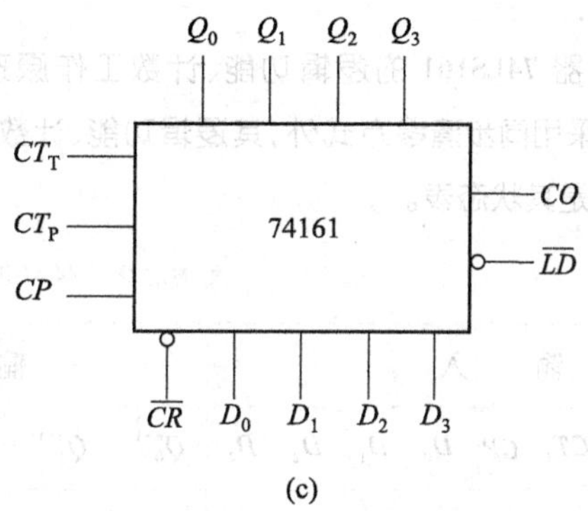

(c)

图 6.2.14　集成计数器 74161

（a）引出端排列图　（b）国标符号　（c）逻辑功能示意图

在图 6.2.14 中，CP 是输入计数脉冲，也就是加到各个触发器的时钟信号端的时钟脉冲，$\overline{CR}$ 是清零端；$\overline{LD}$ 是置数控制端；CT_P 和 CT_T 是两个计数器工作状态控制端；$D_0 \sim D_3$ 是并行输入数据端；CO 是进位信号输出端；$Q_0 \sim Q_4$ 是计数器状态输出端。

表 6.2.1 所示是集成计数器 74161 的状态表。

表 6.2.1　74161 的状态表

输入									输出					注
$\overline{CR}$	$\overline{LD}$	CT_P	CT_T	CP	D_0	D_1	D_2	D_3	Q_0^{n+1}	Q_1^{n+1}	Q_2^{n+1}	Q_3^{n+1}	CO	
0	×	×	×	×	×	×	×	×	**0**	**0**	**0**	**0**	**0**	清零
1	**0**	×	×	↑*	d_0	d_1	d_2	d_3	d_0	d_1	d_2	d_3		置数 $CO=CT_T \cdot Q_3^n Q_2^n Q_1^n Q_0^n$
1	**1**	**1**	**1**	↑	×	×	×	×	计数					$CO=Q_3^n Q_2^n Q_1^n Q_0^n$
1	**1**	**0**	×	×	×	×	×	×	保持					$CO=CT_T \cdot Q_3^n Q_2^n Q_1^n Q_0^n$
1	**1**	×	**0**	×	×	×	×	×	保持				**0**	

注：* 表示 CP 上升沿。

由表 6.2.1 所示状态表可以清楚地看出,集成 4 位二进制同步加法计数器 74161 具有下列功能:

- 异步清零功能

当 $\overline{CR}=0$ 时,计数器清零。从表中可看出,在 $\overline{CR}=0$ 时,其他输入信号都不起作用,由时钟触发器的逻辑特性知道,其异步输入端信号是优先的,$\overline{CR}=0$ 正是通过 $\overline{R}_D$ 复位计数器也即是异步清零的。

- 同步并行置数功能

当 $\overline{CR}=1$、$\overline{LD}=0$ 时,在 CP 上升沿操作下,并行输入数据 $d_0\sim d_3$ 进入计数器,使 $Q_3^{n+1}Q_2^{n+1}Q_1^{n+1}Q_0^{n+1}=d_3d_2d_1d_0$。

- 二进制同步加法计数功能

当 $\overline{CR}=\overline{LD}=1$ 时,若 $CT_T=CT_P=1$,则计数器对 CP 信号按照 4 位自然加权二进制码进行加法计数。

- 保持功能

当 $\overline{CR}=\overline{LD}=1$ 时,若 $CT_T\cdot CT_P=0$,则计数器将保持原来状态不变。对于进位输出信号有两种情况,如果 $CT_T=0$,那么 $CO=0$;若是 $CT_T=1$,则 $CO=Q_3^nQ_2^nQ_1^nQ_0^n$。

综上所述可知,表 6.2.1 反映了 74161 是一个具有异步清零、同步置数、可保持状态不变的 4 位二进制同步加法计数器。

集成计数器 74LS161 的逻辑功能、计数工作原理和外引线排列与 74161 都相同;而 74163 和 74LS163 除了采用同步清零方式外,其逻辑功能、计数工作原理和外引线排列也与 74161 没有区别,表 6.2.2 所示是其状态表。

表 6.2.2　74163 的状态表

输入									输出					注
$\overline{CR}$	$\overline{LD}$	CT_P	CT_T	CP	D_0	D_1	D_2	D_3	Q_0^{n+1}	Q_1^{n+1}	Q_2^{n+1}	Q_3^{n+1}	CO	
0	×	×	×	↑	×	×	×	×	0	0	0	0	0	清零
1	0	×	×	↑	d_0	d_1	d_2	d_3	d_0	d_1	d_2	d_3		置数 $CO=CT_T\cdot Q_3^nQ_2^nQ_1^nQ_0^n$
1	1	1	1	↑	×	×	×	×	计数					$CO=Q_3^nQ_2^nQ_1^nQ_0^n$
1	1	0	×	×	×	×	×	×	保持					$CO=CT_T\cdot Q_3^nQ_2^nQ_1^nQ_0^n$
1	1	×	0	×	×	×	×	×	保持				0	

CC4520 是双 4 位二进制同步加法计数器,属于 CMOS 集成电路。图 6.2.15 所示是它的引出端排列图和逻辑功能示意图$\left(\frac{1}{2}\right)$。表 6.2.3 给出的是状态表。EN 既是使能端,也可以作为计数脉冲输入端;CP 既是计数脉冲输入端,也可以作为使能端;CR 是清零端。从表 6.2.3 可以看出,CC4520 是具有异步清零,既可上升沿触发也能下降沿有效的双 4 位二进制同步加法计数器。CMOS 电路中有 4 位二进制同步减法计数器,其型号是 CC4526。

(2) 集成 4 位二进制同步可逆计数器

集成 4 位二进制同步可逆计数器,有单时钟和双时钟两种类型,前者用的是 T 型触发器,后者用的是 T' 触发器。它们的工作原理和构成方法与前面介绍的单时钟和双时钟电路没有什么不同,这里以比较典型的 74191(单时钟)、74193(双时钟)为例做简单说明。

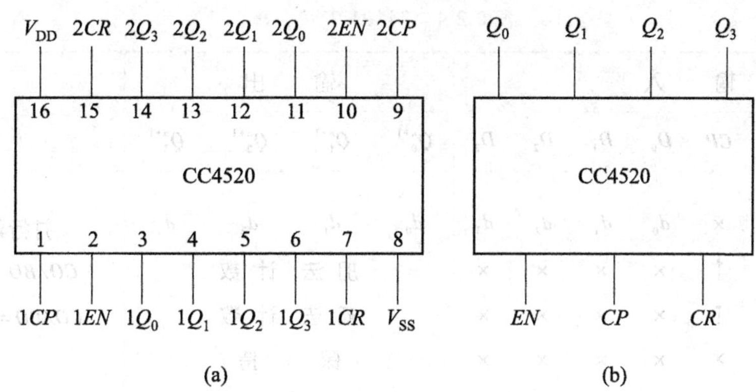

图 6.2.15 集成计数器 CC4520

(a) 引出端排列图 (b) 逻辑功能示意图$\left(\frac{1}{2}\right)$

表 6.2.3 CC4520 的状态表

输入			输出				注
CR	EN	CP	Q_3^{n+1}	Q_2^{n+1}	Q_1^{n+1}	Q_0^{n+1}	
1	×	×	**0**	**0**	**0**	**0**	清零
0	**1**	↑	加计数				上升沿有效
0	↓	**0**	加计数				下降沿有效
0	**0**	×	保　持				
0	×	**1**	保　持				

- 74191

① 74191 的引出端排列图与逻辑功能示意图

图 6. 2. 16 所示是 74191 的引出端排列图和逻辑功能示意图。$\overline{U}/D$ 为加/减计数控制端；$\overline{CT}$是使能端；$\overline{LD}$是异步置数控制端；$D_0 \sim D_3$ 是并行数据输入端；$Q_0 \sim Q_3$ 是状态输出端；CO/BO 是进位/借位信号输出端；$\overline{RC}$是多个芯片级联时级间串行计数使能端。

② 74191 的状态表

表 6. 2. 4 所示是 74191 的状态表，该表反映集成可逆计数器 74191 具有：同步可逆计数功能；异步并行置数功能；保持功能。74191 没有专用的清零输入端，但可以借助 $D_0 \sim D_3$ 异步并行置入数据 **0000** 间接实现清零功能。

视频：难点解析 6-7 中规模同步可逆计数器

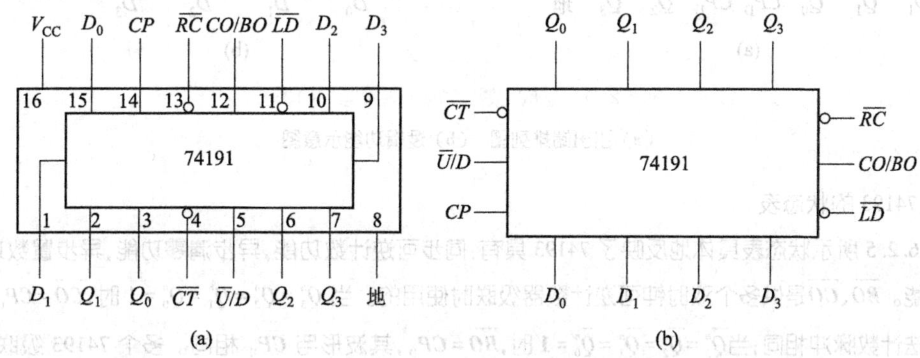

图 6.2.16 集成可逆计数器(单时钟)74191

(a) 引出端排列图 (b) 逻辑功能示意图

表 6.2.4　74191 的状态表

输入								输出				注
$\overline{LD}$	$\overline{CT}$	$\overline{U}/D$	CP	D_0	D_1	D_2	D_3	Q_0^{n+1}	Q_1^{n+1}	Q_2^{n+1}	Q_3^{n+1}	
0	×	×	×	d_0	d_1	d_2	d_3	d_0	d_1	d_2	d_3	并行异步置数
1	**0**	**0**	↑	×	×	×	×	加法计数				$CO/BO=Q_3^nQ_2^nQ_1^nQ_0^n$
1	**0**	**1**	↑	×	×	×	×	减法计数				$CO/BO=\overline{Q}_3^n\ \overline{Q}_2^n\ \overline{Q}_1^n\ \overline{Q}_0^n$
1	**1**	×	×	×	×	×	×	保持				

$\overline{RC}$作用的说明：多个可逆计数器级联时使用，其表达式为

$$\overline{RC}=\overline{\overline{CP}\cdot CO/BO\cdot CT}$$

当$\overline{CT}=\mathbf{0}$ 即 $CT=\mathbf{1}$、$CO/BO=\mathbf{1}$ 时，$\overline{RC}=CP$，因此由$\overline{RC}$端产生的输出进位脉冲的波形与输入计数脉冲的波形是相同的。

与 74191 功能和引出端排列完全相同的还有 74LS191。此外，集成单时钟 4 位二进制同步可逆计数器还有 74S169、74LS169、CC4516 等。

- 74193

① 74193 的引出端排列图与逻辑功能示意图

图 6.2.17 所示是 74193 的引出端排列图和逻辑功能示意图。CR 是异步清零端，高电平有效；$\overline{LD}$是异步置数控制端；CP_U 是加法计数脉冲输入端；CP_D 是减法计数脉冲输入端；$\overline{CO}$是进位脉冲输出端；$\overline{BO}$是借位脉冲输出端；$D_0\sim D_3$ 是并行数据输入端；$Q_0\sim Q_3$ 是计数器状态输出端。

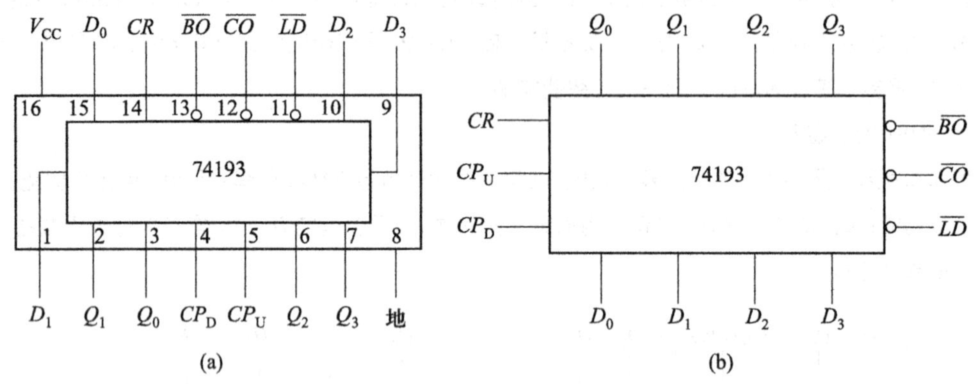

图 6.2.17　集成可逆计数器（双时钟）74193

（a）引出端排列图　（b）逻辑功能示意图

② 74193 的状态表

表 6.2.5 所示状态表具体地反映了 74193 具有：同步可逆计数功能，异步清零功能，异步置数功能和保持功能。$\overline{BO}$、$\overline{CO}$是供多个双时钟可逆计数器级联时使用的。当 $Q_3^n=Q_2^n=Q_1^n=Q_0^n=\mathbf{1}$ 时，$\overline{CO}=CP_U$，其波形与加法计数脉冲相同；当$\overline{Q}_3^n=\overline{Q}_2^n=\overline{Q}_1^n=\overline{Q}_0^n=\mathbf{1}$ 时，$\overline{BO}=CP_D$，其波形与 CP_D 相同。多个 74193 级联时，只要把低位的$\overline{CO}$端、$\overline{BO}$端分别与高位的 CP_U 端、CP_D 端连接起来，各个芯片的 CR 端连接在一起、$\overline{LD}$端连接在一起，就可以了。

表 6.2.5 74193 的状态表

输入								输出				注
CR	$\overline{LD}$	CP_U	CP_D	D_0	D_1	D_2	D_3	Q_0^{n+1}	Q_1^{n+1}	Q_2^{n+1}	Q_3^{n+1}	
1	×	×	×	×	×	×	×	0	0	0	0	异步清零
0	0	×	×	d_0	d_1	d_2	d_3	d_0	d_1	d_2	d_3	异步置数
0	1	↑	1	×	×	×	×	加法计数				$\overline{CO}=\overline{\overline{CP_U}\,Q_3^nQ_2^nQ_1^nQ_0^n}$
0	1	1	↑	×	×	×	×	减法计数				$\overline{BO}=\overline{\overline{CP_D}\,\overline{Q_3^n}\,\overline{Q_2^n}\,\overline{Q_1^n}\,\overline{Q_0^n}}$
0	1	1	1	×	×	×	×	保持				$\overline{BO}=\overline{CO}=1$

与 74193 功能和引出端排列完全相同的还有 74LS193。CC40193 也是双时钟4 位二进制可逆计数器。

二、二进制异步计数器

1. 二进制异步加法计数器

现以 3 位二进制异步加法计数器为例,说明二进制异步加法计数器的构成方法和连接规律。

(1) 结构示意框图与状态图

图 6.2.18 所示是 3 位二进制异步加法计数器的示意框图,它与图 6.2.1 所示框图没有什么区别。

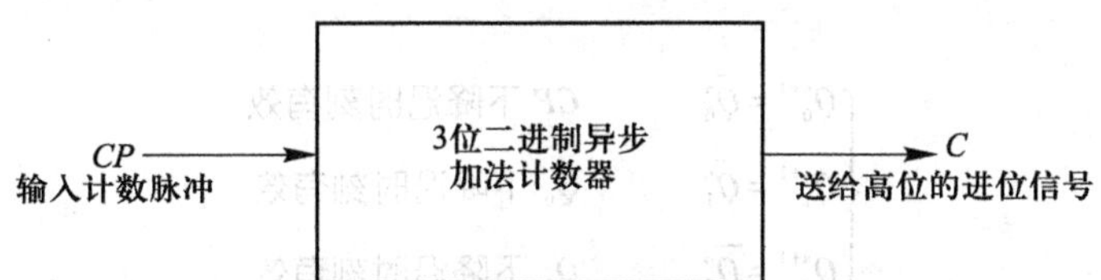

图 6.2.18 3 位二进制异步加法计数器示意框图

(用 C 表示具体型号中的 CO)

图 6.2.19 所示是按照 3 位二进制加法计数规律画出的状态图,它与图 6.2.2 所示状态图完全相同。

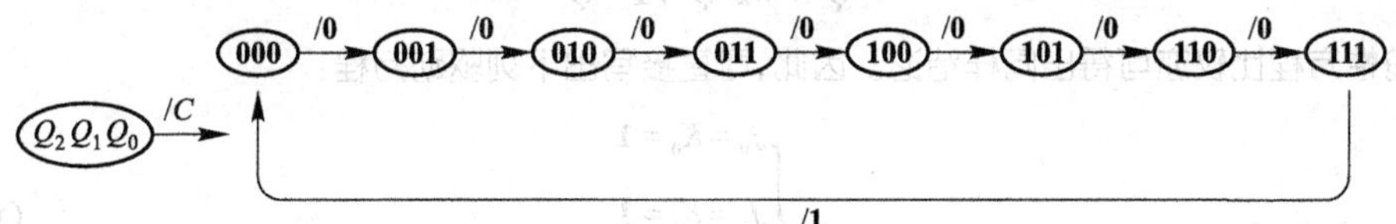

图 6.2.19 3 位二进制加法计数器的状态图

(2) 选择触发器,求时钟方程、输出方程和状态方程

• 选择触发器

选用 3 个 CP 下降沿触发的边沿 JK 触发器,并令其编号分别为 FF_0、FF_1、FF_2。

• 求时钟方程

画时序图:根据图 6.2.19 所示状态图的要求,可画出如图 6.2.20 所示的时序图。

选择时钟信号:从图 6.2.20 所示时序图可知,应选择

思考提升 6-2
异步时序逻辑电路的设计与同步时序电路相比有何异同?

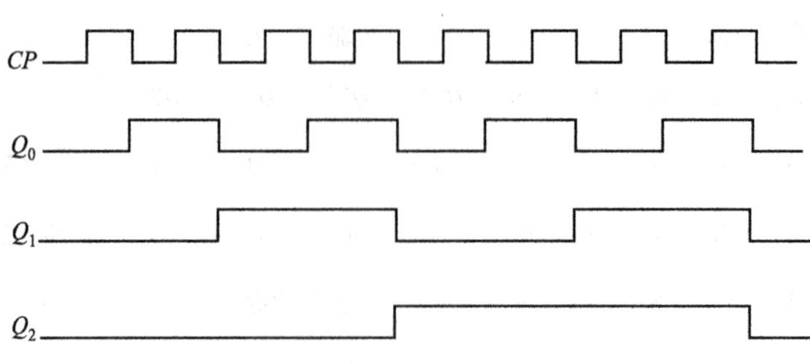

图 6.2.20 3位二进制异步加法计数器的时序图

$$\begin{cases} CP_0 = CP \\ CP_1 = Q_0 \\ CP_2 = Q_1 \end{cases} \tag{6.2.20}$$

- 求输出方程

根据图 6.2.19 所示状态图,可以直接得到

$$C = Q_2^n Q_1^n Q_0^n \tag{6.2.21}$$

- 求状态方程

仔细观察图 6.2.20 所示时序图和时钟方程式(6.2.20),不难发现,三个时钟触发器均应为 T'型,因为无论是 FF_0,还是 FF_1、FF_2,需要翻转时有下降沿,不需要翻转时没有下降沿,据此可得下列状态方程:

$$\begin{cases} Q_0^{n+1} = \overline{Q}_0^n & CP\text{ 下降沿时刻有效} \\ Q_1^{n+1} = \overline{Q}_1^n & Q_0\text{ 下降沿时刻有效} \\ Q_2^{n+1} = \overline{Q}_2^n & Q_1\text{ 下降沿时刻有效} \end{cases} \tag{6.2.22}$$

(3) 求驱动方程

由于选用的是时钟脉冲下降沿触发的边沿 JK 触发器,其特性方程为

$$Q^{n+1} = J\overline{Q}^n + \overline{K}Q^n$$

转换成 T'触发器,只要取 $J=K=\mathbf{1}$ 即可,如果把式(6.2.22)变换成

$$Q^{n+1} = \mathbf{1}\cdot\overline{Q}^n + \overline{\mathbf{1}}\cdot Q^n$$

通过与特性方程比较亦可得出同样结论。因此,可直接写出下列驱动方程:

$$\begin{cases} J_0 = K_0 = \mathbf{1} \\ J_1 = K_1 = \mathbf{1} \\ J_2 = K_2 = \mathbf{1} \end{cases} \tag{6.2.23}$$

(4) 画逻辑电路图

根据所选用的触发器和时钟方程式(6.2.20)、输出方程式(6.2.21)及驱动方程式(6.2.23),即可画出如图 6.2.21 所示的逻辑电路图。

如果选用的是下降沿触发的边沿 D 触发器,那么除了驱动方程有所变化之外,其他地方都不会有区别,因为 D 型触发器转换成 T'触发器,只要令 $D=\overline{Q}^n$ 就可以了。图 6.2.22 是由下降沿触发的 D 触发器构成的 3 位二进制异步加法计数器。

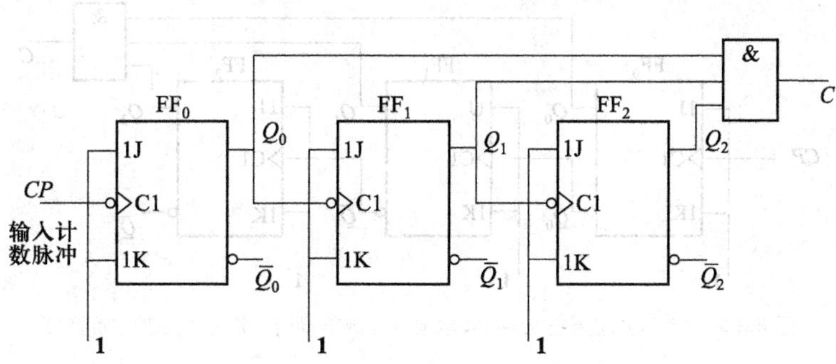

图 6.2.21　3 位二进制异步加法计数器

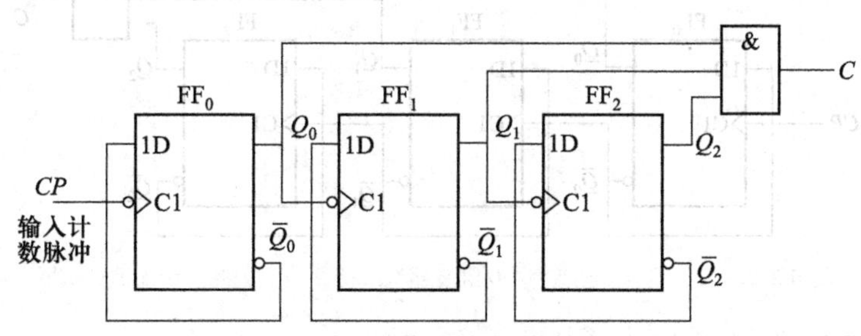

图 6.2.22　D 触发器构成的 3 位二进制异步计数器

（5）选用上升沿触发的边沿触发器

当选用的是时钟脉冲上升沿触发的边沿触发器时，则可画出如图 6.2.23 所示的时序图。为了便于观察和选好时钟脉冲，把 $\overline{Q}_0$、$\overline{Q}_1$ 的波形图也画出来了。从图 6.2.23 所示时序图不难看出，应选

$$\begin{cases} CP_0 = CP \\ CP_1 = \overline{Q}_0 \\ CP_2 = \overline{Q}_1 \end{cases} \tag{6.2.24}$$

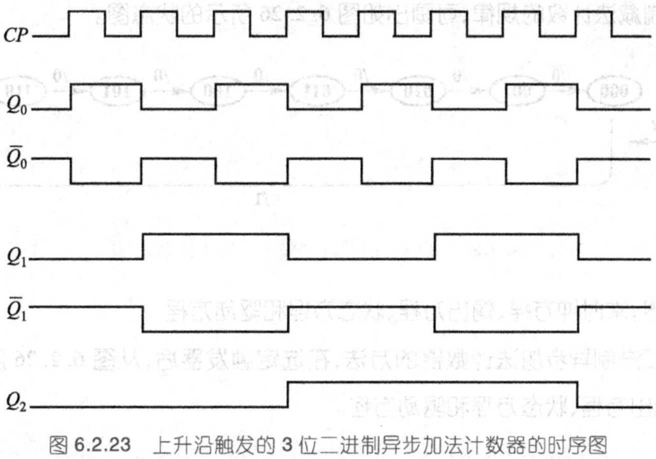

图 6.2.23　上升沿触发的 3 位二进制异步加法计数器的时序图

这样选定时钟脉冲之后，对 FF_0、FF_1、FF_2 来说，需要翻转时一定有上升沿，不需要翻转时肯定没有上升沿，显然这是最理想的情况，用 3 个 T' 触发器就可以了。图 6.2.24 所示是用上升沿触发的边沿 JK 触发器构成的 3 位二进制异步加法计数器，图 6.2.25 所示是用上升沿触发的边沿 D 触发器构成的电路。

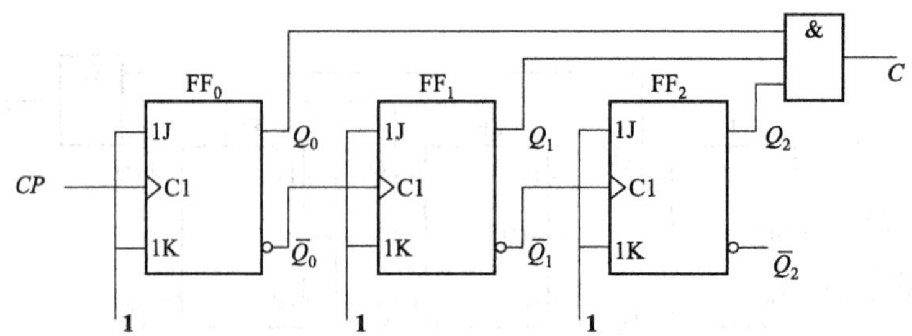

图 6.2.24　上升沿触发的边沿 *JK* 触发器构成的 3 位二进制异步加法计数器

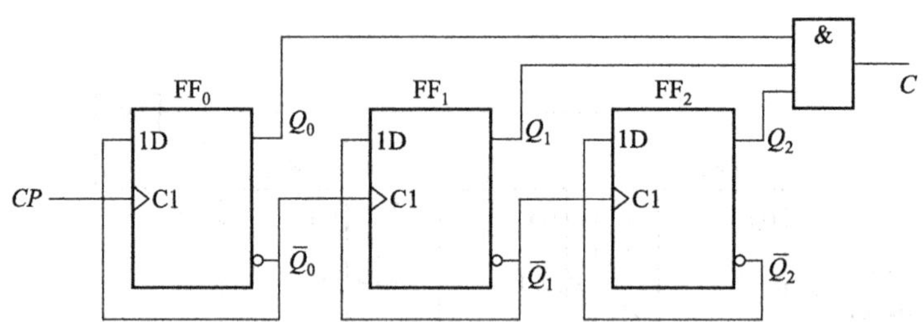

图 6.2.25　上升沿触发的边沿 *D* 触发器构成的 3 位二进制异步加法计数器

(6) 二进制异步加法计数器的构成特点和连接规律

通过 3 位二进制异步加法计数器的具体介绍，可以得出下列一般性的结论：

① 从电路结构看，二进制异步加法计数器使用的单元电路是 T' 触发器。

② 从连接规律讲，高位触发器的时钟信号是低位的输出，若选择的是下降沿触发的 T' 触发器，则应取 $CP_i=Q_{i-1}$，如果选用的是上升沿触发的 T' 触发器，那么就应取 $CP_i=\overline{Q}_{i-1}$。

2. 二进制异步减法计数器

现仍以 3 位二进制异步减法计数器为例进行说明。

(1) 状态图

根据 3 位二进制减法计数的规律，可画出如图 6.2.26 所示的状态图。

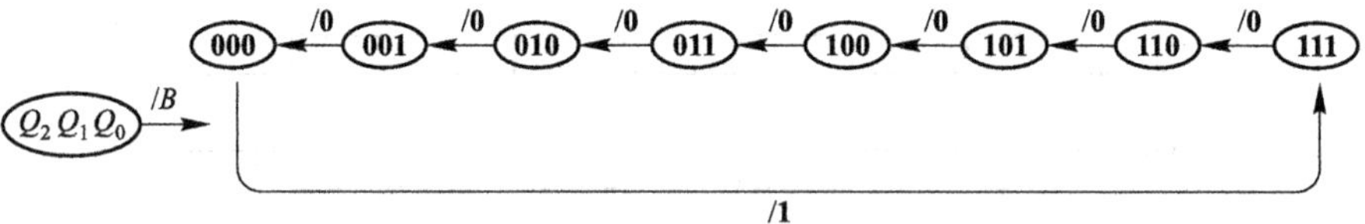

图 6.2.26　3 位二进制异步减法计数器的状态图

(2) 选择触发器，求时钟方程、输出方程、状态方程和驱动方程

按照构成 3 位二进制异步加法计数器的方法，在选定触发器后，从图 6.2.26 所示状态图出发，便可获得时钟方程、输出方程、状态方程和驱动方程。

时钟方程：

选用上升沿触发的边沿触发器时

$$\begin{cases}CP_0=CP\\CP_1=Q_0\\CP_2=Q_1\end{cases}\tag{6.2.25}$$

选用下降沿触发的边沿触发器时

$$\begin{cases} CP_0 = CP \\ CP_1 = \overline{Q}_0 \\ CP_2 = \overline{Q}_1 \end{cases} \tag{6.2.26}$$

输出方程：

$$B = \overline{Q}_2^n \ \overline{Q}_1^n \ \overline{Q}_0^n \tag{6.2.27}$$

状态方程：

$$\begin{cases} Q_0^{n+1} = \overline{Q}_0^n \\ Q_1^{n+1} = \overline{Q}_1^n \\ Q_2^{n+1} = \overline{Q}_2^n \end{cases} \tag{6.2.28}$$

驱动方程：

选用 *JK* 触发器时

$$\begin{cases} J_0 = K_0 = \mathbf{1} \\ J_1 = K_1 = \mathbf{1} \\ J_2 = K_2 = \mathbf{1} \end{cases} \tag{6.2.29}$$

选用 *D* 触发器时

$$\begin{cases} D_0 = \overline{Q}_0^n \\ D_1 = \overline{Q}_1^n \\ D_2 = \overline{Q}_2^n \end{cases} \tag{6.2.30}$$

(3) 画逻辑电路图

假定直接用 *T′*触发器来构成 3 位二进制异步减法计数器，就可以根据时钟方程式(6.2.25)、(6.2.26)和输出方程式(6.2.27)画出如图 6.2.27 所示的逻辑电路。至于 *T′*触发器，既可以是用 *JK* 触发器按式(6.2.29)转换得到的，也可以是用 *D* 触发器按式(6.2.30)转换成的。

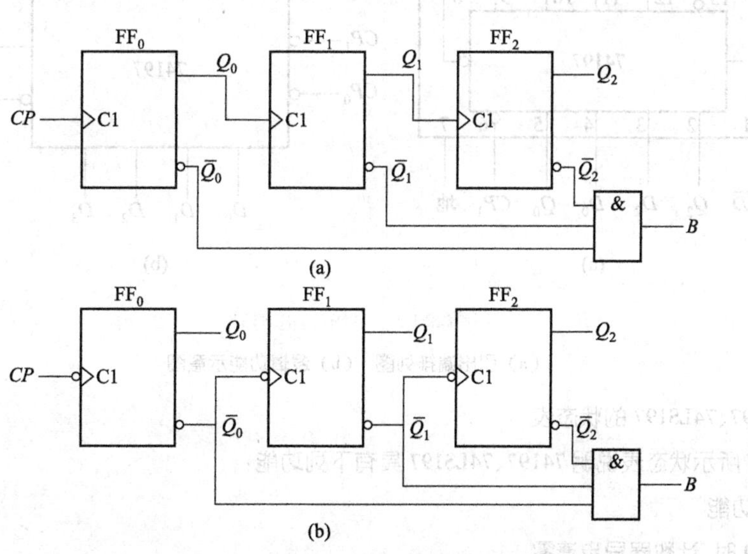

图 6.2.27 *T′*触发器构成的 3 位二进制异步减法计数器

(a) 上升沿触发的 *T′*触发器 (b) 下降沿触发的 *T′*触发器

至此，可以把二进制异步加法计数器和减法计数器级间连接规律归纳起来，得到如表6.2.6所示的二进制异步计数器级间连接规律表。

表6.2.6　二进制异步计数器级间连接规律

连接规律	T′触发器的触发沿	
	上升沿	下降沿
加法计数	$CP_i=\overline{Q}_{i-1}$	$CP_i=Q_{i-1}$
减法计数	$CP_i=Q_{i-1}$	$CP_i=\overline{Q}_{i-1}$

关于二进制异步计数器中进位信号 C 和借位信号 B 的说明：大家知道，在3位二进制计数器中，$C=Q_2^nQ_1^nQ_0^n$，$B=\overline{Q}_2^n\overline{Q}_1^n\overline{Q}_0^n$，作为异步计数器并不需要实现这样的表达式，进位或借位信号可以直接取自 FF_2 的输出 Q_2 或 $\overline{Q}_2$，但是作为进位和借位信号指示，其物理意义则直观明确，和状态图关系紧密，所以在3位二进制异步计数器的求解过程中，仍然作为一步——求输出方程处理了，在逻辑电路图中也画出了 C 或 B 的逻辑，而这一点在实际应用中是可以省去的。

3. 集成二进制异步计数器

集成二进制异步计数器，是指按照自然加权二进制码进行加法计数的电路，规格品种不少，现以比较典型的芯片74197、74LS197为例做简单说明。

(1) 74197、74LS197的引出端排列图和逻辑功能示意图

图6.2.28所示是集成4位二进制异步加法计数器74197、74LS197的引出端排列图和逻辑功能示意图。$\overline{CR}$是异步清零端；$CT/\overline{LD}$ 是计数和置数控制端；CP_0 是触发器 FF_0 的时钟输入端；CP_1 是 FF_1 的时钟输入端；$D_0 \sim D_3$ 是并行数据输入端；而 $Q_0 \sim Q_3$ 则是计数器状态输出端。

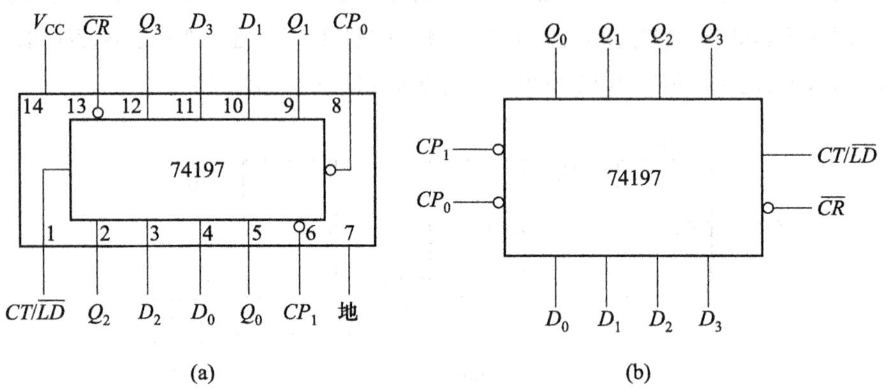

图6.2.28　74197、74LS197

(a) 引出端排列图　(b) 逻辑功能示意图

(2) 74197、74LS197的状态表

表6.2.7所示状态表说明74197、74LS197具有下列功能：

- 清零功能

当 $\overline{CR}=\mathbf{0}$ 时，计数器异步清零。

- 置数功能

当 $\overline{CR}=\mathbf{1}$、$CT/\overline{LD}=\mathbf{0}$ 时，计数器异步置数。

表 6.2.7 74197、74LS197 的状态表

输入							输出				注
$\overline{CR}$	$CT/\overline{LD}$	CP	D_0	D_1	D_2	D_3	Q_0^{n+1}	Q_1^{n+1}	Q_2^{n+1}	Q_3^{n+1}	
0	×	×	×	×	×	×	**0**	**0**	**0**	**0**	清零
1	**0**	×	d_0	d_1	d_2	d_3	d_0	d_1	d_2	d_3	置数
1	**1**	↓	×	×	×	×	计数				$CP_0=CP$ $CP_1=Q_0$

- 4 位二进制异步加法计数功能

当 $\overline{CR}=\mathbf{1}$、$CT/\overline{LD}=\mathbf{1}$ 时,异步加法计数。注意:将 CP 加在 CP_0 端、把 Q_0 与 CP_1 连接起来,构成 4 位二进制即十六进制异步加法计数器;若将 CP 加在 CP_1 端,则计数器中 FF_1、FF_2、FF_3 构成 3 位二进制即八进制计数器,FF_0 不工作;如果只将 CP 加在 CP_0 端,CP_1 接 **0** 或 **1**,那么 FF_0 工作,形成 1 位二进制计数器,FF_1、FF_2、FF_3 不工作。因此,也把 74197、74LS197 叫做二-八-十六进制计数器。

属于二-八-十六进制异步加法计数器的芯片还有 74177、74S197、74293、74LS293 等,属于双 4 位二进制异步加法计数器的芯片有 74393、74LS393。而 CMOS 集成异步计数器有 7 位的 CC4024、12 位的 CC4040、14 位的 CC4060 等。

6.2.3 十进制计数器

使用最多的十进制计数器是按照 8421 BCD 码进行计数的电路,下面分别讲解。

一、十进制同步计数器

1. 十进制同步加法计数器

(1) 结构示意框图和状态图

- 结构示意框图

图 6.2.29(a)所示是十进制同步加法计数器的结构示意框图,CP 是输入加法计数脉冲,C 是送给高位的输出进位信号,当 CP 到来时要求电路按照 8421 BCD 码进行加法计数。所谓十进制计数器,说得准确些应该是 1 位十进制计数器。

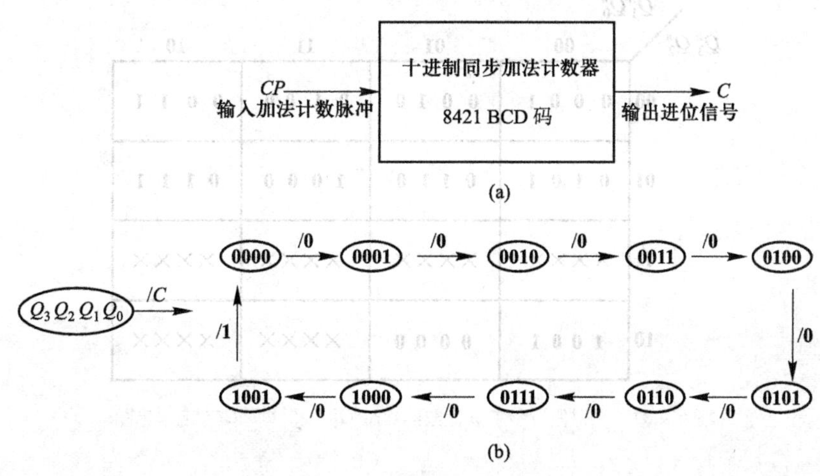

图 6.2.29 十进制同步加法计数器

(a) 结构示意框图 (b) 状态图

- 状态图

根据题意可以列出如图6.2.29(b)所示的状态图。它准确地表达了当 CP 不断到来时，应该按照8421 BCD码进行递增计数的功能要求。

(2) 选择触发器，求时钟方程、输出方程和状态方程

- 选择触发器

选用4个时钟脉冲下降沿触发的 JK 触发器，并用 FF_0、FF_1、FF_2、FF_3 表示。

- 求时钟方程

因要用同步电路，故时钟方程应为

$$CP_0 = CP_1 = CP_2 = CP_3 = CP \tag{6.2.31}$$

- 求输出方程

根据图6.2.29(b)所示状态图的规定，可画出如图6.2.30所示的 C 的卡诺图。注意，无效状态所对应的最小项可当成约束项，即**1010~1111**可作为约束项对待。由图6.2.30所示卡诺图可直接得到

$$C = Q_3^n Q_0^n \tag{6.2.32}$$

$Q_3^n Q_2^n$ \ $Q_1^n Q_0^n$	00	01	11	10
00	0	0	0	0
01	0	0	0	0
11	×	×	×	×
10	0	1	×	×

图6.2.30　输出进位信号 C 的卡诺图

- 求状态方程

先根据图6.2.29(b)所示状态图的规定，画出计数器次态 $Q_3^{n+1} Q_2^{n+1} Q_1^{n+1} Q_0^{n+1}$ 的卡诺图，如图6.2.31所示。再分解开画出每一个触发器次态的卡诺图，如图6.2.32所示。

$Q_3^n Q_2^n$ \ $Q_1^n Q_0^n$	00	01	11	10
00	0 0 0 1	0 0 1 0	0 1 0 0	0 0 1 1
01	0 1 0 1	0 1 1 0	1 0 0 0	0 1 1 1
11	××××	××××	××××	××××
10	1 0 0 1	0 0 0 0	××××	××××

图6.2.31　十进制同步加法计数器次态 $Q_3^{n+1} Q_2^{n+1} Q_1^{n+1} Q_0^{n+1}$ 的卡诺图

(a)

$Q_3^nQ_2^n$ \ $Q_1^nQ_0^n$	00	01	11	10
00	0	0	0	0
01	0	0	1	0
11	×	×	×	×
10	1	0	×	×

(b)

$Q_3^nQ_2^n$ \ $Q_1^nQ_0^n$	00	01	11	10
00	0	0	1	0
01	1	1	0	1
11	×	×	×	×
10	0	0	×	×

(c)

$Q_3^nQ_2^n$ \ $Q_1^nQ_0^n$	00	01	11	10
00	0	1	0	1
01	0	1	0	1
11	×	×	×	×
10	0	0	×	×

(d)

$Q_3^nQ_2^n$ \ $Q_1^nQ_0^n$	00	01	11	10
00	1	0	0	1
01	1	0	0	1
11	×	×	×	×
10	1	0	×	×

图 6.2.32 十进制同步加法计数器各触发器次态的卡诺图

(a) Q_3^{n+1} 的卡诺图 (b) Q_2^{n+1} 的卡诺图 (c) Q_1^{n+1} 的卡诺图 (d) Q_0^{n+1} 的卡诺图

由图 6.2.32 所示各卡诺图,可得下列状态方程:

$$\begin{cases} Q_0^{n+1}=\overline{Q}_0^n \\ Q_1^{n+1}=\overline{Q}_3^n\,\overline{Q}_1^nQ_0^n+Q_1^n\,\overline{Q}_0^n \\ Q_2^{n+1}=\overline{Q}_2^nQ_1^nQ_0^n+Q_2^n\,\overline{Q}_1^n+Q_2^n\,\overline{Q}_0^n \\ Q_3^{n+1}=Q_2^nQ_1^nQ_0^n+Q_3^n\,\overline{Q}_0^n \end{cases} \tag{6.2.33}$$

(3) 求驱动方程

JK 触发器的特性方程为

$$Q^{n+1}=J\,\overline{Q}^n+\overline{K}Q^n \tag{6.2.34}$$

- 变换状态方程的形式

变换式(6.2.33),使之与式(6.2.34)的形式一致:

$$\begin{cases} Q_0^{n+1}=\mathbf{1}\cdot\overline{Q}_0^n+\overline{\mathbf{1}}\cdot Q_0^n \\ Q_1^{n+1}=\overline{Q}_3^nQ_0^n\,\overline{Q}_1^n+\overline{Q}_0^nQ_1^n \\ Q_2^{n+1}=Q_1^nQ_0^n\,\overline{Q}_2^n+(\overline{Q}_1^n+\overline{Q}_0^n)Q_2^n=Q_1^nQ_0^n\,\overline{Q}_2^n+\overline{Q_1^nQ_0^n}Q_2^n \\ Q_3^{n+1}=Q_2^nQ_1^nQ_0^n(\overline{Q}_3^n+Q_3^n)+\overline{Q}_0^nQ_3^n \quad \text{约束项,去掉} \\ \quad =Q_2^nQ_1^nQ_0^n\,\overline{Q}_3^n+\overline{Q}_0^nQ_3^n+Q_3^nQ_2^nQ_1^nQ_0^n \\ \quad =Q_2^nQ_1^nQ_0^n\,\overline{Q}_3^n+\overline{Q}_0^nQ_3^n \end{cases} \tag{6.2.35}$$

- 写驱动方程

比较式(6.2.35)、(6.2.34),可写出驱动方程

$$\begin{cases} J_0 = K_0 = \mathbf{1} \\ J_1 = \overline{Q_3^n} Q_0^n \qquad K_1 = Q_0^n \\ J_2 = K_2 = Q_1^n Q_0^n \\ J_3 = Q_2^n Q_1^n Q_0^n \qquad K_3 = Q_0^n \end{cases} \tag{6.2.36}$$

（4）画逻辑电路图

图 6.2.33 所示就是根据选择的触发器和时钟方程式（6.2.31）、输出方程式（6.2.32）及驱动方程式（6.2.36）画出的十进制同步加法计数器的逻辑电路图。

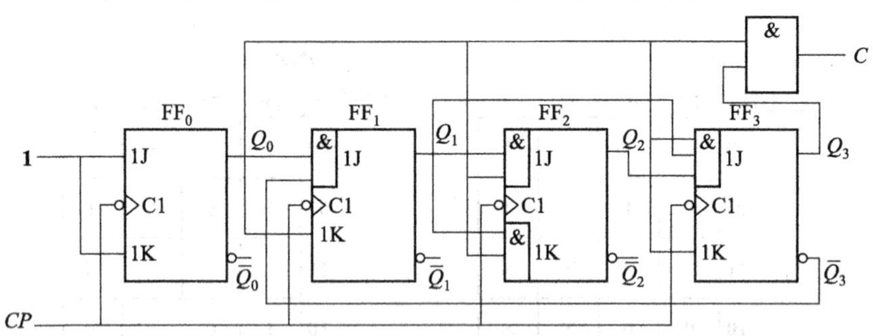

图 6.2.33　十进制同步加法计数器

如果要用下降沿触发的 D 触发器构成十进制同步加法计数器，则只需令 $D_0 \sim D_3$ 分别等于式（6.2.33）中 $Q_0^{n+1} \sim Q_3^{n+1}$ 各个表达式，所得到的便是驱动方程，再根据时钟方程、输出方程画出逻辑电路图即可，同学们可以作为习题画出之。

（5）检查电路能否自启动

将无效状态 **1010～1111** 分别代入式（6.2.35）、（6.2.32）进行计算，结果如下：

(1010) —/0→ (1011) —/1→ (0100)　　(1100) —/0→ (1011) —/1→ (0100)

(1110) —/0→ (1111) —/1→ (0000)

可见，在 CP 操作下都能回到有效状态，电路能够自启动。

2. 十进制同步减法计数器

（1）画状态图

如果在输入计数脉冲到来时，要求电路能够按照 8421 BCD 码进行递减计数，则可画出如图 6.2.34 所示的状态图。

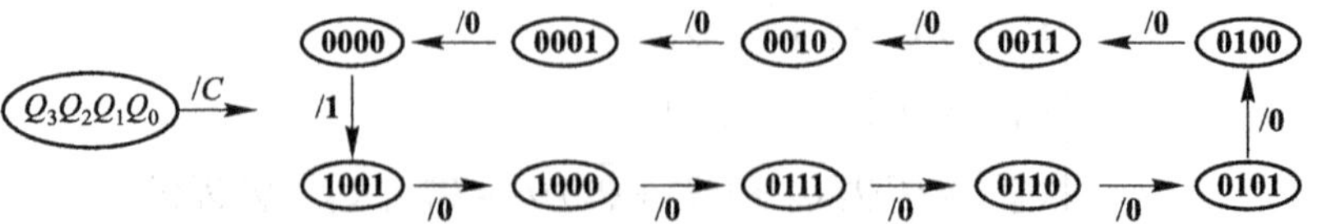

图 6.2.34　十进制同步减法计数器的状态图

（2）选择触发器，求时钟方程、输出方程、状态方程和驱动方程

选用时钟下降沿触发的 JK 触发器。

按照在构成十进制同步加法计数器中使用的方法，根据图 6.2.34 所示的状态图，可以很容易地得到下列时钟方程、输出方程、状态方程和驱动方程：

$$CP_0 = CP_1 = CP_2 = CP_3 = CP \tag{6.2.37}$$

$$B = \overline{Q}_3^n\ \overline{Q}_2^n\ \overline{Q}_1^n\ \overline{Q}_0^n \tag{6.2.38}$$

$$\begin{cases} Q_0^{n+1} = \overline{Q}_0^n \\ Q_1^{n+1} = Q_3^n\ \overline{Q}_1^n\ \overline{Q}_0^n + Q_2^n\ \overline{Q}_1^n\ \overline{Q}_0^n + Q_1^n Q_0^n \\ Q_2^{n+1} = Q_3^n\ \overline{Q}_0^n + Q_2^n Q_1^n + Q_2^n Q_0^n \\ Q_3^{n+1} = \overline{Q}_3^n\ \overline{Q}_2^n\ \overline{Q}_1^n\ \overline{Q}_0^n + Q_3^n Q_0^n \end{cases} \tag{6.2.39}$$

$$\begin{cases} J_0 = K_0 = \mathbf{1} \\ J_1 = Q_3^n\ \overline{Q}_0^n + Q_2^n\ \overline{Q}_0^n \\ \quad = (Q_3^n + Q_2^n)\overline{Q}_0^n \\ \quad = \overline{\overline{Q}_3^n \cdot \overline{Q}_2^n}\,\overline{Q}_0^n \qquad K_1 = \overline{Q}_0^n \\ J_2 = Q_3^n\ \overline{Q}_0^n \qquad K_2 = \overline{Q_1^n + Q_0^n} = \overline{Q}_1^n\ \overline{Q}_0^n \\ J_3 = \overline{Q}_2^n\ \overline{Q}_1^n\ \overline{Q}_0^n \qquad K_3 = \overline{Q}_0^n \end{cases} \tag{6.2.40}$$

(3) 画逻辑电路图

根据选用的触发器和式(6.2.37)、(6.2.38)、(6.2.40)即可画出如图 6.2.35 所示的逻辑电路图。

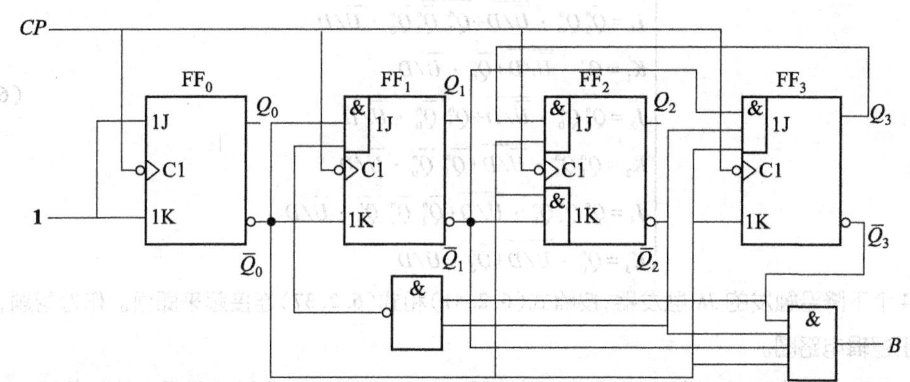

图 6.2.35 十进制同步减法计数器

如果要用下降沿触发的 D 触发器构成十进制同步减法计数器，那么只需令 $D_0 \sim D_3$ 分别等于式(6.2.39)中各方程，便可得到相应的驱动方程，再根据式(6.2.37)、(6.2.38)即可画出所需要的逻辑电路图，同学们可以作为习题画出。

(4) 检查电路能否自启动

将无效状态 **1010~1111** 分别代入式(6.2.39)、(6.2.38)进行计算，结果如下：

$$(1111) \xrightarrow{/0} (1110) \xrightarrow{/0} (0101) \qquad (1101) \xrightarrow{/0} (1100) \xrightarrow{/0} (0011)$$

$$(1011) \xrightarrow{/0} (1010) \xrightarrow{/0} (0101)$$

可见，在输入计数脉冲 CP 操作下，都能回到有效状态，电路能够自启动。

3. 十进制同步可逆计数器

可以用下列三种方法获得十进制同步可逆计数器：

① 先画出按照 8421 BCD 码进行十进制同步可逆计数的状态图，如图 6.2.36 所示[图中箭头旁的标注为$(\overline{U}/D)/(CO$ 或 $BO)$]。输入加/减控制信号是$\overline{U}/D$，为 **0** 时做加法计数，为 **1** 时做减法计数。再选择触发器，求出时钟、输出、状态、驱动方程，即可画出逻辑电路图。

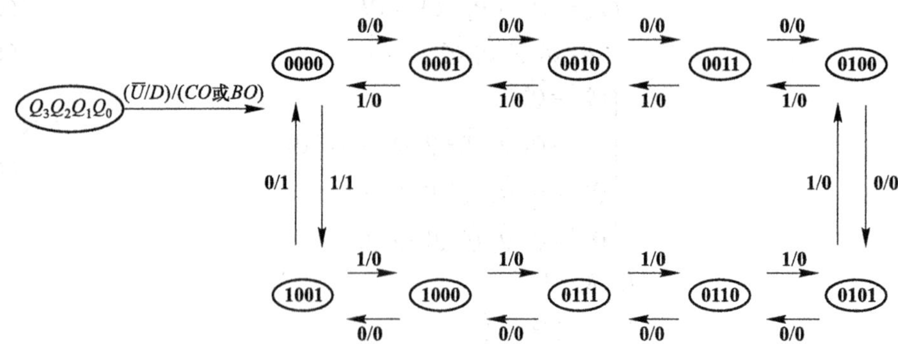

图 6.2.36　十进制同步可逆计数器的状态图

② 把前面介绍的十进制加法计数器和减法计数器用**与或**门组合起来，并用$\overline{U}/D$ 作为控制信号，亦可获得十进制同步可逆计数器。具体地说，就是用**与或**门把输出方程式(6. 2. 32)、(6. 2. 38)组合起来，把驱动方程式(6. 2. 36)、(6. 2. 40)组合起来，要注意应**与**上控制条件，见式(6. 2. 41)。

$$\begin{cases} C/B = Q_3^n Q_0^n \cdot \overline{\overline{U}/D} + \overline{Q}_3^n\ \overline{Q}_2^n\ \overline{Q}_1^n\ \overline{Q}_0^n \cdot \overline{U}/D \\ J_0 = K_0 = \mathbf{1} \\ J_1 = \overline{Q}_3^n Q_0^n \cdot \overline{\overline{U}/D} + \overline{\overline{Q}_3^n\ \overline{Q}_2^n}\,\overline{Q}_0^n \cdot \overline{U}/D \\ K_1 = Q_0^n \cdot \overline{\overline{U}/D} + \overline{Q}_0^n \cdot \overline{U}/D \\ J_2 = Q_1^n Q_0^n \cdot \overline{\overline{U}/D} + Q_3^n\ \overline{Q}_0^n \cdot \overline{U}/D \\ K_2 = Q_1^n Q_0^n \cdot \overline{\overline{U}/D} + \overline{Q}_1^n\ \overline{Q}_0^n \cdot \overline{U}/D \\ J_3 = Q_2^n Q_1^n Q_0^n \cdot \overline{\overline{U}/D} + \overline{Q}_2^n\ \overline{Q}_1^n\ \overline{Q}_0^n \cdot \overline{U}/D \\ K_3 = Q_0^n \cdot \overline{\overline{U}/D} + \overline{Q}_0^n \cdot \overline{U}/D \end{cases} \tag{6. 2. 41}$$

把 4 个下降沿触发的 JK 触发器，按照式(6. 2. 41)和式(6. 2. 37)连接起来即可。作为习题，请读者自行画出逻辑电路图。

③ 在 4 位二进制(十六进制)同步可逆计数器的基础上，通过修改驱动逻辑和输出逻辑，也可以获得十进制同步可逆计数器，而且仍能分成单时钟和双时钟两种类型。在制作集成十进制同步可逆计数器时，常采用这种方法。

4. 集成十进制同步计数器

常用的集成十进制同步计数器有加法计数和可逆计数两大类，采用的都是 8421 BCD 码。

(1) 集成十进制同步加法计数器

集成十进制同步加法计数器，TTL 产品有 74160、74LS160、74162、74S162、74LS162 等，CMOS 产品有 CC4518 等。现以比较典型的 74160 为例做简单说明。

① 引出端排列图和逻辑功能示意图

74160 的引出端排列图、逻辑符号与逻辑功能示意图与 74161 是相同的，如图 6. 2. 14 所示。只不过 74160 是十进制同步加法计数器，而 74161 是 4 位二进制(十六进制)同步加法器罢了。

② 74160 的状态表

表 6. 2. 8 所示是 74160 的状态表。

表 6. 2. 8 具体地反映了 74160 具有下列功能：

- 异步清零功能

当 $\overline{CR}=\mathbf{0}$ 时，通过各触发器$\overline{R}_D$ 端清零计数器，无论其他输入端处在何种状态。

表 6.2.8 74160 的状态表

输入									输出					注
$\overline{CR}$	$\overline{LD}$	CT_P	CT_T	CP	D_0	D_1	D_2	D_3	Q_0^{n+1}	Q_1^{n+1}	Q_2^{n+1}	Q_3^{n+1}	CO	
0	×	×	×	×	×	×	×	×	**0**	**0**	**0**	**0**	**0**	清零
1	**0**	×	×	↑	d_0	d_1	d_2	d_3	d_0	d_1	d_2	d_3		置数 $CO=CT_T \cdot Q_3^n Q_0^n$
1	**1**	**1**	**1**	↑	×	×	×	×	计数					$CO=Q_3^n Q_0^n$
1	**1**	**0**	×	×	×	×	×	×	保持					$CO=CT_T \cdot Q_3^n Q_0^n$
1	**1**	×	**0**	×	×	×	×	×	保持				**0**	

- 同步置数功能

当 $\overline{CR}=\mathbf{1}$、$\overline{LD}=\mathbf{0}$,即清零信号撤销、置数控制端为低电平时,在 CP 上升沿操作下,将并行数据 d_0 ~ d_3 送入计数器中,进位输出 $CO=CT_T \cdot Q_3^n Q_0^n$。

- 同步计数功能

当 $\overline{CR}=\overline{LD}=\mathbf{1}$、$CT_P=CT_T=\mathbf{1}$,即清零、置数信号均撤销,工作状态控制端都为高电平时,电路按照 8421 BCD码进行同步加法计数。

- 保持功能

当 $\overline{CR}=\overline{LD}=\mathbf{1}$、$CT_P \cdot CT_T=\mathbf{0}$ 时,计数器保持原来状态不变。这里有两种情况:当 $CT_P=\mathbf{0}$ 时,进位输出信号也保持,即 $CO=Q_3^n Q_0^n$;若 $CT_T=\mathbf{0}$,则$CO=CT_T \cdot Q_3^n Q_2^n=\mathbf{0}$,即进位输出端为低电平。

值得注意的是,74162、74S162、74LS162 采用的是同步清零方式,即当$\overline{CR}=\mathbf{0}$ 尚需 CP 上升沿到来时,计数器才被清零。CMOS 电路中有十进制同步减法计数器,其型号是 CC4522。

(2) 集成十进制同步可逆计数器

集成十进制同步可逆计数器和集成二进制同步可逆计数器一样,也有单时钟和双时钟两种类型。常用的产品型号有 74192、74LS192、74S168、74LS168、74190、74LS190、CC4510、CC40192 等。现以 74190(单时钟)、74192(双时钟)为例做简单说明。

- 74190

引出端排列图和逻辑功能示意图与 74191 相同,如图 6.2.16 所示。

表 6.2.9 所示是 74190 的状态表,它反映 74190 具有:十进制同步可逆计数功能;异步并行置数功能;保持功能。

表 6.2.9 74190 的状态表

输入								输出				注
$\overline{LD}$	$\overline{CT}$	$\overline{U}/D$	CP	D_0	D_1	D_2	D_3	Q_0^{n+1}	Q_1^{n+1}	Q_2^{n+1}	Q_3^{n+1}	
0	×	×	×	d_0	d_1	d_2	d_3	d_0	d_1	d_2	d_3	并行异步置数
1	**0**	**0**	↑	×	×	×	×	加法 计数				$CO/BO=Q_3^n Q_0^n$
1	**0**	**1**	↑	×	×	×	×	减法 计数				$CO/BO=\overline{Q_3^n}\ \overline{Q_2^n}\ \overline{Q_1^n}\ \overline{Q_0^n}$
1	**1**	×	×	×	×	×	×	保持				

- 74192

引出端排列图和逻辑功能示意图如图 6.2.17 所示。

表 6.2.10 所示是 74192 的状态表，该表反映 74192 具有：双时钟十进制可逆计数功能；异步并行置数功能；保持功能和异步清零功能。

表 6.2.10　74192 的状态表

输入								输出				注
CR	$\overline{LD}$	CP_U	CP_D	D_0	D_1	D_2	D_3	Q_0^{n+1}	Q_1^{n+1}	Q_2^{n+1}	Q_3^{n+1}	
1	×	×	×	×	×	×	×	0	0	0	0	异步清零
0	0	×	×	d_0	d_1	d_2	d_3	d_0	d_1	d_2	d_3	异步置数
0	1	↑	1	×	×	×	×	加法 计数				$\overline{CO}=\overline{\overline{CP_U}Q_3^nQ_0^n}$
0	1	1	↑	×	×	×	×	减法 计数				$\overline{BO}=\overline{\overline{CP_D}\,\overline{Q_3^n}\,\overline{Q_2^n}\,\overline{Q_1^n}\,\overline{Q_0^n}}$
0	1	1	1	×	×	×	×	保　持				$\overline{BO}=\overline{CO}=1$

*二、十进制异步计数器

1. 十进制异步加法计数器

（1）画状态图

图 6.2.37 所示是按照 8421 BCD 码的规定画出的十进制异步加法计数器的状态图。

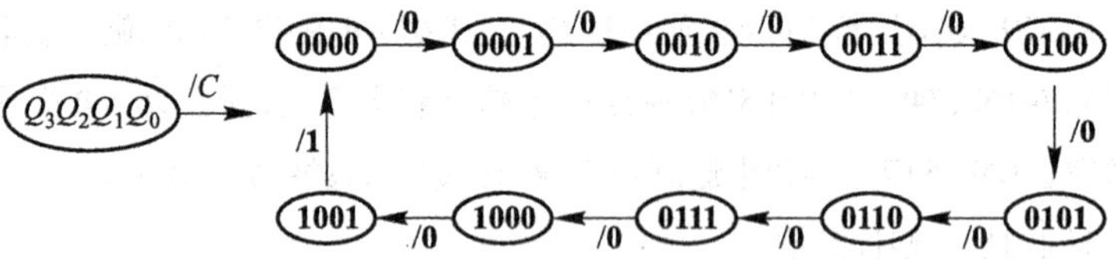

图 6.2.37　十进制异步加法计数器的状态图

（2）选择触发器，求时钟方程、输出方程和状态方程

- 选择触发器

选用 4 个下降沿触发的 JK 触发器，分别编号为 $FF_0 \sim FF_3$。

- 求时钟方程

① 画时序图

根据图 6.2.37 所示状态图的规定，可画出如图 6.2.38 所示的时序图。

② 选择时钟脉冲

根据图 6.2.38 所示时序图，显然应选

$$\begin{cases} CP_0 = CP \\ CP_1 = Q_0 \\ CP_2 = Q_1 \\ CP_3 = Q_0 \end{cases} \tag{6.2.42}$$

③ 求输出方程

由图 6.2.37 所示状态图可写出

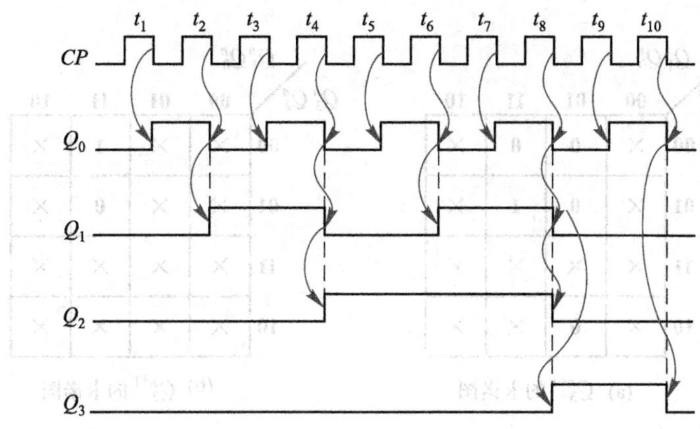

图 6.2.38 十进制异步加法计数器的时序图

$$C=Q_3^n\,\overline{Q}_2^n\,\overline{Q}_1^n\,Q_0^n \tag{6.2.43}$$

利用约束项进行化简，即在 C 的表达式中加上约束项 $Q_3^n\,\overline{Q}_2^n\,Q_1^n\,Q_0^n$、$Q_3^n\,Q_2^n\,\overline{Q}_1^n\,Q_0^n$、$Q_3^n\,Q_2^n\,Q_1^n\,Q_0^n$：

$$\begin{aligned}C&=Q_3^n\,\overline{Q}_2^n\,\overline{Q}_1^n\,Q_0^n+Q_3^n\,\overline{Q}_2^n\,Q_1^n\,Q_0^n+Q_3^n\,Q_2^n\,\overline{Q}_1^n\,Q_0^n+Q_3^n\,Q_2^n\,Q_1^n\,Q_0^n\\&=Q_3^nQ_0^n(\overline{Q}_2^n\,\overline{Q}_1^n+\overline{Q}_2^n\,Q_1^n+Q_2^n\,\overline{Q}_1^n+Q_2^n\,Q_1^n)\\&=Q_3^nQ_0^n\end{aligned} \tag{6.2.44}$$

④ 求状态方程

画出计数器次态的卡诺图：根据图 6.2.37 所示状态图的规定，可直接画出如图 6.2.39 所示的计数器次态的卡诺图。

$Q_3^nQ_2^n$ \ $Q_1^nQ_0^n$	00	01	11	10
00	0 0 0 1	0 0 1 0	0 1 0 0	0 0 1 1
01	0 1 0 1	0 1 1 0	1 0 0 0	0 1 1 1
11	××××	××××	××××	××××
10	1 0 0 1	0 0 0 0	××××	××××

图 6.2.39 十进制异步加法计数器次态的卡诺图

画出各个触发器次态的卡诺图：将图 6.2.39 所示卡诺图分解开，即可画出如图 6.2.40 所示的各个触发器次态的卡诺图。要注意，当 CP 到来电路转换状态时，不具备时钟条件的触发器，相应状态所对应的最小项应当成约束项处理，在分解出来的卡诺图中，无论原来填的是 **0** 还是 **1**，都记上×号，以便于求状态方程的最简**与或**表达式。例如，对 Q_1^{n+1} 来说，t_1、t_3、t_5、t_7、t_9 前一瞬间电路状态所对应的最小项 m_0、m_2、m_4、m_6、m_8 都是约束项，因为在求时钟方程时选择的是 $CP_1=Q_0$；类似地，对于 Q_2^{n+1} 来说，t_1、t_2、t_3、t_5、t_6、t_7、t_9、t_{10} 前一瞬间电路状态所对应的最小项 m_0、m_1、m_2、m_4、m_5、m_6、m_8、m_9 也都是约束项，因选择了 $CP_2=Q_1$；对 Q_3^{n+1} 来说，因选择了 $CP_3=Q_0$，所以 m_0、m_2、m_4、m_6、m_8 都是约束项。

写状态方程：由图 6.2.40 所示卡诺图可写出各触发器次态的最简表达式——状态方程。

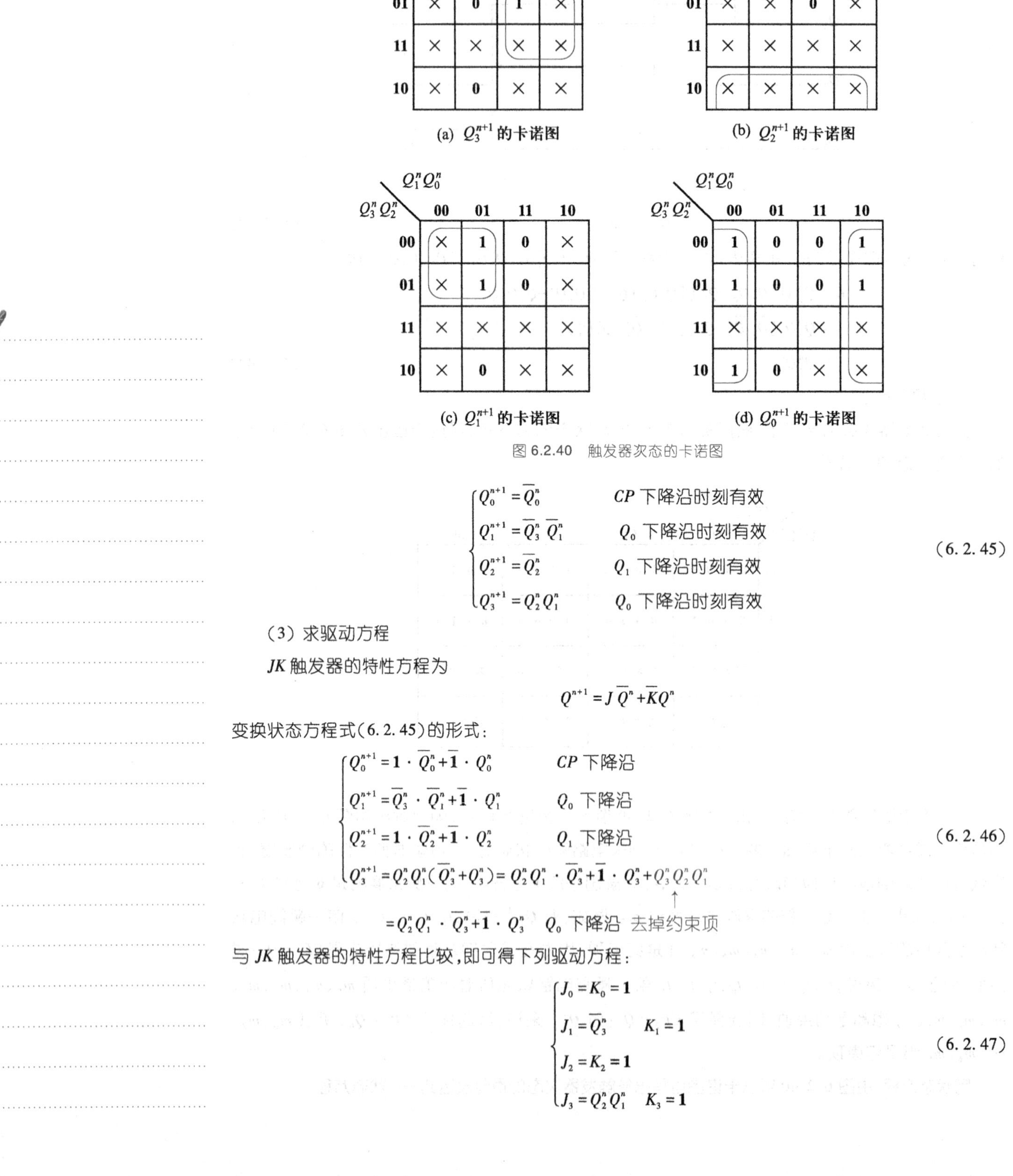

(a) Q_3^{n+1} 的卡诺图　　(b) Q_2^{n+1} 的卡诺图

(c) Q_1^{n+1} 的卡诺图　　(d) Q_0^{n+1} 的卡诺图

图 6.2.40　触发器次态的卡诺图

$$\begin{cases} Q_0^{n+1}=\overline{Q}_0^n & CP\text{ 下降沿时刻有效} \\ Q_1^{n+1}=\overline{Q}_3^n\ \overline{Q}_1^n & Q_0\text{ 下降沿时刻有效} \\ Q_2^{n+1}=\overline{Q}_2^n & Q_1\text{ 下降沿时刻有效} \\ Q_3^{n+1}=Q_2^nQ_1^n & Q_0\text{ 下降沿时刻有效} \end{cases} \tag{6.2.45}$$

（3）求驱动方程

JK 触发器的特性方程为

$$Q^{n+1}=J\overline{Q}^n+\overline{K}Q^n$$

变换状态方程式(6.2.45)的形式：

$$\begin{cases} Q_0^{n+1}=\mathbf{1}\cdot\overline{Q}_0^n+\overline{\mathbf{1}}\cdot Q_0^n & CP\text{ 下降沿} \\ Q_1^{n+1}=\overline{Q}_3^n\cdot\overline{Q}_1^n+\overline{\mathbf{1}}\cdot Q_1^n & Q_0\text{ 下降沿} \\ Q_2^{n+1}=\mathbf{1}\cdot\overline{Q}_2^n+\overline{\mathbf{1}}\cdot Q_2^n & Q_1\text{ 下降沿} \\ Q_3^{n+1}=Q_2^nQ_1^n(\overline{Q}_3^n+Q_3^n)=Q_2^nQ_1^n\cdot\overline{Q}_3^n+\overline{\mathbf{1}}\cdot Q_3^n+Q_3^nQ_2^nQ_1^n \\ \quad =Q_2^nQ_1^n\cdot\overline{Q}_3^n+\overline{\mathbf{1}}\cdot Q_3^n & Q_0\text{ 下降沿　去掉约束项} \end{cases} \tag{6.2.46}$$

与 JK 触发器的特性方程比较，即可得下列驱动方程：

$$\begin{cases} J_0=K_0=\mathbf{1} \\ J_1=\overline{Q}_3^n \quad K_1=\mathbf{1} \\ J_2=K_2=\mathbf{1} \\ J_3=Q_2^nQ_1^n \quad K_3=\mathbf{1} \end{cases} \tag{6.2.47}$$

（4）画逻辑电路图

根据选择的触发器及式（6.2.42）、（6.2.44）及（6.2.47），即可画出如图 6.2.41 所示的逻辑电路图。

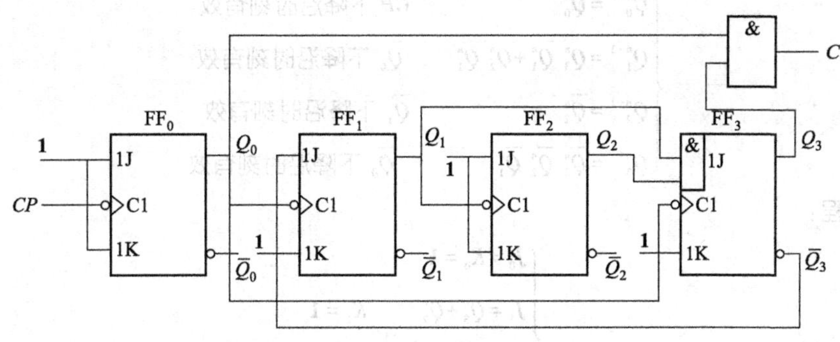

图 6.2.41　十进制异步加法计数器

（5）检查电路能否自启动

将无效状态代入式（6.2.44）、（6.2.46）进行计算，结果如下：

1010 —/0→ 1011 —/1→ 0100　　1100 —/0→ 1101 —/1→ 0100

1110 —/0→ 1111 —/1→ 0000

在 CP 作用下都能回到有效状态，可见所得到的电路能够自启动。要提醒一下，将无效状态代入状态方程式（6.2.46）进行计算时，要注意式中每一个方程式有效的时钟条件，不具备者相应触发器将保持原来状态不变。

2. 十进制异步减法计数器

（1）画状态图

如图 6.2.42 所示。

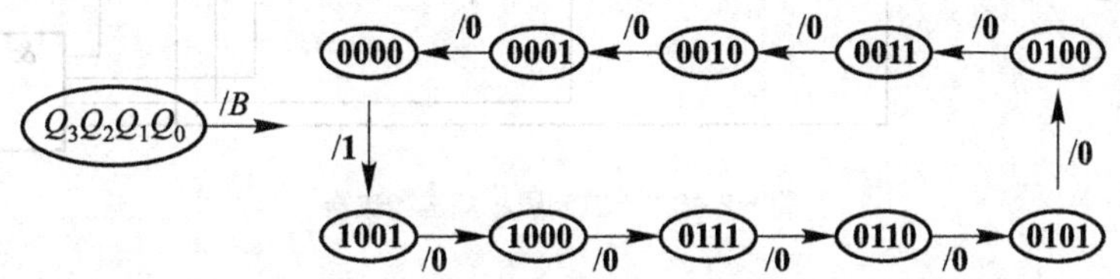

图 6.2.42　十进制异步减法计数器的状态图

（2）选择触发器，求时钟方程、输出方程、状态方程和驱动方程

选用 4 个时钟下降沿触发的 JK 触发器。

按照构成十进制异步加法计数器的方法，根据图 6.2.42 所示状态图，便可获得时钟方程、输出方程、状态方程和驱动方程。

时钟方程：

$$\begin{cases} CP_0 = CP \\ CP_1 = \overline{Q}_0 \\ CP_2 = \overline{Q}_1 \\ CP_3 = \overline{Q}_0 \end{cases} \tag{6.2.48}$$

输出方程：

$$B=\overline{Q_3^n}\ \overline{Q_2^n}\ \overline{Q_1^n}\ \overline{Q_0^n} \tag{6.2.49}$$

状态方程：

$$\begin{cases} Q_0^{n+1}=\overline{Q_0^n} & CP\ \text{下降沿时刻有效} \\ Q_1^{n+1}=Q_3^n\ \overline{Q_1^n}+Q_2^n\ \overline{Q_1^n} & \overline{Q}_0\ \text{下降沿时刻有效} \\ Q_2^{n+1}=\overline{Q_2^n} & \overline{Q}_1\ \text{下降沿时刻有效} \\ Q_3^{n+1}=\overline{Q_3^n}\ \overline{Q_2^n}\ \overline{Q_1^n} & \overline{Q}_0\ \text{下降沿时刻有效} \end{cases} \tag{6.2.50}$$

驱动方程：

$$\begin{cases} J_0=K_0=\mathbf{1} \\ J_1=Q_3^n+Q_2^n \qquad K_1=\mathbf{1} \\ J_2=K_2=\mathbf{1} \\ J_3=\overline{Q_2^n}\ \overline{Q_1^n} \qquad K_3=\mathbf{1} \end{cases} \tag{6.2.51}$$

（3）画逻辑电路图

根据选用的触发器及式（6.2.48）、（6.2.49）、（6.2.51），可画出如图 6.2.43 所示的逻辑电路图。

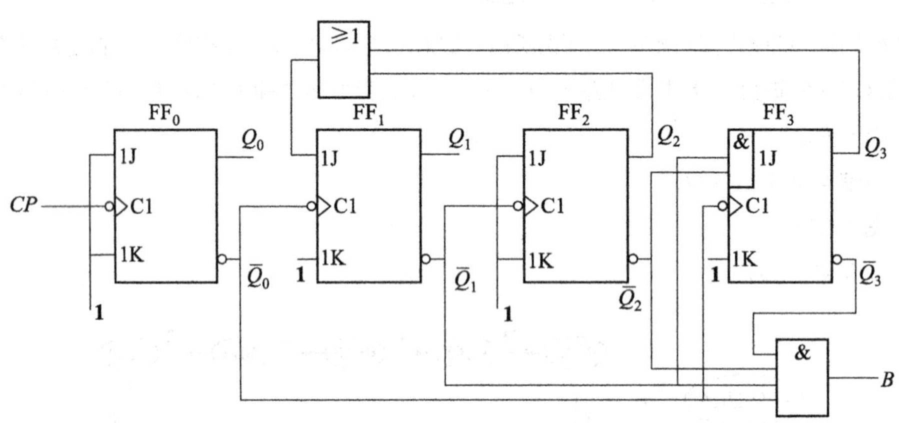

图 6.2.43 十进制异步减法计数器

（4）检查电路能否自启动

将无效状态 **1010~1111** 代入式（6.2.50）、（6.2.49）进行计算，结果如下：

1111 —/0→ **1110** —/0→ **0101**　　**1101** —/0→ **1100** —/0→ **0011**

1011 —/0→ **1010** —/0→ **0001**

在输入计数脉冲操作下都能转换到有效状态，电路能够自启动。计算时要注意时钟条件：$CP_1=\overline{Q}_0$、$CP_2=\overline{Q}_1$、$CP_3=\overline{Q}_0$，一个触发器，只有在其 Q 端由低电平跳变到高电平即由 **0** 跳变到 **1** 时，它的 $\overline{Q}$ 端才会出现下降沿。

3. 集成十进制异步计数器

集成十进制异步计数器，常用的型号有：74196、74S196、74LS196、74290、74LS290 等，它们都是按照 8421 BCD 码进行加法计数的电路，现以 74290 为例做简单说明。

(1) 74290 的引出端排列图、逻辑符号、逻辑功能示意图及结构框图

图 6.2.44 所示是二-五-十进制异步计数器 74290 的引出端排列图、逻辑功能示意图、结构框图和国标逻辑符号。

视频：难点解析 6-8 中规模异步加法计数器

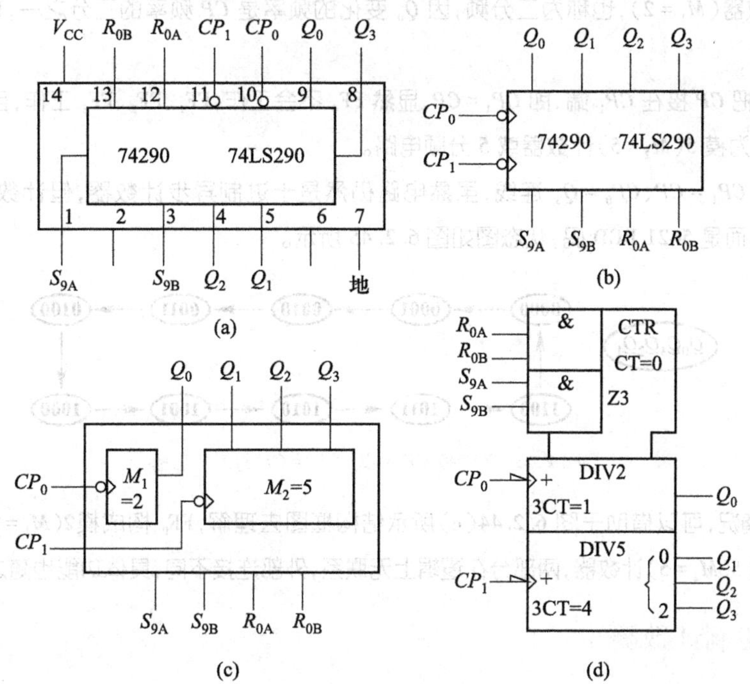

图 6.2.44 74290、74LS290

(a) 引出端排列图 (b) 逻辑功能示意图 (c) 结构框图 (d) 国标逻辑符号

(2) 74290 的状态表

表 6.2.11 表明 74290 具有下列功能：

表 6.2.11 74290 的状态表

输入			输出				注
$R_{0A}\cdot R_{0B}$	$S_{9A}\cdot S_{9B}$	CP	Q_0^{n+1}	Q_1^{n+1}	Q_2^{n+1}	Q_3^{n+1}	
1	**0**	×	**0**	**0**	**0**	**0**	清零
×	**1**	×	**1**	**0**	**0**	**1**	置 9
0	**0**	↓	计		数		$CP_0=CP$ $CP_1=Q_0$

- 清零功能

当 $S_9=S_{9A}\cdot S_{9B}=\mathbf{0}$ 时，若 $R_0=R_{0A}\cdot R_{0B}=\mathbf{1}$，则计数器清零，与 CP 无关，这说明清零是异步的。

- 置“9”功能

当 $S_9=S_{9A}\cdot S_{9B}=\mathbf{1}$ 时计数器置“9”，即被置成 **1001** 状态。不难看出，这种置“9”也是通过触发器异步输入端进行的，与 CP 无关，且其优先级别高于 R_0。

- 计数功能

有四种基本情况：

① 若把输入计数脉冲 CP 加在 CP_0 端，即 $CP_0 = CP$，且把 Q_0 与 CP_1 从外部连接起来，即令 $CP_1 = Q_0$，则电路将对 CP 按照8421 BCD码进行异步加法计数。

② 如果仅将 CP 接在 CP_0 端，而 CP_1 与 Q_0 不连接起来，那么计数器的 FF_0——T'触发器工作，构成 1 位二进制计数器（$M_1 = 2$），也称为二分频，因 Q_0 变化的频率是 CP 频率的二分之一，FF_1、FF_2、FF_3 不工作。

③ 要是只把 CP 接在 CP_1 端，即 $CP_1 = CP$，显然 FF_0 不会工作，FF_1、FF_2、FF_3 工作，且构成五进制异步计数器，也称为模 5（$M_2 = 5$）计数器或 5 分频电路。

④ 倘若按 $CP_1 = CP$、$CP_0 = Q_3$ 连线，虽然电路仍然是十进制异步计数器，但计数规律就不再是 8421 BCD码了，而是 5421 BCD 码，状态图如图 6.2.45 所示。

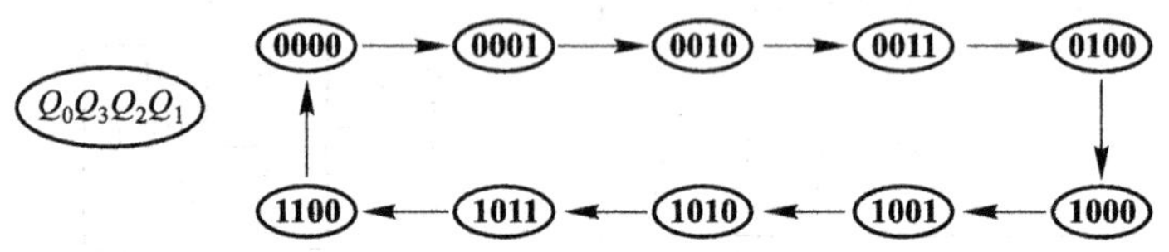

图 6.2.45 74290 $CP_0 = Q_3$、$CP_1 = CP$ 时的状态图

上述四种情况，可以借助于图 6.2.44（c）所示结构框图去理解，FF_0 构成模2（$M_1 = 2$）计数器，FF_1、FF_2、FF_3 构成模 5（$M_2 = 5$）计数器，两部分在逻辑上无联系，外部连接不同，具体功能也随之变化。

6.2.4 N 进制计数器

获得 N 进制计数器常用的方法有两种：一是用时钟触发器和门电路进行设计，其方法在时序电路基本设计步骤中已做过较详细的介绍，在十进制计数器里讲解得更加具体；二是用集成计数器构成。由于集成计数器是厂家生产的定型产品，其函数关系已被固化在芯片中了，状态分配即编码是不可能更改的，而且多为纯自然态序编码，因此仅是利用清零端或置数控制端，让电路跳过某些状态而获得 N 进制计数器，这也是本小节要说明的主要内容。

集成计数器一般都设置有清零输入端和置数输入端，而且无论是清零还是置数都有同步和异步之分，有的集成计数器采用同步方式——当 CP 触发沿到来时才能完成清零或置数任务，有的则采用异步方式——通过时钟触发器异步输入端实现清零或置数，与 CP 信号无关。在做过具体介绍的集成计数器中，通过状态表可以很容易地就能鉴别其清零和置数方式。例如，清零、置数均采用同步方式的有集成 4 位二进制（十六进制）同步加法计数器 74163；均采用异步方式的有 4 位二进制同步可逆计数器 74193、4 位二进制异步加法计数器 74197、十进制同步可逆计数器 74192；清零采用异步方式、置数采用同步方式的有 4 位二进制同步加法计数器 74161、十进制同步加法计数器 74160；有的只具有异步清零功能，例如 CC4520、74190、74191；74290 则具有异步清零和置“9”功能。

用清零端和置数端实现归零，从而获得按自然态序进行计数的 N 进制计数器是以下要介绍的基本内容。

一、用同步清零端或置数端归零获得 N 进制计数器的方法

1. 主要步骤

① 写出状态 S_{N-1} 的二进制代码。

② 求归零逻辑——同步清零端或置数控制端信号的逻辑表达式。

③ 画连线图。

2. 应用举例

[例 6.2.1] 试用 74163 构成十二进制计数器。

[解] (1) 写出 S_{N-1} 的二进制代码

$$S_{N-1}=S_{12-1}=S_{11}=\mathbf{1011}$$

(2) 求归零逻辑

$$\overline{CR}=\overline{LD}=\overline{P}_{N-1}=\overline{P}_{11}$$

$$P_{N-1}=P_{11}=\prod_{0\sim3}Q^1=Q_3^nQ_1^nQ_0^n \tag{6.2.52}$$

(3) 画连线图

图 6.2.46(a)所示是用同步清零$\overline{CR}$端归零构成的十二进制同步加法计数器的连线图,$D_0\sim D_3$本可随意处理,现都接 **0**;图 6.2.46(b)所示是用同步置数$\overline{LD}$端归零构成的十二进制同步加法计数器的连线图,注意 $D_0\sim D_3$ 必须都接 **0**。

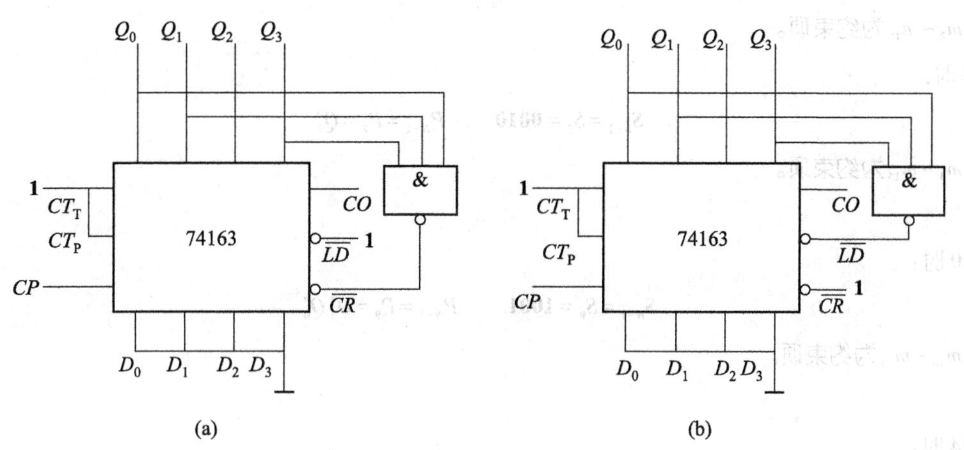

图 6.2.46 用 74163 构成的十二进制同步加法计数器

(a) 用同步清零$\overline{CR}$端归零 (b) 用同步置数$\overline{LD}$端归零

式(6.2.52)中,P_{N-1}代表状态 S_{N-1}的译码,而 $\prod\limits_{0\sim n-1}Q^1$ 代表 S_{N-1} 时状态为 **1** 的各个触发器 Q 端的连乘积。

应当说明的是,在 S_{N-1} 状态的译码中,本应为 $P_{N-1}=\prod\limits_{0\sim n-1}Q^1\cdot\prod\limits_{0\sim n-1}Q^0$,$\prod\limits_{0\sim n-1}Q^0$ 是 S_{N-1} 时状态为 **0** 的各个触发器$\overline{Q}$端的连乘积。但是在利用同步归零法所获得的 N 进制加法计数器中,由于 $S_N\sim S_{2^n-1}$ 是不会出现的,因此对应的最小项可以作为约束项处理。充分利用这些约束项进行化简之后,$\prod\limits_{0\sim n-1}Q^0$ 被消去了,即

$$P_{N-1}=\prod_{0\sim n-1}Q^1\cdot\prod_{0\sim n-1}Q^0=\prod_{0\sim n-1}Q^1 \tag{6.2.53}$$

为了证明式(6.2.53)是正确的,现以 4 变量卡诺图作为例子进行简单说明,如图 6.2.47所示。

由图 6.2.47 所示 4 变量卡诺图可得

$N=1$ 时:

$$S_{N-1}=S_0=\mathbf{0000}\qquad P_{N-1}=P_0=\mathbf{1}$$

$m_1\sim m_{15}$为约束项。

$N=2$ 时:

$Q_3^nQ_2^n$ \ $Q_1^nQ_0^n$	00	01	11	10
00	m_0	m_1	m_3	m_2
01	m_4	m_5	m_7	m_6
11	m_{12}	m_{13}	m_{15}	m_{14}
10	m_8	m_9	m_{11}	m_{10}

图 6.2.47　用 4 变量卡诺图

$$S_{N-1}=S_1=\mathbf{0001}\qquad P_{N-1}=P_1=Q_0^n$$

$m_2\sim m_{15}$为约束项。

$N=3$ 时：

$$S_{N-1}=S_2=\mathbf{0010}\qquad P_{N-1}=P_2=Q_1^n$$

$m_3\sim m_{15}$为约束项。

⋮

$N=10$ 时：

$$S_{N-1}=S_9=\mathbf{1001}\qquad P_{N-1}=P_9=Q_3^nQ_0^n$$

$m_{10}\sim m_{15}$为约束项。

⋮

$N=14$ 时：

$$S_{N-1}=S_{13}=\mathbf{1101}\qquad P_{N-1}=P_{13}=Q_3^nQ_2^nQ_0^n$$

m_{14}、m_{15}为约束项。

$N=15$ 时：

$$S_{N-1}=S_{14}=\mathbf{1110}\qquad P_{N-1}=P_{14}=Q_3^nQ_2^nQ_1^n$$

m_{15}为约束项。

$N=16$ 时：

$$S_{N-1}=S_{15}=\mathbf{1111}\qquad P_{N-1}=P_{15}=Q_3^nQ_2^nQ_1^nQ_0^n$$

无约束项。

二、用异步清零端或置数端归零获得 N 进制计数器的方法

1. 主要步骤

① 写出状态 S_N 的二进制代码。

② 求归零逻辑——异步清零端或置数控制端信号的逻辑表达式。

③ 画连线图。

2. 应用举例

[例 6.2.2]　试用 74197 构成十二进制计数器。

[解]　74197 是一个二-八-十六进制异步加法计数器芯片，当仅将 CP 接在 CP_0 端时，FF_0 构成 1

位二进制计数器；当仅将 CP 接在 CP_1 端时，FF_1、FF_2、FF_3 构成八进制计数器；如果不仅把 CP 加到 CP_0 端，而且还将 CP_1 与 Q_0 连接起来，那么构成的就是十六进制计数器。

（1）写出 S_N 的二进制代码

$$S_N = S_{12} = \mathbf{1100}$$

（2）求归零逻辑

$$\overline{CR} = \overline{CT/\overline{LD}} = \overline{P}_N = \overline{P}_{12}$$

$$P_N = P_{12} = \prod_{0\sim 3} Q^1 = Q_3^n Q_2^n \qquad (6.2.54)$$

（3）画连线图

图 6.2.48(a)所示是用异步清零$\overline{CR}$端归零构成的十二进制异步加法计数器；图 6.2.48(b)所示是用 $CT/\overline{LD}$端异步置数归零构成的十二进制异步加法计数器。

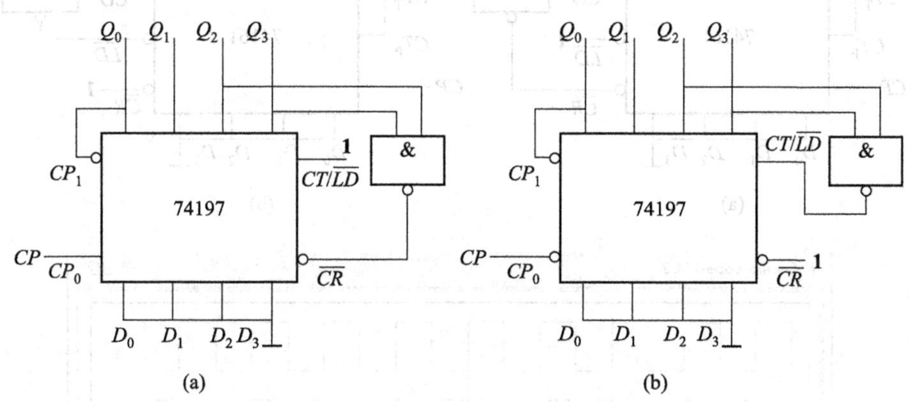

图 6.2.48 用 74197 构成的十二进制异步加法计数器

（a）用异步清零$\overline{CR}$端归零 （b）用异步置数 $CT/\overline{LD}$端归零

式(6.2.54)中的 P_N 是状态 S_N 的译码，其表达式应为

$$P_N = \prod_{0\sim n-1} Q^1 \cdot \prod_{0\sim n-1} Q^0$$

利用不会出现的 S_{N+1}、S_{N+2}、…、S_{2^n-1} 所对应的最小项是约束项，进行化简之后消去了 $\prod_{0\sim n-1} Q^0$，所以有

$$P_N = \prod_{0\sim n-1} Q^1 \qquad (6.2.55)$$

该结果的正确性亦可用图 6.2.47 所示卡诺图予以证明。

利用异步归零所获得的 N 进制计数器存在一个极短暂的过渡状态 S_N。照理说，N 进制计数器从 S_0 开始计数，计到 S_{N-1} 时，再输入一个计数脉冲，电路应该立即归零。然而用异步归零所得到的计数器，不是马上归零，而是先转换到状态 S_N，借助 S_N 的译码使电路归零，随后 S_N 消失，整个过程需要大约几十纳秒。S_N 虽然是极短暂的过渡状态，但是它却是不可缺少的，没有它就无法产生异步归零信号。但是，整个电路仍然是 N 进制计数器，只是当计到 S_{N-1} 时，再输入一个计数脉冲，在电路归零过程中，夹杂了一个极短暂的过渡状态 S_N 罢了。

[例 6.2.3] 试用 74161 构成一个十二进制计数器。

[解] 74161 是一个十六进制计数器，不过其清零采用的是异步方式，置数采用的是同步方式。

（1）写出 S_{N-1}和 S_N 的二进制代码

$$S_{N-1} = S_{12-1} = S_{11} = \mathbf{1011}$$

$$S_N = S_{12} = \mathbf{1100}$$

（2）求归零逻辑

$$\overline{CR} = \overline{P}_N = \overline{\prod_{0\sim n-1} Q^1} = \overline{Q_3^n Q_2^n} \tag{6.2.56}$$

$$\overline{LD} = \overline{P}_{N-1} = \overline{\prod_{0\sim n-1} Q^1} = \overline{Q_3^n Q_1^n Q_0^n} \tag{6.2.57}$$

（3）画连线图

分别按式（6.2.56）、式（6.2.57）连线，便可以得到图 6.2.49 所示的电路。

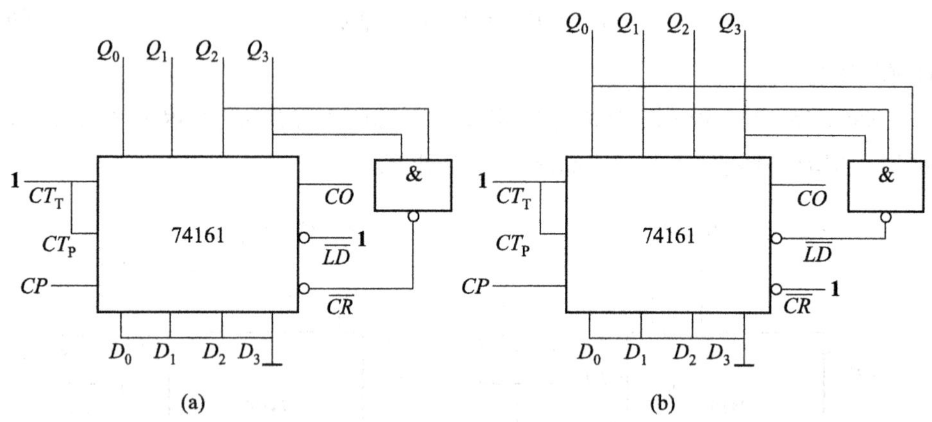

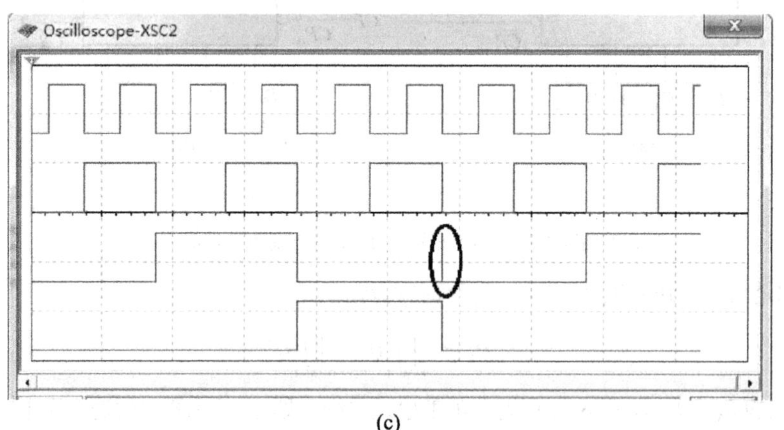

(c)

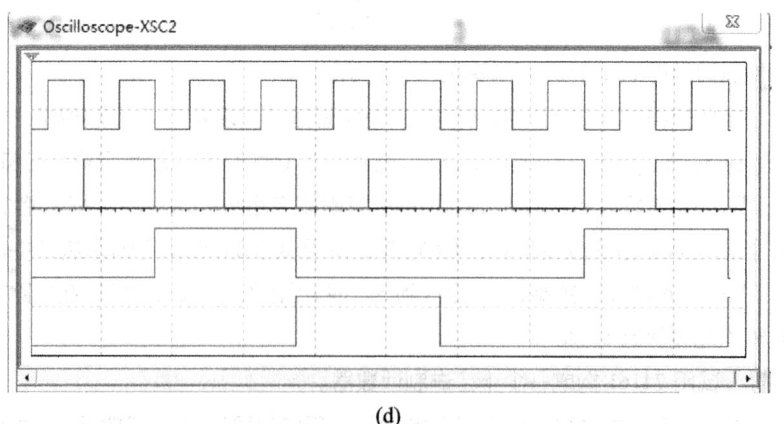

(d)

图 6.2.49　用 74161 构成的十二进制计数器

（a）用异步清零 $\overline{CR}$ 端归零　（b）用同步置数 $\overline{LD}$ 端归零

（c）图（a）对应的仿真波形　（d）图（b）对应的仿真波形

图 6.2.49(a)是根据式(6.2.56)进行连线的,用异步清零$\overline{CR}$端归零构成的十二进制同步加法计数器;图 6.2.49(b)是根据式(6.2.57)连线的,用同步置数控制端$\overline{LD}$归零构成的十二进制同步加法计数器。图 6.2.49(c)、(d)分别是图(a)、(b)所对应电路的某仿真平台仿真波形图。由图(c)可清楚看到**“1100”**是一个瞬态。

三、计数器容量的扩展

1. 把集成计数器级联起来扩展容量

集成计数器一般都设置有级联用的输入端和输出端,只要正确地把它们连接起来,便可得到容量更大的计数器。

图 6.2.50 所示是把三片 74161 级联起来构成的 4096 进制(12 位二进制)同步加法计数器。

图 6.2.50(a)所示为基本接法,根据 74161 的状态表表 6.2.1 不难理解其工作原理。图 6.2.50(b)所示为改进接法,工作速度较高,因为只要片 1 状态为全 **1**,$CO_1 = CT_{T1} \cdot Q_7^n Q_6^n Q_5^n Q_4^n = Q_7^n Q_6^n Q_5^n Q_4^n = CT_{T2} = \mathbf{1}$,一旦片 0 状态为全 **1**,$CO_0 = CT_{T0} \cdot Q_3^n Q_2^n Q_1^n Q_0^n = Q_3^n Q_2^n Q_1^n Q_0^n = CT_{P2} = \mathbf{1}$,片 2 立即可以接收进位 CP 脉冲,不会像基本接法中那样,需要经历片 1 的传输延迟。

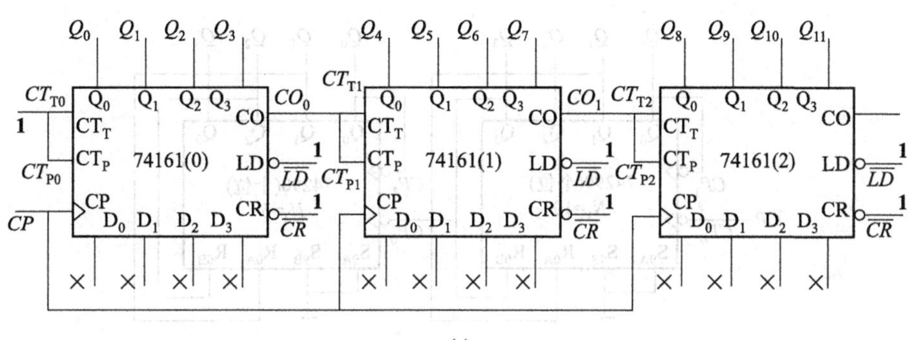

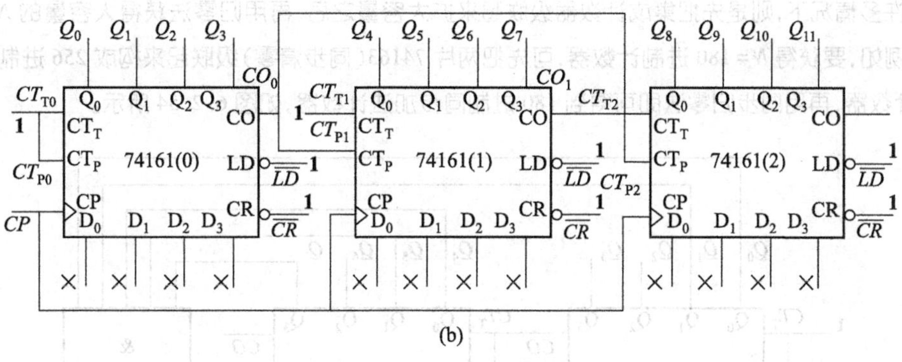

图 6.2.50 三片 74161 级联起来构成 4096 进制同步加法计数器

(a) 基本接法 (b) 改进接法

图 6.2.51 所示是把两片 74290 级联起来构成的 100 进制——2 位十进制计数器,联系 74290 的状态表表 6.2.11 去思考,其工作原理是一目了然的。

2. 利用级联方法获得大容量的 N 进制计数器

所谓级联方法,就是把多个计数器串接起来,从而获得所需要的大容量的 N 进制计数器。例如,把一个 N_1 进制计数器和一个 N_2 进制计数器串接起来,便可以构成$N = N_1 \times N_2$ 进制计数器,如图 6.2.52 所示。

例如,图 6.2.53 所示就是由六进制和十进制计数器级联起来构成的 $6 \times 10 = 60$ 进制计数器。

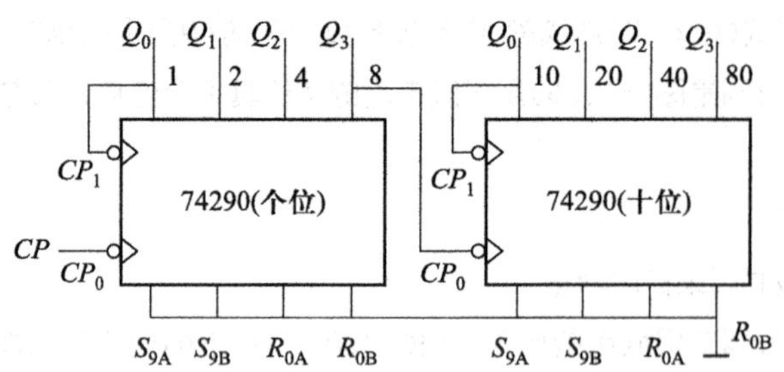

图 6.2.51　两片 74290 构成的 100 进制异步加法计数器

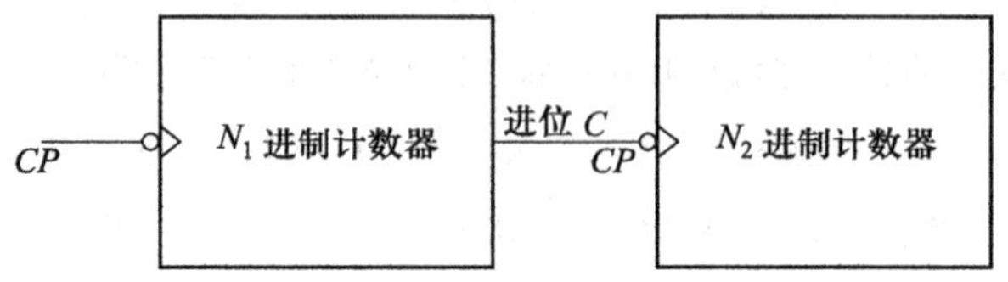

图 6.2.52　$N=N_1\times N_2$ 进制计数器示意框图

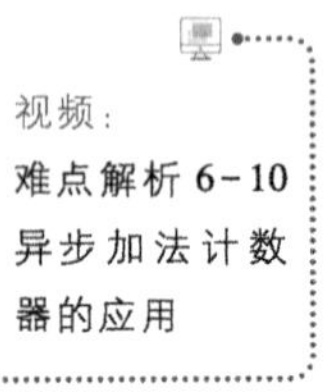

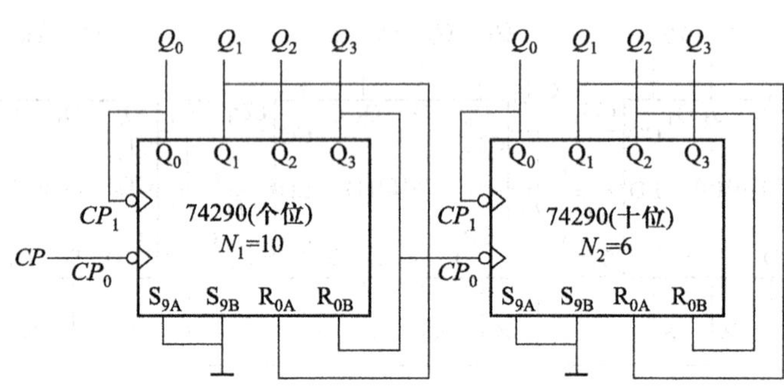

图 6.2.53　60 进制异步加法计数器

在许多情况下，则是先把集成计数器级联起来扩大容量之后，再用归零法获得大容量的 N 进制计数器。例如，要获得 $N=180$ 进制计数器，可先把两片 74163（同步清零）级联起来构成 256 进制（8 位二进制）计数器，再用同步归零法即可得到 180 进制同步加法计数器，如图 6.2.54 所示。

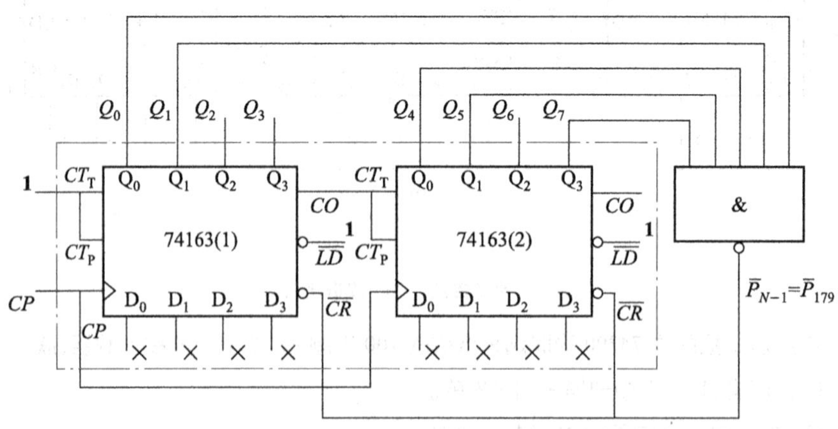

图 6.2.54　用两片 74163 构成的 180 进制同步加法计数器

在图 6.2.54 所示电路中，虚线框内是一个 256 进制计数器。因为 $N=180$，故

$$S_{N-1}=S_{179}=\mathbf{10110011}$$

$$P_{N-1}=P_{179}=Q_7^nQ_5^nQ_4^nQ_1^nQ_0^n$$
$$\overline{CR}=\overline{Q_7^nQ_5^nQ_4^nQ_1^nQ_0^n} \tag{6.2.58}$$

式(6.2.58)正是图6.2.54所示电路的同步归零逻辑。

最后要说明一点，在集成计数器的基础上，用跳过某些状态获得N进制计数器的方法有好多种，我们只介绍了可以获得按自然态序进行计数的归零法（同步或异步），其他方法与归零法也是大同小异，并无本质区别，若有兴趣，可以查看有关书籍。

思考提升 6-3
计数器和分频器的关系。

6.3 寄存器和读/写存储器

6.3.1 寄存器的主要特点和分类

一、寄存器的概念和主要特点

1. 寄存器的概念

（1）寄存

把二进制数据或代码暂时存储起来的操作叫做寄存。其实，人们随处都要遇到寄存问题，例如出外旅游，把小件行李暂时寄存在车站或码头的暂存处，到自选商场要将提包交服务员暂时保管等，都是寄存。

（2）寄存器

具有寄存功能的电路称为寄存器。在日常生活、工作中，类似于寄存器的场所到处都是，例如，一个单位的办公室，总是先把送来的文件和报章杂志接收下来，再由办事员分发；商店中的货柜，售货人员总是先把商品从大仓库中取出来放在货柜中，以备顾客选购。

寄存器是一种基本时序电路，在各种数字系统中几乎是无所不在。因为任何现代数字系统都必须把需要处理的数据、代码先寄存起来，以便随时取用。

2. 寄存器的主要特点

图6.3.1所示是n位寄存器的结构示意框图。

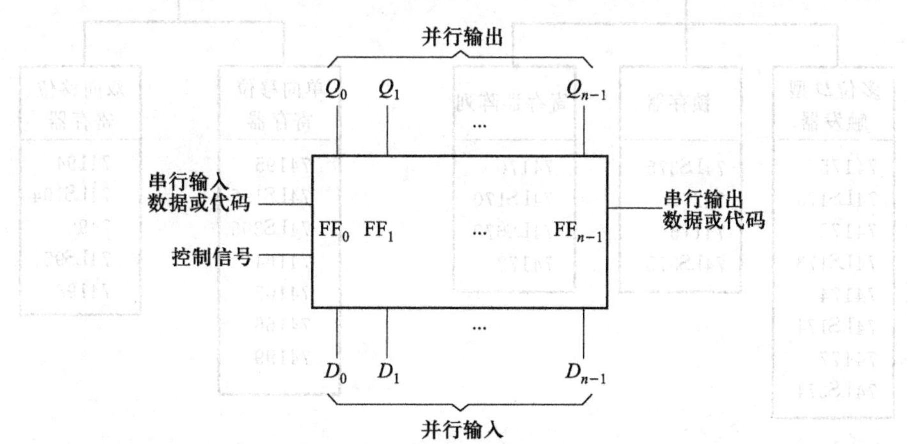

图6.3.1 n位寄存器结构示意框图

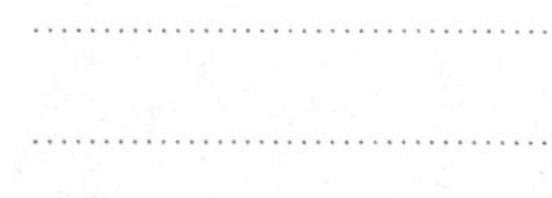

（1）从电路组成看

寄存器是由具有存储功能的触发器组合起来构成的，使用的可以是基本触发器、同步触发器或边沿触发器，电路结构比较简单。

（2）从基本功能看

寄存器的任务主要是暂时存储二进制数据或者代码，一般情况下，不对存储内容进行处理，逻辑功能比较单一。

二、寄存器分类

1. 按功能差别分

按照功能差别，常把寄存器分成两大类：

（1）基本寄存器

数据或代码只能并行送入寄存器中，需要时也只能并行输出。存储单元用基本触发器、同步触发器及边沿触发器均可。

（2）移位寄存器

存储在寄存器中的数据或代码，在移位脉冲的操作下，可以依次逐位右移或左移，而数据或代码，既可以并行输入、并行输出，也可以串行输入、串行输出，还可以并行输入、串行输出，串行输入、并行输出，十分灵活，用途也很广。存储单元则只能用边沿触发器。

2. 按使用开关元件不同分

按照器件内部使用开关元件的不同可分成许多种，目前使用最多的是 TTL 寄存器和 CMOS 寄存器。它们都是中规模集成电路。

（1）TTL 寄存器

表 6.3.1 给出的是一些常用的 TTL 寄存器的型号。

表 6.3.1 TTL 寄存器的分类

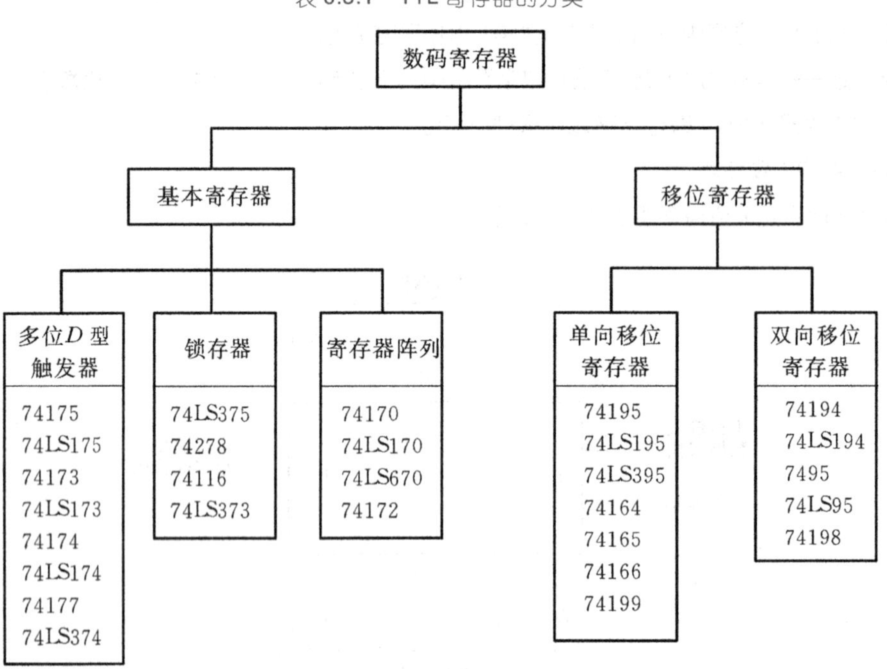

（2）CMOS 寄存器

表 6.3.2 给出的是几种常用 CMOS 寄存器的型号。

表 6.3.2 CMOS 寄存器的分类

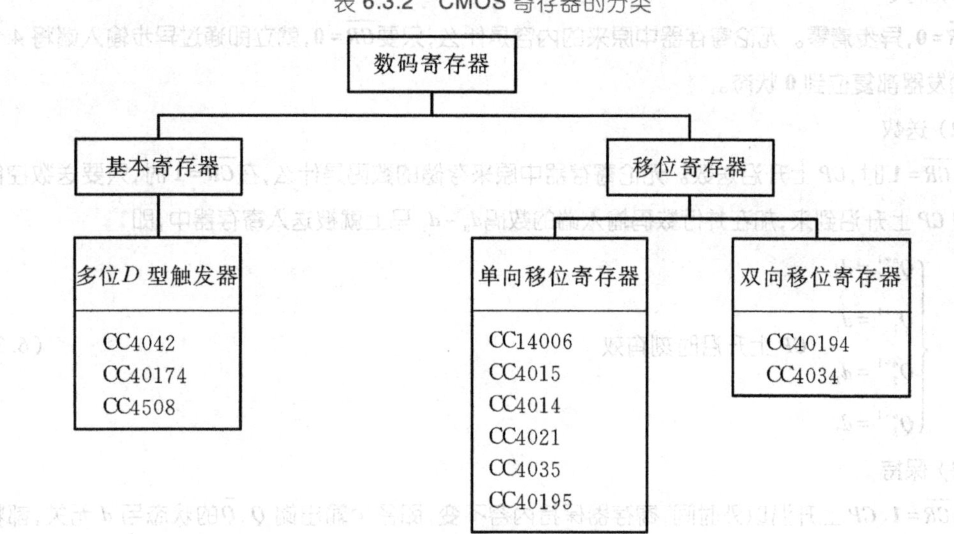

6.3.2 基本寄存器

一个触发器可以储存 1 位二进制代码或数据，寄存 n 位二进制代码或数据，需要 n 个触发器。

一、4 位寄存器

1. 电路组成

图 6.3.2 所示是 4 个边沿 D 触发器构成的 4 位寄存器 74175、74LS175 的逻辑电路图。$D_0 \sim D_3$ 是并行数码输入端，$\overline{CR}$是清零端，CP 是控制时钟脉冲端，$Q_0 \sim Q_3$ 是并行数码输出端。

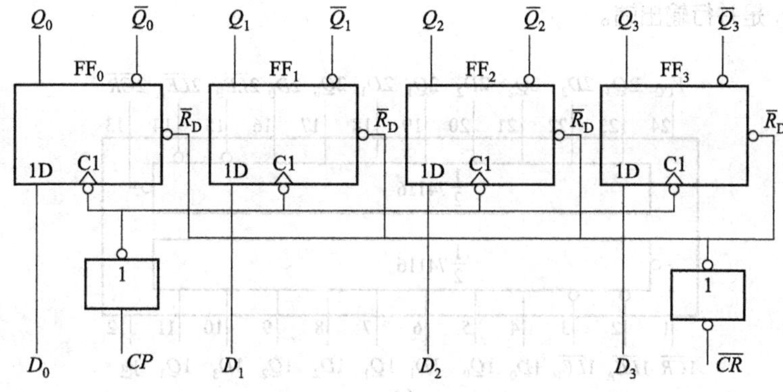

图 6.3.2 4 位寄存器 74175、74LS175

2. 工作原理

表 6.3.3 所示是 4 位寄存器 74175、74LS175 的状态表。

表 6.3.3 74175、74LS175 的状态表

输入						输出				注
$\overline{CR}$	CP	D_0	D_1	D_2	D_3	Q_0^{n+1}	Q_1^{n+1}	Q_2^{n+1}	Q_3^{n+1}	
0	×	×	×	×	×	**0**	**0**	**0**	**0**	清零
1	↑	d_0	d_1	d_2	d_3	d_0	d_1	d_2	d_3	送数

视频：
难点解析 6-11
寄存器

(1) 清零

$\overline{CR}=\mathbf{0}$,异步清零。无论寄存器中原来的内容是什么,只要$\overline{CR}=\mathbf{0}$,就立即通过异步输入端将 4 个边沿 D 触发器都复位到 **0** 状态。

(2) 送数

当$\overline{CR}=\mathbf{1}$ 时,CP 上升沿送数。无论寄存器中原来存储的数码是什么,在$\overline{CR}=\mathbf{1}$ 时,只要送数控制时钟脉冲 CP 上升沿到来,加在并行数码输入端的数码$d_0 \sim d_3$ 马上就被送入寄存器中,即

$$\begin{cases} Q_0^{n+1}=d_0 \\ Q_1^{n+1}=d_1 \\ Q_2^{n+1}=d_2 \\ Q_3^{n+1}=d_3 \end{cases} \quad CP\text{ 上升沿时刻有效} \tag{6.3.1}$$

(3) 保持

当$\overline{CR}=\mathbf{1}$、CP 上升沿以外时间,寄存器保持内容不变,即各个输出端 Q、$\overline{Q}$的状态与 d 无关,都将保持不变。

用边沿 D 触发器作寄存器,其 D 端具有很强的抗干扰能力。

3. 主要特点

这种寄存器结构简单,在 CP 操作下工作,抗干扰能力很强,应用十分广泛。

二、双 4 位锁存器 74116

1. 引出端排列图和逻辑功能示意图

图 6.3.3(a)所示是双 4 位锁存器 74116 的引出端排列图,图 6.3.3(b)所示是其逻辑功能示意图。芯片中集成了两组彼此独立的 4 位 D 锁存器,$\overline{CR}$是清零端,$\overline{LE}_A$、$\overline{LE}_B$ 是送数控制端,$D_0 \sim D_3$ 是数码并行输入端,$Q_0 \sim Q_3$ 是并行输出端。

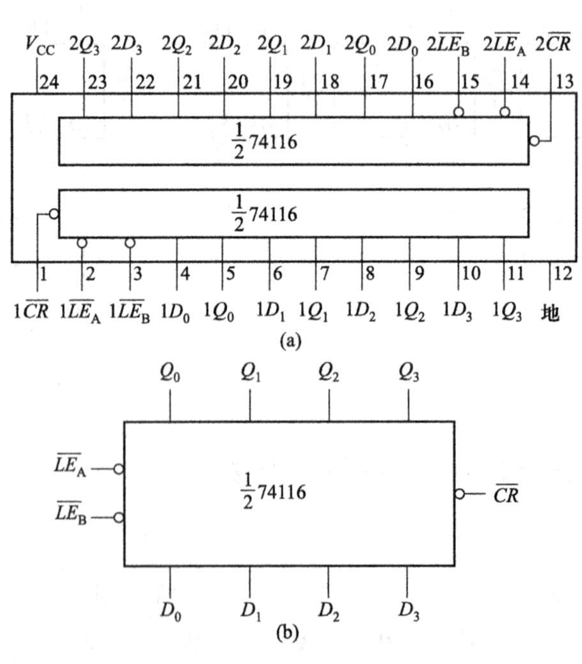

图 6.3.3　1/2 74116

(a) 引出端排列图　(b) 逻辑功能示意图

2. 逻辑功能

表 6.3.4 所示是 74116 的状态表,该表说明芯片具有下列功能:

表 6.3.4 74116 的状态表

输入						输出				注
$\overline{CR}$	$\overline{LE}_A+\overline{LE}_B$	D_0	D_1	D_2	D_3	Q_0^{n+1}	Q_1^{n+1}	Q_2^{n+1}	Q_3^{n+1}	
0	×	×	×	×	×	**0**	**0**	**0**	**0**	清零
1	**0**	d_0	d_1	d_2	d_3	d_0	d_1	d_2	d_3	送数
1	**1**	×	×	×	×	保持				

(1) 清零功能

$\overline{CR}=\mathbf{0}$ 时,清零。无论寄存器原来的内容是什么,只要$\overline{CR}=\mathbf{0}$,就马上清零。

(2) 送数功能

当$\overline{CR}=\mathbf{1}$ 时,只要$\overline{LE}_A+\overline{LE}_B=\overline{LE}=\mathbf{0}$,加在并行数码输入端的数码 $d_0\sim d_3$ 就立即被送入寄存器中,即

$$\begin{cases} Q_0^{n+1}=d_0 \\ Q_1^{n+1}=d_1 \\ Q_2^{n+1}=d_2 \\ Q_3^{n+1}=d_3 \end{cases} \overline{LE}=\mathbf{0}\text{ 期间有效} \tag{6.3.2}$$

(3) 保持功能

当$\overline{CR}=\mathbf{1}$、$\overline{LE}=\overline{LE}_A+\overline{LE}_B=\mathbf{1}$ 时,寄存器保持内容不变,各输出端的状态与$d_0\sim d_3$ 无关。

3. 主要特点

① 芯片中有两组独立的 4 位 D 锁存器,构成了两个 4 位基本寄存器。

② 每一组都设置了自己的直接清零输入端和送数控制端。

③ 单端并行输出数码。

三、4×4 寄存器阵列 74170、74LS170

1. 引出端排列图和逻辑功能示意图

图 6.3.4 所示是 4×4 寄存器阵列 74170、74LS170 的引出端排列图和逻辑功能示意图。A_{W0}、A_{W1} 是写入地址码,$\overline{EN}_W$ 是写入时钟脉冲;A_{R0}、A_{R1} 是读出地址码,$\overline{EN}_R$ 是读出时钟脉冲;$D_0\sim D_3$ 是并行数码输入端;$Q_0\sim Q_3$ 是数码输出端。写入和读出是彼此独立互不干扰的。

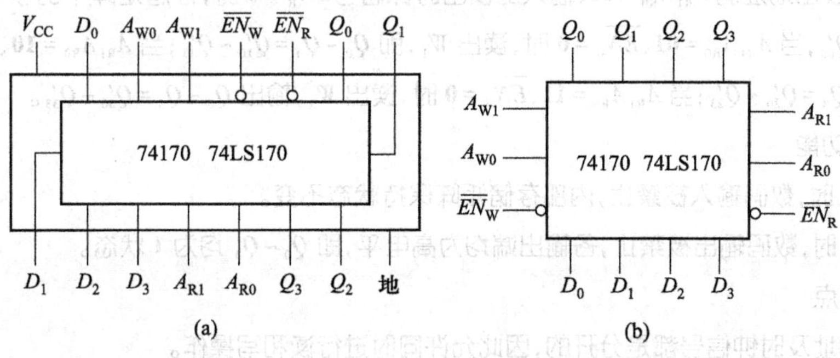

图 6.3.4 4×4 寄存器阵列 74170、74LS170

(a) 引出端排列图 (b) 逻辑功能示意图

2. 逻辑功能

4×4 寄存器内部有一个由 16 个 D 锁存器 $FF_{00} \sim FF_{03}$、$FF_{10} \sim FF_{13}$、$FF_{20} \sim FF_{23}$、$FF_{30} \sim FF_{33}$ 构成的存储矩阵，有 4 个字 W_0、W_1、W_2、W_3，每个字有 4 位 $Q'_{00} \sim Q'_{03}$、$Q'_{10} \sim Q'_{13}$、$Q'_{20} \sim Q'_{23}$、$Q'_{30} \sim Q'_{33}$。表 6.3.5 所示是 74170、74LS170 的状态表。

表 6.3.5　74170、74LS170 的状态表

输入						内部字	输出				注
A_{W1}	A_{W0}	$\overline{EN}_W$	A_{R1}	A_{R0}	$\overline{EN}_R$	$d_0 \sim d_3$ 是加在 $D_0 \sim D_3$ 端的数码	Q_0	Q_1	Q_2	Q_3	
0	0	0				$Q_{00}^{'n+1}=d_0$　$Q_{01}^{'n+1}=d_1$　$Q_{02}^{'n+1}=d_2$　$Q_{03}^{'n+1}=d_3$					写入 W_0
0	1	0				$Q_{10}^{'n+1}=d_0$　$Q_{11}^{'n+1}=d_1$　$Q_{12}^{'n+1}=d_2$　$Q_{13}^{'n+1}=d_3$					写入 W_1
1	0	0				$Q_{20}^{'n+1}=d_0$　$Q_{21}^{'n+1}=d_1$　$Q_{22}^{'n+1}=d_2$　$Q_{23}^{'n+1}=d_3$					写入 W_2
1	1	0				$Q_{30}^{'n+1}=d_0$　$Q_{31}^{'n+1}=d_1$　$Q_{32}^{'n+1}=d_2$　$Q_{33}^{'n+1}=d_3$					写入 W_3
×	×	1				保持					写入被禁止
			0	0	0		Q'_{00}	Q'_{01}	Q'_{02}	Q'_{03}	读出 W_0
			0	1	0		Q'_{10}	Q'_{11}	Q'_{12}	Q'_{13}	读出 W_1
			1	0	0		Q'_{20}	Q'_{21}	Q'_{22}	Q'_{23}	读出 W_2
			1	1	0		Q'_{30}	Q'_{31}	Q'_{32}	Q'_{33}	读出 W_3
			×	×	1		1	1	1	1	读出被禁止

74170、74LS170 具有下列功能：

(1) 写入功能

当输入的写入地址码 $A_{W1}A_{W0}=\mathbf{00}$、输入的写入时钟信号 $\overline{EN}_W=\mathbf{0}$ 时，加在并行输入端 $D_0 \sim D_3$ 的数码 $d_0 \sim d_3$ 被送入锁存器 $FF_{00} \sim FF_{03}$ 中，因此有 $Q_{00}^{'n+1} \sim Q_{03}^{'n+1}=d_0 \sim d_3$；当 $A_{W1}A_{W0}=\mathbf{01}$、$\overline{EN}_W=\mathbf{0}$ 时，$d_0 \sim d_3$ 被送入 $FF_{10} \sim FF_{13}$ 中，有 $Q_{10}^{'n+1} \sim Q_{13}^{'n+1}=d_0 \sim d_3$；当 $A_{W1}A_{W0}=\mathbf{10}$、$\overline{EN}_W=\mathbf{0}$ 时，$d_0 \sim d_3$ 被送入 $FF_{20} \sim FF_{23}$ 中，$Q_{20}^{'n+1} \sim Q_{23}^{'n+1}=d_0 \sim d_3$；当 $A_{W1}A_{W0}=\mathbf{11}$、$\overline{EN}_W=\mathbf{0}$ 时，$d_0 \sim d_3$ 被送入 $FF_{30} \sim FF_{33}$ 中，$Q_{30}^{'n+1} \sim Q_{33}^{'n+1}=d_0 \sim d_3$。

(2) 读出功能

当输入的读出地址码 $A_{R1}A_{R0}=\mathbf{00}$、输入的读出时钟信号 $\overline{EN}_R=\mathbf{0}$ 时，存储矩阵中的字 W_0 被读出，即 $Q_0 \sim Q_3=Q'_{00} \sim Q'_{03}$；当 $A_{R1}A_{R0}=\mathbf{01}$、$\overline{EN}_R=\mathbf{0}$ 时，读出 W_1，即 $Q_0 \sim Q_3=Q'_{10} \sim Q'_{13}$；当 $A_{R1}A_{R0}=\mathbf{10}$、$\overline{EN}_R=\mathbf{0}$ 时，读出 W_2，即 $Q_0 \sim Q_3=Q'_{20} \sim Q'_{23}$；当 $A_{R1}A_{R0}=\mathbf{11}$、$\overline{EN}_R=\mathbf{0}$ 时，读出 W_3，输出 $Q_0 \sim Q_3=Q'_{30} \sim Q'_{33}$。

(3) 禁止功能

当 $\overline{EN}_W=\mathbf{1}$ 时，数码输入被禁止，内部存储矩阵保持状态不变。

当 $\overline{EN}_R=\mathbf{1}$ 时，数码输出被禁止，各输出端均为高电平，即 $Q_0 \sim Q_3$ 均为 **1** 状态。

3. 主要特点

① 读写地址及时钟信号都是分开的，因此允许同时进行读和写操作。

② 为集电极开路输出。

③ 共 4 字，每字 4 位，容量为 4×4＝16 位。

6.3.3　移位寄存器

移位寄存器常按照在移位命令操作下，移位情况的不同，分为单向移位寄存器和双向移位寄存器两大类。

一、单向移位寄存器

1. 电路组成

图 6.3.5 所示是用边沿 D 触发器构成的单向移位寄存器。从电路结构看，它有两个基本特征：一是由相同存储单元组成，存储单元个数就是移位寄存器的位数；二是各个存储单元共用一个时钟信号——移位操作命令，电路工作是同步的，属于同步时序电路。

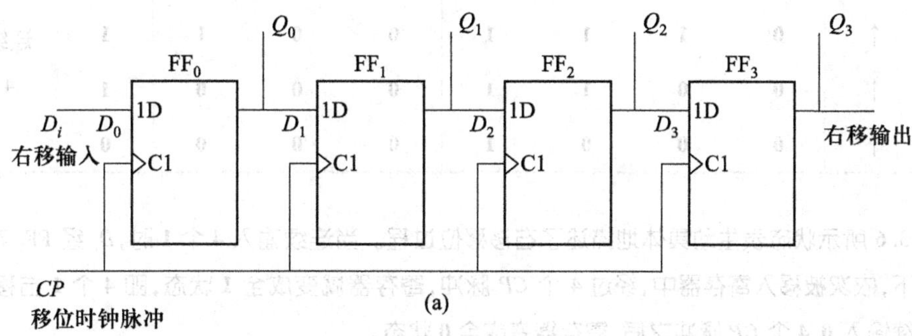

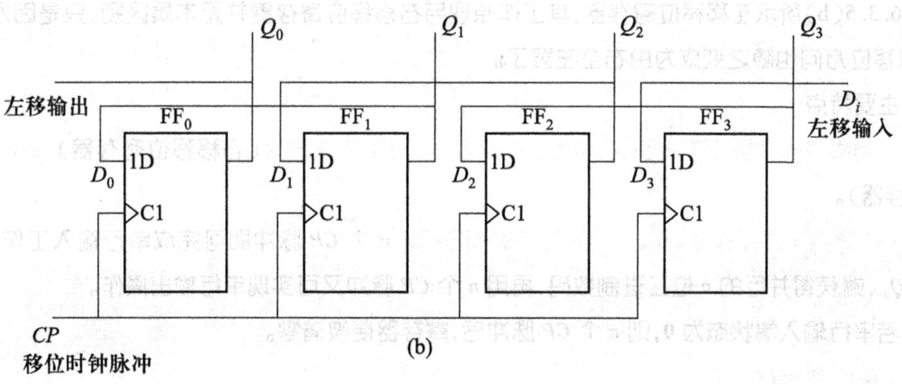

图 6.3.5　基本的单向移位寄存器

（a）右移　（b）左移

2. 工作原理

在图 6.3.5(a)所示右移移位寄存器中，假设各个触发器的起始状态均为 **0**，即 $Q_0^nQ_1^nQ_2^nQ_3^n=\mathbf{0000}$，根据图 6.3.5(a)所示电路可得

时钟方程：

$$CP_0=CP_1=CP_2=CP_3=CP$$

驱动方程：

$$D_0=D_i、D_1=Q_0^n、D_2=Q_1^n、D_3=Q_2^n$$

状态方程：

$$Q_0^{n+1}=D_i、Q_1^{n+1}=Q_0^n、Q_2^{n+1}=Q_1^n、Q_3^{n+1}=Q_2^n$$

状态表：根据状态方程和假设的起始状态可列出如表 6.3.6 所示的状态表。

表 6.3.6　4 位右移移位寄存器的状态表

输　入		现　态				次　态				注
D_i	CP	Q_0^n	Q_1^n	Q_2^n	Q_3^n	Q_0^{n+1}	Q_1^{n+1}	Q_2^{n+1}	Q_3^{n+1}	
1	↑	0	0	0	0	1	0	0	0	连续输入 4 个 **1**
1	↑	1	0	0	0	1	1	0	0	
1	↑	1	1	0	0	1	1	1	0	
1	↑	1	1	1	0	1	1	1	1	
0	↑	1	1	1	1	0	1	1	1	连续输入 4 个 **0**
0	↑	0	1	1	1	0	0	1	1	
0	↑	0	0	1	1	0	0	0	1	
0	↑	0	0	0	1	0	0	0	0	

表 6.3.6 所示状态表生动具体地描述了右移移位过程。当连续输入 4 个 **1** 时，D_i 经 FF_0 在 CP 上升沿操作下，依次被移入寄存器中，经过 4 个 CP 脉冲，寄存器就变成全 **1** 状态，即 4 个 **1** 右移输入完毕。再连续输入 **0**，4 个 CP 脉冲之后，寄存器变成全 **0** 状态。

图 6.3.5(b)所示左移移位寄存器，其工作原理与右移移位寄存器并无本质区别，只是因为连接反了，所以移位方向也随之变成为由右至左罢了。

3. 主要特点

① 单向移位寄存器中的数码，在 CP 脉冲操作下，可以依次右移（右移移位寄存器）或左移（左移移位寄存器）。

② n 位单向移位寄存器可以寄存 n 位二进制数码。n 个 CP 脉冲即可完成串行输入工作，此后可从 $Q_0 \sim Q_{n-1}$ 端获得并行的 n 位二进制数码，再用 n 个 CP 脉冲又可实现串行输出操作。

③ 若串行输入端状态为 **0**，则 n 个 CP 脉冲后，寄存器便被清零。

二、双向移位寄存器

把左移和右移移位寄存器组合起来，加上移位方向控制信号，便可方便地构成双向移位寄存器。

1. 电路组成

图 6.3.5 所示是基本的 4 位双向移位寄存器。M 是移位方向控制信号，D_{SR} 是右移串行输入端，D_{SL} 是左移串行输入端，$Q_0 \sim Q_3$ 是并行输出端，CP 是时钟脉冲——移位操作信号。

2. 工作原理

图 6.3.6 中，四个**与或**门构成了 4 个 2 选 1 数据选择器，其输出就是送给相应边沿 D 触发器的同步输入端信号，M 是选择控制信号，由电路可得驱动方程

$$\begin{cases} D_0 = \overline{M}D_{SR} + MQ_1^n \\ D_1 = \overline{M}Q_0^n + MQ_2^n \\ D_2 = \overline{M}Q_1^n + MQ_3^n \\ D_3 = \overline{M}Q_2^n + MD_{SL} \end{cases} \tag{6.3.3}$$

代入 D 型触发器的特性方程便可求出状态方程

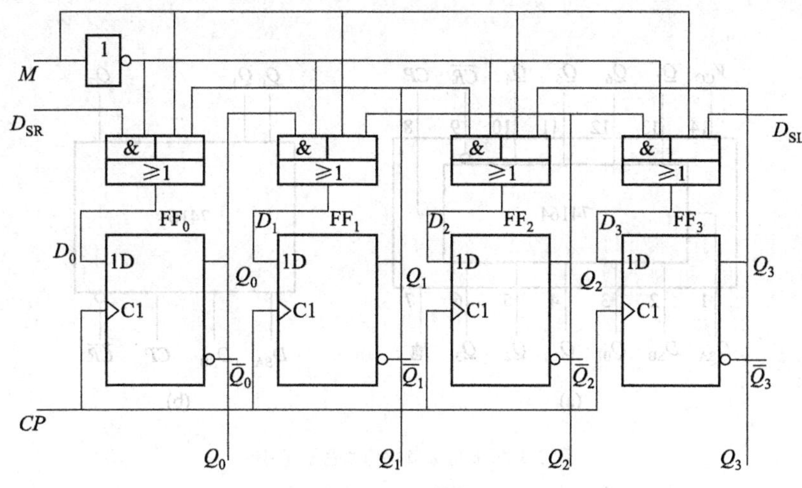

图 6.3.6 基本 4 位双向移位寄存器

$$\begin{cases} Q_0^{n+1} = \overline{M}D_{SR} + MQ_1^n \\ Q_1^{n+1} = \overline{M}Q_0^n + MQ_2^n \\ Q_2^{n+1} = \overline{M}Q_1^n + MQ_3^n \\ Q_3^{n+1} = \overline{M}Q_2^n + MD_{SL} \end{cases} \quad CP\text{ 上升沿时刻有效} \tag{6.3.4}$$

① 当 $M=\mathbf{0}$ 时

$$\begin{cases} Q_0^{n+1} = D_{SR} \\ Q_1^{n+1} = Q_0^n \\ Q_2^{n+1} = Q_1^n \\ Q_3^{n+1} = Q_2^n \end{cases} \quad CP\text{ 上升沿时刻有效} \tag{6.3.5}$$

显然，电路成为 4 位右移移位寄存器。

② 当 $M=\mathbf{1}$ 时

$$\begin{cases} Q_0^{n+1} = Q_1^n \\ Q_1^{n+1} = Q_2^n \\ Q_2^{n+1} = Q_3^n \\ Q_3^{n+1} = D_{SL} \end{cases} \quad CP\text{ 上升沿时刻有效} \tag{6.3.6}$$

不难理解，电路将按照 4 位左移移位寄存器的工作原理运行。

因此结论是：图 6.3.6 所示电路具有双向移位功能，当 $M=\mathbf{0}$ 时右移、$M=\mathbf{1}$ 时左移。

三、集成移位寄存器

集成移位寄存器产品较多，现以比较典型的 8 位单向移位寄存器 74164 和 4 位双向移位寄存器 74LS194 为例，做简单说明。

1. 8 位单向移位寄存器 74164

(1) 引出端排列图和逻辑功能示意图

见图 6.3.7。

图 6.3.7 所示是 8 位单向移位寄存器 74164 的引出端排列图和逻辑功能示意图。$D_S = D_{SA} \cdot D_{SB}$ 是数码串行输入端，$\overline{CR}$是清零端，$Q_0 \sim Q_7$ 是数码并行输出端，CP 是时钟脉冲——移位操作信号。

(a)

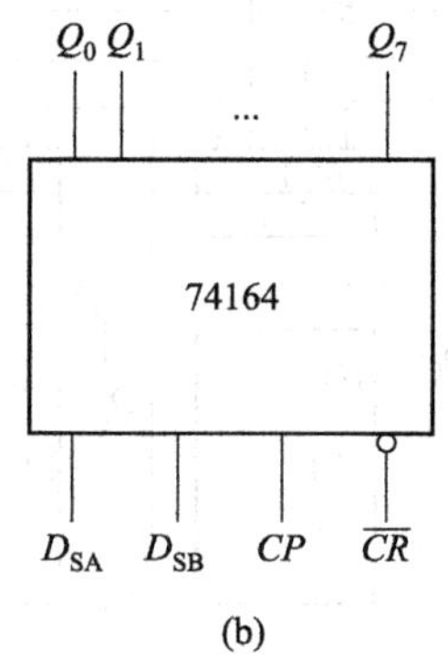

(b)

图 6.3.7　8 位单向移位寄存器 74164

(a) 引出端排列图　(b) 逻辑功能示意图

(2) 逻辑功能

表 6.3.7 所示是 74164 的状态表,由表可知,74164 具有下列功能:

表 6.3.7　74164 的状态表

输入			输出								注
$\overline{CR}$	$D_{SA}\cdot D_{SB}$	CP	Q_0^{n+1}	Q_1^{n+1}	Q_2^{n+1}	Q_3^{n+1}	Q_4^{n+1}	Q_5^{n+1}	Q_6^{n+1}	Q_7^{n+1}	
0	×	×	**0**	**0**	**0**	**0**	**0**	**0**	**0**	**0**	清零
1	×	**0**	Q_0^n	Q_1^n	Q_2^n	Q_3^n	Q_4^n	Q_5^n	Q_6^n	Q_7^n	保持
1	**1**	↑	**1**	Q_0^n	Q_1^n	Q_2^n	Q_3^n	Q_4^n	Q_5^n	Q_6^n	输入一个 **1**
1	**0**	↑	**0**	Q_0^n	Q_1^n	Q_2^n	Q_3^n	Q_4^n	Q_5^n	Q_6^n	输入一个 **0**

- 清零功能

当 $\overline{CR}=\mathbf{0}$ 时,移位寄存器异步清零。

- 保持功能

当 $\overline{CR}=\mathbf{1}$、$CP=\mathbf{0}$ 时,移位寄存器保持状态不变,$Q_i^{n+1}=Q_i^n(i=0\sim7)$。

- 送数功能

当 $\overline{CR}=\mathbf{1}$ 时,CP 上升沿将加在 $D_S=D_{SA}\cdot D_{SB}$ 端的二进制数码依次送入移位寄存器中。状态方程为

$$\left\{\begin{aligned}Q_0^{n+1}&=D_{SA}\cdot D_{SB}\\Q_1^{n+1}&=Q_0^n\\Q_2^{n+1}&=Q_1^n\\Q_3^{n+1}&=Q_2^n\\Q_4^{n+1}&=Q_3^n\\Q_5^{n+1}&=Q_4^n\\Q_6^{n+1}&=Q_5^n\\Q_7^{n+1}&=Q_6^n\end{aligned}\right.\qquad CP\text{ 上升沿时刻有效}\tag{6.3.7}$$

2. 4 位双向移位寄存器 74LS194

（1）引出端排列图和逻辑功能示意图

图 6.3.8 所示是 4 位双向移位寄存器 74LS194 的引出端排列图和逻辑功能示意图。$\overline{CR}$是清零端；M_0、M_1 是工作状态控制端；D_{SR}和 D_{SL}分别为右移和左移串行数码输入端；$D_0 \sim D_3$ 是并行数码输入端；$Q_0 \sim Q_3$ 是并行数码输出端；CP 是时钟脉冲——移位操作信号。

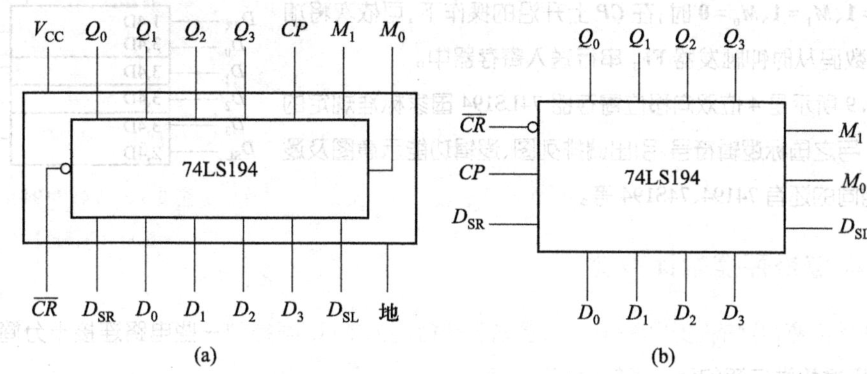

图 6.3.8 4 位双向移位寄存器 74LS194

（a）引出端排列图 （b）逻辑功能示意图

（2）逻辑功能

表 6.3.8 所示是 74LS194 的状态表，它十分清晰地反映出 4 位双向移位寄存器 74LS194 具有下列逻辑功能：

表 6.3.8 74LS194 的状态表

输入										输出				注
$\overline{CR}$	M_1	M_0	D_{SR}	D_{SL}	CP	D_0	D_1	D_2	D_3	Q_0^{n+1}	Q_1^{n+1}	Q_2^{n+1}	Q_3^{n+1}	
0	×	×	×	×	×	×	×	×	×	**0**	**0**	**0**	**0**	清零
1	×	×	×	×	**0**	×	×	×	×	Q_0^n	Q_1^n	Q_2^n	Q_3^n	保持
1	**1**	**1**	×	×	↑	d_0	d_1	d_2	d_3	d_0	d_1	d_2	d_3	并行输入
1	**0**	**1**	**1**	×	↑	×	×	×	×	**1**	Q_0^n	Q_1^n	Q_2^n	右移输入 **1**
1	**0**	**1**	**0**	×	↑	×	×	×	×	**0**	Q_0^n	Q_1^n	Q_2^n	右移输入 **0**
1	**1**	**0**	×	**1**	↑	×	×	×	×	Q_1^n	Q_2^n	Q_3^n	**1**	左移输入 **1**
1	**1**	**0**	×	**0**	↑	×	×	×	×	Q_1^n	Q_2^n	Q_3^n	**0**	左移输入 **0**
1	**0**	**0**	×	×	×	×	×	×	×	Q_0^n	Q_1^n	Q_2^n	Q_3^n	保持

- 清零功能

当$\overline{CR}=\mathbf{0}$ 时，双向移位寄存器异步清零。

- 保持功能

当$\overline{CR}=\mathbf{1}$ 时，$CP=\mathbf{0}$ 或 $M_1=M_0=\mathbf{0}$，双向移位寄存器保持状态不变。

- 并行送数功能

当$\overline{CR}=1$、$M_1=M_0=1$时，CP上升沿可将加在并行输入端$D_0 \sim D_3$的数码$d_0 \sim d_3$送入寄存器中。

- 右移串行送数功能

当$\overline{CR}=1$、$M_1=0$、$M_0=1$时，在CP上升沿的操作下，可依次把加在D_{SR}端的数码从时钟触发器FF_0串行送入寄存器中。

- 左移串行送数功能

当$\overline{CR}=1$、$M_1=1$、$M_0=0$时，在CP上升沿的操作下，可依次将加在D_{SL}端的数码从时钟触发器FF_3串行送入寄存器中。

图 6.3.9 所示是 4 位双向移位寄存器 74LS194 国家标准规定的逻辑符号。与之国标逻辑符号、引出端排列图、逻辑功能示意图及逻辑功能都相同的还有 74194、74S194 等。

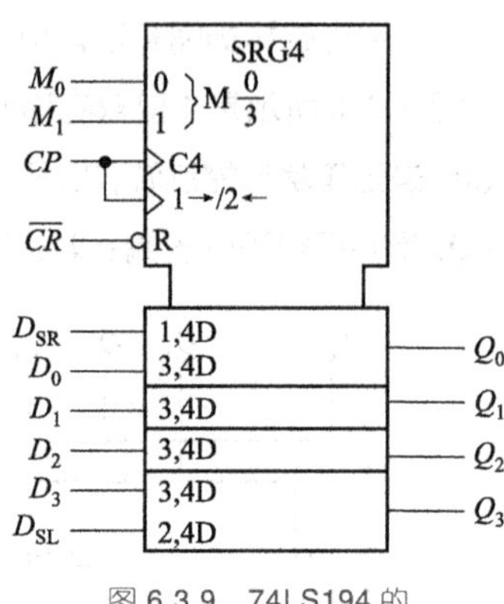

图 6.3.9　74LS194 的国标逻辑符号

6.3.4　移位寄存器型计数器

如果把移位寄存器的输出以一定方式馈送到串行输入端，则可得到一些电路连接十分简单、编码别具特色、用途极为广泛的移位寄存器型计数器。

图 6.3.10 所示是移位寄存器型计数器的电路结构示意图。D型触发器$FF_0 \sim FF_{n-1}$构成n位右移移位寄存器；反馈逻辑电路由门电路组成，其输入是移位寄存器的输出，其输出送给FF_0。FF_0的驱动方程为

$$D_0=F(Q_0^n, Q_1^n, \cdots, Q_{n-1}^n) \tag{6.3.8}$$

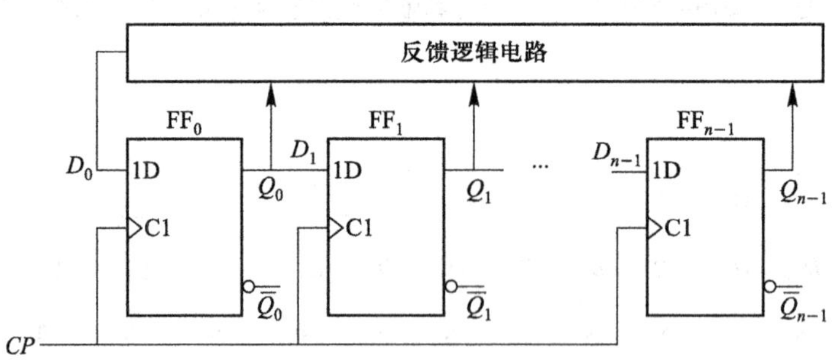

图 6.3.10　移位寄存器型计数器电路结构示意图

随着式(6.3.8)的不同，电路也会各异。下面介绍几种常用电路。

一、环形计数器

1. 电路组成

取$D_0=Q_{n-1}^n$，即将FF_{n-1}的输出Q_{n-1}接到FF_0的输入端D_0。由于这样连接以后，触发器构成了环形，故名环形计数器，实际上它就是自循环的移位寄存器。图 6.3.11 所示是一个$n=4$的环形计数器。

视频：
难点解析 6-12
环形计数器

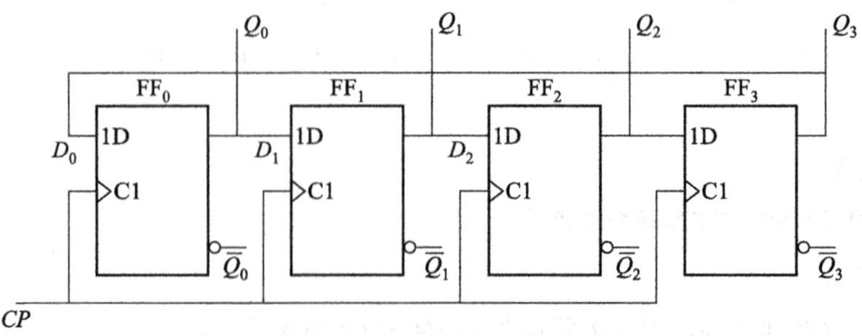

图 6.3.11　4 位环形计数器

2. 工作原理

利用逻辑分析的方法，可以很容易地画出环形计数器的状态图，如图 6.3.12 所示。

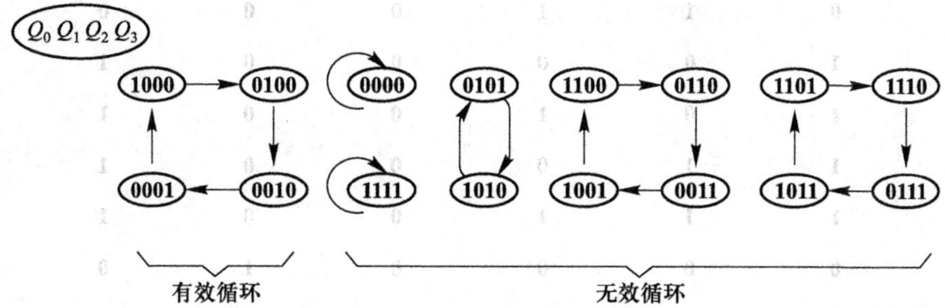

图 6.3.12　4 位环形计数器的状态图

由状态图 6.3.12 知，这种电路在输入计数脉冲 CP 操作下，可以循环移位一个 **1**，也可以循环移位一个 **0**。如果选用循环移位一个 **1**，则有效状态将是 **1000**、**0100**、**0010**、**0001**。工作时，应先用启动脉冲将计数器置入有效状态，例如 **1000**，然后才能加 CP。

3. 自启动问题

由状态图可知，这种计数器不能自启动。倘若由于电源故障或者信号干扰，使电路进入无效状态，计数器就将一直工作在无效循环，只有重新启动，才会回到有效状态。

图 6.3.13 是能够自启动的 4 位环形计数器。由图可得驱动方程

$$D_0=\overline{Q_0^n}\ \overline{Q_1^n}\ \overline{Q_2^n},\quad D_1=Q_0^n \tag{6.3.9}$$
$$D_2=Q_1^n,\quad D_3=Q_2^n$$

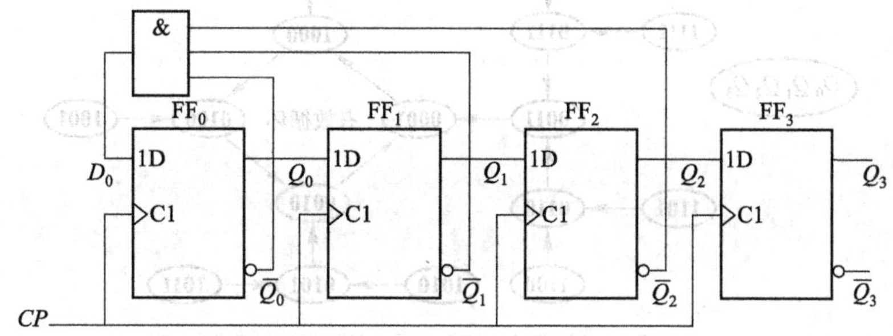

图 6.3.13　能自启动的 4 位环形计数器

代入 D 型触发器的特性方程，可得状态方程

$$Q_0^{n+1}=\overline{Q_0^n}\ \overline{Q_1^n}\ \overline{Q_2^n},\quad Q_1^{n+1}=Q_0^n \tag{6.3.10}$$
$$Q_2^{n+1}=Q_1^n,\quad Q_3^{n+1}=Q_2^n$$

依次设定现态，代入式(6.3.10)，进行计算可得状态表表 6.3.9。

表 6.3.9　状　态　表

Q_0^n	Q_1^n	Q_2^n	Q_3^n	Q_0^{n+1}	Q_1^{n+1}	Q_2^{n+1}	Q_3^{n+1}
0	**0**	**0**	**0**	**1**	**0**	**0**	**0**
0	**0**	**0**	**1**	**1**	**0**	**0**	**0**
0	**0**	**1**	**0**	**0**	**0**	**0**	**1**

续表

Q_0^n	Q_1^n	Q_2^n	Q_3^n	Q_0^{n+1}	Q_1^{n+1}	Q_2^{n+1}	Q_3^{n+1}
0	0	1	1	0	0	0	1
0	1	0	0	0	0	1	0
0	1	0	1	0	0	1	0
0	1	1	0	0	0	1	1
0	1	1	1	0	0	1	1
1	0	0	0	0	1	0	0
1	0	0	1	0	1	0	0
1	0	1	0	0	1	0	1
1	0	1	1	0	1	0	1
1	1	0	0	0	1	1	0
1	1	0	1	0	1	1	0
1	1	1	0	0	1	1	1
1	1	1	1	0	1	1	1

图 6.3.14 所示是其状态图。

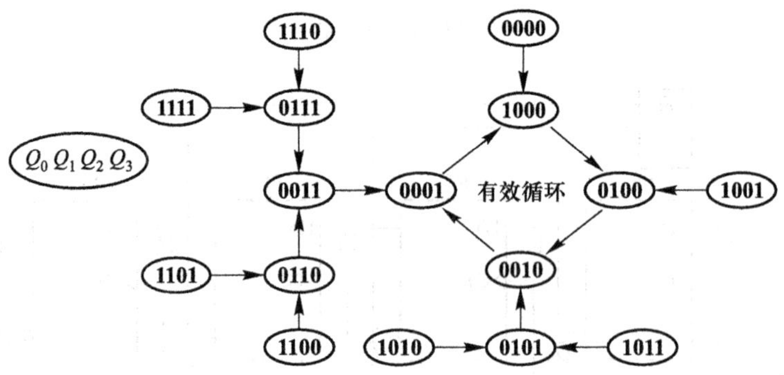

图 6.3.14　能自启动的 4 位环形计数器的状态图

4. 基本特点

这种环形计数器的突出优点是，正常工作时所有触发器中只有一个是 **1**（或 **0**）状态，因此，可以直接利用各个触发器的 Q 端作为电路的状态输出，不需要附加译码器。当连续输入 CP 脉冲时，各个触发器的 Q 端或 $\overline{Q}$ 端将轮流地出现矩形脉冲，所以又常常把这种电路叫做环形脉冲分配器，也称顺序（节拍）脉冲发生器。

其缺点是状态利用率低，记 N 个状态需要 N 个触发器，使用触发器多。

二、扭环形计数器

n 位扭环形计数器的结构特点是：

$$D_0 = \overline{Q_{n-1}^n} \tag{6.3.11}$$

图 6.3.15 所示是一个 4 位扭环形计数器的逻辑图及其状态图。有八个有效状态、八个无效状态，不能自启动，工作时应预先将计数器置成 **0000** 状态。

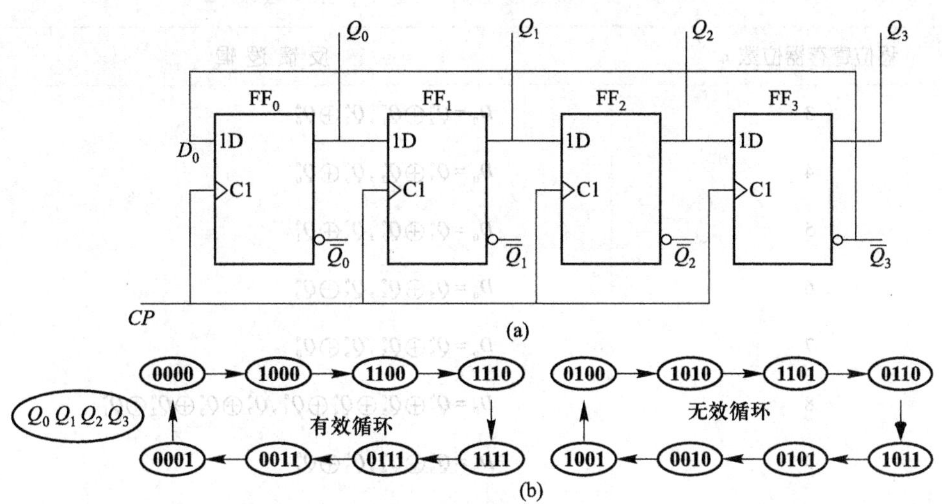

图 6.3.15 4 位扭环形计数器

(a) 逻辑电路图 (b) 状态图

视频：难点解析 6-13 扭环形计数器

图 6.3.16 是能自启动的 4 位扭环形计数器。

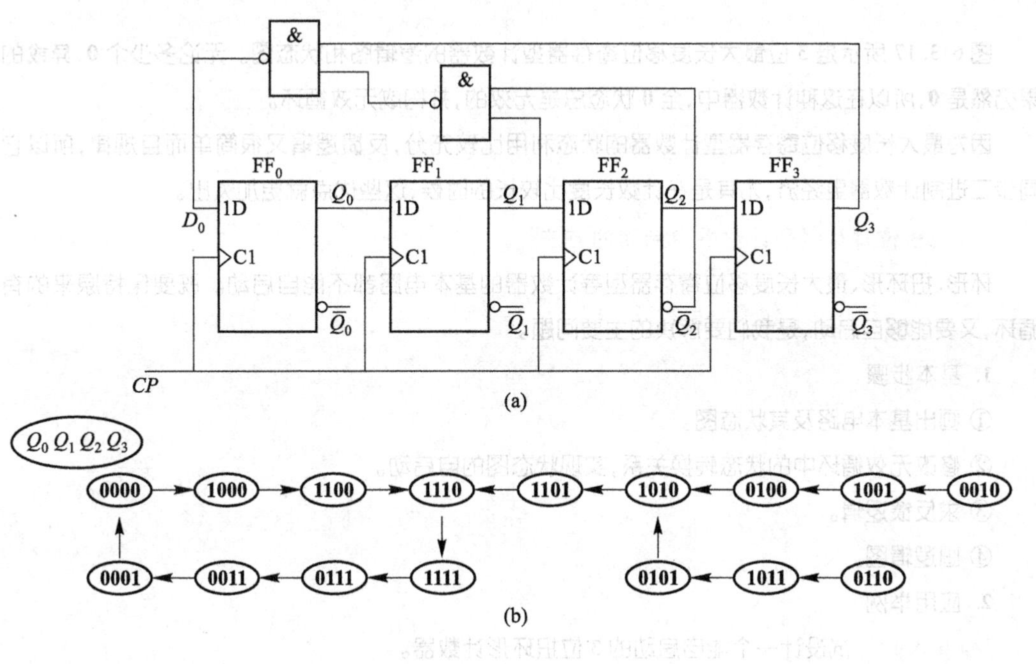

图 6.3.16 能自启动的 4 位扭环形计数器

(a) 逻辑电路图 (b) 状态图

扭环形计数器的特点是每次状态变化时仅有一个触发器翻转，因此译码时不存在竞争冒险，而且所有的译码门都只需要两个输入端。它的缺点仍然是没有能够利用计数器的所有状态，在 n 位计数器中(当 $n \geqslant 3$ 时)，有 2^n-2n 个状态没有利用。

三、最大长度移位寄存器型计数器

系指计数长度 $N=2^n-1$ 的移位寄存器型计数器。这种计数器的反馈逻辑电路是用**异或**门组成的，$n=3\sim12$ 时的反馈逻辑见表 6.3.10。

表 6.3.10 最大长度移位寄存器型计数器的反馈逻辑

移位寄存器位数 n	反馈逻辑
3	$D_0 = Q_2^n \oplus Q_1^n, Q_2^n \oplus Q_0^n$
4	$D_0 = Q_3^n \oplus Q_2^n, Q_3^n \oplus Q_0^n$
5	$D_0 = Q_4^n \oplus Q_2^n, Q_4^n \oplus Q_1^n$
6	$D_0 = Q_5^n \oplus Q_4^n, Q_5^n \oplus Q_0^n$
7	$D_0 = Q_6^n \oplus Q_5^n, Q_6^n \oplus Q_0^n$
8	$D_0 = Q_7^n \oplus Q_5^n \oplus Q_4^n \oplus Q_3^n, Q_7^n \oplus Q_3^n \oplus Q_2^n \oplus Q_1^n$
9	$D_0 = Q_8^n \oplus Q_4^n, Q_8^n \oplus Q_3^n$
10	$D_0 = Q_9^n \oplus Q_6^n, Q_9^n \oplus Q_2^n$
11	$D_0 = Q_{10}^n \oplus Q_8^n, Q_{10}^n \oplus Q_1^n$
12	$D_0 = Q_{11}^n \oplus Q_{10}^n \oplus Q_7^n \oplus Q_5^n, Q_{11}^n \oplus Q_5^n \oplus Q_3^n \oplus Q_0^n$

图 6.3.17 所示是 3 位最大长度移位寄存器型计数器的逻辑图和状态图。无论多少个 **0**,**异或**的结果仍然是 **0**,所以在这种计数器中,全 **0** 状态总是无效的,并构成无效循环。

因为最大长度移位寄存器型计数器的状态利用比较充分,反馈逻辑又很简单而且规律,所以它比同步二进制计数器更经济,尤其是在计数长度比较长的时候,这些优点就更加突出。

*四、实现移位寄存器型计数器自启动的方法

环形、扭环形、最大长度移位寄存器型等计数器的基本电路都不能自启动。既要保持原来的有效循环,又要能够自启动,是我们要解决的主要问题。

1. 基本步骤

① 画出基本电路及其状态图。

② 修改无效循环中的状态转换关系,实现状态图的自启动。

③ 求反馈逻辑。

④ 画逻辑图。

2. 应用举例

[例 6.3.1] 试设计一个能自启动的 3 位扭环形计数器。

[解] (1) 画出基本电路及其状态图

如图 6.3.18 所示。

(2) 修改无效循环,实现状态图自启动

所谓修改无效循环的状态转换关系,就是切断无效循环,将断开处的无效状态引导至相应的有效状态,从而实现状态图的自启动,如图 6.3.19 所示。

引导无效状态时应注意,从 FF_0 到 FF_{n-1} 是固定的移位关系,所能修改的仅只有 FF_0 的次态。在图 6.3.19 中,按照原来无效循环,FF_0 的次态是 **0**,修改之后变成为 **1**。计数器因为某种原因落入无效循环时,只要转换到了 **101**,再来 CP 脉冲,就会自动沿着引导的方向,转换到**110** 去。

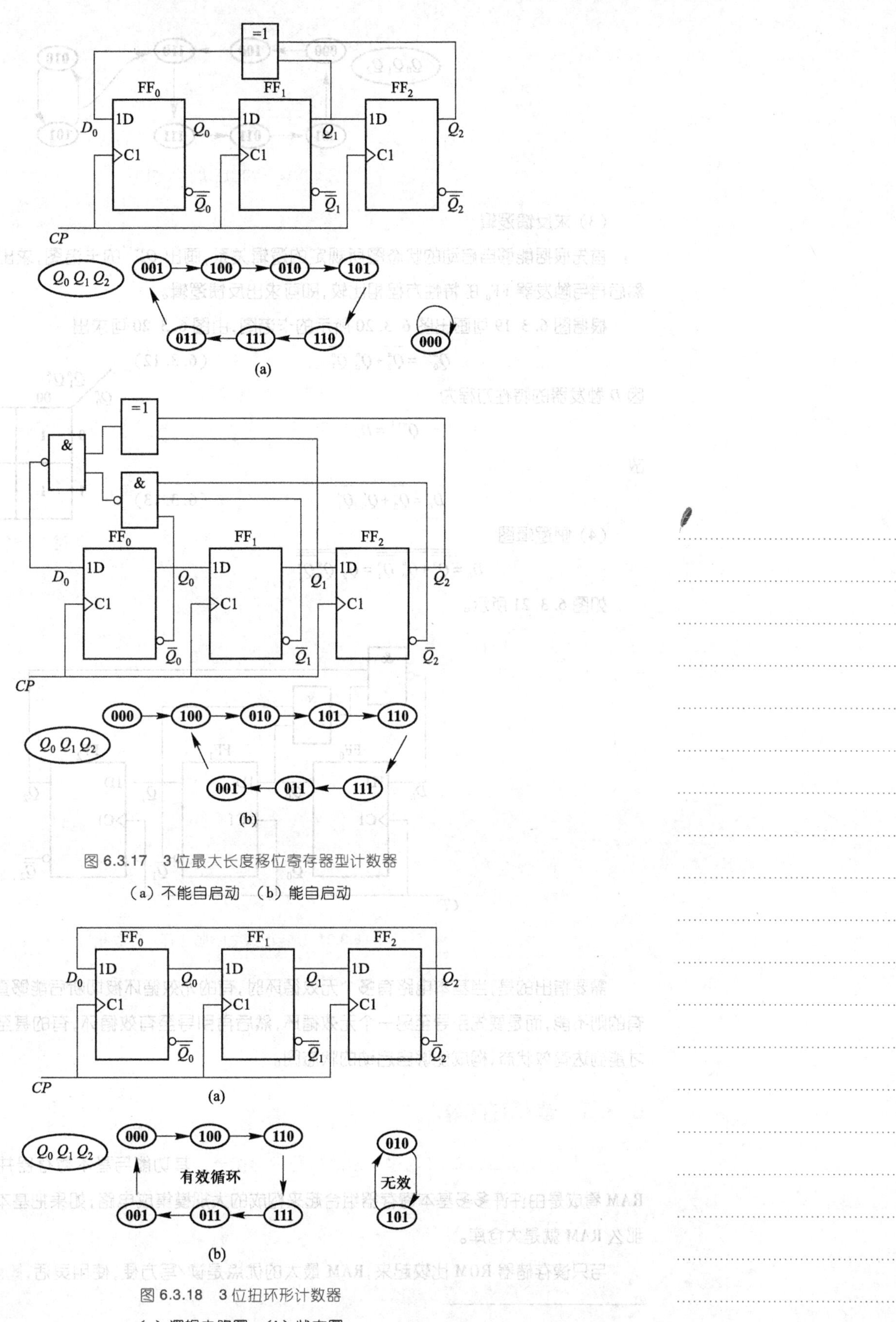

图 6.3.17 3位最大长度移位寄存器型计数器

（a）不能自启动 （b）能自启动

图 6.3.18 3位扭环形计数器

（a）逻辑电路图 （b）状态图

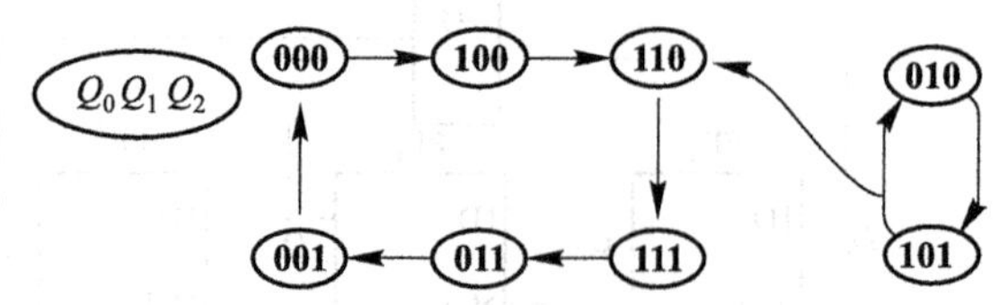

图 6.3.19　能自启动的状态图

(3) 求反馈逻辑

首先根据能够自启动的状态图所规定的逻辑关系，画出 Q_0^{n+1} 的卡诺图，求出 Q_0^{n+1} 的逻辑表达式，然后再与触发器 FF_0 的特性方程相比较，即可求出反馈逻辑。

根据图 6.3.19 可画出图 6.3.20 所示的卡诺图，由图 6.3.20 可求出

$$Q_0^{n+1}=\overline{Q_2^n}+Q_0^n\overline{Q_1^n} \qquad (6.3.12)$$

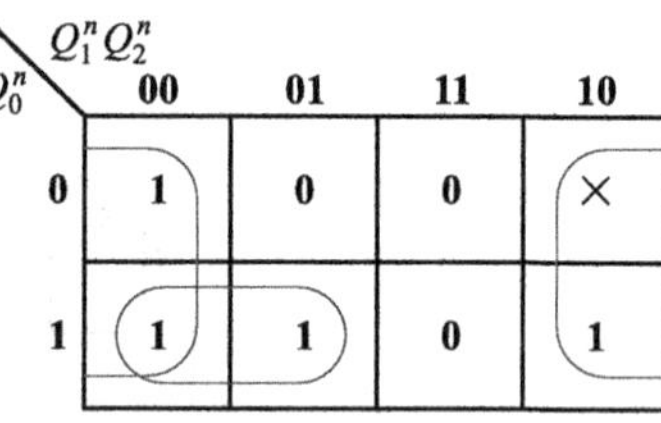

图 6.3.20　Q_0^{n+1} 的卡诺图

因 D 触发器的特性方程为

$$Q^{n+1}=D$$

故

$$D_0=\overline{Q_2^n}+Q_0^n\overline{Q_1^n} \qquad (6.3.13)$$

(4) 画逻辑图

$$D_0=\overline{\overline{\overline{Q_2^n}+Q_0^n\overline{Q_1^n}}}=\overline{Q_2^n\ \overline{Q_0^n\overline{Q_1^n}}}$$

如图 6.3.21 所示。

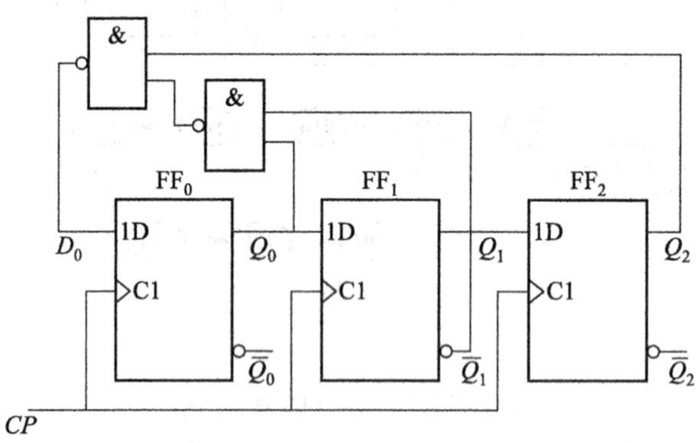

图 6.3.21　能自启动的 3 位扭环形计数器

需要指出的是，当基本电路有多个无效循环时，有的无效循环被切断后能够直接引导至有效循环，有的则不能，而是要先引导至另一个无效循环，然后再引导至有效循环，有的甚至需要经过多次引导，才能到达有效状态，构成能够自启动的状态图。

6.3.5　读/写存储器

读/写存储器简称 RAM[①]，也叫做随机存取存储器。其功能与基本寄存器并无本质区别，可以把 RAM 看成是由许许多多基本寄存器组合起来构成的大规模集成电路，如果把基本寄存器比作暂存处，那么 RAM 就是大仓库。

与只读存储器 ROM 比较起来，RAM 最大的优点是读/写方便，使用灵活，既能不破坏地读出所存

① RAM 是 random access memory 的缩写。

数码,又能随时写入新的数码;其缺点是易失性,即一旦停电,所存储的内容便全部丢失。

一、RAM 的结构

图 6.3.22 给出的是 RAM 的典型结构示意框图,它由下列几部分组成:

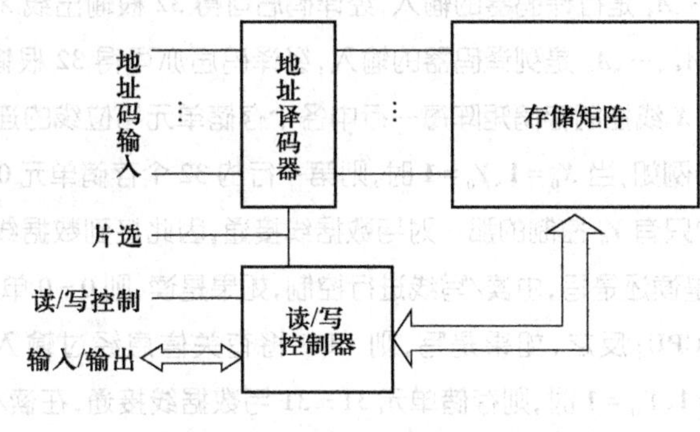

图 6.3.22　RAM 的典型结构示意框图

视频:难点解析 6-14 随机存储器 RAM

1. 地址译码器

RAM 中的寄存器很多,为了区分起见,通常给每个寄存器都编上一个号,称为**地址**。每次存入(称为**写数**)或取出(称为**读数**)信息,都只能和某一个指定地址的寄存器打交道,或者把一个字存入该寄存器中,或者把该寄存器中存放的字取出来,这个过程称为**访问存储器**。表示所要访问地址的二进制数,送给地址译码器经译码后,在相应的某一根输出线上给出信号,控制被选中的寄存器与存储器的输出(或输入)端接通,从而进行读数或写数。

2. 读/写控制

访问 RAM 时,对被选中的地址,究竟是读还是写,由读/写控制线进行控制。例如,有的 RAM 读/写控制线为高电平时是读,为低电平时是写;也有的 RAM 读/写控制线是分开的,一根为读,另一根为写。

3. 输入/输出

RAM 通过输入/输出端与计算机的中央处理器(CPU①)交换信息,读时它是输出端,写时它是输入端,即一线二用,由读/写控制线控制。输入/输出端数决定于一个地址中寄存器的位数,例如在 1024×1 位 RAM 中,每个地址中只有一个存储单元,所以只有一个输入/输出端;而在 256×4 位 RAM 中,每个地址中有四个存储单元,所以有四根输入/输出线。也有的 RAM,其输入线和输出线是分开的。输出端一般都具有集电极开路或三态输出结构。

4. 片选控制

由于集成度的限制,经常需要把许多片 RAM 组装在一起,才能构成一台计算机的存储器。CPU 访问存储器时,一次只与这许多片 RAM 中的某一片(或几片)来往,即存储器中只有一片(或几片)RAM 中的一个地址与 CPU 接通,交换信息,而其他片 RAM 与 CPU 不发生联系,片选就是用来实现这种控制的。通常一片 RAM 有一根或几根片选线,当某一片的片选线为有效电平时,则该片被选中,地址译码器的输出信号控制该片某个地址与 CPU 接通;片选线为无效电平时,则该片与 CPU 处于断开状态。

5. 存储矩阵

RAM 中的存储单元通常都被排列成矩阵形式,称为**存储矩阵**。地址译码器的输出控制着存储矩阵与输入/输出端的连接,凡是被选中的单元就接通,未被选中的就处在断开状态。

① CPU 是 central processing unit 的缩写。

图 6.3.23 所示是 1024×1 位 RAM 的存储矩阵和地址译码器，属多字 1 位结构，1024 个字排列成 32×32 的矩阵，中间的每个小方块代表一个存储单元，它与外面电路的连接由地址译码器的输出信号控制。有 10 根地址线、1024 个地址，每个地址有一个存储单元。地址译码器分成两部分——行译码器和列译码器，地址线 A_0、…、A_4 是行译码器的输入，经译码后可得 32 根输出线 X_0、X_1、…、X_{31}，称为 X 选择线或行选择线；地址线 A_5、…、A_9 是列译码器的输入，经译码后亦可得 32 根输出线 Y_0、Y_1、…、Y_{31}，称为 Y 选择线或列选择线。X 线控制存储矩阵每一行中各个存储单元与位线的连接，而 Y 线控制每一列的位线与数据线的连接。例如，当 $X_0=\mathbf{1}$、$Y_0=\mathbf{1}$ 时，则第一行的 32 个存储单元 0－0~0－31 与对应的位线接通，但是 32 对位线中只有 Y_0 控制的那一对与数据线接通，因此接到数据线上去的只有 0－0 存储单元。对 0－0 单元究竟是读还是写，由读/写线进行控制，如果是读，则 0－0 单元中存储的信息经数据线、输入/输出线传送给 CPU；反之，如果是写，则 CPU 将有关信息经过输入/输出线、数据线存入 0－0 单元。同理，当 $X_{31}=\mathbf{1}$、$Y_{31}=\mathbf{1}$ 时，则存储单元 31－31 与数据线接通，在读/写线控制下，CPU 通过输入/输出线、数据线对 31－31 单元进行读出或写入。

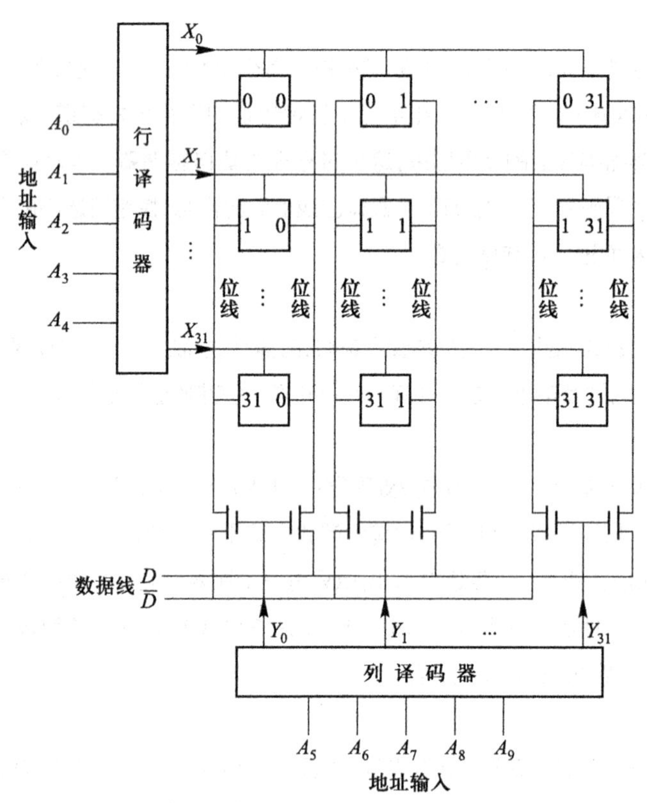

图 6.3.23 1024×1 位 RAM 的存储矩阵和地址译码器

二、RAM 的存储单元

存储单元是存储器的核心部分。按功能的不同可以分为静态和动态两类，按所用元件的类型又可分为双极型和 MOS 型两种，因此电路的形式是多种多样的。下面介绍两种常见的电路。

1. 静态存储单元

图 6.3.24 所示电路为六管 CMOS 静态存储单元，由六只 MOS 管（T_1～T_6）组成。T_1 与 T_2 构成一个反相器，T_3 与 T_4 构成另一个反相器，两个反相器的输入与输出交叉连接，构成基本触发器，作为储存信号的单元，T_1 导通、T_3 截止为 **0** 状态，T_3 导通、T_1 截止为 **1** 状态。T_5、T_6 是门控管，X_i 线控制其导通或

截止,它们是用来控制触发器输出端与位线间连接状态的。当 $X_i=\mathbf{1}$ 时,T_5、T_6 导通,触发器输出端与位线接通。当$X_i=\mathbf{0}$ 时,T_5、T_6 截止,触发器输出端与位线断开。T_7、T_8 也是门控管,导通与截止受 Y_j 线控制,它们是用来控制位线与数据线间连接状态的,工作情况与 T_5、T_6 类似,但并不是每个存储单元都需要这两只管子,而是一列存储单元用两只(见图 6.3.23)。所以,只有当存储单元所在行、列对应的 X_i、Y_j 线均为 **1** 时,该单元才与数据线接通,才能对它进行**读**或**写**,这种情况称为选中状态。在任何时刻,X 线中只可能有一根为 **1**,其余的均为 **0**,Y 线亦然,所以访问存储器时,只有一个存储单元处于选中状态,其余的存储单元都处于保持状态,即保持已经存储的内容不变。CMOS 存储单元只需极低的维持功耗(仅微瓦量级),因此它可以在交流电源断电时,靠电池供电保持其中储存的信息不丢失,以此来弥补半导体存储器易失性的缺点。

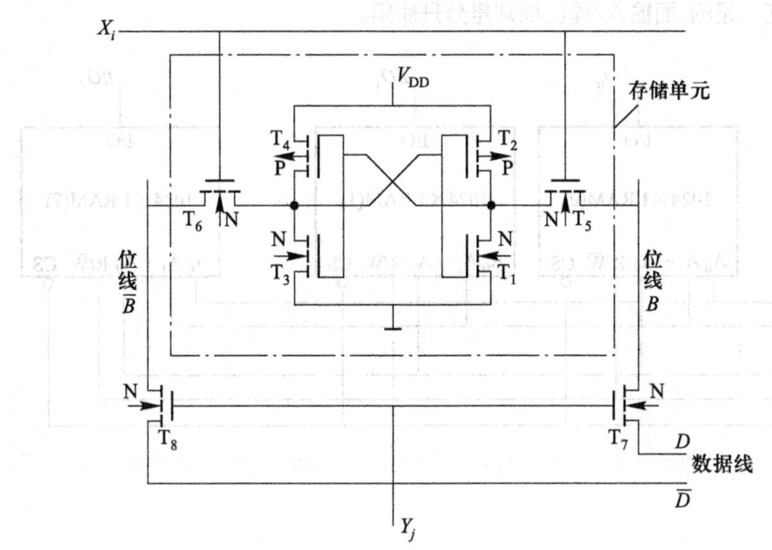

图 6.3.24 六管 CMOS 静态存储单元

2. 动态 MOS 存储单元

动态 MOS 存储单元储存信息的原理,是利用 MOS 管栅极电容具有暂时储存信息的作用。由于漏电流的存在,栅极电容上储存的电荷不可能长久保持不变,所以为了弥补泄漏掉的电荷,以免存储的信息丢失,需要定期地给栅极电容补充电荷,通常把这种操作称为**刷新**或**再生**。

图 6.3.25 所示是单管 MOS 动态存储单元,这种存储单元只用一只 MOS 管和一个电容。信息存于电容 C_1 中,MOS 管 T_1 是门控管,通过控制 T_1 把信息从位线送给存储单元,或者把信息从存储单元取出到位线。

在**写**时,位线通过 T_1 控制 C_1 上的电压,在**读**时,C_1 向 C_B 提供电荷使位线建立输出电位。例如,设原来 C_1 上电压为 U_1,位线上电压 $U_B=0$,则在完成读操作后,位线上电压 $U_B=U_1C_1/(C_1+C_B)$。

这个电路的缺点是进行读操作时存储元件 C_1 上电荷要损失,即读操作是破坏性的,所以,在每次读出后需对存储单元进行一次刷新。此外,由于位线上连接元件较多,C_B 较大,而为了节省每个存储单元所占面积,C_1 又不可能做得很大,因而实际上 $C_B \gg C_1$,于是读出时的 U_B 很小,即位线上高、低电平的差值很小。为了检测位线上这个很小的电平变化,需要高灵敏度的读出放大器。

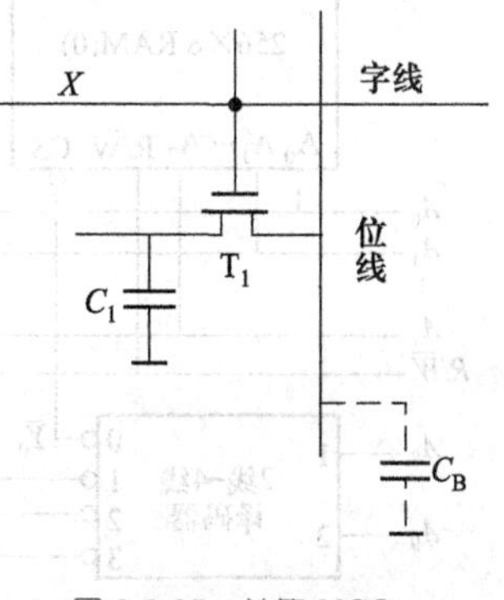

图 6.3.25 单管 MOS 动态存储单元

静态存储单元与动态存储单元相比，用的管子数多，集成度低，但它是用触发器储存信息，不必定期刷新，外围电路简单，使用方便。

三、RAM 容量的扩展

在实际应用中，经常需要大容量的 RAM。当已有芯片容量不够时，就需进行扩展，把多片 RAM 组合起来，形成所谓存储体。扩展方法与第 4 章介绍的 ROM(EPROM)的扩展方法是相同的，这里只举两个简单例子做说明。

1. 位扩展

如果每一片 RAM 中的字数已够用，而每个字的位数不够用时，可采用位扩展连接方式解决。图 6.3.26 所示就是用 8 片 1024×1 位 RAM 构成的 1024×8 位 RAM。图中 8 个芯片的地址线、读/写线和片选线是并联在一起的，而输入/输出线则是分开使用。

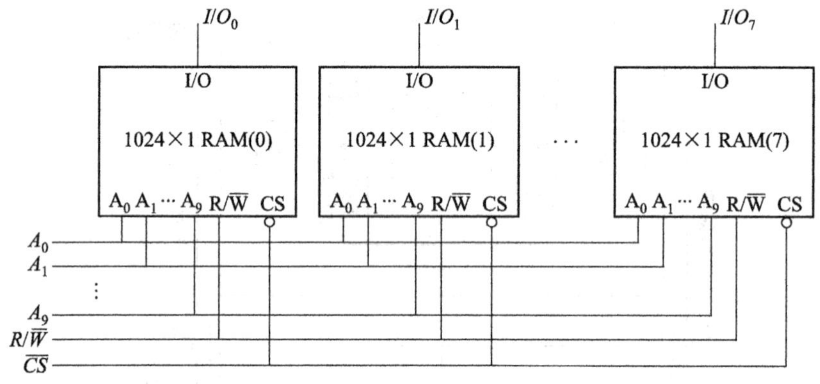

图 6.3.26　1024×1 位 RAM 扩展成 1024×8 位的连接方法——位扩展法

2. 字扩展

如果每一片的数据位已够用，但字数不够用时，可采用字扩展连接方式也称为地址扩展方式解决。图 6.3.27 所示是用 4 片 256×8 位 RAM 构成的 1024×8 位 RAM。图中输入/输出线、读/写线和地址线 $A_0\sim A_7$ 是并联起来的，高位地址码 A_8、A_9 经译码后送到各片的片选端，以实现字扩展。

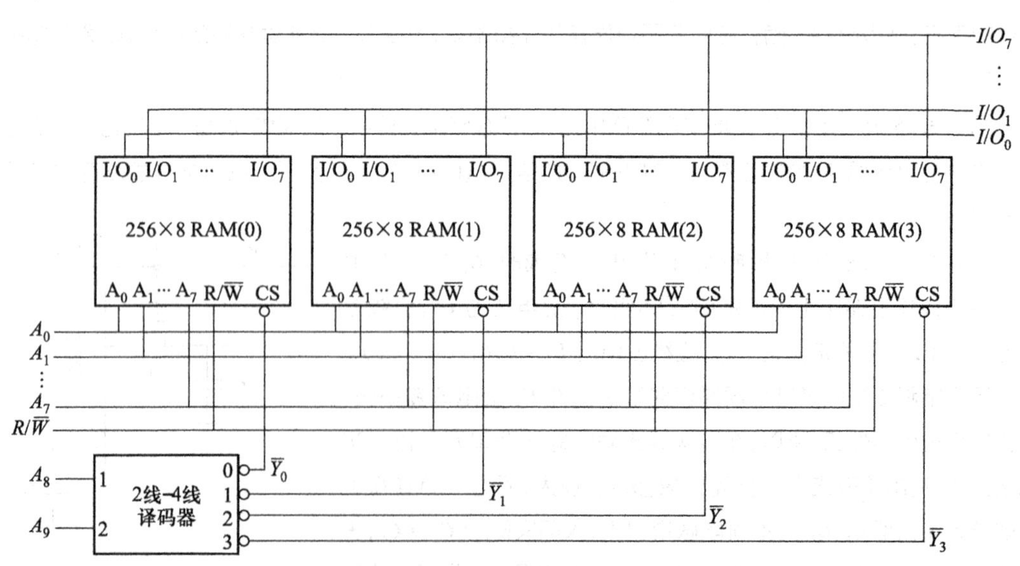

图 6.3.27　256×8 位 RAM 扩展成 1024×8 位的连接方法——字扩展法

四、RAM 芯片举例

1. 引出端排列图

图 6.3.28 所示是 2K×8 位静态 CMOS RAM 6116 的引出端排列图。$\overline{CS}$是片选端，$\overline{OE}$是输出使能端，$\overline{WE}$是写入控制端，$A_0 \sim A_{10}$ 为地址码输入端，$D_0 \sim D_7$ 为数码输出端。

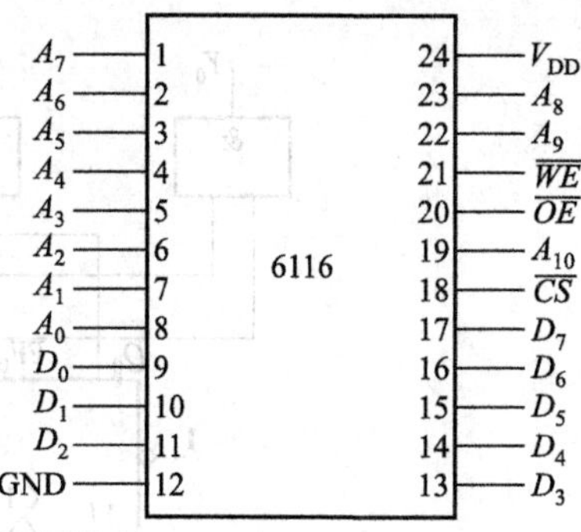

图 6.3.28 2K×8 位静态 CMOS RAM 6116 引出端排列图

2. 6116 工作方式和控制信号间的关系

表 6.3.11 所示是 6116 工作方式与控制信号间的关系，读出和写入线是分开的，而且写入优先。

表 6.3.11 6116 工作方式与控制信号间的关系

输入				工作方式	I/O
$\overline{CS}$	$\overline{OE}$	$\overline{WE}$	$A_0 \sim A_{10}$		$D_0 \sim D_7$
1	×	×	×	低功耗维持	高阻态
0	0	1	稳定	读	输出
0	×	0	稳定	写	输入

6.4 顺序脉冲发生器

在数控装置和数字计算机中，往往需要机器按照人们事先规定的顺序进行运算或操作，这就要求机器的控制部分不仅能正确地发出各种控制信号，而且要求这些控制信号在时间上有一定的先后顺序。通常采用的方法是，用一个顺序脉冲发生器（或称节拍脉冲发生器）产生时间上有先后顺序的脉冲，以实现整机各部分的协调动作。

按电路结构不同，顺序脉冲发生器可分成计数型和移位型两大类。

6.4.1 计数型顺序脉冲发生器

计数型顺序脉冲发生器一般都是用按自然态序计数的二进制计数器和译码器组成。大家知道，计数器在输入计数脉冲——时钟脉冲的操作下，其状态是依次转换的，而且在有效状态中循环工作，显然，用译码器把这些状态“翻译”出来，就可以得到顺序脉冲。

1. 电路组成

图 6.4.1 所示是一个能循环输出 4 个脉冲的顺序脉冲发生器的逻辑电路图。两个 *JK* 触发器构成一个四进制计数器；4 个**与**门构成译码器。$\overline{CR}$是异步清零信号，可对电路进行初始化——置零；*CP* 是输入计数脉冲——主时钟脉冲；Y_0、Y_1、Y_2、Y_3 是四个顺序脉冲输出端。

2. 工作原理

(1) 输出方程、状态方程

根据图 6.4.1 所示逻辑电路图，可得输出方程和状态方程

视频：
难点解析6-15
顺序脉冲发生器

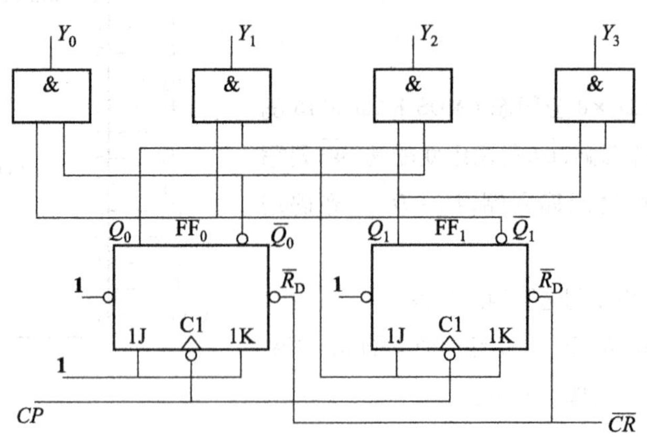

图 6.4.1 4输出顺序脉冲发生器

$$\begin{cases} Y_0 = \overline{Q}_1^n\ \overline{Q}_0^n \\ Y_1 = \overline{Q}_1^n Q_0^n \\ Y_2 = Q_1^n\ \overline{Q}_0^n \\ Y_3 = Q_1^n Q_0^n \end{cases} \tag{6.4.1}$$

$$\begin{cases} Q_0^{n+1} = \overline{Q}_0^n \\ Q_1^{n+1} = Q_0^n\ \overline{Q}_1^n + \overline{Q}_0^n Q_1^n \end{cases} \quad CP\text{ 下降沿时刻有效} \tag{6.4.2}$$

(2) 时序图

根据 $CP_0 = CP_1 = CP$ 及式(6.4.1)、(6.4.2)可画出如图 6.4.2 所示的时序图，由此可知，图 6.4.1 所示电路是一个 4 输出顺序脉冲发生器。

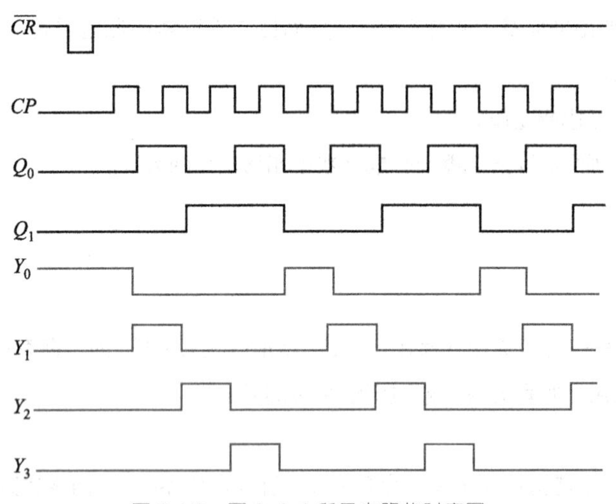

图 6.4.2 图 6.4.1 所示电路的时序图

如果用 n 位二进制计数器，由于有 2^n 个不同状态，那么经过译码器译码之后，就可以获得 2^n 个顺序脉冲。

图 6.4.3 所示是用边沿 D 触发器和译码器构成的 4 输出顺序脉冲发生器，其工作原理读者可用画时序图的方法去说明。不过要注意，译码门引入了 CP 信号作为选通脉冲，D 型触发器 FF_0、FF_1 的时钟信号用的是 $\overline{CP}$，这是为了克服译码器可能出现竞争冒险而采取的措施。

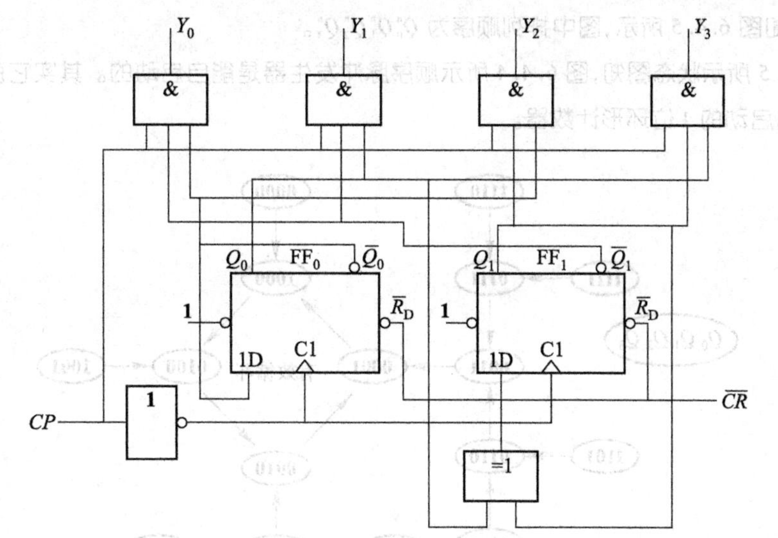

图 6.4.3 边沿 D 触发器和译码器构成的 4 输出顺序脉冲发生器

6.4.2 移位型顺序脉冲发生器

移位型顺序脉冲发生器从本质上看，它仍然是由计数器和译码器构成的，与计数型顺序脉冲发生器没有区别，但是，它采用的是按非自然态序进行计数的移位寄存器型计数器，其电路组成、工作原理和特性都别具特色。因此将其定名为移位型顺序脉冲发生器，并专门给予介绍。

（一）由环形计数器构成的顺序脉冲发生器

1. 电路组成

图 6.4.4 所示是由 4 位环形计数器构成的 4 输出移位型顺序脉冲发生器。

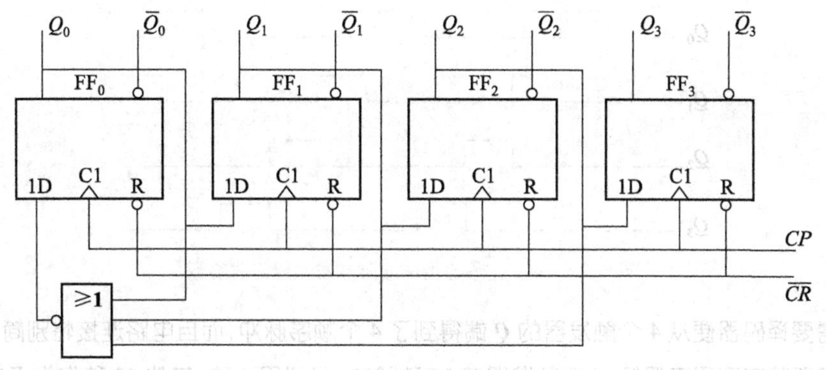

图 6.4.4 4 输出移位型顺序脉冲发生器

2. 工作原理

（1）状态方程和状态图

状态方程：

$$\begin{cases} Q_0^{n+1}=\overline{Q_0^n+Q_1^n+Q_2^n}=\overline{Q}_0^n\cdot\overline{Q}_1^n\cdot\overline{Q}_2^n \\ Q_1^{n+1}=Q_0^n \\ Q_2^{n+1}=Q_1^n \\ Q_3^{n+1}=Q_2^n \end{cases} \quad CP\text{ 上升沿时刻有效} \qquad (6.4.3)$$

状态图：如图 6.4.5 所示，图中排列顺序为 $Q_0^n Q_1^n Q_2^n Q_3^n$。

由图 6.4.5 所示状态图知，图 6.4.4 所示顺序脉冲发生器是能自启动的。其实它就是在前面已经讲过的能自启动的 4 位环形计数器。

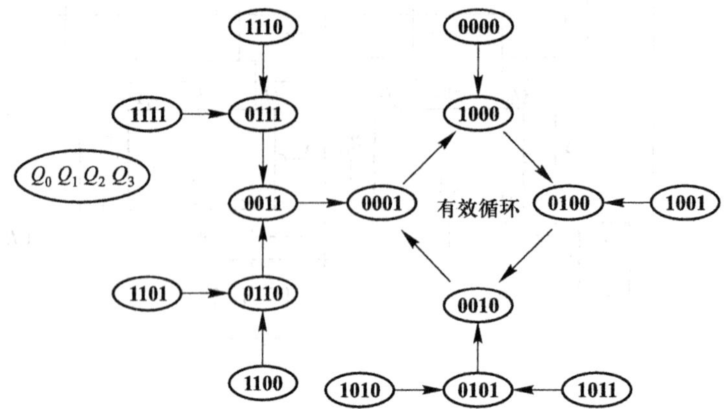

图 6.4.5 4 输出移位型顺序脉冲发生器的状态图

(2) 时序图

如图 6.4.6 所示。

由图 6.4.5 所示状态图和图 6.4.6 所示时序图可知，图 6.4.4 所示 4 输出移位型顺序脉冲发生器具有下列特点：

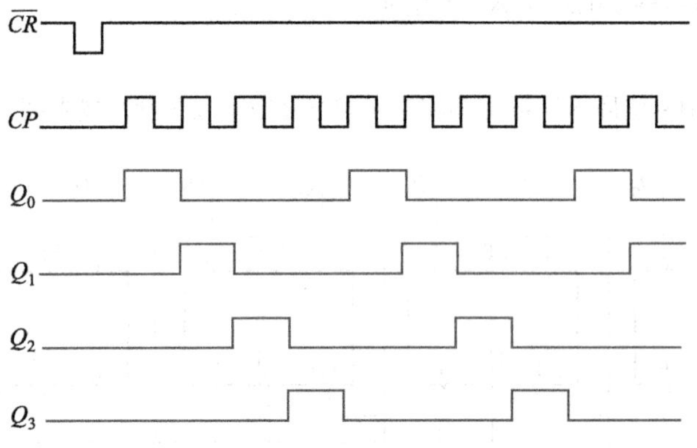

图 6.4.6 4 输出移位型顺序脉冲发生器的时序图

① 不需要译码器便从 4 个触发器的 Q 端得到了 4 个顺序脉冲，而且电路连接特别简单。

② 触发器状态利用率很低，4 个触发器有 16 种状态，只利用 4 种，其他 12 种均为无效状态。在环形计数器中已经讲过，其有效状态数是等于触发器个数的。

(二) 用扭环形计数器构成的顺序脉冲发生器

1. 电路组成

图 6.4.7 所示是一个由 4 位扭环形计数器和译码器构成的 8 输出移位型顺序脉冲发生器。该电路可用下述方法获得：

① 画出 4 位扭环形计数器的基本电路。

② 画出基本电路的状态图，修改无效循环实现状态图的自启动。

③ 修改反馈逻辑，画出能自启动的 4 位扭环形计数器的逻辑电路图。

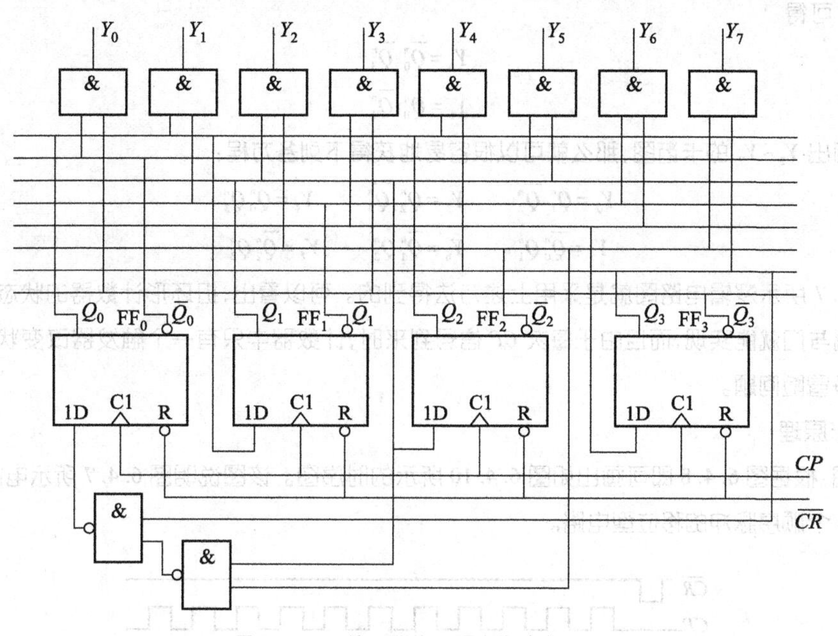

图 6.4.7　8 输出移位型顺序脉冲发生器

④ 设计译码器。

画出 4 位扭环形计数器的状态图——只画有效循环，并标出设计所要求的输出信号 $Y_0 \sim Y_7$，如图 6.4.8 所示。注意，在图中输出信号采用了简化表示形式，只标出相应状态下输出取值应为 **1** 的变量。

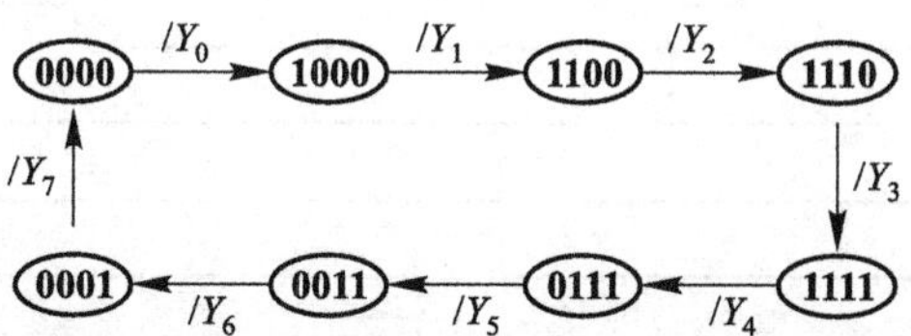

图 6.4.8　8 输出移位型顺序脉冲发生器简化状态图

把无效状态当成约束项，化简输出函数。

画出各个输出信号的卡诺图，利用图形化简法即可求出 $Y_0 \sim Y_7$ 的最简逻辑表达式。图 6.4.9 给出的是 Y_0 和 Y_1 的卡诺图。

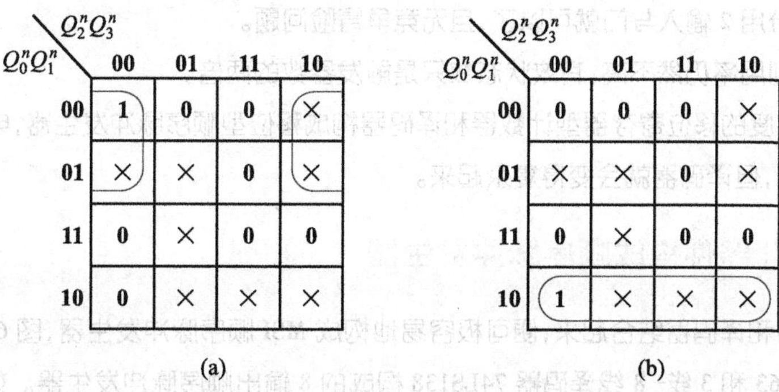

图 6.4.9　输出信号的卡诺图

(a) Y_0 的卡诺图　(b) Y_1 的卡诺图

由图 6.4.9 可得

$$Y_0=\overline{Q_0^n}\ \overline{Q_3^n}$$

$$Y_1=Q_0^n\ \overline{Q_1^n}$$

若再分别画出 $Y_2\sim Y_7$ 的卡诺图，那么就可以很容易地获得下列各方程：

$$Y_2=Q_1^n\ \overline{Q_2^n}\qquad Y_3=Q_2^n\ \overline{Q_3^n}\qquad Y_4=Q_0^nQ_3^n$$

$$Y_5=\overline{Q_0^n}Q_1^n\qquad Y_6=\overline{Q_1^n}Q_2^n\qquad Y_7=\overline{Q_2^n}Q_3^n$$

图 6.4.7 所示逻辑电路图就是采用上述方法得到的。可以看出，扭环形计数器的状态译码，只要用 2 输入端**与**门就能实现，而且由于每次 CP 信号到来时，计数器中只有一个触发器改变状态，所以译码器无竞争冒险问题。

2. 工作原理

时序图：根据图 6.4.8 即可画出如图 6.4.10 所示的时序图。该图说明图 6.4.7 所示电路确实是一个能获得 8 个顺序脉冲的移位型电路。

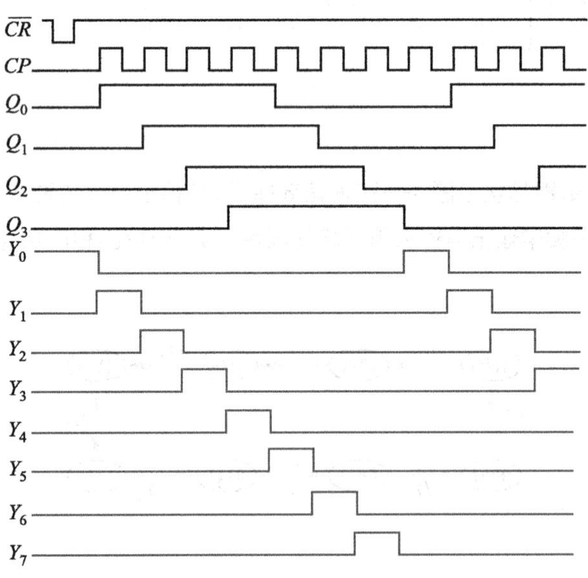

图 6.4.10　8 输出移位型顺序脉冲发生器的时序图

3. 主要特点

① 计数器部分电路连接简单。

② 译码器部分用 2 输入**与**门就可以了，且无竞争冒险问题。

③ 电路状态利用率仍然不高，有效状态数只是触发器数的两倍。

如果用最大长度的移位寄存器型计数器和译码器构成移位型顺序脉冲发生器，电路状态利用率显然会得到极大提高，但译码器就会变得复杂起来。

6.4.3　用 MSI 器件构成顺序脉冲发生器

把集成计数器和译码器结合起来，便可极容易地构成 MSI 顺序脉冲发生器，图 6.4.11所示就是用集成计数器 74LS163 和 3 线-8 线译码器 74LS138 构成的 8 输出顺序脉冲发生器。如果用 4 线-16 线译码器（可用两片 74LS138 构成），则得到的将是 16 输出顺序脉冲发生器。图中 74LS374 是缓冲用寄存器，三态输出，用它既可以从根本上解决译码器中的竞争冒险问题，又能够起到输出缓冲作用。

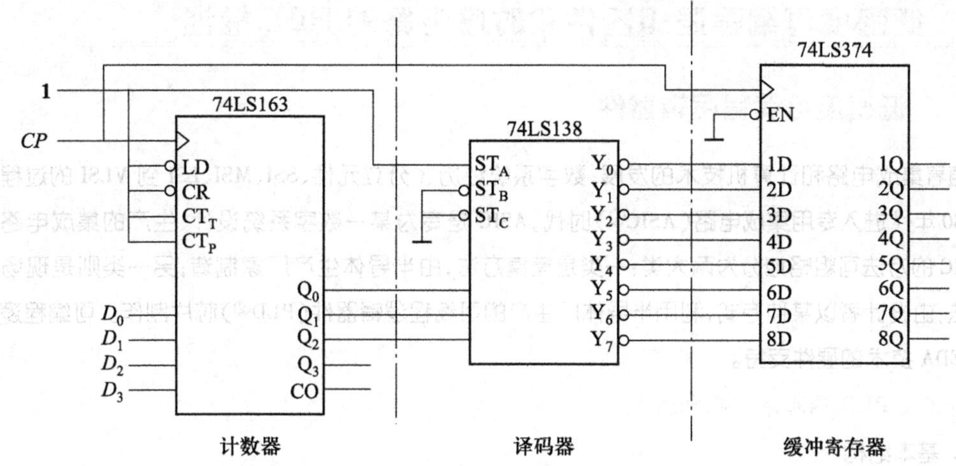

图 6.4.11 MSI 组成的 8 输出顺序脉冲发生器

由于 74LS374 具有三态输出结构，当输出使能端$\overline{EN}=\mathbf{0}$时，$1Q\sim 8Q$ 分别反映$\overline{Y}_0\sim\overline{Y}_7$，当$\overline{EN}=\mathbf{1}$时，输出被禁止，各输出端均为高阻态。注意：寄存器 74LS374 的输出比译码器 74LS138 的输出要滞后一个时钟周期。

图 6.4.12 所示是 MSI 8 输出顺序脉冲发生器中计数器和译码器的时序图。在 CP 脉冲操作下，当计数器里有两个或两个以上触发器改变状态时，在译码器相应门电路的输入端便会出现竞争冒险——有两个信号同时向相反方向改变取值，其输出端就产生了如图中所示的极窄的尖脉冲。如果从寄存器 74LS374 输出，那么这些尖脉冲就没有了，所得到的将是滞后一个时钟周期的“干净”的顺序脉冲。读者可在图 6.4.12 所示时序图的基础上，对应画出寄存器各输出端的波形图。

拓展阅读 6-2
序列信号产生器的定义及设计示例

拓展阅读 6-3
时序逻辑电路中的竞争-冒险现象

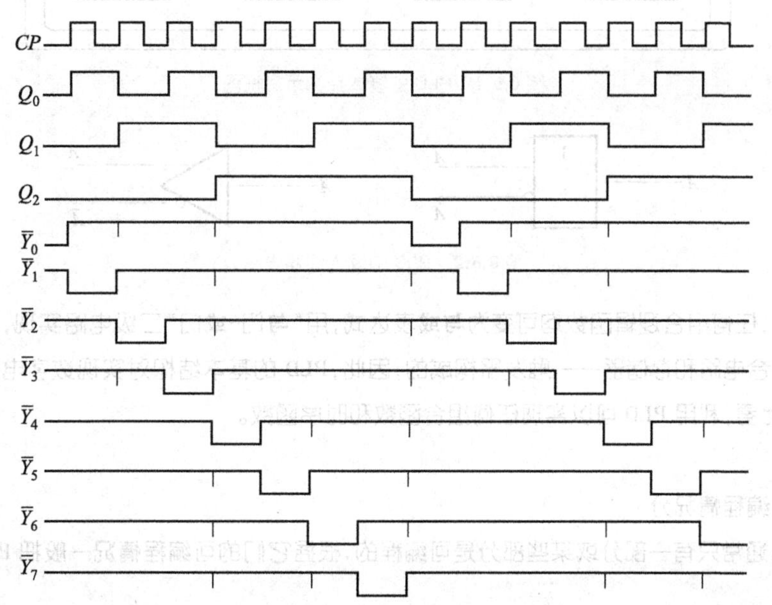

图 6.4.12 计数器、译码器的时序图

6.5 低密度可编程逻辑器件和时序电路的 HDL 描述

6.5.1 低密度可编程逻辑器件

随着集成电路和计算机技术的发展，数字系统经历了分立元件、SSI、MSI、LSI 到 VLSI 的过程。20 世纪 80 年代进入专用集成电路（ASIC①）时代，ASIC 是专为某一数字系统设计、生产的集成电路。制作 ASIC 的方法可粗略地分为两大类：一类是掩模方法，由半导体生产厂家制造；另一类则是现场可编程方法，由设计者以某种方式，利用半导体厂生产的可编程逻辑器件（PLD②）芯片制作。可编程逻辑器件是 EDA 技术的硬件支持。

一、低密度 PLD 的基本结构和分类

1. 基本结构

图 6.5.1 所示是 PLD 的基本结构示意框图，其主体是由**与**门和**或**门构成的“**与**阵列”和“**或**阵列”。为了适应各种输入情况，“**与**阵列”的输入端（包括内部反馈信号的输入端）都设置有输入缓冲电路（见图 6.5.2），从而使输入信号有足够的驱动能力，并产生互补的原变量 A 和反变量 $\overline{A}$。PLD 可以由**或**门阵列直接输出（组合方式）、也可以通过寄存器输出（时序方式）；输出可以是高电平有效，也可以是低电平有效；输出端一般都采用三态电路，而且设置有内部通路，可把输出信号反馈到“**与**阵列”的输入端。较新的 PLD 则把输出电路做成宏单元，因而功能更完善，使用起来也更方便、灵活。

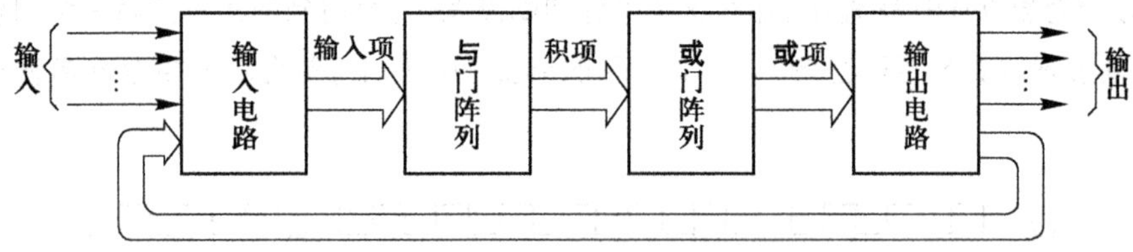

图 6.5.1 PLD 的基本结构示意框图

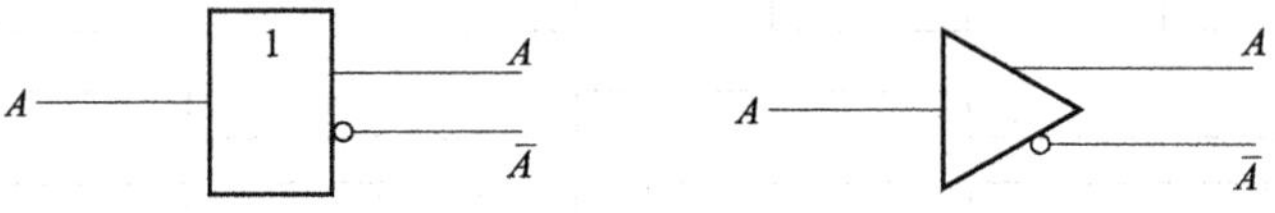

图 6.5.2 PLD 的输入缓冲电路

大家知道，任何组合逻辑函数均可变为**与或**表达式，用“**与**门-**或**门”二级电路实现，而任何时序电路又都是由组合电路和存储器——触发器构成的，因此，PLD 的基本结构对实现数字电路具有普遍意义，即从原则上看，利用 PLD 可以实现任何组合函数和时序函数。

2. 分类

（1）按可编程情况分

PLD 内部通常只有一部分或某些部分是可编程的，根据它们的可编程情况一般把 PLD 分成四类，见表 6.5.1。

---

① ASIC 是英文 application-specific IC 的缩写。

② PLD 是英文 programmable logic device 的缩写。

表 6.5.1 PLD 分类

分类	与阵列	或阵列	输出电路	出现年代
PROM	固定	可编程	固定	20 世纪 70 年代初期
PLA	可编程	可编程	固定	20 世纪 70 年代中期
PAL	可编程	固定	固定	20 世纪 70 年代末期
GAL	可编程	固定	可组态	20 世纪 80 年代初期
(ispGAL)	可编程	固定	可组态	20 世纪 90 年代初期

- PROM:可编程只读存储器

PROM 诞生于 20 世纪 70 年代初期,是最早问世的 PLD。其电路组成、工作原理在第 4 章中已介绍过了。用来实现逻辑函数时,它的主要问题是不经济。例如,一个 10 变量的逻辑函数,经过化简处理之后,其**与或**表达式中的乘积项通常不会超过 40 个,而一个 10 输入变量的 PROM,它的"**与**阵列"却有 $2^{10}=1\,024$ 个 20 输入的**与**门。这不仅使芯片面积很大、利用率很低,而且由于阵列面积大还要导致信号开关延迟时间长、工作速度降低。所以,PROM 除了制作函数表、显示译码电路外,一般只作存储器用,ASIC 很少用它。为了便于比较,在图 6.5.3 中也给出了它的**与或**阵列结构。

- PLA①:可编程逻辑阵列

PLA 出现于 20 世纪 70 年代中期,是为了解决 PROM 存在的问题而设计的,其**与或**阵列结构示意框图如图 6.5.4 所示。它的"**与**阵列"和"**或**阵列"都是可编程的,因此实现同样的逻辑函数,其阵列规模要比 PROM 小得多,如果从表达式看,PROM 只能实现函数的标准**与或**式,而 PLA 却可以实现函数的最简**与或**式。但是,迄今为止,由于缺少高质量的支撑软件和编程工具,价格较贵,门的利用率也不够高,使用仍不广泛。

视频:难点解析 6-16 可编程逻辑器件概述

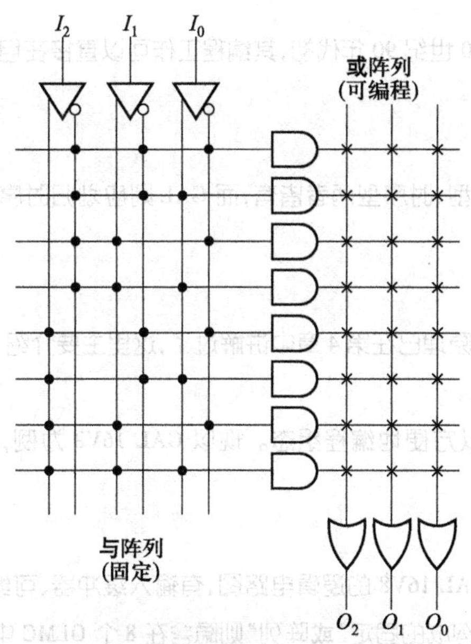

图 6.5.3 PROM 的阵列结构

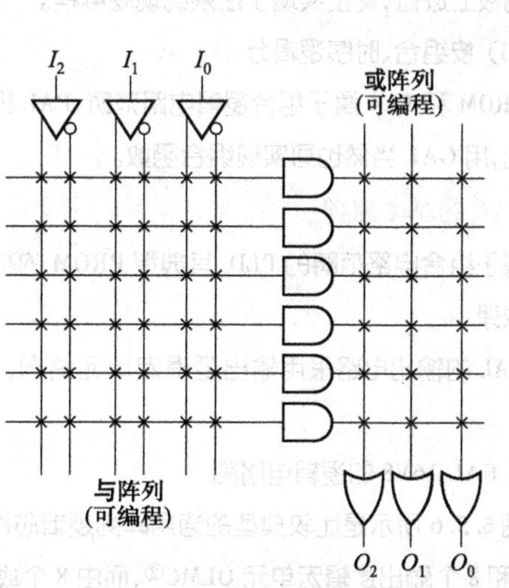

图 6.5.4 PLA 的阵列结构

① PLA 是英文 programmable logic array 的缩写。

• PAL:可编程阵列逻辑

PAL 诞生于 20 世纪 70 年代末,图 6.5.5 所示是它的阵列结构示意框图。其“**或**阵列”固定,“**与**阵列”可编程,这种结构速度高、价格低。PAL 输出电路结构形式有好几种,可以借助编程器进行现场编程,很受用户欢迎。但其输出方式固定而不能重新组态,编程是一次性的,因此它的使用仍有较大的局限性。

拓展阅读 6-4 **PAL 输出电路结构解析及设计示例**

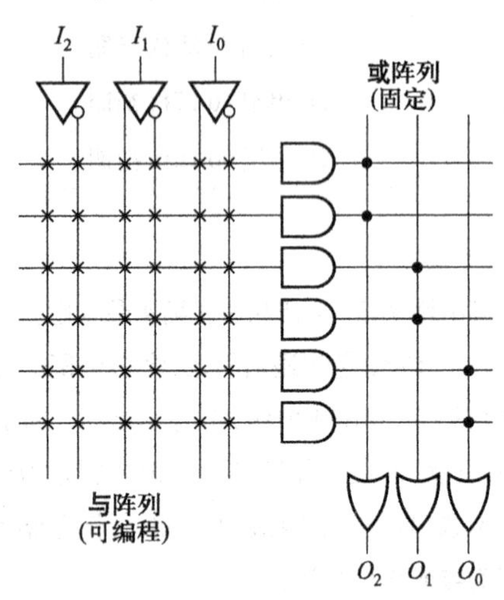

图 6.5.5 PAL(GAL)的阵列结构

• GAL①:通用阵列逻辑

GAL 出现于 20 世纪 80 年代初,其阵列结构与 PAL 相同,如图 6.5.5 所示。它可以完全取代 PAL 所具有的功能,由于其输出电路采用了逻辑宏单元结构,输出方式用户可根据需要自行组态,因此功能更强,使用更灵活,应用更广泛。

(2) 按可编程和改写方法分

第一代 PLD:采用一次性掩模编程方式,编程由生产厂家完成,这种方法只用来生产存放固定数据、固定程序的 ROM 以及函数表、字符发生器等器件。

第二代 PLD:采用紫外光擦除,方法是将器件放在特制的擦除器中,用一定强度的紫外光照射一段时间(在 1 200 $\mu W/cm^2$ 光强下照射 20 min),使之回到未编程状态。而编程则是在编程器上进行。

第三代 PLD:是一种电擦除的可编程器件。这种 PLD 的编程和擦除是同时进行的,每编程一次,就以新的信息代替原来的信息,整个过程 1 s 之内便可完成。用户对芯片的编程和擦除都在编程器上进行,通过加一定幅度和极性的电脉冲实现。

第二代、第三代 PLD 的编程工作都可以在用户的实验室中,用与计算机相连的编程器完成,因此常称之为现场可编程逻辑器件。

第四代 PLD:是一种在系统可编程器件,出现于 20 世纪 90 年代初,其编程工作可以直接在目标系统或线路板上进行,真正实现了在系统现场编程。

(3) 按组合、时序逻辑分

PROM 和 PLA 属于组合逻辑电路范畴,PAL 组合型、时序型两者皆有,而 GAL 则应划归时序逻辑电路之列,用 GAL 当然也可实现组合函数。

二、GAL 的基本原理

属于组合电路范畴的 PLD,其典型 PROM 的基本原理已在第 4 章中讲解过了,这里主要介绍 GAL 的基本原理

视频:**难点解析 6-17 通用阵列逻辑 GAL**

GAL 的输出电路采用输出逻辑宏单元结构,可以方便地编程组态。现以 GAL 16V8 为例,做简要说明。

1. GAL 16V8 的逻辑电路图

图 6.5.6 所示是比较典型的通用阵列逻辑芯片 GAL 16V8 的逻辑电路图,有输入缓冲器、可编程“**与**阵列”和 8 个输出逻辑宏单元 OLMC②,而由 8 个**或**门构成的固定“**或**阵列”则隐含在 8 个 OLMC 中。

① GAL 是英文 generic array logic 的缩写。

② OLMC 是英文 out logic macro cell 的缩写。

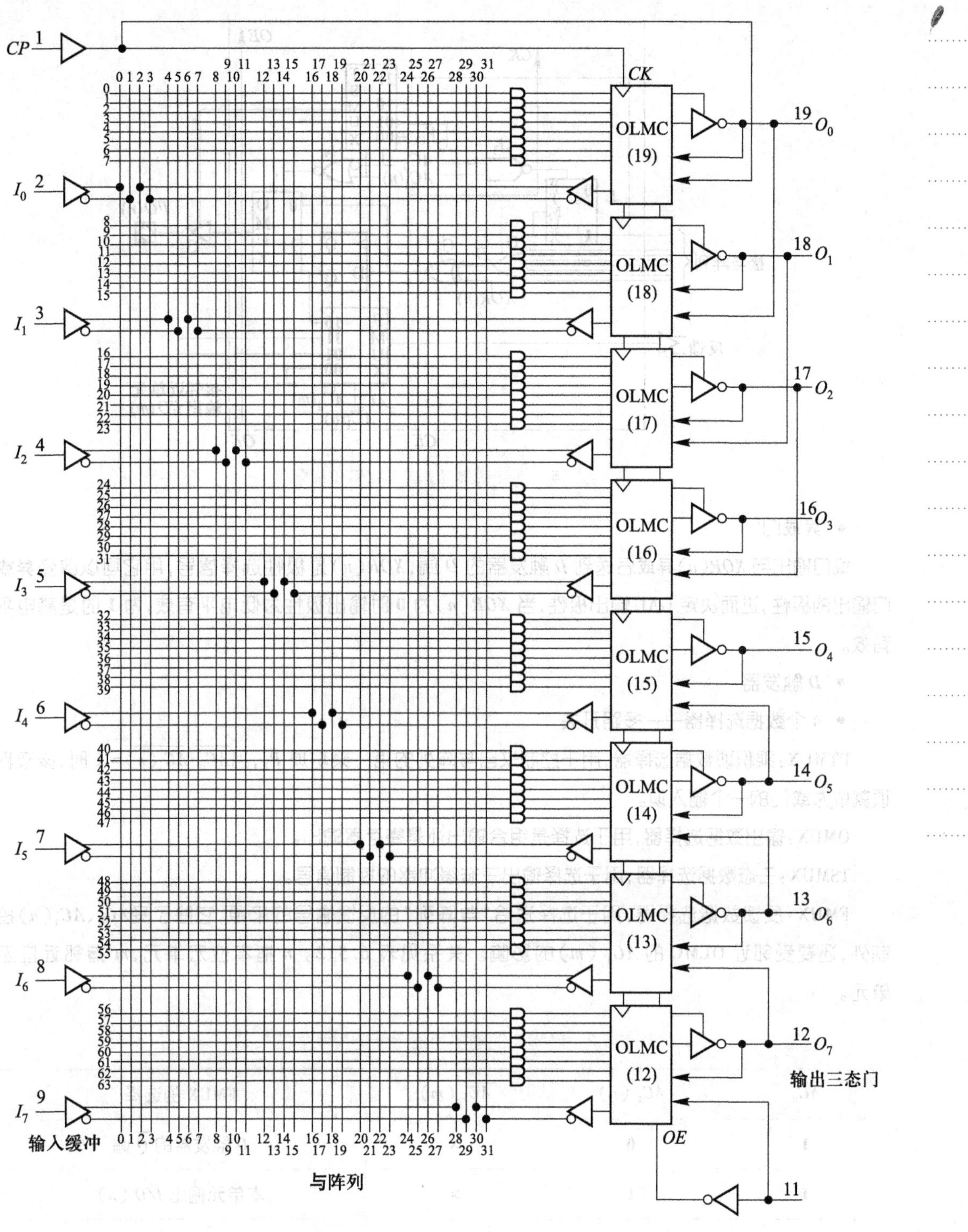

图 6.5.6 GAL 16V8 的逻辑电路图

2. 输出逻辑宏单元

(1) OLMC 的结构

图 6.5.7 所示是 GAL 的 OLMC，主要由 4 部分组成：

- 8 输入**或**门

它构成了 GAL 的**或**阵列。

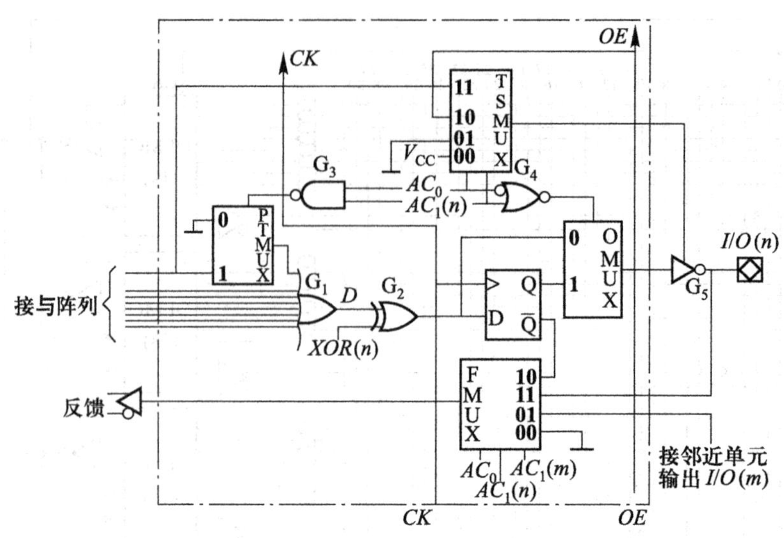

图 6.5.7 输出逻辑宏单元 OLMC 的结构

- **异或**门

或门输出与 $XOR(n)$**异或**后送到 D 触发器的 D 端，$XOR(n)$ 是极性选择信号，用它可以改变**异或**门输出的极性，进而决定 GAL 输出极性，当 $XOR(n)$ 为 **0** 时输出极性为低电平有效，为 **1** 时是高电平有效。

- D 触发器
- 4 个数据选择器——多路开关

PTMUX：乘积项数据选择器，用于控制来自**与**阵列的第一乘积项 P_1，当 $\overline{AC_0 \cdot AC_1(n)} = \mathbf{1}$ 时，该乘积项就成为**或**门的一个输入项。

OMUX：输出数据选择器，用于选择是组合输出还是寄存器输出。

TSMUX：三态数据选择器，用于选择输出三态缓冲器的控制信号。

FMUX：反馈数据选择器，用于选择送给"**与**阵列"的反馈信号的来源，它除了受 AC_0、$AC_1(n)$ 控制外，还要受邻近 OLMC 的 $AC_1(m)$ 的影响。关系见表 6.5.2。n 指本位宏单元，m 指邻近位宏单元。

表 6.5.2 FMUX 的输出与三个结构控制字的关系

AC_0	$AC_1(n)$	$AC_1(m)$	FMUX 的选择
1	**0**	×	D 触发器的 $\bar{Q}$ 端
1	**1**	×	本单元输出 $I/O(n)$
0	×	**1**	邻近单元输出 $I/O(m)$
0	×	**0**	地

(2) OLMC 的组态

OLMC 的输出组态决定于编程软件所设置的结构控制字 SYN、AC_0、$AC_1(n)$ 的状态，关系见表 6.5.3。

表 6.5.3 OLMC 的输出组态

SYN	AC_0	$AC_1(n)$	功 能	注
0	**0**	**0**		不用
0	**0**	**1**		不用
0	**1**	**0**	寄存器输出	纯时序输出
0	**1**	**1**	组合与寄存器混合输出	本宏单元为组合输出，其他宏单元至少有一个是寄存器输出
1	**0**	**0**	纯组合输出	无内部反馈和使能控制
1	**0**	**1**	纯输入方式	输入为 $I/O(m)$，三态门禁止
1	**1**	**0**		不用
1	**1**	**1**	组合输出	组合 I/O 输出，乘积项 P_1 控制输出使能

表中 SYN 为同步位：$SYN=\mathbf{1}$ 时表示 GAL 无寄存器输出；$SYN=\mathbf{0}$ 时则 GAL 中至少有一个寄存器输出。

AC_0 为 8 个 OLMC 公用；$AC_1(n)$有 8 位，每一个 OLMC (n)都有自己的$AC_1(n)$，而此处 $n=12\sim19$。

3. GAL 的主要特点

① 通用性强。GAL 的每个输出逻辑宏单元均可根据需要进行组态，既可构成组合电路也可实现时序函数，而且在输入引脚不够用时还能将 OLMC 组态成为输入端，使用极为灵活。

② 100%可编程。生产 GAL 大多采用 UVCMOS 或 E^2CMOS 工艺，可重复编程，通常可擦写上百次，有的甚至达一万次，而写入数据保持时间可超过 20 年。如编程出错，则只需擦去重编即可，经过反复修改总能获得正确结果，而达到 100%的编程，设计者承担的风险也随之降为零。

③ 100%可测试。当用 GAL 实现时序函数时，利用测试软件能将电路置成所需要的状态进行测试，这不仅能缩短测试过程，而且保证电路在编程以后，对编程结果进行 100%的测试。

④ 隐含成本低。在产品的成本核算中，不仅要考虑器件的原始成本，而且还要考虑入库后的编程、测试、管理等费用，以及使用时的编程失效、功能失效、印刷电路板失效等因素造成的损失。由于 GAL 在出厂前已对内部参数进行了全面测试，保证所有单元全部合格，而器件型号不多，可以一片百用，不需很多不同类型的备份，即使遇到失效也可重新编程修理，因此附加成本大大降低。据分析，总成本大致是原始成本的 1.09 倍。

GAL 一度被认为是最理想的可编程逻辑器件。实际上仍存在两个明显的问题：一是集成度不高，所能替代的中、小规模集成电路为数不多；二是其 OLMC 设定成某种输出功能后，有时就不能照顾到另外一种功能，因此用户所希望的组态并不是都能实现。

4. 几种常见 GAL 器件

表 6.5.4 所示是几种常见的 GAL 器件。

表 6.5.4 几种常见的 GAL 器件

型号	与阵列规模(乘积项×输入项)	OLMC 最大输出数	特点
GAL16V8	64×32	8	普通型
GAL20V8	64×40	8	普通型
isp GAL16Z8	64×32	8	可擦写一万次
GAL39V18	64×78	10	**与**、**或**阵列均可编程

* 注:GAL16V8、GAL20V8 已于 2014 年年底停产了,在此仅供参考。

三、高密度可编程逻辑器件 HDPLD

高密度可编程逻辑器件是一种超大规模集成电路,它比较好地解决了 GAL 存在的问题,是在集成电路工艺精度达到 1 μm 以下后才出现的一种高密度、高性能的器件。

高密度可编程逻辑器件大致可分成两类:一类是在 GAL 基础上发展起来的,其主体仍是**与**、**或**阵列,因此称之为阵列型 HDPLD,其集成度可达几万甚至十几万门/片;另一类是可编程门阵列,它是由许多逻辑宏单元组成的阵列,因此称之为单元型 HDPLD。

关于 HDPLD 的内容,将在第 9 章中进行介绍。

四、PLD 的编程

EDA 技术直接支持对可编程逻辑器件的编程。关于对可编程逻辑器件进行编程下载的相关内容,限于本书的篇幅,不在此进行详细讨论,留待后续的 EDA 技术课程进行介绍,请读者自行学习。

6.5.2 时序逻辑电路的 HDL 描述

1. 时序逻辑电路的 VHDL 描述

下面是描述十进制计数器和 4 位基本寄存器的 VHDL 程序。

[例 6.5.1] 十进制计数器的 VHDL 描述。

```
LIBRARY IEEE;
USE IEEE.STD_LOGIC_1164.ALL;
USE IEEE.STD_LOGIC_UNSIGNED.ALL;
ENTITY count10 is
PORT(cp:IN  STD_LOGIC;
      q:OUT STD_LOGIC_VECTOR(3 DOWNTO 0));
END count10;
ARCHITECTURE one OF count10 IS
  SIGNAL count :STD_LOGIC_VECTOR(3 DOWNTO 0);
    BEGIN
    PROCESS(cp)
      BEGIN
        IF cp 'EVENT AND cp='1'THEN
          IF count<="1001" THEN
```

```
            count<="0000";
          ELSE count<=count+1;
          END IF;
        END IF;
      END PROCESS;
    q<=count;
END one;
```

［例 6.5.2］ 4 位基本寄存器的 VHDL 描述。

```
LIBRARY IEEE;
USE IEEE.STD_LOGIC_1164.ALL;
ENTITY registerb is
PORT(cp,reset:IN   STD_LOGIC;
      data:IN STD_LOGIC_VECTOR(3 DOWNTO 0);
      q:OUT STD_LOGIC_VECTOR(3 DOWNTO 0));
END registerb;
ARCHITECTURE one OF registerb IS
  BEGIN
    PROCESS(cp)
      BEGIN
        IF cp'EVENT AND cp='1'THEN
          IF rese='1'THEN
          q<="0000";
          ELSE
          q<=data;
          END IF;
        END IF;
    END PROCESS;
END one;
```

图 6.5.8 和图 6.5.9 给出的是十进制加法计数器和 4 位基本寄存器在某 EDA 平台的仿真波形。

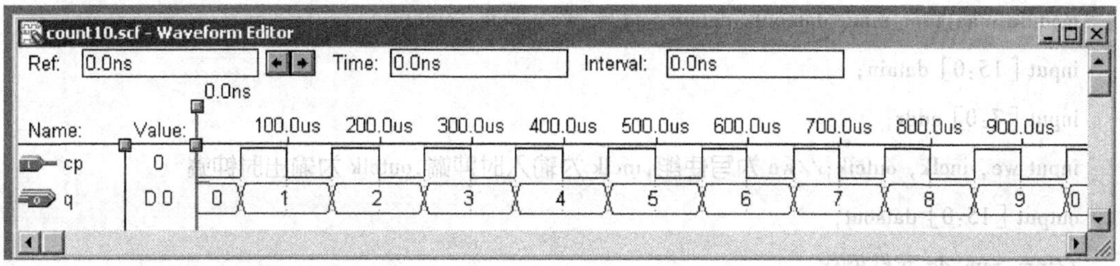

图 6.5.8 十进制加法计数器的仿真波形

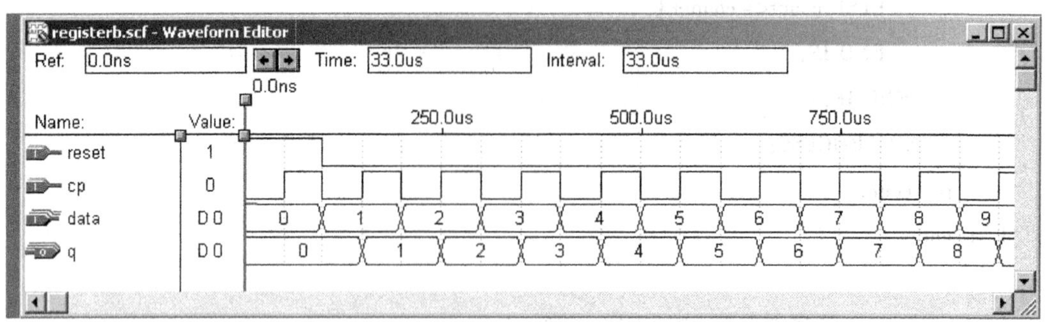

图 6.5.9　4 位基本寄存器的仿真波形

2. 时序逻辑电路的 Verilog HDL 描述

[例 6.5.3]　12 位可变模加/减法计数器的 Verilog HDL 描述。

```
module count12_UD(d, clk, clr, load, up_down, qd);
input [11:0] d;
input   clk, clr, load, up_down;
output[11:0]   qd;
reg[11:0]   qd;

always @ (posedge clk)
  begin
    if(!clr)          qd = 12'h000;        //同步清零,低电平有效
   else if(load)      qd = d;              //同步置数,高电平有效
   else if(up_down) qd = qd+1;             //up_down = 1 时加计数
       else           qd = qd-1;           //up_down = 0 时减计数
   end
endmodule
```

利用 EDA 平台中自带的宏单元库可以方便地设计比较复杂的时序逻辑电路。如下例即为利用 Quartus II 平台中的 LPM 宏单元库 lpm_ram_dq 函数设计一个用Verilog HDL 描述的 RAM 模块,该 RAM 的容量为 256×16 位,即地址总线宽度为 8 位,数据总线宽度为 16 位。

[例 6.5.4]　256×16 位 RAM 块的 Verilog HDL 描述。

```
module map_lpm_ram( dataout, datain, addr, we, inclk, outclk );
input [15:0] datain;
input [7:0] addr;
input we, inclk, outclk;//we 为写使能,inclk 为输入时钟端,outclk 为输出时钟端
output [15:0] dataout;
//lpm_ram_dq 元件例化
lpm_ram_dq ram(.data(datain), .address(addr), .we(we), .inclock(inclk),
               .outclock(outclk), .q(dataout) );
```

```
defparam ram.lpm_width = 16;                     //参数赋值
defparam ram.lpm_widthad = 8;
defparam ram.lpm_indata = "REGISTERED";
defparam ram.lpm_outdata = "REGISTERED";
defparam ram.lpm_file = "map_lpm_ram.mif";  //RAM 块中的内容从该文件输入
endmodule
```

上面 RAM 块的内容存储于.mif（Memory Initialization File）文件中，.mif 是一个 ASCII 文本文件，可以用手工创建，也可以是模拟仿真的输出结果。

本章小结

按照逻辑功能基本特点的不同，整个数字电路可以分成两大类，一类是在第 4 章中讲解过的组合电路，其基础是逻辑代数和门电路；另一类就是本章介绍的时序电路，其基础可以说主要是逻辑代数和触发器。就地位而言，在数字电路中，时序电路则显得更突出，更重要，更具代表性。

时序电路的输出不仅和输入有关，而且还决定于电路原来所处的状态，而电路状态又是由构成时序电路的触发器来记忆和表示的，这就是时序电路的基本特点。

常用的表示时序电路逻辑功能的方法有六种：逻辑图、逻辑表达式、状态表、卡诺图、状态图和时序图。它们虽然形式不同，特点各异，但在本质上是相通的，可以互相转换。对初学者尤其要注意由逻辑图到状态图和时序图及由状态图到逻辑图的转换。

时序电路的基本分析方法，从某种意义上讲，就是由逻辑图到状态图的转换步骤；而设计方法，在完成问题逻辑抽象获得最简状态图之后，剩下的也主要是由状态图到逻辑图的转换问题。

无论是从电路结构和逻辑功能看，还是从表示方法着眼，乃至于从基本分析、设计方法出发，计数器都是极具典型性和代表性的时序逻辑电路，而且它的应用十分广泛，几乎是无处不在。所以作为重点，从综合角度进行了较为详细的介绍，并且还仔细地讲解了用集成计数器构成 N 进制计数器的方法。

寄存器、读写存储器、顺序脉冲发生器等也都是比较典型、应用很广的时序电路，要注意有关概念和方法的理解和学习。至于时序电路的 HDL 描述及其仿真，属于初步掌握的内容，但读懂程序并在 PC 机上实现之，对于学习 EDA 技术为后续课打下基础具有重要意义。

习题

[题 6.1] 时序电路如图 P6.1 所示，起始状态 $Q_0Q_1Q_2 = \mathbf{001}$，画出电路的时序图。

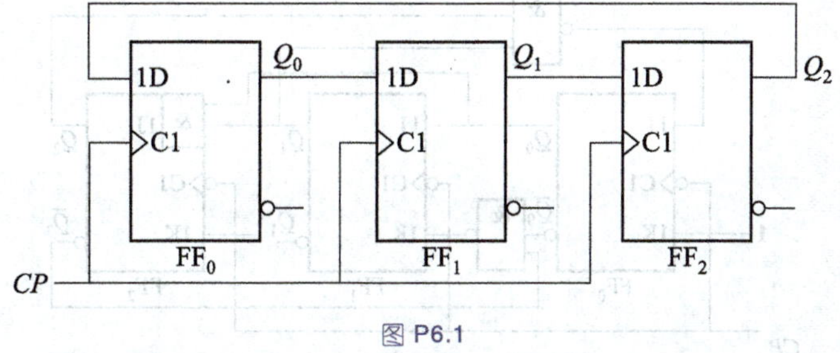

图 P6.1

[题 6.2]　画出图 P6.2 所示电路的状态图

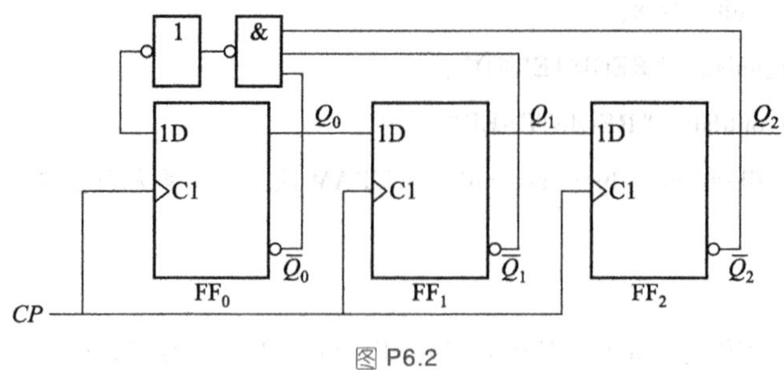

图 P6.2

[题 6.3]　画出图 P6.3 所示电路的状态图和时序图。

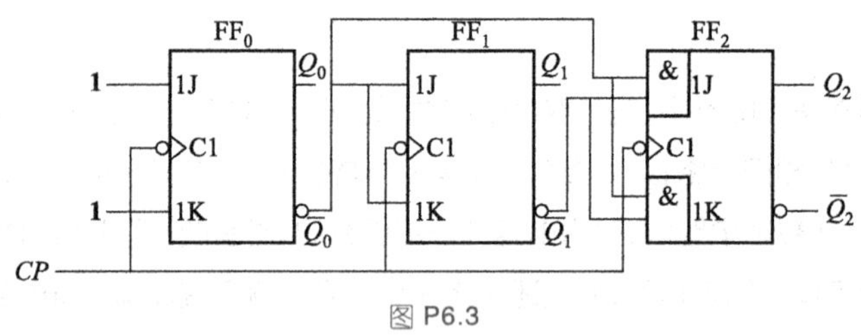

图 P6.3

[题 6.4]　试画出图 P6.4(a)电路中 B、C 端波形。输入端 A、CP 波形如图P6.4(b)所示，触发器起始状态均为零。

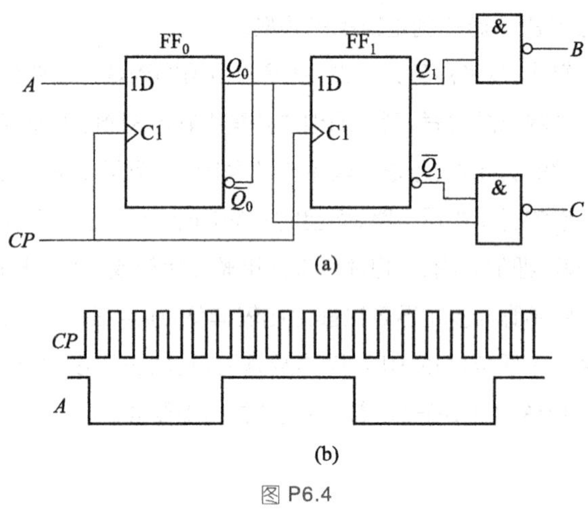

图 P6.4

[题 6.5]　画出图 P6.5 所示电路的状态图，若令 $K_2 = \mathbf{1}$，试问电路计数顺序将如何变化？

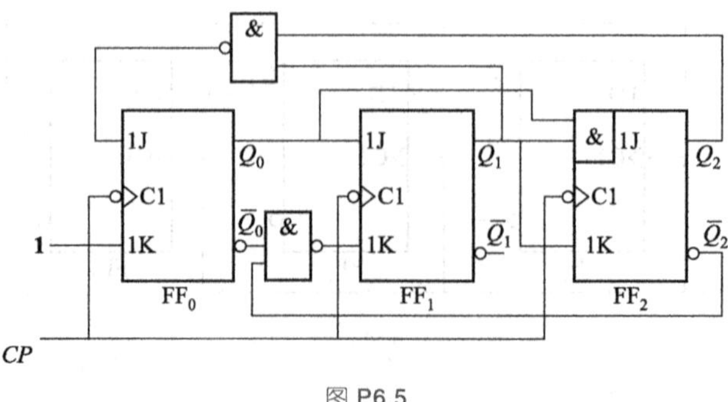

图 P6.5

[题 6.6] 试问图 P6.6 所示电路的计数长度 N 是多少？能自启动吗？

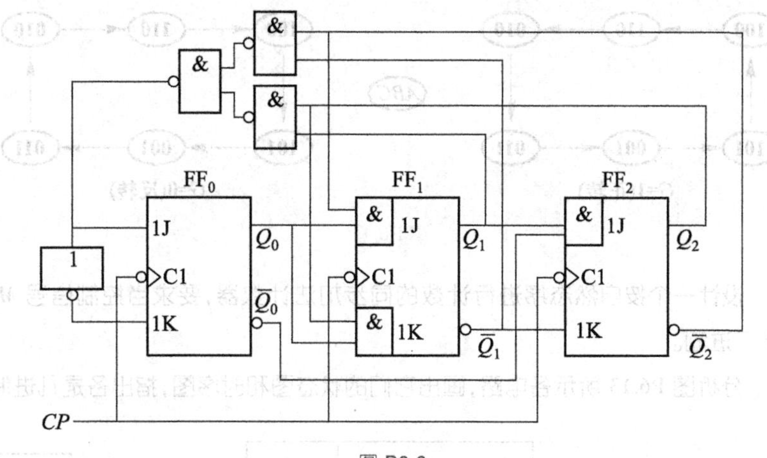

图 P6.6

[题 6.7] 画出图 P6.7 所示电路的状态图和时序图？

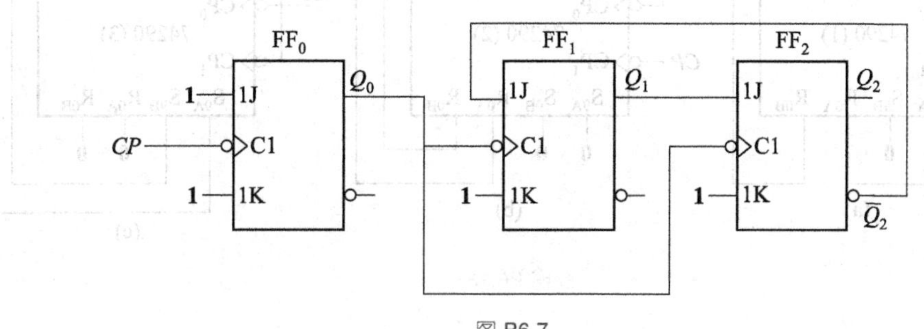

图 P6.7

[题 6.8] 试用下降沿触发的边沿 JK 触发器设计一个同步时序电路，其要求如图 P6.8 所示。

[题 6.9] 试用上升沿触发的边沿 D 触发器和**与非**门设计一个同步时序电路，要求如图 P6.9 所示。

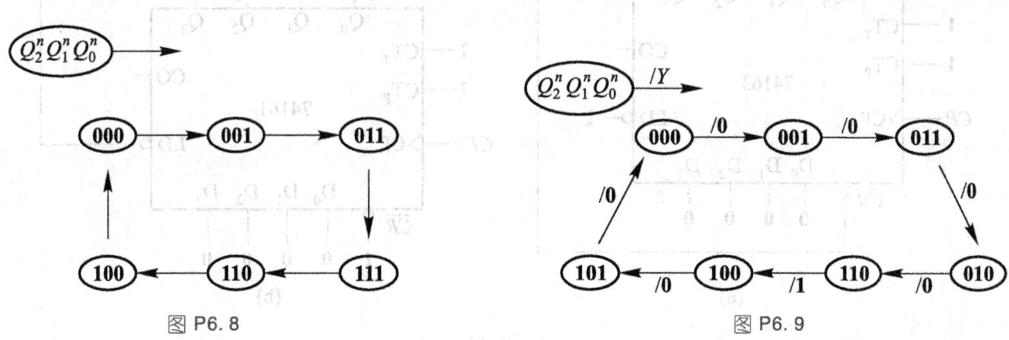

图 P6.8　　图 P6.9

[题 6.10] 设计一个脉冲序列发生器，使之在一系列 CP 信号作用下，其输出端能周期性地输出 **00101101** 的脉冲序列。

[题 6.11] 设计一个步进电机用的三相六状态脉冲分配器。如果用 **1** 表示线圈导通，用 **0** 表示线圈截止，则三个线圈 ABC 的状态转换图应如图 P6.11 所示。在正转时控制输入端 G 为 **1**，反转时为 **0**。

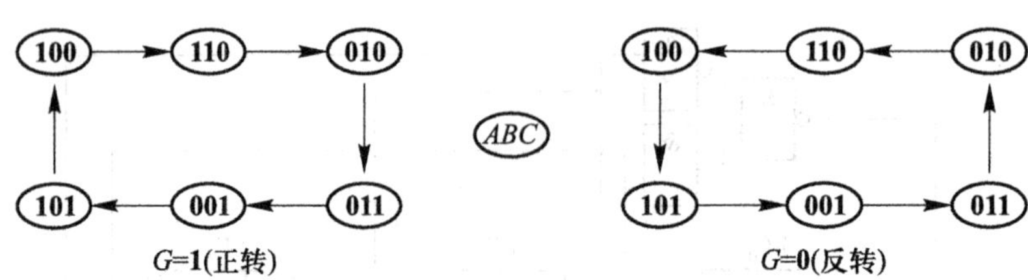

图 P6.11

[题 6.12] 设计一个按自然态序进行计数的同步加法计数器，要求当控制信号 $M=0$ 时为六进制，$M=1$ 时为十二进制。

[题 6.13] 分析图 P6.13 所示各电路，画出它们的状态图和时序图，指出各是几进制计数器。

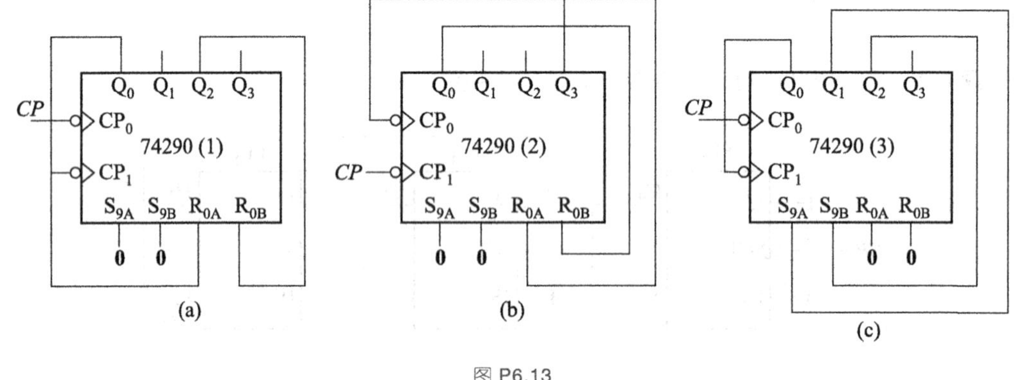

图 P6.13

[题 6.14] 分析图 P6.14 所示各电路，画出它们的状态图和时序图，指出各是几进制计数器。

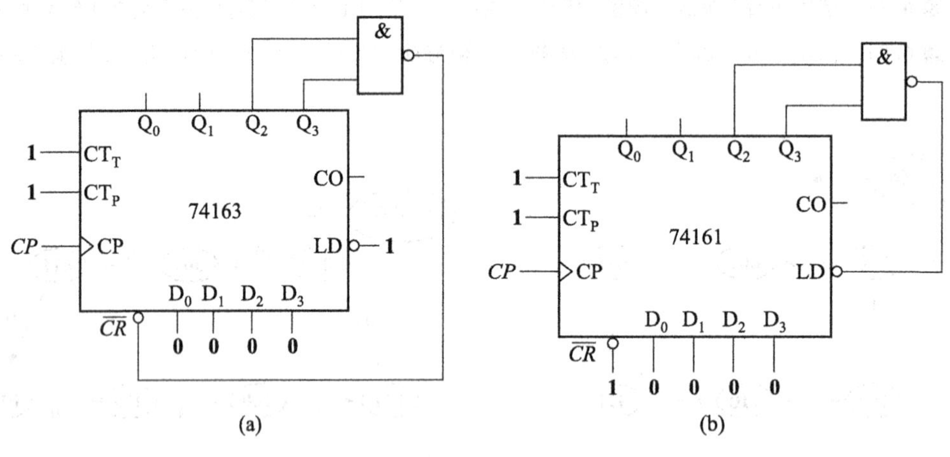

图 P6.14

[题 6.15] 试分别画出利用下列方法构成的六进制计数器的连线图：

(1) 利用 74161 的异步清零功能；

(2) 利用 74163 的同步清零功能；

(3) 利用 74161 或 74163 的同步置数功能；

(4) 利用 74290 的异步清零功能。

[题 6.16] 试分别画出用 74161 的异步清零和同步置数功能构成的下列计数器的连线图：

(1) 10 进制计数器；

(2) 60 进制计数器；

(3) 100 进制计数器；

(4) 180 进制计数器。

[题 6.17] 试分别画出用 74290 构成的下列计数器的连线图：

(1) 9 进制计数器；

(2) 50 进制计数器；

(3) 88 进制计数器；

(4) 30 进制计数器。

[题 6.18] 试分别画出用 74164 构成的下列环形计数器的连线图：

(1) 3 位环形计数器；

(2) 5 位环形计数器；

(3) 7 位环形计数器。

[题 6.19] 试分别画出用 74164 构成的下列扭环形计数器的连线图：

(1) 3 位扭环形计数器；

(2) 4 位能自启动的扭环形计数器；

(3) 8 位扭环形计数器。

[题 6.20] 试分别画出用 74164 构成的最大长度移位型计数器的连线图：

(1) 3 位最大长度移位型计数器；

(2) 4 位最大长度能自启动的移位型计数器；

(3) 7 位最大长度移位型计数器。

[题 6.21] 试说明静态 RAM 存储单元和动态 RAM 存储单元的主要区别是什么？它们各有什么特点。

[题 6.22] 试分别画出用两片 6116 构成 2K×16 位和 4K×8 位存储器的连线图。

[题 6.23] 试画出用一片 74LS163 和两片 74LS138 组成的 16 输出计数型顺序脉冲发生器的连线图。

[题 6.24] 试比较可编程逻辑器件 PROM、PLA、PAL 和 GAL 的主要特点。

[题 6.25] 用 HDL 描述 4 位二进制计数器。

[题 6.26] 用 HDL 描述单向移位寄存器。

[题 6.27] 设计一个数字钟电路，要求能用七段数码管显示从 0 时 0 分 0 秒到 23 时 59 分 59 秒之间的任一时刻，方法不限。

[题 6.28] 设计一个序列信号发生电路，使之在一系列时钟信号 *CP* 作用下，能周期性的输出 **“0010110111”** 的序列信号，方法不限。

[题 6.29] 设计一个灯光控制逻辑电路。要求红、黄、绿三种颜色的灯在时钟信号 CP 作用下，按照表 P6.29 规定的顺序转换状态。表中的 **“1”** 表示亮，**“0”** 表示灭，要求电路能自启动，并尽可能采用中规模集成电路芯片，或采用 HDL 设计。

表 P6.29

CP 顺序	红	黄	绿
0	0	0	0
1	1	0	0
2	0	1	0
3	0	0	1
4	1	1	1
5	0	0	1
6	0	1	0
7	1	0	0

[题 6.30]　设计一个自动售邮票机的逻辑电路。每次只允许投入一枚五角或一元的硬币，累计投入两元硬币给出一张邮票；如果投入一元五角以后，再投入一枚一元硬币，则给出邮票的同时，还应找回五角钱。要求设计的电路能自启动，方法不限。

第7章 555定时器与脉冲产生整形电路

内容提要

本章在简单介绍555定时器后，着重讲解获得矩形脉冲的两种方法和一些具体电路。一种是将已有波形整形成为矩形脉冲，其具体电路是施密特触发器和单稳态触发器；一种是利用自激振荡电路直接产生矩形脉冲，其具体电路是多谐振荡器。

概述

一、矩形脉冲的基本特性

为了正确地实现数字系统的逻辑功能，常常需要用某种电路来产生矩形脉冲信号，通过分频、整形等电路得到各种脉冲波形，作为数字系统的时钟脉冲信号、控制过程中的定时信号等。

所谓"矩形脉冲"，即高电平和低电平往复出现所形成的波形信号。这样的波形信号在时序逻辑电路中常常用作时钟信号，控制和协调整个系统的工作，其特性是影响整个系统正常工作的关键因素之一。如图 7.0.1 所示的矩形脉冲信号，为了定量描述其特征，常常要用下列主要参数：

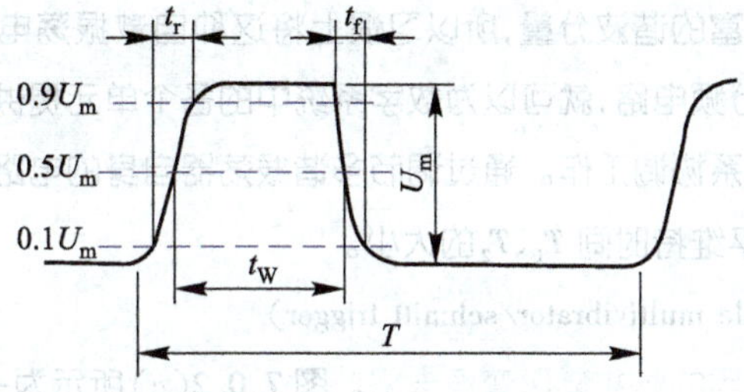

图 7.0.1　矩形脉冲及描述其特性的主要参数

脉冲幅度 U_m——脉冲电压的最大变化幅度。

脉冲周期 T——周期性重复的脉冲序列中，两个相邻矩形脉冲之间的时间间隔。有时也用频率 $f=1/T$ 来描述，即单位时间内脉冲重复的次数。

脉冲宽度时间 t_W——在一个脉冲周期内高电平所持续的时间，定量描述为从脉冲前沿上升到 $0.5U_m$ 处开始，到脉冲后沿下降到 $0.5U_m$ 为止的持续时间。

脉冲上升时间 t_r——用来描述脉冲从低电平上升到高电平的速度，定量描述为从脉冲前沿的 $0.1U_m$ 处开始，上升到 $0.9U_m$ 所需时间。

脉冲下降时间 t_f——用来描述脉冲从高电平下降到低电平的速度，定量描述为从脉冲后沿的

$0.9U_m$处开始，下降到 $0.1U_m$ 所需时间。

占空比 D——在脉冲的一个信号周期内，高电平时间所占比率，即脉冲宽度与脉冲周期的比值，$D=t_W/T$，占空比为 50%的矩形波称为方波。

对于理想的矩形脉冲信号，其上升时间 t_r和下降时间 t_f均为零。

二、单稳态触发器、多谐振荡器和施密特触发器的功能简介

用来生成矩形脉冲波形的电路，统称为脉冲波形的产生与整形电路。根据其生成信号的特点，可简单分为三类：施密特触发器、单稳态触发器和多谐振荡器。图 7.0.2 给出了这三种器件的相关信号波形。

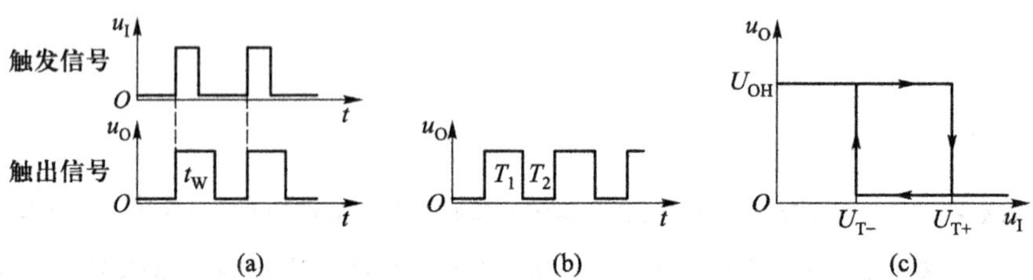

图 7.0.2　脉冲波形的产生与整形电路的相关信号波形

（a）单稳态触发器　（b）多谐振荡器　（c）施密特触发器

1. 单稳态触发器（monostable/one-shot multivibrator）

用于生成单稳态脉冲的电路，称为单稳态触发器。分析其输出电压波形，如图 7.0.2(a)所示，它具有一个稳态和一个暂稳态（简称暂态），其输出信号长期保持在稳态，某时刻在输入触发信号的作用下，输出状态从稳态翻转到暂态，并维持一段时间（脉冲宽度 t_W）后，自动返回到稳态。单稳态触发器输出脉冲宽度的大小与输入激励无关，仅由电路自身的参数决定。

2. 多谐振荡器（astable/free-running multivibrator）

多谐振荡器是一种自激振荡电路，也称无稳态电路。它不需要触发信号，只要接通电源后，其输出就自动在高电平和低电平之间翻转，产生矩形脉冲，如图 7.0.2(b)所示。

由于矩形脉冲包含有丰富的谐波分量，所以习惯上将这种自激振荡电路称为多谐振荡器，常常用作时钟脉冲发生器，再配合分频电路，就可以为数字系统中的各个单元提供不同频率的时钟信号，控制整个系统按照合理的时序关系协调工作。通过调节多谐振荡器自身的电路参数，可以方便地改变其输出矩形脉冲的高电平、低电平维持时间 T_1、T_2的大小。

3. 施密特触发器（bistable multivibrator/schmitt trigger）

施密特触发器是一种常用的脉冲波形变换电路。图 7.0.2(c)所示为一种施密特触发器的典型电压传输特性，描述了输入-输出信号之间的对应关系。从逻辑关系上看，该施密特触发器实现了非逻辑运算关系，可称为“反相施密特触发器”，但是它具有与普通**非**门不同的动作特点：

① 输入信号上升过程中，输出状态翻转时对应的输入电平 U_{T+}与输入信号下降过程中，输出状态翻转时对应的输入电平 U_{T-}的值不同，而普通非门的两者是相同的，即施密特触发器实现**非**逻辑，但其输入信号上升沿和下降沿上的信号 **0**、**1** 分界点不同，具有“滞回”特性。

② 输出信号状态翻转时，通常伴随有正反馈过程，变化迅速，因而输出波形陡峭，即上升时间 t_r和下降时间 t_f数值很小，矩形信号波形质量好。

③ 施密特触发器不只是图 7.0.2(c)所示的一种，而是一类集成器件，在 7.2 节中会具体解释。

上述三种电路既可以由门电路器件构成，也有专用的集成逻辑器件，还可以用 555 定时器外加阻

容器件来构成。

本章将首先介绍 555 定时器，然后分别介绍使用 555 定时器组成施密特触发器、单稳态触发器和多谐振荡器的方法，也会介绍相关专用集成电路芯片和各种电路的简单应用。

7.1 555 定时器

555 定时器是一种多功能的模拟-数字混合集成器件，只要在其外部配合适当的阻容器件，就可以灵活方便地构成各种脉冲波形的产生、整形、延时和定时电路。因而在工业控制与定时、家用电器、电子乐器、声光玩具及防盗报警等各种设备上得到了广泛的应用。

国内外主要的电子器件公司研发生产了型号繁多的 555 定时器产品，但不论是 TTL 产品，还是 CMOS 产品，其型号中最后三位都是 555，且功能一致，内部结构类似。双 555 定时器型号的最后三位则为 556。555 定时器的电源电压范围宽，TTL 系列 555 定时器的电源电压为 4.5~16 V，能够输出高达 200 mA 的负载电流；CMOS 系列的电源电压为 3~18 V，能够输出最大负载电流为 4 mA。

视频：
难点解析 7-1
555 定时器

7.1.1 电路结构

集成 555 定时器是一个 8 引脚的集成芯片，图 7.1.1 为其内部电路结构，并标注了引脚标号和中文名称。

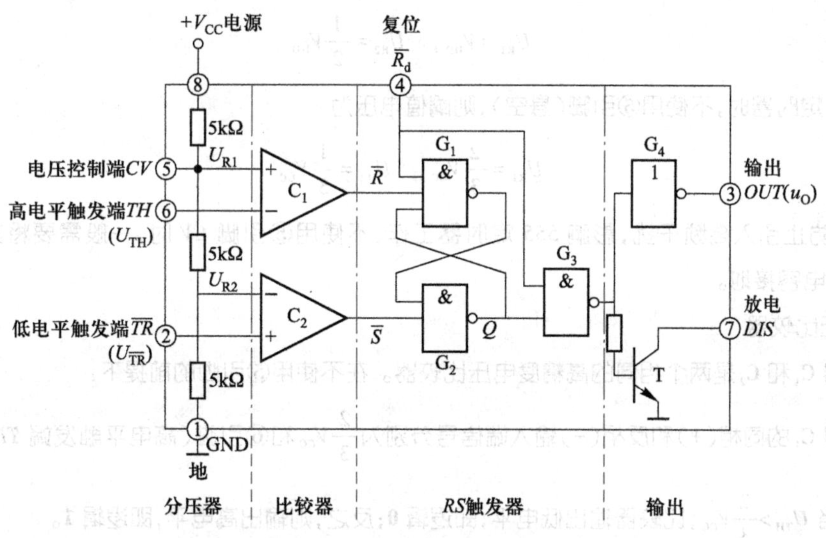

图 7.1.1 集成 555 定时器的内部电路结构

集成 555 定时器的内部结构可简单划分为 4 个部分：

1. 分压器

由于运放的输入阻抗高，因而可以忽略运放输入电流的分流作用，则分压器由⑧引脚（电源端 +V_{CC}）和 1 引脚（地端 GND）之间的三个 5 kΩ 电阻串联组成。2 个分压节点的电位 U_{R1} 与 U_{R2}，为后级电压比较器 C_1 与 C_2 提供参考电平，也称阈值电压。

在为电压比较器 C_1 提供阈值电压 U_{R1} 的节点处，又引出⑤引脚（电压控制端 CV），改变它的接法，就可改变阈值电压的大小。例如，若⑤引脚外接 10 kΩ 电阻接地，如图 7.1.2(a) 所示，则为后级 C_1 和 C_2 提供的阈值电压为

$$U_{R1}=\frac{1}{2}V_{CC},\quad U_{R2}=\frac{1}{4}V_{CC}$$

若⑤引脚外接电压源 V_{DD}（此时要求 $V_{DD} \leqslant V_{CC}$），如图 7.1.2(b)所示，则阈值电压为

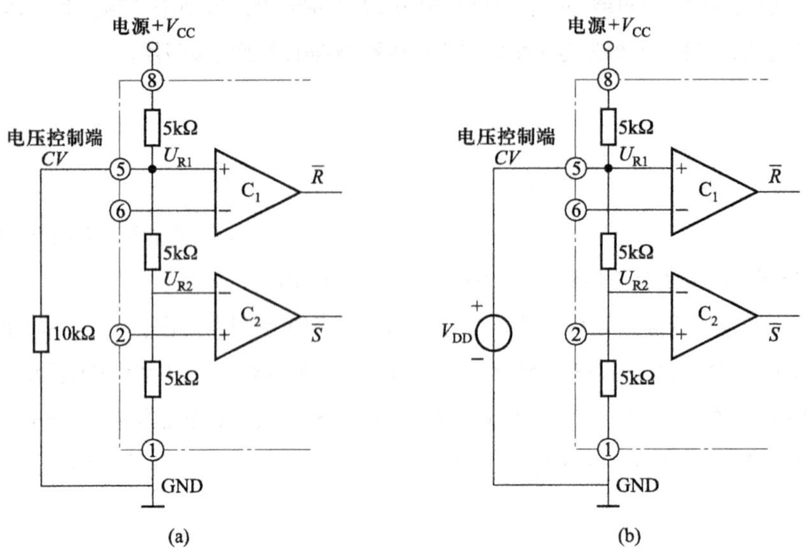

图 7.1.2　集成 555 定时器的⑤引脚的特殊接法

（a）⑤引脚外接 10 kΩ 电阻　（b）⑤引脚外接电压源 V_{DD}

$$U_{R1}=V_{DD},\quad U_{R2}=\frac{1}{2}V_{DD}$$

如果用 555 定时器时，不使用⑤引脚（悬空），则阈值电压为

$$U_{R1}=\frac{2}{3}V_{CC},\quad U_{R2}=\frac{1}{3}V_{CC}$$

同时，为了防止引入高频干扰，影响 555 定时器工作，不使用⑤引脚 CV 时，一般需要将其通过一个 0.01 μF 的电容接地。

2. 电压比较器

比较器 C_1 和 C_2 是两个相同的高精度电压比较器。在不使用⑤引脚的前提下：

比较器 C_1 的同相(+)和反相(-)输入端信号分别为 $\frac{2}{3}V_{CC}$ 和⑥引脚（高电平触发端 TH）的输入电压 U_{TH}，则当 $U_{TH}>\frac{2}{3}V_{CC}$，比较器输出低电平，即逻辑 **0**；反之，则输出高电平，即逻辑 **1**。

比较器 C_2 的同相(+)和反相(-)输入端信号分别为②引脚（低电平触发端 $\overline{TR}$）的输入电压 $U_{\overline{TR}}$ 和 $\frac{1}{3}V_{CC}$，则当 $U_{\overline{TR}}<\frac{1}{3}V_{CC}$，比较器输出低电平，即逻辑 **0**；反之，则输出高电平，即逻辑 **1**。

3. 基本 RS 触发器

与非门 G_1 和 G_2 构成基本 RS 触发器，比较器 C_1 的输出是直接复位信号（$\overline{R}$），比较器 C_2 的输出是直接置位信号（$\overline{S}$）。

当④引脚（复位端 $\overline{R_d}$）输入低电平时，无论其他输入引脚的信号是多少，**与非**门 G_3 的输出都是高电平，则 3 引脚（输出端 OUT）的输出电压 $u_o=U_{OL}$，即逻辑 **0**。

4. 输出缓冲门和晶体管开关

输出缓冲门是指以③引脚（输出端 OUT）为输出的反相器 G_4，其作用是提高 555 定时器的带负载

能力，并隔离负载对定时器性能的影响。

晶体管 T 的工作状态受基本 *RS* 触发器的输出端 *Q* 和④引脚（复位端$\overline{R_d}$）的控制，具有开关作用。当**与非门** G_3的输出为高电平时，T 饱和导通；反之，T 处于截止工作状态。

③引脚（输出端 *OUT*）的输出信号和晶体管 T 的动作都受**与非门** G_3的控制，根据电路结构，可简单得到两者之间的关系为：$u_O=0$ 时，T 饱和导通；$u_O=1$ 时，T 截止。

7.1.2 工作原理

根据上述分析可知，除了⑧引脚（电源端$+V_{CC}$）和①引脚（地端 GND）外，其余 6 个引脚均为逻辑功能端，且不使用⑤引脚（电压控制端 *CV*）时，555 定时器的其他逻辑功能端分为：

输入端——⑥引脚（高电平触发端 *TH*）、②引脚（低电平触发端$\overline{TR}$）、④引脚（复位端$\overline{R_d}$）；

输出端——③引脚（输出端 *OUT*）、⑦引脚（放电端 *DIS*）

图 7.1.1 所示集成 555 定时器的具体工作过程可分为下述 5 种情况：

（1）当复位端$\overline{R_d}=\mathbf{0}$ 时，不论其他输入引脚的信号是多少，**与非门** G_3的输出为高电平，则③引脚（输出端 *OUT*）的输出电压 $u_O=U_{OL}$，放电管 T 饱和导通。

（2）当$\overline{R_d}=\mathbf{1}$（不复位）时，且 $U_{TH}<\frac{2}{3}V_{CC}$、$U_{\overline{TR}}<\frac{1}{3}V_{CC}$时，比较器 C_1的输出 $\bar{R}=\mathbf{1}$，比较器 C_2的输出 $\bar{S}=0$，则基本 *RS* 触发器置 **1** 态，输出 $Q=\mathbf{1}$，定时器输出电压 $U_O=U_{OH}$，放电管 T 截止。

（3）当$\overline{R_d}=\mathbf{1}$（不复位）时，且 $U_{TH}>\frac{2}{3}V_{CC}$、$U_{TR}<\frac{1}{3}V_{CC}$时，比较器 C_1的输出 $\bar{R}=\mathbf{0}$，比较器 C_2的输出 $\bar{S}=\mathbf{0}$，则基本 *RS* 触发器的输出为 $Q=\bar{Q}=\mathbf{1}$，定时器输出电压 $u_O=U_{OH}$，放电管 T 截止。

（4）当$\overline{R_d}=\mathbf{1}$（不复位）时，且 $U_{TH}<\frac{2}{3}V_{CC}$、$U_{\overline{TR}}>\frac{1}{3}V_{CC}$时，比较器 C_1的输出 $\bar{R}=\mathbf{1}$，比较器 C_2的输出 $\bar{S}=\mathbf{1}$，则基本 *RS* 触发器的输出保持原态不变，定时器的输出电压和放电管的状态也保持不变。

（5）当$\overline{R_d}=\mathbf{1}$（不复位）时，且 $U_{TH}>\frac{2}{3}V_{CC}$、$U_{\overline{TR}}>\frac{1}{3}V_{CC}$时，比较器 C_1的输出 $\bar{R}=\mathbf{0}$，比较器 C_2的输出 $\bar{S}=\mathbf{1}$，则基本 *RS* 触发器置 **0** 态，输出 $Q=\mathbf{0}$，定时器输出电压 $u_O=U_{OL}$，放电管 T 饱和导通。

由此可以得到表 7.1.1 所示集成 555 定时器的功能表。表 7.1.1 清晰简明地总结了 555 定时器上述的 5 种工作情况。同时，为了理解其逻辑功能，可以将$\frac{2}{3}V_{CC}$和$\frac{1}{3}V_{CC}$看作⑥引脚、②引脚的逻辑 **0**、**1** 的分界电平，由此得到 555 定时器的功能如表 7.1.1 所示。

表 7.1.1 集成 555 定时器的功能表

输入						输出		
$\overline{R_d}$④ 复位端	$U_{\overline{TR}}$（②） 低电平触发端		U_{TH}（⑥） 高电平触发端			U_O（③） 输出端		DIS（⑦） 放电端
0	×	×	×	×		U_{OL}	**0**	导通
1	$U_{\overline{TR}}<\frac{1}{3}V_{CC}$	**0**	$U_{TH}<\frac{2}{3}V_{CC}$	**0**	×	U_{OH}	**1**	截止
1	$U_{\overline{TR}}<\frac{1}{3}V_{CC}$	**0**	$U_{TH}>\frac{2}{3}V_{CC}$	**1**		U_{OH}	**1**	截止

续表

输　入					输　出		
$\overline{R_d}$(④) 复位端	$U_{\overline{TR}}$(②) 低电平触发端		U_{TH}(⑥) 高电平触发端		U_o(③) 输出端		DIS(⑦) 放电端
1	$U_{\overline{TR}}>\frac{1}{3}V_{CC}$	1	$U_{TH}<\frac{2}{3}V_{CC}$	0	保持	保持	保持
1	$U_{\overline{TR}}>\frac{1}{3}V_{CC}$	1	$U_{TH}>\frac{2}{3}V_{CC}$	1	U_{OL}	0	导通

不难理解，从逻辑定义上看，555 定时器可以看作一个具有低电平有效直接复位端（④引脚），且有 2 个输入端（②引脚是低电平有效输入端、⑥引脚是高电平有效输入端）、1 个输出端（③引脚）的特殊反相器。其工作特性为：

（1）当④引脚输入低电平有效时，输出端复位置 **0**；

（2）在不复位的前提下，输出端根据有效输入端反相；

（3）根据功能表第二、三行可知，该芯片的②引脚的控制级别优先于⑥引脚。需要注意的是，改变内部基本 *RS* 触发器和输出缓冲门间的驱动方式，也可以方便地构成⑥引脚优先级高于②引脚的 555 定时器，如图 7.1.3 所示，请自行总结其功能表。

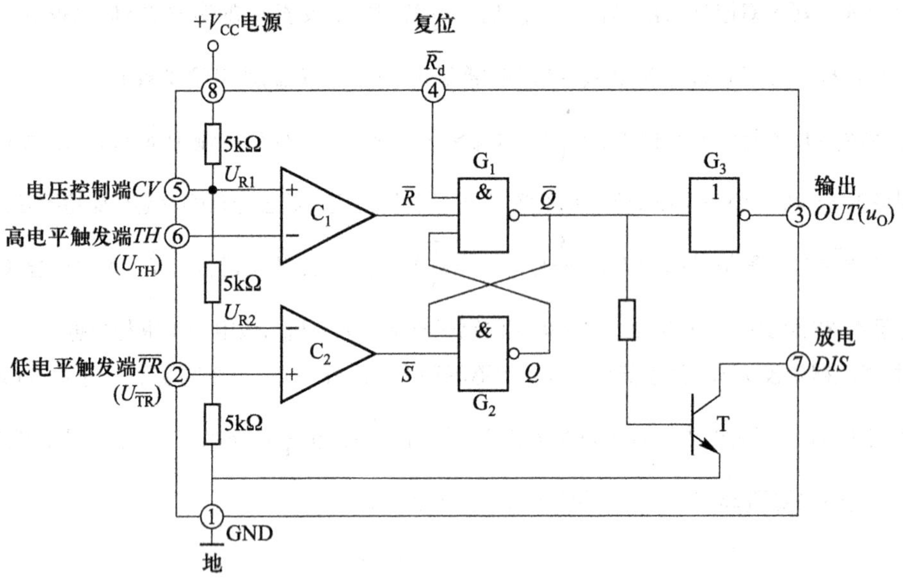

图 7.1.3　集成 555 定时器的内部电路结构（⑥引脚优先级高于②引脚）

两种结构的 555 定时器都有对应的集成产品，除结构不同以外，其逻辑功能基本一致。

7.1.3　芯片封装图和功能示意图

集成 555 定时器的芯片封装图和功能示意图，如图 7.1.4 所示。

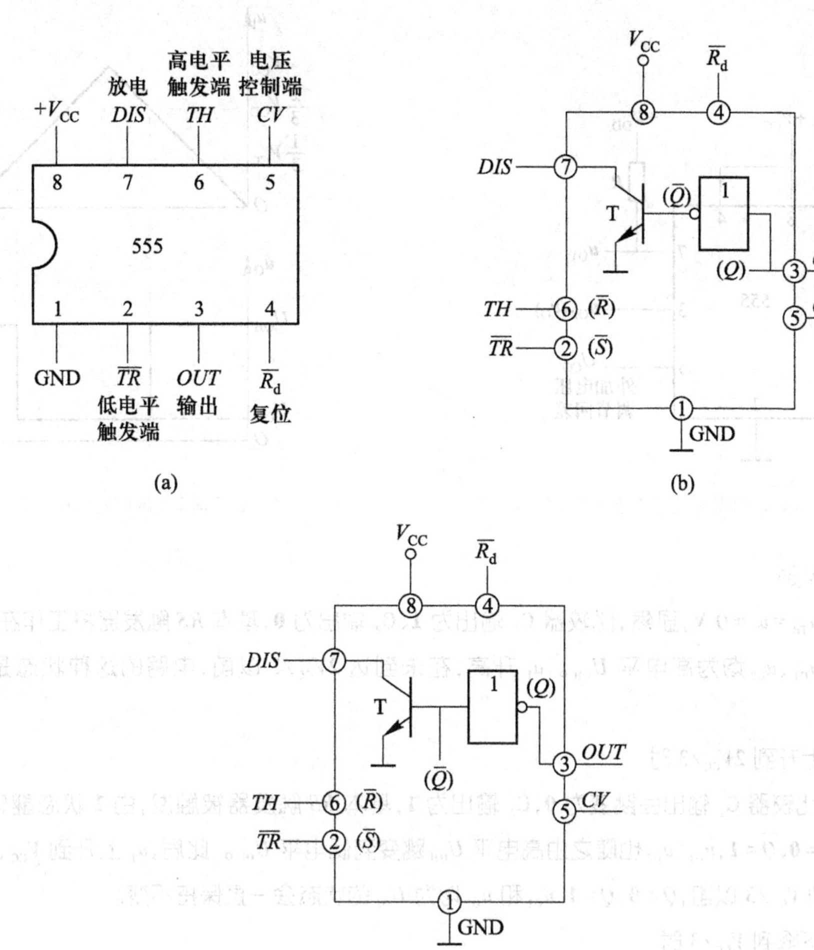

图 7.1.4　集成 555 定时器的芯片封装图和功能示意图

(a) 芯片封装图　(b) ②引脚优先的功能示意图　(c) ⑥引脚优先的功能示意图

7.2　施密特触发器

施密特触发器一个最重要的特点，就是能够把变化非常缓慢的输入脉冲波形，整形成为适合于数字电路需要的矩形脉冲，而且由于具有滞回特性，所以抗干扰能力也很强。施密特触发器在脉冲整形电路中应用很广。

7.2.1　用 555 定时器构成的施密特触发器

一、电路组成及其工作原理

1. 电路组成

将 555 定时器的 $\overline{TR}$ 端(②)、TH 端(⑥)连接起来作为信号输入端 u_I，便构成了施密特触发器，如图 7.2.1 所示。555 中的晶体三极管 T_D 集电极引出端(⑦)，通过 R 接电源 V_{DD}，成为输出端 u_{O1}，其高电平可通过改变 V_{DD} 进行调节；u_{O2} 是 555 的信号输出端(③)。

2. 工作原理

图 7.2.2 所示是当 u_I 为三角波时施密特电路的工作波形。

视频：
难点解析 7-2
555 定时器的应用 I

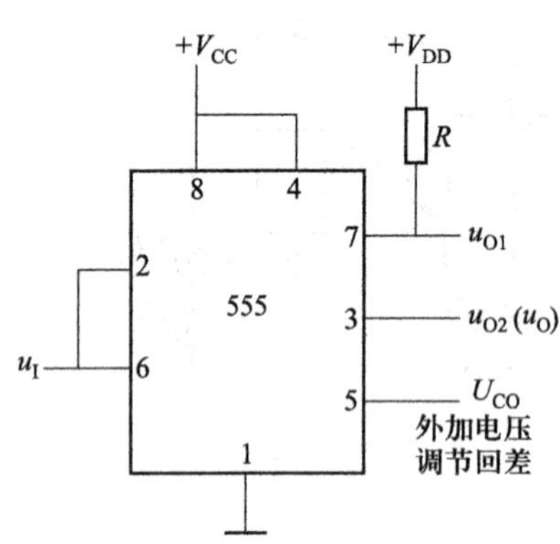

图 7.2.1　由 555 定时器构成的施密特触发器

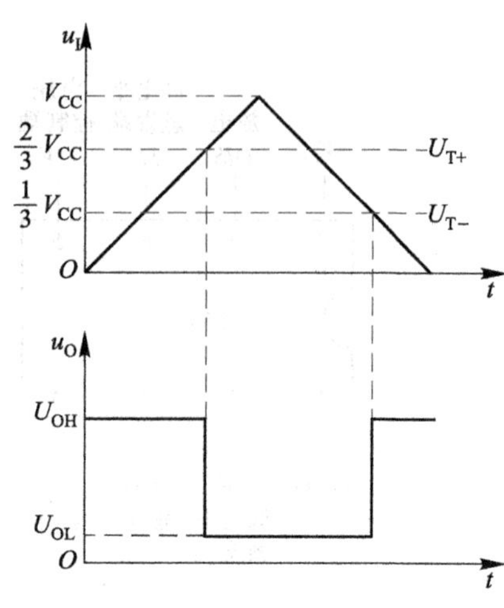

图 7.2.2　施密特电路工作波形

（1）$u_I = 0$ V 时

由于 $u_{TH} = u_{\overline{TR}} = u_I = 0$ V，显然，比较器 C_1 输出为 **1**、C_2 输出为 **0**，基本 *RS* 触发器将工作在 **1** 状态，即 $Q = \mathbf{1}$、$\overline{Q} = \mathbf{0}$，$u_{O1}$、$u_{O2}$ 均为高电平 U_{OH}。u_I 升高，在未到达 $2V_{CC}/3$ 以前，电路的这种状态是不会改变的。

（2）当 u_I 上升到 $2V_{CC}/3$ 时

不难理解，比较器 C_1 输出会跳变为 **0**，C_2 输出为 **1**，基本 *RS* 触发器被触发，由 **1** 状态翻转到 **0** 状态，即跳变到 $Q = \mathbf{0}$、$\overline{Q} = \mathbf{1}$，$u_{O1}$、$u_{O2}$ 也随之由高电平 U_{OH} 跳变到低电平 U_{OL}。此后，u_I 上升到 V_{CC}，再降低，但是在未下降到 $V_{CC}/3$ 以前，$Q = \mathbf{0}$、$\overline{Q} = \mathbf{1}$，$u_{O1}$ 和 u_{O2} 均为 U_{OL} 的状态会一直保持不变。

（3）当 u_I 下降到 $V_{CC}/3$ 时

不言而喻，比较器 C_1 输出为 **1**、C_2 输出将跳变为 **0**，基本 *RS* 触发器被触发，由 **0** 状态翻转到 **1** 状态，即跳变到 $Q = \mathbf{1}$、$\overline{Q} = \mathbf{0}$，$u_{O1}$、$u_{O2}$ 也会随之由低电平 U_{OL} 跳变到高电平 U_{OH}。而且 u_I 继续下降直至 0 V，电路的这种状态也都不会改变。

综上所述可知，图 7.2.1 所示施密特触发器将输入缓慢变化的三角波 u_I，整形成为输出跳变的矩形脉冲 u_O，如图 7.2.2 所示。

二、滞回特性及主要参数

1. 滞回特性

图 7.2.3 所示是施密特触发器的电压传输特性——输出电压 u_O 与输入电压 u_I 的关系曲线，它是图 7.2.1 所示电路滞回特性形象而直观的反映。虽然当 u_I 由 0 V 上升到 $2V_{CC}/3$ 时，u_O 由 U_{OH} 跳变到 U_{OL}，但是 u_I 由 V_{CC} 下降到 $2V_{CC}/3$ 时 $u_O = U_{OL}$ 却不改变，只有当 u_I 下降到 $V_{CC}/3$ 时，u_O 才会由 U_{OL} 跳变回到 U_{OH}。

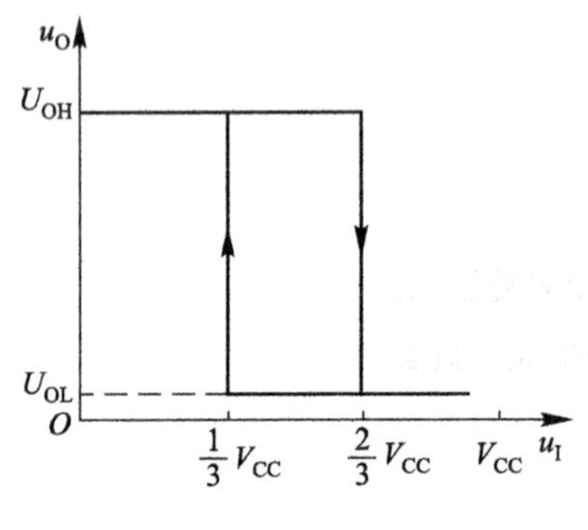

图 7.2.3　电压传输特性

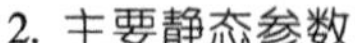

2. 主要静态参数

（1）上限阈值电压 U_{T+}

把 u_I 上升过程中，使施密特触发器状态翻转，输出电压 u_O 由高电平 U_{OH} 跳变到低电平 U_{OL} 时，所对应的输入电压的值叫做上限阈值电压，并用 U_{T+} 表示。在图 7.2.3 中，$U_{T+} = 2V_{CC}/3$。

（2）下限阈值电压 U_{T-}

把 u_I 下降过程中，使施密特触发器状态更新，u_O 由 U_{OL} 跳变到 U_{OH} 时，所对应的输入电压的值，称为下限阈值电压，且用 U_{T-} 表示。在图 7.2.3 中，$U_{T-}=V_{CC}/3$。

（3）回差电压 ΔU_T

回差电压又叫滞回电压，定义为

$$\Delta U_T=U_{T+}-U_{T-}$$

在图 7.2.3 中

$$\begin{aligned}\Delta U_T&=U_{T+}-U_{T-}\\&=2V_{CC}/3-V_{CC}/3\\&=V_{CC}/3\end{aligned}$$

若在控制端 U_{CO}(5)外加电压 U_S，则将有 $U_{T+}=U_S$、$U_{T-}=U_S/2$、$\Delta U_T=U_S/2$，而且改变 U_S，它们的值也随之改变。

应该注意，施密特触发器的输出电平是由输入信号电平决定的，触发的含义是指当 u_I 由低电平上升到 U_{T+}、或由高电平下降到 U_{T-} 时，会引起电路内部的正反馈过程，从而使 u_O 发生跳变。所以图 7.2.1 所示电路，说得准确些，应该叫做具有施密特触发特性的反相器，因为当 $u_I=U_{IL}$ 时 $u_O=U_{OH}$，$u_I=U_{IH}$ 时 $u_O=U_{OL}$，实现的是**非**，即“反相”的逻辑功能，并不是第 5 章所介绍的那种意义上的触发器——双稳态触发器。

7.2.2 集成施密特触发器

施密特触发器可由分立元器件也可由集成门电路组成，但是因为这种电路应用十分广泛，所以市场上有专门的集成电路产品出售，而且称之为施密特触发门电路。集成施密特触发器性能的一致性好，触发阈值稳定，使用方便。

一、CMOS 集成施密特触发器

1. 引出端功能图

图 7.2.4 所示是国产 CMOS 集成施密特触发门电路 CC40106（六反相器）和 CC4093（四 2 输入**与非**门）的引出端功能图。

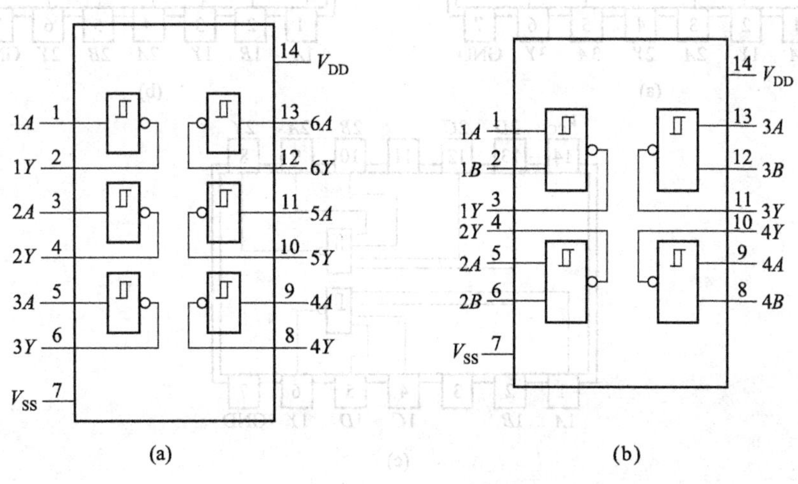

图 7.2.4 CC40106 和 CC4093 引出端功能图

（a）CC40106 （b）CC4093

视频：
难点解析 7-3
施密特触发器

2. 主要静态参数

表7.2.1所示是CC40106、CC4093主要静态参数，应当说明的是，在不同V_{DD}条件下，每个参数都有一定的数值范围。

表7.2.1　CC40106、CC4093的主要静态参数

电参数名称	符号	测试条件	参数		单位
		V_{DD}/V	最小值	最大值	
上限阈值电压	U_{T+}	5	2.2	3.6	V
		10	4.6	7.1	
		15	6.8	10.8	
下限阈值电压	U_{T-}	5	0.9	2.8	V
		10	2.5	5.2	
		15	4	7.4	
滞回电压	ΔU_T	5	0.3	1.6	V
		10	1.2	3.4	
		15	1.6	5	

二、TTL集成施密特触发器

1. 外引线功能图

图7.2.5所示是几种常用的国产TTL集成施密特触发逻辑门的外引线功能图。

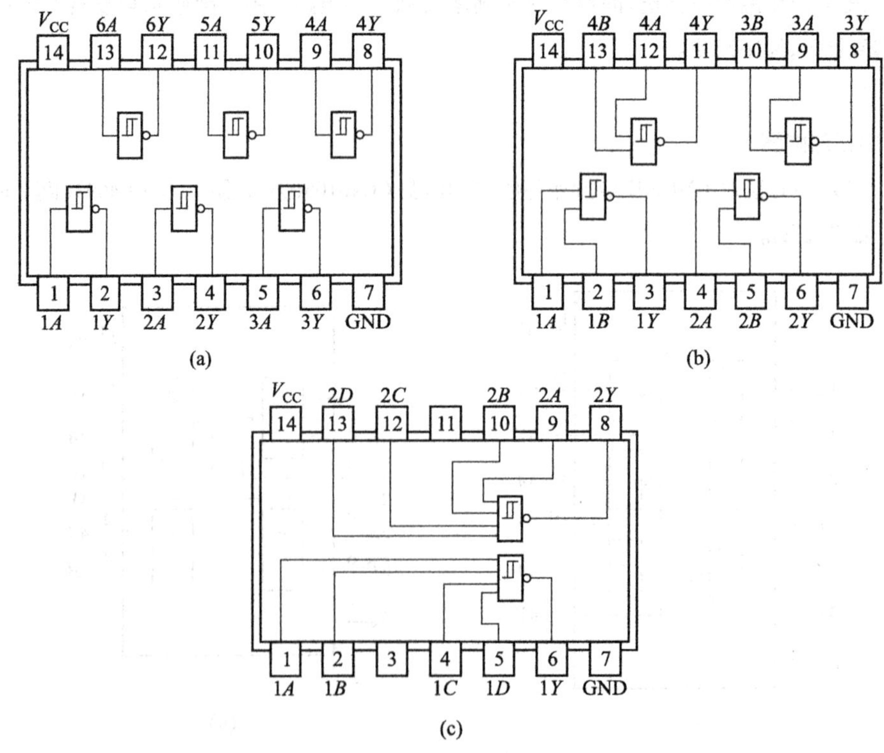

图7.2.5　国产TTL集成施密特触发逻辑门外引线功能图

(a) 7414　74LS14　(b) 74132　74LS132　(c) 7413　74LS13

2. 几个主要参数的典型值

表 7.2.2 所示是国产 TTL 集成施密特触发逻辑门的几个主要参数的典型值。TTL 施密特触发与非门和缓冲器具有下列几个特点：

① 输入信号边沿的变化即使非常缓慢，电路也能正常工作。

② 对于阈值电压和滞回电压均有温度补偿。

③ 带负载能力和抗干扰能力都很强。

表 7.2.2 TTL 施密特触发门电路几个主要参数的典型值

电路名称	型号	典型延迟时间/ns	典型每门功耗/mW	典型 U_{T+}/V	典型 U_{T-}/V	典型 ΔU_T/V
六反相缓冲器	7414	15	25.5	1.7	0.9	0.8
	74LS14	15	8.6	1.6	0.8	0.8
四 2 输入与非门	74132	15	25.5	1.7	0.9	0.8
	74LS132	15	8.8	1.6	0.8	0.8
双 4 输入与非门	7413	16.5	42.5	1.7	0.7	0.8
	74LS13	16.5	8.75	1.6	0.8	0.8

7.2.3 施密特触发器应用举例

一、接口与整形

1. 用作接口

在图 7.2.6 所示电路中，施密特触发器用作 TTL 系统的接口，将缓慢变化的输入信号转换成为符合 TTL 系统要求的脉冲波形。

2. 用作整形

图 7.2.7 所示是用作整形电路的施密特触发器的输入、输出电压波形，它把不规则的输入信号整形成为矩形脉冲。

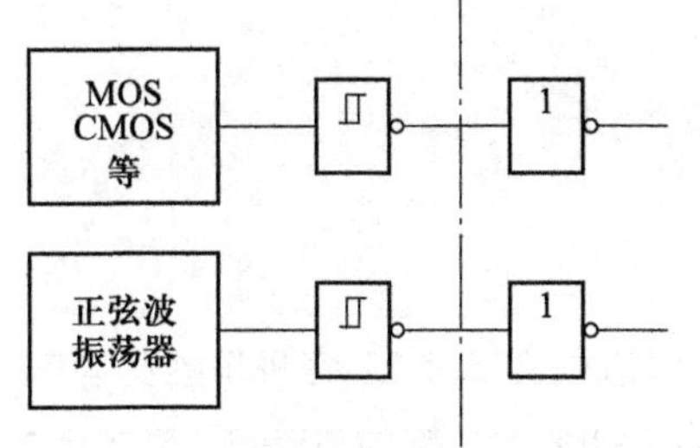

图 7.2.6 慢输入波形的 TTL 系统接口

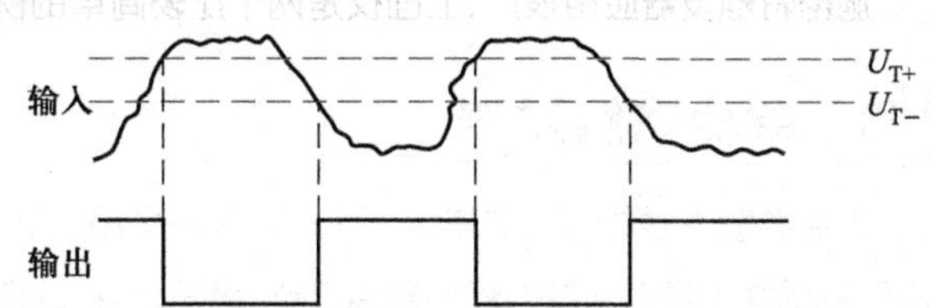

图 7.2.7 脉冲整形电路的输入、输出波形

二、阈值探测和脉冲展宽

1. 用作阈值电压探测器

图 7.2.8 所示是用作阈值电压探测器时，施密特触发器的输入、输出波形，显然，凡是幅值达到 U_{T+} 的输入电压信号，均可被探测出来并形成相应的输出脉冲，因而可实现鉴幅功能。

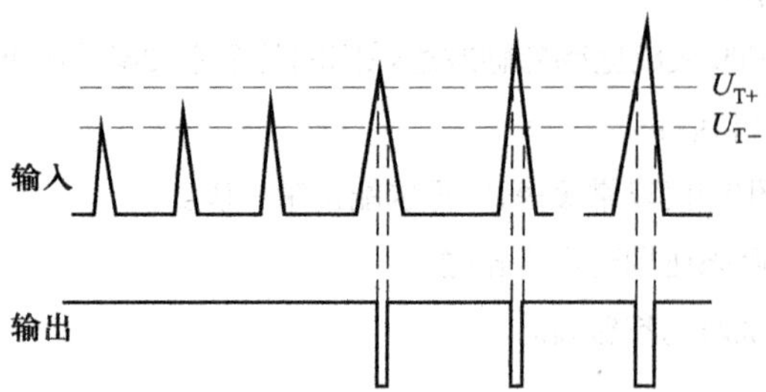

图 7.2.8　阈值电压探测器(鉴幅器)的输入、输出波形

2. 用作脉冲展宽

图 7.2.9 所示是用施密特触发器构成的脉冲展宽器的电路及工作波形图。在图 7.2.9(a)所示电路中,当输入电压 u_I 为低电平 U_{IL} 时,集电极开路门输出三极管是截止的,施密特触发反相器的输入特性,可以保证 A 点电位 u_A 为高电平,因此输出电压 u_O 为低电平 U_{OL}。

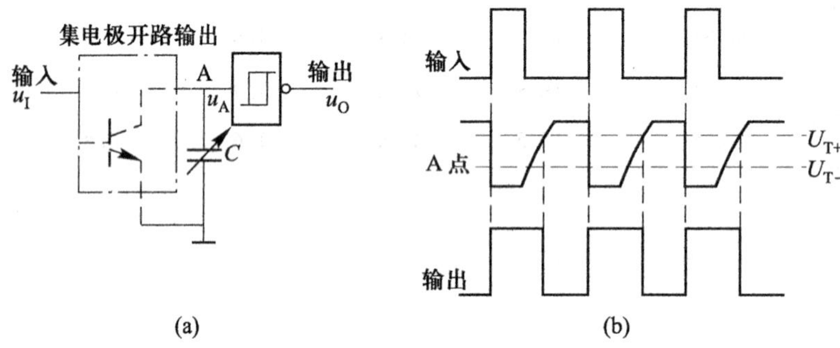

图 7.2.9　脉冲展宽器

(a) 电路图　(b) 波形图

当 u_I 跳变到高电平 U_{IH} 时,三极管饱和导通,电容 C 迅速放电,u_A 很快下降到低电平,u_O 跳变到高电平 U_{OH}。

当 u_I 由 U_{IH} 跳变到 U_{IL} 时,三极管截止,电源 V_{CC} 通过施密特触发反相器的输入端电路对电容 C 充电,u_A 缓慢上升,当 u_A 升高到 U_{T+} 时,u_O 才会由 U_{OH} 跳变到 U_{OL}。因此,输出电压 u_O 的脉冲宽度比输入电压 u_I 的脉冲宽度显然要宽,而且改变电容 C 的大小,可方便地调节展宽的程度。图 7.2.9(b)所示是 u_I、u_A、u_O 的波形图。

施密特触发器应用很广,上面仅是两个比较简单的例子。

7.3　单稳态触发器

单稳态触发器具有下列特点:第一,它有一个稳定状态和一个暂稳状态;第二,在外来触发脉冲的作用下,能够由稳定状态翻转到暂稳状态;第三,暂稳状态维持一段时间以后,将自动返回到稳定状态,而暂稳状态时间的长短与触发脉冲无关,仅决定于电路本身的参数。这种电路在数字系统和装置中,一般用于定时(产生一定宽度的方波)、整形(把不规则的波形转换成宽度、幅度都相等的脉冲)以及延时(将输入信号延迟一定的时间之后输出)等。

7.3.1 用555定时器构成的单稳态触发器

一、电路组成及其工作原理

1. 电路组成

图7.3.1所示是用555定时器构成的单稳态触发器。R、C是定时元件；u_I是输入触发信号，下降沿有效，加在555的$\overline{TR}$端（②脚）；u_O是输出信号。

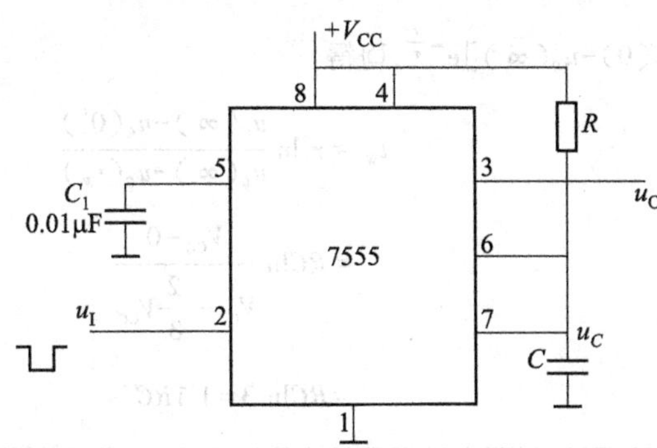

图7.3.1 用555定时器构成的单稳态触发器

视频：
难点解析7-4
555定时器的应用Ⅱ

2. 工作原理

（1）没有触发信号时电路工作在稳态

无触发信号即u_I为高电平时，电路工作在稳定状态——$Q=\mathbf{0}$，$\overline{Q}=\mathbf{1}$，u_O为低电平，T_D饱和导通。

若接通电源后，$u_I=U_{IH}$，555定时器中基本RS触发器是处在$\mathbf{0}$状态，即$Q=\mathbf{0}$，$\overline{Q}=\mathbf{1}$，$u_O=U_{OL}$，T_D饱和导通，则这种状态将保持不变。

若接通电源后，$u_I=U_{IH}$，555定时器中基本RS触发器是处在$\mathbf{1}$状态，即$Q=\mathbf{1}$、$\overline{Q}=\mathbf{0}$、$u_O=U_{OH}$，T_D截止，则这种状态是不稳定的，经过一段时间之后，电路会自动地返回到稳定状态。因为T_D截止，电源V_{CC}会通过R对C进行充电，u_C将逐渐升高，当$u_C=u_{TH}$上升到$2V_{CC}/3$时，比较器C_1输出$\mathbf{0}$，将基本RS触发器复位到$\mathbf{0}$状态，$Q=\mathbf{0}$、$\overline{Q}=\mathbf{1}$、$u_O=U_{OL}$，T_D饱和导通，电容C通过T_D迅速放电，使$u_C\approx0$，即电路返回到稳态。

（2）u_I下降沿触发

当u_I下降沿到来时，电路被触发，立即由稳态翻转到暂稳态——$Q=\mathbf{1}$、$\overline{Q}=\mathbf{0}$、$u_O=U_{OH}$，T_D截止。因为$u_I=u_{\overline{TR}}$由高电平跳变到低电平时，比较器C_2的输出跳变为$\mathbf{0}$，基本RS触发器立刻被置成$\mathbf{1}$状态，即暂稳态。

（3）暂稳态的维持时间

在暂稳态期间，电路中有一个定时电容C充电的渐变过程，充电回路是$V_{CC}\to R\to C\to$地，时间常数为$\tau_1=RC$。在电容上电压$u_C=u_{TH}$上升到$2V_{CC}/3$以前，显然电路将保持暂稳态不变。

（4）自动返回（暂稳态结束）时间

随着C充电过程的进行，$u_C=u_{TH}$逐渐升高，当$u_C=u_{TH}$上升到$2V_{CC}/3$时，比较器C_1输出$\mathbf{0}$，立即将基本RS触发器复位到$\mathbf{0}$状态，即$Q=\mathbf{0}$、$\overline{Q}=\mathbf{1}$、$u_O=U_{OL}$，T_D饱和导通，暂稳态结束。

（5）恢复过程

当暂稳态结束后，定时电容C将通过饱和导通的晶体三极管T_D放电，时间常数为$\tau_2=R_{CES}\cdot C$，（R_{CES}是T_D的饱和导通电阻，很小），经$3\tau_2\sim5\tau_2$后，C放电完毕，$u_C=u_{TH}=0$，恢复过程结束。

拓展阅读7-1
RC串联电路的暂态（过渡）过程分析

恢复过程结束后，电路返回到稳定状态，单稳态触发器又可接收新的输入触发信号。

图 7.3.2 所示是单稳态触发器的工作波形图。

二、主要参数的估算

1. 输出脉冲宽度 t_W

由工作原理分析知道，输出脉冲宽度是等于暂稳态时间的，也就是定时电容 C 的充电时间。由图 7.3.2 所示工作波形不难看出 $u_C(0^+)\approx 0$，$u_C(\infty)=V_{CC}$，$u_C(t_W)=2V_{CC}/3$，代入 RC 电路过渡过程计算公式 $u_C(t)=u_C(\infty)+[u_C(0)-u_C(\infty)]e^{-\frac{t}{\tau}}$，可得

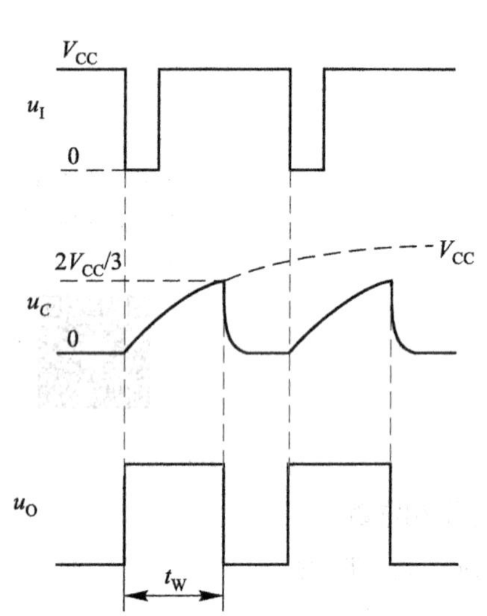

图 7.3.2　单稳态触发器工作波形图

$$
\begin{aligned}
t_W &= \tau_1 \ln \frac{u_C(\infty)-u_C(0^+)}{u_C(\infty)-u_C(t_W)} \\
&= RC\ln \frac{V_{CC}-0}{V_{CC}-\frac{2}{3}V_{CC}} \\
&= RC\ln 3 = 1.1RC
\end{aligned} \tag{7.3.1}
$$

由式(7.3.1)可知，单稳态触发器输出脉冲宽度 t_W 仅决定于定时元件 R、C 的取值，与输入触发信号和电源电压无关，调节 R、C 即可改变 t_W。

2. 恢复时间 t_{re}

恢复时间 t_{re} 就是暂稳态结束后，定时电容 C 经饱和导通的晶体三极管 T_D 放电的时间，一般取 $t_{re}=3\tau_2\sim5\tau_2$，即认为经过 3～5 倍时间常数，电容就放电完毕。由于 $\tau_2=R_{CES}\cdot C$，而 R_{CES} 很小，所以 t_{re} 极短。

3. 最高工作频率 f_{max}

若输入触发信号 u_I 是周期为 T 的连续脉冲，为了保证单稳态触发器能够正常工作，不难理解，应满足下列条件：

$$T>t_W+t_{re}$$

即 u_I 周期的最小值 T_{min} 应为 t_W+t_{re}，即

$$T_{min}=t_W+t_{re}$$

因此，单稳态触发器的最高工作频率应为

$$f_{max}=\frac{1}{T_{min}}=\frac{1}{t_W+t_{re}} \tag{7.3.2}$$

三、一个应该注意的问题

在图 7.3.1 所示电路中，输入触发信号 u_I 的脉冲宽度（$u_I=U_{IL}$ 的时间）必须小于电路输出 u_O 的脉冲宽度（$u_O=U_{OH}$ 的时间），否则电路将不能正常工作。因为当单稳态触发器被触发翻转到暂稳态后，如果 $u_I=U_{IL}$ 即 $\overline{TR}$ 端为低电平，且一直保持不变，那么比较器 C_2 的输出就总是 **0**，由**与非**门的逻辑特性知道，基本 RS 触发器的 Q 端显然会一直为高电平，不难理解，电路将无法按规定时间返回到稳定状态，暂态一直维持到触发信号消失。

解决这一问题的一个简单办法，就是在电路的输入端加一个 RC 微分电路，即当 u_I 为宽脉冲时，让 u_I 经 RC 微分电路之后再接到 $\overline{TR}$ 端。不过微分电路的电阻应接到 V_{CC}，以保证在 u_I 下降沿未到来时，$u_{\overline{TR}}$ 为高电平。

7.3.2 集成单稳态触发器

集成单稳态触发器按能否被重触发,可以分成两类:一类是可重触发的;一类是不能重触发的,即非重触发的。所谓可重触发,是指在暂稳态期间,能够接收新的触发信号,重新开始暂稳态过程;而非重触发,则是在暂稳态期间不能接收新信号的情况,也就是说,非重触发单稳态触发器,只能在稳态时接收输入信号,一旦被触发由稳态翻转到暂稳态后,即使再有新的信号到来,其既定的暂稳态过程也会照样进行下去,直至结束为止。

一、非重触发单稳态触发器 74121

74121 是一种比较典型的 TTL 非重触发单稳态触发器。

1. 图形符号与功能表

(1) 图形符号

图 7.3.3 所示是非重触发单稳态触发器 74121 的国标图形符号。TR_{-A}、TR_{-B} 是两个下降沿有效的触发信号输入端,TR_{+} 是上升沿有效的触发信号输入端。TR_{-A}、TR_{-B} 负**或**之后,再和 TR_{+} 经具有施密特触发特性的**与**门相**与**,便组合成为内部统一的触发信号,为上升沿有效,若用 TR 表示,则可得

$$TR = TR_{+}(\overline{TR_{-A}} + \overline{TR_{-B}}) \tag{7.3.3}$$

1 ⊓表示单稳是非重触发的。Q、$\overline{Q}$ 是两个状态互补的输出端。R_{ext}/C_{ext}、C_{ext} 是外接定时电阻和电容的连接端,外接定时电阻 R(阻值可在 1.4~40 kΩ 之间选择)应一端接 V_{CC}(引出端(14))、一端接(11),外接定时电容 C(一般在10 pF~10 μF 之间选择)一端接(10)、一端接(11)即可,若 C 是电解电容,则其正极应接(10)、负极接(11)。74121 内部已设置了一个 2 kΩ 的定时电阻,R_{int}(9)是其引出端,使用时只需将(9)与(14)连接起来即可,不用时则应让(9)悬空。

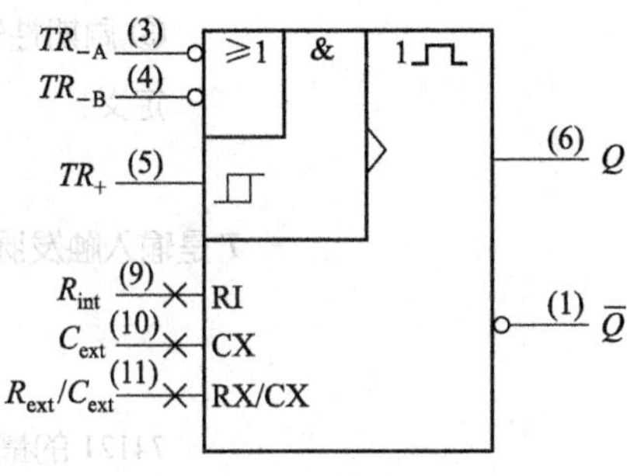

图 7.3.3 74121 的国标图形符号

(2) 功能表

表 7.3.1 所示是 74121 的功能表,表中 H 表示高电平,L 表示低电平,↓表示下降沿,↑表示上升沿,⊓表示正脉冲,⊔表示负脉冲。×表示任意即高电平、低电平均可,无所谓。

表 7.3.1 74121 的功能表

输入			输出		注
TR_{-A}	TR_{-B}	TR_{+}	Q	$\overline{Q}$	
L	×	H	L	H	保持稳态
×	L	H	L	H	
×	×	L	L	H	
H	H	×	L	H	
H	↓	H	⊓	⊔	下降沿触发
↓	H	H	⊓	⊔	
↓	↓	H	⊓	⊔	
L	×	↑	⊓	⊔	上升沿触发
×	L	↑	⊓	⊔	

视频:
难点解析 7-5
单稳态触发器

2. 功能说明及主要参数

(1) 功能说明

根据式(7.3.3)可以很容易地理解表7.3.1所示的功能表。因为74121内部是一个 TR 上升沿触发的单稳态电路,而

$$TR = TR_{+}(\overline{TR_{-A}} + \overline{TR_{-B}})$$

显然,只要 TR 保持状态不变,电路就会一直工作在稳定状态;只有当 TR 正跳变时,电路才会被触发。

表7.3.1中前4行是 TR 分别为高电平H和低电平L时的情况;后5行 TR 均会产生正跳变即上升沿。

TR 的上升沿在5、6、7行是由 TR_{-A}、TR_{-B} 下降沿引起的,所以 TR_{-A}、TR_{-B} 是下降沿触发信号输入端;在8、9行是由 TR_{+} 上升沿引起的,因而 TR_{+} 是上升沿触发信号输入端。

(2) 主要参数

① 输出脉冲宽度 t_W

$$t_W = RC \cdot \ln 2 \approx 0.7\ RC$$

② 输入触发脉冲最小周期 T_{min}

$$T_{min} = t_W + t_{re}$$

t_{re} 是恢复时间。

③ 周期性输入触发脉冲占空比 q

定义:

$$q = t_W / T$$

T 是输入触发脉冲的重复周期,t_W 是单稳态触发器的输出脉冲宽度。最大占空比

$$q_{max} = t_W / T_{min} = \frac{t_W}{t_W + t_{re}}$$

74121的最大占空比 q_{max},当 $R = 2\ k\Omega$ 时为67%;当 $R = 40\ k\Omega$ 时可达90%。不难理解,若 $R = 2\ k\Omega$ 且输入触发脉冲重复周期 $T = 1.5\ \mu s$,则恢复时间 $t_{re} = 0.5\ \mu s$,这是74121恢复到稳态所必需的时间。如果占空比超过最大允许值,电路虽然仍可以被触发,但是 t_W 将不稳定,也就是说74121不能正常工作,这也是使用74121时应该注意的一个问题。

二、可重触发单稳态触发器74122

74122是一种比较典型的可重触发TTL单稳态触发器。

1. 图形符号与功能表

(1) 图形符号

图7.3.4所示是可重触发单稳态触发器74122的国标图形符号。

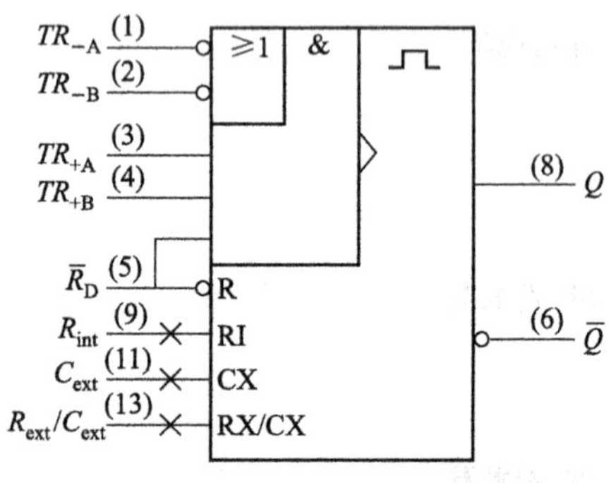

图7.3.4　74122的国标图形符号

74122有4个触发信号输入端:TR_{-A}、TR_{-B}、TR_{+A}、TR_{+B},前两个为下降沿有效,后二者为上升沿有效。1个直接复位输入端 $\overline{R}_D$,低电平有效。Q、$\overline{Q}$ 是两个互补的输出端。R_{ext}/C_{ext}、C_{ext}、R_{int} 3个引出端是供外接定时元件使用的,外接定时电阻 R(可在5~50 kΩ之间选择)、电容 C(无限制)的连接方法与74121中介绍的相同。

TR_{+A}、TR_{+B}、TR_{-A}、TR_{-B}、$\overline{R}_D$ 组合起来构成74122的内部触发信号 TR,由图7.3.4可直接写出

$$TR = TR_{+A} \cdot TR_{+B} \cdot (\overline{TR_{-A}} + \overline{TR_{-B}}) \cdot \overline{R}_D \tag{7.3.4}$$

TR 是上升沿有效。

图形符号中⎍表示电路是可重触发的。

(2) 功能表

2. 功能说明及主要参数

(1) 功能说明

借助于式(7.3.4)去理解表 7.3.2 所示功能表,显然会使问题变得清晰简单。表中 1~4 行取值情况下 $TR=\mathbf{0}$,即低电平,不难理解,74122 一定工作在稳定状态;5~10 行条件下,TR 均会产生正跳变即上升沿,不言而喻,74122 会被触发,由稳态翻转到暂稳态;11~13 行条件下,TR 仍会出现上升沿,单稳态触发器理所当然地会被触发翻转。

表 7.3.2 74122 的功能表

输入					输出		注
$\overline{R}_D$	TR_{-A}	TR_{-B}	TR_{+A}	TR_{+B}	Q	$\overline{Q}$	
L	×	×	×	×	L	H	复位
×	H	H	×	×	L	H	保持稳态
×	×	×	L	×	L	H	
×	×	×	×	L	L	H	
H	L	×	↑	H	⊓	⊔	上升沿触发
H	L	×	H	↑	⊓	⊔	
H	×	L	↑	H	⊓	⊔	
H	×	L	H	↑	⊓	⊔	
↑	L	×	H	H	⊓	⊔	
↑	×	L	H	H	⊓	⊔	
H	H	↓	H	H	⊓	⊔	下降沿触发
H	↓	↓	H	H	⊓	⊔	
H	↓	H	H	H	⊓	⊔	

需要特别指出的是,74122 是可重触发的单稳态触发器,只要在输出脉冲结束之前,重新输入触发信号,就可以方便地延长输出脉冲的持续时间。而 $\overline{R}_D$ 的优先直接复位功能,又能够在预期的时间内结束暂稳态过程,使电路返回到稳态。如果使用内部定时电阻,则只需外接一个定时电容,电路就可工作。

(2) 主要参数

输出脉冲宽度 t_W。当定时电容 $C>1\ 000$ pF 时,对于 74122,可用下列公式估算 t_W:

$$t_W=0.32RC \tag{7.3.5}$$

恢复时间 t_{re}。和 74121 一样,74122 在暂稳态结束后,也需要一段恢复时间,电路才能返回到稳态。

集成单稳态触发器除 74121、74122 外,常用的还有双单稳 74123、74221 等;而 CMOS 集成电路中,也有类似的、应用也很广的单稳态触发器,例如双单稳 CC4098、CC14528 就是这样的芯片。

7.3.3　单稳态触发器应用举例

单稳态触发器应用很广，以下举几个简单例子说明。

一、延时与定时

1. 延时

在图7.3.5中，如果仔细观察 u_I 与 u_O' 的时间关系，则不难发现，u_O' 的下降沿比 u_I 的下降沿滞后了 t_W，即延迟了 t_W。这个 t_W 正好生动具体地反映了单稳态触发器的延时作用。

2. 定时

在图7.3.5中，单稳态触发器的输出 u_O' 送给**与**门作为定时控制信号，当 $u_O' = U_{OH}$ 时**与**门打开，$u_O = u_F$，当 $u_O' = U_{OL}$ 时**与**门关闭，$u_O = U_{OL}$。显然，**与**门打开的时间是恒定不变的，就是单稳态触发器输出脉冲 u_O' 的宽度 t_W。

二、整形

单稳态触发器能够把不规则的输入信号 u_I 整形成为幅度、宽度都相同的"干净"的矩形脉冲 u_O。因为 u_O 的幅度仅决定单稳电路输出的高、低电平，宽度 t_W 只与 R、C 有关。图7.3.6所示就是单稳态触发器整形的最简单的例子。

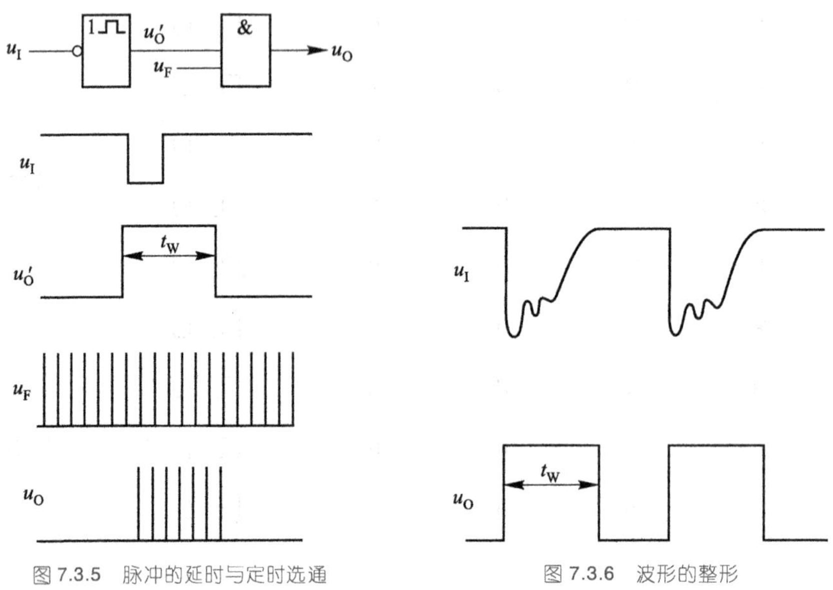

图7.3.5　脉冲的延时与定时选通　　图7.3.6　波形的整形

7.4　多谐振荡器

多谐振荡器是一种自激振荡电路，当电路连接好之后，只要接通电源，在其输出端便可获得矩形脉冲，由于矩形脉冲中除基波外还含有极丰富的高次谐波，所以人们把这种电路叫做多谐振荡器。

7.4.1　用555定时器构成的多谐振荡器

一、电路组成及其工作原理

1. 电路组成

图7.4.1所示是用555定时器构成的多谐振荡器。R_1、R_2、C 是外接定时元件，定时器 TH(6)、

$\overline{TR}$(2)端连接起来接 u_C,晶体三极管集电极(7)接到 R_1、R_2 的连接点 P。

2. 工作原理

起始状态

接通电源前电容 C 上无电荷,所以接通电源瞬间,C 来不及充电,故 $u_C=0$,比较器 C_1 输出为 **1**、C_2 输出为 **0**,基本 RS 触发器 $Q=\mathbf{1}$、$\overline{Q}=\mathbf{0}$,$u_O=U_{OH}$、T_D 截止。

(1) 暂稳态 Ⅰ

$Q=\mathbf{1}$、$\overline{Q}=\mathbf{0}$、$u_O=U_{OH}$,T_D 截止,是电路的一种暂稳状态,因为在这种状态下,有一个电容 C 充电、u_C 缓慢升高的渐变过程在进行着,充电回路是 $V_{CC}\to R_1$、$R_2\to C\to$地,时间常数是 $\tau_1=(R_1+R_2)\cdot C$。

(2) 自动翻转 Ⅰ

当电容 C 充电,u_C 上升到 $2V_{CC}/3$ 时,比较器 C_1 输出跳变为 **0**,基本 RS 触发器立即翻转到 **0** 状态,$Q=\mathbf{0}$、$\overline{Q}=\mathbf{1}$、$u_O=U_{OL}$,T_D 饱和导通。

(3) 暂稳态 Ⅱ

$Q=\mathbf{0}$、$\overline{Q}=\mathbf{1}$、$u_O=U_{OL}$,T_D 饱和导通,是电路的另一种暂稳状态,因为在这种状态下,同样有一个电容 C 放电、u_C 缓慢下降的渐变过程在进行着,放电回路是 $C\to R_2\to T_D\to$地,时间常数是 $\tau_2=R_2\cdot C$(忽略 T_D 饱和导通电阻 R_{CES})。

(4) 自动翻转 Ⅱ

当电容 C 放电、u_C 下降到 $V_{CC}/3$ 时,比较器 C_2 输出跳变为 **0**,基本 RS 触发器立即翻转到 **1** 状态,$Q=\mathbf{1}$、$\overline{Q}=\mathbf{0}$、$u_O=U_{OH}$,T_D 截止,即暂稳态 Ⅰ。

在暂稳态 Ⅰ,电容 C 又充电、u_C 再上升……不难理解,接通电源之后,电路就在两个暂稳态之间来回翻转——振荡,于是在输出端就产生了矩形脉冲。电路的工作波形如图 7.4.2 所示。

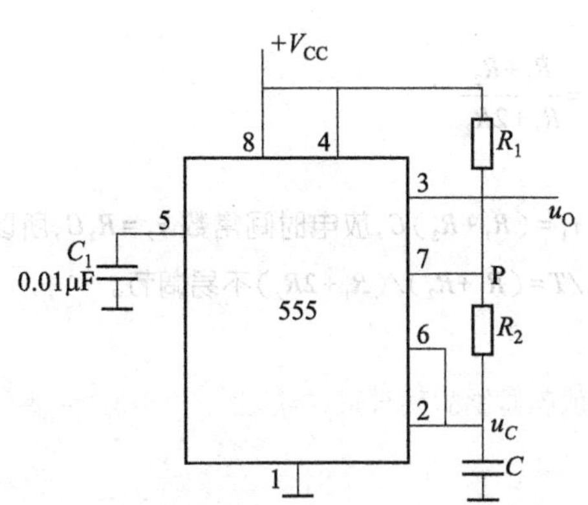

图 7.4.1 用 555 定时器构成的多谐振荡器

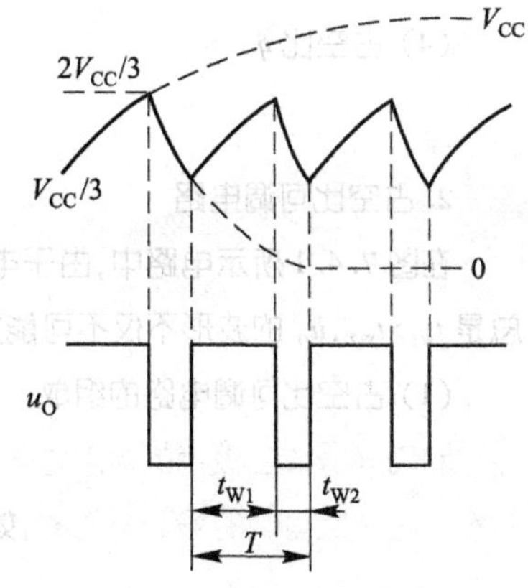

图 7.4.2 工作波形

视频:
难点解析 7-6
555 定时器的应用Ⅲ

二、振荡频率的估算和占空比可调电路

1. 振荡频率的估算

由工作原理分析知道,电路稳定工作之后,电容 C 充电和放电的过渡过程总是周而复始重复进行的。

(1) 电容 C 充电时间,即暂稳态 Ⅰ 维持时间 t_{W1} 的估算

电容充电时,时间常数 $\tau_1=(R_1+R_2)C$,起始值 $u_C(0^+)=V_{CC}/3$,终了值 $u_C(\infty)=V_{CC}$、转换值 $u_C(t_{W1})=2V_{CC}/3$,代入 RC 过渡过程计算公式进行计算:

$$t_{W1}=\tau_1\ln\frac{u_C(\infty)-u_C(0^+)}{u_C(\infty)-u_C(t_{W1})}$$

$$=\tau_1\ln\frac{V_{CC}-\frac{1}{3}V_{CC}}{V_{CC}-\frac{2}{3}V_{CC}}=\tau_1\ln 2$$

$$=0.7(R_1+R_2)C$$

(2) 电容 C 放电时间即暂稳态Ⅱ维持时间 t_{W2} 的估算

电容放电时,时间常数 $\tau_2=R_2C$,起始值 $u_C(0^+)=2V_{CC}/3$,终了值 $u_C(\infty)=0$,转换值 $u_C(t_{W2})=V_{CC}/3$,代入 RC 过渡过程公式进行计算:

$$t_{W2}=\tau_2\ln\frac{u_C(\infty)-u_C(0^+)}{u_C(\infty)-U_C(t_{W2})}$$

$$=\tau_2\ln\frac{0-\frac{2}{3}V_{CC}}{0-\frac{1}{3}V_{CC}}$$

$$=\tau_2\ln 2=0.7R_2C$$

(3) 电路振荡频率 f

振荡周期 T:

$$T=t_{W1}+t_{W2}=0.7(R_1+R_2)C+0.7R_2C$$
$$=0.7(R_1+2R_2)C$$

振荡频率 f:

$$f=\frac{1}{T}=\frac{1}{0.7(R_1+2R_2)C}\approx\frac{1.43}{(R_1+2R_2)C}$$

(4) 占空比 q

$$q=\frac{t_{W1}}{T}=\frac{0.7(R_1+R_2)C}{0.7(R_1+2R_2)C}=\frac{R_1+R_2}{R_1+2R_2}$$

2. 占空比可调电路

在图 7.4.1 所示电路中,由于电容 C 的充电时间常数 $\tau_1=(R_1+R_2)C$,放电时间常数 $\tau_2=R_2C$,所以总是 $t_{W1}>t_{W2}$,u_O 的波形不仅不可能对称,而且占空比 $q=t_{W1}/T=(R_1+R_2)/(R_1+2R_2)$ 不易调节。

(1) 占空比可调电路的组成

利用半导体二极管的单向导电特性,把电容 C 充电和放电回路隔离开来,再加上一个电位器,便可以得到占空比可调的多谐振荡器,如图 7.4.3 所示。

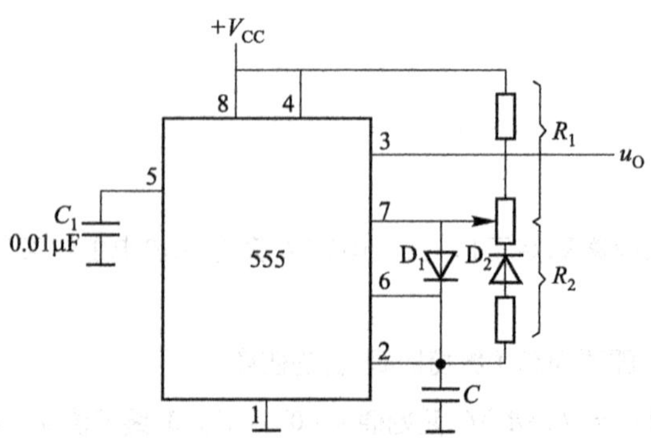

图 7.4.3 占空比可调的多谐振荡器

(2) 占空比

从图 7.4.3 所示电路可以明显地看出，电容充电时间常数 $\tau_1=R_1C$、放电时间常数 $\tau_2=R_2C$。通过计算（忽略 D_1、D_2、T_D 的导通电阻），可得

$$t_{W1}=0.7R_1C$$

$$t_{W2}=0.7R_2C$$

占空比

$$q=\frac{t_{W1}}{T}=\frac{t_{W1}}{t_{W1}+t_{W2}}$$

$$=\frac{0.7R_1C}{0.7R_1C+0.7R_2C}$$

$$=\frac{R_1}{R_1+R_2}$$

只要改变电位器活动端的位置，就可以方便地调节占空比 q，当 $R_1=R_2$ 时，$q=0.5$，u_O 将成为对称的矩形脉冲。

7.4.2 石英晶体多谐振荡器

在许多数字系统中，都要求时钟脉冲的重复频率 f 十分稳定。例如，在数字钟表里，计数脉冲频率的稳定性就直接决定着计时的精度。而前面介绍的多谐振荡器，由于其工作频率决定于电容 C 充、放电过程中电压到达转换值的时间，所以稳定度不够高。因为，第一，转换电平易受温度变化和电源波动的影响；第二，电路的工作方式易受干扰，从而使电路状态转换提前或滞后；第三，电路状态转换时，电容充、放电的过程已经比较缓慢，转换电平的微小变化或者干扰对振荡周期影响都比较大。因此，在对振荡频率稳定性要求很高的地方，都需要采取稳频措施，其中最常用的一种方法，就是利用石英谐振器——简称石英晶体或晶体，构成石英晶体多谐振荡器。

一、石英晶体的选频特性

图 7.4.4 给出的是石英晶体的电抗频率特性及符号。由图可明显地看出，当外加电压的频率 $f=f_0$ 时，石英晶体的电抗 $X=0$，在其他频率下电抗都很大。石英晶体不仅选频特性极好，而且谐振频率 f_0 十分稳定，其稳定度可达 $10^{-10}\sim10^{-11}$。

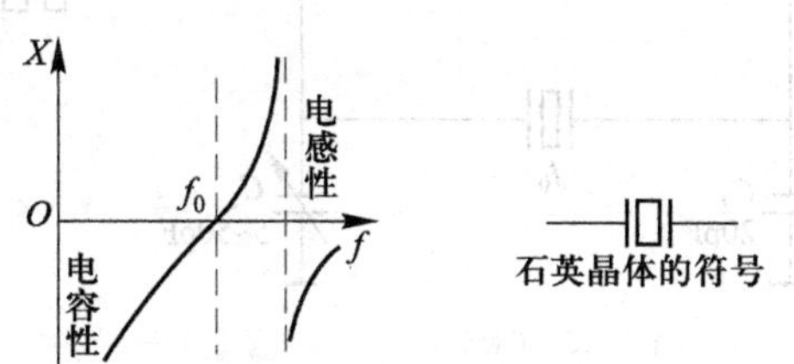

图 7.4.4 石英晶体的电抗频率特性及符号

二、石英晶体多谐振荡器

1. 电路组成

图 7.4.5 所示是一种比较典型的石英晶多谐体振荡器。

电路中 R_1、R_2 的作用是保证两个反相器在静态时都能工作在转折区，使每一个反相器都成为具有很强放大能力的放大电路。对 TTL 反相器，常取 $R_1=R_2=R=0.7\sim2\ \text{k}\Omega$，若是 CMOS 门则常取 $R_1=R_2=$

视频：
难点解析 7-7
多谐振荡器

$R=10\sim100\ \text{M}\Omega$；$C_1=C_2=C$ 是耦合电容，它们的容抗在石英晶体谐振频率 f_0 时可以忽略不计，C_1、C_2 也可以不要，而采取直接耦合方式；石英晶体构成选频环节。

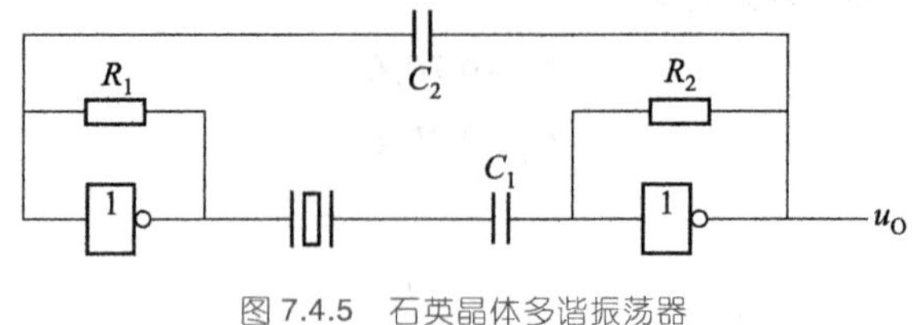

图 7.4.5　石英晶体多谐振荡器

2. 工作原理

由于串联在两级放大电路中间的石英晶体具有极好的选频特性，只有频率为 f_0 的信号能够顺利通过，满足振荡条件，所以一旦接通电源，电路就会在频率 f_0 形成自激振荡。因为石英晶体的谐振频率 f_0 仅决定于其体积大小、几何形状及材料，与 R、C 无关，所以这种电路工作频率的稳定度很高。实际使用时，常在图 7.4.5 所示电路的输出端再加一个反相器，它既起整形作用——使输出脉冲更接近矩形波，又起缓冲隔离作用。

3. CMOS 石英晶体多谐振荡器

CMOS 石英晶体多谐振荡器可以采用图 7.4.5 所示电路结构形式，但图 7.4.6 给出的则更简单、更典型。G_1、G_2 是两个 CMOS 反相器，G_1 与 R_F、晶体、C_1、C_2 构成电容三点式振荡电路。R_F 是偏置电阻，取值常在 $10\sim100\ \text{M}\Omega$ 之间，它的作用是保证在静态时，G_1 能工作在其电压传输特性的转折区——线性放大状态。C_1、晶体、C_2 组成 π 形选频反馈网络，电路只能在晶体谐振频率 f_0 处产生自激振荡。反馈系数由 C_1、C_2 之比决定，改变 C_1 可以微调振荡频率，C_2 是温度补偿用电容。G_2 是整形缓冲用反相器，因为振荡电路输出接近于正弦波，经 G_2 整形之后才会变成矩形脉冲，同时 G_2 也可以隔离负载对振荡电路工作的影响。

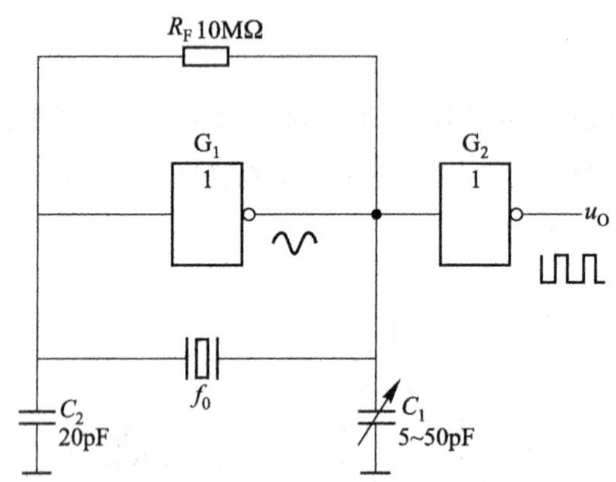

图 7.4.6　CMOS 石英晶体多谐振荡器

7.4.3　多谐振荡器应用举例

一、秒信号发生器

图 7.4.7 所示是一个秒信号发生器的逻辑电路图。CMOS 石英晶体多谐振荡器产生 $f=32\ 768\ \text{Hz}$ 的基准信号，经由 T' 触发器构成的 15 级异步计数器分频后，便可得到稳定度极高的秒信号。这种秒信号发生器可作为各种计时系统的基准信号源。

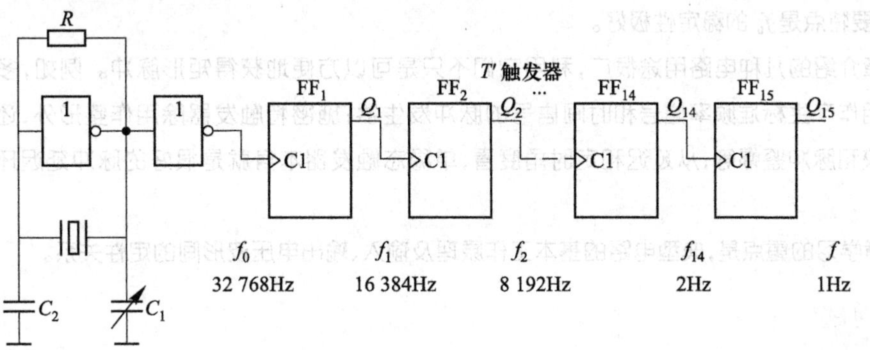

图 7.4.7 秒信号发生器

二、模拟声响电路

图 7.4.8(a)所示是用两个多谐振荡器构成的模拟声响电路。若调节定时元件 R_{A1}、R_{B1}、C_1，使振荡器Ⅰ之 $f=1$ Hz，调节 R_{A2}、R_{B2}、C_2，使振荡器Ⅱ之 $f=1$ kHz，那么扬声器就会发出呜…呜的间隙声响。因为振荡器Ⅰ的输出电压 u_{O1}，接到振荡器Ⅱ中 555 定时器的复位端 $\overline{R}_d$（4 脚），当 u_{O1} 为高电平时Ⅱ振荡，为低电平时 555 复位，Ⅱ停止振荡。图 7.4.8(b)所示是电路的工作波形。

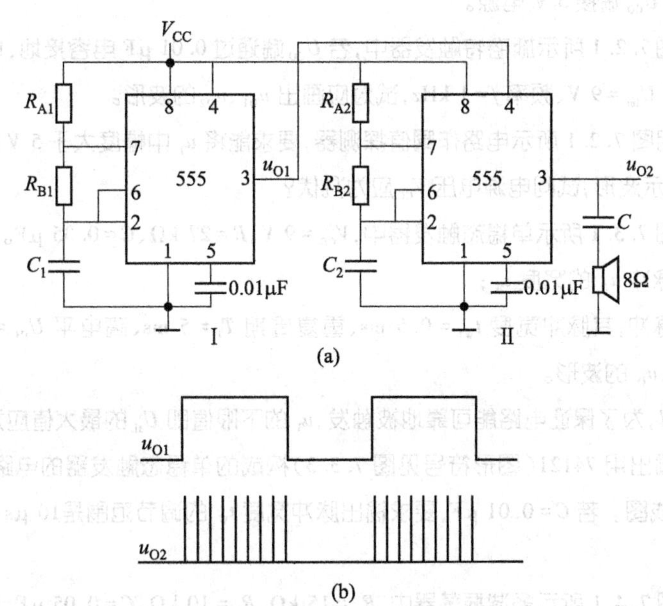

图 7.4.8 模拟声响电路

（a）电路图 （b）工作波形

> 思考提升 7-1
> 将奇数个反相器首尾相接将产生怎样的现象？

本章小结

这一章介绍了用于产生矩形脉冲的一些常用电路。555 集成定时器使用起来灵活方便，应用很广，可以构成各种脉冲产生、整形电路。

施密特电路和单稳态触发器可以把其他形状的信号变换成为矩形波，为数字系统提供“干净”的脉冲信号。

多谐振荡器是一种自激振荡电路，不需要外加输入信号，就可以自动地产生出矩形脉冲。石英晶体多谐振荡器，利用石英晶体的选频特性，只有频率为 f_0 的信号才能满足自激振荡条件，产生自激振荡，其主要特点是 f_0 的稳定性极好。

本章介绍的几种电路用途很广，利用它们不只是可以方便地获得矩形脉冲。例如，多谐振荡器就经常用作产生标准频率信号和时间信号的脉冲发生器；施密特触发器除用作整形外，还可以用于电平比较和脉冲鉴幅等；从延迟和定时角度看，单稳态触发器本身就是很好的脉冲延迟环节和定时单元。

本章学习的重点是，典型电路的基本工作原理及输入、输出电压波形间的定性关系。

习题

[题 7.1]　多谐振荡器、单稳态触发器、双稳态触发器、施密特触发器，各有几个暂稳态？几个能够自动保持的稳定状态？

[题 7.2]　在图 7.1.1 所示 555 集成定时器中，输出电压 u_O 为高电平 U_{OH}、低电平 U_{OL} 及保持原来状态不变的输入信号条件各是什么？假定 U_{CO} 端已通过 0.01 μF 接地，u_D 端悬空。

[题 7.3]　在图 7.2.1 所示施密特触发器中，估算在下列条件下电路的 U_{T+}、U_{T-}、ΔU_T：

(1) $V_{CC}=12$ V、U_{CO} 端通过 0.01 μF 电容接地；

(2) $V_{CC}=12$ V、U_{CO} 端接 5 V 电源。

[题 7.4]　在图 7.2.1 所示施密特触发器中，若 U_{CO} 端通过 0.01 μF 电容接地，$V_{CC}=9$ V，$V_{DD}=5$ V，u_I 为正弦波，其幅值 $U_{Im}=9$ V、频率 $f=1$ kHz，试对应画出 u_{O1}、u_{O2} 的波形。

[题 7.5]　若用图 7.2.1 所示电路作阈值探测器，要求能将 u_I 中幅度大于 5 V 的脉冲信号都检测出来，如图 7.2.8 所示波形，试问电源电压 V_{CC} 应为几伏？

[题 7.6]　在图 7.3.1 所示单稳态触发器中，$V_{CC}=9$ V，$R=27$ kΩ、$C=0.05$ μF。

(1) 估算输出脉冲 u_O 的宽度 t_W；

(2) u_I 为负窄脉冲，其脉冲宽度 $t_{WI}=0.5$ ms、重复周期 $T_I=5$ ms、高电平 $U_{IH}=9$ V、低电平 $U_{IL}=0$ V，试对应画出 u_C、u_O 的波形。

(3) 当 $u_{IH}=9$ V，为了保证电路能可靠地被触发，u_I 的下限值即 U_{IL} 的最大值应为多少伏？

[题 7.7]　试画出用 74121（图形符号见图 7.3.3）构成的单稳态触发器的电路图，即画出外接定时元件 R 和 C 的连线图。若 $C=0.01$ μF，要求输出脉冲宽度 t_W 的调节范围是 10 μs～1 ms，试估算 R 的取值范围。

[题 7.8]　在图 7.4.1 所示多谐振荡器中，$R_1=15$ kΩ、$R_2=10$ kΩ、$C=0.05$ μF，$V_{CC}=9$ V，定性画出 u_C、u_O 的波形，估算振荡频率 f 和占空比 q。

[题 7.9]　图 7.4.3 所示是占空比可调的多谐振荡器。$C=0.2$ μF，$V_{CC}=9$ V，要求其振荡频率 $f=1$ kHz，占空比 $q=0.5$，估算 R_1、R_2 的阻值。

[题 7.10]　图 7.4.5 所示是石英晶体多谐振荡器，两个反相器均为 TTL 电路，试简述 R_1、R_2、C_1、C_2 的作用、取值范围，并说明为什么。

[题 7.11]　图 7.4.8(a) 所示电路中，$R_{A1}=R_{B1}=10$ kΩ，$C_1=1$ μF，$R_{A2}=R_{B2}=2$ kΩ、$C_2=0.2$ μF，估算 u_{O1}、u_{O2} 的重复频率 f_1、f_2，并定性对应画出 u_{O1}、u_{O2} 的波形。

[题 7.12]　在图 7.4.1 所示多谐振荡器中，欲降低电路振荡频率，试说明下面列举的各种方法中，哪些是正确的，为什么？

（1）加大 R_1 的阻值；

（2）加大 R_2 的阻值；

（3）减小 C 的容量；

（4）降低电源电压 V_{CC}；

（5）在 U_{CO} 端（5 端）接低于 $2V_{CC}/3$ 的电压。

第 8 章 数模与模数转换电路

内容提要

本章较系统地讲述了数模转换(把数字量转换成相应的模拟量)和模数转换(把模拟量转换成相应的数字量)的基本原理与几种常用典型电路。在数模转换器中,主要讲解倒 T 形数模转换电路。在模数转换器中,先说明模数转换的一般步骤、取样定理和取样-保持电路,再介绍逐次渐近型、双积分型、并联比较型等三种各具特色的模数转换电路。

概述

一、数模、模数转换器是模拟、数字系统间的桥梁

数模、模数转换器是沟通模拟、数字领域的桥梁,图 8.0.1 所示是其结构示意框图。

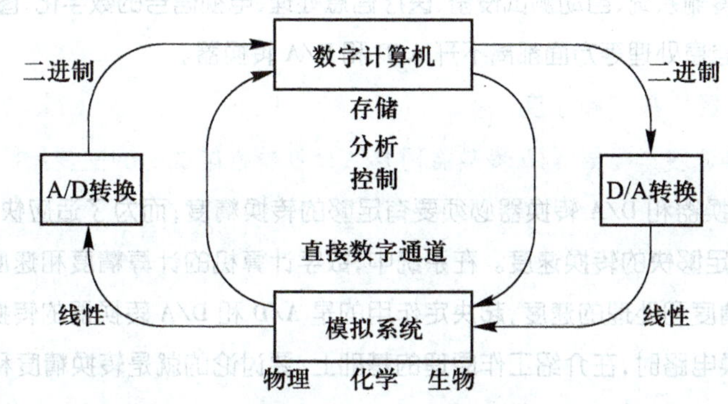

图 8.0.1 A/D、D/A 构成模拟、数字系统间的桥梁

随着数字电子技术的迅速发展,尤其是数字电子计算机的普遍应用,用数字电路处理模拟信号的情况也越来越多了。

为了能够用数字系统处理模拟信号,必须把模拟信号转换成相应的数字信号,才能够送入数字系统(例如计算机等)中进行处理。同时,还经常需要把处理后得到的数字信号再转换成相应的模拟信号,作为最后的输出。我们把前一种从模拟信号到数字信号的转换称为模数转换(或称为 A/D① 转换);把后一种从数字信号到模拟信号的转换称为数模转换(或 D/A② 转换)。与此同时,把实现 A/D

① A/D 是 analog to digital 的缩写。

② D/A 是 digital to analog 的缩写。

转换的电路称为 A/D 转换器，而把实现 D/A 转换的电路称为 D/A 转换器。

二、常见数模、模数转换器应用系统举例

数模、模数转换器应用很广，图 8.0.2 所示就是在工业控制系统中应用的一个典型例子。在用计算机对生产过程进行控制时，经常要把压力、流量、温度及液位等物理量通过传感器检测出来，变换成为相应的模拟电流或电压，再由模数转换器 ADC① 转换成为二进制数字信号，送入计算机处理。计算机处理后所得到的仍然是数字量，若执行机构是伺服电机等模拟控制器，则需用数字模拟转换器 DAC② 将数字量转换成相应的模拟信号，以控制伺服电机等机构执行规定的操作。

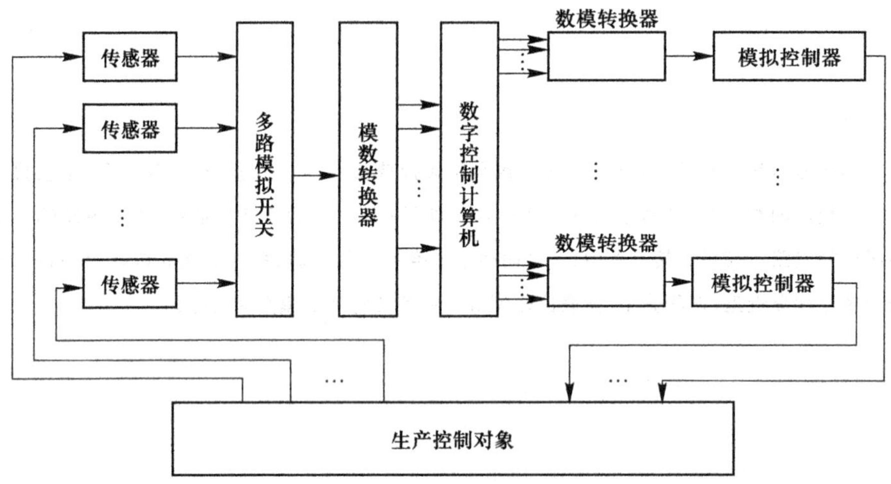

图 8.0.2　数模和模数转换器在工业控制系统中的作用

实际上，在数据传输系统、自动测试设备、医疗信息处理、电视信号的数字化、图像信号的处理和识别、数字通信和语音信息处理等方面都离不开 A/D 和 D/A 转换器。

三、A/D、D/A 转换器的精度和速度

转换精度和转换速度是衡量 A/D 转换器和 D/A 转换器性能优劣的主要指标。为了保证处理结果的准确性，A/D 转换器和 D/A 转换器必须要有足够的转换精度；而为了适应快速过程的控制和检测，它们还必须要有足够快的转换速度。在系统中，数字计算机的计算精度和速度是没有问题的，所以最终处理结果的精度和处理的速度，起决定作用的是 A/D 和 D/A 转换器的转换精度和转换速度。因此在讲述各种转换电路时，在介绍工作原理的基础上，要讨论的就是转换精度和转换速度问题。

8.1　D/A 转换器

8.1.1　D/A 转换器的基本工作原理

一、对 D/A 转换器的基本要求

1. 输入、输出关系框图

图 8.1.1 所示是 D/A 转换器输入、输出关系框图，$d_0 \sim d_{n-1}$ 是输入的 n 位二进制数，u_o 和 i_o 是与输入二进制数成比例的输出电压或电流。

① ADC 是 analog to digital Converter 的缩写。

② DAC 是 digital to analog Converter 的缩写。

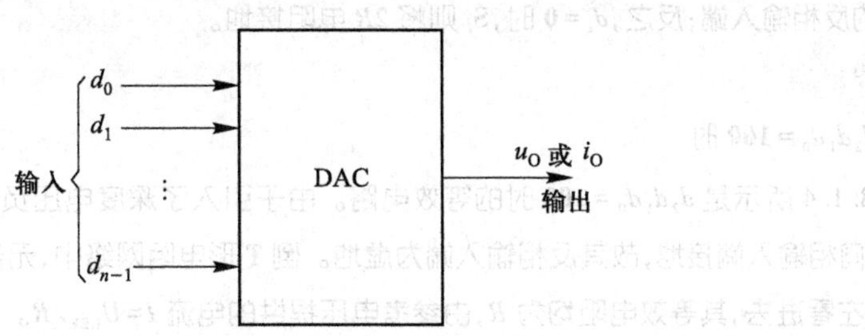

图 8.1.1 DAC 输入、输出关系框图

2. 转换特性

图 8.1.2 所示是输入为 3 位二进制数时 D/A 转换器的转换特性，它具体而形象地反映了对 DAC 的基本要求。

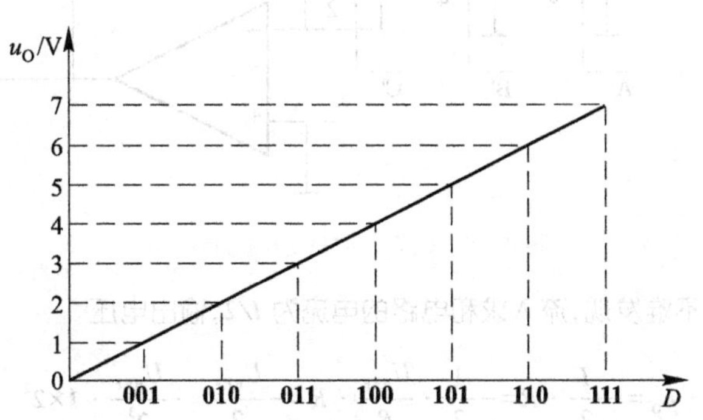

图 8.1.2 输入为 3 位二进制时 DAC 的转换特性

二、电路组成

图 8.1.3 所示是一个 3 位二进制数 D/A 转换器的原理电路图。$d_2d_1d_0$ 是输入的 3 位二进制数，它们控制着由 N 沟道增强型 MOS 管组成的 3 个电子开关 S_2、S_1、S_0，R、$2R$ 组成倒 T 形电阻转换网络，运算放大器完成求和运算，u_O 是输出模拟电压，U_{REF} 是参考电压，也叫做基准电压。

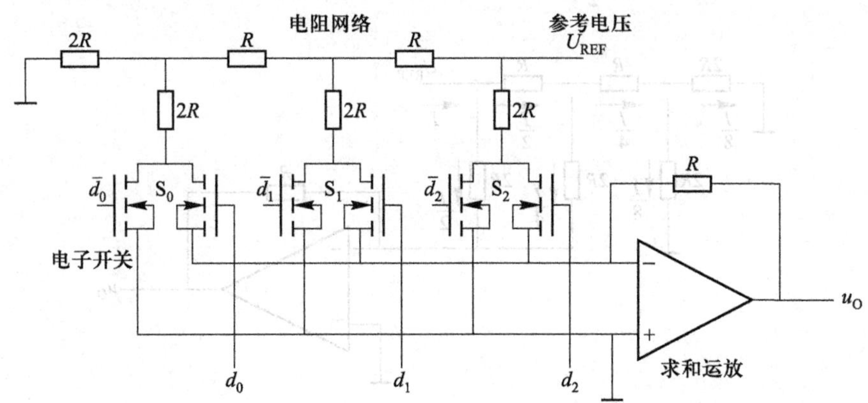

图 8.1.3 DAC 原理电路图

S_2、S_1、S_0 与 d_2、d_1、d_0 的对应关系是：当 $d_2=\mathbf{1}$ 即为高电平时、$\bar{d}_2=\mathbf{0}$ 为低电平，S_2 右边 MOS 导通，左边 MOS 管截止，将相应的 $2R$ 电阻接到运放的反相输入端；反之，若 $d_2=\mathbf{0}$ 即为低电平时，$\bar{d}_2=\mathbf{1}$ 为高电平，S_2 右边 MOS 管截止，左边 MOS 管导通，$2R$ 电阻接地；d_1、d_0 对 S_1、S_0 的控制作用与 d_2 对 S_2 的控制作用是相同的。一般地说，输入 n 位二进制数中第 i 位 $d_i=\mathbf{1}$ 时，S_i 就把网络中相应的 $2R$ 电阻接到求

和运放的反相输入端；反之，$d_i=\mathbf{0}$ 时，S_i 则将 $2R$ 电阻接地。

三、工作原理

1. $d_2d_1d_0=\mathbf{100}$ 时

图 8.1.4 所示是 $d_2d_1d_0=\mathbf{100}$ 时的等效电路。由于引入了深度电压负反馈，集成运放工作在线性区，而其同相输入端接地，故其反相输入端为虚地。倒 T 形电阻网络中，无论是从 AA′端、BB′端还是从 CC′端向左看进去，其等效电阻均为 R，由参考电压提供的电流 $I=U_{REF}/R$。

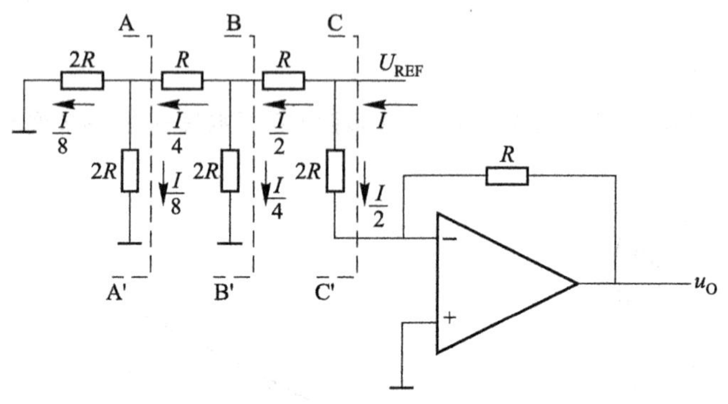

图 8.1.4　$d_2d_1d_0=\mathbf{100}$ 时的等效电路

当 $d_2d_1d_0=\mathbf{100}$ 时，不难发现，流入求和电路的电流为 $I/2$，输出电压

$$u_O=-\frac{I}{2}\cdot R=-\frac{1}{2}\cdot\frac{U_{REF}}{R}\cdot R=-\frac{U_{REF}}{2}=-\frac{U_{REF}}{2^3}\cdot\mathbf{1}\times 2^2$$

2. $d_2d_1d_0=\mathbf{110}$ 时

图 8.1.5 所示是 $d_2d_1d_0=\mathbf{110}$ 时的等效电路，显然，流入求和电路的电流是 $I/2+I/4$，输出电压

$$u_O=-\left(\frac{I}{2}+\frac{I}{4}\right)\cdot R=-\left(\frac{1}{2}\frac{U_{REF}}{R}+\frac{1}{4}\frac{U_{REF}}{R}\right)\cdot R$$

$$=-\frac{U_{REF}}{2^3}(\mathbf{1}\times 2^2+\mathbf{1}\times 2^1)$$

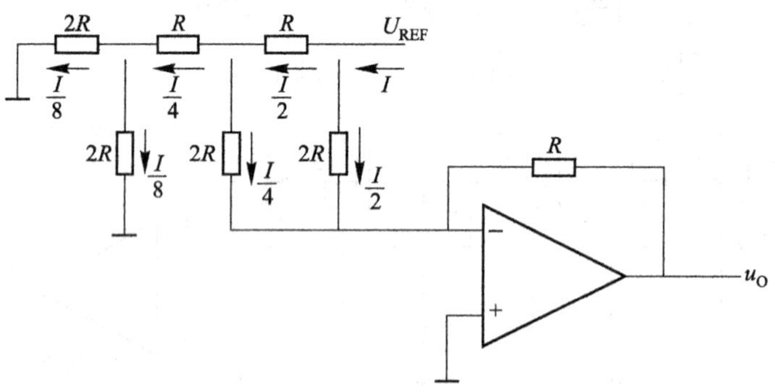

图 8.1.5　$d_2d_1d_0=\mathbf{110}$ 时的等效电路

3. $d_2d_1d_0=\mathbf{111}$ 时

利用类似方法即可得

$$u_O=-\left(\frac{I}{2}+\frac{I}{4}+\frac{I}{8}\right)\cdot R=-\left(\frac{1}{2}\frac{U_{REF}}{R}+\frac{1}{4}\frac{U_{REF}}{R}+\frac{1}{8}\frac{U_{REF}}{R}\right)\cdot R$$

$$=-\frac{U_{REF}}{2^3}(1\times2^2+1\times2^1+1\times2^0)$$

4. 表达式的一般形式

根据 $d_2d_1d_0$ 为 **100**、**110**、**111** 时的分析结果，可推论得到 u_O 的一般表达形式

$$u_O=-\frac{U_{REF}}{2^3}(d_2\cdot2^2+d_1\cdot2^1+d_0\cdot2^0) \tag{8.1.1}$$

由式(8.1.1)可知，图 8.1.3 所示电路确实能将输入的 3 位二进制数 $d_2d_1d_0$ 转换成相应的输出模拟电压 u_O。若令 $U_{REF}=-8$ V，那么便可得到如图 8.1.2 所示的转换特性。

四、输入为 n 位二进制数时的表达式

当输入 $D=d_{n-1}d_{n-2}\cdots d_1d_0$，即为 n 位二进制数时，由式(8.1.1)不难推论出

$$u_O=-\frac{U_{REF}}{2^n}(d_{n-1}\cdot2^{n-1}+d_{n-2}\cdot2^{n-2}+\cdots+d_1\cdot2^1+d_0\cdot2^0)$$

$$=-\frac{U_{REF}}{2^n}\cdot D=K_u\cdot D \tag{8.1.2}$$

式(8.1.2)中 K_u 是将二进制数 D 转换成模拟电压 u_O 的转换比例系数，也可以看成是 D/A 转换器中的单位电压

$$K_u=-\frac{U_{REF}}{2^n}$$

单位电压 K_u 乘上输入二进制数 D 的数值，所得到的便是输出模拟电压 u_O，数字量与模拟量之间构成了良好的正比例关系。

8.1.2 D/A 转换器的转换精度、速度和主要参数

一、转换精度

在 D/A 转换器中，一般用分辨率和转换误差描述转换精度。

1. 分辨率

分辨率用输入二进制数的有效位数给出。在分辨率为 n 位的 D/A 转换器中，输出电压能区分 2^n 个不同的输入二进制代码状态，能给出 2^n 个不同等级的输出模拟电压。

分辨率也可以用 D/A 转换器能分辨出来的最小输出电压(对应的输入数字量只有最低有效位为 1)，与最大输出电压(对应的输入数字量所有有效位全为 1)之比给出。例如，在 10 位 D/A 转换器中，分辨率就等于

$$\frac{1}{2^{10}-1}=\frac{1}{1\ 023}\approx0.001$$

2. 转换误差

D/A 转换器实际能达到的转换精度，还与转换误差有关。因为在 D/A 转换器中，各个环节的性能和参数，都不可避免地存在误差。例如，参考电压 U_{REF} 的波动、运算放大器的零点漂移、模拟电子开关 S_0 ~ S_{n-1} 的导通压降、倒 T 形电阻网络中电阻阻值的偏差等，都会导致输出模拟电压 u_O 偏离规定值——产生转换误差。

思考提升 8-1
在倒 T 型电阻网络 DAC 中，模拟开关的导通电阻和导通压降等会引起转换误差，有何解决措施?

思考提升 8-2
DAC 的位数与转换精度之间有何关系?

转换误差通常用输出电压满刻度 *FSR*① 的百分数表示，也可以用最低有效位的倍数表示。例如，给出转换误差的$\frac{1}{2}$LSB②，这就表示输出模拟电压的绝对误差等于输入为 **00…01** 时输出模拟电压的一半。

转换误差主要指静态误差，它包括：

① 非线性误差。它是由电子开关的导通压降和电阻网络电阻阻值的偏差产生的，常用满刻度的百分数表示。

② 比例系数误差。它是由参考电压 U_{REF} 偏离规定值引起的，也用满刻度的百分数表示。

③ 漂移误差。它是由运算放大器零点漂移产生的。

二、转换速度

描述 D/A 转换器转换速度的参数是建立时间 t_s 和转换速率S_R③。

1. 建立时间 t_s

通常以大信号工作情况下（输入由全 **0** 变为全 **1** 或由全 **1** 变为全 **0**），输出电压达到某一规定值所需要的时间，定义为建立时间 t_s。

目前，在不包括参考电压源和运算放大器的单片集成 D/A 转换器中，建立时间最短的可达 0.1 μs 以下。而在包含参考电压源和运算放大器的集成 D/A 转换器中，建立时间可短到 1.5 μs 以内。

2. 转换速率 S_R

D/A 转换器的转换速率 S_R 用大信号工作状态下输出模拟电压的变化率表示。一般在不包含参考电压源和运算放大器时，集成 D/A 转换器的转换速度可以做得比较高，如果要求整个D/A转换器有较高的转换速率，则应选配转换速率较高的运算放大器。

不难理解，D/A 转换器完成一次转换所需要的时间，应包括建立时间和上升（或下降）时间两部分，其最大值为

$$T_{TR(max)}=t_s+U_{O(max)}/S_R$$

式中 $U_{O(max)}$ 是输出模拟电压的最大值，$U_{O(max)}/S_R$ 是 u_O 由 0 上升到 $U_{O(max)}$ 的时间，或者 u_O 由最大值下降到 0 的时间。

三、主要参数

视频：
难点解析 8-2
数-模转换器的技术指标

目前市场上出售的集成 D/A 转换器有两大类，一类器件的内部只包含电阻网络和模拟开关，另一类器件还包含了参考电压源发生电路和运算放大器。因此，在使用前一类器件时，必须外接参考电压源和运算放大器，为了保证 D/A 转换器的转换精度和速度，应注意合理地确定对参考电压源稳定度的要求，选择零点漂移和转换速率都恰当的集成运算放大器。

集成 D/A 转换器的参数较多，现以 CMOS 5G7520 为例做简单说明。

图 8.1.6 所示是 CMOS 集成 D/A 转换器 5G7520 的原理电路框图④。芯片中只包含有倒 T 形电阻网络和 CMOS 模拟开关，参考电压源 U_{REF} 和集成运算放大器都是外接的。它是一种 10 位 D/A 转换器，与美国 AD 公司的产品 AD7520 相同。在表 8.1.1 中给出了它的主要参数。

---

① *FSR* 是 full scale range 的缩写。

② LSB 是 least significant bit 的缩写。

③ S_R 是 slew-rate 的缩写。

④ 图中 MSB 是 most significant bit 的缩写。

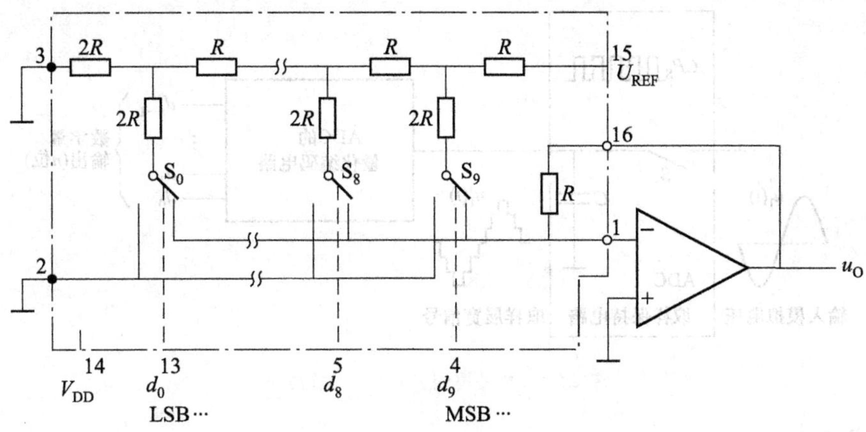

图 8.1.6 D/A 转换器 5G7520 原理电路框图

表 8.1.1 D/A 转换器 5G7520 的主要参数

参数名称		单 位	参 数 值
分辨率		位	10
非线性度		全量程的%	≤0.05%
转换时间		ns	≤500
参考电压 U_{REF}		V	−25～+25
电源电压		V	5～15
功耗		mW	20
温度系数	电源	$FSR\times10^{-6}$/℃	50
	增益	$FSR\times10^{-6}$/℃	10
	非线性	$FSR\times10^{-6}$/℃	2

拓展阅读 8-1
典型集成 DAC 及器件选型

8.2 A/D 转换器

8.2.1 A/D 转换的一般步骤和取样定理

视频：
难点解析 8-3
模-数转换器

在 A/D 转换器中，因为输入的模拟信号在时间上是连续量，而输出的数字信号代码是离散量，所以进行转换时必须在一系列选定的瞬间(亦即时间坐标轴上的一些规定点上)对输入的模拟信号取样，然后再把这些取样值转换为输出的数字量。因此，一般的 A/D 转换过程是通过取样、保持、量化、编码这四个步骤完成的，如图 8.2.1 所示。下面将会看到，这些步骤往往是合并进行的。例如，取样和保持就是利用同一个电路连续进行的，量化和编码也是在转换过程中同时实现的，而且所占用的时间又是保持时间的一部分。

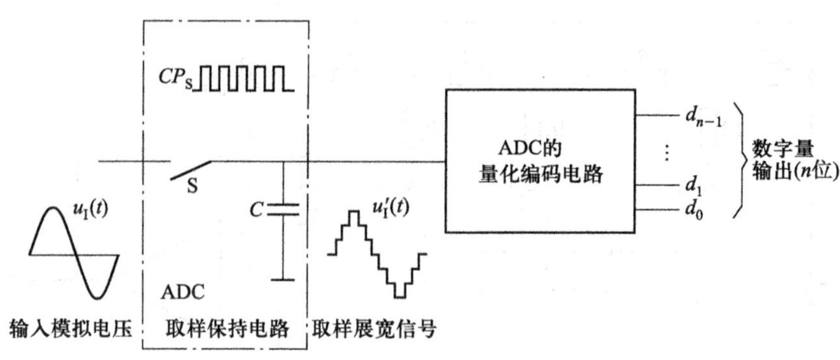

图 8.2.1 模拟量到数字量的转换过程

一、取样定理

可以证明,为了正确无误地用图 8.2.2 中所示的取样信号 u_S 表示模拟信号 u_I,必须满足:

$$f_s \geqslant 2f_{imax} \tag{8.2.1}$$

式中 f_s 为取样频率,f_{imax} 为信号 u_I 的最高频率分量的频率。式(8.2.1)称为取样定理。

在满足式(8.2.1)的条件下,可以用一个低通滤波器将信号 u_S 还原为 u_I,这个低通滤波器的频率特性在低于 f_{imax} 的范围内滤波器的电压传输系数 $|A(f)|$ 应保持水平,而在 f_s-f_{imax} 以前迅速下降为零,如图 8.2.3 所示。因此,取样定理规定了 A/D 转换的频率下限。

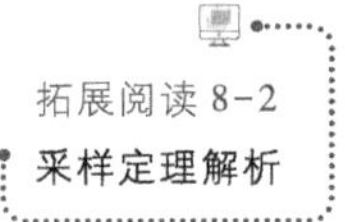

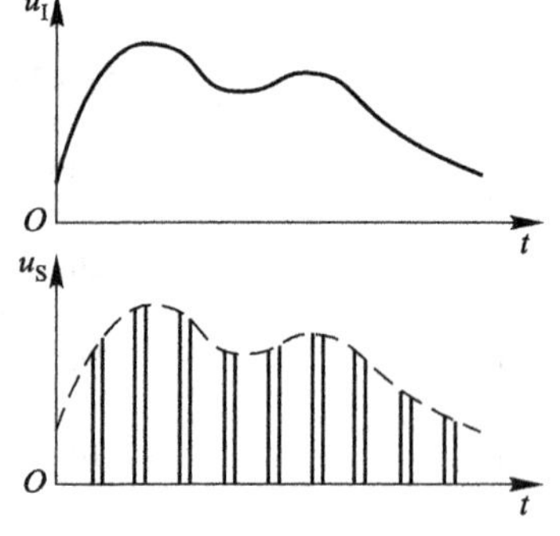

图 8.2.2 对输入模拟信号的取样

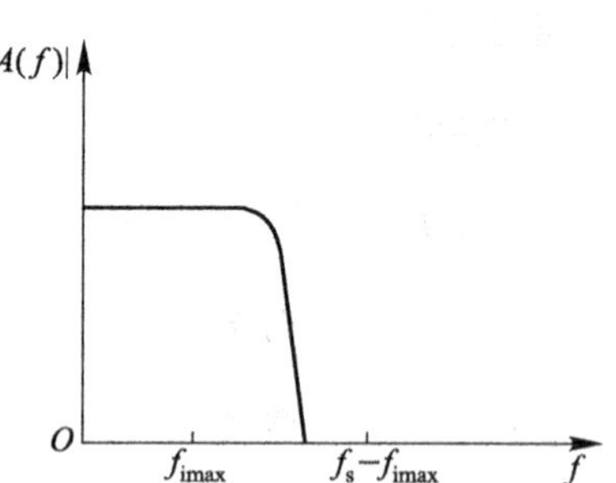

图 8.2.3 还原取样信号所用滤波器的频率特性

因为每次把取样电压转换为相应的数字量都需要一定的时间,所以在每次取样以后,必须把取样电压保持一段时间。可见,进行 A/D 转换时所用的输入电压,实际上是每次取样结束时的 u_I 值。

二、量化和编码

在绪论中曾经讲过,数字信号不仅在时间上是离散的,而且在数值上的变化也是不连续的。这就是说,任何一个数字量的大小,都是以某个最小数量单位的整数倍来表示的。因此,在用数字量表示取样电压时,也必须把它化成这个最小数量单位的整数倍,这个转化过程就叫做**量化**。所规定的最小数量单位叫做量化单位,用 Δ 表示。显然,数字信号最低有效位中的 **1** 所表示的数量大小,就等于 Δ。把量化的数值用二进制代码表示,称为**编码**。这个二进制代码就是A/D转换的输出信号。

既然模拟电压是连续的,那么它就不一定能被 Δ 整除,因而不可避免地会引入误差,把这种误差称为**量化误差**。在把模拟信号划分为不同的量化等级时,用不同的划分方法可以得到不同的量化误差。

假定需要把 0～+1 V 的模拟电压信号转换成 3 位二进制代码，这时便可以取$\Delta=(1/8)$V，并规定凡数值在 0～(1/8)V 之间的模拟电压都当作 0×Δ 看待，用二进制的 **000** 表示；凡数值在(1/8)V～(2/8)V 之间的模拟电压都当作1×Δ看待，用二进制的 **001** 表示……如图 8.2.4(a)所示。不难看出，最大的量化误差可达 Δ，即(1/8)V。

(a)

模拟电平	二进制代码	代表的模拟电平
1V		
	111	$7\Delta=(7/8)$V
7/8		
	110	$6\Delta=6/8$
6/8		
	101	$5\Delta=5/8$
5/8		
	100	$4\Delta=4/8$
4/8		
	011	$3\Delta=3/8$
3/8		
	010	$2\Delta=2/8$
2/8		
	001	$1\Delta=1/8$
1/8		
	000	$0\Delta=0$
0		

(b)

模拟电平	二进制代码	代表的模拟电平
1V		
	111	$7\Delta=(14/15)$V
13/15		
	110	$6\Delta=12/15$
11/15		
	101	$5\Delta=10/15$
9/15		
	100	$4\Delta=8/15$
7/15		
	011	$3\Delta=6/15$
5/15		
	010	$2\Delta=4/15$
3/15		
	001	$1\Delta=2/15$
1/15		
	000	$0\Delta=0$
0		

图 8.2.4 划分量化电平的两种方法

为了减小最大量化误差，可以改用图 8.2.4(b)所示的划分方法，取量化单位$\Delta=(2/15)$V，并将 **000** 代码所对应的模拟电压规定为 0～(1/15)V，即 0～$\Delta/2$。这时，最大量化误差将减小为 $\Delta/2=(1/15)$V。这个道理不难理解，因为现在把每个二进制代码所代表的模拟电压值规定为它所对应的模拟电压范围的中点，所以最大的量化误差自然就缩小为 $\Delta/2$ 了。

8.2.2 取样-保持电路

一、电路组成及其工作原理

取样-保持电路的基本形式如图 8.2.5 所示。图中的 N 沟道 MOS 管 T 作为取样开关用。当取样控制信号 u_L 为高电平时场效应管 T 导通，输入信号 u_I 经电阻 R_i 和 T 向电容 C_h 充电。若取 $R_i=R_f$，并忽略运算放大器的输入电流，则充电结束后 $u_O=-u_I=u_C$。在取样控制信号返回低电平以后，场效应管 T 截止。由于 C_h 上的电压可以在一段时间内基本保持不变，所以 u_O 的数值也被保持下来。十分明显，C_h 的漏电流越小，运算放大器的输入阻抗越高，u_O 的保持时间越长。

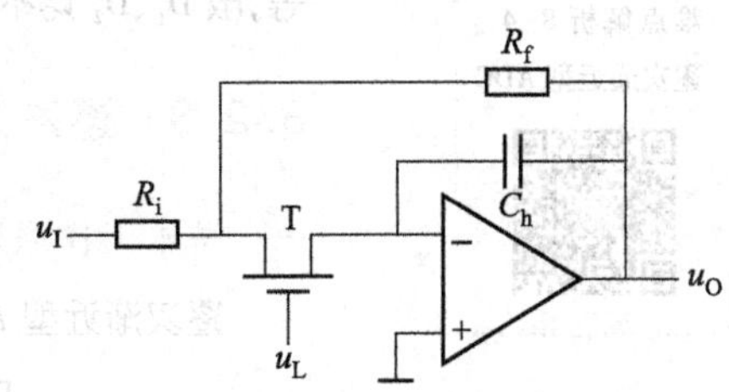

图 8.2.5 取样-保持电路的基本形式

然而，图 8.2.5 所示电路是很不完善的，因为取样过程中需要通过 R_i 和 T 向 C_h 充电，所以使取样速度受到了限制。同时，R_i 的数值又不允许取得很小，否则会进一步降低取样电路的输入电阻。

二、改进电路及其工作原理

图 8.2.6 所示是单片集成取样-保持电路 LF198 的电路原理图及符号，它是一个经过改进的取样-保持电路。图中 A_1、A_2 是两个运算放大器，S 是电子开关，L 是开关的驱动电路，当逻辑输入 u_L 为 **1**，即 u_L 为高电平时，S 闭合；u_L 为 **0**，即低电平时，S 断开。

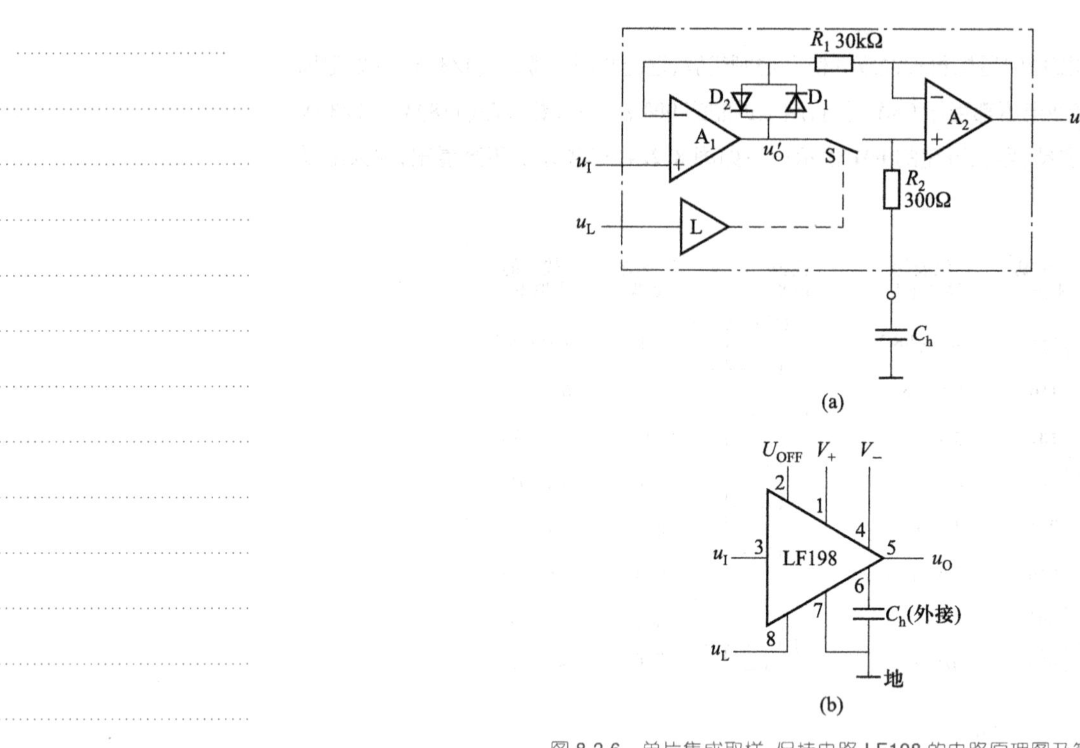

图 8.2.6　单片集成取样-保持电路 LF198 的电路原理图及符号

（a）电路图　（b）符号

当 S 闭合时，A_1 和 A_2 均工作在单位增益的电压跟随器状态，所以 $u_O=u'_O=u_I$。如果将电容 C_h 接到 R_2 的引出端与地之间，则电容上的电压也等于 u_I。当 u_L 返回低电平以后，虽然 S 断开了，但由于 C_h 上的电压不变，所以输出电压 u_O 的数值得以保持下来。

在 S 再次闭合以前的这段时间里，如果 u_I 发生变化，u'_O 可能变化非常大，甚至会超过开关电路所能承受的电压，因此需要增加由 D_1 和 D_2 构成的保护电路。当 u'_O 比 u_O 所保持的电压高（或低）一个二极管的压降时，D_1（或 D_2）导通，从而将 u'_O 限制在 u_I+u_D 以内。而在开关 S 闭合的情况下，u'_O 和 u_O 相等，故 D_1、D_2 均不导通，保护电路不起作用。

视频：
难点解析 8-4
逐次逼近型 ADC

8.2.3　逐次渐近型 A/D 转换器

一、基本工作原理

逐次渐近型 A/D 转换器的工作原理可以用图 8.2.7 所示的方框图表示。这种转换器由比较器、D/A 转换器、参考电源、逐次渐近寄存器与控制逻辑电路以及时钟信号等几部分组成。

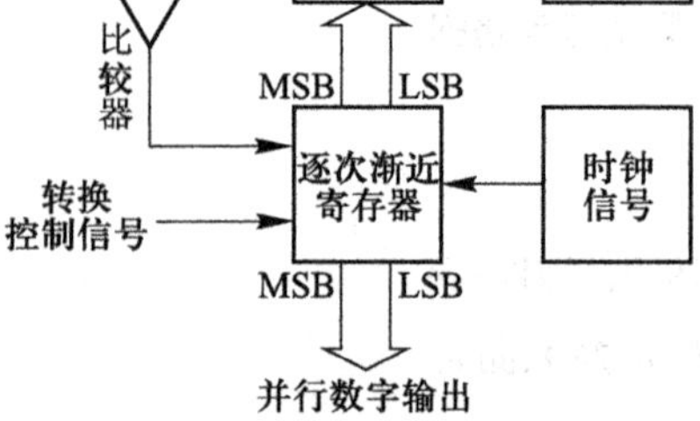

转换开始前先将寄存器清零。开始转换以后，时钟信号首先将寄存器的最高有效位置为 **1**，使输出数字为 **100…0**。这个数码被 D/A 转换器转换成相应的模拟电压 u_O，送到比较器中与 u_I 相比较。若 $u_O>u_I$，说明数字过大了，故将最高位的 **1** 清除；若 $u_O<u_I$，说明数字还不够大，应将这一位保留。然后，再按同样的方法把次高位置成 **1**，并且经过比较以后确定这个 **1** 是否应该保留。这样逐位比较下去，一直到最低位为止。比较完毕后，寄存器中的状态就是所要求的数字输出。

不难想象，上述比较过程同用天平称重物时的操作程序是一样的，只不过天平使用的是砝码，重量依次一个比一个小一半。

u_I　u_O　D/A 转换器　参考电源　比较器　MSB　LSB　逐次渐近寄存器　时钟信号　转换控制信号　MSB　LSB　并行数字输出

图 8.2.7　逐次渐近型 A/D 转换器方框图

二、转换过程举例

下面再结合图 8.2.8 所示的具体逻辑电路，说明逐次比较的过程。

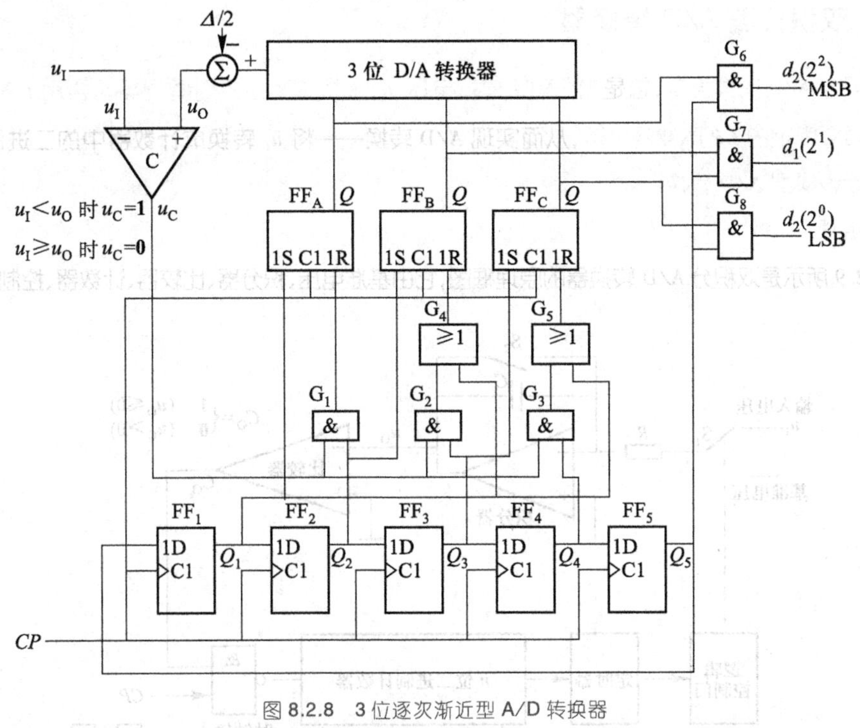

图 8.2.8　3 位逐次渐近型 A/D 转换器

图中 FF_A、FF_B、FF_C 组成 3 位逐次渐近寄存器，$FF_1 \sim FF_5$ 和门 $G_1 \sim G_5$ 组成控制逻辑电路。$FF_1 \sim FF_5$ 接成环形移位寄存器。转换开始前，先使 $Q_1=Q_2=Q_3=Q_4=\mathbf{0}$，$Q_5=\mathbf{1}$，第一个 CP 到来后，$Q_1=\mathbf{1}$，$Q_2=Q_3=Q_4=Q_5=\mathbf{0}$，于是 FF_A 被置 **1**，FF_B、FF_C 被置 **0**。这时加到 D/A 转换器输入端的代码为 **100**，并在 D/A 转换器的输出端得到相应的模拟电压输出 u_O。u_O 和 u_I 在比较器中比较，当 $u_I<u_O$ 时，比较器输出 $u_C=\mathbf{1}$；当 $u_I \geqslant u_O$ 时，$u_C=\mathbf{0}$。

第二个 CP 信号到来时，环形计数器的 **1** 右移一位，变成 $Q_2=\mathbf{1}$，$Q_1=Q_3=Q_4=Q_5=\mathbf{0}$。这时门 G_1 打开，若原来 $u_C=\mathbf{1}$，则 FF_A 置 **0**；若原来 $u_C=\mathbf{0}$，则 FF_A 的 **1** 状态保留。与此同时，Q_2 的高电平将 FF_B 置 **1**。

第三个 CP 信号到来时，环形移位寄存器的 **1** 又右移一位，一方面将 FF_C 置 **1**，同时将门 G_2 打开，并根据比较器的输出决定 FF_B 的 **1** 状态是否应当保留。

第四个 CP 信号到来后，移位寄存器 $Q_4=\mathbf{1}$，$Q_1=Q_2=Q_3=Q_5=\mathbf{0}$，门 G_3 被打开，根据比较器的输出决定 FF_C 的 **1** 状态是否应当保留。

第五个 CP 信号到来后，$Q_5=\mathbf{1}$，$Q_1=Q_2=Q_3=Q_4=\mathbf{0}$，$FF_A$、$FF_B$、$FF_C$ 的状态作为转换结果，通过门 G_6、G_7、G_8 被送出。

为了减少量化误差，使 D/A 转换器的输出电压产生 $\Delta/2$ 的偏移。这里的 Δ 表示输入最低有效位的 **1**，在 D/A 转换器输出端所产生的电压。可以这样来理解，现在用来与 u_I 比较的量化电平，每次由 D/A 转换器给出。由图 8.2.4(b)可知，为了使量化误差不大于 $\Delta/2$，应使第一个比较电平为 $\Delta/2$，而不是 Δ，但以后每个比较电平之差都必须是 Δ。为了做到这一点，必须使D/A转换器输出的所有比较电平同时向负方向偏移 $\Delta/2$。

由这个例子可以看出，完成一次转换需要 5 个 CP 信号的周期，而且如果位数增加时，转换时间也相应地加长，为$(n+2)T_{CP}$，其中 n 为数字量位数。逐次渐近型 A/D 转换器，因其分辨率较高、误差较低、转换速度较快，是目前应用比较广泛的一种直接转换型 A/D 转换器。

8.2.4 双积分型 A/D 转换器

视频：
难点解析 8-5
双积分型 ADC

在双积分 A/D 转换器中，总是先把输入模拟电压 u_I，转换成相应的时间间隔 t，再用 t 去控制送入计数器的频率固定的 CP 脉冲的个数，从而实现 A/D 转换——将 u_I 转换成计数器中的二进制数，所以是一种间接转换型 A/D 转换器。

一、电路组成

图 8.2.9 所示是双积分 A/D 转换器的原理框图，它由基准电压、积分器、比较器、计数器、控制门等组成。

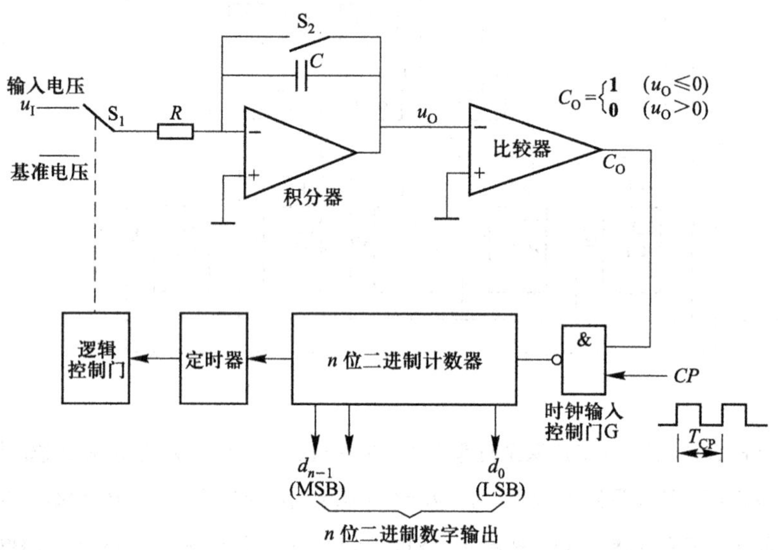

图 8.2.9 双积分 ADC 原理框图（图中基准电压为$-U_{REF}$）

二、工作原理

图 8.2.10 所示是双积分型 A/D 转换器的工作波形图。

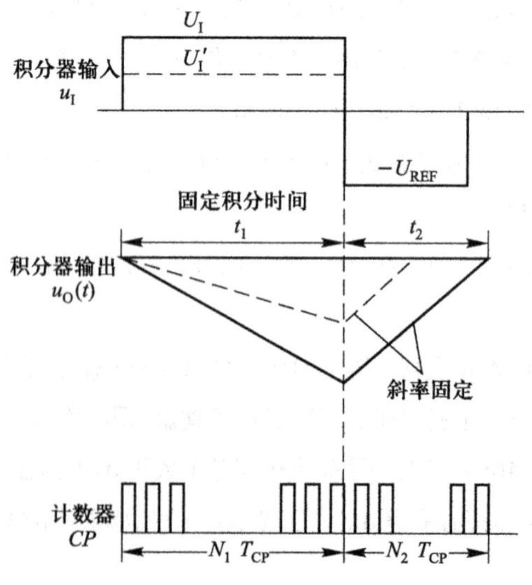

图 8.2.10 双积分 ADC 的工作波形图

1. 起始状态

在积分转换开始之前，控制电路使计数器清零、电子开关 S_2 闭合，电容 C 放电，C 放电结束后 S_2 再断开。

2. 积分器对 u_I 进行定时积分

转换开始（$t=0$）时，控制电路使电子开关 S_1 合向 u_I，积分器对输入模拟电压进行定时积分，其输出电压 u_O 为

$$u_O(t_1) = -\frac{1}{C}\int_0^{t_1}\frac{u_I}{R}\mathrm{d}t = -\frac{1}{RC}\int_0^{t_1}u_I\mathrm{d}t$$

因为积分期间 $u_I=U_I$ 保持不变，所以

$$u_O(t_1) = -\frac{1}{RC}\int_0^{t_1}u_I\mathrm{d}t = -\frac{1}{RC}\int_0^{t_1}U_I\mathrm{d}t$$

$$=-\frac{U_I}{RC}t_1 \tag{8.2.2}$$

在对 u_I 进行积分时，由于 u_I 为正、$u_O(t)$ 为负，所以比较器输出 C_O 为高电平，打开时钟输入控制门 G，频率为 f_c 的 CP 脉冲进入 n 位二进制加法计数器，计数器进行递增计数。

当计数器计满归零时，定时器置 **1**，逻辑控制门使电子开关 S_1 合向基准电压 $-U_{REF}$。积分器对 u_I 的积分过程结束，对 $-U_{REF}$ 的积分过程开始。

不难理解，积分器对 u_I 的积分时间 t_1 为

$$t_1=N_1\cdot T_{CP}=2^n\cdot T_{CP} \tag{8.2.3}$$

式中，N_1 为 n 位二进制加法计数器的容量，T_{CP} 是时钟信号 CP 脉冲的周期，$T_{CP}=1/f_c$。

显然，在对 u_I 的积分过程结束时，积分器的输出电压 u_O 应为

$$u_O(t_1)=-\frac{U_I}{RC}\cdot 2^n\cdot T_{CP} \tag{8.2.4}$$

3. 积分器对 $-U_{REF}$ 进行反向积分

当 S_1 合至基准电压 $-U_{REF}$ 后，积分器便开始对 $-U_{REF}$ 进行积分，其输出电压的起始值为 $u_O(t_1)$。虽然基准电压是负值，积分器进行的是反向积分，但是 u_O 的初值为 $u_O(t_1)$ 是负的，因此比较器的输出 C_O 仍为高电平，门 G 是打开着的，计数器计满归零后，在积分器对 $-U_{REF}$ 进行积分时，又从 0 开始进行递增计数。

在积分器对 $-U_{REF}$ 进行反向积分时，其输出电压 u_O 为

$$u_O(t_2) = u_O(t_1) - \frac{1}{C}\int_0^{t_2}\frac{-U_{REF}}{R}\mathrm{d}t$$

$$=u_O(t_1)+\frac{U_{REF}}{RC}t_2$$

随着反向积分过程的进行，$u_O(t)$ 逐渐升高，当 $u_O(t)$ 上升到 0 时，比较器输出 C_O 跳变为低电平，封锁时钟输入控制门，计数器停止计数，对 $-U_{REF}$ 的反向积分过程结束。因此有

$$u_O(t_2)=u_O(t_1)+\frac{U_{REF}}{RC}\cdot t_2=0$$

$$t_2=-u_O(t_1)\bigg/\frac{U_{REF}}{RC} \tag{8.2.5}$$

若反向积分过程结束时，计数器的数值为 $N_2=D$，则可以很容易地推导出

$$t_2=N_2\cdot T_{CP}=D\cdot T_{CP} \tag{8.2.6}$$

把式(8.2.4)、(8.2.6)代入式(8.2.5),可得

$$D\cdot T_{CP}=-\left(-\frac{U_I}{RC}\cdot 2^n\cdot T_{CP}\Big/\frac{U_{REF}}{RC}\right)$$

$$D=U_I\Big/\frac{U_{REF}}{2^n} \tag{8.2.7}$$

若令 $\Delta=U_{REF}/2^n$,则可得

$$D=U_I/\Delta \tag{8.2.8}$$

Δ 可以看做是 A/D 转换器中的单位电压,当基准电压 $-U_{REF}$ 和计数器的位数 n 一定时,Δ 是恒定不变的,D 是积分器对 $-U_{REF}$ 进行反向积分结束时计数器中的二进制数,也就是与 u_I 相对应的输出数字量。式(8.2.8)不仅表示 A/D 转换器的输出数字量 D 与输入模拟电压 U_I 成比例,而且说明只要用单位电压 Δ 除 U_I 所得到的便是 D 的数值。

在积分器完成对 $-U_{REF}$ 的反向积分后,即可由控制逻辑将计数器中的二进制数并行输出。如果还要进行新的转换,则需让 A/D 转换器恢复到起始状态,再重复上述过程。

三、主要特点

1. 性能比较稳定,转换精度高

双积分型 A/D 转换器,因在完成一次转换过程中要进行两次积分,故只要两次积分的时间常数未变,转换结果就不会受时间常数的影响。而且 R、C 数值的缓慢变化和偏差都不会影响电路的转换精度。至于时钟信号周期,只要在每次转换过程中 T_{CP} 不变,那么在较长时间里发生的缓慢变化,也不会带来转换误差。

2. 抗干扰能力强,电路较简单

由于转换器输入端使用了积分器,所以对交流噪声有很强的抑制能力。在积分时间等于交流电网周期的整数倍时,能有效地抑制电网的工频干扰。

因为在双积分型 A/D 转换器中,不需要使用 D/A 转换器,所以电路结构比较简单。

3. 工作速度低

双积分型 A/D 转换器的主要缺点是工作速度低。如果采用图 8.2.9 所示的电路方案,则每次转换时间不应小于 $2t_1$,即应大于 $2\times2^nT_{CP}=2^{n+1}T_{CP}$。若再加上转换前的准备时间——积分电容放电和计数器清零的时间,和转换后输出转换结果的时间,那么完成一次转换的时间还要长一些。目前生产的单片集成双积分型 A/D 转换器,其工作速度都在每秒钟几十次以内。

双积分型 A/D 转换器,由于其优点特别突出,所以在对转换精度要求较高、对转换速度要求不高的场合,例如数字电压表等检测仪器中,用得十分普遍。

8.2.5 并联比较型 A/D 转换器

并联比较型 A/D 转换器是一种直接转换型高速模-数转换电路。

一、电路组成

视频:
难点解析 8-6
并行比较型 ADC

图 8.2.11 所示是并联比较型 A/D 转换器的典型电路形式,由比较器、寄存器和编码器组成,U_{REF} 是基准电压,u_I 是输入模拟电压,其幅值在 $0\sim U_{REF}$ 之间,$d_2d_1d_0$ 是输出的 3 位二进制代码,CP 是控制时钟信号。

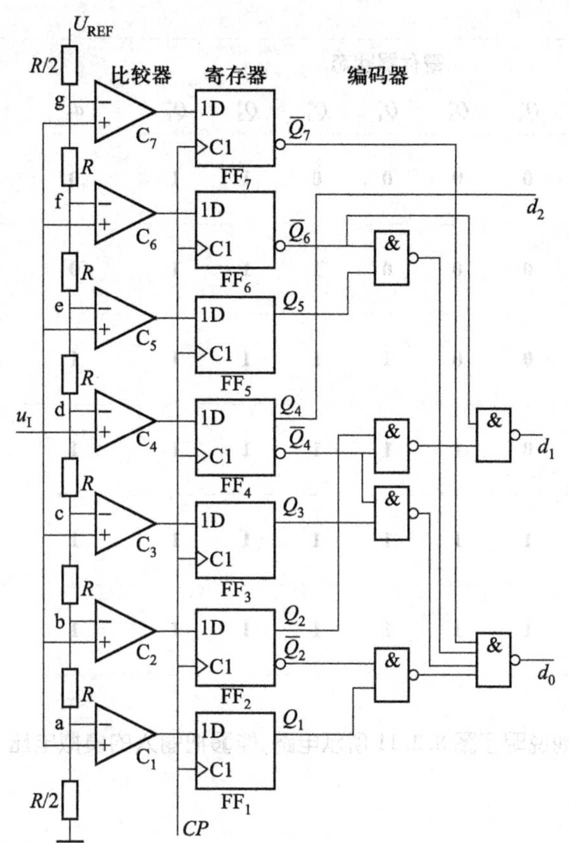

图 8.2.11 并联比较型 A/D 转换器

比较器中量化电平采用图 8.2.4(b)所示的方案,用八个串联起来的电阻对 U_{REF} 进行分压,从而得到从 $U_{REF}/15$ 到 $13U_{REF}/15$ 之间的七个比较电平,并把它们分别接到比较器 $C_1 \sim C_7$ 的反相输入端。输入模拟电压 u_I 接到每个比较器的同相输入端上,使之与七个比较电平进行比较。

寄存器由七个边沿 *D* 触发器构成,*CP* 上升沿触发,其输出送给编码器进行编码,编码器的输出就是转换结果——与输入模拟电压 u_I 相对应的 3 位二进制数。

二、工作原理

当 $u_I<U_{REF}/15$ 时,七个比较器输出全为 **0**,*CP* 到来后,寄存器中各个触发器都被置成 **0** 状态。

当 $U_{REF}/15 \leqslant u_I<3U_{REF}/15$ 时,只有 C_1 输出为 **1**,所以 *CP* 信号到来后,也只有触发器 FF_1 被置成 **1** 状态,其余触发器仍为 **0** 状态。

依此类推,便可很容易地列出 u_I 为不同电平时寄存器的状态及相应的输出数字量,见表 8.2.1。

表 8.2.1 图 8.2.11 所示电路的真值表

输入模拟电压 u_I	寄存器状态							输出数字量		
	Q_7^n	Q_6^n	Q_5^n	Q_4^n	Q_3^n	Q_2^n	Q_1^n	d_2	d_1	d_0
$\left(0\sim\frac{1}{15}\right)U_{REF}$	**0**	**0**	**0**	**0**	**0**	**0**	**0**	0	0	0
$\left(\frac{1}{15}\sim\frac{3}{15}\right)U_{REF}$	**0**	**0**	**0**	**0**	**0**	**0**	**1**	0	0	1

续表

输入模拟电压 u_I	寄存器状态							输出数字量		
	Q_7^n	Q_6^n	Q_5^n	Q_4^n	Q_3^n	Q_2^n	Q_1^n	d_2	d_1	d_0
$\left(\frac{3}{15}\sim\frac{5}{15}\right)U_{REF}$	0	0	0	0	0	1	1	0	1	0
$\left(\frac{5}{15}\sim\frac{7}{15}\right)U_{REF}$	0	0	0	0	1	1	1	0	1	1
$\left(\frac{7}{15}\sim\frac{9}{15}\right)U_{REF}$	0	0	0	1	1	1	1	1	0	0
$\left(\frac{9}{15}\sim\frac{11}{15}\right)U_{REF}$	0	0	1	1	1	1	1	1	0	1
$\left(\frac{11}{15}\sim\frac{13}{15}\right)U_{REF}$	0	1	1	1	1	1	1	1	1	0
$\left(\frac{13}{15}\sim 1\right)U_{REF}$	1	1	1	1	1	1	1	1	1	1

表 8.2.1 非常具体地说明了图 8.2.11 所示电路，能够把输入的模拟电压 u_I 转换成相应的输出数字量 $d_2d_1d_0$。

三、主要特点

1. 转换精度

并联比较型 A/D 转换器的转换精度主要取决于量化电平的划分，分得越细即 Δ 越小，精度越高。当然，所用的比较器和触发器也越多，编码器的电路也越复杂。此外，转换精度还要受分压电阻的相对精度和比较器灵敏度的影响。

2. 转换速度快

并联比较型 A/D 转换器的最大优点是转换速度快。如果从 CP 信号上升沿时刻算起，图 8.2.11 所示电路完成一次转换所需要的时间，只包括一级触发器的翻转时间和两级门的传输延迟时间。而且各位代码的转换几乎是同时进行的，增加输出代码位数对转换时间的影响较小。目前单片集成的并联比较型A/D转换器，输出为 4 位和 6 位二进制数的产品，完成一次转换所用的时间可在 10 ns 以内。

3. 用比较器和触发器多

拓展阅读 8-3
典型集成 ADC 及器件选型

并联比较型 A/D 转换器的主要缺点是要使用的比较器和触发器很多，尤其是输出数字量的位数较多时。由图 8.2.11 所示电路可以计算出，输出为 3 位二进制代码时，需要比较器和触发器的个数均为 $2^3-1=7$。显然，当输出为 n 位二进制数时，需要个数应为 2^n-1。例如，当 $n=10$ 时，所需要使用的比较器和触发器的个数均应为 $2^{10}-1=1\ 023$，不言而喻，这当然是不经济的，并且相应的编码器也要变得复杂起来。这种转换器一般适用于速度高、精度不太高的场合。

8.2.6　A/D 转换器的转换精度和转换速度

一、转换精度

和 D/A 转换器一样，在 A/D 转换器中，一般也是用分辨率和转换误差描述转换精度。

1. 分辨率

在 A/D 转换器中，分辨率用输出二进制或十进制数的位数表示，它说明 ADC 对输入模拟电压的分辨能力。输出为 n 位二进制数的 A/D 转换器，应能区分输入模拟电压的 2^n 个不同等级。例如，当 $n=8$ 时，应能区分的输入电压的差异是 $U_{\mathrm{I\,max}}/2^8$，如果输出是 4 位半十进制数(8421BCD 码)，则应能区分的输入电压的差异将是 $U_{\mathrm{I\,max}}/2\times10^4$。所谓 4 位半，是指输出的十进制数可以从 0 到 19999，最高位只能是 0 或 1，其他位可以为 0~9 中的任何数。

2. 转换误差

在 A/D 转换器中，转换误差通常以相对误差形式给出，它表示 A/D 转换器实际输出的数字量和理想输出数字量的差别，并用最低有效位的倍数表示。例如，当给出的相对误差为 ≤LSB/2 时，其含义是 ADC 实际输出数字量和理论上应得到的输出数字量，两者之间的误差不大于最低位的 1/2。

二、转换速度

A/D 转换器的转换速度主要取决于电路的类型，不同类型的 A/D 转换器，转换速度差别很大。并联比较型 A/D 转换器的转换速度最高，8 位输出单片集成 A/D 转换器的转换时间可以不超过 50 ns。逐次渐近型 A/D 转换器次之，8 位输出单片集成 A/D 转换器，其最短转换时间只需要 400 ns，多数在 10~50 μs 之间。双积分型 A/D 转换器转换速度最低，转换时间大多在几十毫秒到数百毫秒之间。

视频：
难点解析 8-7
模-数转换器的
技术指标

思考提升 8-3
ADC 的位数和
转换精度之间
有何关系？

本章小结

随着数字化时代的到来，微处理器和微型计算机的广泛使用，极大地促进了 A/D、D/A 转换技术的发展。实际上，在许多计算机控制、快速检测和信号处理等系统中，其所能达到的精度和速度最终还是决定于 A/D、D/A 转换器的转换精度和转换速度。因此，转换精度和转换速度是 A/D、D/A 转换器的两个最重要的指标。

目前 A/D、D/A 转换器的种类很多，在这一章里，只介绍了几种使用较多也比较典型的转换电路。

在 D/A 转换器中，讲解的是倒 T 形电阻网络方案；在 A/D 转换器中，介绍的是逐次渐近型、双积分型和并联比较型电路。在说明每一种电路工作原理的同时，也简单分析了它们的转换精度和转换速度。

本章学习的重点是几种典型转换电路的基本工作原理，输出量和输入量之间的定量关系、主要特点，以及转换精度和转换速度的概念与表示方法。

习题

[题 8.1] D/A 转换器，其最小分辨电压 $U_{\mathrm{LSB}}=4$ mV，最大满刻度输出模拟电压 $U_{\mathrm{Om}}=10$ V，求该转换器输入二进制数字量的位数 n。

[题 8.2] 在 10 位二进制数 D/A 转换器中，已知其最大满刻度输出模拟电压 $U_{\mathrm{Om}}=5$ V，求最小分辨电压 U_{LSB} 和分辨率。

[题 8.3] 在图 8.1.6 所示 D/A 转换电路中，若 $R=10$ kΩ、$U_{\mathrm{REF}}=10$ V、$d_9d_8\cdots d_0=$ **1100001100**，试计算由基准电压源 U_{REF} 流入芯片的电流 I_{REF}、由芯片(16)流出进入运放反馈回路的电流 i_0 及输出模拟电压 u_0。

[题 8.4] 在图 8.1.6 所示 D/A 转换电路中，基准电压 $U_{\mathrm{REF}}=-10$ V，试计算：1. 输出模拟电压 u_0

的范围；

2. $d_9d_8\cdots d_0$ = **0110100101** 时 u_O 的值。

[题 8.5] 在 A/D 转换过程中，取样-保持电路的作用是什么？量化有哪两种方法？它们各自产生的量化误差是多少？应该怎样理解编码的含义？试举例说明。

[题 8.6] 如果将图 8.2.8 所示逐次渐近型 A/D 转换器扩展到 10 位，时钟信号 CP 的频率 f_c = 1 MHz，试计算完成一次转换所需要的时间。

[题 8.7] 在图 8.2.8 所示逐次渐近型 A/D 转换器中，D/A 转换器的基准电压为 −5 V，计算当 u_I = 4 V 时的输出二进制数。若输入模拟电压由 +4 V 改成 −5 V，试问基准电压 U_{REF} 的大小和极性应做什么样的改变？

[题 8.8] 在 8 位二进制数输出的逐次渐近型 A/D 转换器中，如果 U_{REF} = −5 V、u_I = 4.22 V，试问其输出 $d_7d_6\cdots d_0$ 为何值？若其他条件不变，而仅将其中的 D/A 转换器改成 10 位，那么输出 $d_9d_8\cdots d_0$ 又会是多少？请写出两种情况下的量化误差。

[题 8.9] 在双积分型 A/D 转换器中，如果采用的是 8421 BCD 码的十进制计数器，其容量 $N_1 = (2\,000)_{10}$，时钟信号 CP 的频率 f_c = 10 kHz，试问完成一次转换所需要的最长时间是多少？若已知计数器所计的数值 $N_2 = (369)_{10}$，基准电压 U_{REF} = ±6 V，则相应的输入模拟电压 u_I 为何值？

[题 8.10] 在双积分 A/D 转换器中，时钟信号 CP 的频率 f_c = 100 kHz，其分辨率为 8 位二进制数，计算电路的最高转换频率。

[题 8.11] 在双积分 A/D 转换器中，如在 t_1 期间对 u_I 积分结果平均值的绝对值 $|U_I|$ 大于基准电压的绝对值 $|U_{REF}|$，试问转换器中会出现什么情况？要保证双积分 A/D 转换器能够正常工作，$|U_I|$ 和 $|U_{REF}|$ 必须遵守什么样的关系？

[题 8.12] 试说明 D/A 转换器和 A/D 转换器的转换精度和转换速度与哪些因素有关。

第9章 高密度可编程逻辑器件及数字系统设计

内容提要

本章在简要介绍典型高密度可编程逻辑器件(HDPLD)的基础上,介绍了现代数字系统"top-down"(自顶向下)的设计方法,EDA 技术的内涵以及数字系统设计的重要法则。

概述

随着微电子技术和计算机技术的发展,现代的数字系统规模越来越大,系统也越来越复杂,并向着系统集成的方向发展。现代数字系统设计与传统的数字电路设计相比发生了很大变化。

传统的数字电路设计是建立在真值表、卡诺图和状态图的基础上,是针对基本逻辑单元电路进行的,这仅适用于中、小规模的数字电路设计。对于大规模或超大规模的现代数字电路系统,基于逻辑图与逻辑代数方程的传统原理图描述方法已难当重任。现代数字系统设计普遍基于高密度(high density,HD)PLD,采用以硬件描述语言、新的设计工具与自顶向下的现代设计方法为主要特征的计算机辅助设计(computer-aided design,CAD)技术来进行。

第 6 章已经介绍了低密度 PLD 的相关知识,下面简要介绍一下典型高密度可编程逻辑器件。

9.1 高密度可编程逻辑器件

9.1.1 复杂可编程逻辑器件(CPLD)

为了满足大规模数字系统设计的需要,将若干个相当于 PAL 规模的电路集成在同一个芯片上,做成了规模更大、更加复杂的可编程逻辑器件。这一类器件统称为复杂(Complex)可编程逻辑器件,即 CPLD。

CPLD 电路结构的示意图如图 9.1.1 所示,它由若干个可编程的通用逻辑模块(generic logic block,GLB)、可编程的输入输出模块(input/output block,IOB)和可编程的内部连线组成。GLB 类似于一个具有可配置输出结构的 PAL 电路。通过对内部连线的编程,可以将若干个 GLB 连接成规模更大的逻辑电路。

每个 GLB 中通常包含 8~20 个宏单元(macrocell),图 9.1.2 是一种比较简单的宏单元电路。目前规模较大的 CPLD 中包含的宏单元可达 1 000 多个。

图 9.1.3 是 IOB 最简单的一种结构。当三态输出缓冲器被编程为正常工作状态时,I/O 端作为输出端使用;当三态输出缓冲器被编程为高阻态时,I/O 端可以作为输入端使用。

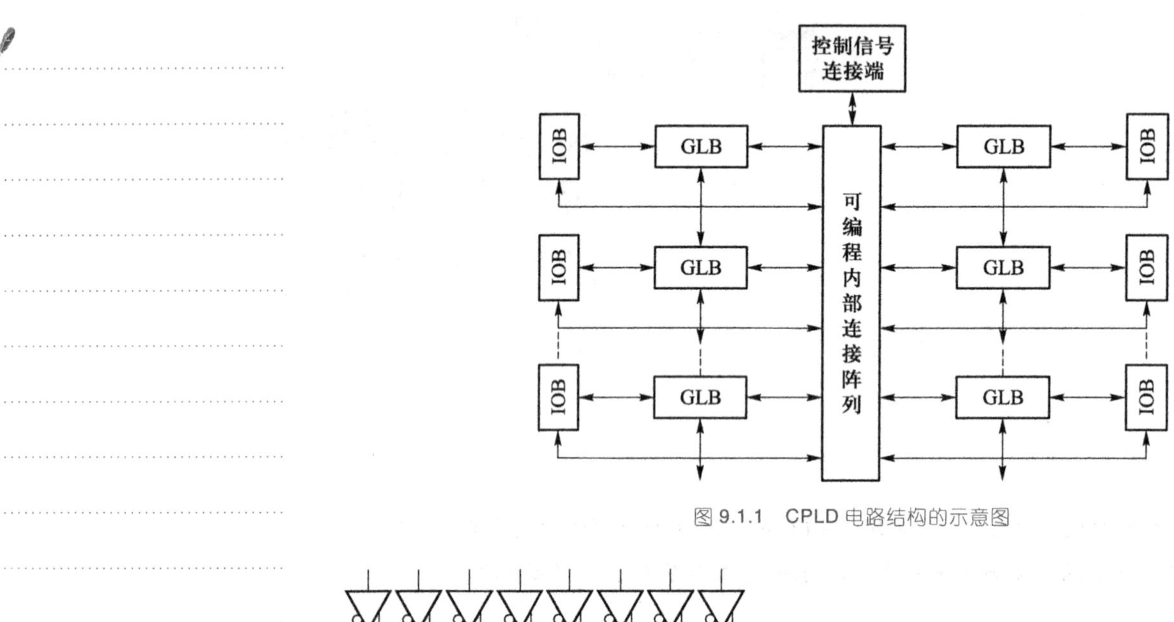

图 9.1.1　CPLD 电路结构的示意图

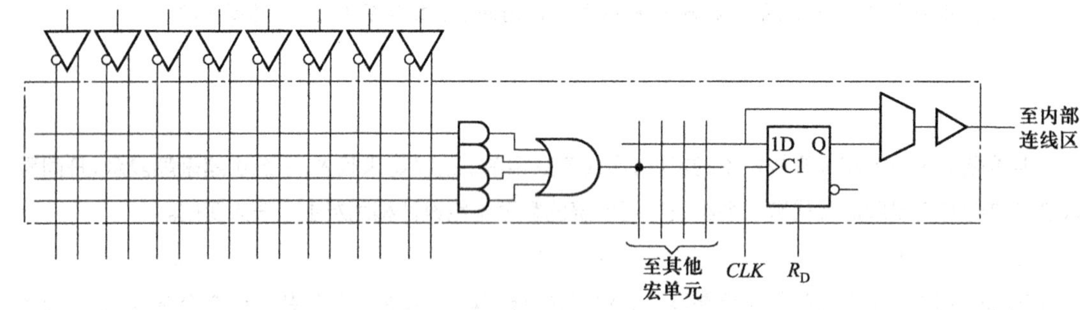

图 9.1.2　GLB 中的宏单元

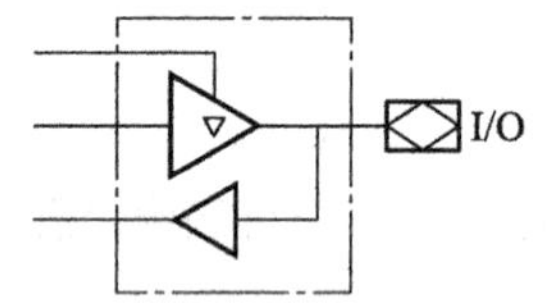

图 9.1.3　CPLD 中的 IOB 结构

9.1.2　现场可编程门阵列(FPGA)

视频：
难点解析 9-1
CPLD 与 FPGA

由于 CPLD 中的 GLB 采用的是类似于 PAL 的**与或**逻辑阵列结构，所以在用这些 GLB 设计数字系统时，灵活性比较差，并且随着 CPLD 规模的增加，内部资源的利用率也随之降低。

为了提高芯片的有效利用率并增强设计的灵活性，FPGA 采用了另外一种结构形式，即逻辑单元阵列形式，如图 9.1.4 所示。由图可见，FPGA 中包含若干个可编程逻辑模块(configurable logic block，CLB)、可编程输入输出模块 IOB 和可编程内部连线资源(inter-connect resource，IR)。这些 CLB 按阵列形式排列，每个 CLB 是一个独立的电路模块，可以实现简单的组合逻辑功能或时序逻辑功能。用这些 CLB 能够更加灵活地组合成规模更大、更加复杂的逻辑电路。

以 Xilinx 公司早期生产的 FPGA-XC2064 为例，简单介绍 FPGA 的工作原理。XC2064 内部含有 64 个 CLB，排列成 8×8 矩阵。每个 CLB 中都包含一个组合逻辑电路、一个 *D* 触发器和 6 个数据选择器，如图 9.1.5 所示。通过对这些数据选择器的编程设计，可以在 *X*、*Y* 输出端产生 *A*、*B*、*C*、*D*、*Q* 的组合逻辑函数。同时，由于触发器的状态 *Q* 又反馈到了组合逻辑电路的输入端，因而还可以构成时序逻辑电路。

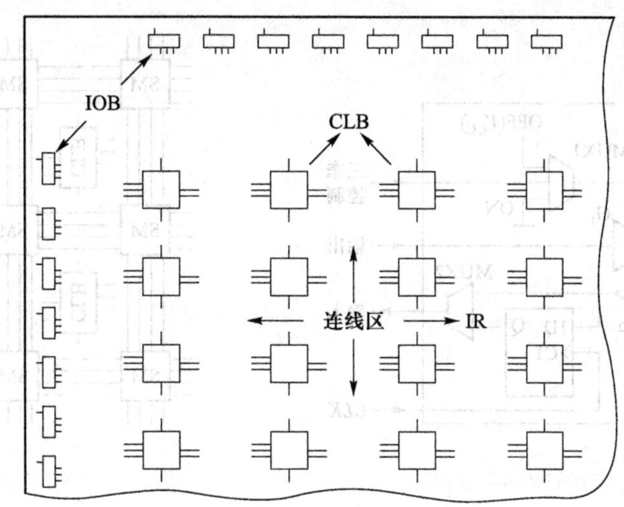

图 9.1.4 FPGA 的结构示意图

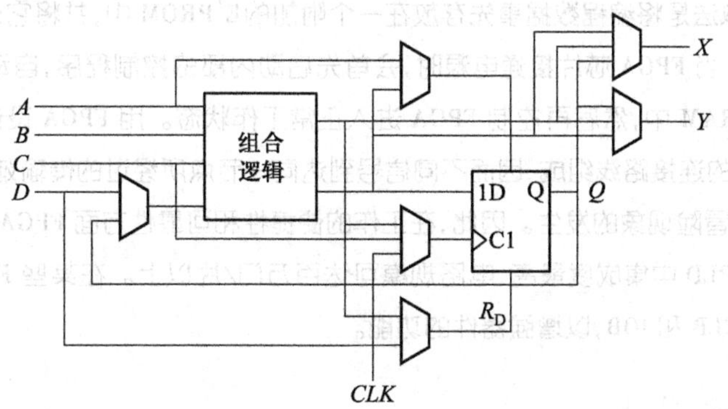

图 9.1.5 XC2064 的 CLB 逻辑图

图 9.1.6 是 IOB 的逻辑图，它由三态输出缓冲器 G_1、输入缓冲器 G_2、D 触发器和2 个数据选择器 MUX1、MUX2 组成。当编程结果使 $\overline{EN}$为低电平时，I/O 端作为输出端使用；当 $\overline{EN}$为高电平时，I/O 端作为输入端使用。信号的输入有同步和异步两种可选择的方式。当 MUX2 选中 G_2的输出时，I/O 端的输入信号立即送入电路内部，这是异步输入方式；当 MUX2 选中触发器的输出时，则必须等到时钟信号 CLK 的有效沿到达时，输入信号才能送入电路内部，因而称为同步输入方式。

为了实现 CLB 之间、CLB 与 IOB 之间的灵活连接，在 FPGA 内部设置了丰富的内部连线资源。其中包括有许多水平方向和垂直方向的连线和可编程的开关矩阵（switching matrices，SM），如图 9.1.7 所示。这些开关矩阵相当于转接开关，通过编程可以有选择地将其两个引出端接通。在每个 CLB 的输入端和输出端与连线间、IOB 的输入端与连线间、开关矩阵与连线间均设置有可编程的互连点（programmable interconnect points，PIP），可以根据设计要求将这些连接点编程为连接或断开状态。

FPGA 的编程方法与 CPLD 不同。在对 CPLD 进行编程的时候，是用 PROM 或E^2PROM 技术将每个编程点的编程数据（**0** 或 **1**）写入其中，而在对 FPGA 编程时，编程数据被写入片内的 RAM 中（在图 9.1.4 中没有画出这个 RAM）。每个编程点的开关状态受 RAM 中对应的 1 位数据控制。由于 RAM 中的数据可以快速地反复写入和擦除，因而即使在工作状态下，也可以通过快速刷新 RAM 中的数据重构它的电路结构，其重复编程的次数也几乎没有限制。大多数情况下，并不需要在线随时刷新FPGA 芯片内部 RAM 中的数据。

思考提升 9-1

FPGA 和 CPLD 有何不同?

思考提升 9-2

具体开发一个数字系统时，FPGA 和 CPLD 的选用依据是什么?

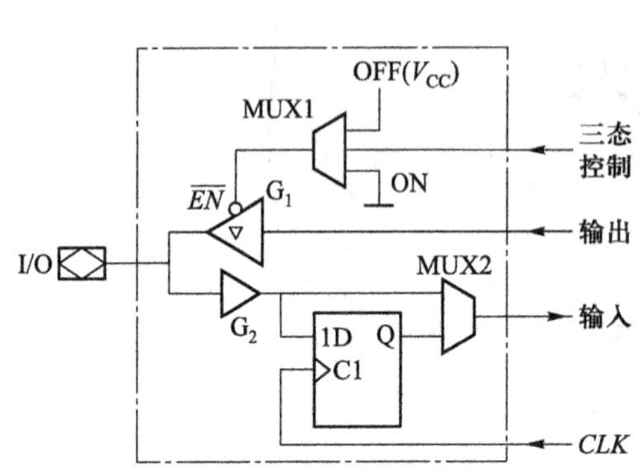

图 9.1.6　XC2064 的 IOB 逻辑图

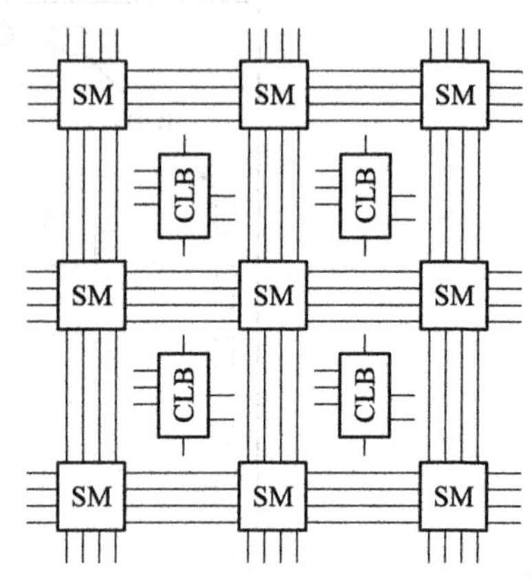

图 9.1.7　XC2064 的内部连线资源

由于 RAM 属于易失性存储器，断电后所存数据将自动丢失，因而每次开始工作时都需要重新装入编程数据。通常的做法是将编程数据事先存放在一个附加的 E^2PROM 中，并将它的地址线、数据线、控制端与 FPGA 相连。当 FPGA 芯片接通电源时，会首先启动内部的控制程序，自动地将 E^2PROM 中的数据读入芯片内的 RAM 中，然后再控制 FPGA 进入正常工作状态。用 FPGA 设计的系统是由不同数目的 CLB，经过不同的连接路线组成，因而不同信号到达同一节点所经过的传输延迟时间可能不同，结果很可能导致竞争-冒险现象的发生。因此，在工作的便捷性和可靠性方面 FPGA 不如 CPLD。

目前，FPGA 在 PLD 中集成度最高，电路规模可达百万门/片以上。在某些 FPGA 产品中，还采用了结构更加复杂的 CLB 和 IOB，以增强器件的功能。

9.2　数字系统设计

所谓数字系统通常是指能够按照规定的步骤工作并完成一项完整任务的设备，如数字通信设备、图像处理设备、雷达数据实时处理设备和各种各样的通用计算机等。数字系统的设计需要依托平台工具的有力支持，同时还需要设计者的经验和理论知识，并且只有在设计者对所设计的数字系统的性能和经济指标等多种因素进行综合考虑后，才能完成最佳的设计。下面介绍一下数字系统设计工具的演变过程。

9.2.1　设计工具的演变

数字电路设计的飞速发展不断地对设计工具提出新的要求，从而推动设计工具的不断进步。从 20 世纪 60 年代中期起，各种计算机辅助设计工具被不断地开发并应用于数字电路设计。近 40 年来，大致经历了计算机辅助电路设计 CAD(computer-aided design)、计算机辅助工程 CAE(computer aided engineering)和电子设计自动化 EDA(electronic design automation)三个阶段。

1. CAD 阶段(20 世纪 70 年代初—80 年代初)

20 世纪 70 年代初，随着中、小规模集成电路的开发和应用，传统的手工设计电路、PCB(printed circuit board)方法已经不能满足设计精度与效率的要求，工程师开始进行二维平面的计算机辅助设计，从而产生了第一代电路设计工具。初代设计工具的功能单一，主要是借助于计算机做一些 PCB 板的布局布线(place and routing)，电路模拟和简单版图的绘制等工作，不同工具之间的兼容性差，并且受计算机处理能力的限制，设计工具的作用有限。

2. CAE 阶段(20 世纪 80 年代初—90 年代初)

该阶段在数字集成电路设计、数字系统设计以及设计工具的集成化方面取得了许多成果。各种设计工具,如原理图(schematic)输入、编译(compile)连接、逻辑模拟(simulation)、逻辑综合(synthesis)、测试码(test code)生成、版图自动布局(place)和单元库等均已齐全,不同工具间的兼容性有了很大改善。设计软件采用统一的数据管理技术,将多个不同功能的设计工具集成在一个设计环境中,在这个集成环境中已经能实现从原理图输入到版图输出的全过程自动化。但是大部分从原理图出发的 CAE 工具仍然不能满足复杂数字系统设计的要求。

3. EDA 阶段(20 世纪 90 年代以来)

20 世纪 90 年代以来,集成电路技术以惊人的速度发展,工艺水平已经达到深亚微米,一个芯片上可以集成百万甚至千万只晶体管,工作频率可达 GHz。这对 EDA 技术提出了更高的要求,该阶段设计工具进一步发展,出现了以硬件描述语言、系统级仿真和综合技术为基础的第三代 EDA 技术。设计工具和设计方法的进步使得设计师们可以摆脱大量繁杂的具体电路的设计工作,而把精力集中在创造性的设计方案和概念构思上,从而极大地提高了设计效率,缩短了产品研制周期。

从发展的过程看,设计工具是在制造技术的驱动下不断地发展的,始终滞后于生产工艺的发展速度。随着微电子、计算机技术的发展,设计工具将向着更高智能化、更强功能、支持更高层次综合等方面发展,同时支持软件、硬件的协同设计。

9.2.2 数字系统设计方法

1. 传统设计方法

传统的数字电路设计多采用自底向上(bottom-up)的设计方法。这种设计方式一般是由设计者选用标准的集成电路,或者将各种基本单元,例如各种逻辑门、触发器、加法器、计数器、多路选择器等,做成基本单元库,然后调用这些基本单元,逐级向上组合,直到设计出满足需要的数字电路系统为止。这种设计方法如同一砖一瓦去建摩天大楼一样,设计效率低,成本很高,而且极容易出错。自底向上的设计使设计者过分关注电路细节,而缺乏对整个系统的合理规划。如果设计出现错误时,一般发现得比较晚,要修改就会很麻烦,严重时甚至会前功尽弃,不得不从头再来。

2. 现代设计方法

现代数字电路设计多采用自顶向下(top-down)的设计方法。这种设计方法是一种由大到小,由粗到细,逐步求精的方法。自顶向下设计的最顶层是指系统的整体要求,而最下层则指的是具体逻辑电路的实现。从系统级开始,把系统划分成几个基本模块,然后再把每个基本模块划分成下一级的基本模块,这样层层往下划分,一直到可以直接用单元库中的基本元件和模块来实现为止。

现代数字系统规模庞大而且极为复杂,让一个设计师独立完成如此大规模复杂的电路设计且不出错,几乎是不可能的。自顶向下的设计允许将一个完整的硬件设计系统首先由系统设计者将其划分成几个大的模块,并设计出各个大模块相应的行为或结构,并仿真加以验证,以检验设计思想是否正确,然后再把各个模块分给下一级的设计者。这就允许多个不同的设计者同时设计一个硬件系统的不同模块,设计者们负责设计各自的子模块并相互协作,由上一级的设计者对下一级的设计者完成的设计用行为级上层模块进行验证。由于多个设计者可以同时在各个层面上对硬件系统进行设计,进而大大提高了设计效率。这种设计方法是从系统级开始设计,设计初始就考虑了对系统的合理规划,进行功能划分和结构设计,并能通过对系统的总体仿真对设计思想的正确性进行验证,从而能够在设计的早期发现设计中存在的错误。同时也可以减少下一层次仿真的工作量。自顶向下设计支持对整个设计进行项目管理，多个设计师可以协同工作，使得几十万门甚至几百万门超大规模的数字系统设计成为可能，避免了重复设计，缩短了设计周期。

典型的自顶向下设计流程如图9.2.1所示。

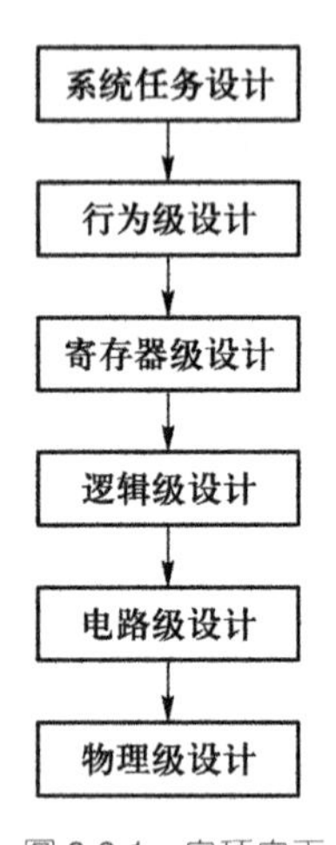

图9.2.1　自顶向下设计流程图

(1) 系统任务设计

数字系统设计的第一步是明确设计的任务，包括系统总体功能、电路的性能指标、设计模式、设计周期、设计经费等。一般来说，设计的题目都比较简单笼统，没有细节说明，设计者必须对题目进行消化理解，并逐步明确对整个系统的设计要求。

(2) 行为级设计

行为级设计(behavior level design)又叫功能级设计。这一级设计是将上层的系统设计加以具体化，其实质是对整个系统的数学模型进行描述。在行为级的设计中，并不真正考虑实际的操作和算法的实现，而是关注系统的结构及其工作过程能否达到设计目标的要求。通常用系统的功能框图，即时序图及各个模块之间的数据流程图加以描述，并通过高层次的仿真软件进行功能级仿真，以验证工作过程是否正确，若出现错误可以及时修改。行为级的设计也可以对不同的系统实现方案进行比较、模拟，以确定设计的最佳方案。

(3) 寄存器级设计

寄存器级设计，即RTL(register level design)级设计，是将上一步的功能框图转换成寄存器级的硬件图，即用加法器、触发器、多选器、计数器、译码器、寄存器等来实现。这一级设计主要描述各个寄存器间的互连和数据转换。

(4) 逻辑级设计

逻辑级设计(logic level design)是将数据流程图转换成与硬件有对应关系的形式，为下一级的电路设计提供设计依据。这一级设计常采用布尔表达式表示设计结果。

(5) 电路级设计

电路级设计(Circuit Level Design)是将逻辑设计转换成电路实现，即用基本电路单元表示设计结果。这些基本的电路单元包括**与**门、**或**门、**异或**门、反相器等逻辑门，以及由少量晶体管组成的开关、*D*触发器、锁存器等逻辑单元。为了保证设计的正确性，需要用仿真软件进行电路仿真。

(6) 物理级设计

物理级设计(physical level design)，也叫版图设计，是集成电路设计中最费时的一步，需要设计者更深入地了解半导体工艺和微电子方面的知识。它是将电路设计的结果进一步转换成可用于大规模生产用的与工艺有关的版图文件，即将电路设计中的每一个元件(逻辑门、电阻、电容等)以及它们之间的连线转换成电路制造所需要的版图信息。对于数字电路设计者来说，可以充分利用综合工具，在相应设计软件的支持下，直接由电路图自动生成版图文件。

9.2.3　数字系统EDA

在计算机辅助设计中，各种各样的软件工具提高了设计者的生产力，并帮助改善了设计的质量和正确性。用于数字设计的重要软件工具及所做的工作如下：

(1) 原理图录入程序

这是数字设计者的“字处理器”，用它能“在线”画出原理图，也可以使用更加先进的原理图录入程序(schematic entry)来查错,例如输出短路、无去向信号等。

(2) 硬件描述语言

硬件描述语言最初用于电路建模,现在却越来越多地用于硬件设计。小至单个功能模块,大到多芯片数字系统,都可以用 HDL 进行设计。

(3) HDL 编译器、仿真器和综合工具

HDL 软件包通常包含几个组件,在典型的语言环境中,设计者先写出基于文本的"程序",然后用编译器(compiler)分析程序,并找出语法错误。如果编译正确,设计者就可以将程序移交到综合工具(synthesis tool)。综合工具针对特定的硬件产生出相应的电路设计图。在大多数情况下,设计者在综合之前都要使用编译器的结果输送给"仿真器"(simulator),以验证设计的正确性。

(4) 仿真器

定制的单片数字集成电路的设计周期是比较长的,而且成本较高。第一块芯片一旦构建出来,再通过探测内部连接或者改变门电路及其互连来排除故障是很困难的。通常必须改动原始设计数据库,然后再制造出新的芯片进行测试,有时芯片开发过程需历时数月才能完成。即使是具有高度责任心的设计者,也很难做到"一次成功"(或几乎成功)。仿真器可以帮助设计者预先观测到芯片的电气和功能特性,而无须实际去构建它,在芯片投入制造之前就可以发现绝大多数故障。

(5) 测试平台

在"测试平台"(test benches)软件环境中进行电路仿真(circuit simulation)与测试(testing),首先要根据设计要求构建出一组程序,然后自动地演练它的功能并检验其功能和时序特征。当要对设计进行小的改动的时候,这种测试平台能保证找出故障点,帮助设计者"改进"设计而不会破坏芯片。测试平台程序可以用与数字设计相同的 HDL 来编写,也可以用 C 或 C++,或者用包括脚本语言(如 PERL)在内的混合语言。

(6) 时序分析器和验证器

在数字设计中,时序是重要的概念。对应于输入的改变,所有的数字电路都要经历一定的延迟时间才能产生新的输出值,而且设计者往往要花费很多的努力来保证输出以最快的速度响应输入的变化。使用时序分析器和验证器(timing analyzers and verifiers),就能够自动完成如绘制时序图、规范和验证复杂系统中不同信号之间的时序关系等任务。

(7) 字处理器

在创建基于 HDL 设计的源代码方面,文本编辑器和字处理器(word processors)等工具可以帮助设计者在每项设计工作中完成构建文档的任务。

拓展阅读 9-1 世界知名 PLD 公司的流行产品介绍

除了使用上述工具外,设计者有时要用高级语言(如 C 或 C++)编写专门的程序,或者用类似 PERL 语言来编定脚本,以便解决特殊的设计问题。

9.2.4 基于 HDL 的现代数字系统设计

电子设计自动化是一种以计算机为工作平台,以硬件描述语言 HDL 为设计语言,以各种可编程器件,如 FPGA、ASIC 等为实现载体的电子产品自动化设计过程。EDA 技术已经被广泛应用于电子电路的设计和仿真、集成电路的版图设计、印制电路板(PCB)的设计和可编程器件的编程等各项工作中。

现代数字 EDA 的基本特征之一是采用硬件描述语言,并且已有 VHDL 和 Verilog HDL 两种 IEEE 标准,本书第 3 章对两种语言作了相应介绍。硬件描述语言能支持系统级、算法级、寄存器传输级

(RTL)和门级各个层次描述和多个不同层次的混合描述，与实际的实现工艺无关。因此，在工艺进步时无须改变原设计就能直接映射到新工艺中；HDL 能支持不同层次上的综合和仿真，使用规范的设计文档，便于保存和共享。

支持高层次的仿真与综合是现代数字 EDA 的又一基本特征。所谓综合，就是由较高层次的描述到较低层次描述。由行为描述（behavioral description）到结构描述（structural description）的自动转化过程。高层次的综合使设计者无须面对底层电路，而由综合工具自动生成电路，从而把电子设计自动化的层次提高到了算法行为级，把设计精力集中到系统行为建模和算法设计上。高层次的仿真也可以帮助设计者在设计初期发现错误，缩短设计周期。

基于 HDL 的现代数字电路的典型设计流程如图 9.2.2 所示。

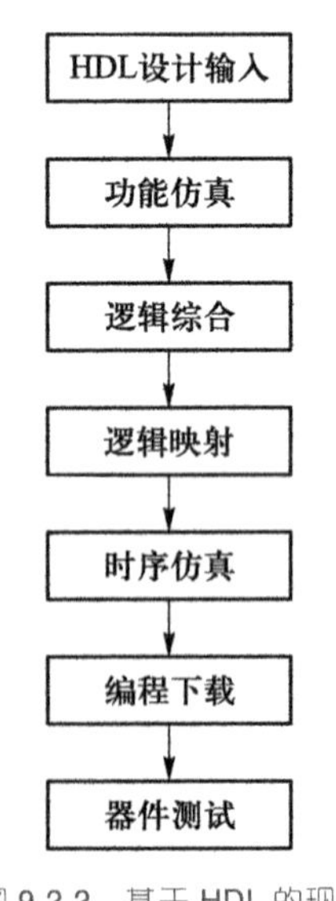

图 9.2.2 基于 HDL 的现代数字电路的典型设计流程图

设计输入——一般采用 VHDL 或 Verilog HDL 在算法级对系统进行行为描述，也可以直接进行电路结构描述。通常用 VHDL 编好的源文件保存为 . vhd 文件，而Verilog 文件保存为 . v 文件。

功能仿真——也叫前仿真，将源文件调入 HDL 仿真软件进行功能仿真，检查逻辑功能是否正确。比较简单的设计无需进行功能仿真。

逻辑综合——将源文件调入逻辑综合软件进行综合，即把 HDL 语言综合成门级描述的电路网表文件，综合结果会生成 . edf(edif)的 EDA 工业标准文件。这是将高层次的语言描述自动转化成硬件电路的关键步骤。这一步的实现降低了硬件设计的难度。

逻辑映射——利用 PLD 厂家提供的软件，将综合后得到的 . edf 文件针对某一具体的目标器件进行逻辑映射（logic map）操作，即把设计好的逻辑安放到所选的 PLD/FPGA 芯片内。

时序仿真——也叫后仿真，需要利用在逻辑映射中获得的包括器件实际硬件特性（如时延）的精确参数，用仿真软件验证电路的时序。

编程下载——确认仿真无误后，将文件下载到实际的目标芯片 PLD 中。

器件测试——利用实验手段测试器件的最终功能和性能指标。

9.2.5 ISP、ICR 编程和边界扫描测试技术

PLD 编程技术的发展为设计工作提供了极大的方便，近年来在系统可编程 ISP（in-system programming）和在电路重构 ICR（in-circuit reconfiguration）技术的发展迅速，得到广泛应用。

一、ISP 编程技术

传统的编程技术是将 PLD 芯片插在专用编程器上进行程序的下载。ISP 技术则不用编程器，直接在用户的目标系统或印制板上对 PLD 芯片下载。因此，数字系统可先装配后编程，成为正式产品后还可反复编程，打破了先编程后装配的传统做法。ISP 编程的基本装置图如图 9.2.3 所示。

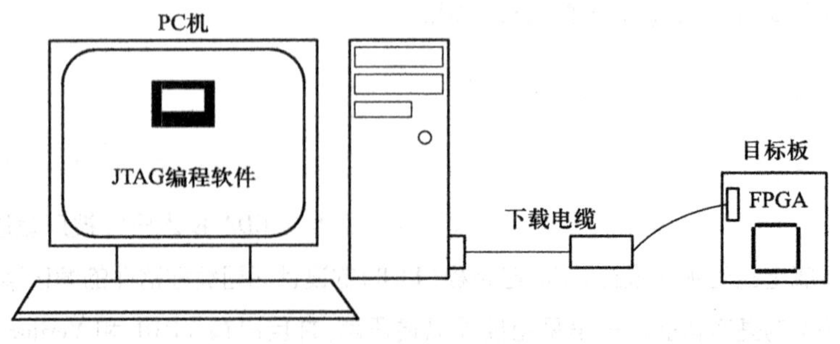

图 9.2.3 ISP 编程基本装置图

具有 ISP 性能的器件是 E^2CMOS 工艺制造,其编程信息存储于 E^2PROM 或 Flash 内,可以随时进行电编程和电擦除,且掉电时其编程信息不会丢失。由于 PLD 器件已经安装在目标系统或印制板上,其各个引脚与外电路相连,因而编程时最关键的问题就是要与外界脱离,即编程时器件的引脚应为高阻态。

ISP 器件有一个由专用引脚$\overline{ispEN}$和 4 个复用引脚,串行输入 SDI、串行输出 SDO、编程用时钟 SCLK 和方式控制 MODE 构成的五线编程接口,如图 9.2.4 所示。在编程时,$\overline{ispEN}$为低电平,器件所有 I/O 端的三态缓冲电路均处于高阻状态,切断芯片内部电路与外电路的联系,然后再由设计开发软件通过计算机和下载电缆对器件输出编程命令和数据,SDI、SCLK、MODE 和 SDO 4 个引脚协调一致工作完成编程下载。当$\overline{ispEN}$为高电平时,这 4 个引脚可作为一般输入端使用,器件处于正常工作模式,按已编程的内容实现逻辑功能。

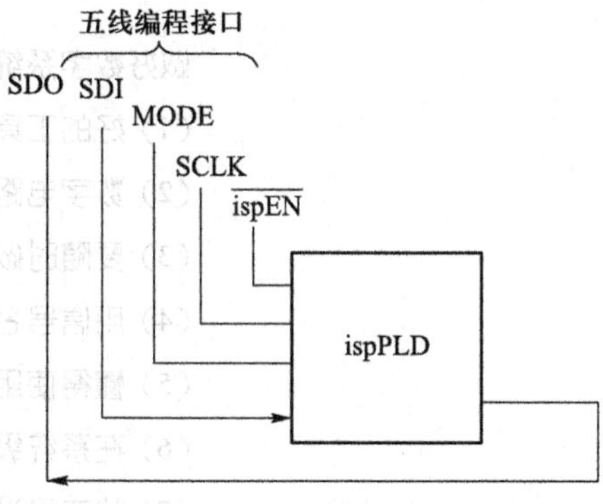

图 9.2.4 ispPLD 的五线编程接口

二、ICR 编程技术

具有 ICR 功能的器件采用了 SRAM 制造工艺,用 SRAM 存储编程数据。因此这类 PLD 在掉电时(或工作电源低于额定值时)将丢失所存储的信息,采用这种 PLD 的数字系统在接通电源后,必须先对这些 SRAM 加载,即重新装入编程数据。PLD 芯片所具有的逻辑功能将随着置入的编程数据的不同而不同,这称为重构。重构工作与 ISP 相似,也是在用户的目标系统或印制电路板上进行的,故称在电路可重构技术。

重构方式通常有两种:一是将芯片编程接口和计算机相连,上电后由计算机控制把存放在计算机硬盘内的编程数据通过下载电缆装入器件,这种方式称为被动型重构;二是预先把编程数据存放于外接的 EPROM、E^2PROM 或 Flash 内,上电后由 PLD 器件本身控制 ROM 把数据装入片内,这称为主动型重构方式。

需要说明的是,具有 ICR 编程技术的器件,在重构期间,I/O 引脚也都处于高阻状态,与外电路脱离;在重构结束后又恢复到正常工作状态。

三、边界扫描测试技术

在现代电子系统中,印刷电路板越来越复杂,多层板的设计越来越普遍,大量使用各种表贴元件和 GBA(ball grid array) 封装元件,元器件的管脚数和管脚密度不断提高,传统的下“探针”方法已不能满足要求。在这种背景下,20 世纪 80 年代,联合测试行动组(joint test action group,JTAG) 就起草了边界扫描测试(BST) 规范,后来在 1990 年被批准为 IEEE 1149.1—1990 标准,简称 JTAG 标准。该标准规定了进行边界扫描测试所需要的硬件和软件。此后,IEEE 分别于 1993 年和 1994 年对该标准作了补充,形成了现在使用的 IEEE 1149.1a—1993 和 IEEE 1149.1b—1994。JTAG 主要应用于电路的边界扫描测试和目前流行的 ARM、DSP、FPGA 等可编程器件的在线系统编程。

标准的 JTAG 接口是 4 线:TDI、TDO、TMS、TCK,其功能分别介绍如下:

TDI(测试数据输入)——TDI 提供串行移位测试、编程数据和命令到边界扫描逻辑的输入。

TDO(测试数据输出)——TDO 提供串行移位测试、编程数据和命令到边界扫描逻辑的输出。

TMS(测试模式选择)——TMS 可以在测试访问端口(TAP)控制器的状态之间进行转换。

TCK(测试时钟)——TCK 为 TAP 控制器提供定时,TAP 控制器为数据寄存器和指令寄存器产生控制信号。

拓展阅读 9-2
基于 Quartus Ⅱ 平台的 PLD 完整数字系统设计实例展示

此外,标准测试访问还有一个可选的输入测试复位(TRET)端口。

边界扫描测试技术有两大优点:一是方便芯片的故障定位,迅速准确地测试两个芯片管脚的连接是否可靠,提高测试检验效率;二是具有 JTAG 接口的芯片,内置一些预先定义好的功能模式,通过边界扫描通道来使芯片处于某个特定的功能模式,以提高系统控制的灵活性和方便系统设计。因此,目前基于 JTAG 接口的在系统编程技术已基本取代了 ISP 和 ICR 这两种编程技术,而最早使用的计算机并口编程也大多被 USB 编程代替了。

9.2.6 数字系统设计的重要法则

做好数字系统设计需要理解和掌握下列重要法则:

(1) 好的工具并不能保证好的设计,但它能在正确完成设计工作时,减轻设计者的劳务。

(2) 数字电路具有模拟特性。设计者应该知道在何时要考虑数字设计的模拟特性。

(3) 要随时做好设计文档,以便于设计重用和共享。

(4) 用信号名称来理顺和联系所作用层次的关系,并逐层逐块进行逻辑设计。

(5) 懂得使用标准功能构件,利用已有元件库简化设计。

(6) 在系统级进行最小成本设计,要把工程劳务也包括到成本中。

(7) 状态机设计类似于程序设计,按程序设计步骤进行。

(8) 使用可编程逻辑来简化设计,减少成本,也适于后期阶段的修改。

(9) 避免异步设计(asynchronous design),尽量找到一种比较好的方法用同步设计(synchronous design)来实现。如果某些异步接口是不可避免的,要慎重设计不同子系统与外界系统之间的异步接口,并提供可靠的同步电路。

(10) 及早解决一个小故障,就等于避免了以后的更多故障。

除了构思和实现以外,还有许多其他的能力是一名成功数字设计者必须具备的,包括:

(1) 调试能力(debugging)——成功的调试过程需要计划、系统的方法,需要耐心和逻辑。如果不能发现问题之所在,也就无从下手去解决它。

(2) 商业要求和实践经验——设计者的工作受到许多非工程因素的影响,包括文档标准、元件可用性、特征定义、目标规范、任务计划、办公制度,以及商务应酬等事情。

(3) 风险意识(risk-taking)——当开始设计一个项目(project)的时候,从选择新型元件到计划完成的各个阶段,设计者都必须在回报、后果以及风险之间进行仔细权衡。

(4) 沟通能力——设计者最终要将其完成的设计交给其他工程师、其他部门和客户。如果没有好的沟通能力,就不能走完这成功的最后一步。

数字设计是一个系统工程,其中 5%~10%是设计和创新部分,剩下的大部分工作则是一些常规的设计实现方法。此外,除计算机辅助设计部分外,数学系统的可测性、可靠性和高速数字系统中信号传输等问题也是数字系统设计中需要面临的问题。在此不再进行深入阐述,请读者在实践中探索学习和领悟。

本章小结

随着微电子技术和计算机技术的飞速发展,现代数字系统设计普遍采用 EDA 技术,基于高密度可编程逻辑器件或 ASIC 来实现。

本章首先介绍了两种典型的 HDPLD:复杂可编程逻辑器件(CPLD)和现场可编程门阵列(FPGA)的电路结构和工作原理,随后从设计工具演变、设计思路、设计方法、设计工具、编程技术和设计法则等方面阐述了现代数字系统设计的特点及其内涵。

习题

[题 9.1] CPLD 和 FPGA 在电路基本结构形式上有何不同?

[题 9.2] 说明在下列应用场合选用哪种类型的 PLD 最合适?

(1) 小批量定型产品中的中规模逻辑电路。

(2) 产品研制过程中需要不断修改的中、小规模逻辑电路。

(3) 少量的定型产品中需要的规模较大的逻辑电路。

(4) 需要经常改变其逻辑功能的规模较大的逻辑电路。

(5) 要求能以遥控方式改变其逻辑功能的电路。

[题 9.3] 简述设计工具的演变及其在设计中应用。

[题 9.4] 简述现代数字系统正向设计的设计流程。

[题 9.5] 简述自顶向下的设计方法与自底向上的设计方法有何不同。

[题 9.6] 简述 PLD 编程技术的发展。

[题 9.7] 了解现代数字系统设计的未来发展趋势。

参考文献

［1］ 阎石.数字电子技术基础.6 版.北京：高等教育出版社，2016.

［2］ 康华光.电子技术基础：数字部分.6 版.北京：高等教育出版社，2014.

［3］ 蔡惟铮.集成电子技术.北京：高等教育出版社，2004.

［4］ 李世雄，丁康源.数字集成电子技术教程.北京：高等教育出版社，1993.

［5］ 童诗白，徐振英.现代电子学及应用.北京：高等教育出版社，1994.

［6］ 黄正瑾.在系统编程技术及其应用.南京：东南大学出版社，1997.

［7］ 赵保经.中国集成电路大全 TTL 集成电路分册：CMOS 集成电路分册.北京：国防工业出版社，1985.

［8］ 希金斯 R.J.数字和模拟集成电路电子学.赵良炳译，北京：机械工业出版社，1988.

［9］ 褚振勇，翁木云.FPGA 设计及应用.西安：电子科技大学出版社，2002.

［10］ 潘松，王国栋.VHDL 实用教程.西安：电子科技大学出版社，2001.

［11］ 阎石.数字电子技术基本教程.北京：清华大学出版社，2007.

［12］ 姜书艳.数字逻辑设计及应用.北京：清华大学出版社，2007.

［13］ R.P.Jain.Modern Digital Electronics.3rd ed.北京：清华大学出版社，2008.

［14］ Thomas L.Floyd.数字电子技术基础系统方法.北京：机械工业出版社，2014.

［15］ 臧春华，沈嗣昌，蒋璇.数字设计引论.2 版.北京：高等教育出版社，2010.

［16］ 杨志忠，卫桦林.数字电子技术基础.3 版.北京：高等教育出版社，2017.

［17］ 杨聪锟.数字电子技术基础.北京：高等教育出版社，2014.

［18］ 王金明.Verilog HDL 程序设计教程.北京：人民邮电出版社，2004.

［19］ 刘宝琴，罗嵘，王德生.数字电路与系统.2 版.北京：清华大学出版社，2007.

［20］ 何建新，高胜东.数字逻辑设计基础.北京：高等教育出版社，2012.

［21］ 张金艺，李娇，朱梦尧，等.数字系统集成电路设计导论.北京：清华大学出版社，2017.

［22］ 刘菊荣，库锡树.电子技术实验教程.北京：电子工业出版社，2013.

附录一
《GB/T 4728.12—2008 电气简图用图形符号 二进制逻辑元件》简介

GB/T 4728.12 是由全国电气图形符号标准化委员会参照 IEC 相关标准制定的二进制逻辑元件的图形符号标准。该符号标准非常复杂，请登录网站学习。

附录一《GB/T 4728.12—2008 电气简图用图形符号二进制逻辑元件》简介

附录二 基本逻辑元件图形符号对照表

附录二

基本逻辑元件图形符号对照表

网络增值服务使用说明

一、注册/登录

访问http://abook.hep.com.cn/，点击“注册”，在注册页面输入用户名、密码及常用的邮箱进行注册。已注册的用户直接输入用户名和密码登录即可进入“我的课程”页面。

二、课程绑定

点击“我的课程”页面右上方“绑定课程”，正确输入教材封底防伪标签上的20位密码，点击“确定”完成课程绑定。

三、访问课程

在“正在学习”列表中选择已绑定的课程，点击“进入课程”即可浏览或下载与本书配套的课程资源。刚绑定的课程请在“申请学习”列表中选择相应课程并点击“进入课程”。

如有账号问题，请发邮件至：abook@hep.com.cn。